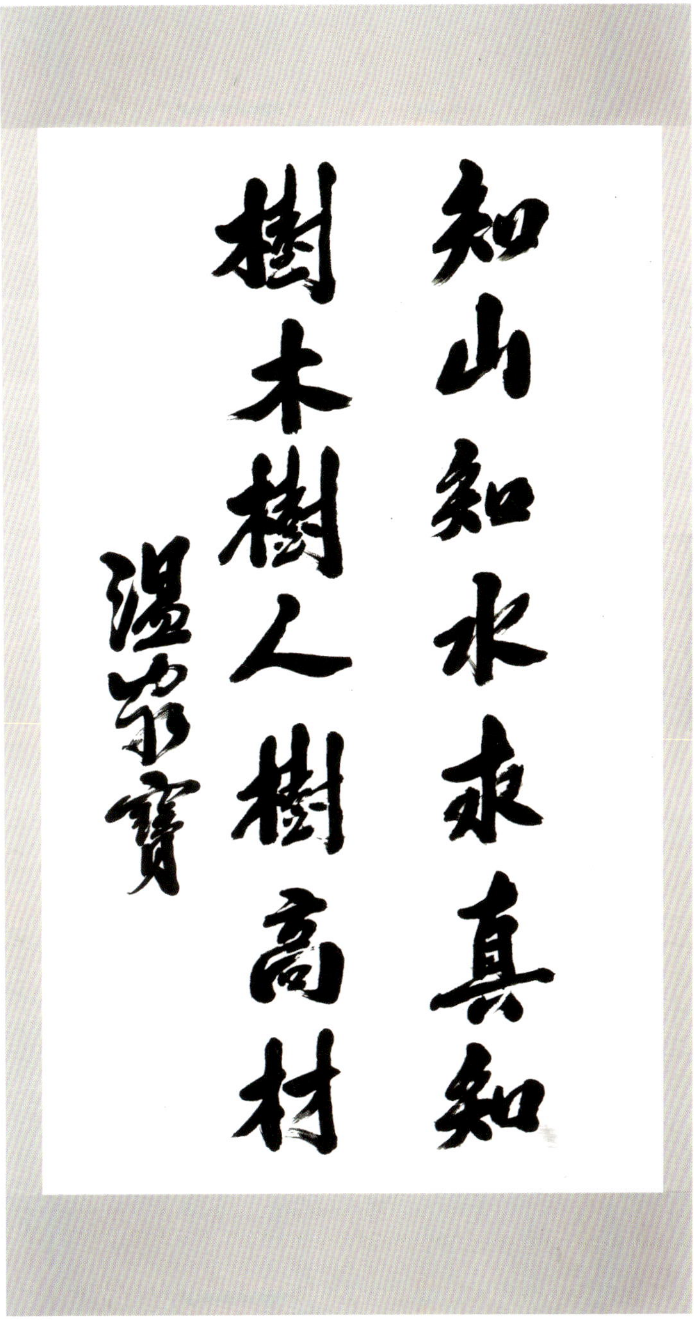

时任中共中央政治局常委、国务院总理温家宝为学校题词

中华人民共和国国务院

贺　信

北京林业大学：

值此你校建校 60 周年之际，我谨向全校师生员工和海内外校友表示热烈的祝贺和诚挚的问候！

60 年来，北京林业大学认真贯彻党的教育方针，秉承“知山知水，树木树人”的办学理念，锐意进取，开拓创新，培养了一大批高素质优秀人才，创造了一大批有影响的科研成果，为推进林业科技教育事业和生态文明建设做出了重要贡献。

当前，我国林业正处于转型升级的关键阶段，林业改革发展的任务十分繁重，迫切需要培养一大批高素质林业科技和管理人才。希望北京林业大学以建校 60 周年为契机，深入贯彻落实科学发展观，牢牢把握正确的办学方向，突出优势特色，夯实办学基础，深化教育改革，努力建设国内一流、国际知名、特色鲜明的林业大学，为推动我国现代林业建设和经济社会可持续发展做出新的更大贡献！

回良玉

二〇一二年十月

时任国务院副总理回良玉的贺信

中华人民共和国国务院

贺　信

北京林业大学：

欣闻你校迎来建校 60 周年校庆，谨向全校师生员工和广大校友致以热烈祝贺和诚挚问候！

60 年来，北京林业大学全面贯彻党的教育方针，坚持社会主义办学方向，秉承“知山知水，树木树人”的办学理念，始终坚持以培育林业优秀人才、促进林业科技进步为己任，艰苦奋斗，自强不息，形成了优良的办学传统和鲜明的办学特色，为国家培养了一大批高素质专门人才。特别是改革开放以来，学校紧紧抓住国家实施科教兴国和人才强国战略的机遇，围绕国家生态文明建设的战略部署，与时俱进，开拓创新，积极深化各项改革，不断提升办学实力，已成为我国林业高层次人才培养的绿色摇篮和林业科技创新的学术高地，为国家经济社会发展作出了积极贡献。

希望北京林业大学以 60 周年校庆为新的起点，继续高举中国特色社会主义伟大旗帜，以邓小平理论和“三个代表”重要思想为指导，认真贯彻落实科学发展观，深入学习贯彻胡锦涛总书记在庆祝清华大学建校 100 周年大会上的重要讲话精神，全面落

中华人民共和国国务院

实教育规划纲要，继承优良传统，突出办学特色，坚持内涵发展，深化改革创新，不断提升人才培养质量、科学研究水平、社会服务和文化传承创新能力，努力为国家生态文明建设培养更多的一流创新人才，创造一流的科技成果，为建设有特色高水平大学而努力奋斗，为全面建设小康社会和中华民族的伟大复兴作出新的更大贡献！

刘延东

二〇一二年六月十二日

时任国务委员刘延东的贺信

第十一届全国人大常委会副委员长、民革中央主席周铁农的题词

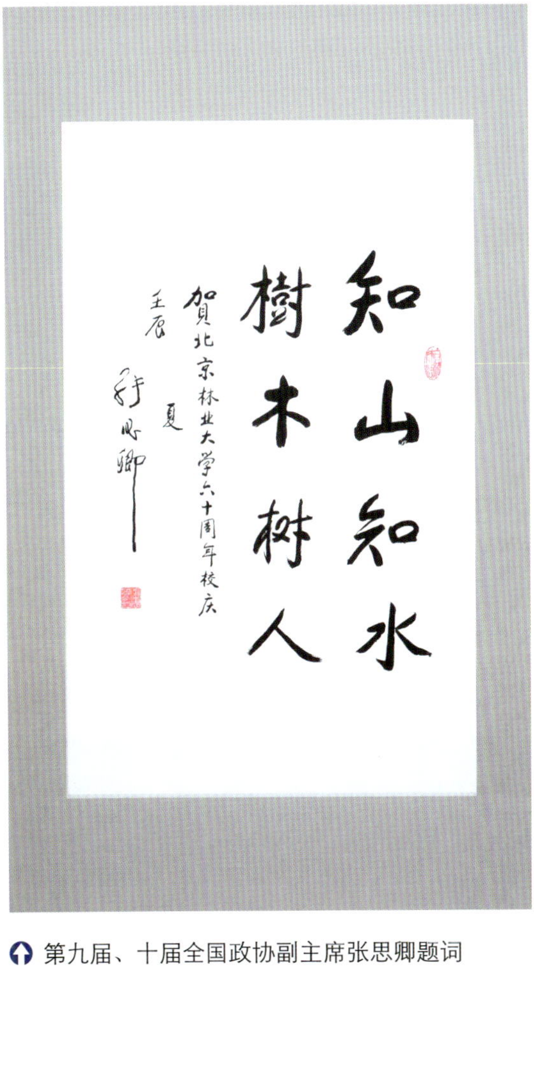

第九届、十届全国政协副主席张思卿题词

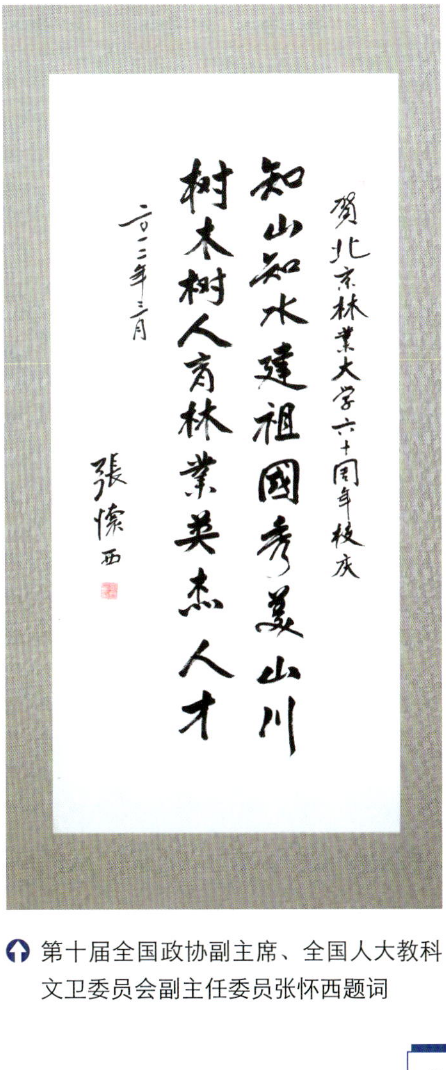

第十届全国政协副主席、全国人大教科文卫委员会副主任委员张怀西题词

10月16日，北京林业大学在国家体育馆举行建校六十周年庆祝大会

时任全国人大常委会副委员长乌云其木格出席庆祝大会

时任全国政协副主席白立忱出席庆祝大会

时任全国政协副主席罗富和出席庆祝大会

全国政协原副主席、北京林业大学校友张怀西出席庆祝大会

5月7日，第二炮兵后勤部在学校设立营区生态建设与管理人才培训基地

9月9日，国旗班荣获北京高校第三届国旗仪仗队比赛一等奖

9月，迎新拓展活动

9月，2012级新生入学教育

10月15日，举办新形势下继续教育论坛

10月15日，亢进忠政委受聘成为我校客座教授

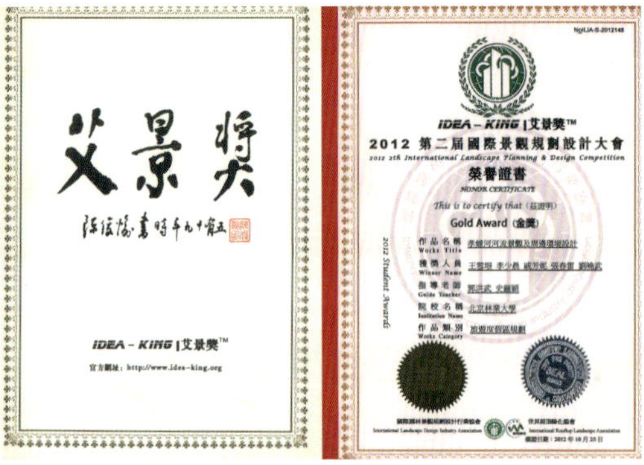

10月25日，材料学院学生获艾景奖（金奖）

11月7～9日，中国学位与研究生教育学会农林工作委员会组织专家对北京林业大学林学一级学科博士研究生教育培养管理与教学实施情况进行专项调研

10月19日，北京林业大学标本馆开馆，为人才培养和学术研究提供新的平台

标本馆一层大厅全景

2012年冬季征兵欢送会

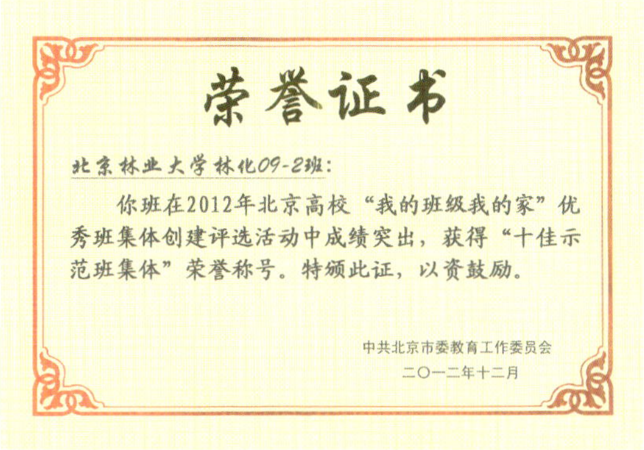
荣誉证书

北京林业大学林化09-2班：

你班在2012年北京高校“我的班级我的家”优秀班集体创建评选活动中成绩突出，获得“十佳示范班集体”荣誉称号。特颁此证，以资鼓励。

中共北京市委教育工作委员会
二〇一二年十二月

12月15日材料学院林化09-2班荣获北京市十佳示范班级体

IFLA
INTERNATIONAL FEDERATION OF LANDSCAPE ARCHITECTS
INTERNATIONAL STUDENT COMPETITION
2012

LANDSCAPES IN TRANSITION

Creative Landscapes Transforming Lives

FIRST PLACE

GROUP HAN PRIZE

PROJECT:
FLOATING MODULE FOR FLOATING TOWN

TEAM:
HUI LI DANZI WU LU FENG AIAI BAO SHUAI SUN

BEIJING FORESTRY UNIVERSITY, CHINA

IFLA President

GroupHAN

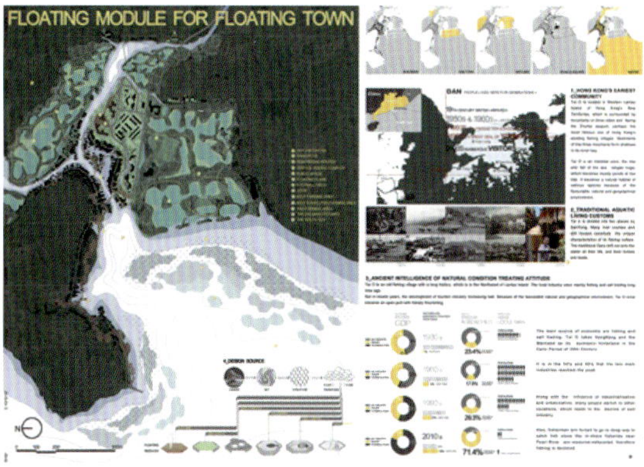

2012园林学院学生获世界大学生风景园林设计竞赛（IFLA）第一名

11月30日至12月1日，北京林业大学研究生院组织召开全日制专业学位研究生教育建设项目交流会

12月，与北京建筑工程装饰有限公司建立教学实习与就业实践基地

12月6日，林大附小科学课实践教学

12月23日，成立语言服务中心

12月27日，武警总部领导调研选培工作

科学研究

3月，北京林业大学教授与企业家共话现代林业技术装备发展

6月14日，承办首届国际观赏植物种质资源学术研讨会

8月，学院举办中日森林植被恢复学术研讨会

9月24日，材料学院举办全国博士生学术论坛——林业工程与生物质材料和能源分论坛

10月8～12日，主办森林生态系统基因调控国际研讨会

10月12～16日，承办第十届世界克隆植物生态学研讨会

10月12日，举办闻邦椿院士产品设计报告会

10月13～14日，主办首届林业经济国际论坛

10月13日，举办国际风景园林高峰论坛

10月14～16日，举办第二届森林科学论坛——森林可持续经营国际学术研讨会

10月15日，举办林业教育改革与发展暨纪念林业教育110周年学术研讨会

10月15日，举办汪懋华院士学术报告会

10月16日，主办首届绿色产业发展高端论坛

10月28～30日，承办湿地生态系统服务与可持续利用暨中国生态学学会湿地生态学专业委员会2012年年会

12月3～4日，举办鹤类保护与可持续农业国际研讨会

四盒园平面

2012年王向荣教授设计的四盒园获得英国国家景观奖

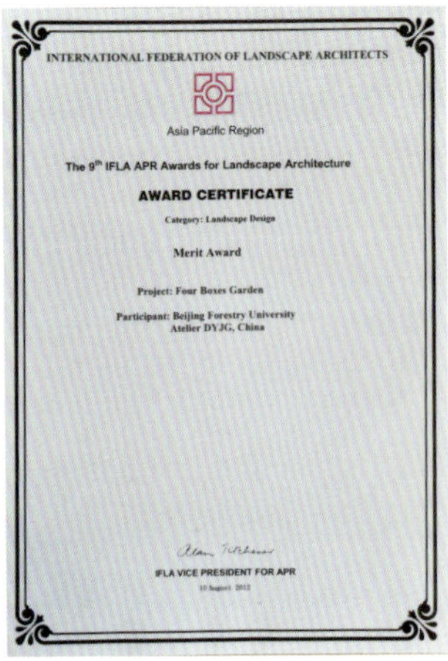

2012年王向荣教授设计的四盒园获得IFLA亚太区优秀设计奖

2012北京市科学技术二等奖——芍药科植物迁地保护及开发利用

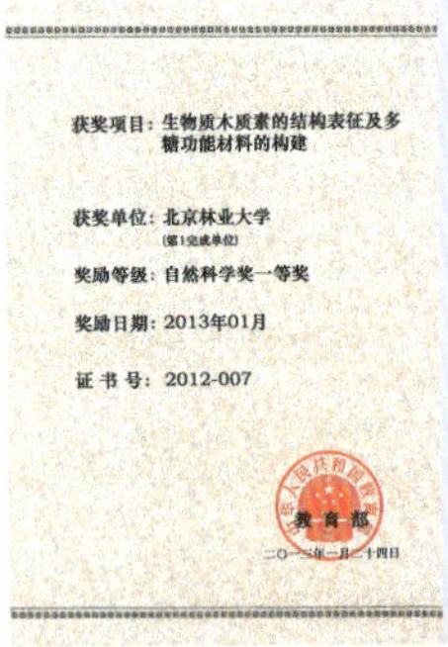

2012教育部自然科学奖一等奖——生物质木质素的结构表征及多糖功能材料的构建

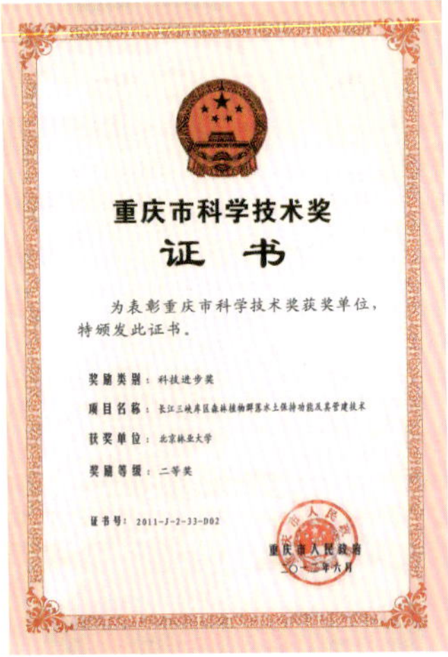

2012重庆市科学技术二等奖——长江三峡库区森林植物群落水土保持功能及其营建技术

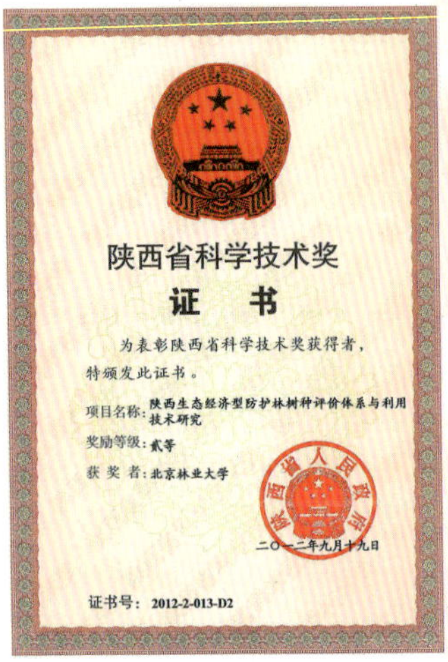

2012年陕西省科学技术二等奖——陕西生态经济型防护林树种评价体系与利用技术研究

2012年陕西省科学技术二等奖——黄土高原农牧交错带生态恢复机理和关键技术研究

国际交流

3月24日，日本千叶大学师生代表来学校交流

9月3日，举办与日本山形大学交流活动

10月，与马来西亚亚普特拉大学会谈

10月，与加拿大不列颠哥伦比亚大学洽谈合作

10月，与美国南方大学签订校际合作协议

10月，与美国北卡罗来纳州立大学签订校际合作协议

10月，与越南林业大学洽谈合作

社会服务

3月12日，工学院参加2012北京国际现代林业技术装备展

4月，志愿者团前往玉泉路小学开展林木知识讲座

4月，国家林业局司局级领导来学校林场开展义务植树

4月，中国科学技术发展战略研究院来学校林场开展义务植树

4月，教育部国际司来学校林场开展义务植树

6～7月，本科生党支部到西城槐柏社区开展绿色宣传

7月，举办北京林业大学国家理科生物学基地首届高中生“探索生物奥秘”夏令营

7月17日，“探索生物奥秘”夏令营营员动手实验

11月17日，举办第四届海峡两岸口译大赛华北赛区比赛

承办首都高等学校第九届越野攀登赛

校庆志愿者运送物资

校庆青年形象大使

大学生心理健康节闭幕式活动

民乐团被评为“北京大学生艺术团”

校园新景——森工1988级学生捐赠树化玉

校园新景——湖北校友会捐赠的三峡石

北京林业大学 年鉴

BEIJING FORESTRY UNIVERSITY

YEARBOOK

2013

北京林业大学 编纂

中国林业出版社

图书在版编目（CIP）数据

北京林业大学年鉴. 2013 / 北京林业大学编纂. －北京：中国林业出版社, 2014.5

ISBN 978-7-5038-7488-8

Ⅰ. ①北… Ⅱ. ①北… Ⅲ. ①北京林业大学－2013－年鉴 Ⅳ. ①S7-40

中国版本图书馆CIP数据核字(2014)第094653号

出　版：中国林业出版社（100009　北京市西城区德胜门内大街刘海胡同7号）

网　址：http://lycb.forestry.gov.cn

E-mail：cfybook@163.com　　电话：010-83223789

发　行：中国林业出版社

印　刷：北京华正印刷有限公司

版　次：2014年5月第1版

印　次：2014年5月第1次

开　本：787mm×1092mm　1/16

印　张：24

插　页：34

字　数：721千字

定　价：68.00元

《北京林业大学年鉴（2013卷）》编辑委员会

《北京林业大学年鉴（2013卷）》编辑部

编辑说明

在年鉴编辑委员会的正确领导下，经过年鉴编辑部和全校各单位组稿人和撰稿人的共同努力，《北京林业大学年鉴（2013卷）》（以下简称《年鉴（2013卷）》）完成编撰，正式面世。《年鉴（2013卷）》是北京林业大学建校以来连续出版的第四本年鉴，汇集了2011年学校事业发展及重大活动基本情况，系统地反映了学校在人才培养、科学研究、社会服务、内部管理和党建思政工作方面的重要成就及新进展，是学校发展情况的历史记载，供全校各个部门及校外有关单位了解和研究学校现状与发展情况时参考使用。

作为北京林业大学党委、行政名义组织编撰的综合性工具书，《年鉴（2013卷）》选题时间范围为2012年1月1日至12月31日的重大事件、重要活动及各个领域的新进展、新成果、新信息，部分内容依照实际情况前后适当延伸。《年鉴（2013卷）》以文章和条目为基本载体，以条目为主，并配有彩色插页。全书共设置20个栏目，分别为概况、特载、学院与教学部、教育教学、学科建设、科学研究、科技平台及研究机构、国际交流与合作、党建与群团工作、管理与服务、学校公共体系、专文、机构与队伍、人物、2012年大事记、重要学术报告会一览、表彰与奖励、毕业生名单、学位授予名单、媒体重要报道要目。

在《年鉴（2013卷）》的编撰过程中，年鉴编辑部专门聘请了班道明、赵绍鸿两位退休的老先生作为特约编辑，进一步在编校质量上下工夫，做到精益求精。彩色插页多选取生动活泼的场景，以点带面，更加直观地反映了学校事业发展。

《年鉴（2013卷）》的编撰得到了学校各有关单位和广大教职员工的大力支持，在此谨表最诚挚的谢意。在编撰过程中，编辑部人员力求做到资料完整、内容翔实、数据准确，但由于编撰时间紧、任务重，大多数同志都是在繁忙的工作之余兼职为之，难免有疏漏、不妥之处，恳请读者不吝指正。

《北京林业大学年鉴》编辑部

2013年11月

目录

北京林业大学概况

特　载

学院与教学部

教育教学

学科建设

科学研究

科技平台及研究机构

国际、港澳台交流与合作

党建与群团工作

管理与服务

学校公共体系

专 文

机构与队伍

人　物

2012 年大事记

重要学术报告会一览

表彰与奖励

毕业生名单

2012 年学位授予名单

2012 年新闻要目

北京林业大学概况

北京林业大学是教育部直属、教育部与国家林业局共建的全国重点大学。学校办学历史可追溯至1902年的京师大学堂农业科林学目。1952年全国高校院系调整，北京农业大学森林系与河北农学院森林系合并，成立北京林学院。1956年，北京农业大学造园系和清华大学建筑系部分并入学校。1960年被列为全国重点高等院校，1981年成为首批具有博士、硕士学位授予权的高校。1985年更名为北京林业大学。1996年被国家列为首批“211工程”重点建设的高校。2000年经教育部批准试办研究生院，2004年正式建立研究生院。2005年获得本科自主选拔录取资格。2008年，学校成为国家“优势学科创新平台”建设项目试点高校。2010年再获教育部和国家林业局共建支持。2011年与其他10所行业特色高校参与组建北京高科大学联盟。

学校以林学、生物学、林业工程学为特色，是农、理、工、管、经、文、法、哲相结合的多科性协调发展的全国重点大学。学校现有13个学院、39个博士点、116个硕士点、57个本科专业及方向，1个一级学科国家重点学科（含7个二级学科国家重点学科），2个二级学科国家重点学科，1个国家重点（培育）学科、10个国家林业局重点学科、3个北京市重点学科（一级）（含3个二级学科）、4个北京市重点学科（二级）、1个北京市重点交叉学科。

截至2012年12月，学校在校生31 544人，其中本科生13 218人，研究生4411人，各类继续教育学生12 065人，非计划招生高等教育学生中在职人员攻读硕士学位1850人。学校现有教职工1875人，其中，专任教师1147人，包括教授229人、副教授499人；有博士生导师208人，硕士生导师401人；中国工程院院士3人，973项目首席科学家1人，“千人计划”人选1人，有长江学者4人，国家杰出青年4人，国家“百千万人才工程”人选5人，国家“新世纪百千万人才工程”人选3人，国家有突出贡献专家8人，省部级有突出贡献专家20人，享受政府特殊津贴专家107人，教育部“新世纪优秀人才”27人。教师获奖众多，其中有1人获何梁何利科技进步奖，1人获国际环境突出贡献奖，1人获全国优秀科技工作者称号，2人获全国模范教师称号，4人获全国优秀教师称号，1人获全国高校思想政治理论课优秀教师称号。其他获各类省部级以上奖励200余人次。

学校科学研究实力雄厚，成果丰硕。建有1个国家工程实验室、1个国家工程技术研究中心、1个国家级研发中心、1个国家科技示范园、1个国家野外台站、4个教育部重点实验室、3个教育部工程技术研究中心、1个教育部科技创新团队、5个国家林业局重点实验室、5个北京市重点实验室、5个国家林业局定位观测站，2个北京市工程技术研究中心。2000年以来，共获得国家技术发明二等奖3项，国家科技进步二等奖12项。“十一五”以来，以第一作者单位发表论文被SCI收录721篇，EI收录869篇，继续承担国家科技支撑计划、“863”计划、国家自然科学基金重点项目等重大科技计划课题，获得科研经费9．93亿元。在树木抗逆分子生物学基础以及抗逆植物材料的选育与栽培技术，花卉新品种选育、栽培与应用，林木新品种选育与产业化开发，林业生态工程建设综合技术，森林生物质资源保护与利用等方面形成了优势、特色研究领域。以三倍体毛白杨、四倍体刺槐、名优花卉、地被植物等优良品种，林产精细化工为龙头的高新技术产业体系正巩固发展。毛白杨产业受到朱镕基和温家宝等国家领导人的重视和关怀，对三倍体毛白杨科研、推广示范等工作做了具体批示，并给予专项拨款。

学校形成了“知山知水、树木树人”的办学理念，为国家培养了8万多名高级专门人才和一批外国留学生，其中包括13名两院院士以及13名省部级领导为代表的一大批杰出的科技专家和管理干部，他们为中国林业事业做出了卓越的贡献。

学校高度重视教学工作，教学改革成果丰硕，教学质量稳步提高。近年来，共获得国家级教学成果奖 8 项，其中一等奖 3 项、二等奖 4 项，优秀奖 1 项。省部级教学成果奖 40 项，其中一等奖 12 项，二等奖 27 项，优秀奖 1 项。国家级特色专业建设点 12 个，国家级教学团队 5 个，国家级精品课 9 门，国家级精品教材 5 种。北京市教学名师 15 名，北京市特色专业建设点 7 个，北京市优秀教学团队 8 个。有 2 部教材获国家级优秀教材一等奖，20 部教材获省部级优秀教材奖。“十一五”以来，学校学生在国际及亚太地区大学生风景园林设计大赛中，获 9 个一等奖，13 个二等奖。在全国大学生英语竞赛中，有 14 人获特等奖，50 人获一等奖。在全国大学生数学建模大赛中，有 9 人获全国一等奖，24 人获全国二等奖。学校本科毕业生就业率始终在 90% 以上。2005 年学校在教育部组织的普通高等学校本科教学工作水平评估中获得优秀。5 篇博士论文入选“全国优秀博士论文”。

校本部现有校园面积 47 万平方米，正在建设的鹫峰校区占地面积 50 万平方米，学校实验林场占地面积 775 万平方米，学校总占地面积 822 万平方米。此外在河北沧州建有 200 万平方米的教学科研实习基地。图书馆建筑面积 23 400 平方米，藏书 163. 25 万册。电子文献 39 900GB，电子资源库 39 种。建成了“千兆骨干、百兆桌面”的数字校园网络。

学校积极推进国际合作和开放办学。学校先后与 30 余个国家和地区的 170 余所高等院校、科研院所和非政府组织建立了教育与科技合作关系。自 2005 年始，每年承办商务部援外培训项目，培养大批发展中国家林业管理高级人才和技术骨干。2005 年以来，共举办了 30 余次国际学术会议，接待国外专家学者千余人次，派出大量教师出国交流合作，执行国际合作项目 30 余项。从 2003 年开始，与美国密歇根州立大学联合举办草业科学本科合作办学项目，2012 年与加拿大不列颠哥伦比亚大学联合举办木材科学与工程以及生物技术专业合作办学项目。

目前有 100 多名留学生在校进行本科、硕士、博士层次的学习，其中学历生的比例为 75%，生源国来自 48 个国家。截至 2012 年年底，学校累计培养外国留学生 2000 余人。2011 年，“亚太地区林业院校长会议机制协调办公室”设在我校，为北京林业大学走向国际化提供了又一个有力的平台。学校积极开展与港澳台地区的交流与合作。

特 载

北京林业大学举行建校60周年庆祝活动

2012年10月16日，北京林业大学迎来了建校60周年纪念日，学校举办了盛大而隆重的庆祝大会。海内外7000余宾朋、校友齐聚绿色学府。中共中央政治局常委、国务院总理温家宝，中共中央政治局委员、国务院副总理回良玉，中共中央政治局委员、国务委员刘延东等党和国家领导人题词或发来贺信；广大校友、企事业单位、科研院所和社会各界人士慷慨捐赠。校庆期间，学校举办了一系列以“绿色校庆”为主题的学术、文化、庆祝、交流等活动，全面回顾了学校“知山知水 树木树人”的办学历程，充分展示了学校的办学成就，凝练凸显了学校的精神文化，为学校的进一步发展凝聚了力量、扩大了影响。

北京林业大学自2011年10月16日启动“绿色校庆”年，提出要办一场有“北林品格，优秀品质，高尚品味”的绿色盛典，在“隆重，和谐，特色，节俭”原则的指导下，经过全校师生的齐心努力，把我校的甲子华诞真正办成了文化盛宴、学术盛会、甲子盛况、战略盛举和绿色盛典。

一、校庆是一场弘扬北林精神，展示办学成就的文化盛宴

一年来，学校各部门紧密围绕“精神文化”“历史文化”“校园文化”“庆典文化”等内容，开展了丰富多彩的系列文化活动。

在精神文化层面，学校以校庆为契机，全面总结、系统凝练学校办学理念和办学精神，启动了“北林精神”、校训、校风、教风、学风的表述语评选活动，初步确定校训的表述语为“知山知水 树木树人”；校风的表述语为“传播绿色文化 引领生态文明”；教风的表述语为“尚德 爱生”；学风的表述语为“学会学习、学会思考、学会审美”。同时，学校开展校歌征集活动，以20世纪50、60年代广大师生传唱的《我们是森林战士》为基础，组织专门力量重新填词，创作了一曲具有时代和学校办学特色的《绿色之歌》，并在校内外进行传唱和推广，为确立校歌奠定基础。在校庆倒计时6个月之际，正值北林首任林业系主任范济洲教授诞辰100周年，学校举行了隆重的座谈会，勉励大家学习先生心系国家、无私奉献的爱国精神；求真务实、开拓创新的科学精神；深入实际、不畏艰辛的探索精神；甘当人梯、淡泊名利的崇高品格。同时，在会上对建校初期来学校工作并在学校离退休的37位老同志进行表彰，授予“青松荣誉奖”，以表彰他们为学校建设发展奠定的基础和做出的贡献。

在历史文化层面，学校收集各个时代的历史照片1264幅，制作成校史展，在校庆期间进行展出，全面展示学校在党的建设、科学研究、社会服务、国际交流、文化传承、学科建设等方面的成绩。此外，学校历时1年，编撰《北京林业大学校史(2002~2012)》，系统总结了学校近10年改革发展的重要举措和成绩；编撰书籍《北林学者》全面介绍了学校近200名学者的学术成果。同时，制作了专题片《知山知水 树木树人》，记录了60年来的办学历程，再现了近10年的办学特色和建设成就，描绘了建设国际知名、特色鲜明、高水平研究型大学的发展前景。形象片《北林印象》时长约3分钟，用一幅幅优雅画面聚焦学校特色和亮点。画册《甲子华章 绿色辉煌》以清新朴实的风格，图文并茂的形式，展示了建校60年、特别是近10年学校发展取得的成就，并首次实现校庆画册电子杂志网上阅览。

在校园文化层面，学校举办“迎甲子校庆，展青春风采”主题活动，并在全校大学生中遴选出“学习、公益、励志、活力、创新”为特色的10名校庆“绿色青年大使”，引导青年学子传承北林精神，展示青春风采。同时，学校在全校基层班级中开展迎校庆主题班日活动，响应学校“为母校献礼，给华夏添绿——做一件绿色小事”的倡议。促进广大同学在学习校史中提升归属感，在传播文化中提升荣誉感，在守护绿色中提升责任感，在建设生态中提升使命感。此外，在校园环境方面，学校设计了以“传播绿色”为内涵的绿风车主题，并以此为主形象完成了校庆的环境布置。在校园环境改造方面完成了正门中央草坪区绿化景观改造工程，绿化面积6287平方米，种植苗木品种47种，其中新增品种19种。共计用石材98吨，营造出东侧柏山的沟壑嶙峋、曲回游转；西侧松山的重峦叠嶂、高翘挺拔。完成主楼前景观喷泉改造工程，对池底、池壁、溢水槽、蓄水坑增加防水施工，景观壁以雕塑的形式凸凹有致地勾勒出“中国林区分布图”。完成了森工楼、林业楼、图书馆、田家炳及一教自行车停放区的改造工程。新安装自行车停车架480米，新增铺装面积660平方米，周边新增绿化230平方米，自行车停放区面积近千平方米。完成校园东侧新征地改造工程，新建东侧大门一座。在原荒地的基础上新增绿化面积4110平方米，种植苗木7个品种，花灌木300株，小灌木160平方米，新修园路640平方米，选用多年生、一年生优良花卉种源，播种面积4000平方米，形成了红、黄、白、粉、蓝五种颜色的美丽野花组合。此外，还完成了体育场入口处的铺装工程，学校北门道路交通秩序治理工作，协调学院路街道、设计单位、施工单位等，完成清华东路我校路段的绿化及墙面美化工作。在银杏大道补植银杏树3株、从湖北神农架引进国家一级重点保护植物珙桐(鸽子树)2株，填补了我校这一树种的空白，补植绿地面积约6300平方米，完成校园建筑清洗面积约10 000平方米；设计摆放校庆主题花坛共5处，使用31种花卉，共计25 303盆。完成了夜景照明工程。此外，学校的实习苗圃和标本馆均装扮一新，迎接海内外宾朋的到来。

在庆典文化层面，学校在校庆临近之际，组织了一系列文艺演出、文化活动，其中校庆主题晚会“绿色摇篮”深受好评，晚会以“春动苗涌”“山水树人”“万物林育”为主体篇章，动员演职人员上千人，经过3个多月的组织和训练，全面展现以北京林业大学为代表的中国林业和生态环境教育的辉煌成就，对“北林精神”的最好凝练，本次演出首次实现了网络的同步直播，校内外数万人同一时间收看了这场高水平的演出。此外，学校还组织了教职工合唱比赛、武警森林部队慰问校庆专场演出、校庆音乐会等多场文艺演出。

文化活动方面，在校庆前夕，近30名书画名家齐聚校园，开展60周年校庆“山河丹青”书画名家笔会，为校庆专题创作书画作品百余幅，这些作品与学校师生、校友的书画作品和中国著名的生态摄影家的摄影作品一起，共同构成了校庆书画摄影展的全部展品。

二、校庆是一场聚焦林业进步，汇集高端智慧的学术盛会

校庆期间，学校依托各学院和单位，围绕“林业建设”“学科发展”“前沿科技”等内容，共组织重大学术会议、专项学术论坛、学术讲座30多场，有来自世界各国近30个国家的海外学者以及国内院士、教授参加会议并做了精彩的学术报告，参加会议的国内外同行、专家学者、研究生近5000余人。20余家媒体对学术活动进行了不同深度的报道。

“林业教育改革与发展暨纪念林业教育110周年学术研讨会”由北京林业大学主办，作为60周年校庆活动的重要组成部分，主题为林业教育改革与发展。来自全国30多所农林院校，中国林业出版社、地拓科技等多家企业代表，中国教育报、中国绿色时报、科技日报、光明日报、中央电视台第7频道、中国教育电视台、国家林业局网站、人民网、央视网、新浪网等20多家新闻媒体记者共计260余人参加了本次会议。会议举办专题演讲16场，征集教学管理、教学改革论文20篇，论文经专家评审录用后，将结集出版。会上还进行了中国工程院原副院长沈国舫院士《一个矢志不渝的育林人——沈国舫》的新书发布。本次会议的召开，对进一步加强中国林业教育改革，提升林业教育水平，为林业院校与政府管理部门搭建交流互动平台起到了积极的作用；与会专家、学者相互之间的交流与对话，对进一步拓展中国林业教育改革的视野、促进中国林业教育事业的发展起到积极的推动作用。

“第二届森林科学论坛——森林可持续经营

国际学术研讨会”由北京林业大学主办，以“应对气候变化中的森林经营”为主题，举行专题报告15场，造林分会场举行专题报告18场，中国林学会理事长江泽慧教授、国际林联主席尼尔森·科克教授和来自20余个国家的近300名专家学者出席了会议。搭建了全球林业同行寻求合作、传播友谊的平台，促进各国林业信息交流，借以推动全球林业科技进步与创新。

“2012风景园林高峰论坛”作为园林学院重要的学术品牌，邀请到著名风景园林师Jake Williams教授，伊利诺伊大学教授、景观设计系教授、副系主任、美国景观建筑师协会(ASLA)女性委员会主任Carol Emmerling教授，日本东京农业大学地域环境科学部造园科学科学科长Kaneko Tadakazu教授和法国著名风景园林师、原法国景观师协会会长亨Henri BAVA教授。为师生带来了风景园林行业的最新动态和前沿消息。

“第十届国际克隆植物生态学研讨会”由自然保护区学院承办，围绕“全球变化背景下植物克隆生长的生态学效应”这一主题进行了为期3天的研讨，来自14个国家的34位克隆植物生态学专家、学者和学生做了口头报告，26位学者和学生做了展板报告，充分展示了国内外克隆植物生态学研究的最新成果。本次研讨会加强全世界克隆植物生态学家之间的交流与合作，有力地推动了国内外克隆植物生态学研究的发展。

由北京林业大学发起并主办的“首届林业经济国际论坛”吸引了国内外近100位学者做了主题发言或参与了讨论。近10人做了大学报告，20多位学者做了分组会议主题报告。在为期两天的论坛中，学者们围绕大会主题和“林业碳汇与应对气候变化”“森林资源管理”“林权制度改革”等分主题展开了讨论。

三、校庆是一场畅叙师生深情，共享同窗友谊的甲子盛况

海内外近10万名北林人关注、关心着母校的发展，6000余人返校参加盛典，拜访师友，共叙情谊。

学校提出了“甲子北林，回家团聚”的校友接待口号，在礼品准备、吃住服务、校友接待等方面为校友们打造“记忆北林”“温暖北林”“幸福北林”。学校设计制作了以银杏叶作为主要造型的校庆吉祥物和纪念徽章，制作了刻有我校发展4个阶段校门浮雕的木质笔筒，印制了体现学校办学特色和取得成果的邮册等一系列校友礼品。学校开辟学三食堂为校庆餐饮服务专用食堂，10月14～16日作为校友的就餐专场提供回味餐，全天值班，学二食堂、清真食堂提供协助。校庆期间共为校友提供餐饮服务3060人次。

学校共招募十大类学生志愿者1551人，在“绿在你心中，我在你身边”志愿服务口号的感召下，提供安保、交通、接待、餐饮、住宿等全方位的服务。前期组织开展了通用知识培训、专项知识培训以及岗前演练。

在校庆前夕，学校走访了21个省(区、市)，联络校友，新成立了辽宁、河北、湖北、山西、宁夏等5个省校友会。

各地校友会或捐资、或赠礼(标本)、或组团参会等，通过不同形式共贺母校盛典。至校庆日当天，共接收了湖北校友会、江西校友会、甘肃校友会、厦门校友会、天津校友会以及山西校友会等地方校友会和各级校友向学校赠送的三峡石、景德镇彩色瓷盘、铜制马踏飞燕、蔡氏漆线雕、塘沽木刻画、标本(猕猴、褐马鸡、红腹锦鸡等5件3种)、树化玉、匾额等一批校庆礼物。

校庆期间学校组织召开了何巧女校友捐赠仪式、2012年海峡两岸林业敬业奖励基金颁奖仪式、森工88级校友捐赠仪式、广东弘亚数控机械股份有限公司捐赠仪式、深圳市铁汉生态环境股份有限公司捐赠等多场捐赠仪式及会议。我校教育基金会总共收到校庆的捐款101笔，共计人民币102.95万元。

四、校庆是一项提升学校影响，促进学校发展的战略盛举

北京林业大学以甲子校庆为契机，总结办学成就，展示历史贡献，提升自身影响，吸引社会资源，促进未来发展。

中共中央政治局常委、国务院总理温家宝为我校校庆题词“知山知水求真知，树木树人树高材”，中共中央政治局委员、国务院副总理回良玉，中共中央政治局委员、国务委员刘延东，全国人大常委会副委员长、民革中央主席周铁农，全国政协副主席张思卿，全国人大常委、民进中央副主席王佐书等党和国家领导人发来贺词、贺信。中共中央委员、全国人大常委会副委员长乌云其木格，中共中央委员、全国政协副主席白立忱，全国政协副主席罗富和、全国政协原副主席张怀西等出席庆祝大会。教育部、国家林业局、北京市委市政府、水利部、环境保护部等150余家单位为校60周年华诞发来贺信。共收到14位国家林业局(原林业部)老领导为我校题写的贺词。

美国密歇根州立大学、美国天普大学、美国南方大学、美国北卡罗来纳州立大学、加拿大不列颠哥伦比亚大学、越南林业大学、马来西亚普特拉大学，还有我国台湾地区的屏东科技大学、彰化师范大学等高校，清华大学、北京大学、厦门大学、北京师范大学、中国农业大学等国内高校参加了我校60周年校庆系列活动。期间，学校与来自美国、加拿大、马来西亚、越南等国家和中国台湾地区的10所高校代表团洽谈合作，并签订校际合作协议，推动各相关领域的教学科研、人才培养合作，为学校的下一步发展挖掘更加广泛的合作空间。

校庆当天，教育部副部长鲁昕率教育部规划司司长、直属基建处等单位领导听取了北京林业大学校长宋维明关于校园规划和基本建设等工作的汇报。

学校主办首届"绿色产业发展高端论坛暨招待酒会"，部分省市地区的林业主管部门、林业相关企业参加了论坛，论坛以"发展绿色产业，建设生态人居"为主题，重点在共建产业园区、政校协同创新中心、校企研发中心、高新技术企业孵化、高层次人才培养、产业技术创新联盟、校企战略合作基金、共担重大科研项目等方面促进合作共赢。

校庆活动在社会上引起很大反响。数十家社会媒体前来采访报道。中央电视台、中国教育电视台等均及时进行了报道，新华社、光明日报、中国教育报、中国青年报、北京晚报、北京晨报、科技日报、中国科学报等媒体迅速进行了报道，新华网、新浪网、搜狐网等网站也播发了校庆新闻。中国绿色时报头版头条刊发了我校校庆新闻，中国林业新闻网、国家林业局网站等以我校校庆作为当天新闻的头条获重点推荐。

此次，参加庆典的海内外重要嘉宾共计1000余人，600余人参加了校庆招待晚宴，其中省部级以上领导及院士20人，司局级以上领导近百人，晚宴现场，6位不同年代校友代表共同祝福母校生日并与与会来宾分享母校的生日蛋糕，气氛温馨而热烈。在重要嘉宾下榻的北京会议中心，学校安排了细致全面的接待工作，累计接待京外单位和机构214家，京内外校友和贵宾483人，调配接送车辆326车次，发放校庆纪念品521份。实现志愿者全程一对一接待服务，保障入住北京会议中心嘉宾的一日三餐，顺利完成嘉宾派车接送任务。

五、校庆是一场引领生态文明，传播绿色文化的绿色盛典

学校成立校庆活动指挥部，分为7个团队，由校领导亲自担任团长，下设20个小组，由相关单位的一把手负责，保障校庆工作的有序、有利、有效、有特色地开展。学校围绕"知山知水、树木树人"的办学理念，深入凝练总结北林精神，传承发扬创新北林文化，全面回顾学校的发展历史，展现办学成就，展望美好未来，同时凝聚各方力量，把校庆工作和学校的建设发展统一起来，使得我校的甲子校庆成为了一场真正的绿色盛典。校庆学术活动注重质量，体现绿色特征，服务社会发展。文化活动注重品味，体现绿色责任，增强师生的主人翁意识。校貌建设注重和谐，体现绿色文化，烘托喜庆、高雅的气氛。接待工作注重细节，体现绿色情怀，为来宾营造回家的感觉。

林木资源高效培育与利用协同创新中心培育与组建

2012年5月7日教育部关于2011计划的视频会议开始，北京林业大学林木资源高效培育与利用协同创新中心进入了快速培育与组建时期。校长亲自主抓，立足凝练方向、组织队伍、加强外联，设计体制机制新模式等方面的主要任务，加大工作力度，主动加强与教育部、国家林业局的沟通，追踪行业最新动态；与各协同主体进行了深入的交流，先后组织召开不同层次的专家研讨会10余次，反复征求协同方的意见，深入凝练培育方向，加快协同创新中心的前期筹建，并以此为契机梳理整合校内学术资源，完成协同创新中心的组建培育方案，9月25日协同创新实施方案上报教育部。

12月29日，北京林业大学牵头成立的中国林业系统第一个协同创新中心揭牌。宋维明在论坛暨揭牌仪式上强调，现阶段亟须建立政产学研用协同体系，加紧研究速生、优质、高抗林木良种选育关键技术，林木高效培育、经营与保护关键技术，林木资源高效利用关键技术，制定林木资源培育与利用政策体系。校长宋维明和国家林业局速生丰产用材林基地建设工程管理办公室主任闫振、中国林业科学研究院院长张守攻、东北林业大学校长杨传平、南京林业大学校长曹福亮等，共同签署了创新中心组建协议，为"林木资源高效培育与利用"协同创新中心揭牌。党委书记吴斌主持论坛暨揭牌仪式。来自教育部科技司，国家林业局科技司、协同单位、合作单位、中心管委会以及部分在京兄弟高校主管校领导出席了"林木资源高效培育与利用"协同创新论坛。

"林木资源高效培育与利用"协同创新实施方案的主要内容介绍如下。

一、重大需求分析

2009年中国政府在联合国气候变化峰会上承诺中国到2020年要比2005年森林面积增加4000万公顷，森林蓄积量增加13亿立方米，简称林业发展"双增"目标；而木材作为中国国民经济发展的重要资源，每年缺口在2亿立方米，对外依存度高达50%，超过了警戒线。"双增"作为阶段性目标，木材安全作为长远目标，是中国社会经济可持续发展急需解决的重大问题。为促进目标尽快实现，必须解决的关键科技问题是保障森林生产力持续提高的良种选育和高效培育关键技术、以高效利用为特征的木质/竹质新材料制造技术以及相关的政策保障等。因此，结合林木资源培育长周期及其影响因素复杂的特点，采取创新体制机制建立以"国家需求为动力"、以"应用为目标"、以"强强协同为特征"的政产学研用协同体系，建立林木资源高效培育和利用协同创新中心至关重要。

二、协同创新总体思路与目标

按照"国家急需、世界一流"的要求，充分发挥林业优势高校和科研院所的核心作用，瞄准"双增"目标和木材安全的重大需求，按照"需求导向、全面开放、深度融合、创新引领"的原则，通过建立林木资源高效培育与利用协同创新中心，探索科技体制、机制改革，提升创新能力，利用10年左右将中心建设成为国际最为先进的林木资源高效培育与利用学术和技术创新高地、优秀人才汇聚和拔尖创新人才培养的核心基地，产生一批标志性的科技成果，为"双增"全面实现和快速提升木材自给能力提供全面的技术支撑，贡献率达到55%。重点任务包括：①科技创新。速生、优质、高抗林木良种选育关键技术；林木高效培育、经营与保护关键技术；林木资源高效利用关键技术；林木资源培育与利用政策体系。②体制机制创新。符合林业科技自身规律的政产学研用协同体系的建立和体制机制创新。

三、协同创新中心组建与分工

协同创新中心牵头单位为北京林业大学，核心协同单位包括中国林业科学研究院、国际竹藤中心、东北林业大学、国家林业局速生丰产用材林基地建设工程管理办公室、南京林业大学，参加单位包括中国林业集团公司、福建三明林业局、嘉汉林业国际有限公司等单位。

中心按照"一个中心、四个平台"的整体构架建设。东北林业大学、国际竹藤中心主要负责平台I：速生、优质、高抗林木良种选育关键技术；北京林业大学、南京林业大学、国际竹藤中心主要负责平台II：林木高效培育、经营与保护关键技术；中国林业科学研究院、国际竹藤中心、南京林业大学主要负责平台III：林木资源高效利用关键技术；国家林业局速生丰产用材林基地建设工程管理办公室主要负责平台IV：林木资源培育与利用政策体系。

中心建立了协同创新中心理事会，形成了重大事项理事会会议决策制度；建立了科学咨询委员会，负责对创新中心学术决策等进行咨询；建立了中心管理委员会，负责日常运行管理。初步形成了包括统筹设岗、国内外公开招聘、岗位考核、薪酬制度、稳定支持等为主体特征的管理运行模式。中心现有人员223人，其中首席科学家(Principal Investigator，下文简称PI)47人。中心汇集国家级、省部级重点实验室7个，面积17 000平方米，仪器设备价值2亿元，总体达到世界先进水平。

中心已获得“211工程”“优势学科创新平台”及科研经费共4亿元的支持，获国家科技一等奖1项、二等奖3项，取得了预期的阶段成效。

四、机制体制改革与制度设计

1. 体制机制创新

科研体制机制改革中，针对林业科研长期性、复杂性特点，建立林业科研重点方向的持续资助制度，以10年为最短考核期，滚动资助，推进重大技术成果产出；积极探索多途径科研资金筹措机制，形成符合各方利益的知识产权管理制度。

创新理事会决策、咨询委员会指导、管理委员会执行的中心管理模式及制度；有效汇聚协同单位国家级和省部级科研平台、企业研发基地等资源和各方资金；创新公开招聘、考评激励、滚动淘汰的人事聘用和分配考评机制；实行岗位名额制、国内外联合培养、中心分委会学位授予、奖助机制等的高层次人才培养制度；形成协议薪酬、双聘制、柔性引进的国际高水平人才引进制度，建立海外学术创新基地。

2. 科技创新

创新成果将在以下领域取得。①速生、优质、高抗林木良种选育关键技术。林木速生、优质、抗逆分子基础及相关基因挖掘；林木速生、优质、抗逆种质资源评价与选择；林木速生、优质、抗逆多目标性状遗传改良。②林木高效培育、经营与保护关键技术。优质苗木工厂化培育技术；森林可持续经营关键技术；用材林高效培育关键技术；森林高效抚育关键技术；重大森林灾害生态调控关键技术等。③林木资源高效利用关键技术。高品质高附加值木质/竹质材料制造技术、木质/竹质材料节约节能加工技术等；④林木资源培育与利用政策体系：服务木材安全和“双增”的战略与主导政策；林木资源培育与利用管理制度创新；基于资源价值链产业结构调整与产业政策构建。

五、培育组建的实施成效

建成世界先进的林木资源高效培育与利用研发平台；成为世界林木资源高效培育与利用的人才和创新团队培养的核心基地；显著提升支撑学科水平，使中国林业领域多学科跻身世界前列；建立起有利于可持续发展的协同创新中心的体制和机制；对全面实现“双增”目标和保障中国木材自给能力提供全面技术支撑。

第二轮岗位设置和人员聘用制度改革

2011年9月起，按照校党委的整体部署，学校成立了由多个职能部门和学院代表组成的方案起草工作小组，经过走访调研、起草初稿、广征意见、细化修改等步骤，制定了第二轮岗位设置和人员聘用、校内绩效津贴分配改革的整体方案。2012年3月，改革方案顺利通过学校“双代会”及学术委员会审议。2012年6月全体教职工聘岗入位。本次改革从调研、起草方案到全体人员聘岗完毕、兑现待遇，历时9个多月，整体工作按期有序推进，稳妥实施。

截至2012年6月聘岗工作结束，全校参加聘岗的1659名教职工按规定聘任至相应岗位。其中，教师专业技术岗位934人，占岗位总数的56.3%；其他专业技术岗位314人，占总岗位数的18.9%；管理岗位334人，占总岗位数的20.1%；教师系列9人聘任至特设二级岗位，31人聘任至A1岗位，岗位晋级人员共计309人。

1. 改革指导思想与目标

改革方案遵循4个有利于原则：一有利于教学质量和科研水平的提高；二有利于团队建设和学科水平的提高；三有利于研究型大学转型、内部管理体制改革和学院目标管理的推进；四有利于调动广大教职员工的积极性。改革的目标是构建有利于人才资源合理配置、优秀人才脱颖而出的制度环境，建立科学的竞争激励机制。

2. 改革核心内容

(1)评聘分离。实行专业技术系列职称评审与岗位聘任分离为核心的评聘制度。建立校内岗位聘用体系。

(2)学院为主。实行学院为主体的管理体制，实现学院责、权、利相统一，突出学院主体地位，促进队伍建设。学校将设岗、聘用的更多权力下放到各学院，学院以此为契机对本单位的学科、专业、科研平台等的相关队伍建设问题进行梳理、筹划，以基本学术组织为单元进行设岗，整合配置各类岗位资源。

(3)分类管理。学院可自主设置教学为主型、教学科研并重型和科研为主型3种类型岗位。教师根据个人职业规划和专业特长选择聘岗。同时，在重点科研平台和研究所设置部分专职科研岗位，纳入教师系列管理。

(4)明确职责。重视顶层设计，科学制定规划，围绕学校"十二五"发展任务建立了学校——二级单位——教职工逐级规划的责任体系，进一步明晰单位和岗位职责，统筹人才培养、科学研究、社会服务的基本职能。不同类型的学院体现不同的岗位职责。

(5)强化考核。以学校"十二五"发展规划任务目标为基础，逐级分解单位任务与岗位任务。学校与14个学院和职能部门签订了《单位聘期目标任务书》，各单位与教职工签订《岗位聘用合同》和《岗位任务书》。人事处与相关业务职能部门完善绩效考评体系，实行分类评价和分类考核，制定以单位聘期任务为依据、过程与目标相结合、定量与定性相结合、中期与长效相结合的考核目标，建立起岗位聘用的督促和制约机制，建立起二级单位及每位教职工和学校发展目标之间的联系。

配合第二轮岗位设置和人事聘用制度改革，学校进行了绩效津贴收入分配制度改革。正确处理保障与激励的关系是构建科学合理的收入分配体系的重要保证。一方面，本次校内绩效津贴分配制度改革在业绩工资和奖励工资的分配中，以现职岗位的关键作用、责任大小作为确定绩效工资标准的依据，以业绩、贡献为导向，充分调动广大教职工的积极性、创造性。另一方面，从教师职业的劳动特点出发，注重收入的稳定性和安全性。在收入分配体系中，加大处于低收入群体和青年教工薪酬增幅，保证中间层级人员收入稳定增长，坚持保障和激励相结合，形成良性的激励机制。本次绩效津贴分配制度改革中，学校实行总量宏观控制，坚持以学院为主体，给二级单位充分自主权，结合实际情况自主制定绩效津贴结构比例和发放办法，确保公平，通过收入分配制度改革的有效激励，促进岗位聘用制度改革达到预期目标。作为收入分配的重要组成部分，学校新制定出台了《人才培养和科技奖励办法》，加大奖励力度，调动广大教学科研人员的积极性，促进教学科研成果的产出，形成有效的奖励激励机制。 (崔惠淑　张　闯)

教育部直属高校巡视工作办公室进校巡视

受部党组委托，教育部赴北京林业大学巡视组于2011年11月13日至12月2日对学校进行了巡视。2012年5月10日，巡视组将巡视意见反馈给学校。

巡视组共8人，由武汉大学原校长侯杰昌任组长，北京外国语大学原校长陈乃芳、四川大学原纪委书记刘富德任副组长。

巡视期间，巡视组召开了与学校领导班子见面会，通报了巡视工作任务和要求，听取了学校工作汇报；召开了巡视工作动员大会，对校领导班子进行了民主测评；发布了巡视工作公告并设立了意见箱。

巡视组按照规定范围进行个别谈话128人次；分别召开了中青年教师代表和学生代表座谈会；听取了学校党风廉政建设、纪检监察、组织、人事、基建等专项汇报；列席了党委常委会和校长办公会；查阅了有关会议记录和文件资料；考察了图书馆、标本馆、实验室、学生宿舍、教学实习林场、花卉基地等场所，了解师生学习、工作和生活情况；听取了北京市委教育工委对学校改革发展和领导班子建设情况的介绍。

巡视期间，巡视组接待了群众来访来信来电，按规定进行了分类处理。

2012年5月10日，教育部巡视组组长侯杰昌、副组长陈乃芳及教育部直属司副司长贾德永等来校反馈巡视意见。反馈意见认为，学校办学理念和发展战略清晰明确；学科建设取得新进展，逐步形成了有学校特色的六大学科群，学科总量显著增加，布局更趋合理；人才培养质量持续提高，人才培养质量得到社会充分认可；师资队伍建设扎实开展，师资队伍结构进一步优化；科学研究和成果转化迈上更高台阶，取得了一系列科研创新成果，科研实力不断增强，科技产业和服务社会效益显著；内部管理改革稳步推进，建立了学校宏观调控、学院自主办学的运行机制，推进教授治学，完善岗位设置和人员聘任改革；国际合作交流日益广泛；办学和教职工生活条件有所改善；党建和思想政治工作卓有成效。

反馈意见对学校领导班子及党政一把手做了总体评价。意见认为，学校党政领导班子政治立场坚定，学校发展目标定位明确，对发展中面临的问题认识到位。班子主要领导能主动谋划、相互沟通，班子成员想干事、能干事、干成事，多数成员能把主要精力放在学校管理工作上，较好地履行各自的职责。学校党政领导班子坚决贯彻执行党的路线方针政策和教育部党组的决议决定，坚持社会主义办学方向；坚持民主集中制，认真贯彻党委领导下的校长负责制；坚持把思想政治建设放在首位，着力提高领导班子的办学治校能力；着力加大干部考核和培养力度，不断加强干部队伍建设；认真贯彻落实党风廉政建设责任制，扎实推进反腐倡廉工作。

反馈意见指出了学校存在的主要问题，分别为：领导班子建设应进一步加强；队伍和学科的建设力度应进一步加大；办学资源应进一步拓展；影响学校事业健康发展的遗留问题应妥善处理。根据存在的问题，反馈意见提出了6条整改建议，希望学校在重大事项出台之前，广泛宣传和听取教职员工的意见和建议，依靠师生员工民主办学；加强学科整合和科研团队建设，集中优势资源，争取重大科研项目的突破和更多标志性科研成果的取得；进一步加大国际化战略推进力度，提升学科专业国际化水平；主动向北京市及海淀区有关部门反映学校办学空间不足等实际困难，争取各级政府更多理解和支持；主动向教育部、北京市汇报基建遗留问题，争取指导和支持；高度重视学生宿舍楼的安全问题。

按照教育部的有关要求，学校认真研究反馈意见，实施整改措施。学校成立了整改工作领导小组，本着“重在完善机制、重在破解难题、重在提升质量、重在科学发展”的思路，对照反馈意见找差距，深刻剖析原因，将整改任务分解为9大部分、42小项，形成了切实可行的高质量的整改方案，逐一分解责任，限时落实。学校的领导班子建设、教育教学和科学研究、人事制度改革、办学资源拓宽、民生改善、党建工作等方面取得了显著的成效。 （沈 芳 张 勇）

迎接“党建思政”“平安校园”“三重一大”专题检查

2012年学校先后迎来北京市“平安校园”创建试点学校检查验收、教育部“三重一大”决策制度检查、北京高校《党建和思政工作基本标准》检查3项专题检查。

北京市“平安校园”创建试点学校检查。2012年4月25～26日北京林业大学通过北京市“平安校园”创建工作检查组的验收。

北京林业大学从2011年开始，结合市委教育工委《关于深入推进高校“平安校园”创建工作的意见》的要求，进行“平安校园”的创建工作。党委保卫部(处)作为“平安校园”创建工作的主要部门，重点做了以下工作。①制定“平安校园”创建工作方案和任务分解方案及工作计划，落实创建责任，明确创建目标；②梳理和完善学校安全稳定工作体制机制，调整学校安全稳定工作领导小组和12个专项工作小组，明确各小组工作职责，完善相关工作机制；③组织召开全校深化“平安校园”创建工作动员部署大会和创建工作协调会及阶段总结会，并邀请上级有关领导进行了“平安校园”创建工作专题辅导，使“平安校园”创建工作思路更加明晰；④完善学院支撑材料模板，确立相关标准，使各学院任务更加明确；⑤按照首都高校“平安校园”创建基本标准中的8个一级指标、24个二级指标、57个测评要素，细化分解为100项工作任务，落实牵头部门和责任单位及完成时限，认真按六大体系、特色材料分类整理学校“平安校园”创建工作的支撑材料；⑥配合学工部门做好广大学生对消防设施和器材的使用和演练，让学生对“平安校园”创建工作有个基本的了解。

通过长期的工作积累和一年来的创建工作，“平安校园”创建取得显著成效，有效建立齐抓共管的工作机制，广大师生投入“平安校园”建设的自觉性空前提高，确保政治大局持续稳定。

北京高校《党建和思政工作基本标准》检查。2012年10月25日，由市委教育工委常务副书记刘建为组长的市委教育工委《基本标准》入校检查组第一组来校对党建和思想政治工作10项专项工作和特色工作进行了集中检查。

校党委书记吴斌做了题为《强党建引领方向，树品牌打造特色，努力建设高水平林业大学》的学校党建和思想政治工作汇报。吴斌汇报了学校党建和思想政治工作的总体思路，坚持“引领方向，注重服务，凝聚人心，构建和谐”，坚持“红色”和“绿色”两大主题，构建红绿相映的育人格局。专家组入校检查期间，通过召开座谈会，实地走访学院、心理咨询中心、学生资助大厅等窗口服务单位，查阅专项工作和特色工作的支撑材料等方式对学校党建和思想政治教育工作进行了深入了解。

2012年12月3日，市委教育工委向学校反馈了书面意见。意见中指出，学校党建和思想政治工作具有优良传统，始终坚持把党的建设和学校中心工作紧密结合，重视顶层设计，形成了“一个理念”“两大主题”的工作思路，不断推进党建工作创新；党建工作体制机制健全，科学化、规范化水平较高，措施有力，成效显著，为学校事业发展提供了坚强的思想、政治和组织保证。

意见对北京林业大学10个方面专项工作和特色工作给予了高度评价，在进一步扩大学校干部的国际化视野、完善教师党支部发挥作用及其工作保障的机制和加强党外干部培养工作等方面提出了建议。同时要求，学校党委进一步加强党建研究，破解难题，积极探索，培育品牌，以改革创新精神推进党建和思想政治工作，更好地发挥党建先进校的示范引领作用。

教育部“三重一大”（重大决策，重要人事任免、重大项目安排和大额度资金使用）决策制度检查。9月26～27日，教育部“三重一大”决策制度检查组一行7人在组长、教育部高教司副司长刘贵芹、中国科技馆原馆长王渝生带领下来学校检查工作。

检查组听取了学校的工作汇报，查阅了相关资料，召开由相关职能部门负责人、学院负责人、教师代表、党外人士代表参加的座谈会，并走访了园林学院和经济管理学院。

学校重视“三重一大”集体决策制度的制定工作。成立了由党政办公室、纪委、监察处联合组成的制度修订工作小组，自2012年2月起着手调研和起草工作，按照“准确、延续、拓展、全面”的原则对2004年制定的《北京林业大学实施领导班子“三重一大”集体决策制度的规定》进行修订。制度起草过程中，先后在校领导班子、学院党政一把手、主要职能部门负责人中书面征求意见，并召开学院党委书记座谈会，听取大家对制度的意见和建议，最终由党委常委会审议通过并下发。

11月12日，教育部高教司副司长刘贵芹、中国科技馆原馆长王渝生来到学校，反馈教育部对“三重一大”决策制度执行情况检查意见。反馈检查意见肯定了学校的工作，认为学校党委、行政高度重视“三重一大”决策制度的贯彻和执行，呈现出认识到位、制度健全、程序完善、监督有力的突出特点，取得显著成效。同时，也指出了学校工作中需要改进的问题，并对解决问题提出了指导性的意见和建议。

（沈　芳　张　勇）

启动三项国家林业公益性行业科研专项重大项目

2月20日，2012年立项的由北京林业大学李建章主持的“家具用速生材改性及应用关键技术研究与示范”、孙润仓主持的“林木生物质全溶及功能材料制备技术与示范”以及郭素娟主持

"板栗产业链环境友好丰产关键技术研究与示范"国家林业公益性行业专项重大项目启动会在西郊宾馆召开。国家林业局科技司副司长李兴、计划处处长、北京林业大学科技处处长出席会议。启动会上，李兴提出，要瞄准产业化发展方向，选准重点突破方向，引领林业科技产业发展，在林业重大关键技术上取得重大突破。专家对项目的实施方案进行了指导，项目组展开研讨和论证，同时对项目协作单位的任务分工进行细化并签订协议书。

"林业生物质全溶及功能材料制备技术与示范"项目2012年开始实施，2015年结束，计划投入科研经费699万元，集中攻关制约林业生物质基材料研发的瓶颈技术，建成4条具有良好应用前景的木质纤维素纺丝、木质纤维高分子颗粒、木质素/聚乙烯醇复合树脂以及高效可降解吸油材料示范线，辐射带动林业行业其他功能材料发展，促进林业低碳经济新发展。

"板栗产业链环境友好丰产关键技术研究与示范"项目2012年开始实施，2016年结束，计划投入科研经费651万元，以中国北方板栗为研究对象，紧紧围绕板栗产业发展的技术需求，重点突破产业链中新品种选育、环境友好丰产栽培、绿色深加工等生产环节的关键技术，为推动板栗产业化升级提供强有力的技术支撑。

"家具用速生材改性及应用关键技术研究与示范"项目2012年开始实施，2016年结束，计划投入科研经费786万元。项目针对制约速生材产业及家具发展的关键技术瓶颈，从材料前处理、材料改性、材料加工技术、产品设计、产品制造到产品有害物质检测与评价进行系统研究及产业化示范。（张　力　侯小龙）

北京林业大学第十次教学工作会

2012年9月26～27日，北京林业大学第十次教学工作会在图书馆5层报告厅举行。学校领导，各职能部处负责人、各学院（部）领导、教研室主任、学科负责人、实验中心主任、教学秘书、教学管理人员、教代会执委，离退休教师代表，学生代表200余人参加会议。本次教学工作会议的主题为"巩固教学地位，提高教学质量，促进教师发展，提升学生能力"。会议出台《北京林业大学关于深化本科教学改革，提升人才培养质量的若干意见》。

北京市教委高等教育处处长受邀参会并发表讲话，对北京市高等教育教学改革方面的下一步工作举措和工作重点做了介绍，为学校今后的本科教学工作指明方向。

学校党委书记吴斌做大会总结报告，报告肯定了学校第九次教学工作会以来在教育教学工作上取得的成绩，分析了高等教育所面临的形势与发展，并从3个层面提出学校今后深化教育改革的主要思路：①教育理念层面，当今本科教育应由"学科为本"转变为"育人为本"，由"知识传授为主"转变为"素质提升为主"，由"以教师为主"转变为"以学生为主"，由"以专业教育为主"转变为"以综合能力提升为主"；②技术层面，北京林业大学应在专业建设、课程结构、教材选用、教学方式、评价方式等方面加大改革力度；③管理层面，学校要加强教师队伍建设，加强投入政策导向，加强教育教学研究，加强精英教育。建议学校全面启动教育教学改革，从指导思想、目标、措施等方面制定学校的教育教学改革计划，努力提高人才培养质量和水平，努力向实现国际知名、特色鲜明、高水平的研究型大学目标迈进。

校长宋维明做大会报告，题为《抓住机遇，突出改革，着力提升本科人才培养质量》，报告全面回顾了第九次教学工作会以来北京林业大学本科教学工作所取得的成绩，总结经验，分析了目前本科人才培养所面临的形势和任务、机遇与挑战，重点对如何围绕学校发展目标开展本科教学工作、如何处理好"教"与"研"、"教"与"学"的关系、如何抓好本科教学工作的重点环节等方面提出了思考和意见。

副校长骆有庆做了题为《深化本科教学改革，提升人才培养质量》的教学工作报告，传达教育部关于提高高等教育质量的重要文件精神，梳理学校6年来在招生规模、专业设置、学科门类、专任教师数量、教师工作量、教学经费投人、学生评价等方面的情况，进一步明确新时期学校教学工作的思路，提出学校提高学校教育教学质量的主要措施。

会议期间，各院(部)负责人组织教师开展了教育思想大讨论，讨论内容主要围绕大会报告、《北京林业大学关于深化本科教学改革，提升人才培养质量的若干意见》以及人才培养热点问题等议题，教师们为学校本科教学工作以及学校的发展建言献策，各院(部)和职能部处代表围绕讨论情况在大会上做总结发言。

(孟祥刚　于志明)

学院与教学部

林 学 院

【概 况】 北京林业大学林学院(College of Forestry)成立于1952年10月。现有国家一级重点学科林学，国家二级重点学科森林培育学、森林经理学和森林保护学，北京市重点学科生态学和草学，设有5个本科专业(林学、森林资源保护与游憩、草业科学、草坪管理和地理信息系统)，6个博士点授予学科、6个硕士点授予学科、2个专业硕士点授予学科(草业、林业硕士)。拥有林学、生态学、草学一级学科博士学位授予权以及林学、生态学博士后流动站。

学院拥有1个教育部北京市共建森林培育与保护重点实验室，1个北京市重点实验室，1个国家生物质能源研发中心，3个国家林业局重点开放性实验室(干旱半干旱地区森林培育及生态系统研究实验室、森林资源与环境管理实验室和森林保护学实验室)，1个国家林业局野外长期研究定位站，8个科研机构(草坪研究所、测绘与3S技术中心、城市林业研究中心、高尔夫教育与研究中心、蓝莓研究与发展中心、林业应对气候变化研究所、林业生物质能源研究所和草地资源与生态研究中心)。

学院现有在编教职工96人，其中教授33人(含中国工程院院士2人，长江学者特聘教授1人)，副教授31人，讲师17人。2012年学院招收本科生273人，各类研究生共278人，其中博士研究生53人、科学硕士130人，专业硕士46人，外国留学生8人，农业推广专业学位研究生41人。本年在校生1972人，其中研究生981人(博士生261人、全日制硕士生509人、在职农业推广硕士192人、留学生19人)，本科生991人(本科生含梁希班，其管理权在林学院)。年度共有本科生207人、研究生231人(博士27人、硕士161人、在职农业推广硕士43人)毕业。

(贠小琴 闻 亚)

【学科建设】 林学院现有森林培育学、森林经理学、森林保护学、生态学、草学、地图学与地理信息系统6个学科，拥有林学、生态学、草学一级学科博士学位授予权，设有森林培育学、森林经理学、森林保护学、生态学、草业科学、林业装备工程6个博士点，地图学与地理信息系统、生态学、草业科学、森林培育、森林保护学、森林经理学6个硕士点，草业、林业2个专业硕士点和林学、生态学博士后流动站。2012年，学科新增2名硕士生导师，1名博士生导师，引进应届博士毕业生3人，博士后2人，海外高层次专家1人。

学院承担2012年林学和一级学科第三轮评估主要任务，制定《林学一级学科参加第三轮学科评估工作方案》，召开协调会4次，组织评估材料，配合生态学参与评估工作，在教育部学位与研究生教育发展中心公布的2012年一级学科评估结果中，林学学科以96分成绩排名全国第一，生态学学科得分位次进入全国前20%。

2012年，学院毕业博士27人，硕士161人，在职农业推广硕士43人。2012年度获北京林业大学优秀博士学位论文2篇、北京林业大学优秀硕士学位论文4篇。

(徐昕照 韩海荣)

【教学工作】 2012年，学院教学工作重点是：注重创新，深化改革，大力推进教学研究工作；创新培养模式，优化完善人才培养方案；注重实践教学体系，培养学生实践动手能力；调整教研室及教研室主任，完善各教研室职能；把握机遇，突出特色，保障“本科教学工程”的贯彻落实；营造学生学术活动氛围，树立学生学术活动品牌。

2012年获得北京市高等教育教学成果奖一等奖2项，校级教学成果二等奖1项；获得北京市高等教育精品教材1项，主编并出版教材1部；“森林有害生物控制”获得国家级精品视频公开课建设项目；校级精品课程建设项目6个，资助经费4.5万元；学院教师获批校级教学改革研究项目5个，发表本科教学论文4篇；校级专业建设项目2个，资助经费4万元；国家级“本科教学工程”林学专业综合改革试点项目1个，资助经费5万元；国家级大学生科研训练计划项目10个，北京市级大学生创新创业训练项目5个，校级大学生创新创业训练项目4个，资助经费共计32.7万元；2012年9月，实行大类招生，分为林学、林学(城市林业)方向、林学(森林防火)方向、森林保护专业等4个专业及专业方向，设5个班，招收142名本科生。

2012年，毕业硕士生发表文章136篇，其中4篇SCI论文，68篇CSCD论文；博士生发表SCI、EI论文共28篇；获北京林业大学优秀博士学位论文2篇，北京林业大学优秀硕士学位论文4篇。申报课程学科前沿性专题讲座项目25个；2012年学院1名研究生获“北京林业大学研究生科技创新专项计划项目”资助，6名研究生获“国内外学术交流项目”资助。在学校第一届研究生学术论坛中，林学院研究生获一等奖1名，三等奖1名，优秀奖4名。全日制专业学位教育与行业需求结合，落实全日制专业学位培养方案、实践基地建设、课程建设、导师队伍建设等管理规章制度，保障专业学位研究生培养质量。（李江婧　田呈明）

【科研工作】 2012年，学院在研项目143个，承担横向课题研究36个，年度到账经费3504万元，新立项科研研计划项目65个，合同金额6286万元，其中国家科技支撑计划项目6个，“863”计划1个，国家自然科学基金项目6个，林业公益性行业科研专项4个，北京市自然科学基金1个，国家林业局委托项目18个，新世纪优秀人才支持计划2个，国际合作项目4个，北京市计划项目7个，横向技术合作项目6个。2012年，林学院在国家林业局开展的全国生态建设突出贡献奖评选表彰活动中获“全国生态建设突出贡献先进集体”，学院李俊清、冯仲科获全国生态建设突出贡献先进个人。李俊清教授主持项目成果“大熊猫栖息地保护技术研究与示范”，获教育部科技进步二等奖。学院教师累计发表SCI收录论文30篇、EI收录期刊论文15篇，CSCD收录论文180篇，出版教材和专著8部，授权新品种1个，制定标准2项，软件登记8项，获批发明专利7项，实用新型专利1项。（徐昕照　王新杰）

【实验室建设】 2012年，学院省部共建森林培育与保护教育部重点实验室、国家林业局3个重点实验室以及山西太岳山森林生态站运行情况稳定。新增省部级重点实验室“森林资源生态系统过程北京市重点实验室”。开展北京市重点实验室和工程技术研究中心的申报工作，组织申报林业有害生物防控北京市重点实验室、森林环境信息学北京市重点实验室以及北京市草业工程技术研究中心等。

筹建林学院实验教学中心。学院整合现有资源，规范实验教学，启动林学院实验教学中心建设工作。学院召开多次研讨会，赴西北农林科技大学及云南农大调研实验中心建设情况，利用学校下拨的实验设备购置专项经费为各个实验室补充实验仪器。

学院省部共建森林培育与保护教育部重点实验室主办森林观测(Forest Observational Studies)国际学术研讨会，10个国家的30位国际知名森林经理学家、森林生态学专家参加学术研讨会。（徐昕照　王新杰）

【党建工作】 2012年，林学院党政分工协作、密切配合，发挥教授委员会、工会、教代会作用，梳理修订规章制度，深化二级管理改革试点工作。

2012年，学院领导班子通过二级中心组学习，组织学院教授多次召开会议学习研讨生态文明建设。学院申报的“学习十八大精神建设生态文明学习研讨活动”被评为北京市高校学习宣传党的十八大精神优秀活动。

2012年，学院共有188人申请入党，发展党员104人，转正党员140人，学生党员总数522人，党员占学生人数的比例达到30.7%。通过党员管理干部培训、党校初高级班辅导员培训、党支部委员培训和“深度辅导”等措施加强基层党建工作队伍建设。学院李俊清获得“北京市高校优秀共产党员”称号、1 个党支部获得校级“先进党支部”称号、1 人获得校级“优秀共产党员”称号，6 个党支部和 32 名个人获得院级荣誉称号。2012 年，梁希 10-2 班获得校级“十佳班集体”荣誉称号。

学院每学期召开民主生活会 1 ~ 2 次，落实“三重一大”集体决策制度，发挥学院班子的集体决策作用，落实院务公开制度，重大事项交院双代会讨论决定。2012 年，学院党员受党风廉政教育的覆盖面达 100%，全院未发生干部、教职工违法违纪问题。学院被学校评为“贯彻落实党风廉政建设责任制先进单位”。

（田子珩　赵海燕）

【学生工作】 开展学风督导、宿舍检查工作，将督查结果与评优和入党挂钩。开展研究生专业风采大赛、学术文化节等系列活动。70 人次获得国家奖学金、国家励志奖学金等市级以上各类奖励。3 个班级分获“北京市先进班集体”“北京市优秀团支部”“学校十佳班集体”荣誉称号。600 人次本科生获得各类奖励资助。研究生 5 个班集体，400 人次获得各类奖励。

2012 年暑期社会实践，立项团队 26 支，共有 489 人参与其中，回收论文 564 篇，得到媒体报道 20 次。开展大学生创新计划、“梁希杯”“盛世绿源杯”大学生科技创新活动，本科生申请各类科研创新项目数十个。组织开展“林学院学生学术论坛”“林苑大讲坛”等品牌活动，在“挑战杯”创业计划大赛中获得北京市“挑战杯”金奖 1 个，铜奖 3 个，全国“挑战杯”铜奖 1 个。

走访北京及周边地区的主流行业就业市场。邀请用人单位召开毕业生专场招聘会 20 次。举办就业政策宣讲会、就业技巧讲座、就业经验分享会等 30 次，本科生就业率 96.59%，研究生就业率 97.78%，全院就业率 97.14%。学院获得学校“主流行业就业奖”。1 人获得全国林科十佳毕业生，2 人获得全国林科优秀毕业生荣誉称号。

开展主题为“红绿相映”的特色文化活动。举办 11 期“林学院轻松英语秀”，累计邀请到 22 个国家的留学生。在学校主页上发布新闻 130 条。

组织心理健康团体辅导、心理知识讲座等 20 场，心理健康主题教育活动获得北京市一等奖，3 个班级获得心理健康教育校级一等奖，30 人次获得校级个人奖励。　（田子珩　李成茂）

【对外交流】 学院与国际交流合作处共同承办商务部“发展中国家应对全球气候变化的林业经营理念与实践管理官员研修班”，为来自斐济、莱索托、缅甸、尼泊尔、巴布亚新几内亚、瓦努阿图、越南等国的 16 名林业官员进行了为期 3 周的培训。主办森林观测国际学术研讨会；承办第二届森林科学论坛——森林可持续经营国际研讨会；举办第五届中美草坪管理专业毕业典礼暨五校联系会，会上 28 名学生获得美国密歇根州立大学理学学士学位。

2012 年，学院 1 名青年教师赴国外一流大学从事为期 1 年的访问研究、合作研究，6 名研究生通过“国内外学术交流项目”资助出国参加学术交流，29 名本科生赴美国密歇根州立大学接受联合培养，学院授予外国留学生博士学位 1 人次，硕士学位 5 人次。　（徐昕照　韩海荣）

【人事及分配制度改革】 2012 年，学院开展人事及分配制度改革工作，以“三上三下”的形式征求意见，召开林学院人事及分配制度改革工作小组工作会 7 次，完善《林学院人事制度及收入分配改革方案》，共征集教职工书面意见 149 条，制定《北京林业大学林学院第二轮教师专业技术岗位设置和人员聘用方案（试行）》及《北京林业大学林学院绩效工资分配暂行办法（试行）》，完成人事及分配制度改革。　（徐昕照　韩海荣）

【首轮聘期考核】 成立首轮聘期考核领导小组，召开首轮聘期考核领导小组会议 2 次，制定考核方案，林学院首轮聘期考核教授采用个人述职方式，由学院首轮聘期考核领导小组负责评议，确认考核等级，其他人员根据个人申报材料，由学院首轮聘期考核领导小组集中评议决定考核等级。学院首轮聘期考核领导小组于 2012 年 5 月 31 日上午召开教授个人述职评议会，当天下午召开集中评议会，完成首轮聘期考核工作，本次聘期考核共有 73 名教职员工参加学院考核，教师岗位 61 人，管理岗位 5 人，其他专业技术岗位 7 人，其中 11 名教职员工考核优秀。

（徐昕照　韩海荣）

【第二轮岗位聘用】 学院第二轮岗位聘用工作以“公平公正，严格监督，竞争上岗”为原则，按学科方向签订聘期任务，各岗位按照《北京林业大学林学院第二轮教师专业技术岗位设置与人员聘用方案(试行)》制定的条件聘用。学院于2012年6月5日召开第二轮岗位聘用申报教师系列院聘岗位人员述职会，共聘教师系列岗位72人次，其中教学科研型70人，教学为主型2人，所有教师按照学科主流方向研究方向签订聘期任务合同。聘用实验技术系列岗位7人，管理岗位13人。 (徐昕照　韩海荣)

【60周年校庆院庆活动】 2012年是北京林业大学建校60周年，也是林学院建院60周年，学院成立以院长，书记为组长的校庆院庆工作领导小组，制定《林学院60周年院庆活动指南》《林学院60周年院庆校友联络组工作方案》《林学院60周年院庆接待组工作方案》《林学院60周年院庆招待午宴组工作方案》《林学院院庆志愿者工作方案》《林学院60周年院庆宣传报道组方案》《林学院60周年院庆嘉宾招待组工作方案》《林业教育110周年会议工作方案》等。

校庆院庆筹备过程中，学院发出邀请信3000封，电话联系校友近4000人次；完成林学院院庆60周年画册、院庆礼品和纪念品的设计、制作，翻新并重新布展林业楼门厅和4层走廊。

校庆院庆期间，林学院有1477名校友返校，其中66级前老校友返校577人，学院为校友提供签到、休息、热水供应、校园引导、班级聚会、摆渡用车等多项服务工作，并围绕“回家·团聚”这一主线举办招待午宴。学院还承办“林业教育改革与发展暨纪念林业教育110周年学术研讨会”“森林观测国际学术研讨会”“第二届森林科学论坛——森林可持续经营国际研讨会”等学术活动。 (徐昕照　韩海荣)

【林业教育改革与发展暨纪念林业教育110周年学术研讨会】 “林业教育改革与发展暨纪念林业教育110周年学术研讨会”由北京林业大学、教育部高等学校林学专业教学指导分委员会、中国林业教育学会主办，为北京林业大学60周年校庆活动的组成部分，于2012年10月15日在北京会议中心举办，主题为林业教育改革与发展。

国家林业局副局长张永利、中国林业教育学会理事长杨继平、教育部高教司副司长石鹏建、教育部高等学校林学专业教学指导分委员会有关领导、北京林业大学党委书记吴斌等出席开幕式并做了讲话。会上16所高校的院校长分别做了专题演讲，全国30所农林院校，中国林业出版社、地拓科技等企业代表，中国教育报、中国绿色时报、科技日报、光明日报、中央电视台第7频道、中国教育电视台、国家林业局网站、人民网、央视网、新浪网等20家新闻媒体记者共计260人参加本次会议。 (徐昕照　韩海荣)

园林学院

【概　况】 北京林业大学园林学院(College of landscape Architecture，以下简称园林学院)由园林系和风景园林系于1993年合并而成。2012年，学院有风景园林、城乡规划、建筑学3个一级学科，园林植物与观赏园艺、旅游管理2个二级学科。学院设园林树木、园林花卉、园林设计等11个教研室和旅游管理、城市规划2个系。拥有国家花卉工程技术研究中心、教育部园林环境工程研究中心2个重点实验室。学院设园林、风景园林、园艺等5个本科专业，拥有风景园林、园林植物与观赏园艺、城乡规划等5个硕士学位授予点，风景园林和园林植物与观赏园艺2个博士学位授予点，林学和风景园林学2个博士后流动站，风景园林硕士和旅游管理硕士2个专业学位授予权。其中园林植物与观赏园艺学科为国家重点学科和“211工程”重点学科，风景园林为北京市重点学科、国家林业局重点学科和“211工程”重点学科。

2012年，学院有教职工125人，其中专任教师108人。专任教师中，博士生导师19人，教授20人，副教授40人，具有博士学历的教师76人。本年毕业724人，其中研究生235人(博士生26人，硕士生209人），本科生488人。招生738人，其中研究生238人（博士生38人，硕士生200人），本科生498人。在校生2693人，其中研究生679人（博士生130人，硕士生549人），本科生1988人。 （杨晓东 张 敬）

【学科建设】

学科名称及学科点基本数 2012年，学院有风景园林学、城乡规划学和建筑学3个一级学科，园林植物与观赏园艺和旅游管理等2个二级学科。风景园林学科下设风景园林规划设计与理论、风景园林历史与理论、风景园林建筑设计与理论、风景园林工程与技术、城市绿地系统研究、城市规划设计与理论6个学科方向，园林植物与观赏园艺学科下设花卉资源与育种、花卉生物技术、园林植物栽培养护与管理、花卉生产理论与技术、园林植物应用与园林生态5个学科方向，旅游管理学科下设生态旅游、旅游地管理、旅游规划、旅游文化4个学科方向。

学科队伍建设情况 2012年，学院新增博士生导师1人、硕士生导师2人、风景园林专业学位研究生导师6人。学院现有博士生导师19人，硕士生导师52人，风景园林专业学位研究生导师68人。

产出情况 2012年，学院举办国际风景园林师高峰论坛、"风景旅游大会"暨"中景园杯"青年学子论坛。获得第49届国际风景园林师联合会（IFLA）大学生风景园林设计竞赛大奖1项，国际风景园林师联合会亚太区风景园林设计竞赛评委会奖4项。获得中国风景园林学会2012年年会论文大奖1项，中国观赏园艺学术年会优秀论文奖1项，"第四届梁希青年论文"二等奖2项、三等奖3项。获得校级优秀博士论文2篇、校级优秀硕士论文4篇。获得研究生基金资助参与国内外学术交流项目2个、研究生科技创新专项计划项目2个、国家建设高水平大学公派研究生项目1个。

人才培养 2012年，学院共招收全日制研究生238名，其中博士研究生38名，学术型硕士研究生113名，全日制专业学位研究生87名，招收非全日制专业学位研究生94名。共授予学位317名，其中授予博士学位26名，学术型硕士学位122名，全日制专业学位87名，在职专业学位82名。研究生发表论文200余篇，获得发明专利8项。 （周春光 张 敬）

【教学工作】 2012年，学院获批国家级园林实验教学示范中心和园林专业综合改革试点项目。李雄教授主持的"风景园林实践创新型人才培养体系的探索"获得北京市优秀教学成果二等奖和校级一等奖。"传承创新建设园林专业花卉系列课程"和"北林特色的城市规划专业课程体系研究"获得校级教学成果一等奖。刘燕教授主编的《园林花卉学》获批教育部首批国家级"十二五"规划教材。

2012年，申报并获批校级本科教学改革研究项目14个，其中专业建设项目1个，课程建设项目9个，教学改革项目4个。学院组织出版《园林学院教学改革研究成果汇编》3卷，共收录教学研究论文和教学研究报告169篇。获批大学生创新创业训练计划项目19个，其中国家级9个，北京市级9个，校级1个。

2012年，学院1名教师获得学校第九届青年教师教学基本功大赛三等奖，3名教师获得"家骐云龙"青年教师教学优秀奖。学院召开教研室主任教学工作会及学术委员会专题研讨本科教学工作4次，教研室教学工作会11次，师生座谈会5次。 （石 磊 张 敬）

【科研工作】 2012年，学院科研经费到账3698万元，其中纵向科研项目经费2310万元，横向科研项目经费1388万元。学院教师申报并获批各级别的科研项目15个。其中"十二五"国家科技支撑计划项目2个，国家"863"项目1个，国家自然基金项目3个，北京市自然科学基金项目1个，新教师科研启动项目3个，北京市园林绿化局计划项目5个。

2012年，学院教师获得首届中国园艺学会"华耐园艺科技奖"个人奖1项，国际风景园林师联合会（IFLA）亚太区景观设计类优秀奖1项，英国国家景观奖1项，中国风景园林学会2012年会论文大奖1项，第四届梁希青年论文二等奖1项，国际种质资源会议最佳墙报奖1项。学院教师发表科技论文150余篇，其中SCI收录论文27篇，EI收录论文1篇，科研专著11部，授权发明专利17项，获权新品种20个，省部级标准

1项。

2012年，学院组织教师参加第49届世界IFLA大会和2012年IFLA亚太区及中国风景园林学会年会，与中国园艺学会观赏园艺专业委员会共同主办"中国园艺学会观赏园艺专业委员会2012年学术年会"，承办中国园艺学会栽培植物命名与国际登录工作委员会2012年年会，召开观赏植物遗传资源国际研讨会，张启翔教授被选为国际园艺学会观赏植物遗传资源工作组主席。（王 越 张 敬）

【实验室建设】 2012年，学院实验室面积2000平方米，仪器设备150件(套)，教学与实习基地13.3万平方米，设施面积1万余平方米，初步形成花卉种质资源与育种、花卉生物学、分子育种、花卉繁殖栽培等实验教学平台。2012年，学院投入经费200余万元，对老旧设备维护和更新，补充购置分子育种相关的实验仪器。

（杨炜茹 张 敬）

【党建工作】 2012年，学院党委共有34个党支部，其中教工党支部5个，学生党支部29个。学院党员总数567人，在职教工党员67人，学生党员500人。2012年，学院发展党员106人，培养入党积极分子216人。

2012年，学院党委重点加强师生思想政治教育、组织建设、师德师风建设、大学生成长成才教育、党风廉政、安全稳定等方面工作。

2012年，学院有2名党员获得校级优秀共产党员称号，2个党支部获得校级先进党支部称号，3个党支部获得北京高校红色"1+1"示范活动优秀奖，2个党支部获校级红色"1+1"示范活动三等奖，1个党支部获校级红色"1+1"示范活动优秀奖，2个党支部获校级研究生党支部"十佳党建特色工作"奖，16名党员获得院级优秀共产党员称号，2个党支部获得院级先进党支部称号。

2012年，学院党委开展党支部的换届选举工作以及党支部调整工作。完成城市规划、旅游管理和园艺专业本科生建立垂直党支部，学术型学位研究生按导师建立支部，专业学位研究生按年级建立独立党支部的基层格局。举办第48、49期党校初级班，培训学员216人，协助学校党校举办提高班2期，培训学员127人，协助学校党校举办预备党员培训班2期，培训预备党员125人。

2012年，学院党政领导班子召开党政联席会议、党委会议、党委扩大会议、教代会、民主党派会议等强化全员民主参与意识，实施"三重一大"集体决策。学院党委在全体教职工中开展师德师风教育、廉洁自律教育、党风党纪教育和法规教育，在大学生中开展廉洁诚信教育。

（尚 书 张 敬）

【学生工作】 2012年，学院学生工作总体思路是加强基层队伍建设和意识形态建设，保质保量完成常规工作，打造品牌活动。

在评优表彰方面，2012年本科评优中，20人次获得国家级表彰，87人次获得市级表彰，1070人次获得校级以上表彰，128人次获得院级表彰，2个团队获得市级集体荣誉，17个团队获得校级集体荣誉。免试推荐研究生79人，其中推荐为本校研究生的比例为77%。

在学术活动方面，完善"园林论坛—园林讲堂—园林沙龙"的院级学术交流平台，共组织学术报告40余场，邀请德国、法国、美国、日本等国家专家学者来校讲座，举办国际风景园林高峰论坛。

在文体活动方面，学院开展趣味体育节、新生辩论赛、卡拉OK大赛、主持人选拔赛、班级篮球赛、拔河比赛、学生拓展、清华联谊舞会等活动，围绕"园林之夜"展开文娱活动。本年度，学院女子篮球队获得校级篮球联赛第三名、男子足球队获得院系杯足球比赛亚军、女子排球队获得校女排联赛亚军，在全校秋季新生运动会、春季运动会中，学院获得总分第二名，团体项目第二名。

在学风建设方面，学院委派专职教师每周定期进行学风督导，学风督导结果反馈至学院和班主任，并在学院主页通报。召开新老生学习经验交流会、保研考研经验交流会、英语学习经验交流会、学生干部与基层班级学生代表交流会等，引导各班级和院级学生组织进行自我教育、自我管理、自我服务。

在公寓管理方面，学院本科生宿舍共310间，研究生宿舍共169间，学院定期进行安全卫生检查，坚持举办宿舍收纳活动和宿舍废品回收活动。

在心理工作方面，学院开展各类团体辅导、朋辈辅导活动，每月定期面向学生播放心理电影，举办心理委员辅导讲座。本年度学院共发现并处理学生心理问题事件9起。

在奖助学金评比发放方面，学院评选国家奖学金20人，优秀学生奖学金420人，学术优秀奖学金28人，外语优秀奖学金7人，文体优秀奖学金30人，学习进步奖学金42人，社团活动奖学金31人，拾金不昧奖学金1人。办理贷款19人次，评选国家励志奖学金61人、国家一等助学金337人、国家二等助学金63人，资助总金额达133.7元。

在社会实践方面，学院团委评选2011～2012学年的优秀社会实践论文，编著出版《行走的青春第四辑》。学院组织28个团队，1100人次参加暑期社会实践活动，聘请专业指导教师20余人，获评校级重点团队1个，校级支持团队1个。

在研究生管理方面，学院建立研究生信息反馈体系和干预机制，建立研究生家庭经济困难学生信息库。评选研究生学术创新奖、优秀研究生、优秀学生干部奖103人次，发放研究生冬衣补助1.2万元。

在志愿活动方面，在校庆60周年活动中，500余人参加志愿活动，其中30人获得“校庆志愿者突出贡献奖”称号，128人获得“校庆志愿者先进个人”称号。

在就业方面，学院举办专场招聘会43场，联系用人单位228家，发布就业信息276条，获得需求岗位3000余个，此外，走访河南省、广东省、重庆市的就业市场，与深圳铁汉生态环境股份有限公司签订就业实践基地共建协议。截至6月10日，本科生就业率97.74%，研究生就业率93.07%，本科生签约率66.05%，研究生签约率35.37%。

2012年，学院团委获得“5·25大学生心理健康节”系列活动优秀组织奖、班日活动最佳组织奖、校史知识竞赛组织奖、研究生学术活动最佳组织奖、校运动会精神文明奖、就业服务中心获得校主流行业就业奖。（李燕妮　张　敬）

【对外交流】 2012年，学院共接待12个国家34人次来访，出国参观访问交流11人次。举办国际学术会议1次，参加国际会议15人次，提交论文10余篇。学院与日本千叶大学园艺学部、美国马萨诸塞州大学风景园林与区域规划系、法国农业科学研究院生态绿道研究中心等国外教学和科研单位开展交流与合作。

（薛晓飞　张　敬）

【风景园林硕士境外实习项目启动】 2012年，根据教育部风景园林硕士专业学位研究生教育综合改革试点项目实施方案，学院启动首批风景园林硕士境外实习项目。60名风景园林硕士在意大利、奥地利、德国、荷兰、比利时、法国6国进行22天的考察学习。实习内容主要包括西方古典园林（意大利、法国）、城市现代景观（德国、荷兰、法国）、工业遗迹景观改造（德国、法国）及西方城市规划发展等。

（周春光　张　敬）

【风景园林学科位列全国同类学科榜首】 2012年，在教育部开展的国家一级学科评估中，风景园林学科位列38所参评高校首位。国家一级学科评估由教育部学位与研究生教育发展中心组织，采用客观评价与主观评价相结合的方式，所需数据由相关政府部门、社会组织公布的公共数据和参评单位报送的材料构成。

（周春光　张　敬）

【建立第二炮兵营区生态建设与管理人才培训基地并承办首次培训班】 2012年5月6～19日，学院组织承办第二炮兵生态营区建设与管理培训班，二炮在北京林业大学设立营区生态建设与管理人才培训基地。参加此次培训的学员共50人，在为期14天的培训中，学员进行营区生态建设与管理、园林植物栽培养护、园林施工与管理、生态景观规划等方面的理论学习和实践考察。（石　磊　张　敬）

【获得北京高校创先争优先进基层党组织】 2010年4月以来，学院党委响应中央及上级党组织要求和部署，紧密结合学院发展的实际，积极开展创先争优活动，紧密围绕学院中心工作，扎实开展党建与思想政治工作，并凝练出“核心、和谐、厚德、创新、发展”的学院精神，充分发挥学院党委政治核心作用，统领全院各项工作健康、快速发展。学院党委被北京市教育工委授予北京高校2010～2012年创先争优先进基层党组织。（尚　书　张　敬）

【第二届风景园林高峰论坛】 2012年，学院组织第二届风景园林高峰论坛，美国风景园林师杰克·威廉姆斯(Jake Williams)教授、伊利诺伊大学景观设计系罗尔·艾默灵(Carol Emmerling)教授、法国风景园林师亨利·巴瓦(Henri BAVA)教授、日本东京农业大学地域环境科学部金子忠一(Kaneko Tadakazu)教授、德国卡塞尔大学景观规划系尤尔根·海因里希(Jurgen Heinrich von Reuss)教授参加论坛。

(李燕妮　张　敬)

【第二轮岗位聘用】 2012年，学院起草第二轮聘期园林学院教师系列各级岗位职责(含聘期任务)、园林学院教师系列各级岗位聘岗条件、园林学院教师系列岗位考核办法和园林学院绩效津贴分配方案4个文件，通过院学术委员会、教代会和党政工联席会议民主审议。根据新的岗位聘用方案和聘用条件，组成专家评议小组，完成第二轮聘期学院岗位聘用工作，并签订聘岗合同。教师聘入特1岗1人、特2岗1人、A1岗5人、A2岗5人、A3岗5人、A4岗5人、B1岗14人、B2岗7人、B3岗19人、C1岗19人、C2岗22人。

(杨晓东　张　敬)

【校庆60周年】 学院约1200名校友参加北京林业大学60周年校庆系列活动。学院组织出版一系列图书。《园林学院画册》全面展示学院的发展及现状，《风景园林》校庆专刊展示学院发展过程中在各领域内的战略思考与研究，《园林学院教学改革成果汇编》集中展示学院在教学改革和教学研究方面取得的成果，《园林学院学生竞赛设计作品集》展示风景园林学科的人才培养水平，《旅游与风景》反映学院旅游管理学科自成立以来的发展成就，《园衍》收录孟兆祯院士对风景园林学科内涵、理法要素和设计实践等方面的成果。学院制作以园林学院历史沿革、机构设置、人才培养、教学成果、科学研究、学术交流、校园文化为主题的展板60块，以孟兆祯院士从业60年作品为主题的展板20块，书画作品20余件。举办2012风景园林高峰论坛、风景旅游大会、首都高校风景园林研究生学术论坛、孟兆祯院士“从事风景园林60年所得”专题报告会学术活动。

(杨晓东　张　敬)

水土保持学院

【概　况】 北京林业大学水土保持学院(College of Soil and Water Conservation，以下简称水保学院)，源于学校1952年开设的水土保持课程。1958年开办水土保持专业，1980年成立水土保持系，1992年更名为水土保持学院。

2012年，学院设有水土保持与荒漠化防治、地理学、土木与建筑和土壤学4个学科，包含水土保持与荒漠化防治、自然地理学、地图学与地理信息系统、结构工程、农业生物环境与能源工程、土壤学、植物营养学7个二级学科和11个学科方向，其中水土保持与荒漠化防治为国家级重点学科。学院设水土保持与荒漠化防治、资源环境与城乡规划管理和土木工程3个本科专业；拥有水土保持与荒漠化防治、自然地理学、结构工程等7个硕士学位授权点，水土保持与荒漠化防治、土壤学2个博士学位授权点。

学院现有水土保持与荒漠化防治教育部重点实验室、国家林业局水土保持重点开放实验室、林业生态工程教育部工程研究中心3个省部级重点实验室(工程中心)；拥有12个野外科研教学实验基地，其中山西吉县森林生态系统定位观测站为国家级野外观测站，北京首都圈、长江三峡库区(重庆)、宁夏盐池、青海大通4个站点是国家林业局森林生态定位研究站。拥有北京林业大学水土保持、荒漠化防治、边坡绿化、土地资源与肥料技术、防灾减灾与国土安全5个研究所，中国防治荒漠化培训中心、中德干旱地区研究中心等学术团体和机构挂靠在学院。

2012年，学院在职教职工80人，其中专任教师64人(包括校内兼职教师3人)。专任教师中，教授25人，副教授26人，博士生导师22人，硕士生导师51人，其中具有博士研究生学历的教师61人。新进教师6人。毕业学生328人，其中研究生131人(博士生32人，硕士生99人)，本科生197人。招生383人，其中研究生173人(博士生39人，硕士生134人)，本科生210人。学院在校生1289人，其中研究生505人(博士生138人，硕士生367人)，本科生784人。 （朱文德 弓 成）

【学科建设】 2012年，学院拥有水土保持与荒漠化防治1个国家级重点学科，土壤学是国家林业局和北京市重点学科，生态环境地理学是北京市交叉重点学科。学院调整了2013年研究生招生专业目录，将生态环境工程、复合农林学、工程绿化、山地灾害防治工程等专业并入水土保持与荒漠化防治专业，博士学位授予专业调整为2个，即水土保持与荒漠化防治和土壤学；硕士学位授予专业调整为7个，即水土保持与荒漠化防治、自然地理学、地图学与地理信息系统、土壤学、植物营养学、结构工程和农业生物环境与能源工程。2012年，新增博士生导师1人。本年度培养博士研究生32人、硕士研究生99人。招聘引进青年教工6人，其中水保学科4人、地理学科1人、土木工程学科1人，通过配备学术导师、建设青年科研团队等方式，加大青年人才培养力度，带动学科发展。学院获得国家林业局授予的“全国生态建设突出贡献奖先进集体”，1人获“全国生态建设突出贡献奖先进个人”。

2012年，“211工程”三期重点学科建设项目——生态脆弱区水土保持与荒漠化防治顺利通过验收，获得“211工程”三期奖励资金150万元。生态环境地理学科获批北京市教委建设资金资助74万元。中央电视台《晚间新闻》报道了学院水土保持与荒漠化防治学科取得的成绩，凤凰卫视《大地寻梦》栏目制作专题片报道了宁夏盐池荒漠生态系统定位观测站对当地生态建设作出的贡献。学院梳理现有学科发展现状，提出新的发展思路：以师资队伍建设为切入点，以人事制度改革为推动力，保持本科生培养优势地位，提高研究生培养质量，强化科研产出，提升社会服务水平，扩大国际影响，增强学科整体实力。 （胡 畔 张宇清）

【教学工作】 2012年，学院落实学校本科教学第十次工作会议精神，探索人才培养模式，从质量工程(包括专业建设、精品课程、团队建设)以及教学改革项目、教学成果、教改论文、学生科研多方面保障教学效果、提高教学质量。

2012年，“水土保持与荒漠化防治特色专业建设研究与实践”获北京市教学成果二等奖、校级教学成果一等奖，获校级优秀成果奖2项，《土壤侵蚀原理(第2版)》入选“十二五”国家级规划教材，《土壤侵蚀原理》被评为2011年北京市高等教育精品教材，水土保持与荒漠化防治专业获批校级专业综合改革试点。学院承办教育部水土保持与荒漠化防治专业教学指导委员会2012年工作会议，推荐新一届教指委委员。

2012年，学院申报立项校级专业建设项目1个、优秀教学团队2个，精品课程3门，校级教改项目5个，发表教改论文16篇；申报第二批农业部“十二五”规划教材7部。学院2人获“家骐云龙青年教师教学优秀奖”，1人获“2012届毕业生心中的好老师”称号，2篇论文被评为环境生态类教学指导委员会优秀论文二等奖。学院新增大学生创新性实验计划立项14个，其中国家级8个、北京市4个、校级2个。2011年度项目全部通过验收，国家级4个、北京市3个、校级8个。自2007年至今，学院共申请大学生创新项目50个。

2012年，学院分别与北京市房山区水务局、北京市建筑工程装饰有限公司签订协议建立本科教学实习基地，截至2012年年底学院共有校外实习基地14个。“北京林业大学—北京市延庆县水务局延庆水土保持教学实验基地”被评为国家大学生校外实践教育基地。

2012年，学院将教研室调整为7个，分别是水土保持原理、水土保持工程、林业生态工程、荒漠化防治、资源环境与城乡规划管理、土木与建筑和土壤学；配备6个教研室助教，协助教研室管理工作；完成2012年度教师岗位课时的分配和调整。学院以教研室为单位，组织教师教学观摩会11场、教师座谈会13场，以专业为单位举行师生座谈会5次。

2012年，学院推荐免试硕士研究生29人，其中水土保持学14人、土木工程学8人、环规7人，其中“2+3”研究生1人；学院共有17名学生进入梁希班学习，接收其他学院转入学生2人；提前完成2010级本科生的导师遴选工作；5篇毕业论文获北京林业大学2011届校级优秀本科毕业论文(设计)。 （王燕俊 王云琦）

【科研工作】 2012年，学院年度到账经费3366万元，校留经费2527万元。其中纵向课题校留经费2150万元，横向课题校留经费377万元，申请配套科研启动资金38万元；新立项"十二五"国家科技支撑计划课题2项、国家自然科学基金课题7项、林业公益性行业科研专项课题1项、"948"计划课题1项，林业科技成果推广计划课题4项；教师和学生共发表核心期刊学术论文223篇，其中SCI期刊收录13篇、EI期刊收录23篇，发明专利授权7项，软件著作权登记4项；共获得省部级、学会级、市级奖励7项，其中陕西省科学技术进步奖二等奖2项，梁希青年论文三等奖1项，水土保持学会科学技术奖一、二、三等奖各1项，获延安市科技进步特等奖1项。（胡　畔　张宇清）

【实验室建设】 水土保持与荒漠化防治教育部重点实验室（以下简称重点实验室），成立于2003年5月，重点实验室下设水土保持、林业生态工程、荒漠化防治、生态环境工程、自然地理5个实验室，占地1684平方米，拥有大中型仪器设备42套。水土保持与荒漠化防治教育部重点实验室是目前我国水土保持与荒漠化防治领域唯一的教育部重点实验室，主要开展小流域土壤侵蚀与森林水文机理与过程、荒漠化生态修复机理与过程、水土流失生态修复机理与过程3个方向的研究。

2012年，重点实验室科研人员主持和承担了国家自然科学基金、国家科技支撑项目、"973"项目、国家林业局项目、林业公益性行业科研专项、省部委重点项目、北京市自然科学基金等科研项目共计114个，其中"十一五"科技支撑项目2个（延续），"十二五"科技支撑项目5个，"863"项目1个，"973"项目6个，"948"引进项目3个，国家自然科学基金项目14个，国家林业局项目14个，北京市项目14个，其他部委项目28个，横向研究项目27个。

2012年，重点实验室获得各类奖项8个，其中"黄土高原农牧交错带生态恢复机理和关键技术研究"和"陕西生态经济型防护林树种评价体系与利用技术研究"2个项目获得陕西省科学技术进步二等奖；"长江三峡库区森林植物群落水土保持功能及其营建技术"成果获得重庆市科学技术进步二等奖；"重庆低山丘陵区植物群落结构及其水土保持功能研究"获得中国水土保持学会科学技术奖一等奖；"永定河河岸生态防护技术适宜性研究"获得中国水土保持学会科学技术奖二等奖；"黄土高原农牧交错带生态恢复机理和关键技术研究"获得延安市科学技术特等奖；"人工林精准经营与信息化管理关键技术"获得北京市科学技术三等奖；"气候变化和人类活动对黄土高原植被覆盖变化的影响"获得梁希青年论文奖三等奖。此外重点实验室挂靠单位水土保持学院获"全国生态建设突出贡献奖先进集体"，重点实验室固定人员朱金兆教授获"全国生态建设突出贡献先进个人"。

2012年，重点实验室固定人员和流动人员在国内外、本领域内重要刊物及国内外学术会议发表论文279篇，其中SCI收录论文24篇，EI收录26篇，ISTP收录2篇。获得授权专利技术10项，其中7项为发明专利；3项为实用新型专利。出版专著11部，软件登记3项。

（刘喜云　王云琦）

【党建工作】 2012年，水保学院党委共有27个基层党支部，有21个学生党支部和6个教工党支部，学生党员331人，教工党员59人。2012年发展党员104人，转正党员82人。学院开办学生业余党校第48、49期初级班，共培训139人，协助学校党校组织党校第47、48期提高班，参加培训88人，87人结业。举办党务基础培训2期，编制《水保学院党务工作手册》。

2012年，水保学院党委完成了校庆60周年、院庆20周年的庆贺活动，600多名校友返校，成立了"关君蔚基金"用以推进水土保持事业的发展。配合教育部完成了"海峡两岸研究生学术研习营"活动。开展多项主题教育活动，包括红色电影展播、七一表彰、演讲朗诵等，举办"辉煌十八大，峥嵘一甲子"的主题实践活动和各种讲座、讨论会、学习会50场次，开展优秀主题党团日活动评比等达标创优活动。硕士水保学10-3党支部赴延庆县王仲营村开展主题为"红动新农村，科技谱华章"红色"1+1"的活动，获北京市二等奖。

2012年，学院对各支部进行了分类定级、评估和考核，通过答辩和党委考核共评出A级党支部14个、B级党支部10个、C级党支部4

个。完成5个教工党支部调整换届工作。

6月，召开七一党员大会，表彰先进党支部9个、优秀党支部书记8人、优秀共产党员12人，其中校先进党支部3个，校优秀共产党员1人。

2012年，学院通过党政联席会、党委委员会、学科负责人与系主任会、双代会的平台，加大民主决策力度，在第二轮岗位聘用和职称评审、新进教职工选拔、学生入党、推优保研等各项工作中均遵照程序、严密组织、加强监督，坚持公正。通过老教师元旦座谈会、新年走访等各种机会，向退休老教师征集对学院发展的意见和建议。对本年度招聘的教工通过开展座谈会提希望、提要求。通过召开迎新大会、毕业生动员大会、"七一"表彰大会、入党启蒙教育讲座、专业教育讲座、考风考纪动员大会、助学贷款说明会等，加强廉洁诚信和科学道德教育。

（宋吉红　王立平）

【学生工作】 2012年，学院在学生培养上重视顶层设计，加强过程管理，获得校级及以上优秀组织奖等表彰和奖励15次。包括校运动会精神文明奖，团体总分第三名，男、女团体总分分获第三名；校"五四"歌诵比赛第三名；获北京林业大学研究生党支部"十佳党建特色工作"创建活动优秀组织奖、"永远跟党走"青春歌咏会最具人气奖、新生广播操比赛校优秀组织奖、"院系杯"羽毛球全校团体第二名、校第三届模拟求职大赛优秀组织奖、绿色校庆班日活动优秀组织奖；组织24支社会实践队伍参加暑期社会实践，获优秀组织奖；加强宿舍文化建设，获校宿舍设计大赛优秀组织奖；在首届北京市大学生建筑结构设计竞赛中，作品"贝壳客运站"荣获B组结构方向三等奖。组织100名青年志愿者服务校庆、院庆工作。深化共建活动，走访张家湾、延庆井庄等村镇。举办"水保20年"就业指导论坛。

2012年，获第七届北京地区地理论坛论文奖4人，获全国林科优秀大学生1人，获北京地区优秀辅导员1人。学院分别表彰研究生和本科生集体个人，共表彰校优良学风班4个，校十佳班主任1人，研究生优秀班主任2人，校优秀学生干部71人，校优秀研究生干部20人，"梁希优秀学子奖"1人，优秀研究生15人，三好学生63人，学术创新奖25人；国家奖学金8人，宝钢奖学金1人，国家励志奖学金25人，"爱林"校长奖学金6人，"今禹"、边坡绿化、"永为""北林丽景"等专业奖学金93人，优秀社会实践论文16篇，209名学生得到各类资助。水保10-3班获校十佳班集体第一名和"雷锋榜样班集体"称号，

2012年，学院本科生签约率71.94%，研究生签约率72.73%，就业率均为100%；保送研究生29人，考取研究生44人。学院获"主流行业就业奖"和"就业指导奖"。与云南昆明第八中学、第十中学、第十四中学、云南大学附属中学等签署协议建立北京林业大学优质生源基地。

2012年，院团委组织开展多项主题教育活动，有"学雷锋、树新风、促和谐"主题活动月、主题为"忆校史、知校情"的演讲比赛、党史知识竞赛、"假面舞会""咏新杯"辩论赛等一系列的社团活动。开展学术文化活动，举办30场具有学院专业特色的学术讲座和学术沙龙等活动。

（宋吉红　王玉杰）

【工会工作】 2012年，院工会被学校评为"模范工会之家"，学院在歌咏比赛中获优秀组织奖和最佳领颂奖，1人被评为北京林业大学"贡献之星"，1人被评为北京林业大学"巾帼之星"。

【对外交流】 2012年，学院加强与国内外相关学科领域的高等院校和高水平专家的合作交流。接待美国、德国、加拿大、丹麦、日本等8个国家和地区12次17人来访，与这些国家的高等院校及科研机构开展合作研究5项，派遣合作交流人员23人次；接待国内15个单位130余人来院交流访问，派出参观访问交流人员14人次；参加国际学术会议12人次，交流学术论文54篇，特邀报告1篇，举办高级系列学术讲座36场。

（朱文德　弓　成）

【重要事件】 2012年5月，学院根据保持传统优势、重点强化水保的原则，经过学科、教研室、学术委员会讨论通过，学科及教研室调整为4个系、7个教研室和9个学科方向。

7月21～28日，学院承办"海峡两岸水土保持理论与技术研究生学术交流营"，来自屏东科技大学、逢甲大学、华梵大学、中兴大学4所台

湾高校的49名师生与学院50余名师生参加海峡两岸研究生学术交流营活动，

8月21～26日，学院代表北京林业大学承办中日森林植被恢复学术研讨会，有国内外相关企事业单位、科研院所等70余家单位出席了中日学术研讨会，累计做学术报告50余场，参与总人数320余人次。

2012年是北京林业大学建校60周年，水土保持学院建院20周年。10月16日，学院举办“水保学院建院20周年庆祝酒会暨关君蔚水土保持基金成立仪式”，有600余名院友返校参加庆典，收到60多个单位与个人捐款109万元，其中“关君蔚水土保持基金”62万元。

（朱文德　弓　成）

经济管理学院

【概　况】 北京林业大学经济管理学院（College of Economics and Management 以下简称经管学院），源于1959年建立的林业经济专业，1987年成立经济管理学院，林业经济管理学科在1993年和2001年国家学位与研究生教育评估中连续获得综合评分第一名，2006年成为部级重点学科，2007年成为全国林业经济管理学科中唯一的国家重点培育学科。

学院拥有林业经济管理国家重点培育学科和林业经济管理博士后流动站；拥有农林经济管理北京市重点学科和一级学科博士点授予权，林业经济管理和农业经济管理2个博士学位授权点；拥有农林经济管理、应用经济学、工商管理、统计学等7个一级学科硕士授予权，拥有林业经济管理、国际贸易学、统计学、会计学、企业管理等10个硕士授权点；拥有工商管理专业硕士（MBA）、会计专业硕士、应用统计专业硕士等5个专业硕士学位授权点。学院设有农林经济管理、会计、金融、国际经济与贸易等11个本科专业及专业方向，拥有工商管理第二学士学位授予权。

学院现设林业经济管理、会计、统计、国贸、工商管理、管理科学与工程、物业管理、人力资源管理、金融9个系，设有林业经济国际交流与合作中心、林业经济与政策咨询中心、林业经济研究所等15个研究机构。经济管理综合实验中心设有股票证券模拟实验室、人力资源模拟实验室、国际贸易实务模拟实验室等8个专业实验室和2个普通机房及1个控制室，是北京市经济管理教学实验示范中心。

截至2012年年底，学院有教职工124人，其中专任教师105人。专任教师中博士生导师21人，教授23人，副教授50人，其中具有博士学历的教师85人。在校生3116人，其中研究生508人（博士生172人，硕士生336人），本科生2608人；本年招生856人，其中研究生222人（博士生34人，硕士生188人），本科生634人；本年毕业846人，其中研究生175人（博士生35人，硕士生140人），本科生671人。

（方宜亮　张卫民）

【学科建设】 经管学院拥有1个一级学科博士点：农林经济管理；3个二级学科博士点：林业经济管理、林业资源经济与环境管理、农业经济管理，其中林业经济管理是国家重点培育学科，国家林业局重点学科，林业资源经济与环境管理是2012年新增的二级学科博士点；1个博士后流动站：农林经济管理博士后流动站；6个一级学科硕士授权点：农林经济管理、应用经济学、工商管理、管理科学与工程、公共管理、理论经济学；11个二级学科硕士点：林业经济管理、农业经济管理、行政管理、会计学、国际贸易学、统计学、企业管理、管理科学与工程、物业管理、金融学、人口、资源与环境经济，其中物业管理是新增的二级学科硕士点；5个专业硕士授权点：农村与区域发展、工商管理、会计、应用统计、国际商务。11个本科专业：农林经济管理、国际经济与贸易、人力资源管理、会计学、统计学、金融学、工商管理、管理科学与工程、市场营销、电子商务和物业管理。

2012年，农林经济管理一级学科成为北京市重点学科，参加教育部学位与研究生教育发展中心组织开展的第三轮学科评估，学科整体水平（位次）从上一轮的第九名上升到第八名，在全国林业大学中位居第一；“位次百分比位”从

45%提升到27.6%，提升了17.4个百分点。

经管学院共有博士生导师24人(其中兼职博士生导师4人)，硕士生导师55人，其中2012年新增博士生导师1人，硕士生导师5人。导师队伍学历结构、学缘结构、年龄结构和职称结构合理，有1名国务院学科评议组成员，有9人次担任中国林业经济学会等国家一级学会理事以上学术兼职，有4名教师享受国家政府津贴，3名教师拥有宝钢优秀教师称号，1名教师拥有北京市师德标兵称号，1名教师拥有北京市教学名师称号，2名北京市优秀青年教师，1名教师获教育部新世纪优秀人才支持计划。2012年，从全国综合性大学接收10名博士毕业生充实学科队伍。

2012年，投入重点培育学科建设费20万元，并用学校"引智计划"邀请5名国外专家来学院进行学术交流。学院举办国际林业经济论坛和名师系列讲座等活动。

2012年，研究生共发表论文200余篇，包括SCI收录1篇，EI、ISTP收录2篇，CSSCI、CSCD收录35篇，中文核心期刊85篇。40余人次参加国内外学术交流活动，获学术论文二等奖3篇。共举办学术讲座30余次。

(潘焕学 陈建成)

【教学工作】 2012年，教学工作的基本思路是以成果为导向，以激励为动力，以改革促发展，突出教学质量主题，以课堂教学、教师队伍建设为基本点，加强实践教学，加强教育教学研究，提高学生的创新和实践能力。重点是加强青年教师培养，提高课堂教学质量，树立优良教风、学风。学院采取青年教师培训、青年教师指导制度、课堂教学质量奖励制度、岗位考核制度、教学研究成果奖励制度、教学检查制度等措施，举行以学院或教研室为单位的教学经验交流会、师生座谈会、领导和同行听课、优秀课程教学观摩、教学专题讲座、名家名师讲座等活动。2012年获得校级教学改革研究立项6个，获得校级精品课程立项4个。农林经济管理专业进入校级"专业综合改革试点"项目和北京市专业建设项目"林科特色专业群综合提升计划"。在校教学成果奖评选中，获一等奖1项，二等奖1项，三等奖4项。

2012年，出台《北京林业大学经济管理学院教师专业技术岗位职责、聘任条件、岗位考核的暂行办法》《北京林业大学经济管理学院校内绩效津贴分配的暂行办法》；制订《经济管理学院教学工作有关规定》，对各岗位等级教师额定教学工作量提出新的要求，修订教学工作量计算方法和超工作量计算、补贴办法；制订《经济管理学院本科课堂教学和教学研究工作奖励规定》，对教学研究取得的各类成果实行重奖，本科课堂教学质量评价奖励范围扩大到每学期理论课排名前25名和实践课排名前3名。2012年，共56门课程获学院教学优秀奖。2011～2012学年实施第五期青年教师指导制度，2名青年教师获教学优秀奖，2名青年教师获科研优秀奖，3名指导老师获青年教师优秀指导老师奖。2012年，新进教师9人，启动第六期青年教师指导制度。教师参加北京高校哲学社会科学骨干研修班、国家精品课程师资培训项目等20余人次。

2012年经管院第三次组织学院"教学之星"的评选，共2000师生参加评选，评选出10位学院"教学之星"。2011～2012学年第一学期经管院大班理论课有2门课进入全校前5名，有5门课进入全校前10名，有8门课进入全校前20名，《高级财务会计》在全校大班理论课排名第一；小班理论课有2门课进入全校前5名，有3门课进入全校前15名，《电子商务系统开发与管理》在全校小班理论课排名第二名。在2012年毕业生"我心目中的好老师"的校级评选活动中，3位老师被评为专业课类"我心目中的好老师"，占专业课类的1/6。在学校第九届青年教师教学基本功比赛中1人获得三等奖及优秀教案奖。刘俊昌被评为第八届北京市高等学校教学名师。

2012年，经管院学生参与大学生科研训练项目，获得国家级大学生创新训练项目立项8个，占全校项目的9%，创业训练项目4个，占全校项目的40%；市级大学生科学研究与创业行动计划立项11个，校级大学生科研训练计划立项10个。2012年，学院组织并完成2次对35个校级大学生项目的验收，5个项目获得优秀，11个项目获得良好。在学校组织的国家级、市级项目的验收中，8个项目获得优秀，7个项目获得良好，占全部项目的75%。参加项目的学生发表学术论文10篇。学院组织对2012年33个项目的中期检查验收，各项目均按计划完成。

(向 燕 田明华)

【科研工作】 2012年，学院新争取课题100项，共计到账科研经费760余万元。其中纵向课题85项，经费630余万元；横向课题15项，经费130余万元。纵向课题中，国家自然科学基金一般项目1个，国家自然科学基金青年项目1个，国家社科基金青年项目1个，教育部人文社科基金项目3个。

2012年，学院教师发表高质量期刊论文数量持续增长。被SSCI、SCI、EI和ISTP检索系统检索的期刊论文共12篇。另外，获得专利4项。学院教师获得梁希青年论文奖二等奖2项、三等奖2项，北京林业大学哲学社会科学奖二等奖1项，其他学会、论坛等奖项9项。

2012年，通过学科组织和自愿结合，形成7个青年教师科研创新团队，获得学校近50万元的经费支持。学院对青年教师实施科研奖励，10名青年教师获得学院“科技之星”称号，6名获得国家自然科学基金、国家社科基金和教育部人文社科基金奖励。

2012年，学院举办“应对气候变化背景下中国与亚太地区林业发展”林业经济国际论坛，来自中国、美国、加拿大、德国、尼泊尔等国家和地区的近50名学者参加论坛；举办首届全国农林院校林产品贸易学术研讨会和2012年林业技术经济研究会学术年会。邀请国外和中国台湾地区著名专家教授8人次来院讲学和做学术报告。50人次参加国内外学术交流。

学院与南北联合林业产权交易股份有限公司签署战略合作协议，挂牌成立“北京林业大学经济管理学院南北联合林业产权交易研究中心”，开展林业产权交易创新产品及创新交易模式，林业产业创新投融资产品及投融资模式，林业资源的勘察、价值分析以及投资风险评估等研究工作，以及林业金融方面人才培训等业务，双方合作搭建林业产业金融资本对接渠道，全方位支持我国林业科技产品的转化与林业产业升级。 （胡明形　温亚利）

【实验室建设】 经济管理学院综合实验中心是北京市经济管理教学实验示范中心。拥有股票证券模拟实验室、人力资源模拟实验室、国际贸易实务模拟实验室、电子商务实验室、会计模拟实验室、统计模拟实验室、网络实验室、物业管理智能化实验室8个专业实验室，2个普通机房及1个控制室，占地460平方米，配有计算机240台，专业软件13套，承担本院11个本科专业及研究生的实验教学和实习任务。

2012年，实验中心新增资产20万元，固定资产总价值达405.42万元。实验中心在2012年度考察北京工商大学文科实验中心（国家级实验教学示范中心）、用友科技园等，完成了新实验中心（坐落于学研大厦北楼6层，面积为2500平方米）的前期规划工作。 （薛永基　张　元）

【党建工作】 2012年，经济管理学院党委共有39个党支部，其中教师党支部9个，学生党支部29个。党员615人，其中在职党员88人，学生党员527人。新发展党员174人（其中研究生40人，本科生134人），入党积极分子987人。

学院党委在全院范围内推进创先争优活动，学生党员发展着力向大二、大三优秀入党积极分子倾斜，学院学生党员队伍的学历结构、年级结构进一步优化。

学院领导班子坚持科学民主决策，定期召开党政联席会议或院班子民主生活会，对事关学院改革发展的重要事项进行集体研究决策。学院党委大力创新二级中心组学习模式，发展学院文化。

学院党委重视青年教师成才培养工作，开展“教学之星”“科技之星”评比活动，组织出版教授风采集《师道》，挖掘学院优秀教工党员典型，宣传优秀教工党员事迹。

在60周年校庆之际，各党支部开展“创先争优我先行，奉献校庆我添彩”主题党日活动。在党的十八大召开后，学生党支部、班级团支部、学生组织开展主题党日活动和团日活动、举办专题辅导报告、观看红色电影系列活动。

学院党委开展基层组织建设年活动，开展自评和互评，党员和群众满意度测评，支部书记满意度测评，查阅工作档案和工作手册等，明确支部分类定级，提出支部整改措施，提升党支部书记素质，提升党员队伍生机活力，保障支部工作科学化、专业化。所有党支部在分类定级中均达到A级标准。

学院党委鼓励学生党员积极投身社会实践，2010级管理学生党支部、2011级工商统计金融学生党支部、硕士2011级第一学生党支部共3个党支部与京郊农村、社区党支部开展红色“1+1”共建活动。2012年，改革学生业余党校初级班招生制度以及量化考核管理制度，顺利完成第48期和第49期初级班培训工作，全年共招收357名学员，顺利结业234人，结业率65.55%。

学院党委积极准备基层党建工作检查事项，系统梳理了近5年学院党委在制度建设、组织发展、组织建设、党员教育和管理、德育工作、稳定工作以及工会教代会工作中所完成的工作和取得的成果，全面总结了近5年学院党委在基层党建工作中形成的基本经验和特色做法。

学院党委配合学校完成北京市第十一次党代会代表候选人推选工作。

学院举行庆祝建党91周年暨评优表彰大会，210名新党员在会上进行庄严的集体宣誓，大会总结表彰“创先争优”活动中涌现出的先进集体和先进个人，共表彰“先进学生党支部”10个、“优秀党支部书记”10名、“优秀共产党员”31名、“红旗团支部”12个、“班级量化先进集体”15个、“学生工作突出贡献奖”23人、“学干之星”60人、“团员之星”45人。

（房　薇　张卫民）

【学生工作】 2012年，深化学生工作研究，提升工作专业化水平。面向学生立项青年发展研究课题26项，辅导员主持首都大学生思想政治教育研究课题1项，主持学校思想政治教育课题1项，发表思想政治教育论文3篇，出版专著《大学生学业发展与效能提升研究》《绩优大学生活探究》2部。

编写了《经济管理学院学生党支部工作规范》，举办5次学生党支部委员培训会。开展基层组织建设年活动，明确支部分类定级标准，36个党支部在定级评定中均达到A级。优化学生党员学历、年级结构。

完善团学评价体系，评选出“红旗团支部”12个、“学生工作突出贡献奖”25名、“学干之星”45名、“团员之星”60名。深化学风建设，每周两次进入课堂督导，在学期末开展诚信考试动员活动。开展2010、2011级学生“家长工程”，为学生家长邮寄《致家长的一封信》和成绩单。举办“十八大经济和政治体制改革解读”等高水平“经管讲坛”12场。强化班级建设，梁希11-1班获得学校“十佳班集体”。梳理创新创业精品赛事，学生荣获第十三届“挑战杯”全国大学生课外学术科技作品竞赛全国铜奖2个，第七届“挑战杯”首都大学生课外学术作品竞赛金奖2项、银奖5项、铜奖7项；第四届全国大学生电子商务“创新、创意及创业”大赛全国奖项2项，北京赛区奖项34项；第五届全国大学生网络商务创新应用大赛全国赛区奖项1项，北京赛区奖项10项。开展“传承绿色使命，弘扬奉献精神”主题暑期社会实践活动，组建20支实践团队，1支团队晋级校级重点项目，1支团队晋级校级项目，1支团队晋级校级思想政治理论课项目。学院获得学校暑期社会实践优秀组织奖。举办“树木树人六十载，‘经’彩纷呈献真情”献礼北京林业大学60周年校庆系列活动。绿苑合唱团参加学校“五月的花海”红歌赛，获得三连冠。社团联合会举办北京市高校五子棋邀请赛、第二届北京林业大学模拟联合国大会。精英学校三期结业学员62名，第四期学员招生81人，聘请中广核核技术公司等知名公司的6名人力资源管理高管担任“学员导师”。拓展志愿服务社会资源，紫穹志愿服务团参加中国绿化基金会“第四届中国网络植树节”、圆明园“第十七届游园踏青节”和团市委“善薪计划志愿者推广活动”志愿服务活动。志愿服务全年参与达500余人次。学院举办第二届北京林业大学模拟联合国大会，来自北京大学、中国人民大学、北京师范大学等12所首都高校的100余名学生参加会议。

健全工作体系，提升毕业生就业质量。修订和完善《经济管理学院本科生职业生涯与就业指导大纲》近7万字，分析专业就业形势，解答求职困惑。拓展就业信息搜集平台至30余家网站、学院网站发布就业信息413条。落实毕业生困难群体帮扶，通过学校华民慈善基金资助学生31人，通过就业基金资助学生56名，总额14.9万元，提供给困难毕业生择业机会500多人次。走访陕西省林业厅、陕西省环保厅、陕西省轻工业行业管理协会、陕西省重型汽车有限公司等用人单位，与绿城服务集团、北大资源物业集团签订校企合作协议。举办专场招聘会30余场，联系用人单位提供有效岗位500余个。首次选聘17名优秀毕业生担任在校生就业指导员。截至

2012年9月1日，本科毕业生签约率65.42%，就业率92.25%。

创新工作形式，提升学生管理与服务水平。分类别、分层次组织辅导员深入学生宿舍走访。组织宿舍长培训2次，开展宿舍安全卫生督导12次。强化学生公寓文化建设，举办学院公寓文化节活动，内容包括宿舍设计大赛、宿舍才艺大赛、危机逃生卡制作、双优宿舍评比等，获得校公寓文化节优秀学院组织奖一等奖。召开4次心理委员例会，邀请2位心理咨询师和3位心理专业研究生对心理委员进行理论培训和技能指导，组织心理委员工作经验分享会2次。开展基层班级开展团体心理辅导立项活动，指导72个班级开展团体心理辅导活动。完善心理检测网络和心理问题跟进辅导机制建设。获得心理健康教育工作优秀奖和心里情景剧大赛优秀组织奖。

搭建学术平台，提升职业能力。举办第三届研究生学术论坛。举办包括导师讲坛在内的18场学术讲座，主讲人包括德国弗莱堡大学、瑞典农业大学、国家统计局、中国林产工业协会、中国劳动科学院社会保障所、对外经贸大学、东北林业大学、中国农业大学、中国人民大学、南京农业大学和与之相关学校、部门的专家学者，讲座内容涉及林业经济、学术研究方法、劳动关系、生态文明建设等多个领域。组织各类文体活动，丰富校园文化。制定学院新的学业奖学金评定办法，确保国家奖学金等奖项评定的公平、公正。 （肖 进 房 薇）

【对外交流】 2012年，学院共接待美国加利福尼亚大学、美国纽约州立大学、美国俄勒冈大学、美国密歇根州立大学、美国奥本大学、美国密西西比州立大学、加拿大林务局、加拿大多伦多大学、德国弗莱堡大学、芬兰赫尔辛基大学、瑞典农业大学、瑞典于默尔大学等国际知名高校和研究机构的专家学者20余人次，给研究生重点讲授自然资源与环境经济学、林业经济学、计量经济学等多门研究生课程，并与青年教师就林业经济等领域前沿问题开展广泛的学术交流和研讨。派出到美国、加拿大、德国、瑞典等国家交流访问20人次，并与各国相关研究机构和政府部门就进一步开展合作与交流进行广泛交流。组办第一届林业经济国际论坛，邀请林业经济与政策领域国际知名专家10余人参会。参加国内外学术会议近20次，参加人员30多人，提交会议论文50多篇。有3名教师赴美国访问1年，有1名教师结束瑞典公派返学任务。向澳大利亚国立大学派出3名合作培养硕士研究生，推动合作办学进入常态化；与美国密歇根州立大学等国际知名学府联合培养研究生和本科生的工作顺利进行。学院共招收留学生近10名，承担国家亚太网络全英文授课课程2门，研究生培养国际化进程加快。 （谢 屹 温亚利）

【农林经济管理一级学科成为北京市重点学科】 2012年4月，北京市教育委员会下发通知，公布了北京市重点学科评选结果，经济管理学院农林经济管理学科成为一级学科北京市重点学科。 （方宜亮 张卫民）

【主办首届全国农林院校林产品贸易学术研讨会】 2012年4月，学院主办首届全国农林院校林产品贸易学术研讨会，并在会上成立了全国农林院校林产品贸易教研协作组。本次会议推动全国农林院校林产品贸易教研协作组会员单位之间的交流和合作，加强林产品贸易研究与政府政策、企业战略之间的结合。会议期间，来自中国林产工业协会、国家林业局林产品贸易研究中心、中国人民大学、北京林业大学、东北林业大学、南京林业大学、福建农林大学等科研机构和高等院校的数名专家和学者做主题报告和学术讲座。 （程宝栋 张卫民）

【获得全国大学生电子商务“三创赛”全国特等奖】 2012年12月，学院两支团队赴长沙参加第四届全国大学生电子商务“创新、创意及创业”挑战赛总决赛，获得全国特等奖1项，全国一等奖1项。获得特等奖的“校联购”团队项目由我院学生创办，理念为“生活汇，惠生活”，致力于打造一个为五道口高校提供本地化生活服务的高校生活娱乐资讯平台。在北京赛区的比赛中共有34支队伍获奖。 （房 薇 张卫民）

【北京林业大学MBA开局良好】 2012年，北京林业大学首次招收MBA正式学员70名，开办

MBA 高级研修班 3 期，共招收研修学员 198 名，聘请 MBA 社会导师 20 余名。共举办 MBA 大讲堂 2 场，举办 MBA 教学研讨会 2 次，举办第九批在京 MBA 培养院校联谊会、首届北京林业大学 MBA 精英年会，成立北京林业大学 MBA 联盟和 MBA 班级联盟。（安 欣 张 元）

工 学 院

【概 况】 北京林业大学工学院（College of Technology），原为北京林学院森工系，成立于 1958 年。1959 年林业与木工机械专业开始招生。1991 年更名为森林工业学院，2001 年更名为工学院，2002 年 11 月工学院划分为现在的材料学院与工学院。

2012 年，学院设有机械设计及理论和森林工程 2 个二级博士授予权学科和机械制造及其自动化、机械电子工程、机械设计及理论等 7 个二级硕士授予权学科及森林工程 1 个北京市重点学科，现有林业工程（森林工程方向）1 个博士后流动站，具有机械工程全日制专业硕士学位授予权和工程硕士（机械工程领域）专业学位授予权。

2012 年，学院设有机械设计、机械制造、自动控制、工程图学、工程力学、电工电子学、车辆与交通工程、工业设计、电气工程 9 个教研室和 1 个市级林业工程装备与技术实验教学中心。学院现有机械设计制造及其自动化、自动化、电气工程及其自动化、车辆工程、工业设计 5 个本科专业。

2012 年，学院在职教工 87 人，其中专任教师 66 人，具有博士学位的专任教师 50 人。在专任教师中，博士生导师 10 人，教授 15 人，副教授 29 人。本年度，新增教授 2 人，副教授 4 人、博士生导师 2 人，硕士生导师 4 人，新进教师 5 人。

2012 年，学院毕业学生 396 人，其中研究生 56 人（博士研究生 3 人，硕士研究生 45 人，在职工程硕士 8 人），本科生 340 人。招生 424 人，其中研究生 68 人（博士研究生 7 人，学术型硕士研究生 42 人，全日制专业型硕士研究生 15 人，在职工程硕士研究生 4 人），本科生 356 人。在校生 1591 人，其中研究生 209 人（博士研究生 30 人，学术型硕士研究生 125 人，全日制专业型硕士研究生 28 人，在职工程硕士研究生 26），本科生 1382 人。

学院贯彻学校部署，全面推进人事制度改革，上半年完成第二轮岗位聘任与绩效津贴改革。3 月，工学院召开第四届工会教代会换届大会，选举产生新一届工会教代会委员。2012 年，学院组织参加 2012 北京国际现代林业技术装备展，这是学校首次参加该类大型展会。在展会上，学院展出多项林业技术装备最新科研成果，并有 1 项科研成果通过展会成功进行技术推广与技术合作。（葛东媛 于翠霞）

【学科建设】 2012 年，工学院拥有森林工程 1 个北京市重点学科，设有 2 个博士点和林业工程博士后流动站；在 2 个博士点中共有 7 个博士点研究方向，分别是：机械工程一级学科博士点（下设专业机械与装备、现代设计理论及制造技术、机械测试与控制技术、森林火灾防御技术 4 个研究方向）；森林工程二级博士点（下设森林工程装备及其自动化、人机环境与安全、森林及其环境信息监测 3 个研究方向）。

学院设有 7 个二级硕士授予权学科，共有 19 个研究方向，分别是：机械制造及其自动化学科（下设现代制造工艺及自动化装备、无损检测技术、机械测控技术 3 个研究方向）；机械电子工程学科（下设微机控制系统与电测技术、机电系统控制与自动化 2 个研究方向）；机械设计及理论学科（下设林业与木工机械、现代设计理论及制造技术、机械测试与控制技术、森林火灾防御技术与装备 4 个研究方向）；、车辆工程学科（下设林用车辆系统研究与设计、汽车 CAE 工程技术、汽车运用与检测技术、车辆交通系统学 4 个研究方向）；控制理论与控制工程学科（下设控制理论及工程应用、信息处理与智能控制 2 个研究方向）；森林工程学科（下设森林工程装备及其自动化、人机环境与安全、森林及其环境信息监测 3 个研究方向）；设计学学科（下设工业设计 1 个研究方向）。学院 2012 年设有 1 个机械工程全日制专业硕士学位授予学科，拥有工程硕士专业学位(机械工程领域)授予权。

2012年，学院共有教授15名，其中二级教授2人，副教授29人，博士生导师10人，硕士生导师(含博导)41人。新增博士生导师2人，新增硕士生导师4人，新进青年教师5人，2人晋升为教授，4人晋升副教授，1人移民离职。1人为第六届国务院学位委员会学科评议组成员；1人为全国林业机械标准化技术委员会主任委员；1人担任教育部农林工程类林业工程分委会副主任；5人在全国相关二级学会与协会中担任副秘书长或副理事长以上职务；2人出国进修。

2012年，工学院获得1篇校级优秀博士论文和2篇校级优秀硕士论文。研究生发表学术论文88篇，研究生第一作者论文被EI收录11篇，研究生参与申请专利获得授权专利27项，其中发明专利11项，实用新型专利16项。

学院2012年在读研究生数量209人(博士生30人，学术型硕士研究生125人，全日制专业学位研究生28人，在职工程硕士研究生26人)。2012年学院招收研究生68人(学术型硕士研究生42人，全日制专业学位研究生15人，博士研究生7人，在职工程硕士研究生4人)。毕业研究生获得学位56人(博士3人，学术型硕士45人，在职工程硕士8人)。 (代智慧　李文彬)

【教学工作】 2012年，学院落实教务处2012教学工作要点，获批校级教学改革研究项目9个，校级本科教学工程资助项目8个，其中优秀教学团队建设项目1个，课程建设项目7个，资助经费共计11.6万元。教学成果“基于研究性学习的机械设计类课程创新型人才培养的探索与实践(教材)”获北京市二等奖、校级一等奖，“电气工程及其自动化专业建设成果”获校级一等奖，“工程图学考核方法的研究与实践”“工业设计专业实践类课程的优化与实施”2项成果获校级优秀奖。

2012年，学院与北京润菲利德科技有限公司签订校企合作共建协议，与北京京都府驾校、上海捷成木工机械有限公司、北京德胜新鑫建筑有限公司签订教学实习与就业实践基地协议。

2012年，学院2名教师获“家骐云龙青年教师教学优秀奖”，2名教师获校级第九届青年教师教学基本功大赛二等奖，1名教师的2件产品获第七届中国创新设计红星奖大赛红星奖。2名教师获得2012届毕业生评选“我心目中的好老师”称号。学院组织观摩教学3次、师生及教师座谈会5次，依托“全国高校教师网络培训计划”选派3名青年教师参加网络培训。

2012年，学院共计330名本科生获得学士学位，9名学生的论文获北京林业大学2012届校级优秀本科毕业论文(设计)，推荐免试研究生48人。接受其他学院转入学生2人，转出10人，5名学生因个人原因休学、3人退学。

2012年，学院组织学生参加多项创新赛事与创新项目，获批大学生创新创业训练项目国家级10个，北京市级4个，校级3个，总资助经费共计44万元。11月，大学生创新训练项目作品“人力环保剪草机”参加第五届全国大学生创新创业年会。在首都高校第六届、全国第五届机械创新设计大赛中，获全国二等奖1项，北京市一等奖2项，二等奖5项，三等奖1项；在国际大学生物联网创新创业大赛暨第六届中国大学生物联网创新创业大赛中，获全国二等奖1项，全国三等奖1项，北京市一等奖2项，二等奖2项；在亚太大学生机器人大赛国内选拔赛中，获国家三等奖1项；在北京市大学生电子设计竞赛中，获北京市二等奖1项，三等奖1项，成功参赛奖1项；在第七届全国大学生“飞思卡尔”杯智能汽车竞赛(光电组)中，获全国三等奖1项；在第五届全国计算机仿真大奖赛中，获全国二等奖和全国三等奖各1项；在北京地区第二届大学生工程训练综合能力竞赛中，获北京市三等奖3项；在第七届中国创新设计红星奖大赛中，获原创奖和未来之星奖各1项；在第一届全国大学生环保科技大赛校内选拔赛中，获一等奖2项，二等奖2项，三等奖2项，5项作品入围全国总决赛。 (杨尊昊　陈　劭)

【科研工作】 2012年，学院到账科研经费666.81万元，其中纵向到账经费520.14万元，横向到账经费146.67万元。

学院新增项目30个，新增项目总经费474万元。包括国家自然科学基金、北京市自然科学基金、博士点基金、博士后基金等省部级课题17项，课题经费共计426.5万元，占总经费的

90%；横向课题10项，课题经费共计28.5万元；校级项目3个，课题经费共计19万元。

2012年，学院在研项目合计71个，包括国家“十一五”科技支撑项目、国家自然科学基金项目、国家“863”项目、国家林业局“948”项目、林业局林业公益性行业科研专项项目等各类国家级、省部级课题40项，市级课题2项，横向课题19项，校级项目10个。学院在研项目总经费2195.734万元，其中省部级以上经费1826.6万元，占总经费的83.19%；市级、横向经费295.13万元，校级项目74万元。

工学院教师申请专利58项，其中发明专利34项，实用新型专利20项，外观设计4项；申请软件著作权12项。教师获得授权专利30项，其中发明专利11项，实用新型专利16项，外观专利3项；软件著作权2012年授权18项。在各级各类学术刊物上共发表学术论文101篇，其中EI收录21篇，SCI收录9篇，ISTP收录1篇。教师出版专著共9部，约93.8万字。2名教师获得第四届梁希青年论文奖。

学院人机环境工程实验室和林业与环境特种装备研究所等科研平台获得了北京市重点学科建设经费的支持和完善。2012年，北京林业大学与中国福马集团签订“多功能林木采育机技术开发”项目协议，该项目负责人由工学院教授担任。学院利用“211工程”三期建设经费购置7台大型先进科研仪器设备，用于建设林业生态信息监测与智能控制技术实验室。

学院签订科研成果转化合同6份，转化内容为“基于‘物联网’架构的土壤墒情检测系统”“工程机械‘装载机’噪声试验”“裕陵木构件检测”、产品设计等，成果转化到账经费共计50.24万元。（代智慧　李文彬）

【实验室建设】 2012年，结合学院发展，学院制定2013～2015实验室建设规划及2013实验室建设方案。继电保护控制实验室在森工楼120室正式启用，成为电气自动化专业首个专业实验室。配合信息中心完成车辆实验室网络建设。联合材料学院申报国家级实验教学示范中心。

2012年，实验实习中心继续推进开放式管理，支持本科生开展学科竞赛及创新训练项目。

2012年，学院执行学校教务处专项修购项目1个，经费40万元，主要用于提升和改善机械创新类及电子工艺实验教学条件。利用北京市“共建项目”经费17万元购置剪板机、汽车专用工具和示波器，分别用于补充工程训练、汽车拆装实习和电力与电机拖动实验等实验设备。实验实习中心新增森林消防运兵车、USB高速数据采集仪等47万元设备，用于教学、科研及研究生培养。5月，实验实习中心对车辆实验室测功机、发动机故障检测等大型设备进行检修，排除设备故障。

10月，学院与北京斑步至伟科技有限公司签署协议，共建Bamboo实验室，由该公司捐赠的20万元物联网和嵌入式实验设备已投入使用，并完成3期技术培训。

2012试点实验教学综合管理平台启用，通过2期对实践环节进行科学管理培训，11月通过教务处验收。（李　宁　陈　劭）

【党建工作】 2012年，工学院党委下设党支部13个，其中教工党支部4个，研究生党支部3个，本科生党支部6个。共有党员270人，其中学生党员215人，教工党员55人，共发展预备党员74人，转正预备党员40人。

2012年，学院党委组织开展主题为“建设学习型组织，打造执行力团队——用教练技术让学习型组织的5项修炼落地”的二级中心组理论学习活动；严格执行院务公开制度，坚持重大问题必须交由学院教代会、工会讨论。

2012年，学院党委带领各党支部以党日活动为平台，组织150余名学生党员、200余名积极分子参与实践雷锋精神活动、校庆志愿服务活动。5月，学院党委组织教工党员赴天津蓟县盘山烈士陵园开展主题党日活动。

2012年，学院党委组织党校第48、49期初级班，协助学校组织党校第47、48期提高班。共有283名学生接受党校培训，其中初级班学员196人，结业146人，提高班学员87人。

2012年，学院党委组织开展党的十八大报告解读活动，邀请专家做“时间管理”“高效能人士的七个习惯”等讲座，为学院教师举办“声音美化与服饰颜色搭配”讲座活动，开展主题为“5R领导力在大学生深度辅导中的应用”的经验分享会；学院党委给每一位教职工购买了《高效能人士的七个习惯》《拆掉思维里的墙》《一句顶一句》等书籍。学院党委发起组织北京高校学生事务沙龙，举办教练技术、生涯规划、五步谈话法、心理方面的研讨分享活动，提高了青年教师在给学生开展思想政治教育工作的专业化水平。

学院完成党员资料抽查、毕业生党员组织转接、年底党内统计等工作，汇总整理全院党组织、党员资料，完善党建信息库。

学院党委加强基层党支部建设，培训调整后的各支部书记党务知识。重视党建带团建工作，督促支部开展"党建带团建"工作，落实推行"六个一"工程，发挥党员模范带头作用，形成党支部携同团支部密切交流，共同进步的局面。 （陈洪波　王东亮）

【学生工作】 2012 年，工学院在校学生总人数 1591 人，其中本科生 1382 人，研究生 209 人，48 个本科班，3 个研究生班。学院团委在职工作人员 6 人，建有学生会、团委学生事务中心、社团联合会、学生心理委员会、学生就业助理团、研究生会、学生党建办公室 7 个学生组织和开拓者机器人协会、风驰汽车协会、指南针科技协会、口才与辩论协会、阳光英语协会、视尚公社、竞技者体育协会 7 支学生社团。

学院面向全院班主任、研究生、本科生在内的 1100 余人、36 个班集体、39 个奖项开展审核评优工作，共评出奖学金类 14 项、荣誉称号类 5 项，共 812 人次，其中包括 12 人获得国家奖学金、36 人获得国家励志奖学金、1 人获得宝钢奖学金、358 人获得优秀学生奖学金、105 人次获得三好学生、105 人获得优秀学生干部等荣誉称号；评选出五四红旗团支部和优良学风班共 15 个班次，被表彰人数超过全院参评人数的 42%。本年度，共评选出国家助学金、国家励志奖学金 300 余人，"新长城""爱心成就未来""丰华镇远攀登助学金""新科鹏举奖学金"等社会类奖、助学金 10 余项；办理学费缓交 50 余人，发放各类助学金 100 万元，全年为经济困难学生提供 47 个勤工助学岗位，临时岗位 300 余个。

学院在学风建设方面进一步完善学生电脑准放制度，每周进行宿舍检查，每周开展 2～3 次学风督察活动。学期末，学院集中倡议诚信考试，加强考风考纪督察。同时，坚持落实"致家长的一封信"工作，将学生成绩和评优结果及时通报学生家长，全年共邮寄信件 1000 余封。

2012 年，在校级科技创新项目招标中学院共 19 个项目上报，2 个项目中标，申请经费 6 万元。学院组织开展第六届机器人大赛暨科技文化节活动、第十届结构设计大赛、协助组织节能车竞技大赛、卡丁车大赛，举办汽车知识竞赛、CAD 专业培训、机器人学习小组培训活动。辅助承办 2012"天极杯"华北高校 NX 工业造型设计大赛、北京林业大学 ACM 大赛、数学建模大赛和数学竞赛等比赛的宣传报名工作。

2012 年，学院共组织"力士杯"拔河赛、"挑战杯"篮球赛、"森工杯"足球赛、"风之彩"十大歌手赛、班级风采展、新生交谊舞培训、新生辩论赛、"工韵华章"元旦晚会、"记忆留夏"毕业生欢送会等 20 多项文体活动，1000 余名同学参与其中。学院还举办海淀区八校卡丁车大赛、以校庆为主题的英语情景剧大赛、"开拓者"杯机器人趣味知识竞赛、爱心义卖、"四月围城"城市生存、"社联生活坊辩论"等社团活动。

2012 年，学院组织主题为"学习雷锋精神，争做时代先锋""迎甲子校庆，展青春风采"的团日及班日活动，开展"学风建设周"及签署诚信考试承诺书活动，举办英语四六级讲座、英语四六级模考、考研讲座、新老生学习经验交流会，定期开展宿舍安全卫生检查。在基层班级管理方面，学院定期召开班主任会、班干部例会，安排各阶段工作。学院制定辅导员深度辅导工作制度，定期与学生谈话并走访学生宿舍。

暑期社会实践工作开展主题为建团 90 周年、党的"十八大"、学校"绿色校庆年"、学雷锋活动等常态化的活动，共有 15 支实践团队参加，团队项目和个人项目共计 346 人参加，约占全院学生总人数的 1/4。召开说明会和立项答辩会，开展评优表彰工作。绿叶支教团实践团队被评为校重点实践团队。

在大学生心理健康教育工作方面，学院组织新生开展心理委员专题培训、优秀心理委员评选活动，举办"5·25 大学生心理健康节""心理乐翻天"知识竞答比赛，组织学院 12 个新生班级开展团体辅导活动，每月完成心理月报统计上报、新生 UPI 测试、特殊学生跟踪辅导等常规工作。建立特殊学生档案，以台账的形式记录心理问题学生辅导工作记录，累计20人次。

2012年，在研究生工作方面，成立工学院"科学道德与学风建设"专家宣讲团，举办宣讲教育活动。组织研究生集体学习《科学道德与学风建设读本》，收取个人学习心得近60篇；举办工学院"院长论坛""求真求实，杜绝学术不端行为""认认真真做人，踏踏实实做事"和"留学科研经历"的主题讲座；开展"Nastran FX"有限元软件培训1次，组织科技学术交流讲座4场；举办博士论坛、新锐论坛2场，组织"微创外科手术机器人多构态末端工具设计及实现""无线协同中继系统分集理论的研究"学科前沿知识讲座；首次举办研究生职业生涯规划讲座。

2012年，学院共有毕业生388人，其中本科生340人，研究生48人。学院本科生共保研48人，支教保研2人，考研27人，签约147人，签约率达65.88%，高于2011年同期水平，签就业劳动合同50人，出国24人，灵活就业24人，就业率达94.70%。工学院2012届毕业研究生中，签就业协议46人，劳动合同2人，就业率达100%。本年度共举办就业动员会12场，累计发布就业信息近600条、就业信息报20期，建立毕业生QQ群。在低年级就业指导工作方面，学院举办职业生涯规划大赛、第一届职场模拟面试大赛和"非凡2016"大学生职业生涯规划大赛等活动。

学院2012年共有13人获得华民慈善基金4000元的扶持，25人获得1000元校级就业基金帮扶，1人获得阳光学子1000元院助学金，1人获得500元院级就业补助。（陈洪波　王东亮）

【对外交流】 2012年，学院共接待3个国家和地区13人次的来访，共有41人次派往美国、德国、加拿大、荷兰和中国香港等6个国家和地区参加科研合作、学术交流和考察活动及公派留学学习，其中参加国际学术和考察活动的有39人次、国家公派留学人员2人次。

与国内外交流合作。2012年5月，德国波恩大学Peter Schulzelammers教授就学院实验、科研工作及国际项目做交流访问。同月，美国农业部林产品实验室王喜平研究员来访，就木材无损检测领域进行经验交流和学术研讨，并为学院师生展示美国农业部林产品实验室最新研究成果和相关情况。到访期间，王喜平博士为工学院师生做"应力波在人工林活立木中传播机理研究"的学术讲座。校庆期间，学院邀请3个国家和地区及国内的10名专家学者做7场学术报告，内容涵盖教育教学方法、工业设计、机械产品设计、木材无损检测、生物质能源方向。8月，工学院工业设计专业师生一行31人赴香港理工大学和香港知专设计学院走访调研。

与行业交流合作。2012年暑期至11月，学院领导分别带队赴云南、广东、广西和上海及北京本地走访校友及校友企业，与校友企业建立了校企合作关系，建立学院教学、就业实习基地，拓展学院与校友间的联络工作。

（葛东媛　于翠霞）

【参加2012北京国际现代林业技术装备展】 3月12日，2012北京国际现代林业技术装备展览会暨北京国际园林绿化展览会在中国国际展览中心新馆开幕，工学院多项科研成果在展会上展出，全面展示近年来学院林业技术装备的最新成果，其中，科研成果"土壤墒情实施监控系统"通过展会进行技术推广，与北京中网动力科技有限责任公司签订成果转化合作协议，这是学校首次参加机械类大型展会。（葛东媛　延晓康）

【校庆60周年】 校庆前夕，院领导、老教师代表赴外地走访校友，联络感情，邀请返校。学院成立临时机构指挥工作，设计制作校庆相关纪念品，将各项接待工作落实到位。校庆期间，学院接待校友近400人，与校庆办配合，组织校友观看文艺演出。举办学院庆祝午宴，开展校庆学术月活动，组织学术报告7场，校友励志讲座1场。邀请来自国内外17位专家学者及知名校友主讲，内容涵盖工科教育教学方法、工业产品设计以及木材无损检测、生物质能源及大学生成长成才方向，参加人员共计615人次。组织校友座谈会1场，结合"政产学研"，汇聚校友资源，共谋学院发展。学院设立"工学院发展基金"，接受校友及退休教师捐款103.88万元(包括价值20万元实验设备)，与校友公司合作成立Bamboo实验室。（葛东媛　延晓康）

材料学院

【概　况】 北京林业大学材料科学与技术学院(College of Material Science and Technology，以下简称材料学院)成立于2002年11月，前身是1958年成立的北京林学院森林工业系，由林业工程和设计学两个一级学科组成。学院设有木材科学与工程、林产化学加工工程、艺术设计3个系。

学院本科教育设有4个专业：木材科学与工程、林产化学加工工程、艺术设计、包装工程；8个专业方向：木材科学与工程、家具设计与制造、包装工程、林产化工、制浆造纸、环境艺术设计、装潢艺术设计、动画艺术设计。木材科学与工程专业为国家级一类特色专业，林产化学加工工程专业为国家级二类特色专业。

学院拥有木材科学与技术国家重点二级学科、林业工程北京市重点一级学科和设计学一级硕士点学科，木材科学与技术、林产化学加工工程学科为北京林业大学优势学科群平台和“211工程”重点建设学科。学院设有木材科学与技术、林产化学加工工程、设计学3个硕士学位授权点，木材科学与技术、林产化学加工工程2个博士学位授权点和林业工程博士后流动站。

2012年，学院有教职工111人，其中专任教师92人(52人具有博士学历)；专任教师中博士生导师16人，教授21人，副教授31人。

2012年，毕业428人，其中研究生70人(博士生11人，硕士生59人)、本科生357人。招生509人，其中研究生143人(博士生32，硕士生111)、本科生366人。在校生1839人，其中研究生364人(博士生85，硕士生279)、本科生1475人。

2012年，学院获教育部高等学校科学研究优秀成果奖(科学技术)自然科学类一等奖1项，首次获批“国家杰出青年基金项目”1个，发明专利授权20项，发表SCI论文92篇、EI论文96篇。　　(胡传坤　任　强)

【学科建设】 学院现有林业工程一级学科博士学位授权点，其中包括木材科学与技术、林产化学加工工程2个二级学科博士学位授权点；木材科学与技术、林产化学加工工程2个二级学科硕士学位授权点和设计学一级学科硕士学位授权点。设有木材学、木材干燥、木材功能性改良、木质复合材料、胶黏剂、工程木制材料、木材加工装备与过程自动化、家具与室内装饰工程、林木生物质热转化、包装材料与结构设计、林木生物质资源与化学品、生物质炼制与生物材料、生物质能源及化学品、林产精细化工、功能高分子材料、清洁制浆与造纸工程、二次纤维利用技术、环境艺术设计及理论、公共艺术及理论研究、装潢艺术设计及理论、视觉形态与广告传媒研究、装饰艺术设计及理论、艺术设计学理论与研究等23个研究方向。

学院学术队伍中有“973计划”首席科学家1人，国务院学位委员会学科评议组成员2人，国家杰出青年基金获得者1人，全国百篇优秀博士论文获得者2人，新世纪优秀人才6人(1人为本年度获批)，北京市科技新星1人，14人在各学会(协会)担任正副理事长、常务理事和理事(新增1人)；有5名教授任联合国环境开发署独立咨询专家。

2012年，共招收143名硕士和博士研究生，授予博士学位11人、硕士学位59人。研究生以第一作者发表学术论文380余篇，88篇被SCI收录。参与授权发明专利16项，申报45项。

9月23～25日，承办“2012年全国林业工程与生物质材料和能源博士论坛”，全国30多个单位、111名研究生提交论文，近200名博士生和硕士生参加会议。11月16～18日，举办“第二届材料学院青年学术论坛”，63名青年教师参加会议。11名教师参加第二届全国林产化学加工工程学科发展研讨会。　　(孟玲燕　孙润仓)

【教学工作】 2012年，学院共组织9次教学观摩，各教研室分别组织教学研讨会2次、教师座谈会2次及学生座谈会4次。学院新获批立项教学研究项目12个，其中教改项目3个、专业建设4个、课程建设4个、教学团队1个。学院获教学成果奖6项。承担大学生创新项目31个，其中国家级12个、市级4个、校级15个。教师发表教改论文17篇，其中发表在核心期刊的有12篇，非核心期刊5篇，大学生创新项目(含国家级、市级、校级)结题25个。共有11篇本科生毕业论文被评为优秀论文。3名教师获"家骐云龙"青年教师教学优秀奖，1名教师获北京林业大学第九届青年教师教学基本功比赛校级三等奖。学院教师主编或参编教材8部。指导大学生获奖20余项。（张颖 兰超）

【科研工作】 2012年，学院共获科研课题立项33个，其中纵向课题23个、横向课题10个，获批学校首个"国家杰出青年基金项目"。纵向课题包括国家自然科学基金项目4个、"十二五"科技支撑计划项目1个、国家"863"计划项目1个、新世纪优秀人才计划项目1个、北京市科技新星计划项目1个、博士点基金项目2个、"948"引进项目及国家林业局重点项目3个、其他课题15个，总经费3867万元；横向课题合同总经费125.3万元。获授权国家发明专利20项、实用新型3项，申报专利52项。发表论文420余篇，其中SCI收录92篇、EI收录96篇。"生物质木质素的结构表征及多糖功能材料的构建"获得教育部高等学校科学研究优秀成果奖(科学技术)自然科学类一等奖。"一种人造板用胶黏剂及其制备方法""一种木材的真空干燥方法"等4项科技成果实现技术转让，与企业签订合作研发协议6项。（孟玲燕 李建章）

【实验室建设】 2012年，学院教学科研平台在木材科学与工程北京市重点实验室、木质材料科学与应用教育部重点实验室、林木生物质材料与能源教育部工程研究中心及木材科学与技术北京市实验教学示范中心基础上，新增林木生物质化学北京市重点实验室。

木材科学与技术学科设有木材科学、木材干燥、木工机械与刀具、木材加工工艺、胶黏剂、包装工程、家具设计与制造等7个实验室。林产化学加工工程学科设有植物资源化学、生物质能源转化工程、制浆造纸及性能检测、木材化学、化工原理、精细化工、污水处理等7个实验室。设计学学科设有材料艺术、装饰艺术、装潢设计、摄影等4个实验室。

截至2012年年底，学院实验室总面积4080平方米，校外教学实习基地41个，专业期刊资料室1个，仪器设备总值5100万元。

（李南岍 曹金珍）

【党建工作】 2012年，学院党委共有18个党支部，其中教师党支部5个、学生党支部13个。有党员419人，其中教职员工党员75人、学生党员344人，党员人数较2011年增长39人。发展党员97人、转正106人，组织关系转入18人，转出168人。现有入党积极分子250人。

2012年，学院党建工作分为"喜迎十八大"和庆祝建校60周年两大板块。在"喜迎十八大"活动中，全院党员通过收看和收听专题报道、观看视频、学习原文、分组讨论、上交心得体会等形式，系统学习十八大精神。学院开展"学党史·知党情·报党恩"征文活动，"党史·时政·校庆·雷锋精神·北京精神"党史知识竞赛，圆明园志愿服务活动，《杨善洲》红色观影，书香活动等。木工第一学生党支部与昌平南口村开展"迎建党 唱红歌""家具讲座"等红色"1+1"支部共建活动，获北京市三等奖。在校庆60周年工作中，学院开展"创先争优我先行、奉献校庆我添彩"系列活动，具体包括组织校园摄影、征集校庆文章、采访校庆志愿者、制作校庆纪念册、学习优秀校友、参观标本馆、追忆大觉寺、绘出最美北林、"感党恩、感校恩，学党章、学校史，学楷模、创先进"征文与"绿色校庆、环保同行"宣传等活动。

学院党委注重党员的经常性教育和管理，各支部严格执行发展党员公示制、票决制，合理科学地开展党员发展、转正和组织学习，保证党员质量，并坚持召开民主生活会，开展批评与自我批评。学院党委为新生党员配备优秀老党员进行再培养，为新生班级配备党员辅导员，加强新生班级的思想教育和入党宣传。学院有2人获校级优秀党员称号。

2012年，学院开办第48、49期党校初级班，协助学校开办党校第47、48期党校高级班；培养积极分子113名，向党校提高班输送117名优秀学员。通过举办知识竞赛、观看红色电影和开展读书等活动，让积极分子和党校学员学习和掌握党的基本理论知识和国家时事政策信息。依托启明星组织，加强基层团支部和党支部之间的联系，做好团组织推优、积极分子培养和发展党员前的考察等工作。（薛凤莲　任　强）

【学生工作】 2012年，学院举行“我的大学梦想”目标规划和新生班级建设分享活动、“秋实杯”学术活动、“四月风”大型文艺晚会、“书香满园”读书活动、“材料杯”系列体育比赛、首都高校材料节系列活动、“学雷锋常态化”系列活动、“公寓文化节”系列活动、主题党团日活动、优秀团支部评比、评优表彰、心理健康月等特色活动10余项。

学院抓好辅导员、班主任和学生干部3支队伍建设。做好学院团委9大学生组织和4个学生社团的换届调整；举办学生骨干培训班1期，对新上任的学生干部和基层班干部进行精英化培训；每周召开辅导员例会，每两周召开学生组织例会和基层班级例会，每月召开学生组织骨干联席会和班主任会。

2012年，学院继续加强学风建设，重点开展学风督察工作，累计督察课程53节，督察班级109班次，通过材料通报和辅导谈话方式解决督察中发现的问题。开展“优良学风班评比”“读研就业经验交流会”“新老生经验交流会”“四、六级模拟考试”等学风建设活动。

学院以“自助成长为路线，发挥心理委员探针效应，普及心理健康知识”为指导思想，解决学生因“经济困难”“学业压力”“就业压力”“恋爱困惑”“宿舍问题”引起的心理健康问题。定期召开心理委员例会，以心理委员的个人成长为主要路线，对心理委员进行专业培养。引导心理委员与其他班委合作，将心理健康工作贯穿到班级建设中去。建立并完善特殊学生跟踪档案，逐渐形成完善的家校沟通模式和心理危机干预方案。

2012年，学院本科生参评奖学金1121人，其中852人次获各类奖、助学金，占全院参评总人数的76%，另有30名本科生获全国或北京市各类奖项10余项。参评研究生350人，90人次获优秀奖学金，其中，优秀研究生11人、学术创新奖63人（获奖人数位列全校首位，占全校获奖人数26.69%）、优秀研究生干部16人。另有获宝钢特等奖学金1人、全国林科十佳毕业生称号1人、校研究生学术文化节“学术之星”称号5人。林化09-2班获北京市十佳班集体荣誉称号，评比成绩位列北京市第一名；林化09-3班、林化11-2班获校十佳班集体荣誉称号。2012届共毕业本科生357名、研究生70人，截至2012年9月1日，本科生就业率97.18%、研究生就业率71.83%。（薛凤莲　樊新武）

【对外交流】 2012年，学院共接待7个国家19人次来访；派出访问交流8个国家20人次。主办国内学术会议2次，参加学术会议72人次，提交会议论文48篇。签署合作意向7项，接待北京家具行业协会来学院交流，牵头成立“北京家具产学研联盟”，将在人才培养、产品与技术开发、科学研究与成果推广、学生就业与人才引进、行业服务以及基地建设等领域开展紧密合作。

学院教师参加“2012 SWST International Convention”“2012 AIChE Annual Meeting”“第四届制浆造纸与生物技术国际研讨会”“木质碳纤维材料结构与性能研讨会”等国际、国内学术会议110人次。（孟玲燕　孙润仓）

【科研成果获奖】 2012年，孙润仓教授主持的“生物质木质素的结构表征及多糖功能材料的构建”项目获得2012年度教育部高等学校科学研究优秀成果奖（科学技术）自然科学类一等奖，项目依托两项国家自然科学基金重点项目，在农林生物质细胞壁组分清洁高效分离及高值转化利用的关键基础科学问题方面取得突破。项目针对农林废弃生物质转化过程中存在的弊端，提出“组分清洁分离→建立转化平台→定向转化为新材料”的新思路，以生物质超微结构作为切入点，深入研究生物质组分结构复杂性，阐明组分清洁解离机制，实现非木材生物质组分高效分离，构建生物质转化为高值化材料的新理论与新方法。

项目发表SCI论文107篇、EI论文28篇，共被他引1134次，获授权中国发明专利3项。

（胡传坤　任　强）

【获学校首个国家杰出青年科学基金项目】 2012年，许凤教授申报的“农林生物质高值化利用基础研究"获得国家杰出青年科学基金项目立项。项目将立足于解译林木生物质乔灌木细胞壁复杂结构，揭示超微结构与化学结构的关系，在此基础上构建新型离子液体体系、有机溶剂体系，结合生物酶处理，将主要组分在保持其化学结构基本不变的前提下高效分离。进而，针对国家在生物基材料及化学品领域的战略发展需求，进行农林生物质综合开发利用的研究，重点研究高效、低成本、生物基新材料，将分离的纤维素、半纤维素及木质素转化生成有工业意义的金属离子吸附剂、造纸添加剂、生物塑料等化工原料及新材料。 （胡传坤 任 强）

【举办2012年全国林业工程与生物质材料和能源博士论坛】 9月23～25日，学校承办由教育部学位管理与研究生教育司、国务院学位委员会主办的全国林业工程与生物质材料和能源博士生学术论坛。材料学院在校研究生院指导下，代表学校承担论坛的组织、接待工作。宋维明校长出席论坛开幕式并致开幕词，宋湛谦院士、陈克复院士出席论坛并做题为《林产化工与生物质产业》《我国轻工工程科技的发展现状与趋势》的大会报告，有关生物质材料和能源方面5名"973"项目首席科学家和多名"863"项目专家组成员做主题报告。北京林业大学、南京林业大学、东北林业大学等30多个单位、111名研究生提交论文、近200名博士生和硕士生参加会议。

（胡传坤 任 强）

生物科学与技术学院

【概　况】 北京林业大学生物科学与技术学院(College of Biological Sciences and Biotechnology，以下简称生物学院)是基于国家理科基础研究与教学人才培养基地(简称国家理科基地)于1997年组建成立的基础科学研究与教学型学院。截至2012年年底，学院设有植物科学系、动物科学与微生物学系、生物技术系、生物化学与分子生物学系及食品科学与工程5个系。设生物科学(理科基地班)、生物技术和食品科学与工程3个本科专业，拥有植物学、林木遗传育种、野生动植物保护与利用3个国家级重点学科，1个国家工程实验室，3个省部级重点实验室，1个北京高等学校实验教学示范中心，1个计算生物学中心。建有生物学博士后流动站，拥有植物学、生物化学与分子生物学、林木遗传育种、野生动植物保护与利用、微生物学、农产品加工与贮藏工程学科博士和硕士学位授予权以及细胞生物学硕士学位授予权。学院建有毛白杨研究所、螺旋藻研究所、数量遗传研究所、油松落叶松研究所、蓝莓研究与发展中心、计算生物学中心、中国林地资源研究中心(下设林地资源调查与评估研究室、林地药用与香料植物资源利用研究室、林地食用资源加工利用研究室、林地经济动物利用研究室4个研究室)。

2012年，学院在职教工106人，其中专任教师77人，包括中国工程院院士1人，千人计划学者1人，长江学者讲座教授2人，国家杰出青年基金获得者1人，国家百千万人才工程人选2人。专任教师中，教授33人(其中博士生导师29人)，副教授32人，具有博士学位的教师有75人。

2012年，学院毕业学生291人，其中研究生139人(博士生22人，学术型硕士93人，专业硕士24人)，本科生152人；招生334人，其中研究生171人(博士生40人，硕士生131人)，本科生163人；在校生1279人，其中研究生612人(博士生133人，硕士生421人，在职农业推广硕士58人)，本科生667人。

2012年，学院完成北京高校党建评估专家组入校检查以及新一轮岗位聘任等工作。学院加强产学研发展和成果转化，与多个单位签署合作协议，举办柳州林业系统局长班。

（杨丽娜 杨雪松）

【学科建设】 2012年，学院拥有理学门类生物学一级博士学位授权点1个、生物学一级学科博士后流动站1个；拥有理学门类植物学、生物化学与分子生物学、微生物学，农学门类林木遗传育种学、野生动植物保护与利用学5个二级学科博士和硕士学位授权点；拥有工学门类食品学科目录外自主设置二级学科林业生物资源利用博士点学科，理学门类细胞生物学1个二级学科硕士学位授权点；其中植物学、林木遗传育种学、野生动植物保护与利用3个学科为国家级重点学科。

2012年，学院先后对7个学科分别召开学科建设研讨会，分析各学科在本领域所处的位置、学科优势研究方向与不足、人才培养、科学研究及实验条件建设、人才队伍建设等，制定完成各学科“十二五”以及中长期规划。学院完成生物学一级学科评估工作，启动细胞生物博士点学科及遗传学硕士点学科的申报工作，召开科研与研究生培养工作会。食品学科获批目录外自主设置二级学科林业生物资源利用博士点学科。生物学一级学科被评为北京市重点学科，食品学科获林业食品加工与安全北京市重点实验室。2人入选教育部新世纪优秀人才支持计划。

2012年，获全国百篇优秀博士学位论文推荐资格1人，北京市优秀博士学位论文推荐资格2人，获学校优秀博士学位论文奖1篇，获校优秀硕士论文奖2篇；有2名教师以高访身份出国进修，2名教师高访进修回国。

（杨丽娜　张德强）

【教学工作】 2012年，教学工作的重点是开展教育教学改革，推进人才培养模式的改革，提升人才培养水平。所采取的措施包括：申报各类教学改革立项；开召开座谈会、举办教学论坛和教学观摩等活动进行经验交流，改革教学方法；拓展实践教学空间，提高大学生实践能力；积极考察学习，确保在新的聘任及考核制度下本科教学秩序稳定有序。

在2012年校级“本科教学工程”项目申报中，获批课程建设7项、优秀团队建设2项；另有4个校级教学改革立项。在教学成果奖申报中获批校级教学成果一等奖1项，二等奖1项，优秀奖1项。获第十届教学基本功比赛三等奖、优秀教案奖。

在拓展实践教学空间方面，生物科学专业学生赴烟台昆嵛山、内蒙古大学等地进行生物学综合实习。

学院结合2次期中教学检查，共组织教学观摩课程12门次，召开师生座谈会4次，教师座谈会17次。学院及时召开教研室主任座谈会，反映本教研室教师对教学方面的意见及建议。

学院组织6人参加第七届高校生命科学教学论坛，学院院长受邀作为嘉宾参加会议，学院获优秀组织奖。

在生物学院院长、党委书记的分头带领下，由学院教学副院长、教师代表、教学管理人员、党团总支老师组成教学考察团，先后赴北京大学、北京师范大学、南京农业大学调研学习。通过与对口单位相关负责人的座谈和实地参观，考察团对国内一流大学在生物学本科生及研究生培养、课程建设、教师岗位聘任制度、实验室建设、科研资源共享等方面进行调研。

（徐桂娟　李　凯）

【国家理科基础研究与教学人才（生物学）培养基地】 北京林业大学国家理科生物学基地2012届毕业生有28人，其中17人保送攻读研究生，4人考取研究生，4人出国深造，整体深造率89.29%，就业率100%。

2012年，基地大学生发表SCI论文5篇，国内核心期刊研究论文5篇。全国大学生英语竞赛一等奖2人，三等奖1人。北美数学建模大赛二等奖1项、三等奖1项。在2011～2012年度理科基地奖学金评比中，基地学生获“理科基地科技创新奖学金”一等奖7项、二等奖5项。

2012年3月，理科基地将400万元国家基础科学人才培养基金以子课题立项申请形式面向全院师生公开招标，设立47个导师指定项目、学生自选项目和管理项目，项目期限1～3年，资助额度1万～5万元。

理科基地于2012年资助组建19支暑期社会实践团队，奔赴全国各地开展实践活动。

生科09班获得全校“十佳班集体”和“优良学风班”，1名教授获“校十佳班主任”称号。生科10班获“校优良学风班”。（高　琼　李　凯）

【科研工作】 2012年，学院获批国家重大基础“973”计划、“863”计划、国家自然科学基金、国家科技支撑计划、“111”引智计划、国家林业公益性行业专项、教育部重大项目、新世纪优秀人才项目、博士点基金、北京市自然基金及北京林业大学创新项目等40余个，合同总经费超过3000万元。

2012年，在研科研项目总数为122个，纵向课题占101项，横向课题21项。在纵向课题中，“973”子课题4项、“863”课题1项、“948”课题2项、“十一五”科技支撑课题及子项目19个，国家自然科学基金23项、林业行业公益性项目11个、教育部重大项目1个、新世纪优秀人才计划项目3个，年度总经费3394万元。

学院获授权专利8项、授权植物新品种权5个；发表SCI期刊收录论文63篇，EI收录1篇，出版专著1部。组织参与国家“十二五”科技发展规划和国家自然科学基金委等部委的科研规划，获得北京市科学技术一等奖1项，北京市科学技术二等奖1项。

学院组织召开森林生态系统基因调控国际研讨会、中芬食品论坛、科研与研究生培养工作会；创办生物科学论坛，邀请复旦大学马红教授，北京大学许崇任教授以及千人计划学者邬荣领教授等多位国内外知名学者，举办21期生物科学论坛。学院建立国际SCI论文修改基金，2012年发表SCI论文63篇，影响因子超过2的SCI论文有31篇。

学院与芬兰技术中心科泰克公司、MTT芬兰农产品研究中心、奥卢大学生物系、土尔库大学生物化学和食品化学系等高校、研究机构及企业签订合作协议；与昌平区南口镇政府、山东省乐陵市人民政府、内蒙古金河林业局、延庆沈家营镇人民政府等单位签署合作协议，推动双方发展。学院与君乐宝乳液、河北露露集团、晶品果业等单位建立长期稳定的合作关系。

（杨丽娜　张德强）

【实验室与基地建设】 保持林木花卉遗传育种教育部重点实验室及林木花卉遗传育种国家林业局重点实验室的优势，继续建设林木育种国家工程实验室，建成国家级层次的研发平台，加强林木基因工程、细胞工程和分子标记辅助育种实验室建设。购买各种仪器设备和国内外专业书籍资料、软件和计算机。现有实验室面积约3000平方米，科研设施设备总值3000余万元，其中10万元以上的仪器设备近百台(套)。

继续建设70余处科学研究试验、成果示范以及教学实习基地。启动北京林业大学林业新技术试验、示范和推广实践基地建设，建设了河北承德、沧州和山东冠县等基地；林木育种国家工程实验室基地建设也进入重要阶段。

2012年，学院完成了“211”工程三期建设任务中的2个项目，即林木育种分子基础与良种工程及木本植物发育与逆境生物学。食品学科获得“林业食品加工与安全北京市重点实验室”。完成林木育种国家工程实验室的验收准备工作。

（杨丽娜　张德强）

【党建工作】 2012年，学院有23个党支部，其中教工党支部6个，学生党支部17个。共有党员410人，其中教工党员81人，学生党员329人(其中本科生59人，研究生270人)，新发展党员67人。

2012年，学院党委组织学习十八精神，下发《胡锦涛十八大报告全文》、新《党章》全文、《十六大以来重要战略评议》等学习材料，通过党员的组织生活、教职工的政治学习、学生的形势政策课以及知行理论社团和各级团学组织开展的活动，组织师生理论学习和实践活动，学院获得“首都高校学习宣传党的十八大精神先进单位”。

6月，学院党委命名表彰在教书育人、学科建设、管理服务和学风建设等方面表现突出的共产党员。共命名表彰6个先进党支部和10名优秀共产党员，并通过制作主题为“创先争优共迎十八大，再创佳绩同庆六十年”的展板进行宣传。

2012年，学院开展红色“1＋1”实践活动，学生第四党支部和学生第三党支部获北京市优秀奖。研究生“十佳党建”特色活动评选中，学院获“优秀组织奖”称号。研生化微生物2011党支部与东王庄社区党支部共同举办“迎七一”党的知识问答赛；研育种细胞2010党支部与东王庄社区党支部开展“凤凰岭之行”共建活动，并邀请外国友人参与，在活动中宣传绿色文化，践行北京精神；学生第二支部组织党员座谈会强化党员模范作用促就业；学生第三党支部与北京市西城区槐柏树街北里党支部共建，开展社区绿色宣传活动将生态文明理念宣传入社区；学生第四党支部发挥专业优势，与北京市西城区北新华街社区服务站共建开展食品安全知识推广和健康养生系列活动。

林木遗传育种和农产品加工与贮藏两个教工党支部积极响应校党委号召，参观学习全国优秀党支部村“北沟村”，并与北沟村领导就板栗育种、栽培、加工和营销方面进行交流，初步探索“开发利用资源，改善生态环境，强调整体效果，突出栗乡特色”的共建框架。生物学院教工第五党支部组织支部党员考察北京延庆县。

9月，北京高校党建评估专家组入校检查工作，学院党委从党建工作思路、基层党组织建设工作、教师思想政治教育工作、大学生思想政治教育工作4个方面做总结。

学院启动校友联络、校友信息采集工作，顺利完成了生物学院校友通讯录》《生物学院校友风采集》《采访老教师专刊》等刊物编辑工作，制作“忆当年风华学子”历届毕业合影和优秀校友风采展板，总结学院人才培养成果和经验。学院邀请到1998级理科基地校友何华伟为在校生做科研与人生漫谈讲座。在新老生交流会上，邀请到2001级、2002级两名毕业生分享职业成长心得。校庆期间，学院成立校庆志愿服务队，设立嘉宾、校友接待服务点，接待校友返校、组织观看校庆演出，为校庆后勤服务提供了保障，此外，学院组建一支优秀的标本馆志愿者队伍，接待服务返校校友。

12月，学院完成党员政治纪律、廉洁从政教育等工作，将党风廉政建设学习纳入组织生活安排，加强党员干部和普通党员的廉政教育，组织学习《高等学校教职工廉洁教育知识读本》《大学生廉洁知识读本》。党员干部遵守《廉政准则》和教育部“十不准”，未出现违反规定情况。学院修订关于“三重一大”决策制度的实施细则。

（万　山　高　琼）

【学生工作】 学院团委每周召开团委委员会例会、学生会例会、本科生基层班长团支书例会、社联例会、研究生班级负责人例会、研究生会例会。

学院组建“心理辅导专员—辅导员—班级心理委员—班主任—宿舍辅导员”心理辅导团队，邀请专业心理咨询师，帮助学生解决心理问题。学院团委完成《生物科学与技术学院心理委员工作手册》编写工作，定期组织班级心理委员培训，指导基层班级心理委员在班级中开展心理团体辅导。2012年，学院团委制作《生物学工动态》14期，向学生工作主干队伍通报学院近期学风、舍风、班风情况。

在评优表彰方面，学院先后举办国奖、优良学风班级、优秀团小组、优秀团日（班日）活动答辩会，评选出一批优秀的团队（班级）及个人，并制作“喜报家校”光盘，向全院师生以及优秀生源基地介绍和推广优秀集体和个人的风采。在2011～2012学年，学院学生在学业、科研、竞赛中取得了优异的成绩，获得校级以上奖励28项（本科生20项，研究生8项），共488人（班）次，其中国家级奖项36人次，市级奖项5人（班）次，校级奖项447人（班）次。

在社会实践方面，学院团委开展主题为“新叶扬帆，携绿起航”的实践活动，获得学校暑期社会实践“最佳组织奖”。学院共组队25支，参与人数236人，个人实践270余人，共计参与人数506人。学院获市级项目1个，校级重点项目2个，校级项目1个，优秀成果奖3个，校级优秀指导教师3名，校级优秀个人3名，校级优秀论文4篇。

在学生文体活动方面，学院女足、男篮、女乒分别获“院系杯”冠军，男乒获“院系杯”季军，女篮获“院系杯精神文明奖”，学院获“唱响雷锋的歌”五月花海大型合唱比赛三等奖。

在学生科技创新方面，第七届首都“挑战杯”创业计划竞赛中，1支团队获金奖，1支团队获银奖。2012年，科研立项国家级9个、北京市5个、校级9个、院级6个，资助28.7万元。学生处大学生科技创新两项，资助2.2万元。2012年，学院本科生发表SCI论文6篇，其中第一作者3篇，发表核心期刊7篇。

2012年，学院本科毕业生就业率98.03%，其中深造率53.29%，研究生毕业生就业率为100%，其中签约率为62.41%。在校园大型就业双选会上，学院共招展54家企业，提供岗位超过600个，举办专场招聘会5场。学院获“就业工作创新奖”“就业指导奖”，1人获“就业工作先进个人”、1人获“就业工作贡献奖”。

在困难群体帮扶方面，学院共提供50人次固定勤工助学岗位，发放经费19 205元，帮助困难学生联系校外勤工俭学岗位。在2012～2013学年助学金资助逾300名贫困学生。学院团委与马氏兄弟（北京）科技股份有限公司合作举办为期2个月的“职业成长训练营”，获得10万元资助经费，为困难学生提供了经济和能力上的帮扶。

（万　山　高　琼）

【学院大事】 2012年，学院举办首届高中生“探索生物奥秘”夏令营活动，7名高中生参加，开展生物科学类讲座、科技实践、参观考察等活动。活动结束后，学院将夏令营宣传光碟、校院宣传资料邮寄给优质生源基地，加强学校与基地间的联系。

10月16日，生物科学与技术学院校友会在生物楼210举行第一次换届大会。学院党政班子负责人、部分校友代表参加大会，会议选举产生新一届校友理事会机构和理事成员。聘请中国科学院院士尹伟伦教授、生物学院植物学李凤兰教授为名誉会长，聘请生物化学与分子生物学科蒋湘宁教授为第二任会长。

（万　山　高　琼）

信息学院

【概　况】 北京林业大学信息学院(College of Information Science and Technology Beijing Forestry University)成立于2001年4月，主要由计算机科学与技术、软件工程2个一级学科组成。学院设信息管理与信息系统、计算机科学与技术、计算机科学与技术(物联网方向)、数字媒体艺术、动画、网络工程等6个本科专业，拥有计算机应用技术、计算机软件与理论、管理科学与工程等9个硕士学位授权点，林业装备工程、森林经理学信息管理方向等2个博士学位授权点。拥有森林经理学1个国家级重点学科。

2012年，教职工70人，其中专任教师53人。专任教师中，博士生导师7人，教授8人，副教授18人，其中具有博士学历的教师31人。本年毕业304人，其中，研究生51人(博士生1人，硕士生50人)，本科生253人。招生370人，其中，研究生103人(博士生9人，硕士生94人)，本科生267人。在校生1305人，其中，研究生249人(博士生23人，硕士生226人)，本科生1056人。

2012年，邀请国内外相关领域专家讲座21次，邀请国外相关领域专家考察、学术交流3次，组团到美国相关单位访问1次。

（张东宇　郭小平）

【学科建设】 学院有二级学科博士培养方向2个：森林经理学(信息管理)和林业装备工程(林业信息化)。一级学科硕士点1个：计算机科学与技术。二级学科硕士点3个：计算机软件与理论、计算机应用技术、管理科学与工程，2010年，学院新增全日制专业硕士学科3个：软件工程、计算机技术、艺术设计。

2012年，学院新增博士生导师1人，硕士生导师3人，教授1人，副教授3人。

2012年，学院共授予博士学位1人，学术型硕士学位42人，全日制专业学位硕士人数8名，申获7项软件著作权，发表核心期刊以上论文34篇，其中SCI检索论文5篇，EI检索论文11篇。

（张　平　陈志泊）

【教学工作】 2012年，学院申请各类教学研究与改革课题35项，总计金额44.6万元。其中，校级“本科教学工程”5项(校级优秀教学团队建设1项，校级精品课程建设项目4项)，校级教学改革研究4项，国家级大学生创新创业训练计划项目8项，北京市大学生科学研究与创业行动计划项目4项，北京林业大学大学生科研训练计划项目14项。2012年，学院组织开展国家、北京市和校级大学生科研创新和训练项目进行结题验收20项，其中有8项为“优秀”，6项为“良”，6项为“中”。同时，对26个大学生创新创业训练项目进行阶段检查，其中，6项为“优秀”，11项为“良”，9项为“中”。

2012年，学院编写出版教材2部，申请编写2部规划教材，其中由陈志泊教授主编的《数据原理及应用教程(第二版)》被评为第一批“十二五”普通高等教育本科国家级规划教材。新引进教师3人，其中博士后1名，博士生2人。

2012年，1名教师被评为第八届北京高等学校教学名师奖。学院获校级教学成果奖有3项，一等奖1项，二等奖1项，优秀奖1项。同时，组织推荐上报北京市教学研究项目成果奖1项并获北京市教学成果二等奖。

2012年，学院学生在各类学科竞赛中，获35个奖项，其中国际性奖项2项、国家性奖项9

项。获得ACM竞赛亚洲赛区铜牌，美国大学生数学建模大赛二等奖，全国软件专业人才设计与创业大赛团体赛获全国预选赛一等奖、北京赛区个人赛一等奖7项、二等奖11项，北京市大学生计算机应用大赛获一等奖1项、二等奖1项，北京市动漫设计竞赛大赛一等奖4项、二等奖7项，第五届全国三维数字化创新设计大赛二等奖，北斗杯全国青少年科技创新大赛三等奖。

2012年，学院对在教学工作中取得优秀成绩的项目和有关教师进行奖励，受奖项目共计28项，分别为"教学质量工程"建设成果奖2项，教学质量评价优秀奖11项，教学基本功比赛奖项7项，学生科技类竞赛指导教师奖8项等，奖励金额6.95万元。（马晓亮　陈志泊）

【科研工作】　2012年，学院到账科研经费1009.50万元，其中纵向经费838万元，横向经费171.5万元。学院软件著作权登记7项，发表论文34篇，其中EI收录11篇，SCI收录5篇。2012年，学院科研新立项项目20个，其中包括横向项目10个，纵向项目10个。

（张　平　曹卫群）

【实验室建设】　2012年，计算机实验教学示范中心完成日常管理与运行工作和公共实验室设备采购更新工作，更新计算机40台。成立国家林业局林业信息化教育基地。完成学研大厦实验室建设的准备工作，包括新实验室布局设计，服务器空调系统调整，综合布线设计，室内环境设计以及实验室桌、椅、柜等的布局和风格确定，家具和设备采购等。制定未来3年实验教学中心建设规划。组织学生参与科研训练工作，鼓励学科教师研究生导师参与学生的训练指导，同时吸引企业工程师加入，2012年，参加项目组学生53人，其中研究生18人，本科生35人。

（马晓亮　陈志泊）

【党建工作】　2012年，信息学院党委共有20个党支部，其中：教工党支部5个、研究生党支部5个、本科生党支部10个。截至12月31日，学院共有党员276名，其中教工党员41名，学生党员235名。本年度共发展党员67人，其中本科生59人，研究生8人。

学院党委开展2012年度党内评优表彰活动，评出优秀党支部3个，优秀党支部书记4名，优秀共产党员6名，优秀支委3名，优秀联系人5名。

2012年，举办学生业余党校第48、49期初级班，培训学员150余名。组织多项志愿服务活动和开展观看主题教育影片《钱学森》《惊天动地》《邓小平》等活动，提高学员为人民服务的意识。

学院党委开展学习贯彻党的十八大精神征文活动，主题包括"我看十八大""我身边的科学发展观""我为和谐社会（校园）作贡献"等。开展"忆峥嵘岁月 以红色青春献礼党的十八大"主题教育活动。

组织部分党员和入党积极分子前往怀柔区渤海镇开展党支部红色"1+1"支部共建活动，为该村在发展乡村旅游的宣传工作出谋划策，并制作宣传海报、旅游标识等。

（任忠诚　郭小平）

【学生工作】　信息学院共有学生1304人，其中本科生1056人，研究生248人。学院开展一系列的爱党、爱国、爱校教育活动，并积极开展与十八大、60年校庆相关的主题活动。

2012年，学院学生获得各级各类奖学金和荣誉称号共541人次。其中获国家奖学金9人，国家励志奖学金28人，获市级以上学科竞赛奖励共43人次。另有MCM美国大学生数学建模竞赛荣誉奖3人，北京市动漫设计大赛获奖项目（三等奖及以上）20项，全国大学生电子商务三创赛北京赛区三等奖1人，信息11-2班、动画11获校"十佳班集体"称号，学院获"十佳班集体"创建评比活动优秀组织奖，动画10班获首都大学"先锋杯"市级优秀团支部。。

在各类文体实践活动中，学院获院系杯篮球赛男子第二名，女子第三名，院系杯羽毛球赛团体第三名，"永远跟着党走"文艺汇演最具实力奖，计算机知识播种乡村实践团、科技助力农村发展暑期实践团获2012年暑期社会实践校级项目优秀团队，2012年新生运动会男子团体第五名，"唱响雷锋的歌"校级合唱比赛二等奖。

2012年，学院本科毕业生共计253人，截至9月1日，63名学生与单位签三方协议，58人读研，7人出国，4人成功应聘北京市基层村官，一次签约率为50.59%，就业率98.81%，位列全校第三位。学院研究生毕业生51人，签约率为74.51%，就业率为96.08%。

（魏洪斌　任忠诚）

人文社会科学学院

【概　况】 北京林业大学人文社会科学学院(College of Humanities & Social Sciences，以下简称人文学院)成立于1998年9月，下设法学系、心理学系、思想政治教育教研部和北京林业大学生态文明研究中心暨国家林业局生态文明研究中心。思想政治教育教研部承担全校本科生、硕士生和博士生的思想政治理论类公共课教学任务，并面向全校学生开设各类人文素质类选修课程。学院共设9个教研室，其中法学系设有私法教研室和公法教研室2个教研室，心理学系设有应用心理学教研室和基础与发展心理学教研室2个教研室，思想政治教育教研部下设马克思主义原理教研室、毛泽东思想和中国特色社会主义理论概论教研室、中国近现代史纲要教研室、思想道德修养与法律基础教研室和文学艺术教研室等5个教研室。学院拥有生态文明建设与管理1个交叉二级学科博士点，哲学、心理学、行政管理3个一级学科硕士点，马克思主义基本原理、思想政治教育、法学理论3个二级学科硕士点，1个农业推广专业硕士学位点，法学、心理学两个本科专业。

2012年，学院在职教工76人，其中专任教师65人。专任教师中，博士生导师2人，硕士生导师38人，教授9人，副教授31人，其中具有博士学位教师56人。新进教师6人，均具有博士学位。2012年，学院毕业学生232人，其中博士生2人，硕士生60人，本科生170人。招生223人，其中，硕士生67人，本科生156人。在校生834人，其中博士生4人，硕士生180人，本科生650人。

2012年，学院出台《人文学院教师系列岗位职责和考核办法暂行规定》和《人文学院教师系列绩效津贴分配的暂行办法》，完成教师系列首轮岗位聘期的考核。教师系列教师职称评聘、教师系列和管理系列教师新一轮岗位聘任等工作。

学校60周年校庆期间，学院通过“一对一”和“多对班”的接待模式，发动学生志愿者，开展校庆服务工作。共接待老教师30人、校友224人。

2012年，绿皮书《中国省域生态文明建设评价报告(ECI2010)》出版，并获2012年度北京市哲学社会科学成果奖二等奖，获第三届“优秀皮书奖·报告奖”二等奖。　(盛双庆)

【学科建设】 学院拥有哲学、心理学、公共管理3个一级学科硕士点，马克思主义基本原理、思想政治教育、法学理论3个二级学科硕士点，1个林业史博士研究方向。2012年，获批“生态文明建设与管理”博士点，该点是全国首个以生态文明命名的交叉二级学科博士点，预计2014年开始招收博士生。

2012年，学院获研究生院学科前沿性讲座系列专题资助17人次，比2011年多6人次。获研究生院国外学术会议交流资助6人次，获国内学术会议交流资助2人次。2项研究生课程教学创新项目通过结题验收。全年在校研究生参与撰写专著3部，参与出版译著3部，发表学术论文150余篇，其中北京大学中文核心期刊2篇，CSSCI收录论文6篇。

2012年，学院共招收硕士、博士研究生57人，农业推广生态文明建设方向在职硕士专业学位研究生18人，招收应用心理学研究生课程班31人。

2012年，学院新增教授1人，副教授3人；新增博士生导师1人，硕士生导师3人。

(杨冬梅　林　震)

【教学工作】 2012年，学院获批校级教学团队项目1项，校级精品课立项5项，校级教学改革研究项目2项，教师发表教学研究论文10余篇。

2人获北京林业大学教育基金会“家骐云龙”青年教师优秀奖；2人获优秀教学成果校级一等奖；1人获优秀教学成果校级二等奖；1人获北京林业大学第九届青年教师教学基本功比赛一等奖、最佳教案奖、最佳演示奖；学院获青年教师教学基本功比赛最佳组织奖。

1名教师到清华大学做访问学者；1名教师参加教育部高校思想政治理论课骨干教师研修班；1名教师参加教育部思政课落实十八大精神

培训班；3 名教师参加北京市哲学社会科学教学科研骨干研修；1 名教师参加北京市教委重点教材示范培训班；6 名教师参加全国高校教师网络培训；10 余名教师参加各类社会考察、报告会、社会实践活动。

获批国家大学生创新实验计划项目及北京市大学生科学研究与创业行动计划项目共计 4 项，校级科研训练计划项目 7 项。

（邓志敏　田　浩）

【科研工作】 2012 年，学院共获各类科研项目 36 个。纵向课题 23 个，其中，国家林业局重点项目 1 个，北京市哲学社会科学规划项目 1 个，到账经费 130.6 万元。横向课题 13 个，其中，中华少年儿童慈善救助基金会项目 1 个，福特基金会项目 1 个，北京市职业技术鉴定管理中心项目 1 项，到账经费 277.35 万元。纵向课题中，省部级项目 23 个。全年在研项目 54 个，其中省部级项目 38 个，到账总经费累计 465 万元。

2012 年，学院继续深化“生态文明建设”研究，研究团队先后受邀赴海南、山东、广东、福建等地做生态文明建设相关报告，出版《中国省域生态文明建设评价报告（ECI2012）》。12 月 12 日，研究团队负责人严耕教授接受光明日报记者专访，就“生态文明法制建设须突破 4 个瓶颈”进行详细阐述，指出“没有法制的保障、不走法治化的道路，生态文明建设绝不可能顺利进行。”

绿皮书《中国省域生态文明建设评价报告（ECI2010）》获 2012 年度北京市哲学社会科学成果奖二等奖，获第三届“优秀皮书奖·报告奖”二等奖。其完成人是严耕、林震、杨志华等。

2012 年，学院教师发表论文 93 篇，其中有 26 篇 CSSCI 收录论文，出版专著 10 部，译著 1 部，主编、参编各类教材 4 部。

（杨冬梅　林　震）

【实验室建设】 2012 年度，面向本科生、研究生共开设 30 门计划内课程和 5 门计划外课程，完成教学任务 416 课时，开放实验 362 课时。在承担教学实验课程之余，还为教师、学生研究实践提供实验场地，完成 109 小时的科研、毕业设计实验。

2012 年，学校批准实验中心上报的修购计划专项经费 8 万元，实验中心新购入双眼竞争仪等实验教学设备及用具，对 14 件仪器进行报废销账处理。

根据学校总体安排和要求，规划实验中心 2013～2015 年发展计划，对 2013 年即将入驻的学研大厦实验中心部分进行总体规划和布局，初步完成实验室分配、设计方案。

（吴桂龄　王明怡）

【党建工作】 2012 年，学院共有 17 个党支部，其中教工党支部 4 个，本科生党支部 7 个，研究生党支部 6 个。学院现有党员 300 人，其中教职工党员 60 人，学生党员 240 人。新发展党员 100 人，其中教工 2 人，研究生 16 人，本科生 82 人。

2012 年，学院有 1 人被评为北京高校优秀共产党员，1 人被评为校级优秀共产党员，1 个党支部被评为校级“先进党支部”。教工思政党支部等 7 个支部被评为院级先进党支部，8 人被评为院级优秀党支部书记，19 人被评为院级优秀共产党员，22 人被评为院级优秀学生党建工作者。

学院结合“建党 91 周年”“党的十八大”“校庆 60 周年”等重大事件，开展“学雷锋传承经典，迎校庆再创辉煌”表演大赛和“喜迎十八大，共叙甲子情”表演大赛党员教育主题活动。“喜迎十八大，共叙甲子情”表演大赛被评为基层单位学习宣传贯彻党的十八大精神优秀活动。各支部组织开展“爱祖国、爱校园”创先争优主题教育活动，教工党员开展“学习雷锋，为人师表”主题教育活动，广大学生党员开展以学雷锋为主要内容的志愿服务，以学校甲子校庆和党的十八大胜利召开，组织开展以“创先争优我先行，奉献校庆我添彩”为主题的党日活动和“学习党的十八大”为主题的党日活动。其中，硕士人文 11－2党支部获研究生十佳党建创建活动。2012 年，学院共7 个支部及党建学生组织参加红色“1＋1”支部共建活动，与驻京部队进行共建：教工心理党支部与北京武警内卫部队一支队共建，党建办公室与武警北京总队二师一支队十二中队共建。教工心理党支部就心理专业国防生的培养开展调研，与共建部队建立实习、实践基地。党建办公室获北京高校红色“1＋1”示范活动三等奖，2009 级国防生党支部获北京高校红色“1＋1”示范活动优秀奖。学院依托国防生党建办公室启动国防生梯队培养机制，引入国防生考核测评方案，把学习、群众基础、参加活动、工作能力等作为考核指标，进行滚动式梯队培养模式，加大对国防生入党积极分子的培养。国防生党建办公室以开展对国防生的“理想信念”教育活动为品牌，继2011年开展的“理想信念教育之影评活动”，2012年下半年开展“理想信念教育之故事会”活动。

廉政建设方面，学院根据学校下发的《北京林业大学推进廉政风险防范管理工作的实施意见》，对领导班子成员的岗位和业务范围进行梳理，分析可能存在的廉政风险点并确立风险等级、制度规范、工作流程、监督机制和预防措施。学院领导班子成员严格执行“三重一大”集体决策制度，适时开展师德师风教育、学术道德教育，党员干部模范遵守《廉政准则》和教育部“十不准”，完成党风廉政建设任务。

（张金体　刘祥辉）

【学生工作】 2012年，学院特殊关注学生共20人，其中本科生17人，研究生3人。特殊关注学生中，7人存在人际交往问题，2人身患疾病，2人家庭出现变故，4人存在心理健康问题，4人经济困难，1人学业困难。

学院针对新生群体开展“我们缘聚北林”团体辅导，促使新生适应大学生活；开展“我的未来不是梦”团体辅导，鼓励学生尽早进行生涯规划；针对国防生团体开展经验交流、团体辅导活动，督促国防生认真完成训练，为第一任职做准备。开展“国王与天使”主题活动以及“写给三年后的自己的一封信”活动，促进学生间的人际关系发展，并引导学生做好个人成长规划，增强学生行动力。开展“六个一”班级元素文化建设活动，纪念雷锋同志逝世50周年为主题的系列团建活动。为庆祝建校60年，学院开展一系列欢庆校庆为主题的教育活动，6位同学在“绿韵流芳”书画作品征集中获奖，8位同学在“爱绿接力，薪火相传”迎校庆健康长跑中获三等奖，心理11-3班与法学11-3班在“我为校庆做贡献”活动中获校级优秀团日活动称号，法学09-2团支部在“为母校献礼给华夏添绿”活动中获校级优秀主题班日活动的荣誉称号，学院代表队获“认识我的母校”校史知识竞赛二等奖。学院2名学生被评为“北京市三好学生”，法学10-3班获北京市五四红旗团支部。法学10-2班获北京林业大学“十佳班集体”荣誉称号，学院在2012年十佳班集体创建评比活动中获“优秀组织奖”荣誉称号。

2012年，学院参与个人实习590多人次；学院以“红绿北林、人文情韵”为主题组建暑期社会实践团队项目团队11支，126人次参与。“红绿相映”暑期实践团与“绿色支农”暑期实践团两支团队入选校级暑期社会实践立项团队，“旭日支部”暑期实践团入选思想政治理论课学生社会实践校级立项团队。学院创新成果形式，注重实践反哺社会，逐步建立以“支部共建”“志愿服务”“法律援助”“心理咨询”为品牌的社会实践项目。2012年，共形成团体和个人实践论文300多篇，其中，“红绿相映”暑期实践团获北京林业大学优秀实践团队称号，1名同学被评为2012年度暑期社会实践先进个人，1名教师被评为2012年度暑期社会实践优秀指导教师。“彩虹桥”暑期实践团、“红绿相映”暑期实践团、“树木树人”暑期实践团、“旭日支部”暑期实践团、人文2009国防生党支部暑期实践团、人文本科第一、第二学生党支部暑期实践团等6个实践团获评“社会实践优秀成果”，2项调研成果获2012年北京林业大学暑期社会实践优秀论文 三等奖，1名同学获首都挑战杯创业计划竞赛银奖。

学院积极推动学术研究转化为学术成果，共有12名同学发表学术论文共计49篇；1项课题论文获2011年度学术论文一等奖，编入《2011学术年会论文集》；获第七届“挑战杯”首都大学生创业计划竞赛银奖1项，全国大学生电子商务创新及创业挑战赛北京赛区三等奖1项；获北京林业大学第一届数学建模大赛三等奖1项；1名同学获北京APEX创新大赛第五名。

2012年，学院将雷锋精神、奉献精神贯穿于青年团员的志愿教育中，志愿服务工作逐步走向常规化、项目化。依托专业资源，共有稳定项目志愿团队4支：人文学院志愿者团、法律援助中心、彩虹宝贝特殊儿童干预中心、四月天少女伤害干预热线，形成专业类志愿服务项目、关爱农民工子弟、关爱贫困儿童项目、暑期社会实践志愿项目、传承雷锋精神项目5类志愿项目，先后开展京华时报公益周刊公益活动、绿色卫士进社区活动、首都师范附属小学林木知识讲座、智光特殊教育学校志愿者活动、普法教育进玉泉小学法律讲座等志愿活动。在校庆60周年庆祝活动中，73名志愿者被授予“先进个人”称号，16名志愿者被授予“突出贡献奖”荣誉称号。人文学院志愿者团被授予“北京林业大学雷锋奖章”。文体活动所获奖项有：5·25心理健康节系列活动“心理乐翻天”知识竞赛中获亚军，“寻找校园最灿烂的笑容”征集活动中获二等奖1个，三等奖1个，在“微爱对对碰”——知你所需，给我所能微爱沟通与传递的“优秀心语互助故事”活动中，学院共10人获奖，占整体获奖人数的45.5%，在“我的微成功”主题班级活动的评比中，心理09-3班和心理11-2班获三等奖；春季运动会获男子团体第六名；秋季田径运动会获精神文明奖等。

学院学生活动形成以“人文素质论坛”为特色的包括心理健康节、法制小品大赛、人文杯辩论赛等系列活动品牌。2012年，人文素质论坛举办3场主题学术讲座，先后邀请中国沙画世界第一人苏大宝先生、《百家讲坛》主讲人赵玉平老师、北大历史教授朱孝远教授等来校讲座。百坛心理学会、法学研究会、辩论协会3个社团继续坚持举办心理健康节、心理情景剧大赛、法制小品大赛、学术讲座、辩论赛等常规活动，百坛心理协会被评为2012年北京林业大学“十佳社团”，学院辩论队获“思林杯”辩论赛冠军。

2012年，学院6人获国家奖学金，17人获国家励志奖学金，3人获家骐云龙奖学金，2人获华丰镇远攀登奖学金，2人获新科鹏举奖学金。共101人获一档国家助学金、37人获二档国家助学金、5人获“爱心成就未来”助学金、2人获新长城助学金，1人获中国下一代教育基金会世纪爱心基金，1人获校友会助学金。学院安排固定勤工助学岗位26个。9名学生新申请国家助学贷款，37名同学签署继续发放贷款的同意书，总计46名学生成功申请国家助学贷款。

2012年，学院组织7个学科6个班级的研究生坚持开展学术讲座、读书会和学生学术活动，并不断创新研究生工作的品牌项目“生态文化月”的活动形式，鼓励学生开展研究生科技活动立项、学术讲座立项活动。2012年，学院共6支研究生党支部，3个支部的课题立项获“研究生教育管理调研课题立项”重点支持课题，1个支部获支持课题；学院研究生会共举办学术讲座6场，以生态文明建设、国际热点、环境伦理等为主题，开展学术沙龙、电影沙龙等活动。研究生评优工作中获校级研究生先进班集体1个，优秀研究生5人，学术创新奖3人，一等奖学金86人，国家奖学金4人，优秀研究生干部14人，1人被评为校级优秀班主任。

2012年，学院举办心理系建系10周年活动以及60年校庆活动。学院通过开展校庆志愿者培训、向志愿者下发《人文学院志愿者培训手册》，制定“一对一”和“多对班”的接待模式，为校友提供志愿服务。最终学院回校的校友254人，其中老教师30人，校友有224人；返校校友中有老校友40人，2000级以后的法学系校友44人，心理系校友140人。

学院2012届毕业生共234人，其中本科生172人，研究生62人(博士研究生2人，硕士研究生60人)；毕业生的一次性就业率为94.77%，其中36人保送或考取研究生继续深造，17人出国留学深造，3人服务基层。研究生毕业生中，1人出国深造，3人读博，6人进入高校工作，4人进入北京村官基层单位工作，1人进入国家部委工作，研究生就业率达到100%。2012年，学院获“就业指导奖”和“就业工作创新奖”。 （张金体　刘祥辉）

【对外交流】 2012年，学院参加国内外学术交流65人次，邀请国内外专家20人次到校进行学术交流和学术报告。1名教师获青年骨干教师1∶1国家公派出国项目资助，赴美国耶鲁大学学术交流1年。1名教师获单位出国公派留学项目资助，赴德国弗莱堡大学学术交流半年。

2012年，到校讲学的国外专家包括：俄亥俄大学人类社会学教授Li Jelly(李捷理)、美国耶鲁大学森林与环境学院“宗教与生态论坛”创始人兼负责人Mary Evelyn Tucker(玛丽·伊夫林·塔克)教授和John Grim(约翰·格瑞姆)教授、哈佛大学教授Edwin Arthur Winckler(埃德温·亚瑟·温克勒)等。学院师生与国外学者就生态文明建设、政治学、生态学、哲学等研究领域进行交流。 （杨冬梅　林　震）

外语学院

【概　况】 北京林业大学外语学院(School of Foreign Language)，下设英语系、日俄语系、商务英语系、翻译系及翻译硕士培养中心、大学英语教学部、研究生英语教研室、外语培训与考试中心、语言与应用语言学研究所、语言服务中心等机构。承担全校外语教学任务，设有英语、商务英语、日语3个本科专业。拥有外国语言文学硕士一级学科点和翻译硕士(MTI)专业学位授权点。

截至2012年年底，外语学院有教职工94人，其中教师84人。教师中教授6人，副教授32人，讲师45人，助教1人；有博士学位的18人，硕士学位53人。具有硕士和博士学位的教师占教师总数的84.5%。学院共有学生592人，其中，研究生103人，本科生489人。2012年毕业148人，招生164人。　(刘瑞光　代　琦)

【学科建设】 学院设有外国语言文学硕士一级学科点(学术型学位)和翻译硕士(MTI)学科点(专业学位)。外国语言文学硕士一级学科点下设6个研究方向：语言学与英语教学、翻译理论与实践、商务英语、英语国家社会文化、英美文学、日本语言文化。翻译硕士专业学位授权点招收"英语笔译"领域学生，下设专业方向有：翻译出版(文学和非文学)、影视译制、科技翻译、财经翻译、新闻翻译。

2012年，学院新增硕士生导师3人，共有硕士生导师38人。英语专业26名教师具备硕士生导师资格，其中教授4名；商务英语专业6名教师具备硕士生导师资格，其中教授1名；日语专业6名教师具备硕士生导师资格，其中教授1名。4名教师取得博士学位，4名教师正在攻读博士学位。3名教师获得国家留学基金委资助赴美国、日本进行访问研究。

学院教师出版学术专著4部，参加国际学术会议并宣读论文2次，在国内外刊物共发表论文90篇，其中CSSCI收录论文4篇。硕士研究生在国内外刊物共发表论文72篇。

(赵红梅　史宝辉)

【教学工作】 10月27日，学院组织召开2012年教学工作会议。会议结合学校第十次教学工作会议的报告精神，确立"深化教学改革，提升人才培养质量"的工作方针。

2012年，全校大学英语四级通过率为89.03%，英语专业四级通过率为84%，英语专业八级通过率为79.80%，日语专业国际能力测试二级通过率为75.68%、一级通过率为91.3%。

学院有2名研究生、1名本科生获第四届海峡两岸口译大赛华北赛区二等奖，1名研究生获华北赛区三等奖，1名本科生获第七届中华全国日语演讲大赛北京赛区三等奖，1名本科生获北京市男生日语演讲比赛特等奖，1名本科生获三等奖，2名本科生获北京市教师会杯日语演讲比赛二等奖，1名研究生的论文获研究生优秀毕业论文，1名本科生的论文获本科生优秀毕业论文。由学院教师担任指导，参加全国大学生英语竞赛的北京林业大学学生中，3人获特等奖，7人获一等奖，25人获二等奖，51人获三等奖，其中学院有3人获三等奖。由学院教师担任指导，1人获北京市大学生英语演讲比赛三等奖，1人获优秀奖，1人获第十八届中国日报社"21世纪·可口可乐杯"全国英语演讲比赛京津地区总决赛一等奖，1人获二等奖，1人获2012年CCTV希望之星英语演讲比赛北京赛区三等奖。

学院有1名教师被评为高校系统师德先进个人，1名教师被评为"首都市民学习之星"，3名教师被评为"家骐云龙优秀教师"，5名教师被评为毕业生"我心目中的好老师"，1名教师获校第九届青年教师教学基本功比赛二等奖，2名教师获高等学校青年骨干教师研修班"日语专业课堂教学课程设计和实施"一等奖。学院教师共出版教材1部，主编参编教学参考书2部。

(赵红梅　段克勤)

【科研工作】 2012年，"商务英语教学团队"被确立为校级优秀教学团队建设项目，"商务英语阅读""英汉－汉英口译""高级英语""普通语言学""基础日语"和"高级日语"被确立为校级课程建设项目，“大学英语分级教学培养模式实施与分析”“新版教学计划下《英国文学》课程教学改革”“网络多媒体环境下《基础日语》课程教学策略的探讨与研究”“英语专业学生修辞能力培养模式探讨”被确立为校级教学改革研究项目，累计获得研究经费8.8万元。学院获得新教师科研启动项目1个，获得研究经费0.8万元。

2012年，学院获得大学生创新性实验计划和科研训练计划项目共12个，其中国家级2个，北京市级2个，校级8个，累计获得研究经费3.8万元。获得研究生院学科前沿性专题讲座课程项目2个。

学院共举办学术讲座16次，其中外籍专家讲座4次，国内专家讲座12次，承办认知语言学国际论坛2次，邀请2位美国专家来院为研究生讲学2周。（赵红梅　史宝辉）

【实验室建设】 2012年，学院有196座网络语言实验室1间，80座网络语言实验室3间，用于全校本科一、二年级的“大学英语自主听说”课程的学习；有60座语言实验室3间，同声翻译教室1间，多媒体教室25间，用于学院本科和研究生教学；教师电子备课室1间。资料室藏书3万余册，音像带、光盘2000余张，对全院师生开放。7月，学院投入60多万元建成计算机辅助翻译实验室，于9月投入使用。

学院对网络语言实验室和语言实验室进行维修，投入约2.6万元，资料室新购书籍和其他资料，投入约10万元。（蓝瞻瞻　代　琦）

【党建工作】 2012年，学院党委共有10个支部，其中教师党支部4个，学生党支部6个。党员163人，其中在职教工党员53人，学生党员110人。发展党员31人，转正党员33名。培养入党积极分子215人。学院党委举办学生业余党校初级班2期，培训学员87人；协助学校党校举办提高班2期，培训学员25人；协助学校党校举办预备党员培训班2期，培训学员31人；协助学校党校举办教工、研究生入党积极分子培训班，培训学员9人。

2012年，学院加强二级中心组学习和班子制度化建设，修订《外语学院贯彻北京林业大学“三重一大”意见的实施细则》《外语学院党政联席会议制度》《外语学院党政领导班子联系群众制度》等。学院根据工作需要，重新划分教工党支部，进行教工党支部换届选举。

学院组织全体师生深入学习党的十八大精神。组织全院教职工集中通读党的十八大报告，并举办十八大精神学习交流会。邀请校外专家为学生做十八大精神辅导报告。在学生中开展“学习报告，共话成长”主题班会、“传承红色使命，传播绿色文化”主题班日活动、“研读红色经典，铸就坚定信念”读书交流活动、“学习党章，重温誓言”主题讨论会。在党员和入党积极分子中开展十八大精神学习征文活动。学院成立帮教小组，专门对个别教师进行思想教育工作。

学院组织教职工参观“第七届世界草莓大会”，参加健康万步行、教职工体检、迎校庆合唱比赛等活动。

2012年，教工第三党支部被评为学校先进党支部，1名教师被评为学校优秀共产党员。

（姜玉丹　杨　丹）

【学生工作】 2012年学院举办“欢声笑语”“我语北林”系列学生活动，开展“学雷锋”“为母校献礼，给华夏添绿”等主题班日活动，承办“第四届海峡两岸口译大赛华北赛区分赛”“北京市大学生英语演讲比赛（北京林业大学赛区）”“第十届、第十一届中国认知语言学国际论坛”和“第十一届中国认知语言学论坛”等专业竞赛和学术论坛。在“五月的花海”合唱比赛中，学院获三等奖。在“永远跟党走青春歌咏会”活动中，获最佳创意奖。

暑假，学院组织学生赴昌平区马池口镇白浮村开展红色“1+1”社会实践活动，获2012年北京高校红色“1+1”示范活动三等奖。学院招募并指导学生完成2012新生接站、校庆接待、国家林业局高层论坛翻译等志愿服务工作。在校庆志愿服务评比中，6人获突出贡献奖，14人被评为志愿者先进个人。

2012年，学院共有专职辅导员3名，班主任17名。学院完善学生管理制度，制定《外语学院学生安全稳定工作预案》、《外语学院学生涉外活动有关要求》《外语学院主题班团日活动管理办法》《外语学院学生个人外出实习管理办法》《外语学院学生集体活动管理办法》《外语学院学生借户、出国管理规定》。

学院为家庭经济困难学生申请、审批各类助学金47万余元，其中3人顺利签署国家助学贷款协议，20多人在学院设立的岗位上参加勤工助学工作。学院邀请专家为新生开展题为“如何增强班级凝聚力”团体辅导。及时进行6次心理危机干预。

学院共有4人获“先锋杯”系列奖项，4人获国家奖学金，2人获“风华奖学金”，6人获专业特等奖学金、“家骐云龙”奖学金，3人获“黄奕聪”奖学金、“新科鹏举”奖学金，13人获国家励志奖学金，101人获校级优秀学生一、二、三等奖学金，81人获校级三好学生、优秀学生干部，10人获校级学习进步、学术优秀奖学金、优秀公寓安全员，17人获社团活动、文体优秀奖学金。3个本科班级获校级优良学风班。2名研究生获国家奖学金，9人获校级优秀研究生、学术创新奖，2人获“爱林”校长奖学金，6人被评为优秀研究生干部。

2012年，学院毕业本科生122人，其中英语专业99人，日语专业23人，学院整体就业率97.54%，其中，英语专业96.97%，日语专业100%。毕业硕士生28人，就业率100%。学院获校级“基层就业奖”，1人被评为校级就业工作先进个人，1人获校级就业工作贡献奖，4人被评为北京林业大学优秀班主任，1人被评为北京林业大学十佳班主任。 （夏姝婷　杨　丹）

【对外交流】 2012年，学院共接待国外5个国家34人次来访，包括日本现代文学讲座、丹麦IBC商学院师生的文化交流访问活动等。派出教师交流访问共计3个国家5人次，学生交换日本留学5人。举办国际学术论坛2次(3位外国专家讲学)，外籍专家讲座4次，邀请2位美国专家来院为研究生讲学2周。 （蓝瞻瞻　段克勤）

【开展首轮岗位聘用聘期考核和第二轮岗位聘用工作】 4~5月，学院开展首轮岗位聘用聘期考核和第二轮岗位聘用工作。首轮聘用聘期考核中，学院12名教师考核优秀，其余教师合格。第二轮岗位聘用中，学院共聘用教师岗位77个，非教师岗位10个。

【聘请两位兼职教授】 5月18日，学院举行兼职教授聘任仪式，聘请美国华盛顿州立大学Alex Kuo和Joan Burbick两位教授为学校兼职教授。学院领导参加并代表校长为两位教授颁发聘书。

【举行庆祝校庆60周年校友交流会】 10月16日，学院举行庆祝校庆60周年校友交流会。学院领导、专业教师、各界校友以及在校学生共200余人参加交流会。会上产生学院第二届校友会理事会，聘请科英1990级校友、中国日报社多媒体总监担任校友会会长。

【成立北京林业大学语言服务中心】 12月23日，学院举行北京林业大学语言服务中心揭牌暨成立仪式。校领导、学院领导、学校多个职能部门、院部领导、翻译专业硕士校外导师以及学院师生代表参加仪式。在仪式上，校人事处处长宣读《关于成立北京林业大学语言服务中心的批复》，两外校领导为语言服务中心揭牌，学院向翻译专业硕士校外导师颁发聘书。

（刘瑞光　代　琦）

理 学 院

【概　况】 北京林业大学理学院(College of Science)正式更名于2005年，前身是基础科学与技术学院，承担全校数理化类基础课的教学任务。设电子信息科学与技术、数学与应用数学2个本科专业，生物物理和数学2个硕士学科。设数学、物理、化学3个教研室，物理与电子学和化学2个实验中心。

2012年，学院在职教职工73人，其中专任教师55人。专任教师中，教授8人，副教授28人，具有博士学历的教师39人。2012年，毕业学生125人，其中硕士研究生11人，本科生114人。招生116人，其中硕士研究生8人，本科生108人。2012年在校生447人，其中硕士研究生23人，本科生424人。

9月，理学院开办国际硕士直通车项目，招

收23人，均已通过考核出国留学。

（刘 柳 刘淑春）

【学科建设】 理学院设有生物物理和数学两个硕士学科，现有在读硕士研究生23人，累计培养毕业硕士研究生39人。

生物物理学科隶属于生物学一级学科，2003年创建。目前该学科已有生物大分子结构与功能、植物生理生态、生物电学与传感器3个研究方向。现有导师11人，其中教授3人，副教授8人。学科拥有生物物理专用实验室，配备有Unispec光谱仪、WCQ-2000-2显微操作系统、3K30高速微量冷冻离心机、体式显微镜、系统显微镜、WD4005低温试验箱、红外热像、差热等多台仪器，供研究生从事科学研究。学科在立足于生物物理学基本问题研究的同时，侧重于与林业科研相关问题的探讨，致力于生物大分子结构与功能、植物生理的物理过程、生物电学与传感器、植物生理生态等方向的研究。

数学硕士学科于2010年获学校批准设立，现有导师14人，其中教授4人，副教授10人。学科共设置4个研究方向：基础数学、计算数学、概率论与数理统计、应用数学。

（于富玲 刘淑春）

【教学工作】 2012年，成立院教学指导中心，着力提高教学质量。召开教学工作会，布置聘期内岗位聘任考核工作。首次分专业召开期中教学检查的学生座谈会。

2012年，校级教改课题获批8个；校级精品课程获批6个，分别是物理学C、数字电子技术、数值计算、数学模型与数学实验、近世代数、无机及分析化学；获批国家级大学生创新创业训练计划项目6个；北京市大学生科学研究与创业行动计划项目2个；校级大学生科研训练项目5个。校级教改课题中期检查14个，全部合格。结题验收2011年3个国家级、3个北京市级、10个校级大学生科研训练计划项目，完成2012年13个大学生科研训练项目的中期检查。

2人获家骐云龙青年教师教学优秀奖。获2012年校级教学成果奖一等奖1个、二等奖1个、优秀奖1个。完成2008级毕业论文（设计）的答辩工作，4篇毕业论文获校级优秀毕业论文。2008级学生的毕业中期检查论文采取答辩形式进行。完成2013届16个本科生保研推免工作。本科生转专业2人，休学5人，复学2人，降级2人。

组织学生参加全国大学生数学建模竞赛，1队获全国二等奖，6队获北京市二等奖。组织参加北美大学生数学建模竞赛，7队获国际二等奖。组织参加北京市大学生物理实验竞赛，1队获北京市二等奖，5队获北京市三等奖。组织参加北京市大学生数学竞赛，1人获北京市二等奖，1人获北京市三等奖。组织参加全国大学生数学竞赛，1人获全国二等奖，1人获全国三等奖。

学院教师刘松获首届全国高校教学竞赛二等奖。罗宝华获得北京林业大学第九届青年教师教学基本功比赛一等奖、最佳演示奖。陈菁获得北京林业大学第九届青年教师教学基本功比赛二等奖、最佳演示奖。（田 慧 刘淑春）

【科研工作】 2012年，学院共承担科研项目15个，其中，国家自然科学基金项目3个，新进教师科研启动项目1个，北京林业大学优秀青年教师科技创新计划4个，横向课题7个。新进教师科研启动项目结题验收2个。全年到账科研经费114万元。

2012年，理学院各学科教师发表论文88篇，其中，被SCI收录论文7篇；EI收录10篇；中文核心期刊论文34篇；教学研究论文31篇。理学院教师作为主编出版专著5部，参编1部。获得软件著作权3项，发明专利1项。

（于富玲 刘淑春）

【实验室建设】 物理与电子学实验中心由大学物理实验室、电子学实验室、生物物理实验室3部分组成，总资产779万元，仪器设备1795台件，实验室面积900平方米。

大学物理实验室为基础实验室，面向全校本科生开设力、热、光、电、近代物理等多方面的实验项目。生物物理实验室面向生物物理学科，承担其硕士研究生的培养工作。电子学实验室面向电子专业，承担其本科生的教学实验工作。

物理与电子实验中心参与各类大学生实习实践活动，承担大学生物理实验竞赛与电子设计竞赛的相关准备与指导工作。

化学实验教学中心总面积1380平方米，其中学生用实验室面积1100平方米。现有800元以上设备527件(套)，价值人民币467万元，拥有紫外-可见分光光度仪、气相色谱仪、高效液相色谱仪、付立叶红外光谱仪、原子吸收光谱仪和微波消解炉等大型分析仪器，能满足全校11门化学实验课教学任务。

(姚宇峰　陈红艳　刘淑春)

【党建工作】 2012年，理学院分党委共有6个党支部，其中教师党支部3个，学生党支部3个。党员113人，其中教师党员38人，学生党员75人。发展党员25人，其中教工1人，本科生24人。预备党员转正36人。

2012年，理学院党委围绕教育教学工作，开展先进性教育活动，开展以“乐学、会学、善学”为切入点的学风教育系列活动；“关注教改，改善教学”——赴中南林业科技大学调研交流活动；“促进就业，加强校企合作”——与大连东软集团签订学生就业实践基地协议。坚持每学期1~2次的民主生活会制度，落实“三重一大”集体决策制度，落实院务公开制度。2012年，1人被评为校级优秀共产党员，学院表彰共产党员5人。理学院数学党支部被评为校级“创先争优先进党支部”。理学院被评为学校“党风廉政建设先进单位”。

开展以“我是雷锋”“争做时代先锋，建设美丽中国”为主题的信仰教育活动；结合十八大精神开展学习十八大党员知识竞赛、十八大征文活动；迎校庆开展“迎甲子校庆，展理学风采”教师党员登山比赛、学生党员趣味运动会、校史知识竞赛、学习校史专题组织生活会；开展“立足本职践行先进性，争先创优促学风建设——高等数学学习经验交流会”主题党日活动；组织“携手京郊，拥抱四海”学生党支部红色“1+1”社会实践活动，学生党员到延庆四海村开展新农村调研、文艺汇演、花卉知识交流、志愿服务活动、长城知识宣讲和消防知识普及等活动。

(王艳洁　刘淑春)

【学生工作】 2012年，学院制定《理学院关于进一步加强和改进学风建设的实施细则》，完善学院学风建设政策管理；开展“薪火相传，一帮一”帮扶结对活动，让学生们达到同进步、共提高的目的；加大评优表彰奖励范围与考风考纪教育宣传力度，培养学生的上进意识与诚信意识，2012年，共评优表彰211人次；在评优表彰中开展不铺张浪费承诺书签署活动；通过新生家长会、成绩单寄送等形式建立家长工程。搭建多位一体的学风建设模式，营造良好院风、学风，努力为学生成长、成才服务。

夯实就业基础性日常服务与指导工作，丰富非毕业生职业规划活动，重视校友工作，拓宽就业途径。与东软集团签订学生实训合作计划，创建校企合作模式。2012年，学院本科生就业率94.74%，比2011年提高9.65%。理学院获得2012年“就业工作创新奖”。

以“学习雷锋精神”、60年校庆为契机，开展理学文化节、八校“理学联盟”篮球赛、北京希望马拉松——抗癌义跑等活动。积极宣传和引导广大学生参加各类学科竞赛，组建电子爱好者协会、数学兴趣小组两支社团，培养学生科技创新意识。2012年，共有43人次在全国各项比赛中获奖，其中8人获北美建模比赛二等奖；1人获华北杯大学生数学建模竞赛三等奖；1人获苏北杯大学生数学建模联赛三等奖；3人获“高教社杯”全国大学生数学建模竞赛全国二等奖，7人获北京市二等奖；2人获“全国大学生英语竞赛”三等奖。

关注学生特殊群体，定期召开心理委员例会。健全心理危机预防、监控及干预机制。把握学生思想动态，定期走访学生宿舍，做好经济困难学生资助工作，2012年，累计发放各类补助、助学金、资助类奖学金近40万元。

(龙晓凡　刘淑春)

【对外交流】 与日本山形大学举办赴日交换生和保送研究生活动，通过教学参观、学术交流等活动达到拓宽学院师生国际视野，增进中日师生的友谊与理解的目的。活动从2006级开始，其中2006级1人，2007级2人，2008级1人，2009级2人，2011级3人。

2012年，学院选派数学与应用数学专业2009级2名本科生，赴日本山形大学理学院留学。并组建首批赴日游学夏令营赴日本山形大学交流学习。　(龙晓凡　刘淑春)

自然保护区学院

【概　况】 北京林业大学自然保护区学院(College of Nature Conservation)成立于2004年12月，由教育部和国家林业局共同建设，是目前中国唯一的培养自然保护区建设与管理专门人才的学院。学院开设野生动物与自然保护区管理本科专业，目前被列为国家级特色专业建设点，拥有自然保护区学科农学硕士和博士学位授予权。学院设自然保护区、湿地保护与管理和野生动植物保护与利用3个教研室。学院坚持“教学为本、科研为先，学科立院、人才强院”的办学理念，以本科生导师制为育人特色，以培养实践型、创新型、与国际接轨的人才为育人宗旨，全面推进学院发展建设。2007年7月20日学院成立董事会，发挥社会力量建设学院。学院拥有北京林业大学野生动物研究所、北京林业大学林业碳汇测量与监测中心、中国大鸨保护与监测网络、中国猫科动物保护网络、东亚—澳大利西亚候鸟迁徙网络秘书处(筹)5个学科发展与研究平台。已建成野生动物保护与利用、野生植物保护与利用、自然保护区规划设计、自然保护区综合信息、湿地生态过程与监测实验室5个实验室。学院自2008年起招收“自然保护区建设与管理”方向的农业推广硕士研究生。

2012年，教职工31人，其中专任教师24人。专任教师中，博士生导师7人，教授7人，副教授10人，其中具有博士学历的教师23人。毕业74人，其中，研究生42人(博士1人，硕士41人)，本科生32人。招生75人，其中，研究生32人(博士生7人，硕士生25人)，本科生43人。在校生232人，其中，研究生108人(博士生37人，硕士生71人)，本科生124人。

(徐迎寿　王艳青)

【学科建设】 自然保护区学院拥有林学一级学科下设的“自然保护区学”学科专业硕士点、博士点，依托林学博士后流动站招收博士后，主要研究方向是自然保护区建设与管理、野生动植物保护与管理、湿地保护与恢复、保护经济与环境政策等。

2012年，学科有博士生导师7人，硕士生导师17人。学院推进科研团队建设，获批“面向湿地生态修复和水生态安全的水资源调控机制研究”“植物克隆性的生态适应意义”2个校级青年科技创新计划团队建设项目。

2012年，学院教师1人获中组部首批“拔尖人才”支持计划，1人获科学时报“青年科学之星”金奖，获得发明专利1项、软件登记权1项，发布林业行业标准1项，发表ISTP论文5篇，SCI论文21篇，累计影响因子55.81，在国内外核心期刊上发表科技论文33篇，出版专著2部。

(张明祥　雷光春)

【教学工作】 2012年，自然保护区学院教学工作的基本思路是侧重青年教师教学能力培养，改善实践教学条件，推进质量工程建设，提升本科教学质量。

学院首次实行“1学时视频”拍摄工作，为每位任课教师拍摄至少1学时的教学视频；继续推行“本科生导师制”，学院获2012年学校优秀教学成果一等奖和北京市高等教育教学成果二等奖；注重本科毕业论文过程管理，对达不到要求的论文增加再审议程序，严把本科毕业论文质量关；建立教师动态培训制度，落实青年教师试讲和听课制度，安排教学观摩和教学展示，聘请教学专家与青年教师座谈，组织青年教师参与“青年教师基本功”比赛，促进青年教师互相学习。

学院推进教学改革和教材建设工作，获学校专业综合改革项目20万元经费及在京共建项目10万元经费的支持；获批“本科教学工程”项目9项；参编《保护生物学》《湿地保护与管理》和《自然保护区规划》等教材。

学院修订实验室发展规划，确定基础-综合-研究创新相结合的实验室发展思路，形成基础实验室体系(自然保护区规划与设计、野生动植物保护与利用、湿地生态过程与监测3个实验室)，新增安徽牯牛降、扬子鳄等2个国家级自然保护区为野外实践教学基地。

2012年，学院安排农业推广硕士2009级和2010级20余名学员在北京上课，完成11门课程教学，组织2010级5名学员论文开题和学院第

二届25名学员论文答辩。（徐基良　雷光春）

【科研工作】 2012年，自然保护区学院科研项目研究经费为1082.9万元，其中纵向经费804.7万元，横向经费278.2万元；到校经费为1014.59万元。

2012年，学院获批国家青年自然科学基金2项；博士点基金项目1项；获批学校科技创新计划项目8项。共执行"973"项目2项、国家自然科学基金4项、国家林业局司局委托项目5项、科技部国际合作项目1项、林业公益性行业科研专项8项、北京市支持中央在京高校共建项目1项、学校创新计划8项等，共计纵向科研项目40项。

2012年，学院新增贵州梵净山、内蒙古汗马等2个国家级自然保护区为科研基地。

（张明祥　雷光春）

【实验室建设】 截至2012年年底，自然保护区学院已建成5个实验室，分别为野生动物保护与利用、野生植物保护与利用、自然保护区规划设计、自然保护区综合信息、湿地生态过程与监测实验室，总面积达440平方米。完成2013～2015年实验室建设规划，明确实验队伍和实验信息化建设方向。制订《自然保护区学院实验室管理办法》，明确实验室责任人。实施实验室开放制度，鼓励学生在实验室开展科研创新实践活动。

（徐基良　雷光春）

【党建工作】 2012年，自然保护区学院党总支共有5个党支部，其中教工党支部1个，学生党支部4个。党员86人，其中教工党员21人，学生党员65人。发展教工党员1人、学生党员14人，转正党员8人，培养入党积极分子19人。

学院重视师德师风建设，开展"三育人"和师德创优活动，将十八大会议精神学习与学院发展和本职工作结合，组织教工党支部开展"深入学习十八大精神"主题活动。组织学生党员学习党的"十八大会议精神"，开展学习贯彻党的十八大精神征文活动和"坚定理想信念，描绘美丽中国"主题教育活动。组织学生观看《钱学森》《仰望星空》《铁人王进喜》等影片，开展支部生活会，交流学习、观看心得。

2012年，保护区研究生2009党支部开展"学习雷锋精神，倡导绿色奉献"主题活动，保护区研究生2010党支部开展"传承雷锋精神、传递知识火炬"捐赠活动、《雷锋日记》读书交流会、"祭奠烈士，缅怀英雄"主题党日活动，保护区研究生2011党支部开展"红色平西，绿色十渡"主题党日活动、"我心中的雷锋精神"主题活动，本科生党支部开展"雷锋精神不褪色，高尚情操共传承"党日活动、捐衣赠书献爱心"西部温暖计划"行动、与北京市昌平区南口镇马庄村开展红色"1＋1"支部共建活动。2012年，保护区研究生2010党支部获学校2011～2012年度"创先争优先进党支部"称号。

2012年，学院参与"平安校园"创建，制定"平安校园"创建实施方案，对学院安全管理存在的薄弱环节进行自查，形成自评自查报告，提出整改方案，组织支撑材料，开展涉及安全稳定的突出薄弱环节建设，促进学院安全稳定工作实现规范化、制度化、科学化。

（仲艳维　王艳青）

【学生工作】 2012年，自然保护区学院学生工作的总体思路是在"主抓基层组织建设、注重实践育人作用"的学生工作理念指引下，优化基层组织建设，打造特色实践活动，工作重点是发挥实践育人作用，夯实学风、班风和院风建设。

2012年，学院有研究生班级3个，本科生班级5个，研究生107人，本科生123人。学院共有辅导员3人，班主任4人。

2012年，学院组建9支暑期社会实践队伍，共计74人赴全国各地开展社会实践调研，活动遍布海南、吉林等13个省（区、市），其中1支团队获2012年首都大学生暑期社会实践市级重点团队、校级重点项目优秀团队，1支团队获校级社会实践项目，3支团队获院级重点项目，撰写实践专题论文及报告16篇。学院获学校2012年暑期社会实践优秀组织奖，1人获2012年度首都大学生暑期社会实践先进工作者，1人获学校2012年暑期社会实践优秀指导教师荣誉称号。

学院落实辅导员宿舍责任制，坚持每周的学风督导考勤、早操考勤、检查宿舍卫生，定期制作发放学院公寓快讯；召开班主任会议和班级辅导员培训；围绕"5·25心理健康节"开展系列活动；打造"自然保护大讲堂"品牌，举办6场报告；开展系列学雷锋主题活动；举办首届研究生学术交流会、2012年寒假社会实践交流会、英语四级考试经验交流会、第三届“和谐杯”全民健身赛、“团结杯”篮球赛、2012年毕业生晚会、“春花秋叶冬雪”的摄影比赛、“秋叶”摄影比赛、“生物多样性月”宣传活动；开展“倒映”纪录片放映8次；组织志愿者到海南鹦哥岭自然保护区开展志愿服务。

2012年，学院本科生考研保研率达42.4%，一次性就业率达到100%，获基层就业项目奖，2名教师获就业工作先进个人。学院研究生在学校第十七届研究生学术文化节辩论赛中获第三名。学院在学校纪念建团90周年五月的花海合唱比赛中获优秀组织奖；在“认识我的母校”校史知识竞赛中获优秀奖；保护区11班在2012年学生广播体操大赛中获三等奖，在“为母校献礼，给华夏添绿”活动中获“最佳班日活动”，被评为2011～2012学年优良学风班、2012年度“十佳班集体”；保护区10团支部在“我为校庆做贡献”团体活动展中获优秀团支部；保护区09班团支部获2011～2012年度首都大学、中专院校“先锋杯”优秀团支部；保护区08班获“我的微成功”主题班级活动三等奖。和谐家园社团获北京市人与动物环保科普中心“优秀社团”称号；和谐家园根与芽小组赴四川平武县白鸭小学开展环保支教，获珍·古道尔的根与芽环境教育项目2012年度根与芽项目成就奖与根与芽小组成就奖。

2012年，学院有93人次获得国家、学校和社会设立的各类奖、助学金，其中，获国家奖学金3人，国家励志奖学金4人，北京林业大学新生专业特等奖学金1人，“家骐云龙”奖学金1人，“黄奕聪”奖学金1人，“新科鹏举”奖学金1人。优秀奖学金20人，优秀学生干部11人，三好学生8人，学术优秀奖学金1人，文体优秀奖学金3人，社团活动奖学金1人，优秀研究生2人，优秀研究生干部5人，学术创新奖学金8人，“青神绿色奖学金”23人。

（仲艳维　王艳青）

【对外交流】 2012年，学院共接待来自国外5个国家6次16人来访，派出参观访问交流6个国家14人次。举办或承办国际学术会议3次，参加4次国际会议12人次，特邀报告12次，提交交流论文10篇。2名教师和2名研究生获批公派留学项目资助，2名研究生获得出国交流培训项目。

承办中国生态学会湿地生态专业委员会年会、第十届世界克隆植物生态学研讨会和鹤类保护与可持续农业国际研讨会，师生代表均在会上做科研展示，提升学院的影响力。

10月12～16日，参与承办第十届世界克隆植物生态学研讨会，来自37个国家的115名代表参会，14个国家的34位克隆植物生态学专家、学者和学生做报告，26位学者和学生做poster展示。学院2名教师做大会报告，5名学生进行poster展示。

10月28～30日，与首都师范大学共同承办“中国生态学会湿地生态专业委员会年会”，来自国内53个单位的300多名代表参会。会议对中国湿地科学研究基本科学问题进行探讨，设有特邀报告、主题报告、研究生论坛、成果展示墙报等交流平台。会议评选出10份优秀研究生报告，学院1人获得该奖。

12月3～4日，承办鹤类保护与可持续农业国际研讨会，来自11个国家和地区的70余名专家、学者参加会议，会议围绕鹤类保护与可持续农业发展的理论与实践开展研讨，分享经验，形成面向国际社会的鹤类保护建议。12月5～7日，与会人员到湖南东洞庭湖国家级自然保护区进行野外考察。 （张明祥　雷光春）

【设立“自然保护与绿化”青神绿色奖学金】 2012年3月18日，在北京绿化基金会成立15周年表彰大会暨植绿治沙固碳绿色行动研讨会上，北京青神园林工程有限公司通过北京绿化基金会在学院设立“自然保护与绿化”青神绿色奖学金50万元，每年资助5万元，连续资助10年，资助品学兼优且家庭贫困的学生完成学业。学院成立工作领导小组，安排专人负责奖学金评选办法制定和奖学金评定工作。奖学金捐赠仪式于11月18日举行，由北京绿化基金会与学校教育基金会签署捐赠协议。 （关文彬　王艳青）

【庆祝建校60周年】 自然保护区学院于2012年6月成立校庆筹备工作组，多次召开筹备工作组会、志愿者培训会、班级联络员工作协调会，建立“学院—学院联系人—班级校友联络人—校友”4级校友联络工作网络，向3届本科毕业生、

8届研究生毕业生共计174名校友发送校庆邀请函。在学院网站设置校庆专题栏目，做好环境布置，营造校庆氛围，设计制作有校庆图标和学院字样的T恤和帽子作为学院校庆礼品送给校友。共45名校友返校参加校庆，学院举行“欢迎校友返校，共叙师生情谊”招待会。学院建立“学院教育发展基金”，制定《北京林业大学教育发展基金——自然保护区学院专项基金管理办法》。

（徐迎寿　王艳青）

环境科学与工程学院

【概　况】 北京林业大学环境科学与工程学院(College of Environmental Science & Engineering 以下简称环境学院)，设有环境科学、环境工程、给排水科学与工程3个本科专业，拥有环境科学与工程一级学科硕士学位授予权点。拥有北京市重点实验室1个，北京市教委工程技术研究中心1个。

2012年，环境学院有教职工31人，包括专任教师24人，全部具有博士学位。专职教师中，教授9人(全部为博士生导师)，副教授11人。毕业110人，其中研究生(硕士)27人，本科生83人。招生117人，其中，研究生26人，博士生2人，本科生89人。在校生460人，其中，硕士生94人，博士生5人，本科生361人。

（杨　君　韩秋波）

【学科建设】 2012年，环境学院继续坚持以学科建设为龙头，以培养国家生态环境保护的高级专门人才和从事生态环境保护科学研究为己任，不断强化学科发展规划和顶层设计能力。

学院对现有师资进行针对性培养。针对每位青年教师的特点，制订具体的培养和进修计划，包括：设立导师组制度，从教学科研方面进行指导，充分发挥有经验的老教师的传、帮、带作用；学院从教案、试讲、听课、考题审核等多个环节进行指导，帮助青年教师过好教学关，提高教师教学水平和培养人才的责任心、使命感。学院为青年教师制定进修计划，加强青年教师在环境工程设计方面的训练。在科研方面，帮助青年教师把握好研究方向，创造条件解决科研中遇到的困难。

2012年，环境学院教师1人晋升为教授和博士生导师，2人晋升为副教授和硕士生导师，1人出国培训。

（孙德智　韩秋波）

【教学工作】 2012年，环境学院教学工作基本思路是坚持教育改革创新、改善教学条件、丰富课堂和实践教学内涵、凝练教学成果，目标是提高本科生的教学质量和青年教师的教学水平，重点是进行专业建设、青年教师的培养、教学改革立项、实验实践条件及内涵的建设，鼓励高年级本科生参加各类创新性实验计划和教师的科研项目。

2012年，给排水本科专业在专业学科带头人的带领下，制定专业规范，完善人才培养方案和教学大纲，配备每门课程的授课教师。学院教师申报教学改革项目包括：环境科学与环境工程专业课程实验体系建设、《环境影响评价》精品课程建设、《环境毒理学》精品课程建设以及《环境监测实验》课程内涵建设等。国家级“环境科学”特色本科专业建设按计划进行推进。在实验实践教学方面，研讨教学实验中心规划，提出实验中心年度建设项目。1人在第九届青年教师教学基本功比赛获三等奖，学院获优秀组织奖。“环境工程专业课程体系与实践教学体系构建”教学改革项目获校级教学成果一等奖。

2012年，学院本科生参加科研活动，国家大学生创新性实验计划项目4项、北京市大学生科学研究与创业行动计划项目2项，校级大学生科研训练计划(SRTP)项目1项。此外，顺利完成2009级本科生的保研工作。学院成立毕业论文(设计)领导小组和工作小组，指导毕业论文(设计)工作，2008级本科生毕业论文(设计)整体质量得到提高。

2012年，学院举行3场名师讲堂讲座。

（王毅力　韩秋波）

【科研工作】 2012 年，环境学院共申请获得国家自然科学基金 5 项、北京市自然科学基金项目 2 项、教育部新世纪优秀人才支持计划项目 1 项、环保公益项目 2 项、北京市教委共建项目 1 项、北京市重点实验室阶梯计划项目 1 项、学校团队计划项目 4 项，科研经费总额 922.93 万元。环境学院教师共发表 SCI 收录论文 22 篇，授权国家发明专利 5 项。学院共有 10 余位教师和研究生分别赴希腊、澳大利亚、韩国等地进行国际交流或参加国际会议。并邀请美国 Lamar 大学郭占虎博士进行学术交流；台湾成功大学林财富教授来校进行学术交流。 （张立秋　韩秋波）

【党建工作】 2012 年，环境学院党建工作围绕中国特色社会主义理论体系，以“推动创先争优常态化”为主题，开展工作。

配合党建思想政治工作先进校的检查验收，完善学院各项规章制度。整理完成 10 余份党建方面材料，包括：制度建设、党员活动记录、工作计划、总结，特色活动等。建立学院党政联席会议制度，教代会制度等。

加强师德职业道德建设，组织教代会成员参加学校双代会和第九届青年教师教学基本功比赛。党总支要求年龄小于 40 岁的青年教师全部参赛，且全院教师必须观摩，以提高青年教师业务素质。

组织学院教职工参加师生运动会、迎校庆教工合唱比赛等各项文体活动，丰富教职工业余生活。

组织党员干部学习十七届中央纪委六次全会精神和学校党风廉政建设会议精神。学院领导干部按照各自的分工，做好学院党风廉政自查报告，制定“三重一大”决策制度。

上半年组织党员做好第十次党代会的各项筹备工作；组织学习全国两会精神，传达两会热点，组织学习新修订的《中国共产党普通高等学校基层组织工作条例》。

下半年组织学习党的十八大精神和北京市第十一次党代会精神；围绕建校 60 周年校庆开展主题党日活动，组织党员参观校史展、参观标本馆和苗圃。 （卢振雷　韩秋波）

【学生工作】 2012 年，学院以育人为目标，以基层班级建设、学风建设、就业工作为重点，管理和服务并重，开展各项工作。

党建工作 2012 年，环境学院发展学生党员 29 人，转正 22 人。各支部开展十八大学习活动，组织爬长城做环保实践活动和参观军事博物馆、参观科技馆等活动。定期组织支部学习，丰富组织生活内容。低年级党支部继续与前八家小学开展“大手拉小手”志愿帮扶活动，研 2010 党支部开展北京市公园水质调研活动，获我校研究生十佳特色党支部活动。

班级建设 加强基层班级建设，尤其是新生班集体建设。在班级中开展篮球联谊赛、基层班级趣味运动会，优秀班集体评选活动，新老生座谈会、班级集体自习，班级英语学习角等活动。

学风建设 开展学风督导和抽查工作。考试前开展考风考纪宣传，开展家长工程，召开挂科学生专题教育会，组织学生四六级模拟考试。

宿舍建设 制定《加强宿舍建设管理规定》。配置硬件设施，落实宿舍责任制，通过制度、检查及奖惩规范宿舍建设。

就业工作 指导 2008 级本科毕业生和 2009 级研究生就业。举办出国交流会、考研交流会、毕业生座谈会，开展毕业生文明离校活动。2012 年，研究生就业率 100%，签约率 65.52%。本科毕业生就业率 94.19%，签约率 60.47%。启动 2013 年毕业生的就业工作。

常规活动 2012 年，参加学校运动会、新生军训、全校广播操比赛、“五月花海”合唱比赛、一二·九越野赛、辩论赛、党史知识竞赛、党史演讲比赛、心理健康教育节，组织学院年度评优表彰分享会，班级趣味运动会，辩论赛，环境、外语、保护区 3 院篮球友谊赛，足球赛等活动。代表队获校辩论赛第一名，研究生特色支部活动获第一名，运动会开幕式展示环节获第二名，同时获运动会团体项目第五名，公寓文化节优秀组织奖。

品牌活动 继续定期与前八家小学开展“大手拉小手”的志愿帮扶活动；环境 11 团支部对接帮扶学校 4 位孤寡老人；与海淀区残联合作，开展聋哑儿童关爱活动；绿手指在振兴小学定期开展环教活动。

联合总务处举办“绿色校庆年——校园节能策略 PPT 创意大赛”；绿手指与朝阳区文化馆合

作，完成“坝河水系调查”项目，继续开展“朝阳水系调查”项目；与NGO组织合作开展“北京市无烟餐厅调查”；开展北京林业大学“碳核算”项目及“书籍漂流”活动，回收全校废书，整理成套，为大一入学新生免费提供43套英语教材。

（卢振雷　韩秋波）

体育教学部

【概　况】　北京林业大学体育教学部（Division of Physical Education）成立于1989年，为处级体育教学行政部门（前身为体育教研组，1986年前隶属基础部，1986年后，归属学校直属部门），负责学校体育教学、体育科研、群体活动与竞赛、高水平运动队训练与竞赛、运动场馆管理工作等。设大球、小球、体操、武术4个教研室，1个学生体质监测中心。2012年，共有教职工36人（其中专任教师33人，具有高级职称17人，具有博士学位1人，硕士学位12人，在职在读硕士研究生7人）。2012年北京林业大学获得北京市教委“2011年度北京高校阳光体育联赛优胜奖”，获得第九届全国大学生运动会突出贡献奖。

（姜志明　孙承文）

【教学工作】　体育教学部加强与教务处等部门的沟通协调，解决体育教学部改革过程中出现的相关问题，包括体育必修与必选课程的管理办法、考核标准，体育理论教学的改革等。完善体育教学制度，加强体育教学的监督检查，提高教学质量，包括备课环节、期中教学检查、请假代课办法、风雨天课程管理办法、学生实习课程管理办法等。主要体现在以下几个方面。

师资队伍建设　2012年，体育教学部7名教师在职攻读硕士研究生课程。3月，在第二轮聘岗之前，体育教学部组织了教师系列专业技术职务职称评审，经过体育教学部评审专家组的评审和学校的审议，最终体育教学部新增1名教授，2名副教授。第二轮岗位聘任工作在6月1日完成，体育教学部聘任教授6名，副教授11名，讲师14名，助教1名。4月初，经过领导班子和学术委员会推荐、审议，选举并确立1名主任助理。4月，2名教师参加学校组织的第十一期中青年干部培训班。5月，体育教学部经过初审、面试、复审、实习环节，确定新引进女教师1名，担任健美操、艺术体操的教学并兼职教学秘书。7月3～5日，5名青年教师参加北京市教委组织的首都高校体育青年骨干教师培训班。10月，组织全体教师开展《高等学校教师职业道德规范》学习活动，加强师德师风建设。12月，8名教师通过全国高等学校教育技术协作委员会北京林业大学教育技术培训中心的技术考试，其中7名教师取得二级证书，1名教师取得一级证书。

（姜志明　孙承文）

教学运行　对一年级学生实行早操制度，内容为第九套广播体操，早操情况列入学生体育课考勤中。在教学准备中，坚持教研室集体备课制度，不同专项教师分别开展备课计划。教学过程中完善教师请假、代课制度。面向全体教师进行安全第一的思想教育，预先防范教学过程中常见的安全问题，严肃教学纪律，发现问题及时解决。以学校期中教学检查及青年教师教学基本功大赛为契机，加强体育教学部教师的教学研讨和学习交流。期中教学检查开展公开课活动，组织2名青年教师上公开课，所有教师参加看课、研讨；坚持定期定时教学检查，以教学专项组为单位进行听课，教师座谈会以教学专项组为单位座谈，观摩教学由教研室主任统一安排，教学院长在听课周对每个教研室听课过程进行检查。教学办公室整理教师听课情况，填写期中教学检查反馈表，总结汇报并反馈教学检查情况，对备课以及授课过程提出改进意见，对教学纪律和教学环节进行讲评，对教学效果做出评价，向教务处上交反馈表、听课卡。上学期全体教师251门次课的教学评价均在92分以上，评价分≥95为38门次，占15.1%，90≤评价分<95为180门次，占71.7%，85≤评价分<90为32门次，占12.7%，80≤评价分<85为1门次，占0.4%。下学期全体教师232门次课的教学评价均在92

分以上，评价分≥95为26门次，占11.2%，90≤评价分<95为187门次，占80.6%，85≤评价分<90为19门次，占8.2%。2个学期没有出现教学安全事故。教学院长及教学管理人员整理与归档教师的教案、成绩管理文件。11月底至12月初，以教研室为单位组织青年教师教学基本功的初赛，选出6名教师参加体育教学部的决赛，决赛要求全体教师参观、学习、交流，最终确定1人参加学校青年教师教学基本功比赛，并获得三等奖，体育教学部获得优秀组织奖。

（叶　茜　赵　宏）

教研室建设　6月，体育教学部完成了4个教研室(大球、小球、体操、武术)主任的竞聘工作。以教研室为单位备课、检查教学进度和教案等教学文件、安排与监督期中教学检查、组织与管理教学比赛、制定考核标准和考核办法等。

教学研究　6月，体育教学部4篇论文入选学校教改论文，并分别刊于《中国林业教育》《北京林业大学教改论文集》；同时4名教师主持的教改课题获批，题目分别为《大学生体质状况分析与健身指导网络服务资源建设》《核心力量训练在我校素质班教学中运用》《高校运动会模式改革的理论与实践研究》《“处方式”教学法在体弱大学生中的应用》。10月，积极组织教师参加首都高校第十六届体育科学论文报告会，共投稿19篇，获奖12篇，一等奖1篇，二等奖6篇，三等奖5篇，团体总分第四名。

（叶　茜　赵　宏）

学生体质健康测试　北京林业大学体育教研室在全校范围内开展了《学生体质健康标准》测评工作。测试方法按照教育部、国家体育总局颁发的《学生体质健康标准》的规定进行。学校根据自身情况，选取了以下测试内容：身高、体重、肺活量、握力、立定跳远、坐位体前屈、台阶、50米、800米(女生)、1000米(男生)。

北京林业大学全部使用由教育部权威部门认定的电子测试仪器(中体同方)。测试过程由教师进行严格管理，以保证测试的科学性和准确性。

利用学生周六、周日的休息期间，组织学生集中测试，上半年3月开始 到5月中旬结束，下半年9月中旬开始到12月20日测试结束，历时两个多月时间，测试学生总人数12 695人，12月25日上报国家教委，测试结果如下。

北京林业大学学生体质监测综合评定统计表

年　级		样本数	优秀(%)	良(%)	及格(%)	不及格(%)
大一	男	1092	14.19	54.3	28.48	3.02
	女	2091	11.43	63.99	21.57	3.01
	合计	3183	12.38	60.67	23.94	3.02
大二	男	1202	2.75	39.43	44.43	13.39
	女	2003	1.7	48.88	46.03	3.39
	合计	3205	2.09	45.34	45.43	7.15
大三	男	1144	15.3	62.5	20.37	1.84
	女	2042	16.7	68.07	13.57	1.67
	合计	3186	16.2	66.07	16.01	1.73
大四	男	1195	2.09	39.16	38.83	19.92
	女	1926	1.14	46.26	47.56	5.04
	合计	3121	1.51	43.54	44.22	10.73
大学总体		12695	8.07	53.94	32.36	5.63

资料室建设　2012年2～12月份体育教学部资料室共进图书38套册，科研论文图书22本，杂志16本。（王　涛　孙承文）

【群体工作】

球类竞赛活动　3月12日至4月6日举行北京林业大学院系杯学生足球联赛。共有12支男子队伍、4支女子队伍参加。生物学院、信息学院、经管学院分别获得女子组第一名、第二名、精神文明奖。林学院、工学院、园林学院分别获得男子甲组第一名、第二名、精神文明奖。水保学院、理学院、外语学院分别获得男子乙组第一名、第二名、精神文明奖。

4月5~18日举行北京林业大学“院系杯”篮球联赛，生物学院、信息学院、园林学院分别获得男子组前3名；经管学院、林学院、园林学院分别获得女子组前3名。

10月17日至11月2日举行北京林业大学学生排球联赛。经管学院、材料学院、工学院、水保学院分别获得男子组前3名和精神文明奖。园林学院、经管学院、材料学院、工学院分别获得女子组前3名和精神文明奖。

5月12~13日举行北京林业大学乒乓球比赛，比赛共设男子单打、女子单打、男子团体、女子团体4项。经管学院、工学院分别获得男子团体前2名，林学院、生物学院获得男子团体第三名。生物学院、水保学院分别获得女子团体前2名，人文学院、材料学院获得女子团体第三名。

11月12日举行北京林业大学“院级杯”羽毛球赛，比赛共设男子单打、女子单打、团体3项。园林学院、水保学院、信息学院分别获得团体赛前3名。

11月17日举行北京林业大学第七届班级杯乒乓球赛决赛，有128个班级参赛，比赛结果为木工11-1班、生科11班、风园12-4班分别获得前3名，会计11-3班、环规11-2班获得精神文明奖。

春季运动会 4月6~7日举行北京林业大学春季运动会，共有约2900人次运动员（教工1194人次，学生人1712人次）参加，14所学院组队参赛。比赛结果为学生团体总分前6名分别为经管学院、园林学院、水保学院、材料学院、信息学院、林学院，男子团体总分前6名分别为经管学院、园林学院、水保学院、材料学院、林学院、人文学院，女子团体总分前6名分别为经管学院、园林学院、水保学院、材料学院、生物学院、环境学院，趣味项目团体总分前6名分别为经管学院、园林学院、水保学院、材料学院、林学院、工学院。

秋季运动会 10月20日举行北京林业大学新生田径运动会。此次运动会共分为单项赛和集体趣味项目比赛，共有13个院系近2000名学生参加了此次运动会。团体总分前3名分别为经管学院、园林学院、材料学院，男子团体总分前3名分别为：经管学院、园林学院、工学院，女子团体总分前3名分别为：经管学院、园林学院、材料学院，趣味项目团体总分前3名分别为：经管学院、园林学院、林学院。

其他群体活动 6月18日，体育教学部举行健美操教学比赛，参加的学生有400余人。

（赵宏 孙承文）

校外体育竞赛 4月14~30日，北京林业大学22人参加比赛，2012年“印院杯”首都大学生足球乙级联赛，获得男子第三名。

4月28日，北京林业大学4人参加2012年首都高校武术比赛，获得2项冠军，1项第四名，1项第六名，2项第八名。

5月19~20日，北京林业大学派10人参加“TST”2012年首都高校乒乓球锦标赛，获得男团第三名，女团第三名。

5月25~27日，北京林业大学派出27名运动员参加2012年全国啦啦操锦标赛，获得大学组街舞啦啦操自选动作组别冠军。

10月13日~28日，北京林业大学男女排球队共24名队员参加2012年北京市大学生排球普通学生组竞赛，女排获得B组第7名。

10月13日至11月30日，北京市大学生篮球协会承办第十五届CUBA中国大学生篮球联赛北京预赛，北京林业大学男女篮球队参加，其中男子篮球队获得乙组冠军，女子篮球队获得乙组亚军。

10月27日至11月10日，北京林业大学22名运动员参加2012年首都高校女子足球锦标赛，获得第五名。

10月28日，北京林业大学承办首都高等学校第九届鹫峰国家森林公园杯越野攀登赛，学校派出20名运动员参加高水平组和普通组，分别取得各组别第五名。

11月10日，北京林业大学18名运动员参加2012年北京市大学生首届触摸式橄榄球赛，获得盾级冠军。

11月25日，北京林业大学派出36名队员参加大学生体能热力操比赛及《大学生体质健康标准》测试赛，其中1队获得甲组大学生体能热力操比赛二等奖、《大学生体质健康标准》测试赛二等奖和阳光体育体能挑战赛团体二等奖；2队获得甲组大学生体能热力操比赛三等奖、《大学生体质健康标准》测试赛二等奖和阳光体育体能挑战赛团体三等奖

12月2日，北京林业大学16名运动员参加首都高校第十三届传统养生体育比赛，获得五禽戏第一名、十六式太极拳第三名。

12月2日，北京交通大学承办第四届首都高校体育舞蹈比赛，北京林业大学32名运动员参赛，共获得1个冠军、3个亚军、4个季军。

（王　涛　赵　宏）

【运动训练与竞赛】

高水平运动员招生　2012年的招生严格遵守有关招生的政策，制定了相关的规章制度。共有来自北京、山东、河北、内蒙古、辽宁、天津、湖南、江苏、黑龙江、山西 、四川、吉林12个省（区、市）的81名学生报考北京林业大学，男生49人，女生32人，每人所报的项目不同，径赛项目人数65人，田赛人数16人；合格人数32人，最后录取人数26人，其中男生15人，女生11人，项目分布为全能6人，投掷3人，跳跃3人，篮球1人，短跑11人，长跑2人。大部分体育生安排在经济管理学院人资、物业、林经、工商管理等专业，人文学院的法学、心理专业，园林学院的旅游专业。

高水平运动队训练　每周教练员利用业余时间带领运动员每周训练6次，寒暑假正常。2012年共有6名教练员、40名运动员，参加了1次全国、2次北京市田径比赛，取得了3枚金牌、4枚银牌、1枚铜牌的成绩。

高水平运动队竞赛　5月10～13日，北京大学承办第五十届首都高校大学生田径运动会。北京林业大学田径代表队42人参加了30个项目（男子18项，女12项）的比赛，取得了甲A组女子团体总分第五名、男子团体总分第五名和男女团体总分第五名的成绩，并且获得体育道德风尚奖。

9月12～18日，第九届大学生运动会中北京林业大学孙璐获得女4×400米接力第二名，400米第八名，李昔明获得男子3000米障碍第三名，陈童获得男子十项全能第四名，张建新获得男子110米栏第五名，

12月23日，北京市大学生田径精英赛在先农坛体育馆举行，北京林业大学共有40名运动员和6名教练员参加比赛，获得男子60米栏和男子五项全能冠军。

（王　涛　陈　东）

【党建工作】　2012年，体育教学部直属党支部现共有中共党员25人，占总人数的69.4%，全年预备党员转正1人。

2012年，体育教学部直属党支部开展了学习《高等学校教师职业道德规范》活动，加强教师的师德师风建设；组织教师学习《反腐倡廉读本》，在体育教学部内形成良好的纪律和作风；组织教师学习十八大精神、文件，不断提高体育教师的政治觉悟，统一思想，提高认识，保持教师的工作积极性以及体育教学部的稳定和发展。同时，体育教学部重视高水平运动员的学风建设，2012年召开4次关于学风、考风专题会议，对高水平运动员进行思想政治教育、考风考纪教育，加强提高高水平运动员的综合素养。

加强工会和教代会工作。体育教学部配合校工会完成了职工运动会、职工篮球、排球、拔河比赛，继续开展女工瑜伽训练班和太极拳训练班，并首次开展了羽毛球培训，配合机关工会完成趣味运动会。5月，组织第二届经管杯教职工排球联赛，体育教学部男、女教师排球队参加比赛并获冠军；9月，体育教学部组队参加了学校校庆60周年教职工合唱比赛并获得三等奖；10月，组织了“北林科技杯”教职工篮球赛，体育教学部男教工篮球队获得第三名；11月，组织了首届“园林杯”教职工乒乓球赛，体育教学部获得团体冠军。体育教学部工会、教代会积极参与学校第六届教职工、第十四届工会委员代表大会，参与体育教学部第二轮岗位聘任工作，1名老师被评为校巾帼之星。

（孙　恒　苏　静）

教育教学

本科教育

【概　况】 教务处主要职责是全面负责学校本科教学运行、教学管理、教学研究、教学质量监控管理，下设教学运行管理中心、学籍管理与注册中心、考试中心、现代教育管理中心、评估中心、实习实验教学管理中心、教学研究科、梁希实验班管理中心。共有教职工15人。

2012年工作总体思路是：围绕学校中心工作，召开北京林业大学第十次教学工作会，以专业综合改革为切入点，创新人才培养模式，着力强化实践环节、提高教育质量。

出台《北京林业大学关于深化本科教学改革，提升人才培养质量的若干意见》，系统规划今后一段时间学校专业建设、创新人才培养、教师教学能力提升、课程建设、考试改革等改革建设思路。

增设梁希实验班工科班，开展拔尖创新人才培养新试点建设，形成“文、理、工”3学科相结合的创新人才培养平台。

做好课程安排工作，受理教师对教学计划及课程安排的调整；组织安排全校选课工作；修改教务系统中“立项信息管理”“四六级缴费”等相关模块程序，保障教学运行。完成528名学生免试研究生推荐。完成2012届本科毕业生学位授予、毕业离校，2012级本科新生电子注册工作及67名2011级学生转专业工作。组织2012年6月和12月两次全国大学外语四、六级考试及各学期期末考试工作。

加快做好教学促进中心工作建设工作，推行先进的教育理念和教学方法。继续实行教学督导制和教学信息员制度，及时处理各种教学反馈信息。进行期中教学检查。抽查2012届本科毕业生毕业论文情况。开展2012届本科毕业生“毕业生满意度调查”及“我心目中的好老师”的评选活动。

落实中央修购专项经费500万元，用于各实验教学中心和多媒体教室实验教学仪器设备的更新及增补。申报并获批2项“十二五”高等学校国家级实验教学示范中心建设项目。

完成了学研大厦教室黑板及多媒体设备的调研、规划与招标工作。

【专业设置】 2012年，林学院森林资源类专业施行按类招生，分林学方向、森林保护方向、城市林业方向、森林防火方向。学校对现设本科专业进行整理，共有51个专业（57个专业及专业方向），覆盖了教育部设置的12个学科门类中的8个学科门类（理学、工学、农学、文学、艺术学、经济学、管理学、法学），其中，理学门类7个专业，工学门类18个专业（22个专业及专业方向），农学门类7个专业（8个专业及专业方向），文学门类3个专业，艺术学门类4个专业（4个专业及专业方向），经济学门类2个专业，管理学门类9个专业（10个专业及专业方向），法学门类1个专业。其中“资源环境与城乡规划管理”更名为“自然地理与资源环境”、“地理信息系统”更名为“地理信息科学”“给水排水工程”更名为“给排水科学与工程”“城市规划”更名为“城乡规划”“森林资源保护与游憩”更名为“森林保护”“工商管理（经济信息管理方向）”更名为“信息管理与信息系统（管理信息方向）”“数字媒体艺术”更名为“计算机科学与技术（数字媒体技术方向）”“艺术设计（装潢艺术设计方向）”更名为“视觉传达设计”“艺术设计（动画艺术设计方向）”更名为“数字媒体艺术”。

北京林业大学2012年专业设置情况一览表

学院	专业
林学院	林学
	森林保护
	草业科学(草坪科学与管理方向)
	草坪管理(中美合作办学方向)
	地理信息科学
水土保持学院	水土保持与荒漠化防治
	自然地理与资源环境
	土木工程
生物学院	生物技术
	生物科学
	食品科学与工程
园林学院	园林
	旅游管理
	风景园林
	园艺(观赏园艺方向)
	城乡规划
经济管理学院	农林经济管理
	工商管理
	信息管理与信息系统(管理信息方向)
	物业管理
	会计学
	统计学
	金融学
	国际经济与贸易
	市场营销
	电子商务
	人力资源管理
理学院	电子信息科学与技术
	数学与应用数学
工学院	机械设计制造及其自动化
	车辆工程
	工业设计
	自动化
	电气工程及其自动化
材料科学与技术学院	木材科学与工程
	木材科学与工程(家具设计与制造方向)
	包装工程
	林产化工
	林产化工(制浆造纸工程方向)
	艺术设计
	视觉传达设计
	数字媒体艺术
人文学院	法学
	应用心理学
外语学院	英语
	商务英语
	日语
信息学院	信息管理与信息系统
	计算机科学与技术
	计算机科学与技术(物联网方向)
	计算机科学与技术(数字媒体技术方向)
	动画
	网络工程
环境科学与工程学院	环境科学
	环境工程
	给排水科学与工程
自然保护区学院	野生动物与自然保护区管理

(孙　楠　张　戎)

【本科教学质量工程】 2012年，开展校级“本科教学工程”立项工作，经学院立项、学校审核，确立9个团队为2012年校级教学团队建设项目，70门课程为2012年校级课程建设项目，13个项目为2012年校级专业建设项目；继续资助以前立项的课程建设4门。拨付“本科教学工程”专项经费到学院。

组织各教学院(部)对近年来专业建设、教学团队、教改研究、精品课程等740项质量工程项目进行评审检查，其中，中期检查项目57个、结题项目263个，申请延期项目16个，终止项目5个。

利用网络、《评建周报》等形式，宣传展示“本科教学工程”建设成果。(孙　楠　张　戎)

【专业建设】 开展2012年专业建设工作，组织开展校级专业建设立项，确立13个项目为2012年校级专业建设项目。

2012年，启动实施“本科教学工程”“专业综合改革试点”建设项目，确立5个专业开展校级“专业综合改革试点”项目建设，并推选林学专业和园林专业申报“国家级专业综合改革试点项目”，最终园林专业确立为“国家级专业综合改革试点项目”。

对北京林业大学专业目录进行对照整理。启动专业评估工作，对学校自2002年以来新增设

且已至少有1届毕业生的本科专业进行一次摸底调查和前景分析。（孙 楠 张 戎）

【教学运行】 编制2012～2013学年校历。安排2011～2012学年本科课程5423门次。受理教学计划调整37门次，审批新增课程2门，调停课4764节次。配合北京林业大学人事制度改革，测算14个教学单位未来4年本科教学工作量。教师补课、学生活动、计划外课程等借用教室约53 000学时。为本科生开设选修课1892门次，其中专业选修课1430门次，全校公共选修课462门次。选拔研究生助教85人，并组织相关学期岗位考核。（胡 燚 孟祥刚）

【人才培养】 深化拔尖创新人才培养模式改革，采取本硕(博)统筹培养模式，探索研究型教学方式；增设梁希实验班工科班，开展拔尖创新人才培养新试点建设，形成"文、理、工"3学科相结合的创新人才培养平台；对部分实行大类招生的专业，进一步优化人才培养方案；积极探索协同创新环境下的本科人才培养模式改革，推进与中科院植物所、生态中心的科教协同育人计划；加快培养国际化精英人才进程，利用校内外资源，推进与加拿大UBC大学的联合培养，以及与越南林业大学的交流合作，形成交换生、联合培养生等多种层面的国际化精英人才培养新格局。（孙 楠 张 戎）

【梁希实验班】 修订《梁希实验班科研综合能力评价细则》，完善推荐免试研究生工作机制。

选拔2012级梁希实验班学生，从13个学院398名申报学生中选拔梁希实验班文科、理科各35人，工科34人。

开展2009级梁希实验班推荐免试研究生工作，共有60名学生参与。最终，33名学生获得推荐资格。其中10名学生被保送至北京大学、清华大学、中国科学院、北京师范大学、浙江大学、哈尔滨工业大学等国内一流大学及研究所，23名选择继续在学校深造。

2012年梁希实验班学生有6人获得国家奖学金、12人获得国家励志奖学金、18人获得梁希奖学金（一等）、34人获得梁希奖学金（二等）、54人获得梁希奖学金(三等)、4人获得文体优秀奖、18人获得三好学生荣誉称号、18人获得优秀学生干部荣誉称号、2个班级获得优良学风班荣誉称号。梁希10-2班、梁希11-1班荣获2012年校级"十佳班集体"荣誉称号，梁希10－2班荣获"青春活力班集体"荣誉称号。

组织实验班学生申报大学生科研训练项目立项。2012年实验班确立国家级大学生创新训练计划6项，北京市大学生科学研究与创业行动计划项目4项，校级大学生科研训练计划7项。（陈俊生 张 戎）

【教学队伍建设】 2012年学校推荐2名教授参加"第八届北京市教学名师"评审并获批。确立9个团队为2012年校级教学团队建设项目。共有46人次参加教育部2012年高校教师网络培训。

建设教学促进中心工作，推行先进的教育理念和教学方法；为教师发展和学生学习提供支持与服务；搭建师生交流合作以及资源共享的服务平台；开展教学评估；开展行业教师发展培训等工作，为全体师生提供有效的教学环境及优质资源，提升教师教学品质和学生学习成效。结合学校实际，总结整理成绩，积极申报国家级教师教学发展示范中心。以教师教学促进中心为建设核心的北京市级基地建设改革项目获批，项目经费40万元。

与校工会、人事处联合组织"第九届青年教师教学基本功比赛"，并将本次比赛初赛环节列入学校教学中期检查内容。全校共计253人参加了学院(部)的初赛，通过层层选拔，16人进入决赛，最终评选出优秀教案奖5人、最佳演示奖5人、最佳优秀组织奖5人和一等奖2人、二等奖4人、三等奖10人。（孙 楠 张 戎）

【课程建设】 2012年，启动校级课程建设立项工作，70门课程被确立为2012年校级课程建设项目，继续资助以前立项的课程建设项目4门。

森林有害生物控制、中国名花和令人憧憬而困惑的生态文明3门课程入选"国家级精品视频公开课"。开展遴选推荐2012年国家级精品资源共享课工作，组织各课程负责人开展申报材料准备和网上平台资源提交工作，确定推荐课程为树木学、森林培育学、土壤侵蚀原理和森林计测学4门。（孙 楠 张 戎）

【教材建设】《树木学(北方本)》(第二版)《园林植物病虫害防治》(第二版)《土壤侵蚀原理》(第二版)《园林花卉学》(第二版)和《数据库原理及应用教程》(第二版)共5本教材入选教育部拟入选第一批"十一五"普通高等教育本科国家级规划教材名单。(孙　楠　张　戎)

【教学研究】制定《北京林业大学2012年教学改革研究项目立项指南》,将年度教学改革的侧重点放在人才培养模式及创新人才培养改革、考试方法、实践教学体系改革与实践和教学质量监控体系改革与实践研究上,同时设立青年教师鼓励项目,继续资助青年教师开展教学研究。经专家评审,最终确立2012年度校级立项59项。

开展北京林业大2012年教改研究论文征集工作,共征集教改研究论文221篇,125篇通过初审,二审后直接采用65篇,修改后可采用45篇,无法采用15篇。最终汇编成集,108篇文章出版两本论文集为校庆60周年献礼,其中《中国林业教育》(增刊)收录66篇,《"改革创新·积淀分享"——北京林业大学2012年教学改革研究论文集》收录42篇,内容上涵盖了教育创新探索与实践、人才培养模式研究、课程建设、实践育人、专业建设、教学方法改革、教学管理研究等方面。

启动北京林业大学2012年校级优秀教学成果奖励工作,通过召开教学成果奖大组评审会、评审会(复评),专家组经过充分讨论和评议,最终确定44项成果获得北京林业大学2012年优秀教学成果奖,其中一等奖21项,二等奖9项,优秀奖14项。从2012年北京林业大学优秀教学成果奖一等奖获奖项目中遴选出"构建多维实践育人体系 培育树型生态环境人才"等20项成果参评2012年北京市高等教育教学成果奖,最终获得一等奖3项,二等奖7项,联合申报项目获得一等奖1项,二等奖1项。

(孙　楠　张　戎)

【学籍管理】对2012级新生开展了3场培训,培训内容主要包括成绩管理、学籍异动、推荐免试研究生、专业调整等。

完成2012届本科毕业生资格审查工作。包括毕业生的学分状况、外语四级通过情况、是否取得毕业证与学位证等情况,并为资格审查不合格的学生提供修读不合格学分的机会,最终2012届本科毕业生3219(二学位30人)人中3164人达到毕业资格,毕业率达98.2%。并根据教育部、国务院学位办、北京市教委关于学历、学位注册的相关规定,在规定时间内将3210名毕业生的学历数据和3142名授予学士学位的信息上报国务院学位办,供用人单位查询,接受社会监督。

2011级67名同学调整专业。北京林业大学2011级共有133名同学提出专业调整申请,67人初审、笔试、面试均合格,按照规定转入新专业学习,教务处折合认定转专业学生课程的学分。

推荐528名2009级学生免试攻读2013级硕士研究生,占2009级学生总人数的16.3%。其中378人选择继续留在本校攻读硕士研究生,占推荐比例的71.6%;150名学生(包含12名直博生)被中国科学院、北京大学、清华大学等知名科研院所及高校接收,占推荐比例的28.4%。528名学生中,有12名被直接推荐攻读博士研究生。2012年北京林业大学继续破格选拔"学术特长生",学校根据相关规定选拔了3名具有学术特长的学生免试攻读2013级硕士研究生。

核对2012级新生基本信息,并完成学籍电子注册工作,共有3310名2012级新生取得学籍。(申　磊　孟祥刚)

【考试管理】组织完成2012年6月和12月的全国大学外语四、六级考试。6月共7051人参加考试,其中英语四级3739人、英语六级3266人、小语种46人;12月5397人参加考试,其中英语四级857人、英语六级4540人。根据上级文件精神,继续完善四级提前报考制度,让一部分英语成绩优秀的学生提前至第二、三学期参加英语四级考试。改进学校英语听力播放设备,在原AF波段的基础上,增加了FM波段。

组织2011~2012学年第二学期期末考试和2012~2013学年第一学期期末考试,包括日程安排、监考、巡考安排等工作。学期初组织学生补考报名并实施补考。

出台《北京林业大学关于推进本科课程考试改革的意见》,要求各学院(部)创造条件支持考

试改革。（谢京平　于志明）

【教学检查】 2011～2012 学年第二学期，组织全校本科生对 1910 门次课程进行了评价，2012～2013 学年第一学期，组织全校本科生对 2256 门次课程进行了评价。新版《北京林业大学学生评教实施办法》改革初现成效。从评价学生人数来看，未及时评价学生数量较以往大幅降低，学生评教组织方式的便捷性大幅提高；从学生评教结果来看，学生评教分数的区分度有所增大，全校学生评教分数成正态分布，整体分数偏高的现象明显缓解。

组织开展学期期中教学检查工作。2011～2012 学年第二学期期中教学检查全校共听课 760 次，其中管理人员听课次数 123 次，被听课教师 303 人，被听课程 322 门次；全校共组织观摩教学 43 次，教师座谈会 75 次，学生座谈会 41 次。2012～2013 学年第一学期期中教学检查全校共听课 845 次，其中管理人员听课 145 次，被听课教师 321 人，被听课程 343 门次；全校共对 45 名教师的教学活动组织了观摩，教师座谈会 75 场，学生座谈会 48 场。

组织召开 2011～2012 学年优秀教学信息员表彰大会暨 2012～2013 学年教学信息员聘任大会。表彰 15 名优秀信息员、13 名优秀信息员组长。聘任了 189 名同学担任 2012～2013 学年的教学信息员。

2012 年，共编印、发放《评建周报》9 期，目前《评建周报》已发刊 172 期。

（林　娟　于志明）

【网络教学管理】 2012 年，利用期中教学检查及假期期间更新部分多媒体设备，包括投影机 28 台，功放 22 台。同时，新增加了 18 台无线蓝牙麦克接收器，实现第二教学楼所有教室全部覆盖。增置教师休息室的沙发、正衣镜等设施，并在一教及二教的所有教室都安装钟表，便于教师把握授课进度和学生考试。继续做好多媒体教室设备维护管理工作，定期更换投影机灯泡及投影机清洗工作。

2012 年，修订《多媒体教室值班人员守则》及《多媒体教室使用管理规定》，制订多媒体教室值班人员奖励惩罚措施。加大值班人员培训力度，制定多媒体设备故障应急解决方案。

2012 年，完成学研大厦教室黑板及多媒体设备的调研、规划与招标工作。

搭建网络教学平台，促进网络教学发展。2012 年初，教务处组织了教学平台的使用培训，推动各学院加快建设网络课程的步伐。新版网络教学综合平台总登陆访问量达到 170 余万人次。平台中包含各个学期开设的所有课程，我校建设的网络视频公开课程、各级精品课程等网络教学资源。

2012 年，对教务管理系统中的“立项信息管理”“四、六级缴费”等功能进行完善。

2012 年，完成森林有害生物控制、中国名花、令人憧憬而困惑的生态文明 3 门网络视频公开课程的录制及后期制作工作。目前，3 门课共计 27 讲已经全部在网络教学平台上网，实现在线观看。

2012 年，共计认证多媒体教学课件 60 门课程。

2012 年共计组织学生网上选课 87 905 门次，现代教育管理中心每学期开学的前 3 周集中为转专业、毕业班学生手工办理加选课程，2012 年共计办理加选课 2028 门次。

2012 年，北京林业大学在学院路共同体开始校际选修课 12 门次，校内外共计选课 1205 人次。（尹大伟　于志明）

【实验室建设、实践教学】 落实中央修购专项经费 500 万元，用于各实验教学中心和多媒体教室实验教学仪器设备的更新及增补。

申报“十二五”高等学校国家级实验教学示范中心建设项目，最终，园林实验教学中心获批“国家级实验教学示范中心”建设立项，实现了北京林业大学在国家级实验教学示范中心建设工作中的重大突破。

启动本科实验教学中心 2013～2015 年建设规划编制工作。

实验开出率始终保持在 100%，农林及理工类学院有综合性设计性实验的课程比例达到 80% 以上。（于　斌　于志明）

【教学实习基地建设】 拓展各种渠道，加强与行业、科研院所、企事业单位合作，为本科生实习实践活动争取更多社会资源。北京林业大学北京鹫峰国家森林公园农科教合作人才培养基地获批教育部“国家大学生校外实践教育基地”建设立项，中央财政拨付建设经费200万元，学校利用专项经费对该基地进行建设，并将地信综合实习等24门课程的实习地点明确到该基地。同时，学校继续加强教学实习苗圃等校内实习基地建设以及北京植物园、北京市八达岭林场等市级校外人才培养基地建设。

（于 斌 于志明）

【科研训练】 学校启动2012年国家级、北京市级、校级大学生科研训练计划立项，共立项支持大学生科研训练计划项目253项，其中，“国家级大学生创新创业训练计划”项目100项、“北京市大学生科学研究与创业行动计划”项目56项、“北京林业大学大学生科研训练计划”项目97项，参与训练学生共计963名。

组织学生参加由教育部、科技部联合主办的“第五届全国大学生创新创业年会”。北京林业大学有2个项目参展。

制定并印发《北京林业大学“国家级大学生创新创业训练计划”项目管理办法》。同时，于5月、9月两次组织已到期的各级学生立项开展阶段汇报、中期检查和结题验收，对通过验收的项目颁发结题证书。（于 斌 于志明）

【毕业论文】 2012年本科毕业论文（设计）答辩工作于6月7日至6月13日举行，教务处组织全处工作人员、教学督导等对各学院答辩环节进行检查。

组织开展了北京林业大学2012年优秀本科毕业论文（设计）评选工作，经学院推荐、学校审核，共评出校级优秀本科毕业论文（设计）80篇，并向学生颁发证书。（于 斌 于志明）

【学科竞赛】 2012年，学校在学科竞赛经费和制度保障上加大力度，学生所获奖项层次有所提高。共获得7项国际二等奖，1项三等奖；1项全国特等奖，2项一等奖，5项二等奖，12项三等奖；2项北京市特等奖，16项一等奖，45项二等奖，48项三等奖，6项优秀奖，共计145个奖项。（林 娟 于志明）

【教风学风建设】 在调研基础上，提出加强师德建设，注重教师的综合素质的全面提高、切实落实听课制度、充分发挥教研室作用、加强对教师教学环节进行检查、督促等强化教风建设的具体措施；全方位加强一年级学生管理、加强班委会和团支部建设、加强班主任和辅导员工作、加强课堂教学巡视、评选优良班风等强化学风建设的具体措施。（林 娟 于志明）

【毕业生满意度评价】 学校针对2012届本科毕业生，组织开展了“毕业生满意度调查”及“我心目中的好老师”的评选活动。共回收1627份有效调查问卷，参加调查的学生均已完成全学程所有教学环节，调查数据具有客观性和代表性。28人获得“我心目中的好老师”荣誉，其中讲授基础课的教师10人，讲授专业课的教师18人。“毕业生满意度调查”采用网上投票的形式，主要包括教风、学风、校园文化、就业指导与服务等方面，共计28个问题，其中教学相关问题共17个。调查中显示，参评毕业生对我校教学情况总体满意，对教师的师德及敬业精神的满意度达到95.88%。（林 娟 于志明）

学位与研究生教育

【概 况】 北京林业大学研究生院（Graduate School of Beijing Forestry University）于2000年经教育部批准试办，2004年正式建立，主要负责组织实施全校的学位与研究生教育管理工作。现有教职工12人，研究生院机构设置有招生处、培养处、学位处、综合处。党委研究生工作部是学校党委直属的职能部门，于2005年经校党委批准设立，负责全校研究生德育、党建、就业、学生管理、研究生“三助”、学籍管理以及研究生共青团等工作，现有教职工5人（含“2+3”管理人员1人），与研究生院合署办公。

2012年，学校拥有9个一级学科博士学位授权点、27个一级学科硕士学位授权点、45个二级学科博士学位授权点、124个二级学科硕士学位授权点、11个硕士专业学位授权点、14个高校教师攻读硕士学位授权点。博士、硕士点覆盖10个学科门类和31个一级学科。

2012年，新遴选博士生指导教师14人、硕士生指导教师43人和风景园林专业学位研究生指导教师6人。截至2012年年底，有中国工程院院士3人，在岗研究生导师610人，其中博士生导师208人，硕士生导师402人。2012年招收研究生1916人（博士生265人，学术型硕士生831人，全日制专业学位硕士生436人，在职人员攻读硕士专业学位研究生384人）。毕业研究生1132人（博士生152人，硕士生980人）。授予学位1433人（博士学位160人，学术型硕士学位827人，高校教师硕士学位6人，全日制专业学位162人，在职专业学位278人）。至2012年年底，在校全日制研究生4343人（博士生1029人，硕士生3314人）。留学生46人，在职专业学位研究生1850人。

2012年，出台《北京林业大学专业学位硕士研究生学位授予工作实施细则（试行）》，《北京林业大学授予博士、硕士学位和培养研究生的二级学科自主设置管理办法（试行）》；9月，制定《北京林业大学研究生毕业答辩管理暂行规定》和《北京林业大学关于处理研究生学术不端行为的试行办法》。完成《北京林业大学关于研究生课程学习管理办法》《北京林业大学博士生培养的基本要求》《北京林业大学关于直博生培养的暂行规定》《北京林业大学学术型硕士研究生培养的公共要求》《北京林业大学关于在读硕士研究生硕博连读选拔方法》等文件的修订。实施研究生招生阳光工程建设、生源拓展、全日制专业学位研究生和新版学术型研究生培养方案、培养环节督导、学位论文学术不端行为检测系统检测、学位论文隐名送审、优秀学位论文评审、研究生学术交流与访学等多项举措，提高研究生培养质量。

2012年，41名教师获北京林业大学“2011～2012年度优秀研究生指导教师”称号，13名博士生和28名硕士生的学位论文被评为校级学年优秀学位论文，1篇论文获全国优秀博士学位论文提名奖。1名博士研究生获宝钢优秀学生特等奖学金。1名研究生获“全国林科十佳毕业生”称号，2名研究生获第三届“梁希优秀学子奖”。在全国第九届研究生数学建模竞赛中获得三等奖2名。园林学院20名研究生在国际风景园林师联合会（IFLA）国际大学生设计竞赛中获奖，其中《漂浮的城市，漂浮的模块》获得一等奖，《绿丘——达坂城稳风固沙的绿色生态系统》《复活·再造我们的生活——山西采矿区湿地生态修复》《为城市电路板植入芯片——城市应急避难地的创新》《废弃煤矿山生态修复》获评委会奖。

（孙信丽　张志强）

【研究生招生】

各类研究生招录情况　①博士研究生。2012年共录取博士生265人，其中硕博连读生10人，直博生1人；按录取类别：委托培养59人，非在职189人，定向17人。265名博士生中，含少数民族骨干计划11人，支援西部地区高校定向培养2人，与中国林业科学研究院联合培养共10人（各5人）。②硕士研究生。2012年3339人报考北京林业大学，比2011年增加260人，增幅8.4%。录取1267人，其中学术型硕士生831人，全日制专业学位硕士生436人。录取人数比2011年增加61人，增幅10.5%。③在职人员攻读硕士学位。录取在职人员攻读硕士学位384人，其中农业推广硕士260人，风景园林硕士94人，工程硕士30人。

研究生招生改革　①博士招考工作。2013年博士生招生考试报名系统首次实现网上缴费和网上提交照片并实现后台审核；进行博士生入学考试命题工作改革，建立命题老师负责制，取消形式审题，强化安全保密工作；修订博士生外语考试大纲，听力测试由初试改为复试阶段进行；组织编写并出版《博士生英语入学考试模拟试题集（第二版）》，方便考生备考。②博士生招生选拔方式改革试点。2012年首次在院士、“973”首席、千人计划、长江学者、杰出青年计划、全国优秀博士论文指导教师中进行改革试点，以对考生个人申请进行资格审查的方式取代统一入学考试，发挥导师和学科的自主选拔作用，要求自主招生博士生的学术成果产出是普通招考博士生的两倍以上。2012年通过自主选拔共计招收7名博士。③硕士考务工作改革。改革硕士生入学考试试题印制方式，严格控制涉密人员接触试题的环节，提高试题印制的质量，同时加强试题安全和保密工作。

招生阳光工程建设 ①研究生考试标准化考点建设。在教务处、信息中心及总务处等部门的共同协助下，研究生考试标准化考点建设工作通过北京市教育考试院联合招标形式于6月启动，工期历时5个月，投入资金32.8万元，建成53个电子巡查点(含一个考务室、一个保密室)，实现视频巡查、应急指挥、考务综合管理一体。②强化硕士生复试工作管理。全力推动学院负责制，复试巡视小组通过细化复试巡视管理等工作，加大监督力度，并对复试工作进行全面总结，及时提出意见和整改建议反馈相应学院。③公开招生信息，接受社会监督。成立校院两级招生工作领导小组，监督各级管理人员正确行使工作职权，及时公示研究生复试办法与拟录取名单，并公布各级招生监督电话和电子邮箱，保证监督渠道畅通有效。

生源拓展 ①为学院进行研究生招生宣传提供服务，调动学院参与积极性。2012年招生处在中国研究生招生信息网、中国教育在线网络等进行常规招生宣传外，首次组织7个学院超过30名导师录制"导师访谈"视频。截至2012年年底，研究生院网页链接的总点击量有近1600次，教育在线网页最多的学院点击量达到5800次/月。②及时调整奖助办法，政策宣传及时到位，吸引优秀生源报考北京林业大学，报考2013年硕士研究生的考生人数涨幅达17.3%。从2012年起，所有录取为非在职的学术型硕士研究生均可享受学业奖学金(抵免学费)，并可获得学校及导师资助的最低4000元/年的基本奖助金；全日制专业学位硕士研究生(不含MBA和旅游管理)由2500元/年提高到4000元/年；非在职博士研究生的奖助金标准也从1.2万元/年提高到1.6万元/年。 (何艺玲 张志强)

【研究生培养】

课程教学 2012年春季计划开设研究生课程261门，停开41门，实际开设220门；秋季计划开设264门，停开18门，实际开设246门；全年共计划开设525门(其中，学术型研究生397门、全日制专业学位研究生115门、亚太网络研究生全英文课程13门)，实际完成446门全日制研究生课程的教学安排工作。在2010级和2011级在职专业学位研究生授课方面，共完成课程95门。9月，研究生院启动2012级博士生申请免修外语课程工作。经过个人申请、导师同意、学院初审、研究生院审核等程序后，研究生院批准55名博士生免修英语一外课程，2名博士生免修日语一外课程，1名博士生免修俄语一外课程，博士生免修第一外国语的人数占博士生录取人数的21.2%。同年，研究生院启动研究生精品课程评选和全英文课程建设工作。

培养制度修订 2012年，完成《北京林业大学关于研究生课程学习管理办法》《北京林业大学博士生培养的基本要求》《北京林业大学关于直博生培养的暂行规定》《北京林业大学学术型硕士研究生培养的公共要求》《北京林业大学关于在读硕士研究生硕博连读选拔方法》等文件的修订。

培养环节管理 2012年，组织各学院完成933名2010级研究生中期考核、191名博士生综合考试、350名2010级在职专业学位研究生和1156名2011级全日制研究生的学位论文开题报告、1362名2012级研究生培养计划制定等培养环节工作。在2010级研究生中期考核中，质量监控重点跟踪对象1人，批准延期考核66人，优秀、良好、合格率分别为15.9%、57.2%、26.9%，优秀率比2009级下降2.3%。

课程教学与培养环节督导 2012年，4名研究生教育督导共听课107次，督导17个学科90名2011级研究生开题报告，17个学科90余名2010级研究生中期考核。通过参与课程教学、开题报告及预答辩，督导们认为，只有责任心强、研究水平高、教与研很好结合的任课教师和导师，才能取得较好的教学效果，并带动研究生主动学习和积极思考，科研成果产出也相应较高。督导们提出5点建议：①在教学态度上，任课教师在讲课前应认真备课，不断提高讲课PPT的质量；②在教学内容上，应与时俱进，不断增加新的前沿知识；③在教学方法上，要注意突出难点和重点，注重课堂互动，避免满堂灌，强化启发式教学，要注意传统黑板板书与多媒体教学的有机结合；④在课堂教学管理中，任课教师应提高责任意识，严格按照教学大纲和课程安排授课，尽量减少调课；⑤在研究生学位论文选题时，要坚持先进性、科学性、实用性及可行性的原则，强调研究生应广泛地查阅和参考近期国内外主流学术文献，并按照一定的思路将其提炼出来，突出选题在当前研究中的位置、优势及突破点。避免选题范围太大、研究仅限于对前人工作的重复、提出的问题不切合研究生的实际等问题。

硕博连读选拔 3～5月，组织各学院完成14名2010级硕博连读研究生的博士资格综合考试工作。9～11月，组织2013年度在读硕士生硕博连读选拔工作。经个人申请、导师推荐、班级评议、学院资格审核、学科考核小组组织答辩和初选、学院审查上报初评名单、研究生院审核等程序，共选拔91名优秀在读硕士生攻读2013年度博士学位。 （刘翠琼　张志强）

【研究生学位】

学位申请 ①学位论文隐名送审。2012年，对160名通过答辩资格审查的博士生的学位论文实行隐名送审，博士学位论文的送审工作由研究生院负责。信息学院、外语学院、经管学院的管理科学与工程、国际贸易学、农村与区域发展专业的硕士研究生的学位论文全部实行隐名送审，其他学院和学科的硕士学位论文继续采用30%的比例随机抽取的方法确定。2012年，共完成对1273名硕士研究生学位论文送审工作，其中包括827名学术型硕士，6名高校教师，162名全日制专业学位硕士和278名在职专业学位硕士。②学位论文学术不端检测。2012年，对160名博士研究生和1273名硕士研究生的学位论文在隐名送审前进行学位论文学术不端行为检测，检测次数共计2000余次。③同等学力人员学位申请资格审核。3～5月，启用"全国同等学力人员申请硕士学位管理工作信息平台"，完成10名同等学力人员申请硕士学位外语和专业综合考试现场确认、资格审核及报名工作。

制度建设 6月，经校学位评定委员会审议通过《北京林业大学专业学位硕士研究生学位授予工作实施细则(试行)》《北京林业大学授予博士、硕士学位和培养研究生的二级学科自主设置管理办法(试行)》；9月，制定《北京林业大学研究生毕业答辩管理暂行规定》和《北京林业大学关于处理研究生学术不端行为的试行办法》。

学位授予 2012年，组织召开两次校学位评定委员会会议讨论研究生学位授予问题，共授予研究生学位1433人(博士学位160人、学术型硕士学位827人、高校教师6人、全日制专业学位硕士162名、在职专业学位硕士278名)。完成各学院学位评定分委会和学位评定委员会的调整工作，并报校学位评定委员会备案。

导师队伍建设 2012年遴选出14名博士生指导教师，43名硕士生指导教师和6名风景园林硕士专业学位研究生指导教师。审批和聘任研究生副导师72人次(其中博士研究生副导师11人次，学术型硕士研究生副导师12人次，专业学位硕士研究生副导师49人次)；申请转导师15人(其中博士研究生3人，硕士研究生12人)。

优秀论文遴选 11月，森林培育学科博士生马洪双的学位论文《胡杨在盐胁迫下差异表达基因的筛选以及胡杨PeSCL7基因功能分析》获得全国优秀博士学位论文提名奖。2011～2012学年共评选出13篇优秀博士学位论文、28篇优秀硕士学位论文、41名优秀研究生指导教师，并对优秀博士学位论文作者和导师各奖励1000元，优秀硕士学位论文作者和导师各奖励800元。

（王国柱　张志强）

【研究生教育创新】

研究生创新人才培养建设 11月，对2011年立项建设的42个研究生重点课程教学创新项目进行结题验收。在42个项目中，有1项因教师出国未参加验收，1项放弃项目资助，1项因课程性质、选课人数等原因延期结题，其余39项参加验收。在参加验收的39个项目中，有29项通过验收，其余10项限期整改。教师正式发表教改论文35篇，出版教材3部(《计算机网络与应用技术》《景观动画原理与实践》《区域经济学基础及应用》)。2012年，开展3项研究生教育创新工作。①研究生教育资源开发工程。申报122个学科前沿性专题讲座课程项目，组织国内外102位知名专家为研究生进行专题讲座授课。②精英研究生培养体系。12月21日，经研究生院组织专家评审，17名优秀研究生获2013年研究生科技创新专项计划项目资助；2012年，研究生发表的学术论文被SCI收录175篇，占全校师生SCI收录论文总数的70.3%。其中，博士生论文SCI收录106篇，占研究生SCI收录论文总数的63.9%，占全校师生SCI收录论文总数的42.6%；研究生发表影响因子5以上的SCI论文4篇，占全校影响因子5以上的SCI论文总数的50%。入选全国优秀博士学位论文提名1篇。③研究生学术交流和访学工程。10～11月，研究生院和党委研究生工作部联合举办第一届研究生学术论坛，经专家评审，评选出32篇优秀论文(一等奖3篇、二等奖5篇、三等奖8篇、优秀奖16篇)，并组织优秀学术论文获得者进行分会场学术成果交流，为广大学生积极搭建起研究生学术交流平台。2012年，组织2批69个“研究生国内外学术交流项目”申报工作，获批59个，实际资助55个，其中资助研究生参加国(境)外国际学术会议32人次，境内学术会议23人次，资助金额累计达54万元。研究生参加大会一般口头报告14人次、分会场报告40人次、论文张贴5人次。研究生发表会议论文23篇，发表会议论文摘要29篇；研究生院会同国际交流与合作处组织完成两批国家留学基金委“2012年国家建设高水平大学公派研究生项目”25名研究生的选拔申请，获资助研究生14名，其中联合培养博士研究生8名，博士研究生6名。5月26日，研究生院首次组织召开研究生公派留学行前培训会，加强赴外公派留学研究生的跟踪管理。

林学一级学科博士生培养工作调研 11月6～7日，国务院学位办学术学位处有关领导与中国学位与研究生教育学会农林工作委员会专家组来北京林业大学对林学一级学科博士研究生的培养管理与教学实施情况进行专项调研。副校长张启翔、研究生院及各相关学院负责人参加了调研活动。国务院学位办学术学位处欧百钢调研员作《博士研究生：质量和创新》的报告。报告分析了当前中国研究生教育发展现状，指出研究生教育在快速发展的同时，面临着很多问题。博士生培养应从强化质量意识与质量观念；改革管理体制与培养机制；实施创新计划，营造学术氛围；加强学科建设，增强学科实力；改进培养模式，提高培养水平这5个方面提高培养质量。研究生院常务副院长向专家组介绍北京林业大学林学一级学科博士生培养情况，各学院负责人也就博士生培养思路与专家组进行交流。

产学研与国内外联合研究生培养 6月，北京林业大学“北京市生态公益林质量升级关键技术研究产学研联合研究生培养基地”通过北京市教育委员会组织的专家组验收，并被评为“优秀”。在两年的建设过程中，学校建立了完善的管理机构，提交了反映创新培养模式和运行机制的管理规章制度系列文件，提交了北京市生态公益林质量升级关键技术研究系列成果。共有39名研究生进入基地开展工作，其中16名已毕业，4名继续攻读博士学位，研究生就业率达到96.3%。已出版专著3部，发表学术论文39篇(其中SCI收录3篇)，录用3篇(SCI收录1篇)，发表会议论文8篇(其中EI收录3篇)，39人次参加国内外多项学术交流，其中国内会议32人次，国际会议7人次。

林业硕士专业学位 全国林业专业学位研究生教育指导委员会于4～5月期间对16个培养单位的林业硕士培养方案进行审核备案。6月14日，国务院学位办副主任孙也刚等领导来北京林业大学调研涉农专业学位研究生教育指导委员会工作。全国林业专业学位研究生教育指导委员会秘书处向国务院学位办领导介绍林业硕士的基本情况、教育指导委员会各项工作的进展以及存在问题与建议等。孙也刚副主任对林业专业学位研究生教育指导委员会工作取得的成绩给予肯定，并对下一步林业硕士的发展提出具体的建议。年内教指委秘书处开展国外林业硕士专业学位调研、加强林业硕士专业学位宣传、梳理林业硕士专业学位评估思路等工作。

全日制专业学位研究生教育建设项目 5月，研究生院对全日制专业学位研究生教育建设项目进行中期检查。11月30日至12月1日，研究生院组织召开学校全日制专业学位研究生教育建设项目交流会，宋维明和国务院学位办专业学位研究生教育处处长出席交流会，发展规划处、科技处、计划财务处、人事处的负责人和相关学院院长、项目负责人等50余人参加了会议。各学院在会上针对各自在课程建设、师资队伍建设、专业实践基地建设等方面的研究和探索进行了深入的交流。

专业学位教育综合改革试点 6月30日，北京林业大学作为组长单位的教育部涉农专业学位研究生教育综合改革试点单位协作组会议在上海临港召开，国务院学位办领导、上海市教委领导和北京林业大学及上海海洋大学、青岛农业大学、甘肃农业大学、内蒙古农业大学等高校的近40位代表参加会议。试点高校分别从课程设置、实践教学、实践基地建设、师资队伍建设等各方面对各自学校专业学位研究生教育综合改革试点工作情况进行了汇报和交流。

（王兰珍　张志强）

【研究生党建与思想政治】

党建工作 2012年，在全校研究生党支部中开展以“绿色校庆年”为主题的宣传教育活动。4～11月，组织全校研究生党支部开展“十佳党建特色工作”创建活动以及总结评优工作，10个党支部项目获“十佳党建特色工作”称号，5个党支部项目获“十佳党建特色工作”优秀奖，3个学院获优秀组织奖称号；4月，成立研究生党建办公室，协助学校开展全校性研究生党建事务和党建创新工作；5月，举办首期研究生党建沙龙，邀请各学院党建助理、党支部书记共同分享党建工作经验和特色做法；5～12月，组织全校研究生党支部开展红色“1＋1”活动，17支党支部报名参加活动，1支党支部活动获得首都高校红色“1＋1”示范活动二等奖；11月，举办学习贯彻党的十八大精神系列讲座，首场邀请中国科学院生态环境研究中心王如松院士来校，为研究生主讲题为《红韵绿脉乐生态》的特邀报告，2012年共举办5场报告；11月，研工部联合宣传部、学工部、校团委、新闻办共同开展学习贯彻党的十八大精神征文活动；12月，制定并印发《北京林业大学关于组织全校研究生认真学习宣传贯彻党的十八大精神的实施方案》，组织全校研究生投入到学习贯彻党的十八大精神的系列活动中。

骨干队伍建设 5月，选派校研究生会2名同学参加北京市研究生党员骨干培训学校第五期（清华）培训班，党委研究生工作部1名教师同时被聘任为培训班辅导员；5月，成立北京林业大学“树人”研究生党员骨干培养学校并启动第一期精英骨干培训班，培训班历时半年，首批60名学员，开展理论学习、管理实践、素质拓展、红色教育、课题调研等环节的培训；9月，举办“树人”学校首期精英骨干培训班总结表彰大会暨新生骨干培训班开班典礼，60名精英骨干顺利毕业，120名新生骨干正式参加培训，培训内容包括集中授课理论学习、成长论坛、课题调研等环节；11月，组织研究生党员骨干集体学习胡锦涛在党的十八大上的报告，并开展各类主题学习实践活动；12月，选派校研究生会主席参加中国大学生骨干培养学校第六期培训班。

思想政治教育 出台《北京林业大学关于加强和改进研究生思想政治教育工作的实施意见》（北林党发〔2012〕18号），同时配套出台《北京林业大学研究生班级管理办法》；建立北京林业大学定期上报研究生特殊情况制度，对研究生中家庭经济困难、心理健康问题、就业困难以及少数民族骨干计划生等特殊群体建立相应的台账，做到及时发现并妥善解决问题；在全校研究生中开展“知国情、体民情、察林情”系列主题思想教育活动，全年共举办形势政策报告会4场，主题报告会20余场；研究生院、党委研究生工作部组织研究生对北京林业大学工程院院士、百篇优博指导教师等27名博士生导师进行专访，记录他们在治学、育人等方面的经验和体会，并结集成《名师访谈》，该书于2012年10月由中国林业出版社正式出版；1月，举办研究生思想政治教育工作研讨会，研讨制定研究生思想政治教育工作相关政策文件；2月，编辑发布第28期《北京林业大学研究生网络舆情动态》，全年共发布21期；3月，召开2012年研究生学生工作会，会议确定2012年研究生思想政治教育9项重点工作。5～12月，面向研究生基层组织开展首届研究生教育管理课题立项工作，针对研究生教育管理的热点问题共设立研究课题19项，资助立项经费近3万元，最终结题16项；2012年，继续实施选拔优秀研究生担任本科新生学业辅导员制度。共选拔67名研究生担任2012级本科新生学业辅导员对本科新生开展学业辅导工作；9月，完成2011级学业辅导员的考核总结评优工作。

心理健康教育 5月，邀请学校心理咨询中心特聘教师，为研究生党员骨干主讲题为《生活中的人际关系协调》的心理健康讲座；9月，由学生处心理发展与咨询中心、研工部、人文学院心理系共同合作开展并完成2012级研究生1505名新生的心理测评工作，并为每一名研究生新生建立心理健康档案。

入学及毕业离校教育 6月，以“文明离校、感恩离校”为主题，开展毕业生离校系列教育活动。校研究生会向全校2012届毕业研究生发出倡议，号召广大毕业生文明离校、感恩离校；6月21日，举行2012届研究生毕业典礼暨学位授予仪式，吴斌、宋维明分别为毕业生寄语留念；9月，组织迎新活动，举行2012级研究生新生入学教育，研究生院、研工部、保卫处、科技处相关负责人分别为近千名研究生新生进行专题教育；9月，组织2012级全体研究生新生学习《研究生手册》，首次把《研究生手册》的学习考试纳入新生入学教育，作为新生入学教育的重要组成部分。

科学道德和学风建设 继续在全体研究生中开展科学道德和学风建设宣讲教育活动，成立“北京林业大学科学道德和学风建设宣讲专家团”，聘请学校的院士、长江学者、百篇优秀博士论文获得者指导教师、知名专家教授为宣讲团成员，定期对研究生开展多种形式的宣讲教育活动，倡导研究生自觉遵守学术道德，抵制学术不端。邀请校长宋维明为全体研究生新生做专题报告《树立良好的科学道德和学风，做合格的研究生》，全年校院两级共开展60余场宣讲教育活动，宣讲范围覆盖全体研究生，同时将宣讲对象扩展至青年教师群体。

思想状况调查 连续第七年开展全校研究生基本情况调查，本次调研共调查380名学术型研究生，107名全日制专业学位研究生，对其在校期间的思想、生活、学习、就业等方面进行全面了解，调查内容主要包括个人价值观、关注问题、读研收获、读研动机及满意度、心理压力等5方面，作出北京林业大学研究生现状调查报告(2012)。

思想政治教育研究 4月，由研工部主持的2011年首都大学生思想政治教育课题一般课题《全日制专业学位研究生思想政治教育模式研究》结题；同时，2012年首都大学生思想政治教育课题一般课题《研究生党支部社会服务功能机制建设研究》开题；此外，《高校选拔优秀研究生担任本科新生学业辅导员制度的研究》获得2013年首都大学生思想政治教育课题一般课题正式立项，该课题是研工部连续第四次获得首都大学生思想政治教育课题立项资助。11月，第二届全国农林院校研究生管理工作研讨会在海南省海口市召开，党委研工部负责人应邀为大会做题为《关于进一步加强研究生专职辅导员队伍建设的思考》的报告。该报告同时被评为本次研讨会优秀论文(报告)一等奖，会上，研工部获得优秀组织奖，另有5篇论文被评为优秀论文。

(林龙圳　孙信丽)

【研究生就业】 2012年研究生毕业生总数1132人，其中博士152人，硕士980人。截至2012年9月1日，签约818人，其中12人参加“科研项目助理”工作，32人参与北京基层就业项目。研究生就业率为97.43%，高于北京市研究生就业率的平均水平。

就业指导与服务 调整就业指导课程内容，涵盖当前研究生就业的形势与政策、简历制作、认识自我、职业生涯人物交流、“我的求职距离”展示、就业实习实践等6部分。首次编写《北京林业大学研究生就业白皮书》，对近几年研究生毕业生的就业状况进行统计和分析，编写第一版《北京林业大学研究生就业指导手册》。定期出版《学生就业情况登记表》和《学院就业情况统计表》，动态掌握每一位毕业生的就业进展状况及各学院的就业、签约情况。同时，学校拨专款对困难学生进行了经济帮扶，特别是对积极就业的困难群体毕业生给予一定的经济支持，对就业困难毕业生提供“一对一”的就业指导。

就业信息服务平台建设 利用新媒体技术发布就业信息，9月，开通“北林研究生就业”新浪微博，11月，制作“就业信息网站集锦”。全年就业信息网共发布有效招聘信息1200条，微博发布就业信息430条。12月，开发了新的研究生就业信息管理系统，系统采用“分层管理、二级审核”的工作模式，现已全面使用。

就业活动品牌建设 11月，举办首届研究生“就业宣传月”，共举办各类活动28场，其中校级活动包括“就业动员、生涯规划、就业创业论坛、就业指导、招聘宣讲和海西讲堂”等6个模块。学院活动主要有林学院的“林苑讲坛”、

经管学院的"就业讲堂"、工学院的"学长论坛"等品牌活动。 （李 凌 徐 伟）

【研究生学生管理】

研究生评优工作 2012年学校实行研究生奖学金制度改革，学业奖学金等级仅保留一等奖学金，同时大幅提升覆盖面，符合条件的全日制在校研究生均可获得一等学业奖学金；9月，研工部主持召开评优工作会，正式启动2011～2012年度研究生奖学金评定工作，本年度共有111名研究生获得爱林校长奖学金，615人次研究生获得各类优秀奖学金，此外，还评出研究生先进班集体18个；优秀班主任18人；5月，制定并下发《关于评选2012届优秀研究生毕业生的通知》，组织开展2012年"北京地区优秀研究生毕业生"评选工作，共评选出研究生优秀毕业生37名；9月，水保学院2010级博士研究生1人、2012级博士研究生1人获得第三届梁希优秀学子奖；10月，对经管学院2012级硕士研究生1人见义勇为、勇擒盗贼的行为进行表彰并给予奖励；9～11月，组织开展2012年宝钢优秀学生特等奖学金推荐评选工作，园林学院2011级博士研究生获得该奖项。12月，林学院森林保护学专业2013届毕业研究生博士李海蛟获"2013届全国林科十佳毕业生"荣誉称号，5名同学获得"全国林科优秀毕业生"称号；12月，制定《北京林业大学研究生国家奖学金评定暂行办法》，完成研究生国家奖学金的首次评选工作，最终84名硕士研究生、37名博士研究生获得国家奖学金。

少数民族学生工作 定期关心少数民族骨干计划研究生的日常学习生活问题，协助相关部门给予帮助和解决，12月，召开北京林业大学少数民族骨干计划研究生迎新春座谈会，并为其发放过节补助。

博士生挂职锻炼 6月，组织选派博士研究生到北京市挂职锻炼工作，最终有11名博士研究生通过上级组织部门的考核，分别到北京市规划委等部门开展挂职锻炼工作；11月，召开挂职博士生座谈会，邀请挂职锻炼博士回校交流挂职期间的心得体会，为学校挂职锻炼工作建言献策。 （李丽娟 孙信丽）

【研究生事务管理工作】

研究生三助工作 2012年，共设置177个助教及助管岗位，比2011年新增12个工作岗位，其中研究生助教岗位101个，助管岗位76个。2012年，共发放研究生助管及助教津贴1770人次，总金额70.8万元；助研津贴7233人次，总金额359.8万元。

困难群体资助 11月，研究生特困补助专项经费正式发放，对206名家庭困难研究生分别发放冬衣补助和临时补助，资助总额7.26万元。

学生医疗保险 2012年，共为675名在校研究生续保和新办理大病医疗保险，学校总计支付保险经费6.75万元。

学籍管理工作 完成2012年度北京市教育系统学籍"三大注册"工作，包括春夏两季毕业生学历证书电子注册（博士148名，硕士980名）、1505名新生学籍电子注册审核和4389名在校生学年电子注册审核工作。

其他事务工作 完成1505名新生、2849名在校生学费和住宿费审核管理以及火车优惠卡充值工作，完成1505名新生电子照片采集工作。为700人次研究生办理了各类证明。完成2010～2012级《研究生名册》编制和《高等教育基层统计报表》的相关统计工作。 （李丽娟 孙信丽）

【研究生共青团工作】

社会实践与志愿服务 2012年，组织各级研究生组织开展主题社会实践和志愿服务活动。5月，与朝阳区"金羽翼"残障儿童康复中心合作共建，为其提供全年志愿服务，并为其"流动美术馆"义卖活动募捐1万余元；7月，组织北林海西会暑期社会实践博士服务团赴福建三明开展为期7天的暑期社会实践，主要调研三明市水土保持流失及治理情况。8月，组织"树人"学校骨干学员赴北京市平谷区，开展"平谷区青年人才创业情况"专题调研，本课题是平谷区团委委托项目，该项目成果被评为2012年度首都大学生暑期社会实践优秀成果。

学术科技创新活动 党委研究生工作部联合全校各学院共同策划"绿色校庆年系列学术讲座"，全年共举办60余期学术讲座。实施研究生校级学术科技活动立项，全年共资助立项96项，资助金额5万余元。11月，举行北京林业大学第十七届研究生学术文化节开幕式，宋维明出席会议并讲话，沈国舫院士应邀为研究生做题为“科学定位育林在生态文明建设中的地位”的主题报告。本届学术文化节以温家宝为学校校庆60周年题词“知山知水求真知、树木树人树高材”为主题，分为“求知”和“树材”两个板块，共举办100余场讲座和活动。期间开展第一届研究生学术论坛、第五届研究生“学术之星”评选活动、第六届研究生辩论赛、英语演讲比赛等竞赛类节目。12月，组织研究生参加北京市研究生英语演讲比赛，最终，北京林业大学两名研究生获得2012年北京市研究生英语演讲比赛一等奖。

研究生会与社团活动 举办北京林业大学第十六届研究生委员会延期调整大会，会议选举新一届研究生会主席。深化校研会内部机构改革，夯实人力资源中心、青年发展研究中心和外联中心等部门职能，新成立留学生交流部，继续完善服务领域；完善校研究生会活动运行流程，探索实行大型活动项目化运作机制。

举办研究生女生节系列活动、“喜迎甲子华诞，再谱林苑新章”第五届研究生风采大赛、“共建平安北林，喜迎甲子华诞”主题宣传活动和“甲子校庆研究生校友代表座谈会”；举办研究生春季乒乓球赛、研究生夏季篮球赛、研究生秋季羽毛球赛、冬季趣味运动会等传统品牌赛事。

4月，北京林业大学海西会举办海西生态文明建设座谈研讨会，邀请来自政府、企业、高校、NGO组织的40余位专家学者，共同就推进海西生态文明建设，推动海峡两岸和平统一等话题进行座谈研讨。

5月，北京林业大学“林之舞”研究生体育舞蹈协会承办第七届“精彩人生”北京高校社交舞大赛，北京林业大学研究生获得3个单项冠军，1个团体冠军。

2012年，共出版印发《北林研究生》7期；11月，《北林研究生报》编辑部参加第六届全国研究生媒体联系会，并在大会现场做主题展示。

（林龙圳　孙信丽）

【研究生管理创新工作】

研究生骨干队伍建设 成立北京林业大学“树人”研究生党员骨干培养学校，积极探索研究生骨干队伍培养新模式。实行分级培养、分类指导、统一管理的模式，把在校生骨干精英培养、新生骨干培养和助管、学业辅导员等各类专项培训统一纳入“树人”研究生党员骨干培养学校管理体系，根据各类群体制定不同的培养方案。其中，精英班采取“理论学习+管理实践+素质拓展+社会实践+课题调研”的培养模式，配备校内外成长导师；新生骨干班采取“理论学习+素质拓展+专题调研”的培养模式，并配备班主任；研究生助管、学业辅导员等各类专项培训采取“专业知识+日常交流”的培养模式，成立对应的自助办公室，加强队伍的自我管理和能力提升。

研究生教育管理调研课题立项 研究生院、研工部面向研究生基层组织进行研究生教育管理课题立项工作，激发研究生参与研究生教育管理工作的积极性强化研究生参与学校管理的意识，促进研究生基层组织建设。2012年，针对研究生教育管理的热点问题设立研究课题19项，资助立项经费近3万元，最终有16项获得结题。

【研究生教育活动与成果】

特色教育活动 ①3月5日，作为协作组组长单位组织华北地区农林学科学位与研究生教育研讨会。北京林业大学、中国农业大学、内蒙古农业大学、河北农业大学等11个单位的31名代表参加会议。参会代表围绕农林学科研究生教育创新计划区域协作的途径与方法、专业学位研究生教育创新发展的探索与思考、农林学科研究生培养的质量评价体系与标准3个议题进行讨论。②2012年，研究生院分别联合图书馆和党委研究生工作部举办2场“SCI”特色培训：5月30日，研究生院与图书馆第七次联合举办“SCI论文写作与数据库检索技巧”特色讲座，生物学院林金星教授和图书馆赵世华教授分别做了“如何写好英文科技论文”“SCI数据库检索与利用”专题报告，200余名研究生和教师参加培训；10月12日，研究生院与党委研究生工作部联合邀请《The Forestry Chronicle》执行主编罗恩·艾林(Ron Ayling)博士、加拿大林业研究院(CIF/IFC)前主席弗雷德·平托先生(Fred Pinto)及执行理事约翰·皮诺先生(John Pineau)从主编和林业研究等多角度介绍SCI科技论文的撰写方法以及论文在投稿送审过程中的相关经验，共有200余名研究生和教师参加专题培训。系列“SCI”特色培训的举办，进一步提高北京林业大学师生科技学术论文的写作水平。③10月16日，研究生院和党委研究生工作部联合主办甲子校庆研究生校友代表座谈会，校党委副书记方国良教授以及来自国家林业局、中国林业出版社、华中农业大学、贵州大学等企事业单位的11名优秀研究生校友代表以及研究生院和党委研究生工作部相关老师共计20余人参加座谈会。④12月12日，国际交流与合作处、研究生院、人事处、教务处联合举办2013年国家公派出国留学项目说明会，研究生院负责老师对2013年国家留学基金委出台的最新政策、学校公派项目实施方案以及选派工作有关注意事项等进行了详细说明；2012年从国外留学归来的4位公派联合培养博士生同200余名与会人员分享了他们在项目申报和留学方面的成功经验。

教育成果奖励 ①5月，1人被评为“2011年年鉴工作先进个人”；7月，1人被评为“2011年度农林研究生教育先进管理工作者”；论文《林业高校全日制专业学位培养状况跟踪调查研究》获中国学位与研究生教育学会农林工作委员会2012年学术年会优秀论文一等奖，并在大会上进行了优秀论文报告交流。③北京林业大学产学研联合及国内外联合研究生培养基地建设经过第一个3年建设周期，探索了高等学校、科研院所、企业之间的协同创新模式。9月，北京市教委组织专家组对首批设立的19个北京高校产学研联合及国内外联合研究生培养基地建设项目进行验收，北京林业大学等9个基地被评为优秀。④11月，北京林业大学6篇论文在第二届全国农林院校研究生管理工作研讨会论文评选活动中获奖，其中1篇论文获一等奖，5篇论文获优秀奖，研究生工作部获优秀组织奖。

（孙信丽　张志强）

特色工作 完成目录外授予博士、硕士学位和培养研究生的二级学科和交叉学科自主设置工作，有9个目录外自主设置二级学科（森林生态学、生态工程学、生态管理与规划、森林生物资源利用、电子商务、物业管理、林业资源经济与环境管理、动画艺术学、林业信息工程）和1个交叉学科（生态文明建设与管理）经校外同行专家论证、网上公示、校学位评定委员会审核通过并报国务院学位委员会办公室备案后增列为学位授权学科。

（王国柱　张志强）

继续教育学院

【概　况】 北京林业大学继续教育学院（School of Continuing Education）成立于1991年3月，原名成人教育学院，2008年12月更名为继续教育学院。拥有函授、业余、自考、专业硕士和国际硕士等多种教育办学形式，积极发展现代远程教育。学院有高中起点专科、高中起点本科、专科升本科和硕士研究生在内多种培养层次。承担国家林业局自学考试管理中心林业行业自学考试、国家林业局干部岗位培训和工人考核培训等任务，举办林业行业技术培训、职业资格培训和技能培训。下设综合办公室、成人教育分院、网络教育分院和培训分院，成人教育分院下设招生与学籍办公室、夜大学教学部和函授教学部等。

2012年，学院共有教职工22人，其中正式员工17人，合同制聘用员工5人。其中大学本科以上学历19人，具有博士学位2人，硕士学位3人。新进教工1人。新建北京林业大学黑龙江省伊春函授站，学校京外函授站点达到26个，分布在天津、山西、吉林、浙江、福建、山东、河北、河南、广西、甘肃、西藏、内蒙古、江西、四川、新疆、云南、广东、上海、宁夏、湖南和黑龙江等全国21个省（区、市）。在北京市设立校本部夜大教学部、军博夜大教学部、南城夜大教学部、房山夜大教学部、昌平夜大教学部共5个夜大教学部。在中关村学院一分院设立全日制教学基地1个。

2012年，继续教育学院转变招生宣传模式，打造林业特色品牌，在培训工作上有所突破，网络培训体系日益形成，教学科研有序进行。配合学校筹备校庆60周年，邀请教育部、国家林业局、北京市教委等相关主管单位，5个行业兄弟院校继续教育学院以及全国30家业务合作单位的41位领导参加北京林业大学60周年校庆庆典。

（王铭子　管凤仙）

【党建和思想政治】 2012年，继续教育学院党总支共有3个支部。党员20人，其中教师党员18人，学生党员2人，入党积极分子11人。发展党员3人。党总支在学习党的十八大精神，学校60周年校庆，学院举办继续教育发展论坛，培训中心各项业务拓展，各类合作办学，学院债权债务处理，继续教育课题研究，南校区学生搬迁，安全和学生思想稳定以及学院的重要决定出台方面发挥作用并提供保证。

2012年，修订和完善继续教育学院“三重一大”制度暂行规定。执行院务公开，开展师德师风建设和大学生廉洁文化教育。加强对学院招生和合作单位办学重点环节监管。全年本单位未出现违反党纪政纪人员和重大违规、违纪事件。学院申报校级党风廉政建设先进单位，开展自评自检工作。

6月20日，教师党员和学生党员代表来到海淀区培智中心学校，与九年级班的孩子们开展兴趣小组活动。（李淑艳　管凤仙）

【继续教育招生与学籍管理】

招生 2012年，向全国投放计划5600人，其中专科2100人，本科3500人，比2011年增加12%。在全国19个省市开展招生，开设林学、园林、农林经济管理等25个专业。截至2012年年底，26个函授分院（站）和5个夜大学教学点共录取新生4890人，其中，函授2324人，夜大学2566人。（张天祐　管凤仙）

学籍管理 完成北京地区成人高等教育学籍学历管理工作平台的学籍变动等管理工作。2012年，继续教育学院共有在校生12 049人。按学历层次分类，专科3850人、高起本2362人、专升本5837人。按学习形式分类，夜大5735人、函授6314人。3010人达到毕业资格，461人取得学士学位，新生4505人注册。

（王立娟　管凤仙）

成人学位英语考试 2012年，组织北京地区成人学位英语统一考试两次，共1815人参加考试，安排考场62个，聘用监考教师124人。同日下午，学院组织在校生1085人参加北京林业大学成人学位英语统一测试。

（张天祐　管凤仙）

【函授教育】 2012年，学校京外函授站（分院）26个，新建北京林业大学黑龙江省伊春函授站。5月，在珠海组织召开北京林业大学继续教育工作会议。6月，首次实施函授教学中期检查，加强对函授站、分院的教学监管力度，保障函授教学的质量水平。12月，完成林学专业学位论文指导课件录制工作，下发到各函授站。

（丁　昱　管凤仙）

【自学考试管理】 履行自考主考学校工作职责，组织教师命题、网上阅卷、实践环节考核、非笔试组考、论文指导学位答辩和学位授予关键环节工作。2012年，组织完成24门课程680科次的阅卷任务，18门课程实践环节考核工作，推荐教师22人参加自考命题工作和自考学位论文答辩工作。7名学生通过学位论文答辩，其中园林专业1人，林业生态环境工程与管理专业6人。12月，获得北京市高等教育自学考试一等奖。

（吴丽君　管凤仙）

【现代远程教育】 加强网络培训资源建设，推广网络教学手段，开拓网络培训市场。2012年，搭建“北京林业大学现代远程教育网络教学平台”，开设毛泽东思想、邓小平理论、三个代表重要理论，管理学和统计学3门课程，夜大学和函授教育的1072人通过此平台学习。制作网络职业资格认证培训课程“护林员”24学时。制作“北京林业大学培训中心”和“北京林业大学国际教育频道”网站，并投入使用。维护、更新“北京林业大学继续教育学院教务系统”“北京林业大学数字化学习资源开放平台”和“普通高等学校继续教育数字化学习资源开放联盟平台”。6月26日，召开北京中弘成科技有限公司第一次董事会。（段卫红　管凤仙）

【农业推广研究生教育】 2012年，完成专业硕士研究生教育招生和各项教学工作。5月，与伊春林业管理局林业干部学校签署在职硕士研究生合作办学协议。9月，与辽宁职业技术学院签署在职硕士研究生合作办学协议。全年，在辽宁省、黑龙江省、北京市和河南省4个省(市)组织81人报考，33人被录取。(李淑艳　管凤仙)

【继续教育培训工作】 2012年，开展国家职业资格培训项目2个，景观设计师培训32人，花卉园艺师15人。技能类培训包括学历+技能培训班、语言培训和美术培训等培训工作。培养脱产技能班学员172人，涉及工商管理、艺术设计和园林等专业方向，美术培训52人。语言类培训有少儿英语、大学生口语和商务洽谈等，共培训109人。成人学位英语考试考前辅导培训102人。4月9日，北京林业大学培训中心与德国德累斯顿工业大学联合培养的第二批国际硕士直通车学生11人赴德学习。(王　壮　管凤仙)

【夜大学教育】 继续教育学院共有校本部、军博、南城、房山和昌平5个夜大教学部，专科、专升本和高起本3个层次，25个专业，专业设置涵盖园林、艺术设计和会计等多个领域。2012年，夜大校外4个教学点共有学生4427人。校本部有夜大学生1308人，分布在继续教育学院、水保学院和信息学院。

2012年，夜大学进一步规范校本部和校外教学点管理。配合北京市教委为期3个月的在京成人高等教育校外教学点检查备案工作。6月接受专家组的检查。9月，北京市教委对夜大学校外教学点北京市海淀区向导学校校外教学点、北京广播电视大学房山分校校外教学点和思德培训学校校外教学点予以备案。11月，在校本部召开2012年北京林业大学继续教育夜大教学工作会，统一校内外夜大学教育的规范标准，加强夜大学教育各项管理工作。

(朱宗武　陈湘芝　管凤仙)

【课题项目】 2012年，受国家林业局经济发展研究中心委托，与国家林业局人才开发中心合作的《新时期林业人才发展战略研究》结题。3月26日，继续教育学院与国家林业局政策法规司签订协议，承接国家林业局政策法规司林业行政执法人员林业法律法规软科学课题研究。

(王铭子　管凤仙)

【承办“全域景区化”专题培训班】 9月，继续教育学院与四川省眉山市市委组织部首次合作，举办眉山市“全域景区化”专题培训班。9月19日，学校副校长骆有庆，四川省眉山市委组织部副部长、市委党建办主任，眉山市市委副秘书长、岷江现代农业示范区筹备组组长以及北京林业大学培训中心负责人出席开班典礼。来自眉山市和各区县林业、园林、旅游等部门主要干部53人进行为期1周的培训学习。聘请中国科学院、中国城市规划设计研究院、北京市园林绿化局和校内优秀教师授课。课程设置有景观生态学、城市生态学、风景名胜区规划建设管理、景观规划与设计、生态旅游与景区经营、城镇风貌特色塑造、园林绿化和城市森林理论。培训期间，学员前往北京市规划展览馆、北京市昌平区科技城等地考察学习。培训采用理论教学与现场参观相结合的方式，满足眉山市委提出的“全域产业化、全域景区化、全域生态化”战略发展方针的培训需求。(王铭子　管凤仙)

【举办新形势下继续教育论坛】 10月15日，继续教育学院在行政楼第九会议室举办北京林业大学“新形势下继续教育论坛”。北京大学成人教育学院院长、中国成人教育协会常务理事做了题为“新形式下高校继续教育”的报告，国家林业局人教司教育处、国家林业局人才开发交流中心和国家林业局管理干部学院科研处等领导应邀与会，全国50名继续教育业内专家学者参加论坛。(王铭子　管凤仙)

招生与就业

【概　况】 招生就业处是负责学校本科招生工作和开展就业指导服务工作的职能部门。现有教职工10人，设有处长1人，副处长2人。招生办公室下设考录办公室、招生宣传中心、招生信息中心；大学生就业服务中心下设就业市场与基层项目部、大学生创业教育指导办公室、大学生职业发展与就业指导中心、毕业生事务部、就业信息中心。

2012年，招生工作继续拓展优质生源基地建设，不断提高学校招生宣传工作质量，努力提高生源质量。2012届新生质量明显好于往年，本科一志愿录取率为99.85%，优质生源基地继续增加，截至2012年年底，共有优质生源基地152个。

2012年，本科生就业工作全面推动就业工作的精细化、标准化建设，深化就业市场建设工作，加强主流行业就业和基层项目服务引导工作，完善就业指导服务工作，落实困难群体帮扶，扶持学生创业，2012届本科生一次就业率达95.44%，处于北京市中等偏上水平。

北京林业大学继续加大对招生、就业工作中的先进单位和个人的奖励力度。根据招生宣传和优质生源基地建设情况，对11名招生宣传工作先进个人予以表扬；根据就业工作奖励办法，对各学院6大类特色就业工作和14名就业工作先进个人予以表彰。（徐博函　董金宝）

【招生计划】 北京林业大学2012年面向全国31个省（区、市）投放本科招生计划3300人，实际完成计划3310人，其中，统招生2683人、自主选拔录取224人、艺术特长生71人、国防生89人、艺术类123人、水平运动员24人、二学位42人、少数民族预科32人、内地生源定向到西藏9人、保送生1人、内地西藏班8人、新疆高中班6人。（穆　琳　董金宝）

【生源质量】 本科一志愿录取率为99.85%。理科录取平均分高出重点线分差的平均值50.56分，文科高出37.01分。高考成绩高出重点线60分以上的考生771人，高出80分以上的考生256人，高出重点线100分以上的考生87人。

2012年实行平行志愿省份由2010年的22个增加到25个。从一志愿率来看，除北京、青海一志愿不满，其他29个省（区、市）一志愿率均达100%。从各省录取分数来看，天津、内蒙古、贵州等省（区、市）理科录取最低分高出一本线60分以上，北京、辽宁、安徽、云南等省（区、市）理科录取最低分高出一本线50分以上，河北、黑龙江、山东、湖南、陕西、新疆等省（区、市）理科录取最低分高出一本线40分以上。往年生源不稳定的南方省（区、市），如浙江、江西、广西、海南、福建、重庆等省（区、市）录取最低高出重点线30分左右。

（邵风侠　董金宝）

【招生宣传】 在招生宣传上，不断采取切实措施，加强招生宣传队伍建设，拓宽宣传途径，充分利用媒体资源，扩大宣传力度，同时深入走访中学，进一步推进和巩固优质生源基地建设。

培训招生宣传队伍 召开招生宣传总结会，进一步明确生源基地建设要求，研讨下一步招生宣传工作的重点。6月4日，召开2012年招生宣传启动会，表彰招生宣传工作优秀个人，布置外出招生宣传工作安排；在外出招生咨询前，对招生组长及所有参与招生咨询人员进行业务培训，学习各项招生工作章程和规定，打造优秀的招生宣传工作队伍。

拓展招生宣传渠道 4月12日，北京林业大学联合北京交通大学、北京科技大学、北京化工大学、北京邮电大学召开“北京5高校联合招生咨询活动”新闻发布会，新华社、中央电视台等近30家国家重点媒体记者到场报道了北京林业大学2012年的招生政策。在上半年招生咨询期间，北京林业大学参加各省（区、市）举办的多场招生咨询活动。在北京地区，参加8所大学、17所中学举办的规模不等的招生咨询会。在京外，先后有80名教师参加26个省（区、市）的76场咨询会，走访近百所重点中学；在各类网站、电视台、广播等媒体录制招生访谈节目10余场；参加教育部及各省市招办的网上咨询活动6场；在《高校招生》《求学》等报刊、杂志上刊登北京林业大学各方面的介绍等。

建设优质生源基地 2012年，在推进优质生源基地建设的同时，更加注重与生源基地中学间的合作与交流。截至年底，北京林业大学已与27个省（区、市）的154所重点中学签订“优质生源基地”共建协议，建立起与中学间交流合作的长效机制。学校选派专家到中学开展各类宣讲活动，展现综合实力和特色学科，拓宽广大中学生的专业视野；北京林业大学支持并鼓励部分学科开展特色夏令营活动。2012年暑假，生物学院举办的国家理科生物学基地首届高中生“探索生

物奥秘”夏令营活动，增进与基地中学的互动与交流。 （邵凤侠 董金宝）

【特殊类型招生】

艺术设计 北京林业大学2012年艺术设计专业计划招收本科生120人，在北京、长沙、青岛、广州、郑州、沈阳、无锡设立7个考点，通过各种途径发放招生简章1.5万余份，专业课报名7108人，发放合格证550人，专业课合格线75分，合格考生分布在24个省(区、市)，录取123人。

艺术特长生 北京林业大学2012年艺术特长生招生录取中继续采用网上报名、网上缴费、分组报到考试、网上查询录取结果等方法。在全国计划招收艺术特长生40人，特长项目为西洋乐器、民族乐器、舞蹈、声乐，报名人数985人，合格人数441人，录取71人。

自主选拔录取 北京林业大学于2005年获得自主选拔录取试点高校资格，与北京交通大学、北京邮电大学、北京科技大学、北京化工大学形成5校联考规模。2012年报名参加北京林业大学自主选拔录取的考生共有1184人，初审合格786人，参加考试703人，获得自主选拔录取资格371人(其中189人获得A档，加20分参与专业选择；182人获得B档，加10分参与专业选择)，录取224人。

高水平运动员 2012年北京林业大学高水平运动员计划招生34人，招生项目为田径。共有来自北京、河北、河南、黑龙江、湖南、吉林、江苏、辽宁、内蒙、山东等12个省(区、市)的73名运动员参加测试。经过北京林业大学的专业测试，共有29名成绩优异者合格，录取24人。

第二学士学位 2012年，北京林业大学工商管理二学位计划招收45人，招生办承担计划制定、考试报名、资格审查、组织出题、考试安排、组织阅卷、评分、录取、报批等各项工作。2012年共录取42人。

北京林业大学2012年各省录取分数情况统计

省(区、市)	文史					理工				
	重点线	录取线	最高分	平均分	录取线-重点线	重点线	录取线	最高分	平均分	录取线-重点线
北京	495	496	578	528.7	1	477	531	618	556.6	54
天津	549	607	622	610.1	58	530	591	624	601.7	61
山西	539	568	574	571	29	530	568	602	575	38
河北	572	606	611	608.4	34	564	608	635	612.7	44
内蒙古	492	547	566	554	55	469	534	585	550.8	65
辽宁	563	596	609	599.5	33	517	573	627	587.5	56
吉林	529	558	581	569.9	29	515	547	592	558.5	32
黑龙江	526	567	583	575.5	41	514	555	621	572.2	41
上海	438	437	448	441.5	-1	423	417	466	429.7	-6
江苏	341	351	356	353.3	10	340	345	381	351.5	5
浙江	606	635	656	640.2	29	593	626	669	636.1	33
安徽	577	606	614	608.7	29	544	594	635	599.5	50
福建	557	590	601	594.6	33	546	575	641	597	29
江西	570	595	603	597.4	25	547	581	598	586.6	34
山东	573	616	638	623	43	582	625	677	635.3	43
河南	557	590	595	592.3	33	540	574	609	578.9	34
湖北	561	580	586	583.3	19	551	570	601	577.4	19
湖南	571	602	612	605.3	31	520	562	598	569.9	42
广东	589	596	608	599.9	7	585	590	627	598.9	5

（续）

省(区、市)	文史					理工				
	重点线	录取线	最高分	平均分	录取线－重点线	重点线	录取线	最高分	平均分	录取线－重点线
广西	544	577	589	581.7	33	528	564	620	576.6	36
海南(标准分)	668	704	735	718.3	36	614	650	752	685.5	36
四川	516	542	560	547.8	26	518	529	588	542.2	11
贵州	539	581	596	587	42	470	530	590	543.8	60
云南	520	575	591	578.9	55	465	520	575	541.6	55
陕西	556	592	608	598.5	36	517	566	640	577.5	49
甘肃	533	546	558	551.8	13	517	540	586	556.1	23
青海	433	433	433	461	0	401	424	551	485.7	23
新疆	493	535	565	544.5	42	445	492	542	512.1	47
宁夏	489	530	532	531	41	440	458	550	481.1	18
重庆	554	567	595	582.3	13	522	557	615	570.4	35
西藏	320	378	378	378	58	280	318	318	318	38

（邵凤侠　董金宝）

【本科生就业】 2012 年，共有本科毕业生 3178 人(不含二学位)，已落实去向毕业生 303 人，就业率 95.44%；其中签就业协议 828 人，升学 846 人，出国 296 人，毕业生选择在西部地区就业的 182 人，志愿服务西部 7 人，北京村主任助理 52 人，北京社区工作者 3 人，预征兵入伍 2 人，自主创业 3 人。签劳动合同、单位用人证明、自主创业、自由职业共 1056 人。

（刘　芳　董金宝）

【就业市场开拓与实践基地建设】 立足京津、长三角、珠三角三大重点地域，全方位拓展就业市场。抓住教师与校友、行业协会、人事部门、媒体等 4 类资源，完善就业组长分省负责制。由各学院主责，重点联系各省林业、水利、环保、园林等主管部门。2012 年与各学院就业专职人员相继走访广东、辽宁、重庆、河北、湖南、吉林等省(市)，就实习基地建设、学生实习、就业实践以及科研项目、人员进修、培训等方面的合作进行深入交流。截至 2012 年年底与各地方、各重点单位共建立教学实习与就业实践基地 174 家。

（郭乙言　徐博函）

【职业发展与就业指导】 完善从大一到大四的全程化就业指导课程体系；规范网上咨询预约服务，将咨询时间固定为每周三的下午，联合学校老教授协会成立职业生涯指导老教授服务团，为学生一对一地解决困惑，给予学生更有针对性的指导，共接待学生 84 名；对学生开展针对性的就业指导活动，针对大一新生，开展第三届学生骨干生涯培训班和第二期新生职场精英训练营的活动，针对大二、大三学生开展就业指导月、职业生涯规划月活动，组织第三届职业生涯规划大赛、第三届模拟求职大赛，打造“理想季”和“毕业季”主题活动；以“阳光品牌”为主打，从培训、课程、咨询、竞赛、实践、讲座等方面开展各类活动 30 多场，出版《就业指导报》6 期、《就业与创业》杂志 4 期、《起航》杂志 1 期。

（王兆龙　董金宝）

【就业服务】

招聘服务 2012 年共举办 4 场大型招聘会，参会单位 575 家，提供需求岗位 10 059 个；学校共举办专场招聘会 311 场，提供需求岗位 5734 个；在校院两级毕业生就业信息网上发布就业信息 3000 余条，提供就业需求岗位 4 万余个。

基层就业 毕业生选择在西部地区就业的 182 人，北京村主任助理 52 人，北京社区工作者 3 人，志愿服务西部 7 人，预征兵入伍 2 人，自主创业 3 人。

困难帮扶 就业困难群体毕业生 707 人，其中家庭经济困难 606 人，就业困难 100 人，残疾 1 人；已落实去向 680 人，未落实去向 27 人，其中拟出国1人，拟考研11人，回省待就业9人，在京待就业6人。困难群体毕业生的就业率达到96.18%；健全就业扶助基金，在发放资助、开展培训等方面加大力度。利用华民慈善基金共有100名毕业生获得资助。

毕业典礼 6月15日召开毕业生座谈会。6月18日向北京市教委报送就业方案，打印报到证。6月20日举办毕业典礼与学位授予仪式。

（翁 婧 徐博函）

【就业队伍建设与调查研究】

队伍建设 举办大学生职业生涯规划教学TTT(Training The Trainer)培训。各学院辅导员、就业专职人员，招生就业处、研究生工作部等部门教师46人参加了此次培训。

调查研究 编撰《2012年本科毕业生就业状况白皮书》。介绍2012届毕业生就业状况，对近3年来的本科毕业生就业率与签约率进行分析，开展《2012届毕业生签约状况问卷调查》，完成《2013届毕业生择业意向调查》《在校生职业规划现状问卷调查》和《2012年毕业生跟踪问卷调查》和《毕业生跟踪问卷调查》。重新修订《北京林业大学关于鼓励毕业生面向基层就业和自主创业的奖励办法》，增加奖励层面和奖励幅度，对就业工作先进集体、先进工作者、先进个人以及面向基层就业、西部就业、进行自主创业的毕业生进行表彰和奖励。

科研课题 开展《从开展分专业就业指导入手，构建就业“精细化”工作体系》北京市就业工作特色项目，编写《北京林业大学分专业职业生涯规划与就业指导大纲》，详细分析每个专业的特点和就业情况，制定有针对性的、个性化的、较为完整的职业规划与就业指导大纲，使就业指导工作趋向科学化、精细化，更富有针对性。

两次组织全校就业工作专兼职同志召开“建立就业工作标准化体系”的专题研讨会，对方案的章节划分、内容设计以及修改调整等进行探讨，将《北京林业大学就业工作标准化实施方案》进行了汇编，以指导就业工作标准化的实施。

（程 武 董金宝）

【特色条目】 9月14日，校就业服务中心举办“优秀用人单位祝福北林60周年校庆”寄语展主题活动。

9月15日举办林业厅局长论坛第二期，邀请吉林森工集团董事长、党委书记柏广新做题为“东北、内蒙古国有林区改革发展兼谈林业行业就业问题”的报告。校长宋维明出席报告会。

9月17日举办林业厅局长论坛第三期，邀请广西壮族自治区林业厅副厅长李明琪做题为“广西壮族自治区林业建设与发展”的报告。

（郭乙言 董金宝）

学科建设

学科设置与建设

【学科概况】 2012年，学校有9个一级学科博士学位授权点和18个一级学科硕士学位授权点；博硕士点覆盖10个学科门类的32个一级学科，学科点拥有量处于农林院校前列。有1个一级学科国家重点学科(涵盖7个二级学科)，2个二级学科国家重点学科，1个国家重点(培育)学科。10个国家林业局重点学科。2个一级学科北京市重点学科，1个一级学科北京市重点学科(培育)，4个二级学科北京市重点学科，1个交叉学科北京市重点学科。学校已形成以林学、风景园林学、林业工程、农林经济管理、森林生物学和生态学等为特色的层次齐全、结构合理的多学科体系。 (向文生　孙玉君)

【学科设置】

北京林业大学现有博士学位授权一级学科

序号	学科门类代码及名称	一级学科代码及名称	序号	学科门类代码及名称	一级学科代码及名称
1	07 理学	0710 生物学	6	09 农学	0903 农业资源与环境
2	07 理学	0713 生态学	7	09 农学	0907 林学
3	08 工学	0802 机械工程	8	09 农学	0909 草学
4	08 工学	0829 林业工程	9	12 管理学	1203 农林经济管理
5	08 工学	0834 风景园林学			

北京林业大学现有博士学位授权点

学科门类	一级学科名称、编码 *1 一级学科博士点 *2 一级学科硕士点	二级学科名称、编码	备注 *：未招生
理学 07	生物学 0710 *1 *2	植物学 071001	1998
		动物学 071002	*
		生理学 071003	*
		水生生物学 071004	*
		微生物学 071005	2009
		神经生物学 071006	*
		遗传学 071007	*
		发育生物学 071008	*
		细胞生物学 071009	*
		生物化学与分子生物学 071010	2003
		生物物理学 071011	*
	生态学 0713 *1 *2	生态学 071300	*

（续）

学科门类	一级学科名称、编码 *1 一级学科博士点 *2 一级学科硕士点	二级学科名称、编码	备注 *：未招生
工学 08	机械工程 0802 *1 *2	机械制造及其自动化 080201	*
		机械电子工程 080202	*
		机械设计及理论 080203	1996
		车辆工程 080204	*
	林业工程 0829 *1 *2	森林工程 082901	2003
		木材科学与技术 082902	1986
		林产化学加工工程 082903	2000
		山地灾害防治工程 082921	2005
		林业装备工程 082922	2005
	风景园林学 0834 *1 *2	风景园林学 083400	*
农学 09	农业资源与环境 0903 *1 *2	土壤学 090301	2006
		植物营养学 090302	*
	林学 0907 *1 *2	林木遗传育种 090701	1986
		森林培育 090702	1986
		森林保护学 090703	2000
		森林经理学 090704	1981
		野生动植物保护与利用 090705	2000
		园林植物与观赏园艺 090706	1986
		水土保持与荒漠化防治 090707	1984
		自然保护区学 090721	2004
		生态环境工程 090722	2004
		复合农林学 090723	2005
		城市林业 090724	*
		工程绿化 090725	2005
	草学 0909 *1 *2	草学 090900	*
管理学 12	农林经济管理 1203 *1 *2	农业经济管理 120301	2009
		林业经济管理 120302	1996

北京林业大学现有硕士学位授权一级学科

序号	学科门类代码及名称	一级学科代码及名称	序号	学科门类代码及名称	一级学科代码及名称
1	01 哲学	0101 哲学	10	08 工学	0813 建筑学
2	02 经济学	0201 理论经济学	11	08 工学	0830 环境科学与工程
3	02 经济学	0202 应用经济学	12	08 工学	0832 食品科学与工程
4	04 教育学	0402 心理学	13	08 工学	0833 城乡规划学
5	05 文学	0502 外国语言文学	14	08 工学	0835 软件工程
6	07 理学	0701 数学	15	12 管理学	1201 管理科学与工程
7	07 理学	0705 地理学	16	12 管理学	1202 工商管理
8	07 理学	0714 统计学	17	12 管理学	1204 公共管理
9	08 工学	0812 计算机科学与技术	18	13 艺术学	1305 设计学

北京林业大学现有硕士学位授权点

学科门类	一级学科名称、编码 *[1] 一级学科博士点 *[2] 一级学科硕士点	二级学科名称、编码	备注 *：未招生
哲学 01	哲学 0101 *[2]	马克思主义哲学 010101	*
		中国哲学 010102	*
		外国哲学 010103	*
		逻辑学 010104	*
		伦理学 010105	*
		美学 010106	*
		宗教学 010107	*
		科学技术哲学 010108	2003
经济学 02	理论经济学 0201 *[2]	政治经济学 020101	*
		经济思想史 020102	*
		经济史 020103	*
		西方经济学 020104	*
		世界经济 020105	*
		人口、资源与环境经济学 020106	2006
	应用经济学 0202 *[2]	国民经济学 020201	*
		区域经济学 020202	*
		财政学（税收学）020203	*
		金融学 020204	2007
		产业经济学 020205	*
		国际贸易学 020206	2003
		劳动经济学 020207	*
		数量经济学 020209	*
		国防经济学 020210	*
法学 03	法学 0301	法学理论 030101	2006
	马克思主义理论 0305	马克思主义基本原理 030501	2005
		思想政治教育 030505	2005
教育学 04	心理学 0402 *[2]	基础心理学 040201	*
		发展与教育心理学 040202	*
		应用心理学 040203	2006
文学 05	外国语言文学 0502 *[2]	英语语言文学 050201	2006
		俄语语言文学 050202	*
		法语语言文学 050203	*
		德语语言文学 050204	*
		日语语言文学 050205	*
		印度语言文学 050206	*
		西班牙语语言文学 050207	*
		阿拉伯语语言文学 050208	*
		欧洲语言文学 050209	*
		亚非语言文学 050210	*
		外国语言学及应用语言学 050211	2003

（续）

学科门类	一级学科名称、编码	二级学科名称、编码	备注 *：未招生
理学07	数学0701 *[2]	基础数学070101	*
		计算数学070102	*
		概率论与数量统计070103	*
		应用数学070104	*
		运筹学与控制论070105	*
	地理学0705 *[2]	自然地理学070501	2003
		人文地理学070502	*
		地图学与地理信息系统070503	2003
	生物学0710 *[1] *[2]	植物学071001	1981
		动物学071002	*
		生理学071003	*
		水生生物学071004	*
		微生物学071005	2004
		神经生物学071006	*
		遗传学071007	*
		发育生物学071008	*
		细胞生物学071009	2009
		生物化学与分子生物学071010	2000
		生物物理学071011	2004
	生态学0713 *[1] *[2]	生态学071300	*
	统计学0714 *[2]	统计学071400	*
工学08	机械工程0802 *[1] *[2]	机械制造及其自动化080201	2007
		机械电子工程080202	2003
		机械设计及理论080203	1986
		车辆工程080204	2000
	控制科学与工程0811	控制理论与控制工程081101	2003
	计算机科学与技术0812 *[2]	计算机系统结构081201	*
		计算机软件与理论081202	2006
		计算机应用技术081203	2003
	建筑学0813 *[2]	建筑历史与理论081301	2010
		建筑设计及其理论081302	2010
		建筑技术科学081303	2010
	土木工程0814	结构工程081402	2003
	农业工程0828	农业生物环境与能源工程082803	2000
	林业工程0829 *[1] *[2]	森林工程082901	2003
		木材科学与技术082902	1981
		林产化学加工工程082903	1993
		山地灾害防治工程082921	2005
		林业装备工程082922	*
	环境科学与工程0830 *[2]	环境科学083001	2003
		环境工程083002	*
	食品科学与工程0832 *[2]	食品科学083201	*
		粮食、油脂及植物蛋白工程083202	*
		农产品加工及贮藏工程083203	2003
		水产品加工及贮藏工程083204	*

（续）

学科门类	一级学科名称、编码	二级学科名称、编码	备注 *：未招生
工学 08	城乡规划学 0833 *[2]	城乡规划学 083300	*
	风景园林学 0834 *[1] *[2]	风景园林学 083400	*
	软件工程 0835 *[2]	软件工程 083500	*
农学 09	农业资源与环境 0903 *[1] *[2]	土壤学 090301	1986
		植物营养学 090302	2003
	林学 0907 *[1] *[2]	林木遗传育种 090701	1981
		森林培育 090702	1981
		森林保护学 090703	1981
		森林经理学 090704	1981
		野生动植物保护与利用 090705	2002
		园林植物与观赏园艺 090706	1981
		水土保持与荒漠化防治 090707	1981
		自然保护区学 090721	2004
		生态环境工程 090722	2004
		复合农林学 090723	2005
		城市林业 090724	*
		工程绿化 090725	2005
	草学 0909 *[1] *[2]	草学 090900	*
管理学 12	管理科学与工程 1201 *[2]	管理科学与工程 120100	2000
	工商管理 1202 *[2]	会计学 120201	2000
		企业管理 120202	2003
		旅游管理 120203	2000
		技术经济及管理 120204	*
	农林经济管理 1203 *[1] *[2]	农业经济管理 120301	2009
		林业经济管理 120302	1984
	公共管理 1204 *[2]	行政管理 120401	2006
		社会医学与卫生事业管理 120402	*
		教育经济与管理 120403	*
		社会保障 120404	*
		土地资源管理 120405	*
艺术学 13	设计学 1305 *[2]	设计学 130500	*

北京林业大学国家重点学科名单

序号	学科代码	学科名称	所含二级学科
一级学科国家重点学科（批准时间：2007 年 8 月 20 日）			
1	0907	林学	林木遗传育种、森林培育、森林保护学、森林经理学、野生动植物保护与利用、园林植物与观赏园艺、水土保持与荒漠化防治
二级学科国家重点学科（批准时间：2007 年 8 月 20 日）			
1	071001	植物学	
2	082902	木材科学与技术	
国家重点（培育）学科（批准时间：2007 年 11 月 30 日）			
1	120302	林业经济管理	

北京林业大学省、部级重点学科名单

序号	学科代码	学科名称	所含二级学科
一级学科北京市重点学科(批准时间：2008 年 4 月 29 日，2012 年 4 月 25 日)			
1	0829	林业工程	木材科学与技术、林产化学加工工程、森林工程
2	1203	农林经济管理	农业经济管理，林业经济管理
一级学科北京市重点学科(培育)(批准时间：2012 年 4 月 25 日)			
1	0710	生物学	植物学、动物学、生理学、水生生物学、微生物学、神经生物学、遗传学、发育生物学、细胞生物学、生物化学与分子生物学、生物物理学
二级学科北京市重点学科(批准时间：2008 年 4 月 29 日，2010 年 5 月 26 日)			
1	071012		生态学
2	081303		城市规划与设计(含风景园林规划与设计)
3	090301		土壤学
4	090503		草业科学
交叉学科北京市重点学科(批准时间：2008 年 4 月 29 日)			
1	林学、地理学		生态环境地理学
国家林业局重点学科(批准时间：2006 年 5 月 12 日)			
1	071001		植物学
2	071012		生态学
3	081303		城市规划与设计(含风景园林规划与设计)
4	082902		木材科学与技术
5	082903		林产化学加工工程
6	090301		土壤学
7	090703		森林保护学
8	090704		森林经理学
9	090705		野生动植物保护与利用
10	120302		林业经济管理

(向文生　孙玉君)

【“211 工程”三期建设 2012 年度进展】

完成“211 工程”三期国家验收　“211 工程”三期建设历经 4 年(2008～2011 年)。北京林业大学以“提升重点学科核心竞争力，建设高水平、研究型林业大学”为目标，重点建设了“森林资源培育”“森林可持续经营与保护”“生态脆弱区水土保持与荒漠化防治”“园林与人居生态环境”“木本植物生长发育与逆境生物学”“全球变化背景下森林及湿地生态系统保护”“林木育种分子基础与良种工程”“木质环境友好材料与能源转化工程”“中国现代林业建设经济管理理论与政策体系构建”9 个重点学科项目，以及创新人才培养、师资队伍建设 2 个项目。

国家发展改革委、教育部、财政部于 2012 年对“211 工程”三期建设项目进行验收，验收工作主要分为学校验收和国家验收两个阶段。

验收内容主要为：建设目标和建设任务完成情况；建设资金使用情况；仪器设备购置、使用、管理及共享情况；取得的主要建设成效和标志性成果；项目管理情况；建设经验及存在的主要问题；对新一期“211 工程”建设的意见和建议等方面。

北京林业大学验收工作从 2 月上旬至 3 月底结束，历经 50 天。分别对学校列入《高等教育“211 工程”三期建设方案》的 11 个建设项目和未列入《高等教育“211 工程”三期建设规划》的图书馆及校园网络、公共分析测试平台 2 个建设项目进行验收。学校验收专家组将通过审阅各建设项目总结报告等验收材料、听取项目负责人汇报、实地考察等形式对各建设项目进行整体验收。验收专家组在对项目的建设指标完成情况、建设质量和效益等做出全面评价的基础上，坚持“少而精”和实事求是的原则，认定“211 工程”建设中有代表性的，对国民经济、社会发展和科技进步以及高等教育自身发展作出突出贡献，取得显著建设成效的 12 项标志性成果。同时，形成学校验收专家组意见，并上报教育部。

在学校验收的基础上，国家发展改革委、教育部、财政部委托中国国际工程咨询公司对北京林业大学“211 工程”三期建设进行了国家验收。该公司组织专家，通过查阅文件、审阅材料、听取汇报、审查询问、讨论评议等方式，对“211 工程”建设的目标完成情况、资金使用管理情况、建设成效和标志性成果、项目管理情况、总体评价等进行了客观公正的评价和全面细致的国家验收。

2012 年底，在对全国 112 所“211 工程”建设高校完成国家验收的基础上，教育部办公厅、国家发展改革委办公厅、财政部办公厅联合下发文件，决定对“211 工程”三期建设中取得显著成效的 28 所高校给予表彰，北京林业大学榜上有名，获得 1360 万元中央专项资金奖励。至此，北京林业大学的“211 工程”三期建设完成。

北京林业大学“211 工程”三期建设标志性成果(12 项)

(1)创新人才培养。获全国百篇优秀博士学位论文 1 篇，提名奖 5 篇；获北京市优秀博士论文 4 篇；获得多项国际风景园林设计大奖；获得 2 项国家教学成果奖。

(2)优秀人才与创新团队建设。“长江学者”骆有庆教授领衔的教育部“重大林业病虫灾害预警与生态调控技术研究”创新团队；“长江学者”“973”项目首席科学家孙润仓教授领衔的“木质生物质能源转化与高效利用”科技创新团队；“千人计划”学者邬荣领教授领衔的“计算遗传学”创新团队。

(3)林木育种国家工程实验室建设。林木育种国家工程实验室正式获得国家发展改革委员会批复建设，实现了学科国家级实验室突破。

(4)水土保持产学研基地网络化体系建设工程。项目立足水土保持与国土生态安全保障与国家战略需求，以“多站点联合、多系统组合、多尺度拟合、多目标融合”为指导，在多年野外定位台站和试验示范区建设建设基础上，多学科综合交叉、微观手段与宏观方法相结合，建设成了集科学试验、野外观测、教学、科普宣传于一体的一站多能的产学研网络化基地体系。

(5)人造板优质高效胶黏剂生产与应用关键技术(2009 年，国家技术发明奖二等奖)。

(6)森林技测信息化关键技术与应用(2011 年，国家科学技术发明奖二等奖)。

(7)名优花卉矮化分子、生理、细胞学调控机制与微型化生产技术(2008 年，国家科学技术进步奖二等奖)。

(8)我国北方几种典型退化森林的恢复技术研究与示范(2010 年，国家科技进步奖二等奖)。

(9)主要商品盆花新品种选育及产业化关键技术与应用(2011 年，得国家科技进步奖二等奖)。

(10)科技成果推广与产业化(整合)。林木新品种选育(含森林培育)及产业化技术(推广)；高分子多糖生物质加工新技术与产品应用(2011 年，国家技术发明二等奖，第二完成人)。

(11)风景园林规划设计成果。

(12)现代林业建设经济管理理论与政策。

(高双林　刘宏文)

【国家优势学科创新平台建设年度进展】 2012 年，在对平台建设进行日常管理的基础上，按照教育部、财政部的要求，完成了平台试点建设期的总结工作。

根据《关于做好“优势学科创新平台”试点建设期总结工作的通知》(教研司〔2012〕5 号)精神，教育部、财政部决定对 2008 年启动试点建设的平台进行检查和总结工作。为做好此项工作，制定了北京林业大学“优势学科创新平台”

试点建设期进行校内检查和总结工作方案。检查和总结的建设方向为北京林业大学列入《优势学科创新平台》的4个子平台建设和1个队伍建设。即"林木良种与生物学基础优势学科创新平台""优质高效森林培育与经营利用研究方向""脆弱生态系统退化机制与恢复重建研究平台""森林与湿地生态系统保护研究方向"和创新人才队伍建设。

2012年4月11日，学校召开会议布置北京林业大学"优势学科创新平台"试点建设期总结工作，4月24～26日，组织优势学科创新平台校内专家验收，包括开会听取汇报、质询、现场查看、意见反馈等环节。5月15日，学校组织专家检查评价北京林业大学"优势学科创新平台"试点建设期工作，专家组对北京林业大学优势学科创新平台建设工作给予充分肯定，一致认为，平台全面完成了《"优势学科创新平台"建设方案》的建设任务，实现了预期建设目标，为实现"国际知名、特色鲜明、高水平研究型大学"的发展目标奠定了基础。鉴于该平台已取得了显著的阶段性成果，为持续发挥平台的建设效益和更多重大标志性成果的产出，专家组建议教育部、财政部和国家林业局等部门继续大力支持该平台的建设，专家组由中国科学院院士蒋有绪研究员任组长、中国工程院院士沈国舫教授任副组长。5月17日，北京林业大学"优势学科创新平台"试点建设期总结报告上报教育部。 （孙玉军　刘宏文）

【2012年学科建设情况】 2012年学科建设的主要内容包括：参加全国第三轮一级学科评估；北京市重点学科增补、经费申请工作；重点学科日常建设管理工作。

参加全国第三轮一级学科评估 根据教育部学位与研究生教育发展中心"关于参加第三轮学科评估的邀请函(学位中心〔2011〕76号)"的文件精神，制定北京林业大学参加第三轮学科评估工作方案。通过学院自评、校内预审，确定林学、风景园林学、林业工程、农林经济管理、生态学、生物学、哲学、心理学、外国语言文学、建筑学、环境科学与工程、城乡规划学共12个一级学科参加此次评估。

3月20日，12个一级学科评估材料报出；11月20日，收教育部学位与研究生教育发展中心"关于反馈第三轮学科评估有关异议材料的函(学位中心〔2012〕113号)"；11月29日，将北京林业大学一级学科评估异议材料的说明报送教育部学位与研究生教育发展中心。

遴选北京市重点支持学科 2012年1月，根据《北京市教育委员会关于在北京市重点学科中遴选重点支持学科的通知》(京教函〔2011〕751号)文件精神，北京林业大学确定林业工程、生态学北京市重点支持学科，并将相关材料报送北京市教委。

北京市重点学科增补工作 2012年1月，根据《北京市教育委员会关于开展北京市重点学科调整及增补工作的通知》(京教函〔2011〕752号)，北京林业大学确定生物学、农林经济管理申报一级学科北京市重点学科。2012年4月，根据《北京市教育委员会关于公布北京市重点学科调整及增补名单的通知》(京教研〔2012〕5号)文件，北京林业大学农林经济管理增补为一级学科北京市重点学科、生物学增补为一级学科北京市重点学科(培育)。

北京市重点学科建设经费申请 6月，按北京市教委的要求，学校组织校内外专家对申请北京市教委《科学研究与研究生培养共建项目——学科建设》项目的申报书进行答辩。林业工程、草业科学、生态环境地理学、城市规划设计(含风景园林规划设计)等4个学科的建设内容通过答辩，申报材料报送北京市教委。获北京市教委支持经费178.41万元，10月已到账。

重点学科日常建设管理工作 2012年继续监督在执行项目的运营与经费使用，重点关注学科产出，督促资金效率与执行速度，探讨北京林业大学国家重点学科建设的长效机制。

（孙玉君　刘宏文）

国家重点学科建设

植物学

【学科概况】 国家重点学科。1981 年为中国首批硕士学位点，1992 年被评为原林业部重点学科，1998 年为博士学位授权点，2007 年被评为国家级重点学科，是北京林业大学目前唯一的理学国家级重点学科。学科发展成为北京林业大学森林培育、园林植物、森林生态学科、林木遗传育种的重要支撑，是林业院校第一个“国家基础科学研究与教学人才培养基地(生物学专业点)”“林木育种国家工程实验室”“国家花卉工程中心”及“林木、花卉遗传育种教育部重点实验室”和“生物学博士后流动站”的主要支撑学科。多年担任林业高校植物学、植物生理学、树木学等多门植物学相关课程全国统编教材的主编单位，引领全国林业高等院校森林植物学科的发展。

主要研究方向：树木抗逆基础研究与应用、木本植物生长发育与生殖调控、植物次生代谢与防御反应、植物系统分类与演化生物学。

【2012 年学科建设的主要进展与成效】 学科形成了由国家工程院院士领衔、学缘与年龄结构合理的学术团队。学科现有教师 18 名(包括 1 名中国工程院院士，1 名国家杰出青年称号获得者)，其中教授 8 名，副教授 7 名，讲师 3 名；另外具备中级职称的教辅人员 2 名。2012 年新增博士毕业教师 1 名。同时制定青年教师培养计划，强化学科一流人才的培养。

学科成员一直承担国家重要科研项目，2012 年学科成员承担的科研项目有 16 项。包括国家自然科学基金 7 项，国家“十二五”科技支撑课题 1 项，国家“863”高技术项目 1 项，林业公益行业科研专项 1 项，北京自然科学基金 2 项等，科研经费累计 1032 万元以上。2012 年在各研究方向均获得重要研究结果，并已在主流国际刊物如 Plant Cell Tissue and Organ Culture，Plant Science，Plant Physiology，Plant，Cell and Environment，PLoS ONE 等上发表 SCI 收录论文 10 篇。

学科成员通过多年的实践和积累，探索并构建符合创新人才培养的教学体系，积极采用国际合作形式，激发学生进行开创性研究的积极性。2012 年新招博士生 11 名，硕士生 26 名。

对 211 工程一期、二期、三期建设中采购的实验室仪器设备进行仪器使用培训和相关操作规程的编写，制定了严格的使用规程。另外，植物学科老师利用科研经费购置一批可开展前沿研究的实验设备，实验条件处于国内林业院校同类实验室的领先水平，为顺利开展各项科学研究提供了保障。

学科成员积极参加国内学术会议。学科于 2012 年 8 月 20 ~ 24 日在山西省忻州市举办了 2012“森林与水”国际学术交流会暨树木生理生化专业委员会学术年会。加强与国内外著名大学和科研院所建立的良好合作研究关系。多样的学术交流活动促进了学科点与国内外科研与学术机构的交往与合作研究，拓宽了学术视野、有效扩大了学科点在国际上的影响。

2012 年，学科成员继续开展北京市和全国优秀教学团队——植物生物学教学团队建设。学科成员还积极参加教育教学改革工作，积极发表教学改革论文。在教材编写方面，“十二五”规划教材《保护生物学》由科学出版社于 2012 年 6 月出版；《北京长城周边植物资源》由中国林业出版社于 2012 年 3 月出版。

针对我国干旱地区生态环境建设、生物节水、植物新材料构建及新资源植物开发等与我国科技发展急需解决的重大战略问题紧密相关的基础理论和新技术体系，开展创新性研究。既能促进我国农林业生产和生态环境建设，也为国内科研院所和高等院校培养相关领域的学术骨干和学术带头人。

木材科学与技术

【学科概况】 国家重点学科、国家林业局重点学科。是我国该领域最早设立的学科之一，为北京林业大学“优势学科创新平台”“211 工程”、教育振兴行动计划重点建设学科。1981 年、1986 年经国务院学位委员会批准，成为国内第一批具有硕士学位和博士学位授予权的二级学科。2006 年被认定为国家林业局重点学科。2007 年被认定为国家重点学科。该学科所属的林业工程一级学科于 2008 年被认定为北京市一级重点学科。拥有省部级重点实验室/工程中心 7 个。

学科主要研究方向：木材学、木材干燥、木质复合材料与胶黏剂、木材制品加工工艺、木材加工装备与过程自动化、木材功能性改良，家具设计与工程，包装材料及结构。

【2012 年学科建设的主要进展与成效】 现有教授 11 人，副教授 10 人，讲师 15 人。其中国务院学位委员会学科评议组成员 1 人；全国百篇优秀博士论文指导教师 1 人、获得者 1 人；教育部新世纪优秀人才 2 人。2012 年度，晋升副教授 2 人，新进教师 1 人。依托教育部创新项目组建“人造板制造关键技术”和“家具产品创新设计与研究开发”创新青年团队 2 个及青年学术团队 1 个。

2012 年度主持及承担国家“863”项目，国家自然科学基金，林业公益性项目，“948”引进项目，“十二五”国家科技支撑计划等纵向科研项目 22 项，横向科研项目 4 项，合计研究经费 2287 万元。发表 SCI 论文 20 篇，EI 及 ISTP 论文 6 篇。获得授权专利 15 项。主持行业标准制定“评价结构用指接胶黏剂的标准测试方法”1 项。

培养硕士研究生 29 人，博士研究生 6 人，其中获得校级优秀博士论文 1 人。出版教材 5 部，其中主编设计类专业“十二五”规划教材《家具材料学》1 部，木材科学与工程专业规划教材《木材切削原理与刀具(第 2 版)》1 部。出版著作 5 部。

依托“211 工程”建设，对实验室和实验设备进行更新，为科学研究提供更好的实验条件。与北京家具行业协会签约，双方牵头成立北京家具产学研联盟，联盟将推动高校科技成果尽快转化为生产力，不断提升北京家具行业科技创新能力和整体技术水平，提高高等学校科研成果转化率及青年教师与大学生实践能力。与国家家具及室内环境监督检验中心签署协议，该中心成为北京林业大学就业实践和教学实习基地。北京林业大学的永久性科研基地 - 木质复合材料科技成果创新转化基地建设顺利，为技术的中试和转化提供了良好的实验环境和条件。

积极利用“211 工程”建设经费和科研经费，举办、承办重要学术会议，加强人才国际化培养。主办 2012 年全国林业工程与生物质材料和能源博士生学术论坛，积极开拓与国外大学联合培养本科生的校际合作，派出研究生 4 人次到世界知名大学进行学习和交流。邀请国外专家学者就本领域研究前沿和热点进行学术交流和访问，2012 年共邀请国外专家 12 人次来校进行交流。

大力推动现有科技成果转化，“一种人造板用胶黏剂及其制备方法”“一种木材的真空干燥方法”等 4 项科技成果实现技术转让，与企业签订合作研发协议 6 项。

与广东联邦家私集团有限公司合作，开展了“基于木材尺寸稳定化的高效干燥技术”项目的研发，为联邦家私集团的速生杨木作为家具材的实木化利用，打下坚实基础。

2012 年度通过技术转化实现创收 45 万元。

林木遗传育种

【学科概况】 国家重点学科。学科始建于 1954 年，1962 年始招研究生(含留学生)，1986 年始招博士生，是我国林木遗传育种学科第一个硕士点和博士点，1992 年成为部级重点学科，2003 年起被列为国家重点学科；同时也是国家“211 工程”以及优势平台重点建设学科。

学科目前的研究方向主要有：林木基因组与分子育种，林木细胞遗传与细胞工程，森林遗传与树木改良，林木引种与良种繁育，经济林木遗传改良。

【2012 年学科建设的主要进展与成效】 2012 年，学科针对自身存在的问题，提出“求实求新，育种育人”的发展宗旨，规范学科良性发展。落实国家自然科学基金委杰出青年基金获得者、中国科学院植物研究所研究员王晓茹博士及其团队引进计划，加强针叶树遗传改良方向建设；张平冬、王君、陈金焕晋升副教授专业技术职务。现有教师 22 名，其中教授 7 人(含“千人计划”学者 1 人)，副教授 7 人，高级实验师 1

人，讲师4人，35岁以下教师占36.4%，36～45岁占27.2%，46～55岁占36.4%，全部教师均具有博士学位。

在科学研究方面，选育出三毛杨7号，三毛杨8号通过国家林木良种审定，为学校首次获国家林木良种证；李云教授参加的“京津风沙源区生态林修复关键技术研究与示范”研究成果获北京市科技进步二等奖；张德强教授于学科内首次主持国家“973”计划课题；康向阳教授与云南省热带作物科学研究所合作，在橡胶树多倍体育种研究方面取得突破，首次通过人工诱导雌配子染色体加倍获得橡胶树三倍体；学科人员主持的课题总计达48项，其中新申请到各类课题12项，新增科研经费1018万元；课题验收或结题7项；出版教材1部；发表论文68篇，其中SCI论文25篇，核心期刊43篇；获国家发明专利7项，申请3项；获国家林木新品种权10项。

在人才培养方面，招收硕士生21名，博士生13名；毕业硕士14名，博士5名；张志毅教授指导的郑会全博士获校优秀博士学位论文，并被推荐参加全国优秀博士学位论文评选；张金凤教授等完成的教改项目获北京市高等教育教学成果二等奖。

在学术交流方面，国家“千人计划”学者邬荣领教授组织举办“森林生态系统基因调控国际研讨会”，100余人参加会议；学科成员出席国际学术会议3人次，国内学术会议28人次，其中康向阳教授应邀在中国园艺学会主办的园艺植物染色体倍性操作与遗传改良学术研讨会上做特邀报告；张金凤教授到美国 University of Georgia 做高级访问学者，并顺访加拿大 University of Victoria，交流学习北美落叶松、花旗松体胚研究；王君副教授参加在印度召开的第24届国际杨树会议等。

在条件建设方面，牵头组织成立了全国油松良种基地技术协作组；继续推动山东冠县“北方平原林木良种创新与示范实践基地”和河北沧州“枣育种和栽培实践基地”建设；着手组织林木育种国家工程实验室验收等事宜；并作为学校“211”工程三期的重点建设学科，与相关学科分享国家中央专项资金奖励等。

在社会服务等方面，学科成员努力承担高校教师的社会服务职责，积极参与国家相关科技及产业发展重大方针、策略制定，以及相关项目评审、论证等工作，在推进我国林业教育、科研和产业发展等方面发挥了重要作用。

森林培育

【学科概况】 国家重点学科。森林培育学科建立于1952年，“211”工程重点建设学科，国家优势学科创新平台重点建设方向。1981年第一批获得硕士学位授予权，1986年获得博士学位授予权，1989年、2001年和2006年被评为国家级重点学科，1995年成为林学博士后流动站的主要支撑学科，国家林业局“干旱半干旱地区森林培育及生态系统研究重点实验室”和北京林业大学“省部共建森林培育与保护教育部重点实验室”的主要依托学科，在科学研究、人才培养等各方面一直处于全国同类学科的领先地位。中国林学会造林分会创建以来一直以该学科为挂靠学科，学科学术带头人为原中国工程院副院长、原北京林业大学校长、原中国林学会理事长、中国工程院院士沈国舫教授，学科负责人为马履一教授。

学科主要研究方向：生态林与城市森林培育理论与技术、用材与能源林培育理论与技术、经济林培育与利用。

【2012年学科建设的主要进展与成效】 学科现有在岗人员14人，其中，教授7人(含中国工程院院士1人)、副教授5人、讲师1人、高级实验师1人；具有博士学位以上人员占86%。

2012年，学科主持和参加的国家、省部和地方各类科研课题38项，项目合同经费1897.5万元。其中，生态林与城市森林培育理论与技术方向科研经费598.5万元，用材与能源林培育理论与技术方向研究经费1016万元，经济林培育与利用方向研究经费283万元。2012年度发表学术论文89篇，其中，SCI收录11篇、EI收录1篇、中文核心期刊论文50篇；申请新品种1项；出版专著3部。

2012年，全学科在读研究生总数量为143人；毕业研究生45人，其中，毕业硕士研究生31人、毕业博士研究生10人、专业硕士3人、农业推广硕士1人；2012年当年招收的硕士研究生人27人、博士研究生14人。

在学校优势学科创新平台建设的支持下，学科在普照院苗圃及菊花地苗圃、平泉北方基地、高唐平原速生丰产林培育技术研究试验站、怀柔板栗试验站、遵化魏进河林场板栗实验基地等科研基地进行了重点建设，建设总资金为152.5万元。

2012年，学科以"211工程"三期、优势学科创新平台建设经费为主、以科研课题经费为辅，购置了120件(套)、价值为277.63万元的科学仪器。其中，单价在10万元以上的仪器4件(套)，总价值达58.94万元。

学科教师参与组织了中国林业青年学术年会，参加第十四届中国科协年会。承担了"中国林学会第二届国际森林科学论坛"森林培育分会场的筹办工作，具体负责了"森林可持续经营技术"分会场的组织和召开，来自世界20多个国家约300名林业专家学者参会。出席加拿大能源国际学术交流会，与UBC大学订立了生物质能源领域初步合作协议。与美国密歇根州立大学草签生物质能源领域的合作框架。与澳大利亚林学会达成了林业研究的合作意向。组织了1次森林培育可持续国际学术研讨会。参加2012年度中国林学会举办的国际会议，在城市林业分会场做主题发言。参加了2012年度国际蓝莓会议(2012年4月，加利福尼亚)；第四届俄勒冈州立大学北威廉姆特研究与推广中心对外交流展示会（2012年7月，俄勒冈），建立了一定的国际合作交流关系。参加在印度德拉敦召开的第24届国际杨树大会，并做大会报告；参加了在加拿大温哥华召开的"NSERC，BIOCONVERSION NETWORK Pretreatment Workshop"国际会议；组织参加了"第二届森林科学论坛——森林可持续经营国际学术研讨会"。在加拿大举办的国际生物质能源学术会议做报告。执行教育部聘请外国专家计划"森林培育学科特色引智项目"，进行了学术讲座、交流以及合作研究。

学科成员参加局重点项目、"948"项目、科技支撑项目和公益专项的评审、现场查定和验收等工作，为国家项目的管理提供了支持。参加了林学会的大量事务工作。出席全国各类学术交流、项目现场查定、验收、评审会议等，为学科争得了学术声誉。学科成员兼任九三学社海淀区委委员，提交重要调研报告2份，1份得到刘淇市委书记亲笔批复，1份被列为海淀区统战部重点课题并成为九三学社海淀区委大会发言报告。开展了大量中国林学会造林分会长、国务院林学学科评议组的工作。积极参加学科领域的相关社会工作，获得中国林学会学术活动优秀奖，调动了全国学科领域的积极性，彰显了本学科在国内的影响力和地位。学科成员还担任统一战线参与毕节试验区建设第五届专家顾问组顾问，国土资源部第三届"国家特邀国土资源监察专员"，民建中央人口资源与环境委员会委员，民建海淀区第四届委员会委员等职务。

森林保护学

【学科概况】 国家重点学科。始建于1952年，1958年招收森林保护专业本科生，1981年和2000年分别获得硕士、博士学位授予权。是教育部北京市共建森林培育与保护重点实验室、国家林业局森林保护学重点实验室的主要依托学科。现有教授6人，副教授9人。有国家杰出青年基金获得者1人，教育部长江学者特聘教授1人，新世纪首批百千万人才工程国家级人选2人。教育部"林业重大病虫灾害预警与生态调控技术研究"创新团队1个。4人入选教育部新世纪优秀人才支持计划。1990年以来，获国家科技进步二等奖等各类重要科技奖励30余项，获北京市高等教育教学成果一等奖1项。担任国家一级学会副理事长1人、省市级学会副理事长3人；兼任全国林业有害生物防治标准化指导委员会主任和《菌物学报》主编各1人。学科方向主要为森林昆虫学、林木病理学、昆虫与菌物系统学、植物检疫。

【2012年学科建设的主要进展与成效】

学术队伍 宗世祥副教授入选教育部新世纪优秀人才支持计划。陶静博士和游崇娟博士、张英副教授入职。继续强化青年教师校外学术导师制度建设。北京林业大学青年团队创新计划项目"森林病虫害监测与防控"继续得到资助。田呈明教授当选北京植物病理学会副理事长、第二届林业有害生物监测专家组成员。

科学研究 骆有庆教授主持的国家"十二五"科技支撑计划课题"生态林重大生物灾害综

合治理技术集成与示范”启动。田呈明教授主持的林业公益性行业科研专项“青海云杉矮槲寄生成灾主因及生态控制关键技术研究”启动。国家自然科学基金面上项目《中国大陆 *Trabala vishnou* 两亚种的性信息素多态性及相关嗅觉机理》、北京市自然科学基金面上项目《中华甲虫蒲螨对双条杉天牛寄生机制研究》获得资助。

人才培养 共毕业博士生5名和硕士生18名。骆有庆教授主持、田呈明和温俊宝参与主讲的《森林有害生物控制》国家级精品视频公开课建设项目基本完成。骆有庆教授领衔的《以研促教，森林保护人才实践创新能力培养研究与实践》获得北京市高等教育教学成果一等奖。骆有庆教授主持的“《名师讲堂》课程的构建与实践”和田呈明教授主持的“森林保护学实践教学改革与体系构建”分别获得北京林业大学教学成果一、二等奖。贺伟教授主持的森林保护校级优秀教学团队建设进展顺利。

条件建设 “985”一期和“211”三期建设顺利通过验收。植物检疫实验室建设基本完成，完成森林保护研究室道路维修和校园网入网等工程，科研平台得到进一步提升。申报了“林木有害生物防治北京市重点实验室”。学科珍藏标本转入学校标本馆保存，保存条件得到改善，林木蛀干害虫相关特色标本得到广泛认可。

学术交流 学科大部分成员参加了8月在哈尔滨召开的第四届中国森林保护学术大会。校庆期间邀请美国罗格斯大学王常禄教授、日本神户大学竹田真木生教授、美国Sterlin公司张庆贺研究员、美国农业部林务局东北林业试验站Keena研究员等进行学术交流。骆有庆教授、石娟副教授和陆鹏飞讲师赴德国哥廷根大学和荷兰瓦赫宁根大学交流。

社会服务与其他建设成效 积极参与教育部本科专业目录修订相关事宜，“森林保护”被正式列入2012教育部新颁高校本科专业目录。森林保护专业首次参加林学大类招生。组织离退休老教授、相关学科教师、研究生和本科生举办了多次学科和专业建设研讨会。

（温俊宝）

森林经理学

【学科概况】 国家重点学科。学科点由中国著名森林经理学家范济洲、关毓秀、于政中教授于1952年创立，1956年开始招收研究生，1981年获首批硕士、博士学位授予权，1989年被评为国家重点学科。1996年被列为国家“211工程”重点建设学科，2006年成为国家林业局重点学科，2009年成为“优势学科创新平台”重点建设学科。以该学科为主干学科，1995年建成国家林业局森林资源与环境管理重点开放实验室，2004年建成“省部共建教育部森林培育与保护”重点实验室。在我国森林经理学科领域发挥了重要的引领作用，20世纪50年代建立了我国的森林调查技术和永续利用理论，60年代开展了森林经营方案编制与遥感技术应用，70年代创建了国际先进水平的全国森林资源连续清查体系（获国家科学技术进步二等奖），80年代创建了森林资源综合信息管理体系（获林业部科技进步一等奖），90年代推进了林业可持续发展和森林可持续经营研究，21世纪在学科交叉领域首创了林业3S技术和林业信息技术新方向（2004年获国家科学技术进步二等奖）；50多年来学科点培养出了一大批优秀人才，中科院院士徐冠华、唐守正就是本学科培养的优秀毕业生代表，中国林科院院长张守攻博士等近百名博士研究生已成为高等院校、科研单位、规划设计系统和资源管理部门的主要领导和业务骨干。“森林经理学科30年建设与改革”1997年获国家教学成果一等奖。

学科主要研究方向：森林可持续经营理论与技术、森林生长收获与模型模拟、森林监测与评价、林业遥感与信息技术。

【2012年学科建设的主要进展与成效】 学科现有固定在编人员14人，教授5人，副教授5人，其中1人为省部级有突出贡献的中青年专家，2人为省部级跨世纪青年学科带头人，1人获教育部高校青年教师奖励计划资助，1人获教育部新世纪优秀人才支持计划资助，5人次担任全国性学会副理事长、常务理事等职务。

科学研究

（1）森林可持续经营理论与技术。理论研究内容包括森林多功能经营理论与途径、防护林森林成熟、林业文化体系、森林规划理论与方法、森林资源变化规律、森林结构与功能耦合机理、集体林森林经营理论、材积理论模型。方法研究与时俱进，提出有创新的森林经营方法，包括防护林和用材林作业法、森林健康经营评价方法、森林多功能经营方法、防护林区划调查方法、林业数表系列化方法、集体林森林经营方法与技术、森林可持续经营认证与产销监管链认证。主持、参与“中国森林可持续经营标准”“中国森林可持续经营指南”“中国森林经营认证标准”“中国产销链认证标准”“中国森林经营认证实施规则”“中国森林认证审核导则”“中国森林采伐更新规程”“森林经营方案编制纲要”“公益林建设标准”“材积表编制标准”等20多个标准和规程编制。

(2)森林生长与模型模拟。主要包括单木生命过程与模型，各尺度森林群体过程、结构与模型，人工林结构与过程，天然林结构与过程，森林多种效益过程与模型。

(3)森林监测与评价。主要研究森林区划、森林调查、森林经营方案编制、经营模型和经营数表、森林资源与环境综合监测与评价、国家重点林业工程监测等理论、方法及技术。

(4)林业遥感与信息技术。以天—空—地一体化对地观测技术为支撑，研究森林资源信息提取技术、林业定量遥感、森林资源时空格局分析技术、森林可视化、林业信息系统研建、森林灾害遥感监测。

2012年培养了博士研究生5名，硕士研究生22名。

拥有国内外学术期刊55种，专业著作8000余册，国内外相关教材85部，森林规划设计和经营方案300余部，学位论文500余部、相关学术研讨会资料、论文集200余部，主要林区航空和航天影像资料。学科设有205平方米的研究生专用研究室，每人配备电脑一台，拥有服务器与学校图书馆和网络中心连接，可以充分使用图书馆和教育网资源。研究生实验室配备RS、GIS、GPS软件和硬件、统计分析软件、数学模型软件、规划设计软件、信息管理软件等，能充分满足研究生培养的需要。与中国林科院情报中心、国家林业局规划院、中国科学院图书情报中心实现信息共享。在福建三明建立以森林经理学科为主的综合教学科研基地。

2012年2月，中国林学会森林经理分会和北京林业大学主办《全国森林可持续经营学术研讨会暨董乃钧林人奖励基金成立大会》，董乃钧林人奖励基金由北京林业大学森林经理学科、山东东营三明林业发展股份有限公司、四川博源生态林业开发有限公司、北京地林伟业信息技术有限责任公司4家单位联合发起设立。该基金已获得3家企业捐资人民币460万元。

2012年在全国评选39名优秀本科生、研究生和森林经理工作者，学科的郑小贤教授获优秀森林经理工作者一等奖。

2012年2月24～25日，北京林业大学森林经理学科承办的中日森林可持续经营学术研讨会在浙江临安召开。

举办第五届森林文化学术研讨会。

主办森林认证审核员培训班2期，56人次接受培训。

参与伊春汤旺河森林经营碳汇试点，起草森林经营碳汇经营方法学。

野生动植物保护与利用

【学科概况】 国家重点学科。学科面向国家自然保护领域的科技需求，以动植物保护生物学研究为主线，以动植物保护的理论及动植物资源利用为两翼，注重理论与应用知识研究的整合性，关注分子、细胞、组织、个体、群落等层面研究的有机联系，围绕动植物保护与利用开展深入的研究。

学科研究方向：动植物系统学及进化生物学；动植物生理生化及繁殖生物学；动植物遗传多样性及种质资源保护；动植物保护生物学及自然保护区建设；动物免疫及疫源疫病检测；生物资源利用与产业技术。2012年度本学科进一步凝练学科的主攻目标，制定了动植物系统学、濒危动物重引入生物学、药用动物生物学及农林复合系统害虫生态调控作为本学科的重点领域。

【2012年学科建设的主要进展与成效】 学科现有12人，其中教授4人，副教授5人，讲师3人。

2012年学科致力于动植物系统学、濒危物种引入生物学、药用动物生物学、复合农林系统害虫生态调控的研究，并取得了显著的进展；承担国家自然科学基金、科技部林业公益专项、教育部博士点基金、国家林业局物种专项等课题

10项，经费300余万元；发表学术论文12篇，其中中文核心期刊8篇，SCI刊源4篇。

2012年招收硕士研究生17人，博士研究生5人；毕业硕士研究生15人，毕业博士研究生3人。

本学科的特色实验室濒危物种非损伤研究技术实验室和树木系统进化与生物地理学实验室得到加强并承担多项研究任务。本学科与相关单位建立了湖北大老岭濒危植物研究基地、新疆普氏野马重引入研究基地、陕西朱鹮重引入研究基地、陕西片仔癀林麝繁育基地。这些基地具备基础实验条件及食宿条件，有力地支撑了濒危物种重引入研究和药用动物生物学研究。濒危物种重引入生物学是本学科在国内处于领先地位的研究方向，随着研究基地的建设和研究条件的改善，这一方向取得了多项科研成果。

在国内学术交流上，本学科共有5位教师及10名研究生参加了动物学会、植物学会的年会；邀请2位国内知名专家进行学术讲座，2位国外专家参与课题研究及学术讲座。

学科教师任国务院第七届国家级自然保护区评审委员会委员、IUCN物种生存委员会成员、动物学会常务理事、兽类学会理事、鸟类学会副秘书长、鹤类与水鸟专家组组长、《动物学杂志》编委、《Chinese Birds》编委以及北京市动植物学会的理事等社会职务，参与了国家级自然保护区的评审，国家林业局濒危物种保护和利用的行政审批专家会、濒危物种保护的专家组活动，重要铁路、公路及桥梁建设的专家评审会等活动。

依托本学科实验室的技术力量和先进设备，接受地方法院的委托，为动物所属权的司法案件提供分子鉴定报告，服务于社会需求。同时，本学科教师为社会各界提供科技咨询业已成为本学科的正常社会服务活动。

园林植物与观赏园艺

【学科概况】 国家重点学科。现有多家国内权威学术机构挂靠于园林学院，其中有国家花卉工程技术研究中心、全国风景园林硕士专业与教育指导委员会、国际梅花品种登录中心、中国园艺学会观赏园艺专业委员会、中国插花卉艺研究会、全国插花花艺培训中心、中国花协梅花蜡梅分会、中国花协牡丹芍药分会等。每年组织2～3次各类全国和国际学术会议，以扩大学科的国内外学术交流。学科成为国内外园林植物学科学术交流的重要平台。

学科具有4个稳定的研究方向：观赏植物种质资源及遗传育种、现代化花卉栽培技术、花卉生物技术研究、园林植物应用与园林生态研究。

【2012年学科建设的主要进展与成效】 学科共有教师32人，45岁以下的专业课教师100%具有博士学位，教授9人，副教授9人。博士生导师8人，在国内、国际有较大影响的学科带头人1名，1名入选教育部新世纪优秀人才计划，在国内有较大的影响中青年学术骨干17人，形成了一支以国家级突出贡献专家、博士生导师为核心，年龄结构合理，知识领域广阔，在国内国际有较大影响的高水平的学术队伍。

2012年度合计在研各类科研项目32项(国家级项目12项，省部级项目15项)，其中2012年新立项科研项目12项，总经费2545万元。2012年度获得植物新品种保护权16项，获得国家发明专利授权16项。制定行业标准3项，地方标准1项；发表论文200余篇，科技著作出版7部；建成花卉新品种测试基地3个。

2012年，本学科科研的标志性成果是梅花基因组学研究标志性论文“The genome of prunus mume”在《Nature Communications》发表。张启翔教授带领的研究团队针对我国梅花产业升级所面临的缺少观花与梅果生产兼用的品种、育种效率低、产业化生产技术落后等关键问题，2012年完成了梅花全基因组测序研究，构建完成了世界首张梅花全基因组精细图谱，这对我国梅花等重要花卉和传统名花的基础研究以及花卉的生物学特性、分子育种及进化研究必将产生重要的影响和借鉴作用。在梅花基因组学研究的基础上，继续发掘梅花的优良种质资源，建立高效的梅花新品种定向培育技术体系，缩短育种周期，培育观赏性状优良、抗性强、产量高的花果兼用梅花新品种；通过杂交育种建立遗传作图群体，构建了梅花遗传图谱，并选育出玉龙红翡、宫粉照水、玉龙绯雪、锦粉、碗绿照水、丽云宫粉、清馨、晚云、皱波大宫粉观花、花果兼用梅新品种9个。在云南昆明建立梅花新品种推广示范基地6.67公顷，推广种苗30万株。研发山区梅花产业化生产技术体系，在丽江建立新品种推广示范基地200公顷，推广种苗100万株。延长产业链，促进产业升级，带动梅花种植区其他相关产业的发展，促进林农增收。通过技术的集成和推广，促进梅花苗木的产业化生产以及梅花在西南地区的应用和推广，社会效益、文化效益显著。

2012年，招收园林植物与观赏园艺硕士研究生48人，博士研究生19人。2012年毕业硕士研究生65人，博士研究生8人。

通过发挥国家花卉工程技术研究中心所搭建的平台和辐射作用，建立推广示范产业基地，将花卉科研成果直接应用于花卉生产。2012年在北京、河北、广东、福建、浙江、云南等地建立紫薇、月季、梅花、报春花、百合等重要花卉的新品种培育和推广基地，研究内容包括重要花卉的分子基础、育种、繁殖栽培以及花卉在人居环境建设中的作用和花卉文化研究。

举办国际和全国性学术会议并承办各类国内外培训等活动，扩大我国园林及园林教育在国际上的影响，提升国际地位；活跃学术思想、提高创新能力，提升国际竞争力，提高我国园林行业的整体水平。7月16～20日，承办2012国际观赏植物种质资源学术研讨会，此次研讨会针对观赏植物种质资源的合理开发和持续利用展开研讨，来自亚、欧、南美、北美、大洋洲等10个国家和地区的130余名代表参会。8月16～19日，在广州主办2012年中国园艺学会观赏园艺专业委员会年会，主题是"立足市场需求发展科技创新型观赏园艺"，参会代表400人，推出由张启翔教授主编、中国林业出版社出版的系列出版物《中国观赏园艺研究进展2012》，截至2012年已经连续出版了9部，反映了我国观赏园艺学科的研究进展情况。2012年9月15日，承办了中国园艺学会栽培植物命名与国际登录工作委员会年会，会上就梅花、木犀属的国际登录进展，菊花、牡丹等登录申请筹备情况进行了交流。

通过开展国际合作研究、国际联合培养学生，拓宽学术交流领域和深度，丰富创新人才培养的模式，保持与国际同类学科同步发展。派送园艺专业本科生到荷兰花卉企业实习，收到很好的效果。

通过"211工程"三期建设，为学科科学研究的开展、创新人才的培养、国内外学术交流、成果转化、国际合作、服务国家城市人居生态环境建设、花卉产业发展，提高学科整体水平和国内外地位提供基础保障；为学科的进一步发展、创新能力的提高提供平台。支撑园林植物与观赏园艺学科的教研室有园林树木、园林花卉和观赏园艺3个教研室；拥有园林植物实验室2000平方米以上，并拥有现代化大型温室6000平方米，配套组培楼1座，国产玻璃温室5座，园林植物资源圃13万平方米。2012年学校本科实习教学增加的北京8家苗圃进行了二期建设和完善，目前已为园林花卉学、园林苗圃学、园林植物栽培养护、温室操作与管理、盆景学等实习课程服务，增加了学生的实习机会，提高了学生的动手能力。

围绕加强公共服务体系建设，进一步建设和完善国家花卉工程技术研究中心，新挂牌的小汤山花卉种质创新与产业化示范实践基地新建3500平方米连栋温室正式运行，开展高山杜鹃产业化生产示范试验。在前期建设的基础上，中心小汤山基地基础建设和研发条件进一步完善，引领国家花卉技术研发，成为具有国际影响的花卉技术研发机构，研发的技术辐射到全国主要花卉产区，目前在全国已经设立有20个分中心。

水土保持与荒漠化防治

【学科概况】 国家重点学科。学科始建于1952年。1980年北京林业大学正式成立了水土保持系，1981年批准建立全国第一个水土保持硕士点，1984年批准建立了全国唯一的水土保持博士点，1989年被国家教委确定为第一批国家重点学科，1996年被学校列入"211工程"重点建设学科。

学科4个主要研究方向：水土保持、荒漠化防治、林业生态工程、山地灾害防治。

【2012年学科建设的主要进展与成效】 2012年，学科团队建设方面，学院进行了学科的重新调整，教师人数由原来的22人增加到30人，并引进4位具有博士学位的青年教师，学科总人数达到34人，其中教授18人，副教授7人，讲师

及助教9人；学科具有博士学位的教师总人数为33人，占97%；45岁以下青年教师所占比例为41.2%，45～55岁中年教师所占比例为57%，55岁以上老教师所占比例为11.8%。学术队伍方向明确，形成以中青年教授为学术骨干、老中青结合、学缘结构合理、学术梯队完善的学科队伍。

2012年，学科承担科研任务方面，共承担课题36个，其中国家自然基金项目12个，“973”计划子专题2个，“十二五”国家科技支撑计划课题4个，国家林业局重点、行业科研专项、林业推广项目等7个，国家林业局“948”项目1个，北京市政府机构合作委托及基金课题9个，教育部博士点基金1个。获得陕西省科技进步二等奖2项；发表SCI、EI两大检索系统收录论文25篇，获批发明专利5项，出版专著4部，软件著作登记权2项；出版普通高等教育本科教学教材1部。

2012年，学科共培养研究生41人，其中硕士生30人，博士生11人。

2012年，学科承担“985”子平台“脆弱生态系统退化机制与恢复重建”项目完成效果优良，受到教育部的奖励。

在产学研基地建设方面，山西吉县、北京西山、宁夏盐池、重庆缙云山、河北丰宁、山西方山、青海大通、陕西吴旗和北京延庆等野外教学科研基地运转正常，为广大教师、研究生和本科生提供了良好的实习实验条件。

2012年，学科在保持国内广泛的科研合作与学术交流的同时，与美国北卡罗来纳州大学、美国康奈尔大学、日本武藏工业大学、德国慕尼黑大学、德国霍恩海姆大学、德国科特布斯勃兰登堡工业大学、奥地利维也纳农业大学、韩国首尔大学、以色列农业大学、中国台湾中兴大学、台湾屏东大学保持稳定的科研合作和学术交流关系。派出1人到美国、加拿大进修，派出6人次到德国、英国、中国香港学习与考查，接纳美国、日本、德国等国家相关科技人员3人来华讲学和学术交流。

负责承建的中国荒漠化培训中心与甘肃省治沙研究所合作，在甘肃武威举办了国际荒漠化培训班。边坡绿化研究所运转正常。

林业经济管理

【学科概况】 国家重点(培育)学科。教育部农林经济教学指导委员会副主任单位。学科教学研究活动始于1952年，经过60年的建设和发展，林业经济管理学科在国内享有较高学术地位并具有一定的国际影响。1984年获林业经济硕士学位授予权，1996年获林业经济管理博士学位授予权，2005年获农林经济管理一级学科博士学位授予权。2006年成为国家林业局重点学科，2007年被评为国家级重点(培育)学科。2012年农林经济管理被评为一级学科北京市重点学科。

学科主要研究方向：林业经济理论与政策(主要包括森林资源价值、林业可持续发展、林业市场化等方面的理论与政策问题)，林业管理(包括林业企业管理理论、森林资源管理、自然保护区与生物多样性保护管理)，森林资源核算与资产化管理(主要包括森林资源价值核算、森林资源资产评估和资产管理、绿色GDP等)，林产品市场与国际贸易(主要包括林产品市场分析、贸易政策、林业产业发展等)。

【2012年学科建设的主要进展与成效】 聘请国外梁希学者2人。2012年年底，学科有专任教师23人，并全部具有博士学位。其中拥有高级职称的20人，中级职称3人；博士生导师19人(其中外聘博士生导师6人)；聘请国外梁希学者2人。刘俊昌教授获北京市教学名师荣誉称号。

2012年学科新争取课题100项，共计到账科研经费760余万；其中纵向课题85项、经费630余万元，横向课题15项、经费130余万元。纵向课题中，国家自然科学基金一般项目1项，国家自然科学基金青年项目1项，国家社科基金青年项目1项，教育部人文社科基金项目3项。学科承担的项目来源还有国际合作研究项目、企事业单位委托项目、中央其他部门社科专门项目等。

2012年，学科出版教材专著12部，大力推进特色专业教材建设，完成林业技术经济学、林产品国际贸易、林业政策学3本教材的编撰工作，启动林业经济学、资源经济学、贸易与环境、林业管理学等4本教材的编写工作；出版林业经济评论第三卷；发表 CSSCI、CSCD 检索论文 59 篇，SSCI、SCI、EI 和 ISTP 检索系统检索的期刊论文共 12 篇，其中，SCI 检索 2 篇，SSCI 检索 3 篇，EI 检索 5 篇，SCI 和 EI 双检索 1 篇，检索 EI 和 ISTP 双检索 1 篇。

2012 学科教师获得各类科研奖项 15 项。其中北京林业大学哲学社会科学奖二等奖 1 项、梁希青年论文奖二等奖和三等奖各 1 项；中国国际贸易学会第六届“国际服务贸易论坛”专题征文奖二等 1 项，此外，获得国家专利 4 项。

2012 年学科共招生全日制研究生 64 人、在职专业硕士 150 人。全日制研究生中，硕士 30 人(含专业学位 16 人，留学生 3 人)、博士研究生 34 人(留学生 1 人)。共毕业研究生 108 人。2012 年研究生共发表论文 200 余篇，包括 SCI 收录 1 篇，EI、ISTP 收录 2 篇，CSSCI、CSCD 收录 35 篇，中文核心期刊 85 篇。40 余人次参加国内外学术交流活动，获学术论文二等奖 3 篇。研究生主持科研项目 1 项，经费 1 万元。

2012 年年底，继续推进建设和完善林业政策实验室、森林资源经济与管理实验室、林业产业经济与贸易实验室以及相关学科实验系统建设。进一步深化拓展和实践现有教学实验实习基地，2012 年新建了福建三明林业产业与企业教学实习基地，使学科点固定研究基地数量达到 5 个。

2012 年学科成功举办林业经济国际论坛，论坛主题为“应对气候变化背景下中国与亚太地区林业发展”，来自中国、美国、加拿大、德国、尼泊尔等国家和地区的近 50 名学者参加了论坛，扩大了学科的国际影响。成功举办首届全国农林院校林产品贸易学术研讨会，会议发出关于成立全国农林院校林产品贸易教研协作组的倡议，在林业经济学界和林业产业界产生了较大反响。另外还成功举办了 2012 年林业技术经济研究会学术年会，在福建农林科技大学召开第十届全国林业经济论坛，进一步确立了学科在国内林业经济学科领域的主导地位。2012 年共邀请国外和台湾地区著名专家教授 8 人次讲学和做学术报告。50 余人次参加国内外学术交流。交流出国硕士和博士各 1 人；与美国密歇根州立大学农业与自然资源学院签订了关于联合培养专业硕士研究生的协议。

国内学术交流方面，接待了华中农业大学、西北农林科技大学学科建设交流访问团队，举办全国林业院校经济管理类青年骨干教师教学方法培训班，现代林业与绿色行政高级研修班等，讲授现代林业前沿内容。配合国家林业局经济发展研究中心组织“我家林改”的征文活动，共计 25 名农林经济管理专业本科学生文章获得一等奖、二等奖和优秀奖，累计颁发征文奖金 2.2 万元。

2012 年学科继续发挥学术服务于国家决策的功能，承担国家林业局林改监测、国家林业局重大调研等一批政策调查项目；对福建省三明市干部、海淀区园林绿化局干部开展培训，有效服务于国家和重大决策与地方智力建设。

省部级重点学科建设

生态学

【学科概况】 北京市重点学科，国家林业局重点学科。源于 1952 年建立的森林学，著名植物学家汪振儒教授和中国生态学会前理事长李文华院士为学科创始人，中国最早的博士点学科之一。2003 年被评为北京市重点学科。为北京林业大学“211 工程”和“优势学科创新平台”重点建设学科。经过近 60 年的凝练和积累，形成以森林生态为核心，自然保护为特色的涵盖森林、荒漠与湿地研究领的学科体系。在我国北方退化森林生态恢复等研究方面取得突破进展，为我国天然林保护工程、湿地保护工程和珍稀濒危物种保护与自然保护区建设工程提供了有力的支撑。

生态学科是北京林业大学新学科增长点，在生态学科的努力下，新建自然保护区学科以及森林保护、森林土壤和环境科学的博士点，形成完整的生态建设的学科体系。学科拥有实验室面积 800 余平方米，仪器设备总价值 6540 万元，野外长期研究基地和网络台站2处。近年来承担“973”计划、“863”计划、国家自然科学基金和科技支撑等纵向科研课题多项，经费近1亿元。获国家级科技进步二等奖1项、省部级科技奖20项；获得国家级教学成果奖2项，省部级教学奖励7项。为国家生态学人才培养和生态环境建设作出了突出的贡献。

学科主要的研究方向：森林生态学、生物多样性保护与恢复生态学、全球变化生态学、生态管理与规划。

【2012年学科建设的主要进展与成效】 现有教师20人，其中教授7人，副教授7人。2012年，晋升教授1名。多名教授担任国内外学术刊物的副主编、编委等职位，其中孙建新教授担任Forest Ecology and Management、Journal of Plant Ecology、Journal of Integrative Plant Biology、Ecological progress等国际重要刊物的副主编、编委等职。

学科紧紧围绕全球变化背景下国家生态建设和恢复的重大需求，在森林生态、恢复生态、保护生物学、全球气候变化和生态管理等方面开展工作。在我国北方退化森林生态恢复、自然保护理论与保护体系研究方面取得突破性进展。2012年，学科教师承担了国家“973”计划“十二五”科技支撑项目、林业公益性行业专项、国家自然科学基金项目等课题30余项，科研经费3000余万元。在国内外刊物共发表论文近100篇，其中SCI论文12篇。出版著作2本，教材1部。

2012年，招收博士研究生12人、硕士生29人，毕业博士生8人硕士生27人。派出多名研究生赴澳大利亚、美国、加拿大、德国等国进行留学或短期学习。

张春雨副教授入选新世纪优秀人才支持计划，郑景明副教授、雷妮娅讲师等获得留学基金委“青年教师骨干计划”项目资助以访问学者的身份赴美国进行合作研究。孙建新教授出访法国合作研究。

通过“211工程”三期的建设，科研实验室面积增至400平方米，包括森林生态实验室、全球变化实验室、生物多样性和生态恢复实验室、林火和生态管理实验室、气象实验室等。建成吉林蛟河林业局生态产学研基地以及北京百花山实习科研基地，初步设立了内蒙额济纳绿洲植被及其植物适应研究基地。进一步完善了国家林业局山西太岳山森林生态站、黑龙江郎乡实习科研基地，和西部云冷杉林、中部油松和东北阔叶红松林3条天然林南北样带。2011年获得批准的森林资源生态系统过程北京市重点实验室发表国内核心论文11片篇，SCI论文6篇。

举办“Forest Observational Studies”国际会议。美国Burkhart教授和Temesgen教授、爱沙尼亚Kiviste教授、德国Gadow教授、俄罗斯Lakyda教授、西班牙Juan Gabriel Álvarez-González教授、英国Attiwill教授、墨西哥Javier Corral副教授和加拿大刘国良先生参加会议并做报告。

学科积极邀请国内外学者来北京林业大学进行学术交流。2012年来先后邀请来校进行学术交流和访问的知名生态学家和林学专家有：Ecology主编Donald R. Strong教授，Forest Ecology and Management主编Peter Attiwill教授，美国俄勒冈州立大学David Turner教授，英国洛桑实验室Philip. Murray教授，吴连海教授，加拿大林务局李超教授等，澳大利亚悉尼科技大学于强教授，美国大学亚利桑那州立大学邬建国教授，美国加州大学程维信教授、台湾大学黄生教授和廖培钧教授等等。

【学科概况】 北京市重点学科、国家林业局重点学科。全国风景园林专业学位研究生教育指导委员会秘书处、中国风景园林学会教育工作委员会、教育部环境生态类教学指导委员会园林专业分委员会、全国高等院校园林教材编写指导委员会、住房与城乡建设部风景园林学科专业指导小组的挂靠单位和主任委员单位、副组长单位，国际风景园林教师理事会(CELA)的会员单位。拥有全国最重要的风景园林学术刊物之一的《风景园林》学刊。学科2011年获批准建筑学博士学位授权一级学科点。

学科主要研究方向：风景园林规划设计与理论、风景园林历史与理论、风景园林建筑设计与理论、风景园林工程与技术、城市绿地系统研究、城市规划设计与理论。

【2012年学科建设的主要进展与成效】 学科有博士生导师19人，其中中国工程院院士1名；

硕士生导师52人，其中外聘1人；风景园林专业学位研究生导师68人。2012年新增博士生导师1人、硕士生导师2人，新增遴选风景园林专业学位研究生导师6人。

2012年本学科承担和完成多项科研和规划设计项目，如村镇环境监测与景观建设关键技术研究——村镇景观规划与建设技术、中国园林博物馆展陈系统与相关技术的研究和应用、毛主席纪念堂绿化改造工程方案设计等。发表多部学术专著和多篇高水平的学术论文，如孟兆祯院士专著《园衍》等。

2012年本学科在校学术型研究生242人(博士生68人，硕士生174人)；全日制风景园林专业学位研究生163人。2012年本学科招收学术型研究生75人(博士生19名，硕士生56人)；全日制风景园林专业学位研究生87人，在职风景园林专业学位研究生94人。2012年共授予学位233人(博士生17人，学术型硕士生47人，专业学位硕士生169人)。

2012年本学科获得第49届国际风景园林师联合会(IFLA)大学生风景园林设计竞赛大奖1项，国际风景园林师联合会亚太区风景园林设计竞赛评委会奖4项。2012年本学科获得中国风景园林学会2012年年会论文大奖1项，"第四届梁希青年论文"二等奖1项。

2012年，根据教育部风景园林硕士专业学位研究生教育综合改革试点项目实施方案，学院启动首批风景园林硕士境外实习项目。60名风景园林硕士在意大利、奥地利、德国、荷兰、比利时、法国6国进行了22天的考察学习。实习内容主要包括西方古典园林(意大利、法国)、城市现代景观(德国、荷兰、法国)、工业遗迹景观改造(德国、法国)及西方城市规划发展等。

2012年继续投入大量经费，更新和完善教学和科研所需的仪器设备和图书资料，以保持高水平的教学和科研活动。

2012年，学院共接待国外12个国家34人次来访，出国参观访问交流11人次。举办国际学术会议1次，参加国际会议15人次，提交论文10余篇。学院与日本千叶大学园艺学部、美国马萨诸塞州大学风景园林与区域规划系、法国农业科学研究院生态绿道研究中心等国外教学和科研单位开展了交流与合作。

其中最重要的学术交流是学科组织的第二届风景园林高峰论坛，本次论坛中美国风景园林师杰克·威廉姆斯(Jake Williams)教授、伊利诺伊大学景观设计系罗尔·艾默灵(Carol Emmerling)教授、法国风景园林师亨利·巴瓦(Henri BAVA)教授、日本东京农业大学地域环境科学部金子忠一(Kaneko Tadakazu)教授、德国卡塞尔大学景观规划系尤尔根·海因里希(Jurgen Heinrich von Reuss)教授以不同的视角系统诠释风景园林学科在科学研究、教育、规划设计实践等领域的先进理念和最新成果。

本学科点李雄、王向荣、朱建宁、刘晓明等一大批中青年学者和教师，在进行了大量的理论研究的同时，充分发挥学科所长，完成了多项国家重要的规划设计项目，成为"建设美丽中国"的积极践行者，例如，中华民族文化之窗规划、毛主席纪念堂绿化改造工程方案设计、花山国家级风景名胜区总体规划、农田景观综合示范镇建设、潍坊滨海盐碱地改良生态示范园概念性规划、山东潍坊市水网生态绿化规划、济南市环山历史文化湿地公园修建性详细规划、河南漯河市沙河国家湿地公园总体规划、内蒙古大青山国家级自然保护区生态旅游发展总体规划、包头市大青山南坡多功能目标生态建设研究达赉湖国家级自然保护区生态旅游总体规划等。其中王向荣教授的西安世界园艺博览会"四盒园"项目得到了国际学界的认可，荣获了国际风景园林师联合会(IFLA)亚太区景观设计类优秀奖和英国国家景观。

森林工程

【学科概况】 一级学科北京市重点学科林业工程下设的二级学科。2003年获得博士学位授予权。其主要前身是林业与木工机械学科。中国森林利用学专家陈陆祈先生为学科奠基人(曾于1958年撰写出版中国第一本《生态采运学》专著)。森林工程学科是，2003年获得博士学位授予权。该学科围绕森林工程学科领域的国际研究前沿和发展趋势，结合我国林业建设对高层次科技人才和技术的市场需求，承担硕士、博士、博士后创新型人才培养任务，开展现代林业装备、森林信息监测以及林业人机工程学的研究，并积极促进成果转化。

学科方向：森林工程装备及其自动化、林业人机环境工程、森林及其环境信息监测。

【2012 年学科建设的主要进展与成效】 2012 年度，本学科补充青年教师 1 名，学科在岗教师共 5 人，其中国务院学科评议组成员 1 人；二级教授(博士生导师)2 人，副教授 2 人，讲师 1 人。担任全国二级学会副理事长 1 人、副秘书长 1 人、理事 2 人。

2012 年森林工程学科主持国家自然科学基金、国家林业公益行业专项、“948”项目、中央高校基本科研业务费专项等在研项目 8 项，总经费 405 万元。2012 年度申请获得教育部博士点基金资助 1 项，“948”项目 2 项。本学科承担的 2012 年度到期的科研项目已按任务书要求全部圆满完成了预期目标，通过了验收。这些项目有：李文彬教授主持完成的国家自然科学金项目“立木胸径无线远程检测方法及其信号衍射规律的研究，No. 30972425”和国家林业局“948”项目“基于无线多传感器网络技术的森林火灾实时监测系统引进 No. 2008-4-53”，阚江明副教授主持完成的国家自然科学基金项目“基于真彩色图像的活立木三维重建方法，No. 30901164”和国家林业局“948”项目子课题“城市森林生态效益分析技术引进，No. 2008-4-62”。

2012 年森林工程学科教师共发表学术论文 28 篇，其中 SCI 收录 2 篇，EI 收录 12 篇，获得国家授权专利 2 项，实用新型专利 2 项，申请国家发明专利 10 项，实用新型专利 1 项，获得软件著作权 4 项，李文彬教授主编的《建筑室内与家具设计人体工程学(第三版)》出版发行。

2012 年招收博士研究生 4 名、硕士研究生 7 名，在读研究生总人数 34 名(其中博士研究生 12 名)，在站博士后 3 人。毕业研究生 9 名，其中 2 名获得工学博士学位，7 名获得工学硕士学位。徐云杰完成的“人工林内无线遥测信号传输绕射规律的研究” 博士学位论文获得 2012 年度北京林业大学优秀博士论文。

学科“人机环境工程实验室”和“林业与环境特种装备研究所”等科研平台获得了北京市重点学科建设经费的支持和完善。学科继续加强与中国福马集团等科研基地的合作，2012 年北京林业大学与中国福马集团签订了“多功能林木采育机技术开发”项目协议，本学科刘晋浩教授为该项目负责人。

2012 年本学科李文彬教授、刘晋浩教授和阚江明副教授一行 3 人于 2012 年 9 月 21 日至 10 月 5 日赴德国进行了为期 15 天的技术考察交流。考察了德国 SICK 公司、太优公司、Motomit 公司、亚琛工业大学和柏林工业大学。重点从新型移动激光扫描测量技术、林木采育装备采伐头设计制造技术、林业装备智能化技术等几个方面与德国有关单位进行了交流。2012 年 9 月，本学科讲师王典博士和北京林业大学工学院院长于文华教授以及福马集团岳群飞副总经理访问了芬兰，考察了 Lako 和 Ponsse 等林业机械公司。

林产化学加工工程

【学科概况】 国家重点学科，国家林业局重点学科。始建于 1958 年，1993 年成为硕士点，2000 年成为博士点，2006 年被批准为国家林业局重点学科，2007 年被批准为北京市重点学科。拥有“林木生物质化学”北京市重点实验室及“林木生物质材料与能源”教育部工程研究中心。

研究方向：林木生物质资源与化学品、生物质炼制与生物材料、生物质能源及化学品、林产精细化工、功能高分子材料、清洁制浆与造纸工程、二次纤维利用技术。

【2012 年学科建设的主要进展与成效】 学科现有教授 8 人，副教授 11 人，具有博士学位的教师 22 人。学科队伍中，国家杰出青年基金获得者 2 人，长江学者特聘教授 1 人，“973”项目首席科学家 1 人，国务院学位委员会学科评议组成员 1 名，中国林业青年科技奖及中国青年科技奖获得者 1 名，全国百篇优秀博士论文指导教师及获得者各 1 名、教育部新世纪优秀人才入选者 4 人。2012 年，学科许凤教授获学校首个国家杰出青年基金项目，接收应届毕业博士 2 名为学科新教师，1 名教师晋升教授、1 名教师晋升副教授，入选教育部新世纪优秀人才计划 1 人，入选北京市科技新星计划 1 人。

学科继续执行国家“973”项目、国家自然科学基金重点和面上项目、林业行业公益性研究专项、“948”引进项目、林业科学技术推广项目等课题 26 项，新增国家“十二五”支撑计划课题 1

项、国家自然科学基金重大项目1项、面上项目2项、林业公益性行业科研专项项目3项、国家林业局重点项目1项、北京市自然科学基金项目1项，总经费达2584万元。发表SCI收录论文74篇、EI收录论文3篇，申报发明专利21项、授权发明专利8项。孙润仓教授主持完成的“生物质木质素的结构表征及多糖功能材料的构建”项目获2012年度高等学校科学研究优秀成果自然科学一等奖。蒋建新教授主持完成的项目“玉米芯资源转化生物质化学品与能源技术”获得2012年度全国商业科技进步一等奖。

培养毕业博士研究生4名、硕士研究生23名，招收博士研究生8名、硕士研究生27名。获得校级优秀博士论文2篇和优秀硕士论文2篇，有7名研究生获得研究生创新计划项目资助，占全校资助项目总数的50%以上。

在“211工程”建设及教育部修购专项等各类科研项目经费支持下，学科设备投入超过350万元。

学科先后有3人次分别去美国、加拿大等进行交流访问，邀请美国密歇根州立大学、瑞典隆德大学、加拿大英属哥伦比亚大学、英国威尔士大学、美国纽约州立大学等7人次来学科讲学交流。学科有14人次参加国际学术会议、32人次参加国内学术会议。

学科与内蒙古牙克石栲胶厂、山东华泰集团、河北春蕾集团、华北制药集团等单位保持良好的教学科研合作基地关系，并派出经验丰富的教师深入生产一线解决实际生产中的问题，建成了原花青素分离、皂荚皂素制备、生物质分离与利用、溶剂法制浆等一批中试生产线。

土壤学

【学科概况】 国家林业局重点学科、北京市重点学科。是目前我国林业院校唯一的土壤学领域的博士学位授予点。1983年开始招收硕士研究生，1986年国务院学位委员会批准为森林土壤学硕士点，1990年由森林土壤学改为土壤学，1993年在国务院学位委员会组织的林科硕士学位与研究生教育评估中获得土壤学科第一名。2005年被国务院学位委员会批准为首个林业院校的土壤学博士点，并同时被授予一级学科“农业资源利用”硕士学位授予点。

学科主要研究方向：森林土壤与树(花)木营养、土壤水气运动与土壤侵蚀、土壤生态与植被恢复。

【2012年学科建设的主要进展与成效】 2012送出1名骨干青年教师查同刚赴美国农业部林务局南方研究站做访问学者1年，1名骨干教师耿玉清从美国做访问学者归来。注重学术队伍充实，聘请北京市园林绿化局国际合作项目办公室主任王小平教授级高工为土壤学科外聘博导。

学科针对我国和首都经济发展和生态环境建设中存在的土壤及其相关问题，展开了一系列研究。正在执行国家重点基础研究项目(“973”)“天然森林和草地土壤碳储量及时空格局(2011CB403201)”，“十一五”科技支撑项目“沿海防护林盐碱地工程治理及植被恢复技术研究与示范(2009BADB2B0504)”，北京市园林绿化局科技成果推广项目“北京市绿地土壤融雪剂次生盐灾害修复试验与示范[2011]05”以及横纵向课题10余项。新申请批准课题国家林业局“948”项目“利用柳树生态系统处理生活污水(2012-4-75)”，北京市自然科学基金“复合吸附层对融雪剂的吸附作用研究(2122044)”，国家林业局林业科技成果国家级推广项目“农林废弃物生产花木栽培基质技术推广与示范[2012]39号”。制定北京市地方标准“森林土壤调查技术规程”。获国家发明专利2项、发表SCI论文3篇、EI论文4篇。

在本科生培养上，先后承担全校近10门土壤学系列主干课程，指导毕业论文(设计)9名。在研究生培养方面，招收培养博士研究生5人，硕士研究生11人，授予博士学位3人、授予硕士学位9人，其中1名博士研究生获得北京林业大学优秀博士学位论文。

目前土壤学科有土壤实验室、肥料和植物分析实验室以及土壤标本室等760平方米的实验室。大型仪器20余台。

国际学术交流方面，1月邀请德国技术工程师沃尔夫·海宁·苏泽(Ulf-Henning Schauser)来华讨论利用苇床生态系统零排放处理污水技术在中国的推广前景；7月邀请加拿大阿尔伯塔大学可更新资源系教授Scott X. Chang博士来华访问1周。9月两名青年教师栾亚宁和于鑫去丹麦和德国进行短期学术交流。

和北京市科委、农委、园林绿化局等单位密切合作，为首都经济和环境建设提供了有力的科技和人才培养支撑。深入进行北京市园林绿化废弃物再利用工程及融雪剂对北京绿地次生盐害土壤的修复工作，主要是天安门油松土壤以及北京各地区街道绿篱的改良工程。和天津市农委合作，致力于天津滨海盐碱地的改良与治理工程。

草业科学

【学科概况】 北京市重点学科。成立于1999年，2007年被评为北京市重点学科。具有草业科学博士和硕士学位授予权。本科设有草坪科学与管理方向及草坪管理(中美联合)方向。

学科方向：草坪科学与管理、草地资源与生态、城市绿地生态用水和草地植物遗传育种。这4个学科方向紧密结合我国生态环境和城乡人居环境建设的需要，突出体现草学在我国生态环境建设中的基础地位，具有集中体现为生态环境建设服务的鲜明特色，同时又有各自独特的学科方向和优势。

【2012年学科建设的主要进展与成效】 学科现有教师12名，其中教授2名(均为博士生导师)，副教授5名，讲师4名，实验师1名。学术队伍结构合理，以教授博导为研究方向带头人，同时注重后备人才梯队建设。所有教师均具博士学位，一半以上的教师有留学经历，可以直接用英语授课；办公室和试验地辅助人员3人(学科聘用)。学科老师年龄结构合理，学术思想活跃，科研欲望强。

学科2012年主持承担了包括国家“863”计划、国家自然科学基金、国家林业局科学技术推广项目、质检公益性行业科研专项等国家级和省部级项目10余项。发表论文数30余篇，其中SCI收录2篇。获得国家发明专利2项，出版专著教材4部。

1999年和2000年分别开始招收草业科学专业硕士和博士研究生，2001年开始招收草坪科学与管理方向本科生，2003年开始招收草坪管理(中美联合)本科生，2006年开始与美国北达克塔州立大学合作培养双学位硕士和博士研究生。2012年毕业本科生63人，硕士生18人，博士生4人。毕业生就业率近100%。

学科目前建立有设备完善的3个实验室(草坪生物技术实验室、草地资源与生态实验室、本科教学草学综合实验室)，2个固定的教学科研实习基地(昌平白浮草坪试验站、顺义草地植物实验站)和5个相对固定的教学实习基地。各个实验室及教学实习基地运行正常。

学科与国际间的学术交流频繁，先后邀请多名国际知名专家来北京林业大学访问交流，促进了国际草业界对我国草业发展的认识，同时使研究生准确把握国际研究热点。草学学科成功主办了首届中国高尔夫教育发展国际高端论坛，来自国内20多个开办有高尔夫相关专业的专家学者出席会议，讨论了中国高尔夫教育的发展。

学科继续以运动场及高尔夫球场、裸露坡面植被恢复、都市绿地建设与生态管理、草地生态环境改善为服务目标，2012年多次指导和培训国内运动场及高尔夫球场领域的技术人员，解决实践中的疑难问题；指导完成京承高速三期、北京西六环高速公路、浙江舟山螟蚣岙采石场等植被恢复工程，取得了良好的生态效益。

生态环境地理学

【学科概况】 交叉学科北京市重点学科。生态环境地理学包括生态环境工程、工程绿化、复合农林学、自然地理学、地图学与地理信息系统5个硕士点，并设生态环境工程、工程绿化、复合农林学3个博士点。

学科研究方向：学科在生态环境地理学领域的研究涉及流域水文生态环境、土地科学与区域地理学、脆弱环境生态修复、城乡人居环境绿化工程4大研究方向。学科教师在森林植被对流域水文过程影响、农林复合经营结构配置、脆弱环境生态修复、困难立地造林与植被恢复、城乡人居环境绿化工程等方面形成稳定和前沿性的学术研究方向。

【2012年学科建设的主要进展与成效】 现有教职工22名，其中教授10人，副教授9人，讲师3人，所有教师全部具有博士学位。2012年，新进教师2人，现已形成以中青年教师为主体的教师队伍。

学科承担国家科技支撑计划、国家自然科学基金、林业公益行业研究项目、“973”项目研究专题、教育部博士点基金等国家级及省部级项目29项，项目经费1275万元。2012年获得国家专利7项，计算机软件登记3项。

学科建立设备完善的3个实验室(环规实验室、工程绿化实验、生态环境工程实验室)和4个相对固定的教学实习基地(供本科生课程实习)。学科建设有3个固定的教学科研实习基地(山西吉县、陕西吴起、宁夏盐池)，其中山西吉县为国家级生态站，宁夏盐池生态站为国家级水土保持科技示范园区。

2012年共发表论文100篇，其中核心期刊论文89篇，SCI收录论文3篇，EI收录论文8篇。学科新招生硕士生52名，博士生17名。毕业硕士49名，博士11名。学科承担了学校本科生和研究生的地质地貌学、水文与水资源学、植物地理学、环境学概论、自然地理学、土地评价与土地管理、工程绿化概论、工程绿化技术、3S在水土保持中的应用、资源环境遥感、地理信息系统应用与实践、人文地理学、专业英语等课程教学。

学科广泛开展了国内外学术交流，2012年度派遣1人次到美国访问12个月，派遣4人次到美国、加拿大、英国参加国际学术会议和交流，20人次参加国内学术会议和交流；邀请国外知名学者2人次来华进行合作研究和交流。2012年8月在银川主持召开了第五届全国水土保持生态修复学术研讨会，来自全国水土保持相关高校、科研院所、水行政主管部门和规划设计公司共计91家单位120余名代表参加了此次会议。

学科积极开展北京及全国各类生态环境建设工程技术咨询和规划设计服务，2012年参与完成了北京“7·21”暴雨灾害评估及灾后恢复重建、汶川地震灾后恢复重建、河北省百矿披绿工程等项目，为北京市及全国生态环境建设作出了贡献。

科学研究

【概　况】 北京林业大学科技处是学校开展科研工作的管理部门，现有职工9人，下设科研计划科、成果管理科、开发科、科研教学基地建设办公室和一个微生物研究所。2012年，规范科研项目管理，加强科研实践基地建设，营造良好学术环境，完成了2012年度科技工作任务。

许凤获国家杰出青年科学基金项目资助；马明国获北京市科技新星计划资助；7人获教育部“新世纪优秀人才支持计划”资助；1人获“北京市科技新星”计划资助；王君获“全国百篇优秀博士生论文”资助。

完成林业局重点项目、“948”项目和林业公益性行业科研专项项目、国家农业科技成果转化资金项目、林业科技成果推广计划项目、中央高校基本科研业务费项目、国家自然科学基金项目、北京市自然科学基金项目、国家社科基金项目、教育部人文社科项目、北京市哲学社会科学规划项目、“新世纪优秀人才支持计划”项目、教育部重大项目、学校科技创新计划等335个项目结题验收工作。

申请发明专利128件、实用新型专利34件、外观设计专利2件、植物新品种权27个、软件著作权登记55个；获授权发明专利86件、实用新型专业20件、外观设计专利3件、植物新品种权16个、软件著作权登记55个。

发表论文被SCI收录411篇，被EI收录436篇；以第一作者且责任作者单位发表论文被SCI收录250余篇、EI收录148篇（含期刊论文58篇）。　（张　力　侯小龙）

【科研项目及经费】 2012年，新立项纵向科研项目120余个，总经费近2亿元。其中，“十二五”农村领域科技支撑课题立项7个、合同经费5746万元；“十二五”农村领域“863”项目立项1个、合同经费670万元；林业公益性行业科研专项立项6个、总经费3085万元；“948”项目7个、总经费480万元；林业局重点项目2个、总经费72万元。2个获国家农业科技成果转化资金项目资助、国拨经费120万元；4个成果获国家林业局林业科技成果推广计划立项、国拨经费190万元。国家林业局标准化项目11个、国拨经费75万元。北京市地方标准项目2个、经费6万元；1个北京市地方标准获北京市质监局补助经费8万元；国家自然科学基金项目批准51个、国拨经费2989.6万元；许凤获国家杰出青年科学基金项目资助；国家社科基金项目1个、国拨经费15万元；北京市自然科学基金项目7个、国拨经费71万元；北京市哲学社会科学规划项目4个、国拨经费16万元；教育部重大项目1个、国拨经费50万元；获批“高等学校学科创新引智计划”新建基地1个、国拨经费450万元；教育部博士点基金16个、其中优先发展领域1个、国拨经费40万元、博导类3个、新教师类12个，国拨经费124万元；教育部人文社会科学研究一般项目7个、国拨经费49.9万；中央高校基本科研业务费专项经费1880万元；获得批准2011年高等学校全国优秀博士学位论文作者专项资金资助1个、国拨经费36万元。北京市支持中央在京高校共建项目16个（科研项目6个）、国拨经费899.745万元（科研项目合同经费283.95万元）；中国高等教育学会项目“十二五”教育科学规划课题一般项目1个、经费10万元；国家林业局林业软科学项目3个、国拨经费15万元；2012年北京林业大学科技创新计划暨新教师科研启动项目53个、国拨经费237.9万元。2011年度新教师科研启动项目共28个、总经费101.735万元。　（张　力　侯小龙）

【科研项目中期管理】 组织开展林业公益性行业科研专项项目、“948”项目“863”项目、转基因项目、“973”项目、国家林业局业务委托合同、国家自然科学基金项目、国家社科基金项目、北京市自然科学基金项目、北京市哲学社会科学规划项目、教育部人文社会科学研究项目、博士点基金项目、市教委共建项目等中期检查及日常管理工作。组织签订各类科研项目计划书、合同书等。各类科研经费的经费预算控制情况审核工作。基本完成本年度林业公益性行业科研专项项目、国家林业局“948”项目和国家林业局重点项目、科技推广计划项目的现场查定工作。（张　力　侯小龙）

【科技成果】 2012年，国家林业局重点项目1个、“948”项目5个、林业公益性行业科研专项项目7个通过验收。国家农业科技成果转化资金项目2个、国家林业局林业科技成果推广计划项目8个通过验收。组织2009年度中央高校基本科研业务费126个项目的结题验收工作；国家自然科学基金项目33个结题；国家社科基金项目2个结题；北京市自然科学基金项目6个结题；“新世纪优秀人才支持计划”入选者4人通过验收；教育部重大项目结题验收1个；教育部人文社科项目结题2个；高等学校博士学科点专项科研基金课题结题5个；北京市哲学社会科学规划项目3个；北京市科技新星计划结题2个。共建项目1个结题。科技创新计划127个项目组织结题验收。

与北京市知识产权信息中心签署“专利信息服务合作框架协议”。（张　力　侯小龙）

【科技奖励】 2012年，北京林业大学“生物木质素的结构表征及多糖功能材料的构建”（材料学院孙润仓等）项目获高等学校科学研究优秀成果自然科学一等奖；“芍药科植物迁地保护及开发利用”（园林学院王莲英）项目获北京市科学技术奖三等奖；“中国省域生态文明建设评价报告”（人文学院严耕）项目获北京市第十二届哲学社会科学优秀成果奖二等奖（2012年公示），同时获高等学校科学研究优秀成果奖（人文社会科学）三等奖（2012年公示）。获梁希青年学术论文奖28篇，其中，一等奖2篇、二等奖9篇、三等奖17篇。

组织开展了“北京林业大学优秀科技成果”评审工作，杨树多倍体高效诱导技术（生物学院）、大熊猫栖息地一体化保护关键技术及示范应用（林学院）等项目获科学技术类一等奖；草坪高效低成本养护关键技术研究与应用（林学院）、中国苜蓿秋眠性分类、评价及其应用体系研究（林学院）等项目获科学技术类二等奖；林业统计分类、指标与方法研究（经管学院）、当代中国林农法律意识研究（人文学院）、没收财产刑研究”（人文学院）等项目获人文社科类二等奖。（张　力　侯小龙）

【科技成果转化与推广】 以材料学院、工学院、园林学院、生物学院为试点，开展科技成果转化管理办法改革，编制试点单位科技成果转化管理程序，签署责任书。试行近一年来，技术服务收入1362万元，成果（专利）转让收入108万元。编制《2012林业科技成果推广储备项目》，组织专家参加北京市园林绿化新技术展，第十届中国海峡项目成果交易会，第五届黑龙江·黑河中俄林业生态建设学术论坛，2012北京国际现代林业技术装备展览会，2012赤峰·中国北方农业科技成果博览会。河北省人民政府“百家院校（所）走进河北恳谈会”，赴山东宁津县开展科技成果技术转让对接。

参加国家林业局林业植物新品种保护与应用交流研讨会，作为3个大会发言单位之一，推介北京林业大学林木、花卉植物新品种保护与应用情况。参加国家林业局北方省区国家重点林木良种基地主任培训会，牵头成立全国油松良种基地技术协作组。（张　力　侯小龙）

【科技合作】 2012年，北京林业大学开展校地（企）合作行业技术进步。推进产学研合作，与北京市海淀区人民政府签署校地科教合作框架协议，与河北省唐山市人民政府签署全面合作协议，与内蒙古赤峰市人民政府签署产学研合作框架协议，与辽宁省林业厅签订了产学研合作协议书。深化与广西省林业厅全面合作协议，北京林业大学林学院、材料科学与技术学院、国家花卉工程技术研究中心分别与广西壮族自治区国有七坡林场签署科技合作协议。与承德绿世界活性炭有限公司签署合作协议。与河北迁西县洽谈北京林业大学经济林（板栗）育种和栽培实践基地建设事宜；组织河北平泉黄土梁子苗圃基地进行项目验收；与迁西县政府签署合作框架协议。（张　力　侯小龙）

【科技管理】 2012年，科技处经过调研和分析，建立倾斜政策，鼓励和调动各类科研人员的积极性。针对园林规划设计工作的特殊性，下发了《关于风景园林规划设计工作纳入学校科研计划统一管理的通知》和《关于将承担对外设计工作纳入学校科研计划统一管理的通知》，对这类项目，学校减免其项目管理费。下发《关于试点开展科技成果转化管理的通知》。

结合学校第二轮聘期工作，科技处走访调研了12个学院(除外语学院、体育教学部)，根据各学院特点、学科现状以及未来发展要求，结合"十一五"各学院科技工作情况，通过沟通分析，落实各学院第二轮聘期的科技发展指标，并与13个学院和体育教学部签署"任务书"，对学院科技工作实行目标管理。

修订完善《北京林业大学科技奖励办法》，扩大奖励范围和奖励强度，强调对学院超额完成任务指标的奖励。

北京林业大学作为教育部科技委农林学部办公室挂靠单位，组织召开学部年会。

（张　力　侯小龙）

【教育部科技委农林学部年会】 北京林业大学作为教育部科学技术委员会农林学部挂靠单位，于2012年8月5～6日在新疆石河子大学召开学部2012年工作会议暨绿洲现代农业发展战略高峰论坛活动。农林学部主任傅廷栋院士，常务副主任尹伟伦院士，副主任张福锁、吴普特，学部委员教育部科技委秘书处相关领导等共20余人参加了会议，会议由尹伟伦主持。会议围绕"2011计划"、农林领域重大方向建议、2012年度农林学部战略研究报告主题、专家建议选题等进行泛而深入的研讨与交流。部分委员还参加中国工程院、新疆生产建设兵团组织的2012绿洲现代农业发展战略高峰论坛。

教育部科技委常务副主任吴常信院士在会上做了"科学诚信与学术规范"学风宣讲报告，就科研诚信与社会诚信做了详尽的讲解，就科研诚信在社会诚信中起的重要作用和失去科研诚信在国内外造成的不良影响等问题进行了深入剖析。教育部科技委秘书处处长做了关于"2011计划"的专题报告，就"2011计划"形成的背景、过程、总体思路、特点、主要内容、操作实施、实施原则以及计划的管理体系、计划的工作进展情况等进行了详细解读。还介绍了教育部科技委今年的工作任务。会上，各位委员们还就"2011计划"进行了探讨，傅廷栋、安黎哲、吴普特、张福锁分别就"西北地区麦后复种饲料油菜的研究""青藏高原保护问题""中国粮食生产水问题""高产高效养分资源管理技术研究与应用"等方面的研究工作取得的进展情况做了专题报告，提出了相应的意见和建议，学部委员和石河子大学师生进行了现场交流和互动。在学部工作年会上，傅廷栋院士对农林学部2011年工作进行了回顾和总结，组织与学部委员认真学习了"2011计划"的有关文件，围绕"2011计划"讨论并确定了农林学科领域的4～6个有关重大方向，并组织与会委员对2012年农林学部的战略研究工作进行了讨论和安排。

（张　力　侯小龙）

【实践基地工作】 南方林区(福建三明)综合实践基地进行新建科技大楼竣工。

11月3日，北京林业大学南方林区综合实践基地新建科技大楼竣工。校党委书记吴斌、副校长张启翔和三明市有关负责人一起，为大楼竣工剪彩。科技大楼是基地建设的重要组成部分，投资3000余万元，总建筑面积15 647.68平方米，建筑层数17层，是一栋集科研示范、教学实习、技术咨询、人才培训的综合性大楼。

（张　力　侯小龙）

科技平台及研究机构

科技平台及研究机构

【概　况】 北京林业大学现有国家级、省(部)级工程中心、重点实验室及野外台站33个，其中，国家花卉工程技术研究中心1个、林木育种国家工程实验室1个、国家野外观测研究站1个、国家研发中心1个、国家水土保持科技示范园1个、教育部重点实验室4个、教育部工程中心3个、国家林业局重点实验室5个、国家林业局野外站5个、北京市重点实验室8个、北京市工程技术研究中心3个。2012年，新增宁夏盐池水土保持科技示范园1个，北京市重点实验室3个，分别是园林植物种质资源创新北京市重点实验室、森林保护学北京市重点实验室和精准林业信息学北京市重点实验室，新增水土保持北京市工程技术中心1个。

2月24~25日，在广西南宁召开的全国水土保持工作会议上，北京林业大学盐池生态站被水利部被正式命名为第四批“国家水土保持科技示范园区”。北京林业大学宁夏盐池水土保持科技示范园区是目前全国唯一一个高校与地方共建、共管的示范园区，积极发挥科技支撑、示范辐射和宣传教育功能。

2012年，组织4个国家林业局重点实验室上报2012年林业科技创新平台运行补助项目，组织国家林业局重点实验室和定位观测站申报2013年中央部门预算林业科技项目共10项，组织木材科学与工程北京市重点实验室和森林培育与保护省部共建实验室申报2项北京市科研基地共建项目。 (甄晓惠　万国良)

国家级、省部级台站年度建设情况

【山西吉县森林生态系统国家野外定位观测研究站】 山西吉县森林生态系统国家野外科学观测研究站，属于国家森林生态系统定位研究网络站点之一，位于山西省吉县红旗林场和蔡家川流域。吉县定位站1986年建站以来，承担国家科技攻关项目、国家重大基础研究计划课题、国家自然科学基金课题、国际合作项目、农业科技成果转化基金项目、退耕还林还草工程科技支撑项目、部重点课题等各类科技项目50余项。主要研究方向为：落叶阔叶林植被结构及其演替过程、嵌套流域森林水文过程、土壤侵蚀及生态修复过程。2012年度生态站运行情况良好，完成观测研究与平台服务任务。

2012年，吉县站固定人员8人、机动人员6人、基地管理人员3人，博士研究生、硕士研究生、本科生20多人参与野外台站观测。

2012年，承担国家科技支撑课题3项、“973”课题1项，国家自然科学基金1项，林业行业公益项目2项，北京林业大学科技创新项目2项。向国家林业局、山西省林业系统、当地有关部门提供数据支撑、科技咨询、技术培训等50人。

2012年，本站共发表论文23篇，出版专著3部，获得专利6项(发明专利5项、实用新型专利1项)，计算机软件登记1项。

2012年，吉县站在红旗林场试验区和蔡家川流域内各布设气象站一处，配置小气候自动观测设备，常年观测蔡家川流域的太阳辐射、温度湿度、风速风向、土壤温度、土壤水分、水面蒸发等各种气象数据。

8月22~24日，中日森林植被恢复技术研讨会部分代表考察山西吉县森林生态系统国家野外科学观测研究站，中国老科协调研组9人对生态站调研和考察。 (王若水　张建军)

【长江三峡库区(重庆)森林生态系统定位观测站】 长江三峡库区(重庆)森林生态站位于三峡库区上游重庆北碚区缙云山国家级自然保护区，于1998年10月建成，为国家林业局森林生态系统定位研究网络(CFERN)站点之一，主要植被类型为常绿阔叶林、暖性针叶林、竹林和常绿阔叶灌丛、亚热带灌草丛和水生植被。研究站为国家长期准确地提供区域森林生态系统各项基础数据。现有气象观测站1座、水量平衡场5个、林内降雨观测场5个、测流堰1座、实验室1个、工作室2间、定位观测塔1座(在建)；拥有大中型仪器设备10余套，主要有LI-8100土壤碳通量仪、LI-6400XT光合仪、径流计等。主要开展森林生态水文机理与过程、碳循环、土壤酸缓冲、坡面稳定性机理研究等4个研究方向。

2012年，承担科研项目9项，其中，林业公益专项2项、国家自然基金1项、博士点基金1项、教师团队创新项目1项、大学生科技创新项目4项，经费总计100多万元。在重庆缙云山建立水源涵养林(理水调洪型、净水型、低功能定向改造型)试验示范区1个，示范区面积100万平方米；基于标准样地的森林理水和净水机理实验研究，构建理水调洪型水源林林分结构模式1个(马尾松+广东山胡椒)、净水型水源林林分结构模式1个(马尾松+四川大头茶)、低功能水源涵养林定向改造模式1个(四川大头茶+马尾松+杉木+四川山矾)，试验示范区内森林的调洪理水功能调高30%以上，水质指标达到国家地表水2类标准；并建立长期定位监测数据库：气象数据、林冠截留数据、林地蒸发数据、土壤水数据、径流数据、蒸腾数据、光合数据、土壤呼吸数据等，年监测数据量2000千万以上；年度发表科技论文10余篇。

现有固定人员7人，其中，正高级1人、副高级3人，中级3人。2012年毕业生8人，本科生5人、硕士生3人。 (王云琦 王玉杰)

【山西太岳山暖温带落叶林和油松森林生态系统定位研究站】 山西太岳山暖温带落叶林和油松森林生态系统定位研究站是中国森林生态系统定位研究网络台站之一，前身为北京林业大学森林生态研究室，1990年正式建站，承担单位为北京林业大学，站址位于山西省沁源县太岳山国有林管理局。现有教授、研究员7人，中级职称10人，博士研究生3人，硕士研究生12人。

2012年发表科技论文9篇。获得土壤C通量观测数据近1.2GB，树干液流观测全年数据。新增课题1项，经费约20万元。开展学术交流和讲座10余场。完善OTC实验站场供电及数据监测项目1项，完成实验室水管改造1项，完成野外长期固定观测仪器(TDP系统和土壤C通量系统)检修2项，完成油松样地凋落物承接框更新1项，完成台站网络升级改造1项。协助灵空山科技示范林场完成公益林间伐改造项目1项。

定位站与中国林科院、山西林科院形成长期共建关系，与全国近10所大学、科研单位建立长期合作关系。2012年，毕业硕士7人，博士1人。 (康峰峰 赵秀海)

【首都圈森林生态系统定位研究站】 首都圈森林生态系统定位研究站成立于1986年6月，2003年加入国家林业局森林生态系统观测研究网络(CFERN)，生态站采取“一站多点”式布局，在北京市共布设1个主站和5个观测点：海淀区北京林业大学鹫峰林场主站，大兴区大兴林场观测点、密云县密云水库观测点等。首都圈森林生态站定位于体现大都市林业生态防护效能、都市重要水源区水源保护功能和都市生态与环境变化等特色，主要开展土壤—森林植被—大气界面生态过程、坡地生态过程、流域生态过程等研究。生态站强化首都圈森林保持水土、涵养与保护水源的生态服务功能，保障水资源的生态安全，全面改善生态环境条件，提高当地人民经济收入，提供大量重要监测数据与研究成果。

2012年，生态站承担各类科研项目13项、经费总计980万元。其中，国家自然科学基金2项、国家“十二五”科技支撑项目1项、林业公益性项目2项、省部级科研项目3项、横向合作项目5项。本年获得成果有：发表论文42篇，其中SCI收录4篇、EI收录2篇、CSCD期刊36篇；获授权专利1项；观测数据记录32.6万条、数据量1500MB、样品5000个。

2012年，先后3次开展首都圈森林生态站基本建设、观测设施仪器维护、数据标准化管理工作，共投入80余万元对定位站基础观测设施维修改造，补充和完善观测仪器设备。生态站负责人出席全国生态站工作现场会议。

生态站现有固定人员 13 人，按职称统计，正高级 5 人、副高级 7 人、中级 1 人，按类别统计研究人员 5 人、技术人员 4 人、管理人员 4 人；其中，博士 11 人、硕士 2 人。本年培养毕业生 11 人，其中，博士生 2 人、硕士生 4 人、本科生 5 人。

2012 年，接待美国、加拿大、澳大利亚 3 个国家 11 人来访，派出参观访问美国、加拿大、德国等 5 个国家 8 人。举办国内各类学术研讨会 10 余次，参加国际学术研讨会 4 人，提交论文 4 篇。2012 年海峡两岸水土保持学术交流营全体成员参观考察生态站开展学术交流活动。

（樊登星　余新晓）

【宁夏盐池荒漠生态系统定位研究站】 宁夏盐池荒漠生态系统定位研究站成立于 2003 年，2008 年 7 月加入国家林业局陆地生态系统观测研究网络(CTERN)。2012 年 2 月 24～25 日，在广西南宁召开的全国水土保持工作会议上，盐池荒漠生态系统定位研究站被水利部正式命名为第四批“国家水土保持科技示范园区”，所在学科为水土保持与荒漠化防治。定位站建有数据处理中心、标本室、实验室、气象观测场、水量平衡观测场、碳水通量观测塔、土壤风蚀观测场及多处固定植物观测样地等基础设施，总面积 2000 万平方米。拥有大中型仪器设备 40 余套。研究站定位于科研、教学、生产、国际合作和科普教育为一体的综合开放性观测研究站。主要研究方向为气候变化与人为干扰下的荒漠系统生态过程(生态系统及结皮演替、生物多样性)，荒漠生态系统能量平衡与物质运动(热量、水、碳氮循环)，沙区人居环境安全综合保障技术体系等。

2012 年，定位站完成博士点基金项目“西北风沙区柠条林草带状复合系统根系生态位及水肥空间分异特征”和“基于生态足迹的沙区人居环境安全评价与预测”的研究，继续承担林业公益性行业科研专项课题“荒漠生态系统生物多样性保育功能监测与评估技术”、教育部“985”工程优势学科科技创新平台建设项目“半干旱区沙地植被生态系统碳、水、氮循环耦合监测与模拟”等科研项目，开始承担“十二五”国家科技支撑计划课题“荒漠化地区退化土地治理与植被保育技术集成与示范”、国家自然基金面上项目“半干旱区沙地土壤次生无机碳积累过程与机制”的研究工作。2012 年，依托定位站获批国家自然基金项目 4 项，其中，面上项目 2 项、青年科学基金项目 2 项。2012 年，中央电视台采访定位站负责人，在新闻频道播放题为《树木又树人，荒漠变绿洲，培养后来人》的采访报道。凤凰卫视对定位站进行采访报道。

2012 年，定位站取得观测数据 20GB，发表论文 10 余篇，获得国家实用新型专利 1 项，申请国家发明专利 2 项。定位站现有固定人员 19 人，其中，正高级 6 人、副高级 8 人、中级 5 人。本年度培养博士生 1 人，硕士研究生 5 人。2012 年，接待加拿大环境署和纽布伦斯威克大学专家 2 人来访。（秦树高　张宇清）

【青海大通森林生态系统定位观测站】 青海大通森林生态系统定位观测站成立于 2009 年，所在学科为水土保持与荒漠化防治。前身是 2006 年成立的北京林业大学青海大通高寒区林业生态工程科研教学生产基地，2009 年青海大通森林生态系统定位观测站被正式纳入国家林业局中国陆地生态系统定位研究网络生态定位站建设体系。本站主要开展高寒区森林植被的生长发育规律和在自然或人为干扰下的演替规律，高寒区森林生态系统的结构与功能关系，高寒区森林生态系统与水土气生等生态环境条件的相互影响的研究。

2012 年，承担国家“十一五”科技支撑项目“黄土高原西部高寒区水土保持型林草植被恢复技术试验示范”，国家林业局林业科技推广项目“青海高寒区水土保持型植被恢复技术推广与示范”。

2012 年，参与生态站工作的博士生 3 人、硕士生 6 人、本科生 10 人，发表并被 SCI 收录的论文 2 篇。地方林业科技人员先后有 20 余人参与生态定位站观测的技术培训。

（史常青　贺康宁）

国家级、省部级实验室年度建设情况

【林木育种国家工程实验室】 林木育种国家工程实验室经国家发展和改革委员会于2008年10月23日批准设立。实验室建设由北京林业大学承担，旨在形成林木育种综合性技术研发与推广实验室平台，提高我国林木育种技术创新能力，促进林木新品种选育关键技术的创新、示范与推广。

实验室新引进“千人计划”学者等高水平领军人才3人，以及具有博士学位的青年学者12人，填补实验室一些研究领域的空缺。从而形成一支由54人固定研究人员组成的实力雄厚的研发队伍，包括中国工程院院士1人、千人计划学者1人、长江学者2人、杰出青年基金1人、教授23人。

截至2012年年底，实验室总投资1963.3万元。建成林木重要功能基因发现与鉴定技术、林木分子辅助育种技术、林木基因工程育种技术等5个研发平台，公共测试平台2个。现有实验室和温室面积3000余平方米，共有仪器设备416台，其中新购置配套仪器设备107台，通过多种形式合作，建设30余处林木育种科研实践基地。

2012年，林木育种国家工程实验室固定科研人员主持和承担的在研国家自然科学基金、国家科技支撑项目、国家林业局项目、省部级重点项目、北京市自然科学基金等科研项目共计68项，合同经费达4538.5万元。获国家发明专利授权7项，申请国家发明专利3项，申请林木新品种保护权10项，出版专著与教材1部，发表学术论文96篇，其中SCI收录47篇，获省科学技术进步一等奖1项。承办国际学术会议1次，国内大型学术会议1次，承担社会技术咨询服务等。 （龙　翠　康向阳）

【国家能源非粮生物质原料研发中心】 2011年10月，国家能源局正式批准大唐发电集团、河北天冠集团、中国农大、北京林业大学共同建设国家能源非粮生物质原料研发中心。

中心主要开展以下方面研究。①结合生物柴油树种分布、气候和立地条件、宜林荒山荒地空间分布情况、加工及运输设施、国防战略储备需求，对全国生物柴油树种能源林适宜造林区域进行规划和区划，为规模化生物柴油能源原料产业的合理布局和协调发展提供基础，为指导林业生物质能源林的营造提供指导；②生物柴油等能源林培育关键技术研究与示范，以生物柴油原料高效可持续生产为目标，开展我国8大主要生物柴油树种良种选育、高效栽培技术、原料采集和储运、能源林栽培技术推广模式等研究；③林业生物质能源原料采收和储运关键技术装备和技术体系研究，研究主要生物柴油树种原料采收和储运关键技术装备，研究林业作业木质剩余物采集和储运关键技术装备，研究刺槐、灌木柳及灌木能源林采集和储运关键技术装备；④生物柴油能源原料培育技术标准化，完成主要树种生物柴油能源林良种繁育基地建设技术标准化研究，制定主要生物柴油能源林树种现代化良种繁育基地的建设技术与建设标准，以期实现良种壮苗培育的标准化，提高生物柴油能源林的造林成活率及产出率，制定主要树种生物柴油能源林造林与经营技术标准，通过对国内主要的生物柴油能源林造林水平、造林效果、抚育技术的研究，提高生物质能源林的整体造林技术水平，为规模化种植提供技术规程；⑤我国生物柴油能源原料生产产业体系和政策构建，通过研究和分析生物柴油能源原料生产产业特点、社区参与的积极性、产业与区域经济社会发展的联动、产业可持续发展的影响因素、对原料产业开展成本核算等，研究建立林业生物质能源原料生产低成本高收益可持续发展的政策体系和运作机制。

2012年，研发中心各专业研发部下设专业实验室，设良种选育技术研发实验室、栽培管理技术研发实验室、采集与储运技术研究实验室、原料检测实验室等，总面积在2400平方米以上。

2012年，中心共承担国家林业局、教育部及法国开发署各类项目6项；发布《能源林可持续培育指南》《灌木能源林培育利用指南》《甘肃省文冠果能源林发展可行性报告》等指南。开展学术、对外交流，分别赴加拿大 UBC 大学考察，与法国开发署共同开展生物柴油树种产业链合作，与美国密歇根州立大学达成合作协议，召开生物质能源产业发展研讨会等多项学术交流活动。（段　劼　贾黎明）

【宁夏盐池荒漠水土保持科技示范园】 北京林业大学宁夏盐池国家水土保持科技示范园于 2011 年 12 月通过水利部专家组评审，2012 年 2 月 25 日，被水利部正式命名为第四批国家水土保持科技示范园区，所在学科为水土保持与荒漠化防治。园区占地总面积 2000 万平方米。拥有大中型水土保持相关仪器设备 40 余套。园区地貌以缓坡丘陵为主，在地势低洼处和背风坡分布有大量固定、半固定沙地和少量流动沙地。分布丘陵、坡地、台地、风蚀洼地、风积沙地等地形，园区植物种类丰富，各种植被因地而生，多以旱生、沙生植物为主。园区位于黄土高原南部水蚀区与鄂尔多斯高原风蚀区的边界线附近，是典型的风蚀水蚀过渡地段，水土流失表现为水力侵蚀与风力侵蚀共同存在，并且协同作用，是中国风蚀与水蚀交错地段重要的水土保持科技示范园区。园区设有生活生产区、水土保持研究区、水土保持展示区等功能区，并规划有水土流失自然修复区、流沙工程措施治理区、水土流失生物措施治理区等用于水土保持科技示范和研究的区域。

目前承担各类水土保持与荒漠化防治相关的科研项目 10 余项，本年度培养研究生 6 名。2012 年，接待加拿大环境署专家 1 人来访。（秦树高　张宇清）

【水土保持与荒漠化防治教育部重点实验室】 水土保持与荒漠化防治教育部重点实验室成立于 2003 年 5 月，重点实验室下设水土保持、林业生态工程、荒漠化防治等 5 个实验室，占地 1684 平方米，拥有大中型仪器设备 42 套。水土保持与荒漠化防治教育部重点实验室是目前中国水土保持与荒漠化防治领域唯一的教育部重点实验室，主要开展小流域土壤侵蚀与森林水文机理与过程、荒漠化生态修复机理与过程、水土流失生态修复机理与过程 3 个方向的研究。

2012 年，重点实验室固定科研人员主持和承担国家自然科学基金、国家科技支撑项目、“973”项目、国家林业局项目、林业公益性行业科研专项、省部委重点项目、北京市自然科学基金等科研项目共计 114 项，其中，“十一五”科技支撑项目 2 项(延续)、“十二五”科技支撑项目 5 项、“863”项目 1 项、“973”项目 6 项、“948”引进项目 3 项、国家自然科学基金项目 14 项、国家林业局项目 14 项、北京市项目 14 项、其他部委项目 28 项、横向研究项目 27 项。

2012 年，重点实验室共获得各类奖项 8 项，其中，“黄土高原农牧交错带生态恢复机理和关键技术研究”和“陕西生态经济型防护林树种评价体系与利用技术研究”两个项目获陕西省科学技术进步二等奖，“长江三峡库区森林植物群落水土保持功能及其营建技术”成果获重庆市科科学技术进步二等奖，“重庆低山丘陵区植物群落结构及其水土保持功能研究”获中国水土保持学会科学技术奖一等奖，“永定河河岸生态防护技术适宜性研究”获中国水土保持学会科学技术奖二等奖，“黄土高原农牧交错带生态恢复机理和关键技术研究”获延安市科学技术特等奖，“人工林精准经营与信息化管理关键技术”获北京市科学技术三等奖，“气候变化和人类活动对黄土高原植被覆盖变化的影响”获梁希青年论文奖三等奖。

2012 年，重点实验室固定人员和流动人员在国内外、本领域内重要刊物及国内外学术会议发表论文 279 篇，其中，SCI 收录 24 篇，EI 收录 26 篇，ISTP 收录 2 篇。获得授权专利技术 10 项，其中，发明专利 7 项、实用新型专利 3 项。出版专著 11 部，软件登记 3 项。

2012 年，引进博士毕业生 6 人，引进硕士毕业生 1 人，为实验技术系列工作人员。邀请美国农业部林务局、北卡罗来纳州立大学教授作为重点实验室的客座教授。

2012 年，重点实验室通过具体科研项目，重点实验室为水土保持学院各学科培养大批高水平的技术人才和中青年学术骨干。录取硕士生 134 人、博士生 39 人，总规模有所增加；15 名研究生获得硕博连读资格，硕博连读比例增加，在职攻读学位比例下降。毕业博士 32 人、学术型硕士 99 人、专业硕士(农业推广)17 名人。

2 篇博士学位论文获学校优秀博士论文，3

篇硕士学位论文获学校优秀硕士论文，2名博士生分别在影响因子为4.98、4.092的国际期刊发表学术论文。4名研究生分获第七届北京地区地理学研究生学术论坛一、二、三等及优秀奖。

2012年，重点实验室继续加强与国内外相关学科领域高水平专家的合作交流。与来自美国、德国、奥地利、加拿大、日本等国家的高校及科研机构开展合作研究5项，派遣及接受合作交流23人。参加国际学术会议5人，交流学术论文3篇，特邀报告1篇。共举办高级系列学术讲座16场，主讲人均为国内外相关领域的优秀学者、专家。（刘喜云　王云琦）

【林木、花卉遗传育种教育部重点实验室】 林木、花卉遗传育种教育部重点实验室成立于2003年。实验室主要开展商品林与经济林树种遗传改良、观赏植物新品种选育、抗逆性植物材料良种选育等5个方向的研究工作。现有实验室面积约3000平方米，科研设施设备总价值3500余万元，其中10万元以上的仪器设备近100台套。

2012年，实验室新进优秀博士毕业生2人。实验室现有从事科学研究的教师45人，其中，教授28人、副教授16人、讲师及其他人员5人。

2012年，实验室申请并承担国家“863”高新技术项目、国家自然科学基金、国家“十二五”科技攻关项目、省部委重点项目等纵向科研项目共计64项，年到账经费约2050万元；获国家发明专利授权7项，申请国家发明专利3项；授权林木新品种保护权10项；出版专著与教材1部；发表学术论文96篇，其中SCI收录47篇；获省科学技术进步一等奖1项。承办国际学术会议1次，国内大型学术会议1次。

2012年，实验室招收博士研究生30名，毕业博士研究生22名；招收硕士研究生89名，毕业硕士研究生59名。实验室教改项目获北京市高等教育教学成果二等奖，实验室牵头组织成立全国油松良种基地技术协作组，继续推动山东冠县北方平原林木良种创新与示范实践基地和河北沧州枣育种和栽培实践基地建设。

（杨丽娜　张德强）

【森林培育与保护教育部重点实验室】 森林培育与保护教育部重点实验室于2004年3月24日通过教育部正式立项建设，2007年7月30日通过教育部专家组验收，2010年9月20日通过教育部专家评估。实验室依托于国家级重点学科森林培育学、森林经理学、森林保护学等，拥有3个一级学科和1个二级学科博士点，林学、生态学博士后科研流动站。实验室2012年固定在编人员59人，其中，中国工程院院士2人、长江学者特聘教授1人、杰出青年基金获得者1人。2012年，获批森林资源与生态系统过程北京市重点实验室。

2012年，新立国家科技支撑计划项目3项，国家自然科学基金项目6项，林业公益性行业科研专项1项，北京市教委共建项目2项，北京市自然科学基金1项，林业标准修订项目3项，新世纪优秀人才支持计划2项。

2012年，实验室固定人员累计发表SCI收录论文32篇、EI收录期刊论文11篇，以第一作者或责任作者发表中文核心期刊123篇，出版教材和专著8部，授权新品种1项，制定标准2项，软件登记5项，获批发明专利8项，实用新型专利1项。在国家林业局开展的全国生态建设突出贡献奖评选表彰活动中，实验室两位教授获全国生态建设突出贡献先进个人。

2012年，实验室引进各类优秀人才共6人，博士毕业生27人，硕士毕业生161人，毕业农推硕士生43人。（赵秀海　徐昕照）

【木质材料科学与应用教育部重点实验室】 木质材料科学与应用教育部重点实验室于2007年12月获准立项建设，主要开展木材科学基础理论与应用、木材节能干燥理论与技术、木质复合材料与胶黏剂、家具与木材制品加工工艺、木材化学加工与利用、木质生物质能源化高效利用等方面的研究。固定研究人员70人，教授18人，副教授23人，高级实验师8人，具有博士学历的教师47人。

2012年度，重点实验室新增国家自然基金项目6项，“十二五”科技支撑1项，林业公益性行业专项5项，“863”课题1项，北京市自然科学基金3项，其他省部级课题多项，在研课题经费总额达8700多万元。发表学术论文244篇，其中SCI收录82篇，EI收录5篇，ISTP14篇，国内期刊143篇。获授权发明专利19项，实用新型3项。获高等学校科学研究优秀成果奖(科学技术)自然科学类一等奖、第四届梁希青年论文奖三等奖。（商俊博　李建章）

【污染水体源控与生态修复北京市重点实验室】

2012年，重点实验室获批运行两年。“十一五”期间，重点实验室承担的国家水专项、国家“863”项目、环保公益性行业科研专项等10余项课题陆续通过结题验收。“十二五”期间，围绕重点实验室的主要研究方向“有毒有害难降解有机废水的成套处理技术的研发；城市污水深度处理与污泥资源化利用技术的研发；水源水污染控制技术的研发；面源污染控制技术的研发”等申请了一些科研项目，包括国家水专项课题4项，国家自然科学基金项目5项，环保公益项目2项，科研经费总额近千万元。

2012年，共发表SCI收录论文22篇，授权国家发明专利5项。实验室共有10余位教师和研究生分赴希腊、澳大利亚、韩国等地进行国际交流或参加国际会议。并邀请美国拉玛尔大学博士、中国台湾成功大学教授来室进行学术交流。（张立秋　孙德智）

【森林资源生态系统过程北京市重点实验室】

森林资源生态系统过程北京市重点实验室于2012年正式批准建立，承担单位为北京林业大学。2012年实验室新增国家“十二五”科技支撑课题1项，经费530万；林业公益性行业科研专项项目3项，合计经费594万元；国家自然科学基金项目3项，合计经费187万。2012年在研基金项目13项。

2012年招收硕士研究生51人，博士研究生20人。完善研究生课程体系建设，增加讨论式教学比重和实践教学内容。出版《保护生物学》等高等教育“十二五”规划教材。培养“新世纪优秀人才支持计划”获得者1人。

实验室与东北林业大学、内蒙古农业大学、北华大学等涉林高校，以及中国科学院沈阳应用生态研究所、中国林业科学研究院、吉林省林业科学研究院等科研院所进行长期合作。2012年与上述单位合作承担科研项目包括：国家重点基础研究发展计划(“973”计划)、“十二五”国家科学技术支撑项目、林业公益性行业科研专项项目。2012年与中国科学院沈阳应用生态研究所合作完成国家自然科学基金重点项目申报工作。

2012年9月重点实验室组织召开了“International Workshop on Forest Observational Studies”国际会议，来自加拿大、芬兰、美国、墨西哥、德国、俄罗斯、澳大利亚、西班牙的10位国际知名林业科学家，介绍不同国家目前的森林观察网络、野外实验和资源清查状况，讨论森林测量、设计与分析、模拟与规划和长期制度支持技术，并探讨学科间交叉研究的可能性。会议形成了论文集，并组织在《Forest Ecology and Management》上发表专刊。（张春雨　赵秀海）

【林业食品加工与安全北京市重点实验室】　林业食品加工与安全北京市重点实验室依托北京林业大学组建，成立于2005年1月，2012年5月获北京市科委正式认定。实验室现有固定人员34人，其中，教授10人、副教授15人、讲师9人，具有博士学位者占85%以上。实验室研究方向3个：木本油料加工与安全检测、林源食品加工与安全检测、林业食品安全标准与检测体系建设。

2012年，实验室引进副教授2人、讲师1人。3人到耶鲁大学、伊利诺伊大学香槟分校食品科学、美国康奈尔大学食品科学系访问研究。新增国家自然科学基金项目2项，北京市科委科技创新基地培育与发展工程阶梯计划项目1项、林业公益性行业科研专项等项目2项，新增科研经费310万元，发表学术论文27篇，其中SCI收录11篇，申请专利9项，获得专利1项。

2012年，实验室投入30多万元购置仪器设备，主要包括多功能复合果汁饮料实训生产线、小型榨油机、电子天平等，为林业食品加工提供设备支持。

社会服务方面，为北京世纪润和有限公司开发高级配方油，该产品已上市；由实验室教师开发的“北林绿康”牌螺旋藻精片上市销售。实验室主任教授和部分教师到国家林业局参加中国老科协与老教协(林业分会)组织的“食品安全与健康生活”报告会。

10月16日，举办林业食品加工与安全北京市重点实验室揭牌仪式暨学术讲座。10月17日，和芬兰3所大学举行合作论坛，双方在森林和农业功能食品的研发、环境可持续、植物保护和安全食品生产等领域进行项目合作研究和发展。 (欧阳杰 张柏林)

【林木生物质化学北京市重点实验室】 林木生物质化学北京市重点实验室于2012年5月获准立项建设，依托学科为林产化学加工工程。主要研究开发方向是生物质超微结构分子解译、生物质化学组分清洁分离机制和结构表征、生物质定向降解转化及产品谱系研究等研发。

实验室现有高级技术职称研究人员23人，包括名教授和博士生导师10人，中级技术职称研究人员7人，实验师3人；2012年，引进全职工作教授1人，补充具有良好发展潜力的教师2人。

2012年，获批国家杰出青年基金1项，自然科学基金面上及青年项目2项、“新世纪优秀人才支持计划”项目资助1项、北京市科技新星计划1项、博士后特别基金资助1项。“生物质木质素的结构表征及多糖功能材料的构建”获教育部高等学校科学研究优秀成果奖(科学技术)自然科学一等奖。共发表SCI收录论文50余篇，申报国家发明专利20余项，授权10余项。

(王 堃 许 凤)

【木材科学与工程北京市重点实验室】 木材科学与工程北京市重点实验室于2001年获准立项建设。实验室围绕首都人居木质环境相关联的经济建设和社会发展需求，主要开展木材科学基础理论与应用、木材节能干燥理论与技术、木质复合材料与胶黏剂、家具与木材制品加工工艺、木工机械与切削刀具、木材化学加工与生物质能源化等方面的研究。固定研究人员70人，其中，教授18人、副教授23人、高级实验师8人、具有博士学历的教师47人。

2012年，木材科学与工程北京市重点实验室新增国家自然基金项目6项，“十二五”科技支撑1项，林业公益性行业专项5项，“863”项目课题1项，北京市自然科学基金3项。在研课题经费总额达8700多万元。获高等学校科学研究优秀成果奖(科学技术)自然科学类一等奖、第四届梁希青年论文奖三等奖。获授权发明专利19项，实用新型3项。发表学术论文244篇，其中，SCI收录82篇、EI收录5篇、ISTP收录14篇、国内期刊143篇。 (商俊博 伊松林)

国家级、省部级研究中心年度建设情况

【国家花卉工程技术研究中心】 国家花卉工程技术研究中心于2008年通过验收。2012年，合计承担工程技术研发课题34项，获植物新品种保护权16项，申请新品种1项，申请国家发明专利10项，获发明专利授权16项。制定行业标准3项，地方标准1项。培养硕士研究生和博士研究生124人，其中博士12人，风景园林学术硕士52人，专业硕士60人。培训园林技术人员共计263人，培训6期；为园林公司培训园林管理人员50人，培训花农120人；与全国插花花艺研究会、寿光乐义国际农业培训中心合作培训插花师93人。

中心拥有花卉种质创新与新品种培育基地13万平方米，连栋研发温室14 800平方米、日光温室3000平方米、国际梅园展示温室2000平方米、荫棚2000平方米、冷库200平方米、组培炼苗室600平方米，库房、锅炉房等其他基础设施1000平方米。梅品种国际登录精品园(国际梅园)总占地面积5.2万平方米。在河北固安、海南三亚等地建有花卉产业基地，合计生产面积23万平方米。

中心在青岛颐梅风景园林有限公司、广东棕榈园林公司等建立18个国家花卉工程技术研究中心研发与推广中心，完善国家花卉技术研发与推广体系。中心研发、生产示范基地已达860万平方米，温室生产示范50万平方米，带动周边花卉生产企业和农户技术进步。

2012年，中心5名研发人员分别前往美国、德国、土耳其等地参加学术研讨和高端访问，聘请澳大利亚西澳大学、美国德州农工大学、美国农业部在普渡大学研究所等专家学者到中心进行学术交流。成功举办由中心和西澳大学共同承办2012年国际园艺学会观赏植物种质资源国际研讨会(北京)。承办中国园艺学会栽培植物命名及国际品种登录工作委员会2012年会。

与中国园艺学会观赏园艺委员会联合主办2012年中国园艺学会观赏园艺专业委员会年会，主题是“面向市场需求发展科技创新型观赏园艺”，参会代表400余人，出版会议论文集《中国观赏园艺研究进展2012》，收录研究论文138篇，组织学术报告会与专题讲座18次。

(刘 冬 程堂仁)

【园林环境教育部工程研究中心】 园林环境教育部工程研究中心于2001年批准建设，以北京林大林业科技股份有限公司(以下简称北林科技公司)的形式进行开发、经营和管理，以北京林业大学园林学院和花卉研究所的骨干作为技术支撑，以北京林业大学的研究成果作为中心的主要内容进行技术配套和技术推广。主要技术领域和技术方向为园林设计、园林工程施工和高档花卉集约化生产。中心以工程院院士、教授、副教授、博士职称人员为主体组成研发队伍。

2012年，生产种苗、成品花100余万株，花卉种子销售额3200万元，完成委托园林规划设计项目和其他技术服务项目55项，产值2.26亿元。

(刘 冬 程堂仁)

【林业生态工程教育部工程研究中心】 北京林业大学林业生态工程教育部工程技术研究中心，2006年列入建设项目，2010年9月正式通过教育部科技司组织的专家组验收，经教育部批准于2011年成立中心技术委员会。该中心依托北京林业大学山西吉县黄土高原亚湿润区林业生态工程营建技术试验示范基地、北京密云都市水源保护区水源涵养林营建技术试验示范基地、重庆长江三峡库区防护林体系营建技术试验示范基地、山西方山黄土高原半干旱区抗旱造林及径流林业技术试验示范基地、宁夏盐池风蚀荒漠化地区生态防护型林草植被营建技术试验示范基地、青海大通高寒山地防护林体系营建技术试验示范基地、陕西吴旗农牧交错区生态修复技术试验示范基地7个野外试验示范基地建设而成。

2012年，中心承担国家级、省部级科研项目26项，发表学术论文210余篇，与北京北林绿景生态环境规划设计院有限公司合作，承担全国10个省(区、市)的15个水土保持监测工作，包括广西灌阳(永安关)至全州(凤凰)高速公路水土保持施工期监测、国家高速公路锁龙寺至蒙自高速公路建设项目水土保持监测、鞍钢未来钢铁研究院项目一期工程项目水土保持监测、杭州华电半山天然气热电联产项目水土保持监测、新建铁路大准至朔黄铁路联络线工程水土保持监测、北京市丰台区晓月苑六组定向安置项目水土保持监测、山西阳泉盂县跃进煤业有限公司矿井兼并重组整合项目水土保持监测、贵州省黎洛高速公路施工期水保监测等。

2012年，中心共接待美国、加拿大、澳大利亚等国家7人来访，举办国内各类学术研讨会12次，参加国际学术研讨会4人。

(刘喜云 朱清科)

【林业生物质材料与能源教育部工程研究中心】

林业生物质材料与能源教育部工程研究中心于2007年10月获准立项建设，依托学科为木材科学与技术、林产化学加工工程、森林培育等有关学科。主要研究开发方向是环境友好木质新材料开发与制造、林业生物质产品加工及性能评价、林业生物质功能性高分子材料开发利用、林业生物质资源精细化学加工、林业生物质高效转化利用、林业生物质产品加工过程节能与环保监测评价。

林业生物质材料与能源教育部工程研究中心在北京林业大学建有科研基地1个，共74人，其中，高级职称研发人员40人，在北京、河北、浙江等地建立成果转化、产业化示范基地4个，共62人，其中，高级工程师占20%以上。

2012年，工程中心新增科研经费530万元，发表SCI收录论文70篇，获2012年度教育部高等学校科学研究优秀成果奖(科学技术)自然科学一等奖1项。申报国家发明专利53项，获发明专利授权22项。制订《材料学院科技成果转化管理暂行办法》，实现技术转让4项，与企业签订合作研发协议6项，合同经费98万。

(王　堃　蒋建新)

【污染水体源控与生态修复技术北京市高等学校工程研究中心】 2012年，围绕面源污染控制技术、污水深度处理与废物资源化技术、污染水体生态修复技术等3个工程中心的主要研究方向，共申请获得国家自然科学基金5项、北京市自然科学基金项目2项、教育部新世纪优秀人才支持计划项目1项、环保公益项目2项、北京市教委共建项目1项、北京市重点实验室阶梯计划项目1项、学校团队计划项目4项，科研经费总额922.93万元。(张立秋　孙德智)

【北京市园林植物工程技术研究中心】 北京市园林植物工程技术研究中心于2012年5月正式获得北京市科委批准。中心引进转化国内外优良品种，丰富北京市园林植物种类；引进吸收国外先进的工程技术和栽培技术，提高全国园林植物整体种植水平；采用高新技术培育优良新品种；加强园林规划设计、荒漠化治理的研究，开展北京市城市生态园林绿化开发研究；加快科技成果的转化，提高园林植物研究成果产业化速度和质量，提高北京市园林植物经济效益和社会效益。

中心聘任4名院士作为研究中心技术顾问，现有科技研发、推广人员98人，占职工总数的21%，其中，留学归国人员2人、高级职称12人、中级职称54人，2011年建立博士后工作站，已有博士12名。研究中心固定人员20人，其中，管理人员4人、技术委员会委员10人、主要技术研发人员6人。

2012年，中心承担北京市海淀区科委项目1项，研究中心内部立项6项，分别为北方地区观赏针叶树种的育种及栽培技术研究、野花组合配方及其播种养护方法、大花蕙兰产业化新培育技术引进及改造、有效降低城市PM2.5指标树种选择研究、立体绿化植物品种筛选研究、北京茶用和观赏地被菊新品种选育与产业化生产示范、古树保护研究。

2012年，中心取得的成果有优新植物品种种质资源的引进收集(立体绿化植物品种筛选研究、有效降低城市PM2.5指标树种选择研究、北京茶用和观赏地被菊新品种选育与产业化生产示范)、植物品种工厂化繁育技术及工艺流程的研发(大花蕙兰产业化新培育技术引进及改造、野花组合配方及其播种养护方法、古树保护项目)。申报专利16项。

2012年，中心与美国、法国、荷兰、比利时、丹麦、加拿大等30多个国家和地区建立友好合作关系。研究中心对外交流5项，参观丹麦进口泥炭工厂及荷兰花卉品种展示会，参观日本供货商举办的花卉品种展示会，参观荷兰先正达在美国举办的花卉品种展示会，参观美国花卉品种展示会，在荷兰学习观赏植物栽培育种技术。

2012年，通过新品种的研发推广，实现大花蕙兰的产业化，利用营养液培养，降低大花蕙兰生产成本，提高利润率。年销售量在40万株以上，累计收入达到1800万元，净利润达900万元。筛选出北国风光、宿根组合和缀花草坪3种广泛应用的野花组合配方。

北京市园林植物工程技术研究中心承接国家、部门或企业的委托任务，进行科研攻关、技术咨询、标准制定、高级技术人员和管理人员培训，培育具有自主知识产权的园林植物品种，实现产业化。(周　杰　蔡　飞)

北方林业新技术试验示范和推广实践基地

该基地位于河北平泉县以及北京妙峰山。平泉基地，包括建筑面积5287.35平方米的林业科研中心，中心有森林培育试验室、育种试验室、组培试验室、显微试验室、木工实验室、科研人员及学生宿舍等，苗木繁育用地20万平方米，种质资源收集圃2万平方米，试验示范林场

667万平方米；北京妙峰山鹫峰子基地，包括1200平方米温室及2.3万平方米苗圃。基地是集教学、科研、生产、技术推广为一体的，服务山区“三农”的实践基地和示范中心。

基地是立足华北、面向北方的林业新技术试验、示范和推广实践基地，围绕中国北方林业及生态建设关键技术问题，将在北方主要树种良种选育、优质苗木集约化培育技术、高效林分抚育理论与技术、特有名优经济林培育技术、人工林和天然林生态效益监测等方面开展学术研究、成果转化与技术推广，加强基地社会服务功能。

主要开展：①北方主要树种优良种质资源（种源、家系和无性系）的收集、保存、良种选育及其优质苗木培育新技术。②北方主要树种的天然林、人工林高效抚育技术对比试验研究，构建不同起源森林抚育经营技术的试验示范及地带性森林近自然培育的营造技术，并进行试验示范和推广。③以北方特有的山杏和榛子为对象，开展优质种质资源收集、良种快速扩繁技术、优质果品高产、优质、高效绿色栽培技术等的研发工作。④开展以油松天然林和人工林为对象的生态效益监测。

【北京林业大学木质材料科技成果创新与转化基地】 基地位于河北平泉县卧龙镇八家村中盐板厂北侧，建设占地2.7万平方米的北京林业大学北方基地木工实验工厂。

基地结合地方丰富的林木资源、科学研究、人才培养与服务社会需要以及地方林产加工产业发展技术需求，建设集木质材料高效加工与利用、木质材料及制品性能检测、人才培养与技术服务为一体的科技成果创新与转化基地。

主要开展：①木质材料环境友好及增值加工与利用技术研究与转化，包括木材节约、节能加工利用技术，速生材增值加工技术，室外用木质材料绿色加工利用技术，绿色家具与室内装饰材料制造技术，木材清洁高效制浆造纸技术等。②林业资源化学高效利用技术及林业生物质新材料与能源技术研究与转化，包括林木资源成份分离与高附加值利用关键技术，纳米结晶纤维素高效制备分离技术，生物质定向热化学转化技术，纤维素乙醇生物转化技术等。③林业技术装备研究与开发，包括林木种苗生产、造林绿化、经营抚育、林木采伐、森林防火、有害生物防治、林产品加工等系列化林业新技术装备等。

南方林区（福建三明）综合实践基地

基地位于福建省三明市将乐县，包括科研教学实验室、温室、办公室、宿舍基础等设施33 335平方米，苗木繁育用地20万~40万平方米，种质资源收集圃26.67万平方米，实验示范林场1333万平方米。基地结合三明地区丰富的林业资源，以解决南方集体林区林业发展面临的实际技术问题，提高基层林业科技培训和技术服务水平、扩大科技成果转化率，完善林业产业化结构，加强良种生产和繁育能力为宗旨，紧紧围绕林权改革后南方集体林经营和培育技术，林区产业发展，打造一个林业高等学校面向社会科技服务和国家新农村建设的大窗口、大平台。成为林业重大科研成果孵化器，现代林业高新技术研究推广中心、国内一流的产学研实践基地。

主要开展：①建设包括集体林区林业科技信息综合服务平台、集体林区林业科技政策与法律咨询服务平台和森林资源资产化评估专家支持平台。通过集体培训、专家下乡、热线咨询、网站在线咨询、现场答疑、科技培训等形式，及时解决和满足群众提出相关问题，搭建起一个全方位立体式的快速向林农提供林业科技信息服务的平台。②马尾松、杉木基因收集、选育和轻基质工厂化种苗生产技术研究与示范，围绕马尾松、杉木等南方主要树种，开展良种收集、选育和轻基质工厂化种苗生产基地建设，从而提升当地良种选育和种苗生产水平，推进当地经济发展和林业良种化水平，包括：Ⅰ.建设马尾松、杉木基因资源林；Ⅱ. 建设基地良种繁育和轻基质工厂化种苗生产基地，开展新品种繁育和种质扩繁；Ⅲ. 建立杉木、马尾松高世代种子园。③南方重要植物资源综合利用与产业化生产研究与示范，主要围绕油茶、红豆杉、厚朴、雷公藤、文冠果、麻疯树等重要植物资源综合利用产业化生产，进行成果转化和示范工作。④开展基础理论研究与政策研究，将围绕集体林权制度改革后森林资源可持续经营理论与技术、人工林稳定性与地力衰退机制、森林有害生物的生态调控、植物遗传与种质定向改良等重大科学问题，开展创新研究，从而为解决重大林业问题提供科学依据和技术支撑。⑤开展有关林权制度改革配套政策研究与咨询、培训等服务。⑥南方林业产业研究与示范，充分利用南方丰富的林木资源和良好林业产业基础，开展木材高效综合利用、林产化工和林业生物质能源开发利用研究和示范。

国际、港澳台交流与合作

【概　况】 国际交流与合作处主要负责学校外事(含港澳台事务)及留学生教育等工作。截至2012年，国际交流与合作处共有正式员工8人，设两个职能科室，分别是外事科及国际教育科。外事科主要负责学校对外交流合作、因公出访、外国专家引智、中外合作办学、学生公派出国等工作；国际教育科主要负责学校留学生教育及对外汉语培训等工作。

2012年共有来自6个国家和地区的11个团组共计30余人来访，因公出国(境)团组111组183人次，其中，因公出国(赴港澳)派出团组104个173人次、因公赴台团组7个10人次。共招收来自48个国家各类留学生108人，学历生占留学生总人数75%。与美国密歇根州立大学合作举办的"草坪管理"本科学士学位项目2012年招收新生23人，在校生人数达到135人。聘请长期文教专家4人，科教专家3人，短期专家108人次，执行政府间科技合作项目6项。举办3个国际会议，第八次举办商务部援外培训林业官员研修班，来自9个国家和地区的16名官员参加。国家公派研究生项目共有16名学生获得留学资格。通过校际交流渠道共派遣13名学生赴美国、加拿大、日本、芬兰、中国台湾等国家和地区学习。 (林　宇　王　锦)

【外事综合工作】 1月10日，加拿大湖首大学校长布莱恩·斯蒂文森等一行3人来校进行友好访问，宋维明接见来访外宾。9月25日，加拿大不列颠哥伦比亚大学副校长约翰·海博恩、园林学院院长等一行3人来校进行访问，宋维明、张启翔一同接见来宾。校庆期间，宋维明会见美国南方大学、美国北卡罗来纳州立大学、加拿大不列颠哥伦比亚大学代表团；张启翔会见美国密歇根州立大学代表团一行和马来西亚普特拉大学林学院院长；王晓卫会见越南林业大学代表团一行4人，各高校代表对学校建校60周年表示衷心的祝贺并赠送校庆贺礼，会见期间还与美国北卡罗来纳州立大学、马来西亚普特拉大学签订校际合作协议。10月17日，学校生物学院与芬兰奥卢大学等四所芬兰高校及科研院所签署食品开发与应用方面的协议，芬兰驻华使馆公使衔参赞尤森与骆有庆一起出席并见证签约仪式，宋维明接见芬兰客人，并接受他们为庆祝学校校庆而准备的礼品及贺信。

实际2012年受理因公临时出访团组咨询128组214人次，当年完成出访任务109组171人次，其中，因公出国(赴港澳)派出团组102个161人次、因公赴台团组7个10人次。全年新办因公护照(港澳通行证)58本，注销各类失效因公证件85本，登记有效因公证件286本，因公护照收缴率达100%。出访目的地包括美国、日本、英国、加拿大、德国及中国港澳台地区等五大洲41个国家及地区，年度实际派出出访目的地国家(地区)数较2011年增长20%以上。

2012年，参加各类国际会议46组71人次，在各类国际会议上做口头报告40人次，参加教育部组织的国际教育展3组9人次，执行各类科技考察与合作研究31组59人次，参加部委和北京市组织的培训、研修、交流13组13人次，作为国家林业局特邀专家随团参加国际大会评审、生物多样性国际公约谈判、国际会议研讨等9组9人次。

2012年上半年，完成亚太地区林业教育基本情况和需求的调研，形成两个项目文本报亚太森林可持续网络组织申请立项，第一个项目文本已获专家评审通过。

全年校级领导因公出访团组任务11人次，主要包括由吴斌带队参加教育部组织的赴巴西与智利的中国教育展；由张启翔带队出席在波黑召开的国际林联工作组会议；张启翔作为十年一届的国际园艺博览会评委3赴荷兰评审参展各国主题园设计，赴巴西参加国际园艺学会委员会及理事会会议；姜恩来和王晓卫分别带队开展学校和日本山形大学与越南林业大学的校际交流。

3月，全面启动由校内信息中心牵头的学校办公信息化相关工作，开展北京林业大学教师系统下设的国际交流与合作管理子系统建设，同时对国际交流与合作处(港澳台办)网站进行栏目调整，进一步完善各类外事与涉台工作办理规定与办事须知，方便校内师生对学校外事及涉台工作了解与办理。及时发布外交部、北京市外办有关国家安全动态等领事保护信息，为学校师生因公赴国(境)外出访提供参考。

8月8日，在北京市外办统一安排下，完成北京市因公出国(境)网上申报系统的升级，10月8日，全面启动因公电子护照办理的宣传与实施。（陈若漪　覃艳茜）

【校际交流与合作】 2012年，共新签或续签校际协议6份，分别是与越南林业大学签署的合作举办"2+2"本科教育项目合作协议、与加拿大不列颠哥伦比亚大学签署的学生校际交换协议、与越南胡志明农林大学、马来西亚普特拉大学、美国北卡罗来纳州立大学、日本岛根大学签订的校际合作协议。

2012年签订校际交流协议一览表

学校名称	签署时间	合作期限
越南林业大学	2012年2月22日	5年
加拿大不列颠哥伦比亚大学	2012年9月7日	5年
越南胡志明农林大学	2012年9月14日	5年
马来西亚普特拉大学	2012年10月15日	3年
美国北卡罗来纳州立大学	2012年10月15日	5年
日本岛根大学	2012年10月31日	5年

（覃艳茜　王　锦）

【留学生工作】 2012年，共有来自英国、意大利、法国、老挝、泰国、孟加拉国、日本、越南、韩国、伊朗、越南、马来西亚、科特迪瓦、几内亚、苏丹、马达加斯加、厄瓜多尔、纳米比亚、博茨瓦纳、多哥、马里等48个国家的108人留学生来校学习，其中，博士生17人、硕士生43人、本科生22人、高级进修生5人、普通级修生4人、语言生17人，分布在学校9个学院30多个专业。外国留学生规模扩大，国别、学科分布更加合理。

2012年，共接收校际交换生3人(来自日本鸟取大学、加拿大不列颠哥伦比亚大学和美国天普大学)，分别在国际学院、经管学院和林学院学习。

继续招收"亚太森林恢复与可持续管理网络"外国留学生奖学金生8人，分别来自泰国、尼泊尔、孟加拉国、缅甸、越南、柬埔寨、越南、蒙古，该项目奖学金在校人数为16人。

12月，全面启动 国际学生在线申请(支付)及在校管理系统，规范学校留学生招生及管理工作，稳步推进学校教育国际化进程。

为配合北京市教委组织的第四届"汉语之星"大赛，3月，学校作为大赛分会场举办中国文化周主题活动。共有2人进入北京市"汉语之星"复赛，学校获得北京市"汉语之星"优秀组织奖。学校留学生3人在校庆60年系列活动中参加校庆文艺演出获得校庆"特殊贡献奖"。

2012年，学校共有14名学历留学生毕业生，其中，博士4人、硕士8人、本科生2人。

2012年外国留学生毕业生名单

学　院	学生姓名	国　籍	学历层次
农业经济管理	TOURE SAOUDATOU 杜蕾	几内亚	博士
农业经济管理	CAMARA MOUSSA 穆沙	几内亚	博士
生态学	FOLEGA FOUSSENI 佛里佳	多哥	博士
水土保持与荒漠化防治	NASSR ELDDIN MOHAMMED 纳索	苏丹	博士
林学	MR. KETHSA NANTHAVONGDOUNGSY 凯撒	老挝	硕士
林学	MOHAMMAD RAHMAT ULLAH 兰汉姆	孟加拉国	硕士

（续）

学　院	学生姓名	国　籍	学历层次
林学	SIHAPANYA VONGPHET 翁派	老挝	硕士
林学	MRS. UTHARAT PUPAIBOON 巴布	泰国	硕士
林学	YUSUF CHOWDURY 约瑟夫	孟加拉国	硕士
林业经济管理	OUCH KEMLY 金丽	柬埔寨	硕士
林业经济管理	PRAK OUSOPHA 帕克	柬埔寨	硕士
林业经济管理	JEREMIAH HARON 哈罗	巴布亚新几内亚	硕士
风景园林	KIM YOUNG AH 金伶娥	韩国	本科
风景园林	LAU XIN TIAN 刘心恬	马来西亚	本科

（徐鲁闽　刁雅榕）

【合作办学】 北京林业大学与美国密歇根州立大学（Michigan State University）中美合作办学草坪管理专业运行良好，2012 年共招收 23 名学生。5 月 18～19 日与美国密歇根州立大学的中美草坪管理专业本科联合办学联席会议和 2012 届毕业生典礼在学校召开，30 名学生顺利毕业，取得中美双方院校颁发的学位证书。

学校与加拿大不列颠哥伦比亚大学本科合作学位项目国际实验班在 2012 级学生中继续实施，2012 年从新生中招收木材科学与工程专业一个班共 23 名学生，单独成班并执行专门的教学计划。3 月，经北京市教委向教育部正式申报该项目木材科学与工程和生物技术两个专业的合作办学项目立项，经过北京市教委的审批、教育部组织的专家评审，于 10 月 26 日获得教育部批准，于 2013 年 9 月开始正式招生，每个专业每年招生人数 30 人，参加项目学生毕业后可同时获得中加双方本科学位。（覃艳茜　王　锦）

【引智工作】 学校共聘用长期语言文教专家 4 人，在校从事英语、日语教学工作；长期科教专家 3 人，在校从事科研教学工作；邀请国外科技专家短期来华讲学，从事科研合作 108 人，其中教育部海外名师项目聘用 1 人、学校特色项目聘请 20 人、政府间科技合作项目 6 项（中美 1 项、中德 1 项、中奥 2 项，中芬 1 项，中匈 1 项，计 15 人）。学科范围涵盖林业、水保、园林、生物、林业经济、森林工业、材料科学、自然保护、人文社科、语言、信息等 23 个专业。

（项宪光　王　锦）

【援外培训】 5 月 11 日至 6 月 1 日，承办商务部发展中国家应对全球气候变化的林业经营理念与实践管理官员研修班，共有来自斐济、莱索托、缅甸、尼泊尔、巴布亚新几内亚、瓦努阿图、越南等国家的 16 名林业及生态高级官员参加。研修主题覆盖林业生态领域的多个层面，包括森林碳汇、低碳经济、森林病虫害防治、气候变化对森林生态的影响等多项实践专题内容。同时，研修班安排各国官员参观北京八达岭森林公园、十三陵林场，并在中国森林物种丰富、森林生态多样性特点突出、林权改革成果显著的福建省三明市进行实地考察。（林　宇　王　锦）

【国际会议】 7 月 16～20 日，举办 2012 国际观赏植物种植资源学术研讨会（International Conference on Germplasm of Ornamentals），来自 27 个国家和地区的 130 名国内外专家和学者参会，其中外方代表 51 人。国际园艺学会种质资源分会（ISHS Commission on Genetic Resources）主席汉娜·詹尼克（德国）全程参加会议并主持观赏植物基因资源（Ornamental Genetic Resources）工作组专业会议，将本次会议正式冠名为“首届国际观赏植物种植资源学术研讨会”，并将其列入国际园艺学会专业学术研讨会序列会议，每 4 年举办一次。张启翔当选为下一届国际园艺学会观赏植物遗传资源工作组（Working Group on Ornamental Plant Genetic Resources）主席，负责组织 2016 年在美国乔治亚大学召开的第二届国际观赏植物资源学术研讨会。

10 月 13～16 日，学校与中国林学会共同主办第二届森林科学论坛——森林可持续经营国际学术研讨会，会议主题为“应对气候变化中的森林经营”。来自亚洲、欧洲、美洲、大洋洲的21个国家和地区208名国内外专家和学者参会，其中外方代表89人。中国林学会理事长江泽慧教授、国际林联主席尼尔森·科克教授出席会议并做主题报告。

11月27～30日，学校举办“鹤类保护与可持续农业”国际研讨会(Crane Protection and Sustainable Agriculture Conference)。来自亚洲、欧洲、美洲、大洋洲的19个国家和地区108名国内外专家和学者参会，其中外方代表39人。

（项宪光　王　锦）

【港澳台交流】 2012年，学校成功申请香港王宽城基金资助1项，已连续11年获得该基金专项资助。2012年，学校继续承办教育部重点对台交流项目“2012年海峡两岸水土保持理论与技术研究生学术研习营”，来自台湾南部的5所院校的59名师生和学校水土保持学院近50名研究生参加研习营的活动。

2012年，因公短期派出赴香港团组4个4人次，赴澳门团组1个1人次。其中，参加教育部团组1组1人次，参加香港控制工程与信息科学研究协会举办的2012年机械工程与材料工程前沿国际会议并做报告2组2人次。11月，尹伟伦应澳门科技大学校长许敖敖邀请赴澳门科技大学担任该校“科技大师系列讲座”的主讲嘉宾。

60周年校庆期间，台湾屏东科技大学、台湾彰化师范大学代表团来校参加校庆活动。吴斌、王晓卫会见台湾屏东科技大学一行4人，宋维明、王晓卫会见台湾彰化师范大学代表团一行5人，各代表团向学校赠送校庆贺信和贺礼。2012年，因公申请赴台团组9个14人次，取消4人次，实际派出10人次。其中，应邀参加由台湾大学生物资源暨农学院举办的第四届海峡两岸生物多样性与森林保护文化研讨会和中华海峡两岸园艺交流协会组织的学术交流、派员随国家林业局团组参加“两岸树木保护实务研讨会与学术交流”、随中国科协团组参加第十三届海峡两岸三地环境资源与生态保育学术研讨会。派出来自人文、外语、园林、水保4个学院的在读硕士生赴台湾中兴大学交换生4名，短期研习生1名。

（项宪光　王　锦）

【学生出国留学】 国家建设高水平大学公派研究生项目共有16人被录取，其中，攻读博士学位8人、联合培养博士生8人。通过校际交流项目共向海外派出校际交换生13人，其中，2人前往加拿大不列颠哥伦比亚大学，1人前往美国天普大学，1人前往芬兰赫尔辛基大学，2人前往日本鸟取大学，5人前往日本岛根大学，2人前往台湾中兴大学交换学习。

2012年国家公派研究生项目录取情况一览表

序号	姓名	学生类别	学院	留学国别	留学单位
1	谢　静	硕士	水保学院	加拿大	萨斯卡彻温大学
2	张　倩	硕士	自然保护区学院	荷兰	内梅亨大学
3	冯永顺	硕士	材料学院	德国	汉堡大学
4	王子元	硕士	生物学院	美国	麻省大学阿姆赫斯特分校
5	傅伊倩	硕士	园林学院	荷兰	瓦格宁根国际植物育种研究中心
6	姜庆彪	硕士	林学院	加拿大	魁北克大学阿比蒂彼特米斯卡明分校
7	朱　磊	本科	材料学院	美国	华盛顿州立大学
8	杨　洁	博士	自然保护区学院	美国	莫瑞州立大学
9	任学勇	博士	材料学院	美国	北卡罗来纳州立大学
10	申津羽	博士	经管学院	加拿大	多伦多大学
11	王　松	博士	生物学院	美国	威斯康星大学麦逊校区
12	孙鑫博	博士	林学院	美国	克莱姆森大学

（续）

序号	姓 名	学生类别	学 院	留学国别	留学单位
13	郭文霞	博士	林学院	澳大利亚	悉尼科技大学
14	王 伟	博士	林学院	美国	劳伦斯伯克利实验室
15	龚 岚	博士	林学院	美国	南方大学及 AM 学院
16	王一娜	教师	外语学院	荷兰	莱顿大学

2012 年校际交流交换学生情况一览表

境外合作院校	姓 名	专 业	类 别
台湾中兴大学	黄冠荣	城市规划与设计	硕士
	何 飞	行政管理	硕士
加拿大不列颠哥伦比亚大学	李 瑞	生物技术	本科
	黄晗露	农林经济管理	本科
芬兰赫尔辛基大学	段 伟	林业经济管理	硕士
美国天普大学	张瀚文	生物科学	本科
日本鸟取大学	王春香	生态环境工程	硕士
	金香花	市场营销	本科
	赵益婵	日语	硕士
	池慧青	日语	硕士
	杨萌萌	日语	硕士
日本岛根大学	姜舒敏	日语	本科
	赵梓晴	应用心理学	硕士

（覃艳茜 王 锦）

党建与群团工作

组织工作

【概　况】 组织部(党校)共设有干部科、党建科和党校办公室3个内设机构。现有工作人员6人。组织部(党校)的工作职能是研究新时期党的组织工作的方针、政策，结合学校的实际情况提出实施的工作方案；检查督促基层单位党组织贯彻执行民主集中制和组织生活制度的情况，总结经验，提出改进意见和措施；指导基层单位党组织建设，并按照党章规定做好基层单位党组织换届选举工作；负责党员的管理教育和发展工作；定期分析党组织和党员的状况；负责处级干部和校、处级后备干部的选拔、考察、培养和管理；负责科级干部的任免；会同有关部门做好落实干部政策和知识分子政策工作，并检查执行情况；做好干部的教育培训规划和本年度的培训计划并认真落实；配合纪检委做好严肃党纪、端正党风的工作，处置不合格党员；负责做好干部出国审查工作；负责先进基层党组织、优秀党员、优秀党务工作者、优秀党支部书记的评选工作；负责入党积极分子入党前培训和党员的教育培训工作；负责处级干部的年终考核工作；负责外调的接待工作，受理党员、干部的来信来访；负责党费的收缴、管理和使用和党内统计工作；承办党委交办的其他事宜。

2012年，党委组织部、党校以十八大精神为指导，围绕学校中心工作，深入开展"创先争优"和"基层组织建设年"活动；以评促建，以评促改，积极迎接党建和思想政治工作《基本标准》达标检查；加强部门作风建设和党务公开工作，被学校评为"2012年度贯彻执行党风廉政建设责任制先进单位"；完成第二轮406名管理系列人事聘用工作；搭建干部多渠道锻炼平台，共派出20余名干部校外挂职和学习；加强党员干部教育培训，提高干部治校理教能力；完善学生党校课程体系和教材体系建设；夯实基层党建工作，全面启动二级党组织换届。

【党组织基本情况】 截至2012年12月31日，学校共设立二级党委13个，党总支3个，直属党支部7个。党支部303个，其中学生党支部204个(本科生党支部86个，研究生党支部117个，混合学生党支部1个)，在职教职工党支部91个，离退休教职工党支部8个。

【党员队伍基本情况】 组织关系在校党员共计5219人。①政治面貌：正式党员4126人，占党员总数的79.06%；预备党员1093人，占党员总数的20.94%。②性别：女性党员2976人，占党员总数的57.02%。③民族分布：少数民族党员434人，占党员总数的8.32%。④职业情况：在岗教职工党员1249人，占全校党员的23.93%，其中管理干部410人，教师618人；学生党员3670人，占全校党员的70.32%；离退休党员296人，占全校党员的5.67%。⑤学生党员情况：学生党员3670人，占学生总数的21.04%；其中本科生党员1520，占本科生总数的11.47%；研究生党员2150人，占研究生总数的51.25%。⑥2012年新发展党员情况：2012年共发展党员981人，其中学生973人，占99.18%；在岗教工8人，占0.82%。

【基层党组织建设和党员队伍建设】

迎接党建和思想政治工作《基本标准》检查 组织部、党校承担学校迎接北京高校党建和思想政治工作《基本标准》检查组织、文秘及协调等工作。牵头相关单位完成学校自查报告、特色报告、书记汇报及PPT等10余万字材料准备；组织召开4次迎评工作推进会议；组织校内专家对学院工作进行检查；做好评估手册及专家入校各项协调和服务。承担1/3的检查项目自查、自建工作，完成分项自查报告并梳理支撑材料15盒。检查结束后，中财、北影、北工商等10余所院校，先后来学校学习交流迎评工作。

开展“基层组织建设年”活动 一是推动党支部分类定级和晋位升级工作。全校310个基层党支部中，81%达到“A”类(好)要求，督促非“A”类党支部进行工作整改。二是争先进，树典型。园林学院党委、后勤服务总公司直属党支部2个党组织获评“北京高校2010～2012创先争优先进党组织”，李俊清、刘祥辉2名教工党员获评“北京高校2010～2012创先争优优秀共产党员”。在纪念建党91周年暨创先争优表彰大会上，表彰校级创先争优先进党组织16个，优秀共产党员23名。三是以建校60周年庆祝活动为契机，开展“创先争优我先行，奉献校庆我添彩”主题党日活动，围绕“忆峥嵘岁月、聚八方才智、展学府底蕴、传绿色文明”，组织党员师生积极参与校庆工作。四是适时总结学校创先争优活动做法、建立长效机制。学校经验材料《入党积极分子成熟度和党员先进性评价机制探索与实践》入选第十五次教育部直属高校暨全国有关高校组织工作研讨会论文集。

严格程序，选举推荐各类高层次代表 一是按照选举程序，经过“三上三下”层层遴选，召开党员代表会议，选举党委书记吴斌为市第十一次党代会代表。二是推荐尹伟伦作为第十二届全国政协委员候选人并成功当选。三是经推荐考察，曹金珍教授被选为北京市人大代表。

修订和完善党建工作制度，规范党务工作 起草、修订学校《党支部工作细则》《2012～2015年发展党员工作规划》《发展党员工作细则》《基层党组织换届工作实施细则》《聘任特邀党建组织员实施办法》等；编印《毕业生党员组织关系接转工作问答》《组织员工作手册》《基层党委党组织换届指导手册》等资料，进一步规范基层党建工作；定期公布党费收缴、使用和管理情况。

党员发展、教育和帮扶工作 推动学生党校改革，建立党员培训、培养、发展和教育的联动机制。坚持党员发展批复和志愿书编号制度，完善“调研—申报—沟通—批复”工作程序。将“坚持标准，保证质量，改善结构，慎重发展”的原则固化为制度程序。全年发展党员981人，发展教工8人，其中专任教师7人；发展学生973人。逐步调整本科学生党员发展的年级结构，发展毕业生党员比率逐年降低，由2011年的35.15%降低至2012年的30.65%。学生党员质量稳步提升，2012年保研学生中党员比例提升至51.74%，获得“北京市三好学生”荣誉称号的学生中党员比例提升至85.71%。建立健全党员激励关怀帮扶机制，为2名党员争取到市教工委年度生活困难党员慰问。配合全国各省委组织部门和学校就业部门，对50余名报考选调生的毕业生进行了政审。耐心接待来信来访，及时进行处理答复20余人次。

调整组织设置 根据学校机构调整，理顺标本馆、水保学会、非粮生物质能源中心等单位的党组织设置和归属问题。全面启动基层党委党组织换届工作；指导各分党委(党总支)调整和优化支部设置，选齐配强党支部书记。加强对党支部书记的教育培养，全年共选派6名优秀党支部书记参加北京高校教师党支部书记示范培训班学习；制定《2012年上、下半年党员组织生活指导意见》，指导党支部开展组织生活。

业务培训和党建研究 针对基层党务工作者流动快，党务工作经验缺乏的实际，加强对基层党务工作者的业务培训。先后开展了“基层党建工作实务培训”“党内统计培训”“党员信息库使用培训”，并邀请离退休老同志担任特邀党建组织员，加强监督指导，促进以老带新。全年完成北京高校党建研究会“北京高校学生党员发展工作状况研究”及“高校出国留学党员管理教育途径研究”两项重点课题。承担学校“党建信息化建设需求分析”和“党员组织关系信息化管理的探索与实践”两项课题的研究工作。认真组织2011年年鉴及特载的撰写和近10年校史的撰写工作。

党务公开和党内民主 起草学校《实行党务公开工作实施办法》，制定党务公开目录，确定9大类、56项具体公开内容，明确校、院两级组织领导、党务公开的内容、程序、方式和时限，构建组织、责任和公开三大体系。学校被确定为“北京市党的基层组织党务公开工作联系示范高校”。

党费收缴与使用情况 全年共计收入党费387 528.2元，坚持大额党费不过夜，及时入账。

支出党费 429 254.6 元，主要用于每季度按照 25%的比例向市委教育工委上缴党费、购买党员学习资料、党员活动立项、党务培训、党内表彰、慰问生活困难党员和印制工作材料等。及时以党内文件形式向全校党员公布党费收缴及使用情况。

党内各类统计 完成上级部署的半年党内统计、年终党内统计及各节点校内党组织和党员队伍基本情况统计。被北京市委教育工委评为“2011 年度党内统计工作全优单位”。

【干部工作】

学校干部队伍基本情况 截至 2012 年年底，学校校级领导干部共 12 人(其中校级领导班子成员 10 人)，处级干部 204 人(其中正处级干部 77 人)，科级干部 178 人(其中正科级干部 150 人)。双肩挑处级干部 49 人，占处级干部总数的 24%。女处级干部 60 人(其中正处级 15 人)，主要从事党务和思想政治教育工作。党外处级干部 11 人。处级干部平均年龄 44 岁，61%具有硕士及以上学位，76%具有副高级以上职称。科级干部平均年龄 37 岁，91%具有大学本科及以上学历。

管理系列第二轮人事聘用工作 将传统干部管理理念与现代管理学方法相结合，公示历年考核情况，对 77 名正处级干部实施首轮聘期考核牵头开展管理系列第二轮人事聘用工作，共聘任 A 级岗 73 人，B 级岗 113 人，C 级岗 183 人，D 级岗 39 人。

干部任免交流 校级领导班子队伍进一步增强，教育部人事司王晓卫，结束驻外教育参赞工作后，挂职到学校任副校长。全年提任正处级干部 1 人，副处级干部 1 人，轮岗处级干部 2 人，提任正科级干部 29 人次，副科级干部 16 人次，轮岗科级干部 18 人次。加大党外代表人士培养力度，与统战部共同起草学校加强党外代表人士队伍建设相关文件，支持和加强党外代表人士培养，开展党外干部校外挂职。

干部服务工作 与人事处、信息中心加强沟通，完成干部人事管理信息系统需求分析，推进系统研发，依托信息化平台，加强干部管理科学化水平，为领导决策提供信息和数据支持。完成北京高校干部管理信息库基础数据一期录入和维护工作。审核批准干部因私出国 25 人次，委托审计处开展对 2 名处级领导干部的经济责任审计工作。

干部培养工作 2012 年共派出挂职、借调干部、教师 20 余人，分别在国家部委、北京市各政府部门服务锻炼。组织部与人事处共同做好对这些干部的待遇落实工作。由校领导带队，对挂职干部进行期满考察，加强学校与挂职地方及部门的合作交流。选派 3 名干部分批参加国家教育行政学院中青年干部培训班学习，推荐 1 名干部参加北京市“三个一百”工程。鼓励年轻干部参与全市干部公选，经考试、面试及组织考察，郭昊被选拔为海淀区团区委副书记。

开展“一报告两评议” 将校领导班子及领导干部年度考核与民主生活会、领导干部重大事项申报和校领导理论文章征集等工作同部署、同安排，并在教育部人事司具体指导下，首次组织“一报告两评议”工作，学校党委委员、纪委委员，全校副处级以上干部，教师代表，民主党派负责人，教代会代表，离退休代表等 185 人，听取学校党委干部工作汇报，对干部选任工作和 2012 年提拔、调整的所有处级干部进行民主评议，无记名填写测评问卷(机读卡)。根据教育部人事司对校级领导班子和领导干部考核测评情况的反馈，广大教职工对学校 2012 年的工作满意度超过 88%。

处级领导班子和领导干部的考核，采取网上测评与述职述廉和会议测评相结合的方式开展，针对机关、学院不同岗位，开展不同范围的述职测评工作。加强对考核数据的分析、考核结果的使用和反馈，33 名处级干部年度考核为“优秀”，52 名新提任干部试用期考核合格。

【党校工作】 2012 年党校工作紧密结合形势，围绕学校中心工作，开展分层分类、各有侧重的教育培训工作。

组织干部和党员学习党的十八大精神 先后邀请学校党委书记吴斌为党员干部做了《贯彻落实十八大精神，推进学校科学发展》专题辅导报告，首都师范大学马克思主义研究院院长做了《十八大的新提法和新举措》专题辅导报告，北京市委党校工商教研部主任做《十八大报告中的五个“关键词》专题辅导报告。组织部、党校编辑《干部学习文萃第八期——十八大精神专版》，供广大干部自学使用。

第十一期、十二期中青年干部培训班 第11期中青年干部培训班培训对象为2011年下半年到2012年4月份之间新提任的正、副处级干部。共有48个新上岗处级干部参加了培训。培训班以增强党性修养、夯实业务知识、掌握领导方法为目标，共听取校领导、职能部门负责人和校外专家所做《增强党性观念，做合格的党员干部》《提高高校领导干部管理能力》《中国传统文化概述》《当前宏观经济形势》《如何当好正副职》《领导者的心理素质与调试》《管理过程中的沟通与协调》《黄帝内经——饮食与养生》《党风廉政建设专题》《干部自身建设与成长》共10个专题辅导报告。为拓展干部工作视野，开阔干部眼界，组织培训班学员前往河南省林业厅进行座谈交流，了解河南林业发展状况和河南林业发展对人才培养需求。第十二期中青年干部培训班培训对象为专职辅导员队伍。学校59名辅导员进行了专题培训。培训班以理论学习、业务辅导和考察交流相结合的方式，邀请校领导、北京市委教育工委领导、北京市委党校领导和国家教育行政学院的专家为培训班做了专题辅导。

基层党组织负责人和组织员培训班 2012年年底，举办教工党支部书记和组织员素质和能力提升培训班，共有148人参加培训。培训班邀请校党委书记吴斌做了《贯彻落实十八大精神，加强基层党建工作》专题辅导报告，北京市委党校专家做了《十八大精神与我国经济发展新趋势》专题辅导报告，组织部(党校)负责人介绍了学校2012年党建工作情况，并对2013年党建工作进行了总体部署。基层党组织负责人还接受了《党务知识专题培训》。基层党组织负责人还通过诗歌、舞蹈、小品等方式汇报了基层党建工作情况。

第48、49期学生党校初级班 利用寒、暑假，举办两期教工、研究生入党积极分子培训班，共培训学员301人；按照校院两级培训机制，依托各学院举办党校第48期、第49期初级班，共培养入党积极分子2145人。初级班紧紧围绕《党章》，重点学习了党的性质和宗旨、党的指导思想、党的奋斗目标、党的组织原则和纪律党员的义务和权利等；培训班采用专题辅导、分组讨论、社会实践和义务劳动相结合的方式；最后对培训班学员进行闭卷考试并发放党校初级班结业证书。

第47期、48期党校提高班 2012年，学生党校对提高班进行了改革，将培训对象调整为列入年度发展计划的本科生发展对象；党校第47期、第48期提高班对874名发展对象进行发展前的集中培训。重点学习《社会主义核心价值体系》《党的作风和青年修养》《中国对外关系的新形势与新挑战》等内容，观看反映创立中央监察委员会过程的影片《忠诚与背叛》。撰写“绿色校庆与党员责任”主题论文。

第十五期、第十六期预备党员培训班 利用寒、暑假，举办两期预备党员培训班，对986名预备党员进行为期两天的集中培训，培训以增强新党员的党员意识和党性观念、加强党性修养、熟悉党内生活若关规定、做合格党员为目标，共安排了《改革开放以来党的思想解放历程》《党风廉政建设》《讲党性、重品行、做表率》《论共产党员的修养》导读、《民主集中制》《胡锦涛“7·23”讲话精神》和《预备党员须知》共7个专题辅导报告。预备党员还撰写了《我心目中的共产党员》学习总结。

第三期新生党员培训班 以新生党员的党性意识和先进性教育为重点，举办第三期新生党员培训班。109名新生党员(含6名正式党员)参加培训。组织部、学生处、招生就业处的负责人分别做了《党员修养》《学生党员综合能力培养》《职业生涯规划与成长》等6讲专题辅导报告，观看电影《钱学森》，并通过朗诵、歌曲联唱、三句半等形式汇报了学习成果。

学生党校课程体系和教材体系建设 按照十八大精神要求，对学生党校初级班、提高班、预备党员培训班的课程体系进行调整，形成初级班重点学习党的基本知识，提高班重点学习党的路线方针政策，预备党员培训班以提高党性修养，增强党员意识为重点的新体系，将中国特色社会主义核心价值观教育、中国特色社会主义的理论自信、制度自信和道路自信和生态文明建设内容纳入学生党校教学体系。二是加强入党积极分子培训教材建设，编辑出版北京高校入党积极分子培训辅导教材《青春与信仰》，策划编写党校培训教材《时代楷模》并完成初稿。

总结党校工作 以北京高校党校协作组成立20周年活动为契机，对北京林业大学党校的历史沿革、组织设置、工作探索、成绩和经验进行全面总结。全面梳理2008年以学校在干部教育培训方面做法及经验，撰写《构建“3－4－5”培训模式，实现科级以上干部全员培训》工作报告和《北京林业大学干部教育培训创新案例》，在北京高校党校协作组成立20周年纪念大会上做了主题发言。

宣传新闻

【概　况】 党委宣传部、新闻办公室负责北京林业大学思想政治教育和新闻宣传工作，下设思想政治教育科、网络宣传教育办公室、北林报编辑部、广播台、电视制作组等5个部门。北京林业大学是北京市高校校报理事长单位，北京高校校报研究会设在校内，日常工作由党委宣传部、新闻办公室承担。现有工作人员12人，其中部长1人，副部长2人。

2012年，党委宣传部、新闻办开展学习贯彻落实党的十八大精神的系列活动，接受北京高校党建和思想政治工作基本标准集中检查和“平安校园”创建试点学校检查验收，完成学校绿色校庆年和60周年校庆活动的宣传工作。编辑出版《北京林业大学校史(2002～2012)》《北林学者》等文献，拍摄制作专题片《知山知水 树木树人》等，编印大型画册《甲子华章 绿色辉煌》等系列宣传品，梳理、凝练、推广了校训、校风、教风、学风等表述语，初步确定校歌。对外报道工作有所突破。

宣传部李铁铮被评为北京高校新闻宣传工作优秀工作者，由宣传部遴选、推荐的外语学院教师李健获“第三届首都学习之星”荣誉称号。在全国高校校报协会、北京高校校报研究会好新闻评比中获7项重要奖励，北林报编辑部被评为先进集体，2人获先进个人称号。

（刘　忆　铁　铮）

【思想教育】 制定《关于进一步加强和改进青年教师思想政治工作的意见》，通过专家报告、座谈研讨、专题讲座等形式，在青年教师中开展社会主义核心价值体系教育，开展世情、党情、国情、社情教育，构建青年师生理论教育体系。举行“专家解读十八大”系列报告会，帮助师生释疑解惑。利用橱窗、网络、广播、报刊等宣传媒体，在青年教师中开展师德师风教育。编辑《北林学者》书籍，记录北林学者的风采。北林报、绿色新闻网、宣传橱窗、广播台等开设名师专栏，推广专家、学者的教育教学和科学研究经验。

制定青年教师思想政治工作要点和推进措施，开展青年教师的“三观”教育。各分党委、党总支、直属党支部组织广大青年教职工深入学习领会上级精神，通过听报告、读原著、专题研讨、主题实践等多种方式开展学习教育活动，引导广大青年教师的思想自觉与党中央保持高度一致。

开展2010～2011年党的建设和思想政治工作优秀成果、创新成果的征集和校内评选。收到各单位提交的党建与思想政治工作成果19项，经过评委会评选，分别评出优秀奖、创新奖和单项奖。推荐3项成果上报北京市委教育工委，其中1项党建成果获得优秀成果二等奖。

开展哲学社会科学教学科研骨干培训工作。2012年共选送12期24名骨干教师参加教育部、北京市哲学社会科学骨干教师培训，强化对教师的选拔和培训工作的管理。

举办生态文明专家研讨会，研讨学校的办学特色和推进生态文明建设的举措。制作绿色视频、宣传橱窗，宣传生态文明理念。组织学生开展“我为生态文明做贡献”“绿色校园与生态文明”“低碳生活我先行”等主题宣传教育活动，提高广大师生对生态文明建设重要性的认识。通过媒体向社会宣传北京林业大学在生态文明建设中的地位、作用，着力宣传学校的办学理念，组织专家、学者从多角度来阐释、理解办学理念的深刻内涵。邀请新华社记者对学校领导、专家就生态文明建设进行专访。联系在人民日报刊登学校领导的署名文章。（刘　忆　铁　铮）

加强网络宣传教育工作，完善网络宣传教育工作机制和工作制度。制定《北京林业大学关于加强和改进舆情应对工作的意见》和《北京林业大学舆情引导处置流程规范》，完善舆论监控制度。在保留原来网络管理员和舆情观察员队伍的基础上，新组建舆情信息员队伍，配备30名信息员，采取值班日主责和任务主责相结合、教师引导和学生监控相结合的管理模式。党的十八大召开前夕，对信息员进行业务培训，加强网络舆情监管和引导，营造健康和谐的舆论氛围，形成“学校—学院—学生”三级舆情监控体系。

拓展舆情收集范围，加强网络舆情引导与监控。把人人网、博客、微博、微信等纳入到舆情信息收集范围，加强对突发事件、师生关注的热点问题的舆论引导和分析研判。对涉及学校形象和名誉的重大舆情，及时上报主管领导，在第一时间做出反应，发布相关信息，防止事态的进一步恶化。每周对学校网络论坛、微博等学生反映较多的教育、生活等民生问题，监测到后，及时通过《舆情通报》等方式反馈给相关部门和主管领导，请相关部门对学生反映的问题及时做出回应。全年共完成《舆情通报》及网络版30余期，在质量方面有提高。对照“平安校园”创建试点学校检查验收的指标体系和任务分解，对5年来宣传新闻工作进行梳理，总结在思想发动、制度建设、舆情引导、重大敏感日师生思想动态监控、危机事件应对、新闻宣传等6个方面的工作经验，对《学校突发事件应急处置预案》进行完善。 （沈 静 铁 铮）

【理论学习】 2012年，校党委理论中心组围绕学习贯彻党的十八大精神、生态文明建设、国防安全、党风廉政建设、保密工作等主题，精心设计学习内容，举办近10场专题辅导报告。通过开展专题学习会、专题发言、交流学习、参观考察等方式，力求学习与实际结合；以点带面，学习覆盖面继续扩大，在全校范围内形成校院两级中心组分层管理、二级联动的良性学习机制。通过二级中心组观摩交流、编印《二级党委中心组简报》等方式，鼓励各分党委积极探索二级党委中心组学习的新机制。二级党委中心组建立集中学习研讨制度，中心组成员联系学科教研室、党支部和基层班级的制度等，理论学习不断规范化；突出实效，学习成果更加规范化。校党委中心组开展专题调研实践。及时总结成果，组织成员结合理论学习、实践调研以及工作中的难点重点，撰写49篇学习论文，并将论文编印出版，书名为《理论学习与实践创新》。

（刘 忆 铁 铮）

【新闻宣传】 2012年，绿色新闻网开设学习贯彻党的十八大精神、2012级新生班级展示、2012冬季征兵、校庆60周年专题、2012迎新专题、2012年优秀毕业、军训专题、第十次团代会、爱校敬业尚德爱生、2012绿桥、绿色长征、雷锋精神在今天、欢度新年等13个专题。开通北林精神等表述语评选专题网站、校庆专题网站2个。全年共发新闻4000余条，其中，绿色要闻1020条、绿色视频36条。

《北林报》全年出刊26期，出版2期对开大报、特刊和专刊，在学习贯彻党的十八大精神、校庆60周年活动和学校教学、科研、管理、学生生活、基本建设等方面进行重点报道。在陈俊愉院士逝世之时，首次以特刊(两个版面)的形式报道陈先生的悼念活动及先生的事迹和生平。新开栏目“北林学者”与“新友谈天”。

广播台开办17个栏目，每天播出时长130分钟，举办“绿动心声——校庆献礼”大型晚会，推出“校庆绿色青年大使”宣传专栏。宣传橱窗开设“党的十八大精神”、落实科学发展观、生态文明和美丽中国、“两会”、校庆60周年、党建评估、七一表彰、师德教育、绿桥活动、学生评优、招生就业、反腐倡廉、平安校园等200多个专题500多块展板。电子公告屏播报600余条。电视制作组播出校园新闻38期，完成平安校园、教学示范中心等专题片。协助完成新教工住宅的自办卫星接受节目的光缆传输工程、因大雪造成的接受传输光缆断裂后的修复、《空中课堂》卫星节目接受和自办节目的光缆传输工程。

北京林业大学作为北京高校校报研究会的理事长单位，2012年召开了以“高校文化建设与新闻宣传工作”为主题的学术年会，研究会部分常务理事、监事人员进行调整，开展2011年度北京高校好新闻评选以及2012年度北京高校新闻宣传工作先进集体和个人评选活动。

（廖爱军 铁 铮）

【大学文化】 组织专家学者总结凝练“北林精神”“校训”等表述语，开通北林精神等表述语评选活动专题网站，制作易拉宝，召开多种类型的师生座谈会广泛征求意见。组织开展“北林精神”、校训、校风、教风、学风表述语征集评选活动，组织专家多次对初稿进行完善、提炼和升华。通过现场、网络投票，在广泛讨论的基础上，初步确定各类表述语。

启动校歌征集工作，收到师生员工、校友及社会各界人士应征作品40余首。在评选、座谈、征求意见的基础上，以20世纪50～60年代广大师生传唱的《我们是森林战士》为基础，组织专门力量重新填词，改编成具有时代和学校办学特色的《绿色之歌》，在校内及网上进行传唱和推广，为确立校歌奠定基础。经校党委常委会讨论原则同意，在全校师生员工中进一步宣传推广。

完成《校史》和《北林学者》的编撰出版。《北京林业大学校史(2002～2012)》，系统总结学校近10年改革发展的重要举措和成绩，全书共分9个篇章，近30万字。《北林学者》收录了学校建校以来近200名学者，展示北京林业大学学者的主要学术成果。

完成校庆画册等宣传品的编印。编撰校庆画册《甲子华章，绿色辉煌》，通过文案策划，图片收集、筛选和补充，中英文翻译等环节，历时8个多月。画册展示了建校60年、特别是近10年学校发展取得的成就。首次实现《校庆画册电子杂志》网上阅览以及二维码识别等技术，满足读者通过实物、网络、手机等媒体阅览的多种需求。在此基础上，完成学校画册小折页的设计和制作，与信息学院共同开发《校庆手机电子杂志》。

完成校庆专题片和北林形象片的摄制。摄制组完成50多次、百余个校内外场景的拍摄任务。完成时长13分钟的专题片和时长3分钟的形象片《北林印象》，展示学校60年来的办学成效和办学特色。专题片在60年校庆大会上播出，同时上线供网民浏览，点击率2000余人次。

(刘　忆　铁　铮)

【学习宣传贯彻党的十八大精神】 学校制定《关于深入学习宣传贯彻党的十八大精神的实施意见》，召开各级党组织负责人专题会，对学习宣传贯彻党的十八大精神进行全面部署，在全校迅速开展学习贯彻落实党十八大精神的系列活动。召开“学习党的十八大精神，推进生态文明”专家座谈会，认真学习研讨党的十八大报告，研讨生态文明的内涵、实质。举办学习党的十八大精神系列报告会《环境保护：生态文明建设的主阵地和着力点》的辅导报告，组织师生观看北京林业大学生态学教授、博士生导师贺庆棠为全国高校师生主讲的《建设生态文明》网络讲座。组织领导干部、师生员工现场收看电视直播，并通过座谈交流、专题辅导、参观考察、知识竞赛等多种形式学习贯彻党的十八大精神。与其他单位合作，共同组织以“我看十八大”“我与生态文明”“我为和谐社会(校园)做贡献”等为题，开展征文活动。发挥微博、微信等新媒体的传播优势，举办“80、90微言十八大”“教职员工微语十八大”微博征集大赛活动。宣传部组织师生参加北京市委教育工委开展的“首都百万师生微党课”微博活动，利用学校主责日的契机，引导师生通过微博了解、学习、传播党的十八大精神，利用微博和网络资源开展学习交流活动。

(刘　忆　铁　铮)

【60周年校庆宣传报道】 学校发挥《北林报》、网络、宣传橱窗、电视、广播各家媒体，对校庆各项活动进行全方位的宣传报道。《北林报》编辑出版3期校庆专刊(彩版)，两期校庆特刊(彩版，对开4版大报)，对校庆活动进行全面、深入的报道。集中报道校庆活动的全貌，开设专栏等栏目，增加特刊的印数，扩大覆盖面，并通过网上在线浏览扩大宣传范围。绿色新闻网开设“校庆60周年专题”，及时迅速于第一时间发布校庆新闻。特别是在校庆纪念日前后，加大报道力度，迅速播发校庆有关新闻200多条，所有重要的校庆活动均有图文报道；宣传橱窗及时展出校庆专栏40余块，广播台专门开设校庆专题，举办喜迎校庆60周年文艺晚会，电视制作组拍摄完成专题片《校庆集锦》等5个专辑和专题片。

组织社会媒体及时报道校庆活动。绿色校庆年期间，多次召开新闻媒体通气会，接待新闻记者采访100多人次。50多家纸质媒体进行大量报道，中央电视台、北京电视台、中国教育电视台等及时报道校庆盛况和校庆活动。中国教育电视连续播出3条新闻，全面地反映校庆活动。新华社等主流媒体迅速进行报道，数十家网站大量转发。许多网站等以北京林业大学60年校庆作为当天新闻的头条重点推荐。在《中国高等教育》《北京教育》等刊物上进行形象宣传。

（刘　忆　铁　铮）

纪检监察工作

【概　况】 纪委办公室、监察处实行合署办公，履行党的纪律检查和行政监察职能，负责党风廉政建设和纪检监察工作，为学校建设、发展和稳定提供有力的政治保证和纪律保证。纪委监察处有人员4名。中共北京林业大学纪律检查委员会有委员11名。

2012年，学校党风廉政建设和反腐败工作围绕三委部《关于加强高等学校反腐倡廉工作的意见》，认真落实党风廉政建设责任制，加强惩治和预防腐败体系建设，健全领导体制和工作机制，加强校园廉洁文化教育，开展重点部位重点环节监督检查，推进学校规范化管理，实现反腐倡廉建设与学科建设、人才培养和教学科研及其他行政各项管理同部署、同落实、同检查、同考核，为学校保稳定、保改革、保质量、保发展提供坚强的政治保证。（周仁水　周伯玲）

【贯彻落实党风廉政建设责任制】 3月6日，党委副书记、纪委书记陈天全组织党政办、组织部、计划财务处、基建房产处等24个单位的负责人召开2012年党风廉政建设工作通报与重点工作部署协调会，研究分析党风廉政建设面临的形势和任务，提出各重点单位需加强的重点工作和本年度本单位党风廉政建设工作计划。

校党委制定《北京林业大学2012年党风廉政建设重点工作及任务分工》，按照“一岗双责”和“谁主管、谁负责”的原则，将全校党风廉政建设重点工作分为贯彻责任制、推进校园廉政文化建设、落实“三重一大”制度、提高民主办学能力、推进廉政风险防控、完善权力运行监督等6个方面25项工作，落实每一项工作主管领导、牵头单位、协办单位和完成时间，将党风廉政建设责任落实到部门、落实到个人。

4月26日，学校党委召开北京林业大学2012年党风廉政建设工作会议，全校党委委员、纪委委员、副处级以上干部、各学院重点学科的负责人、教工党支部书记、机关科级干部和各单位财务工作人员共计180余人出席会议，会议传达学习教育部、北京市2012年党风廉政建设会议精神，总结2011年党风廉政建设工作并部署2012年工作任务。会后，各分党委、党总支、直属党支部二级中心组和教工党支部进行专题学习讨论。

主管校领导分别与学校59个处级单位的负责人签订党风廉政建设责任书，各处级单位进一步细化廉政责任，明确履行“一岗双责”的具体要求。

11月16日至12月14日，学校党委组织对处级单位落实党风廉政建设责任制和推进惩防体系建设情况进行检查考核。检查考核分为单位自查、检查测评和考核、评选先进3个阶段，围绕执行“三重一大”制度，开展干部作风建设，加强重点部位管理和廉政风险防控，推进信息公开、校务公开、党务公开和院务公开，实施师德师风教育和大学生廉洁诚信教育等方面进行针对性检查。全校59个处级单位提交了自检报告。学校贯彻党风廉政建设责任制领导小组对申报先进的单位通过下发测评表的方法进行检查和评分，召开评审会，聘请专家听取申报先进单位的工作汇报、综合自评和测评结果，评选出党委组织部、理学院、党政办公室、人事处、林学院为学校2012年贯彻执行党风廉政建设责任制先进单位。党委对学校执行党风廉政建设责任制情况进行自查并将自查情况上报驻部纪检组和北京市教育纪工委。（周仁水　周伯玲）

【廉政风险防控管理】 学校各处级单位加强廉政风险防控管理，把廉政风险防控融入日常管理，巩固防控成果。总结学校开展廉政风险防控管理工作经验，积极开展调查研究。党建课题《积极推进风险防控管理　拓展源头防治腐败领域》获北京林业大学2011～2012年党的建设和思想政治工作优秀成果奖。调研论文《高校经济活动中大宗采购和招标廉政风险防范管理机制研究》发表在《北京教育》2012 年第 12 期。

（周仁水　周伯玲）

【反腐倡廉宣传教育】 ①组织党委理论学习中心组和二级中心组党风廉政建设专题学习，提高领导干部的党性修养水平。②1 月 7 日，党委对 2011 年 4 月份以来履新的处级干部进行集体谈话，84 名履新处级干部参加学习《中国共产党党员领导干部廉洁从政若干准则》《关于严格禁止利用职务上的便利谋取不正当利益的若干规定》和《直属高校党员领导干部廉洁自律的“十不准”》等党纪法规，签署并向校领导递交《廉政承诺书》。③校党委副书记兼纪委书记以《党风廉政建设的形势与任务》为题对新任处级干部进行党风廉政教育；以《加强反腐倡廉建设 促进社会和谐发展》为题给业余党校高级班学生讲党课。④开展师德教育和职业道德教育，纪委下发“关于组织教职工和学生学习《高等学校教职工廉洁教育知识读本》和《大学生廉洁知识读本》的通知”，向教师发放《高等学校教职工廉洁教育知识读本》，加强师德师风建设。⑤组织大学生学习《大学生廉洁知识读本》，在大学生中开展以“敬廉崇洁、诚信守法”为主题的宣传教育活动。组织各类职业规划和就业指导活动及毕业生关怀系列活动。⑥9 月 16 日，学校举办北京林业大学 2012 学年科学道德和学风建设宣讲教育活动启动仪式暨首场报告会，面向广大研究生开展以科学精神、科学道德、科学伦理和科学规范为主要内容的宣讲教育活动，在全校营造良好的科学道德和学术风气。　（周仁水　周伯玲）

【制度建设】 ①纪委协助校党政办于 9 月份制定《北京林业大学“三重一大”决策制度（试行）》下发，同时要求各处级单位制定本单位的实施细则；②规范领导干部兼职管理。学校制定出台《北京林业大学关于加强党员领导干部兼职管理的暂行规定》，对处级以上领导干部在经济实体、社会团体等单位中兼职或兼职取酬等事项进行明确的规定，确因工作需要在校内外经济实体、社会团体中兼职的领导干部，进行重新申报，履行审批手续。学校成立北京林业大学党员领导干部兼职管理工作领导小组，负责全校处级以上党员领导干部兼职管理工作。党委组织部和校纪委共同负责全校处级以上党员领导干部兼职工作的管理。纪委、监察处负责对全校党员领导干部兼职情况的监督检查。

（周仁水　周伯玲）

【领导干部廉洁自律情况】 开展廉洁自律检查。校院两级班子坚持每学期召开廉洁自律专题民主生活会，主管校领导参加分管单位班子生活会，严格落实领导干部重大事项报告制度、收入申报制度和礼品登记制度。党政领导班子成员没有出现在院系等所属单位违规领取奖金、津贴等情况；没有违规多占、买卖住房问题和利用职权谋取不正当利益等方面问题。

（周仁水　周伯玲）

【重点专项督察】 纪检监察部门参与学校干部选拔任用、职称评聘、基建工程招投标、招生工作等关键环节，做到在监督中参与不代替、督促不包办，加强权力监控和程序、环节监督。①全年参与学研大厦等基建项目和校内维修改造工程、教学设备采购、后勤物资采购等各类招标 46 项，涉及资金 11 600 余万元。②严把招生工作程序，对本科生、研究生、成人教育等各种招生类型实行过程监督，保证各项招生工作做到“六公开”。加大自主招生、艺术类招生、文艺特长生等特殊类型招生监察力度，参与所有京外考点的艺术设计专业招生考试监察工作；参加招生领导小组集体研究会议和提前录取考试的现场监察。参与研究生招生考试、复试巡视和博士生录取的督察；参与继续教育学院招生工作小组对招生计划和录取工作的集体研究。③负责对大学生四六级英语考试试卷从到达学校至送回考试院期间的清点、交接、入库过程及试卷保存期间无间断、无死角 24 小时监控，监控录像实施 6 小时回放验看制度。④ 参与学校干部选聘考核工作，对干部任免进行全过程监督，坚持干部任免前征求纪委意见制度，对流动到校外的干部进行廉政考察、出具廉政鉴定。⑤参与教职工岗位评聘监督和由学校决定接收的新进教职工评选。参加学校和学院正高以上学科评议组会议，监督评议过程，负责组织发放、回收、统计和保存选票，接待来信来访。⑥会同财务处、招生就业处等部门组织开展春秋两季收费自查自纠工作，严格执行教育收费有关制度，撰写检查报告，向教育部和北京市进行总结汇报。

（周仁水　周伯玲）

【迎接教育部专项检查】 结合北京普通高等学校党建思想政治工作达标检查，对党委执行“三重一大”决策制度情况形成了题为《深入贯彻落实“三重一大”决策制度 保障学校民主决策和科学发展》的贯彻执行“三重一大”决策制度情况报告，总结学校党委在学校重大决策、重要人事任免、重大项目安排以及大额度资金使用等问题上，坚持科学论证与集体讨论等规定程序，落实集体决策和民主集中制的原则，完善健全党政议事和决策机制，规范领导班子决策行为，防范决策风险，促进党风廉政建设，推动学校科学发展方面所作的努力和取得的成效以及不足。教育部检查组对此进行专项反馈。

根据教育部“关于直属高校贯彻落实《关于实行党风廉政建设责任制的规定》(以下简称《规定》)和《中国共产党党员领导干部廉洁从政若干准则》(以下简称《准则》)专项检查情况的通报”以及《关于对北京林业大学贯彻落实两项法规检查情况的反馈意见》，制定中共北京林业大学委员会关于贯彻《规定》和《准则》两项法规检查情况反馈意见的整改方案，从贯彻党风廉政建设责任制、加强廉政风险防控管理、健全制度和加强教育 4 个方面制定 18 项具体措施。

(周仁水　周伯玲)

【查办信访案件】 2012 年纪委、监察处共受理信访 9 件，按照“事实清楚、证据确凿、定性准确、处理恰当、手续完备、程序合法”的要求，认真做好调查处理工作。通过办理信访，提醒有关单位严格按规定办事，堵塞漏洞。对于在信访中反映出的苗头性问题，对相关单位和个人进行提醒和教育，从源头上防范问题的发生。

(周仁水　周伯玲)

统战工作

【概　况】 党委统战部负责贯彻执行统战方针政策，协助党委了解学校统战工作的情况，反映党外人士的意见和建议，协调统一战线内部的关系。负责选拔培养考察党外代表人士，协助做好党外人士的政治安排。负责学校民族宗教工作。负责归侨侨眷，台港澳和海外统战工作，协助侨联加强自身建设和开展活动。负责联系学校女教授协会。现有统战部长 1 人。

2012 年，党委统战部围绕“同心聚力，共谋发展”思想，引导学校统一战线成员巩固与党团结奋斗的共同思想政治基础。学校统战工作以学习贯彻党的十七届六中全会报告、十八大精神和各级统战部长会议精神为指导，落实学校第十次党代会精神，坚持科学发展观，围绕中心，服务大局。党的十八大开幕后，学校党外人士通过电视、网络、报刊等及时收听收看了有关十八大会议的报道。党委统战部及时向民主党派、侨联负责人和无党派代表人士传达了北京市委统战部转发的中央统战部《关于统一战线认真学习贯彻党的十八大精神的通知》，邀请了 6 位党外代表人士畅谈学习党的十八大精神的感受，并在校园网上做了宣传报道。

校党委坚持向党外人士通报校情、征求意见。一年来召开党外人士情况通报会 2 次，分别通报了学校 2011 年党风廉政建设情况和 2012 年纪委监察审计工作的重点、学校第二轮岗位聘用及收入分配制度改革工作的情况以及学校开展“平安校园”创建活动和贯彻落实中发[2012]4 号文件的情况；通报了学校学研中心工程和筹建学生食堂及宿舍工程的有关情况、学校教学方面的情况，特别是学校第十次教学工作会议前后在本科教学质量工程、人才培养方案和课堂教学评价体系修订等方面开展的工作。

截至 2012 年年底，学校有民主党派基层组织 3 个，民主党派成员 117 人；有党外高级知识分子 288 人；有党外副处级以上干部 11 人；有少数民族学生 1838 人。 (黄中莉)

【民主党派工作】 党委统战部协助民主党派加强自身建设，发挥参政议政作用。农工党北京林业大学支部通过学习文件，开展活动，不断提高支部党员的政治素质。支部开展了赴北京昌平区长陵村新农村考察的活动，支部成员与村委会干部和学校大学生村官进行了座谈，了解当地新农村生态环境建设和农民种植果树生产经营的状况。按照区委的工作安排，参加了“北京精神”

文化大讲堂主题报告会，选派党员参加了区委组织的植树活动以及区委老龄委等组织的活动。对支部党员电子信息进行了登记，将支部党员中在2010年、2011年获得省部级或国家级奖励的情况进行汇集上报，向区政协推荐了新一届信息员，向区委推荐了后备干部及区党外人才库的后备人才。在第28个教师节来临之际，结合建校60周年，农工党支部召开了庆祝教师节座谈会。

党委统战部协助校庆办举办了九三学社前辈范济洲先生百年诞辰纪念会，邀请九三学社市委秘书长刘永泰等来校参加活动并讲话。九三学社北京林业大学支社为加强年轻社员之间的联系，建立了支社QQ群，按照九三学社区委部署，开展了建档立志工作。九三学社彭祚登的《对于北京百万亩造林工程提出了自己的建议》的信息得到刘淇批示，并责成北京市园林绿化局具体负责这些建议的采纳实施。

民盟东城区委委员张明祥担任了民盟十一届北京市委农村专委会副主任，民建会员刘勇担任国土资源部第三届国家特邀国土资源监察专员，针对城市污染问题，就PM2.5对人体的危害及其治理进行调研，并在统一战线参与毕节试验区建设中担任顾问，多次到毕节地区进行现场考察、咨询。海淀区政协委员、农工党区委委员张盼月教授参与了海淀区调查研究，完成了关于海淀区城市绿化促进环境空气PM2.5控制的建议调研报告，并在区政协会上做大会发言。

2012年，共发展民主党派成员5人，其中九三学社3人，农工党2人。（黄中莉）

【党外代表人士工作】 2012年，中央下发了《中共中央关于加强新形势下党外代表人士队伍建设的意见》，北京市委统战部、市委教育工委在北京林业大学召开了部分高校统战部长座谈会，研讨加强新形势下党外代表人士队伍建设工作。学校召开了党外代表人士队伍建设工作会，校党委书记吴斌到会并做重要讲话，他强调要把党外代表人士队伍建设纳入校院两级党委工作体系中。会前，学校党委统战部在校组织部的协助下，先后分两批走访了学校13个学院调研、座谈、听取意见。6月份制定下发了《中共北京林业大学委员会关于加强新形势下党外代表人士队伍建设的实施意见》，并将其纳入全校人才队伍建设规划之中。

加强党外代表人士的理论培训和思想政治教育。选派理学院李强教授、外语学院王剑青副教授参加2012～2013年北京市挂职锻炼，并对其跟踪考察，进行有针对性的指导。选送无党派人士兰超参加了2012年北京市第五期无党派人士培训班，张明祥教授参加了2012年北京高校党外代表人士培训班。推荐5位无党派人士为海淀区党外知识分子联谊会理事候选人，其中，兰超、丁长青教授任第一届理事。2012年党外代表人士队伍总数从由20人左右增加为60人，并初步确定20人的党外副处级以上后备干部名单和培养目标，学校建立了一支45岁以下的优秀党外代表人士队伍。九三学社成员吴成亮在挂职海淀区园林局副局长期间，促成海淀区政府和北京林业大学签署校地科教合作框架协议，并在海淀区园林绿化局科技产业开发方面做了大量工作，9月份圆满完成挂职锻炼工作。（黄中莉）

【民族宗教工作】 积极做好学校“平安校园”创建试点工作中关于抵御和防范校园传教渗透工作。增强部门之间的联动性，明确工作职责，完善了学校抵御和防范校园传教渗透的工作体系。2012年上半年对民族宗教工作领导小组的职责和分工给予了进一步明确，有关部门健全了少数民族学生的基础台账，设立了民族宗教专岗，做好学生民族宗教工作。邀请北京市委教育工委统群处钱卫处长就“高校如何引导大学生正确认识和对待宗教问题”做辅导报告，组织部分学生干部和基层党组织负责人参加教育部举办的抵御和防范校园传教渗透工作报告会。（黄中莉）

【港澳台侨工作】 积极引导侨联开展活动，在“7·21特大暴雨”后，党委统战部带领校侨联走访了受灾最严重的门头沟区，与区水保站、区水利协会商讨合作的事宜，为灾后重建尽一份力量。在水保站站长的陪同下，侨联成员考察了有关的水利设施受损村庄的情况。积极做好北京市侨联第十四次归侨侨眷代表大会代表的推荐工作。（黄中莉）

【女教授协会工作】 协助校工会女工委员会开展了"三八"妇女节"巾帼贡献之星"表彰活动，女教授协会展出了"三八"妇女节女教授风采专栏。女教授协会为增近各学科之间的交流和女教授之间的友谊，举办了科研交流座谈会，为在职的女教师搭建科研合作的平台。 （黄中莉）

【统战年度特色活动】 4月26日，党委统战部组织学校民主党派成员，归侨及侨眷赴海淀区园林绿化局下属的翠湖国家城市湿地公园参观考察，学校挂职海淀区园林绿化局副局长的吴成亮副教授详细介绍了海淀区园林绿化建设情况和翠湖国家城市湿地公园，安排大家进行了实地参观考察。

10月19～20日，党委统战部组织党外代表人士赴河北平泉北方林业实践基地参观考察。考察团先后参观了平泉县契丹文化博物馆、学校北方新技术试验示范和推广实践基地、承德华净活性炭有限公司。在平泉县林业局领导的陪同下，考察团成员还参观了实践基地的木工试验车间的生物质能源热裂解转化生产线等，与基地科研人员和车间工作人员进行了亲切交谈，详细了解了基地的科研进展以及成果转化情况。通过参观考察，党外人士提前感受了集教学、科研、生产、技术推广为一体的、服务山区"三农"的学校实践基地和示范中心的功能。

（黄中莉）

机关党建

【概 况】 北京林业大学机关党委负责机关党的思想建设、组织建设、作风建设、精神文明建设和机关工会工作。截至2012年12月31日，机关共有处级领导干部94人，党支部31个，党员306人，涉及学校37个职能部门。

2012年，机关党委发挥政治核心和保证监督作用，开展思想教育、组织建设、机关工会、校庆工作和人大代表推选工作等。

【思想教育】

学习党的十八大精神 机关党委制定下发《关于认真学习贯彻党的十八大精神的通知》，对机关开展学习贯彻十八大精神活动进行部署和安排。11月23日，召开党支部书记十八大精神座谈会，请校医院、宣传部、教务处、计划财务处、纪委监察审计党支部书记做了专题发言。机关党委为每个党员发放新《党章》，为每个支部发放《十八大报告辅导读本》。组织机关党员、干部参加学校组织的学习十八大精神的讲座。

各党支部开展形式多样的学习十八大精神活动，进行了外出参观、调研、交流学习等支部特色活动。

基层组织建设 中央决定2012年为基层组织建设年。机关党委开展了各支部委员会自评、支部党员评议和各党支部之间投票互评，4月18日机关党委委员会对照校党委《实施方案》的标准，对机关各党支部进行分类定级，机关27个党支部中有26个评为"A"级党支部。各党支部就评议中发现的问题做出相应的整改措施。

党风廉政建设 学校召开2012年党风廉政建设工作会议后，机关党委立即下发通知，一是要求机关各党支部及时召开专题组织生活会，把会议精神传达到全体党员、干部中，并认真进行讨论 。二是按照校纪委的要求，完成机关党委2012年党风廉政建设自查、自评工作。

【组织建设】

党支部干部培训 一是组织党支部干部的理论学习和业务培训，及时召开会议，学习理论、研讨党支部工作。组织支部书记参加组织部举办的培训班的学习。二是组织支部干部外出调研，5月24日，机关党委组织党支部干部以"学习雷锋精神，立足岗位做贡献"为主题赴辽宁学习；11月1日组织支部干部去北京房山霞云岭乡学习，参观了红歌唱响的地方——《没有共产党就没有新中国》诞生地堂上村。

党支部换届 11月，机关党委出台《关于做好机关党支部换届选举工作的通知》，启动机关党支部统一换届工作。要求各党支部一定要选好配强党支部书记和委员，挑选党性强、政治和业务素质好的同志担任支部干部，要求机关各党支部书记一般应由所在部门副处级以上党员领导干部担任。机关党委与各部门领导、各党支部就候选人进行沟通协商，就选举程序进行解释说明，保证换届工作的有序推进。12月18日，所有党支部换届工作完成，由机关党委委员会批复。在换届选举中，新增设4个党支部，机关党委所属党支部由27个增加到31个。

检查指导党支部组织生活 机关党委注重加强对党支部组织生活的指导。突出组织生活时效性，丰富组织生活内容，同时对组织生活质量进行督促检查。每月按时下发当月的组织生活内容建议。对机关27个党支部2011年《工作手册》全部进行深入、细致的检查，分别提出检查意见并反馈给支部，鼓励各党支部积极探索提高党支部组织生活质量的方法和途径。

信息工作 充分利用短信、邮箱、网站和QQ群4大信息平台，及时通报上级党组织的有关指示，及时编发反映机关党委和各党支部的工作情况，今年共编发《机关党委简报》41期。

“七一”评优表彰 校级表彰的先进党支部：党政办党支部、工会党支部；优秀共产党员2人。机关二级表彰的先进党支部：保卫处党支部、计划财务处党支部、校医院党支部、团委党支部；优秀共产党员6人 。机关党委于6月21日召开庆祝建党91周年暨表彰大会。

基础性工作 ①共编发机关党委简报41期。②做好处级干部年终考核、党员领导干部民主生活会、处级干部收入申报及重大事项报告等方面的工作。机关党委及时召开会议，研究制定有关方案，认真组织落实好各项工作。③做好党员信息库的维护工作，党员组织关系的接转工作、党费收缴、党内统计报表等工作。2012年机关共上交党费90 786.2元。④做好党员发展和转正工作。严格执行公示制、票决制，保证党员质量。全年预备党员转正3人。

十八大代表候选人初步人选和北京市第十一次党代表的推选工作 机关党委严格执行有关程序和规定，组织机关各党支部和广大党员，按照“三上三下”的程序要求酝酿、推荐，推荐吴斌为十八大代表候选人初步人选；推荐吴斌、宋维明为北京市第十一次党代会代表候选人人选。

【机关工会工作】 倡导全民健身活动。组织教职工到林场登山健身活动、坚持工间做广播操、举办拖拉机扑克牌比赛和迎新春游艺等活动。切实为机关教职工送温暖，配合校工会做好教职工的体检、购买大米、入股回报等各项工作。为机关女教职工发放“三八”节补助。评选巾帼标兵：2月24日机关工会召开工会委员和小组长会议，投票选出校级“巾帼之星”3人；机关工会二级表彰7人。参加校工会开展的各项文体活动 。机关工会组织近百人参加校工会举办的庆祝建校60周年教职工合唱比赛，获二等奖、优秀组织奖、最佳领唱奖。在学校春季运动会上，机关工会参加了所有项目。在教职工排球联赛中，女排二队获第三名；在教职工篮球比赛中，机关工会男子篮球一队获亚军；在教职工乒乓球比赛中，机关工会获亚军。

【完成了学校党建检查的材料准备工作】 9月，北京市委教育工委来北京林业大学进行党建和思想政治工作情况集中检查。机关党委承担材料组的工作，完成了材料的收集、整理、审阅、装订工作，共计准备了40多盒材料。

【校庆筹备工作】 机关党委1人被抽调到学校校庆办公室，负责校庆的筹备工作。

（林雁双　郑晓清）

学生工作

【概　况】 学生工作部（处）是学校党委领导下的本科生教育、管理和服务机构，武装部与学生工作部（处）合署办公。学生工作部（处）下设学生管理科、思想教育科、学生资助管理中心、学生公寓管理办公室和心理发展与咨询中心，在职教工13人。2012年党委学生工作部（处）围绕学校中心工作，以“九大工程”为工作切入点，夯实基础、规范管理、维护稳定和特色创新，系统推进“制度建设年”建设。（马驰知　王士永）

【获奖情况】 2012年，学生工作部(处)多次获得校级以上集体和个人奖励：学生处提炼大学生思想政治教育生活化模式获评“2010～2011年北京高等学校党的建设和思想政治工作优秀成果奖”；北京林业大学获北京市心理健康节“微爱对对碰”活动一等奖；心理发展与咨询中心评为2007～2012年北京高校学生心理素质教育工作突出进步单位；资助管理中心获中国苗族经济促进会(筹)颁发的“全国苗族奖学金优秀组织奖”、获“北京市海淀区无偿献血工作先进集体”荣誉称号；武装部获2012年度征兵工作“先进单位”和2012年度先进“人民武装部”称号；《构建军训团临时党支部模式探讨》获2012年度高校国防教育论文三等奖；国旗班在北京高校第三届国旗仪仗队评比活动中荣获一等奖。1人获海淀区征兵工作先进个人；2人获“全国高校学生公寓管理服务先进个人”和“北京高校学生公寓工作先进个人”。（马　俊　王士永）

【思想政治教育】 开展国情教育和形势政策教育，全年组织“信仰、责任、担当”公方彬主题报告会、杨立英先进事迹报告会、“最美女教师”事迹报告会、“部长进校园”首都高校形势政策报告会等10余场宣讲报告会，覆盖学生党员干部2000余人次。组织2012年本科生科技创新计划，完成24项研究工作，取得专利3项，发表学术论文10余篇，其中SCI收录1篇。

完善舆情信息搜集网络，调研上报《胡锦涛总书记五四重要讲话学生动态反馈》《神舟九号飞船成功完成空间交会对接学生舆情反馈》《党的十八大开幕式及工作报告学生思想动态》等舆情调研10余篇；2月和9月，搜集和分析学生返乡见闻，撰写《北京林业大学寒假(暑假)返乡见闻报告》，掌握学生思想动态。

（马驰知　倪潇潇）

【国防教育、征兵、军训工作】

国防教育　2012年，武装部结合国防生工作，开展爱国主义宣传教育和国防知识普及，完成2011级本科学生军训工作和冬季大学生征兵工作。

军训工作　5月20至6月1日，学校3179名2011级学生完成军训工作。成立学生军训团临时党支部开展“为校庆献礼”主题活动；在国防大学第四军训教研室配合下完成2011级学生军事理论课教学工作。

征兵工作　10月21至12月31日，结合冬季征兵，开展“携笔从戎圆军梦，志在军旅写人生”为主题的爱国主义宣传教育活动，12人政审合格，经上级征兵部门批准8名男生和4名女生参军入伍。（马　俊　王士永）

【心理素质教育与心理危机预防干预】 2012年，心理发展与咨询中心总结心理危机预防工作经验，完成“平安校园”及学院路街道“平安社区”检查评比工作；规范管理制度和咨询师工作程序；提升心理辅导老师开展心理危机预防干预的专业能力，总结心理辅导老师的工作角色、工作职能和工作方法；开设大学生心理健康教育全校公共选修课；建全朋辈辅导工作体系，精细化T字形心理危机预防干预体系。

完善设施建设和制度建设　2012年心理发展与咨询中心购置音乐放松椅和电子预约系统；引进美国心理咨询效果评估量表，细化和规范心理咨询预约流程；修订《大学生心理健康教育实施方案(2012年)》《心理辅导老师队伍建设的实施办法(2012年)》《北京林业大学心理发展与咨询中心咨询工作管理方案(讨论稿)》。

开展心理健康普及宣传教育　2012年开设全校选修课《大学生心理与生活》，课程涉及大学生面临的情绪、情感、人际关系、家庭和生命等内容；组织2012级新生参观心理发展与咨询中心，了解心理咨询的工作特色、工作目标和基本设置；“微笑·微爱·微成功”为主题的“5·25”大学生心理健康节共开展讲座、团体辅导、心理情景剧、心理知识竞赛、摄影大赛、主题班级活动、“邮没邮想起我”户外大型活动14项，发放《心理健康报》、宣传手册1万份，近2万人次大学生参与活动；品牌心理活动“心海大讲堂”和“成长训练营”邀请心理学专家为全校师生开设“爱与幸福的魔法”“大声说出我爱你”“梦的真相”“促进性别平等，反对家庭暴力”“爱在家庭”“探寻黑暗深处”等心理健康教育普及讲座、团体辅导活动13场，全面普及心理健康教育知识。

心理危机预防与干预 2012年接待咨询的时间扩展至周一到周五的晚上和周末全天，开设北林心理热线，开放电话咨询；10月至11月，3400名新生开展心理普查测评，根据需要开展咨询服务；与校医院合作，保障患有精神疾病学生的就诊需求。 （曾子秋 李东艳）

【心理健康教育工作队伍建设】 建设心理咨询师、心理辅导老师和心理委员3支心理健康教育工作队伍，新外聘咨询师2人和精神科大夫1人，选拔优秀学生骨干，建立6支“事业部制”朋辈辅导工作队伍体系，分别为学生助理咨询师团队、心理热线员团队以及学生心理健康教育委员会(心委会)、心理委员工作团队、心理健康报编辑部、蒲公英性教育学生组织；邀请比利时心理专家米杉、督导师卫丽莉为咨询师进行案例督导12次；招募心理系研究生担任咨询师，建立研究生咨询师队伍，邀请心理系教师4人为研究生咨询师开展培训和督导8场；开展心理辅导老师“深度辅导”工作经验交流沙龙、“班级建设中的艺术”“心理危机专题讨论会”工作坊、“情绪与生活”“色彩与生活”讲座等培训23场；完善心理委员课程体系，包括理论、实践、讨论、指导、评比等环节，共计24学时。

（曾子秋 李东艳）

【学生日常管理】

维稳工作 学生处服务“平安校园”创建工作，落实3个阶段的任务要求，健全和完善学生思想动态摸排机制、立体化学生公寓安全防范体系、“6+1”式资助工作体系以及心理素质教育体系。军训期间，与保卫处合作开展消防安全培训和演练，体验式教学深化“平安校园”创建成果。在“钓鱼岛事件”和党的十八大召开等敏感事件和重要节点，启动学生工作系统重大敏感日工作预案，完成维护学生稳定和校园和谐稳定的政治任务。

学风建设 2012年，制定《关于进一步健全工作体系，加强和改进学风建设的实施意见》，推动5项联动措施。将早操出勤情况与个人体育成绩、班级学院广播操比赛挂钩。组织学风督导小组深入课堂，督查结果及时反馈学院。开展廉洁文化教育，倡导毕业生文明离校，利用图片展览、签名横幅、口号征集、征文活动为宣传载体，营造廉洁诚信的考风氛围。

班级建设 2012年“十佳班集体”创建评比活动增设雷锋榜样班集体、青春活力班集体、阳光凝聚班集体3个单项奖，覆盖到全校453个班级，指导基层班级开展班级文化、制度和凝聚力建设；学习型班级建设取得成效，林化09-2班获2012年北京高校“十佳示范班级”第一名。

迎新工作 8月，采用电子迎新系统，完成2012级迎新工作。发放《北京林业大学学生学习生活指南》《班主任工作手册》和《班级工作手册》，发放《新生基本情况登记表》和《新生情况基本信息表》，修订《学生管理规定2012版》。组织新生填写《新生情况基本信息表》，结合历年数据，编写《2012年北京林业大学学生基本情况调查报告》。

入学教育 实施推进新生引航工程。结合“北京精神”和“绿色校庆”，实施《北京林业大学2012年本科生入学教育工作方案》，重点围绕“适应与发展”“学业与职业规划”“人际与情感”“团队意识”“法纪校规”等问题开展新生引航工程。

评奖评优 评选并表彰优良学风班68个、优秀班主任93人以及包括“优秀辅导员”、“三好学生”和“优秀学生干部”在内的36项荣誉和奖励6419人次。评选宣传151名北京地区高等学校优秀毕业生。

服务工作 处理各类违纪学生52人，为学生办理公交IC卡4200张，补办其他年级1190张；为2012级新生办理平安保险，完成大学生平安保险理赔3160人次，赔偿金额11万元，办理出国登记手续583人次。 （马 俊 温跃戈）

【学生工作队伍建设】 2012年，北京林业大学学生工作队伍共101人，其中辅导员71人；90人次辅导员参加3期辅导员工作坊，12名辅导员参加北京市心理咨询与发展辅导专业培训；举办“班级工作中的艺术”“情绪与生活”等辅导员工作坊、沙龙、培训讲座等10余次。

3月，修订《北京林业大学辅导员考核办法》，统一全校辅导员考核指标和体系；6月，下发《北京林业大学关于加强班主任队伍建设的意见》《北京林业大学班主任考核办法》等6个加强和改进班主任队伍建设系列文件，每年增拨60万班主任绩效奖金，改善班主任待遇；7月，制定第二轮岗位聘任保研辅导员津贴发放标准；组织67名新生班主任和新上岗辅导员进行业务培训；9月，组织深度辅导案例评选工作，收集61个一线深度辅导案例；11月，开展首届“十佳班主任”评选活动，对11名“十佳班主任”进行表彰；12月，组织辅导员年度考核，对辅导员政治素质、工作态度、工作能力、工作业绩和学生满意度情况等多方面综合考核，17名辅导员考核结果为优秀，合格率100%。

2012年，学生工作队伍完成首都大学生思想政治教育课题4项，出版专著一部，发表相关学术论文14篇；3月，制定《北京林业大学大学生思想政治教育研究课题管理办法(试行)》，改革校内课题内容与形式，资助金额增至12万元，增设重点课题、一般课题和支持课题3个类别，全年完成校内课题22项，取得多项研究成果；2013年首都大学生思想政治教育重点课题的申报中，学校再次中标一般课题2项，支持课题2项。

4~7月，完善学生工作系统招聘程序，增加心理素质测试、公文写作、结构化面试等环节，引进学生工作系统正式人员11人，招入保研辅导员22人。 (马驰知 倪潇潇)

【资助工作】 2012年，全校评选出国家奖学金获得者134人，发放国家奖学金107.2万元，国家助学金受助者2922人，发放国家助学金915.3万元；社会各界和学校设立奖学金13项，2951人次获得奖金总额642.664万元；社会各界和学校设立助学金11项，3308人次获得助学金总额1127.506万元。为110名新申请贷款学生办理国家助学贷款65.26万元，为765名贷款学生发放贷款459万元，生源地助学贷款347人，贷款金额208.09万元。勤工助学岗位发放资助金180万元。发放特殊困难补助3项，金额63.795万元，生活物价补贴惠及13 061人，金额822.69万元，学费和助学贷款代偿14人，待偿金额9.426万元。

6月，为2012届毕业生办理国家助学贷款还款确认手续和展期协议，同时组织教工20人参加学院路街道组织的紧急义务献血活动；7月，组织家庭经济困难学生在东营开展暑期社会实践；8月31日至9月1日，开通“绿色通道”，保障2011级家庭经济困难新生顺利入学；9~10月，进行2012~2013学年全校家庭经济困难学生认定、2012~2013学年生源地助学贷款手续办理和2012~2013学年国家助学贷款申请及续放手续办理的工作；11月，北京移动海淀分公司与北京林业大学签订长期合作协议，同时阳光社团换届大会成功举行；12月8日，筹办滇商新长城助学基金2012年度发放仪式暨滇商创业精神报告会；12月28日，成功举办北京林业大学“资助十年”工作座谈会。 (李斌 焦科)

【学生公寓管理与服务】 2012年顺利完成3310名本科生及1406名研究生的迎新任务；3月，制定《学生公寓辅导员宿舍责任制》，加强公寓辅导员队伍管理；5月，通过制定和完善公寓管理工作条例，明确管理人员任务与责任，先后组织公寓管理员、保安员、电梯员、中控员进行学习11次；6~7月，举行毕业生跳蚤市场活动，完成2008级本科毕业生及2009级研究生的离校工作；9月，45名公寓辅导员正式入住学生公寓；12月，完成学生公寓自律委员会换届工作，同时聘请优秀研究生5人组成学生公寓研究生助理团；10~11月，以“共叙甲子情怀，同绘梦想宿舍”为主题的公寓文化节系列活动相继展开；全年，重大敏感时期和关键时间节点实行学生公寓辅导员夜间巡楼和24小时值班制度。

(辛愿 王巍)

【学生工作会议】 12月，召开中央16号文件下发以来的第四次学生工作会议，总结提出以“大学生思想成长、创新实践、就业指导与服务、组织凝聚、成才保障、生态文明素养提升”为主要内容的6大体系建设。

【德育工作】 学生处总结和回顾学校近10年德育工作创新和发展优秀成果，出版《高校德育创新与发展成果选编——北京林业大学》一书，该书通过德育理论研究、德育特色经验、德育创新实践和德育调研报告4个篇章全面展示北京林业大学德育工作的成果和经验。

【校庆工作】 完成“甲子校庆”214家京外单位和机构的483名贵宾住宿接待和服务任务，统筹志愿者全程一对一接待服务；举办“北林精神”等表述语评选活动学生座谈会；举办“为母校献礼，给华夏添绿”主题班日活动，在百余班级活动中评选出10个最佳校庆班日活动。

安全保卫

【概　况】 党委保卫部(处)是贯彻落实学校党委、行政安全稳定工作任务的职能部门，下设综合管理科、消防安全科、治安交通科、保卫保密科，共有人员15人，其中干部13人，职工2人。保卫部(处)的主要工作内容是维护学校政治稳定、防火安全、综合治理、交通安全、应急处置、安全教育、科技创安、反邪教工作、国家安全、户籍管理工作。

2012年，党委保卫部(处)推进“平安校园”创建工作，使学校通过“平安校园”创建工作的检查验收；做好各项安保方案，保证了校庆顺利进行，保障了党的十八大期间的安全稳定；加强安防、消防、智能交通工程建设，提高综合防范能力；加强信息搜集和整理工作，维护校园政治稳定；加强消防、交通、治安、综合治理、户籍管理等管理工作；通过多种形式，对学生进行安全教育培训；加强调查研究，提高工作针对性和创新性。

学校荣获海淀区交通工作先进单位荣誉称号；保卫部(处)荣获北京市公安局集体嘉奖、北京市国家安全局首都国家安全工作先进集体等称号；9人次分别荣获市级、区级先进个人荣誉称号。 （郑文波　姜金璞）

【平安校园建设】 学校将“平安校园”创建工作作为2012年校园安全稳定工作中的重点。党委保卫部(处)作为“平安校园”创建工作的主要部门，重点做了以下工作：一是制定“平安校园”创建工作方案和任务分解方案及工作计划，落实创建责任，明确创建目标；二是梳理和完善学校安全稳定工作体制机制，调整工作领导小组和12个专项工作小组，明确各小组工作职责，完善相关工作机制；三是组织召开全校深化“平安校园”创建工作动员部署大会和创建工作协调会及阶段总结会，邀请上级有关领导进行了“平安校园”创建工作专题辅导；四是完善学院支撑材料模板，确立相关标准，明确各学院任务；五是将首都高校“平安校园”创建基本标准中的8个一级指标，24个二级指标，57个测评要素，细化分解为100项工作任务，落实牵头部门和责任单位及完成时限，认真按6大体系、特色材料分类整理学校“平安校园”创建工作的支撑材料；六是配合学工部门做好广大学生对消防设施和器材的使用和演练，让学生对“平安校园”创建工作有个基本的了解。

经过全校师生员工的共同努力，学校在4月25～26日通过北京市“平安校园”创建工作检查组的验收。 （郑文波　姜金璞）

【安保执勤】 党委保卫部(处)在学校校庆和党的十八大前夕推进动态预警、宣传动员、责任管理、组织实施、应急处置等体制机制建设，开展综合治理等各项安全工作，营造了一个安全和谐的氛围；校庆和十八大召开期间，保卫部(处)在北京市公安局特勤处、北京市公安局文保总队、海淀区公安分局、朝阳区公安分局、海淀区交通支队、海淀公安分局东升派出所、学院路街道综合治理办公室等单位的支持和协助下，对校庆会场(国家体育馆)和校园内的各项活动制定了6项安全和应急预案，使得各项活动得以安全顺利开展。

【综合治理】 学校综合治理工作坚持“打防并举、标本兼治、重在治本”的工作方针，营造安全有序的校园秩序。

消防安全　保卫部(处)2012年开展全校性检查11次，对重点部位如实验室、高层建筑、学生宿舍等进行隐患排查13次，下发检查记录单46份，火灾隐患通知书3份，清理消防通道、安全出口13处，基本消除了责任盲区和管理死角，全年保卫部(处)共扑救初起火灾6起。

治安防范　2012年3～12月，共接到各类报警1316次，其中，治安报警658次，违反学校规章制度扰乱正常办公秩序类219起，共出警1203次，调动保安员1891人次，打击各类违法犯罪7起，抓获9人。

交通管理 对大一、大二学生进行交通安全教育，宣传交通法规，援引发生在高校师生身上的交通事故案例，提醒同学们行车走路时注意交通安全，增强自我保护意识；在"两会""五一"前，对全校车辆进行统一检测，对所有驾驶员进行安全教育，并逐人签订安全责任书。按照上级要求，消减30%车辆上路行驶。对大车司机进行重点教育，严格按条件选派，配合上级有关部门对司机"三见面、三把关"，督促司机严格遵守交通法规；规范长途用车审批制度，对假期外出的车辆实行严格检测，各项指标均完全达标，杜绝重大交通事故；整治校园交通秩序，加派人力清理二食堂、图书馆、林阴大道机动车和非机动车停放，维护校园交通秩序；办理机动车通行证，协助处理校园受损车辆的保险赔付等工作。

实验室危险物品监管 对危险品的购买、使用、管理、销毁，进行严格的审核、监督、检查。对所有使用危险品的单位进行定期检查，全年共检查5次。

外来人口管理 督促各二级单位做好外来人口管理工作，外来人员暂住证办理率100%，进行网上比对，办理暂住证149人。

（郑文波 姜金璞）

【安全教育】 5月29日，保卫部（处）对全校3400名新生进行防盗、防诈骗、交通安全、食品卫生、消防安全等方面的安全知识培训，并邀请清河消防中队的警官带领学生进行消防演练；11月9日，通过横幅、宣传展板、宣传橱窗、广播等形式，广泛宣传消防安全知识；11月13日，邀请消防专业人员对公寓管理员、中控值班员、保安员进行消防设施、设备操作和安全管理工作培训。

（郑文波 姜金璞）

【科技创安】 2012年完成图书馆视频监控系统改造工程，实现高清、数字化视频监控；9月1日前完成学校交通管理设施的智能化更新改造，系统自动识别车辆号牌，自动起杆；按照学校监控和消防报警系统的维修保养计划，2012年共维修监控探头255个，硬盘录像机11台，光端机14台，完成检修消防设施故障437处，并对值班员进行相关的操作培训，确保监控和消防设施运行正常；2012年共完成25栋楼宇的52 139个电器的防火检测，检出问题299个，完成22栋楼宇的消防设施检测，共检修器材18 435个，其中灭火器13 389个。

（郑文波 姜金璞）

【应急工作】 保卫部（处）制定重大敏感日校园维稳工作方案，实施24小时值班，加大校园巡逻力度，落实重点人管控措施，对重点要害部位进行看守，保障校园安全。在"两会""3·14""6·4""7·5"及"国庆"校园维稳工作中，学校制定工作预案，配合公安和安全机关开展工作，确保校园政治稳定。

（郑文波 姜金璞）

【高教保卫学会工作】 4月，北京高教学会保卫学研究会设在北京林业大学，校党委副书记方国良担任学会理事长，北京林业大学保卫处长担任学会秘书长。保卫学会承担学会日常工作，面向首都高校110个会员单位服务。重点做好综合协调、学术研究、业务培训和日常服务等工作。

（郑文波 姜金璞）

离退休工作

【概 况】 北京林业大学离退休工作处（以下简称"离退休工作处"）是学校离退休人员综合管理和服务的机构，负责落实国家和学校有关离退休人员的政策，执行有关离退休人员政治待遇和生活待遇的文件。现有工作人员9人，党支部9个，其中在职党支部1个、离休党支部1个、退休党支部7个，共有离退休党员272人、在职党员8人。截至2012年12月31日，北京林业大学共有离退休人员766人，其中离休人员43人，退休人员723人。2012年新增退休人员19人，去世离休人员3人，去世退休人员9人。

离退休工作处设有老年活动组10个，包括

唱歌组、舞蹈组、交谊舞组、棋牌组、乒乓球组、太极组、手工组、书画组、模特组和门球组，经常参加组织活动的离退休人员300多人。关心下一代工作委员会、北京林业大学老教授协会、北京林业大学老科技工作者协会和《流金岁月》编委会等协会挂靠在离退休工作处。

2012年，走访、慰问老同志200多人次，发放慰问金7万元（含慰问品）；离退休特困经费补助离休干部1人次、退休人员16人次，发放困难补助费7.4万元，用于离退休特困补助的资金12.8万元。举办形势报告、情况通报会、理论学习辅导报告等6场，共750人次参加；组织外出参观、健康休养和春秋游3次，共260人次参加。

2012年，离退休工作人员撰写纪念干部退休制度30年理论文章3篇，其中《发挥老年组织作用 搭建"老有所为平台"》文章被教育部《离退休干部工作优秀论文集》收录，并获优秀论文三等奖；《离退休人员管理的探讨与实践》被北京市教育工委评为优秀文章，并刊登于《北京教育》。离退休工作处获北京市教育工委征文组织奖。

【党建工作】 按照学校党委2012年基层组织建设年的工作计划，离退休工作处党委以基层组织建设为抓手，开展创先争优活动。

对离退休工作处党委所属支部进行分类定级。按照"支部班子好、党员队伍好、组织设置好、活动开展好、群众反映好"的标准，结合调查摸底、支部自评等情况，对所属9个支部进行分类定级，其中6个支部定为A级，3个支部定为B级。对照考核测评标准发现存在的主要问题，确定主要整改措施，明确目标任务、具体措施、完成时间和责任人等。

树立典型，形成学习先进、争当先进的良好氛围。开展"雷锋在我身边"主题教育活动，以支部为单位，挖掘出王宪成等9位老同志服务社会、服务学校、服务邻里的典型事迹，部分事迹刊登在《流金岁月》上。开展"捐书助教、奉献爱心"志愿服务活动，联合学生处"阳光社团"组织动员老同志将多年教学科研工作中积累的书籍捐献出来，由"阳光社团"整理分配后将老同志的爱心奉献给贫困学生和教学科研工作，共收集赠书738本。开展庆"七一"创先争优先进评选活动，第六党支部被评为北京高校创先争优离退休干部先进党支部，刘毓殿被评为北京高校创先争优离退休干部优秀党员，第三党支部被评为北京林业大学创先争优先进党支部，苏新琴和王颖被评为北京林业大学创先争优优秀共产党员，7名党员受到离退休工作处党委的二级表彰。

加强培训，提高支部班子素质。举办支部书记和委员培训班，选派支部书记参加北京市离退休党支部书记培训班，组织支部书记和委员外出参观学习，完成支部班子换届改选工作。

组织安排学习活动，加强党员思想政治建设。传达贯彻学校2012年工作会议精神，使离退休党员统一思想、提高认识、明确责任、落实到位；组织党员关注全国"两会"热点，针对与学校改革发展和师生员工利益密切相关的问题进行学习、交流和研讨；组织两位局级以上老同志参加北京市"两会"精神的辅导；组织部分离退休老同志参加学校党委中心组的扩大学习；组织老同志观看十八大报告的现场直播；组织党员参观《科学发展 成就辉煌》展览；召开二级中心组成员、老教授协会、关心下一代工作委员会、《流金岁月》编委会骨干参加的十八大精神学习座谈会；购买十八大报告单行本、新党章、十八大学习辅导等学习资料并发放给党员，组织各支部开展十八大精神学习。

【服务管理工作】 9月，召开离退休工作领导小组会议。会上传达上级有关领导关于老干部工作讲话精神；总结2011年离退休工作并汇报2012年离退休党政工作计划；学习2011年修订的《北京林业大学离退休工作领导责任制》和《北京林业大学关于进一步做好新形势下离退休工作的意见》；重新调整校级领导联系老干部名单；形成《2012年离退休工作领导小组会议纪要》。

举办校庆60周年系列活动。协助学校完成"青松荣誉奖"表彰活动，1952年和1953年来校工作并在学校离退休的39位老同志获"青松荣誉奖"；组织老同志参加"北林精神"等表述语投票活动；组织老同志参加学院路八大学院60年校庆书画作品展，邵玉铮参加北京精神书画作品展，作品在《北京老干部》上刊登；组织老同志参加学校的校庆联欢晚会《年轮》，老同志合唱组在学校迎校庆大合唱比赛中友情演出；出版精编版《流金岁月 走笔北林》献给学校60周年校庆。

开展离退休老同志的文体健康活动。举办北京林业大学离退休人员第21届老年乐运动会；组织离休干部春秋季健康休养和退休老同志春游；组织参加市教育工委市教委举办的教育系统老同志健身项目表演赛，交谊舞队《祖国的蓝天》交谊舞获得二等奖；组织参加北京高校西北片《北京精神我践行 喜迎党的十八大》文艺汇演；完成700位老同志的健康体检活动；组织评选并表彰北京林业大学第二届十大“健康之星”；举办当年满80周岁的离退休老同志集体祝寿活动；完成年终慰问及大病帮困工作；为5位离休人员申请提高护理费。

【老有所为工作】 老教授协会获得北京高校老有所为先进集体，离休干部陈燕芬获得北京高校老有所为先进个人。宋太增在北京市教育系统第24次老干部座谈会上以《完善“一体两翼”工作机制 增强老干部工作合力》为题介绍学校在老有所为工作方面经验。

关心下一代工作委员会组织召开2012年工作会议。11月，赴延庆调研学校在延庆工作的村官情况。沈瑞珍主持的“当代女大学生关注的热点问题调查分析”获优秀调研课题三等奖。

顺利完成《流金岁月》第14期的出版工作。

协助学校完成“青松荣誉奖”表彰活动，学校决定授予1952年和1953年来校工作并在学校离退休的39位老同志以“青松荣誉奖”称号并进行表彰，39位老同志分别是：于香久、王治生、王慧身、白春禄、司静庄、邢金钟、刘万钧、刘家骐、齐宗唐、关毓秀、孙时轩、李景韩、李滨生、沈熙环、张儒、张守中、张建凌、陈燕芬、武景友、郑晖、孟广卿、姜浩、柴慧瑛、徐化成、徐连庭、高志义、凌靖、郭金钟、唐尚菊、曹慧娟、梁宏、董世仁、韩熙春、廖士义、樊永福、潘章杰、薛广静、夏祖延、周仲铭。

组织评选并表彰北京林业大学第二届十大“健康之星”，分别是：谢淑宜、郝振岭、沈瑞珍、刘云普、王绍武、杨旺、张儒、张木兰、郑雪珍、陈相林。

（曹怀香　宋太增）

工会和教代会工作

【概　况】 北京林业大学教代会建立于1989年3月17月。围绕3项基本职权8项权利开展各项工作。截至2012年12月，已召开6届教代会，教代会执委会为教代会常设机构，二级教代会组织机构健全。北京林业大学工会现有会员1893人(含非在编人员)，二级部门工会22个，工会小组120个。有专职干部8人，具有“民主管理”“干部监督”“权益维护”“队伍建议”等职能。两会工作相互依托、相互支撑。工会委员会、教代会执委会换届大会同步进行，简称“双代会”。

2012年校工会、教代会重点工作是召开两个会：党政工共建教代会会议，“双代会”会议。组织3次大型活动：春季师生运动会，庆祝建校60周年歌咏比赛，青年教师社会实践。发挥两个作用：“ 师德标兵”的引领、示范作用，教学基本功获奖青年教师的辐射、带动作用。加强4个建设：“全国模范教职工之家”建设，“模范职工小家”建设，送温暖工程建设，理论研究的建设。搞好3个比赛：北京高校青年教师教学基本功比赛，北京高校“师德标兵”评比，“首都教育系统健康之星”评比。完善两个制度：《北京林业大学教代会代表提案工作管理规定》《青年教师工作委员会工作条例》。 （赵晶泓　石彦君）

【第六届教代会、第十四届工代会第三次会议】 北京林业大学第六届教代会、第十四届工代会第三次全体会议于2012年3月9日在图书馆五层报告厅召开，校领导、老同志、民主党派、工会、教代会代表192人参加了会议。会议的主题是“群策群力、提升质量、发展学科、为增强学校核心竞争力而奋斗。”会议的主要内容是听取、审议通过校长宋维明代表校行政所作的校长工作报告；听取、审议通过校工会常务副主席代表“两委”所作的“双代会”报告；听取财务处处长所做的《2011 年校本级教育事业费预算执行情况及 2012 年校级教育事业费基本收支预算草案的报告》；听取人事处处长所作的学校《北京林业大学关于校内绩效津贴分配的暂行办法》《北京林业大学第二轮岗位设置管理和人员聘用的暂行办法》的报告。审议通过教代会提案工作报告、工会财务工作报告、工会经费审查工作报告和学校福利费使用情况报告。第六届教代会、第十四届工代会第三次会议共收到网上电子提案 18 件，书面提案 5 件。学校提案工作委员会对确定的提案及建议进行分析、审查和分类，其中管理制度方面的提案 10 件、后勤保障方面的提案 6 件、本科教学方面的提案 5 件、科研与学科建设方面的提案 1 件。（赵晶泓　石彦君）

【二级教代会工作】 校工会于 10 月 30～31 日在昌平召开建家工作研讨会，北京林业大学全国模范职工小家、北京市模范职工小家的党政领导、工会主席、工会干部 20 人参加了研讨会。党委副书记全海要求校工会要坚持党政工齐抓共管、坚持以教职工为建家活动主体、坚持动态管理、坚持维护职能，做到参与有位、维护有力、建设有果、教育有效。校工会常务副主席汇报了学习《关于新时期高等学校工会深入开展建设职工之家工作的意见》(京教工[2009]58 号)的思考。研究了 2011 年全国模范职工之家复验专家组的反馈意见、建议，明确建家工作的措施与办法。（赵晶泓　石彦君）

【全国模范职工之家建设】 12 月 18～21 日校工会对未获得市级以上(含市级)“模范职工小家称号”的 16 个部门工会建家情况进行综合考评。校党委副书记全海、各部门工会的党政领导、工会主席、工会委员、教代会代表、工会小组长、教师代表参加会议。查阅资料、召开座谈会、听取各部门党政负责人、工会主席的汇报。评选 8 个部门工会为校级“模范职工小家”、14 个部门工会主席为优秀工会主席、推选出 16 个部门党政负责人为教职工之友，于 12 月 27 日召开表彰会进行表彰。（赵晶泓　石彦君）

【特色活动】 3 月 7 日，召开北京林业大学 2012 年三八国际妇女节暨表彰大会，校领导、“巾帼标兵”“巾帼之星”“巾帼贡献标兵”获得者、部分职能部门领导、女教职工委员会、男女教职工代表 201 人参加会议。校长宋维明代表学校党政向全校女教职员工致贺词。会议表彰了北京林业大学在教学、科研、管理、后勤等岗位上作出突出贡献的 10 名“巾帼标兵”、18 名“巾帼之星”、10 名“巾帼贡献之星”，并颁发荣誉证书。会后，校工会常务副主席主持了“每日锻炼一小时，健康快乐万步行”活动启动仪式。

5 月 3 日，在市教育工委、市教委、市教育工会共同举办的教职工“健康快乐年”活动的比赛项目中，北京林业大学篮球队获“2012 年首都教育系统教职工运动会篮球比赛高校男子甲组”第一名；围棋队获“2012 年首都教育系统教职工运动会围棋比赛高校甲组团体总分”第六名；桥牌队获“2012 年首都教育系统教职工运动会桥牌比赛高校甲组团体总分”第八名，双人赛第四名；学校获“2012 年首都教育系统教职工运动会体育道德风尚奖”。

5 月 7～30 日，由校工会主办，经管学院出资承办的第二届“经管院杯”教职工排球联赛在田家炳体育场举行。本届比赛有男女 30 个代表队，360 名运动员参加。体育教学部获男子组第一名、经管学院获男子组第二名，材料学院、工学院并列获男子组第三名；体育教学部获女子组第一名，外语学院获女子组第二名，机关二队、材料学院并列女子组第三名；生物学院男队、经管学院女队分别获精神文明奖。

5 月 22～27 日，校工会组织全校教职工(含离退休、非在编、教职工家属)在校医院进行 6 天教职工健康检查。2315 人参加了体检。其中在编 1599 人；非在编及家属 716 人。

6 月 25 日，北京科技大学工会、北京科技大学科技产业集团党委书记到校工会学习交流工会、教代会工作，重点交流了教代会提案工作。对各校概况、工会职能、工作特色做了详细的介绍。

7 月 4～6 日，在北京航空航天大学召开师德先进评审会。评选活动以“教风建设、学风建设和校风建设”为核心内容。教务处处长于志明、外语学院院长史宝辉获高校系统师德先进个人称号。

7月5~10日，组织青年教师赴宁夏盐池开展主题为“体验生态文明建设 献礼校庆60周年”的社会实践活动，走访了宁夏盐池县荒漠化生态系统定位站、湿地建设和腾格里沙漠的治沙工程。学校40岁以下的青年骨干教师36人参加了暑期社会实践。收集论文19篇。

8月25~26日，在天津举办首届全国高校青年教师教学竞赛决赛。全国80余所高校93名选手参加。竞赛分工科、理科、文科3组进行比赛。北京市教育工会选派了北京林业大学和清华大学、北京大学的3名青年教师代表北京市高校参加决赛。

8月25~29日，在辽宁营口鲅鱼圈开展以“无悔的三十年，耕耘的三十年，奉献的三十年”为主题的教职工暑期疗养活动，53名从教30年教职工参加活动。

9月5日，在图书馆报告厅举办2012年庆祝教师节暨表彰大会。校领导、部门、学院负责人、教师、学生代表、离退休教职工代表、30年教龄教职工代表、获奖教师参加表彰大会。党委书记吴斌肯定了教师在学校发展中的作用。校长宋维明宣读《2012年教师节表彰名单》。

9月28日，在田家炳体育馆举办“庆祝建校60周年教职工合唱比赛”，校领导、北京市教育工会常务副主席、华北电力大学工会副主席、北京市总工会宣传活动部部长、北京市总工会劳动午报副主编、部分高校领导应邀出席活动，并为比赛担任评委。19支合唱队近1000人参加了合唱比赛。校长宋维明在赛前致辞。

10月20~21日，在海淀区体育馆举办2012年中关村国家资助创新示范区核心体育健身系列活动棋牌挑战赛活动，北京林业大学获团体一等奖。

10与23日，新疆农业大学工会常务副主席、后勤处工会主席、动科学院工会主席、数理学院工会主席到校工会交流工会、教代会工作。会议重点交流模范教职工之家、学校模范职工小家的建设；青年教师教学基本功比赛工作。就如何做好后勤工作、兼职工会干部政治、经济待遇、非在编人员入会、女教职工保险理赔、教职工体检、青年工作进行讨论。

10月30日，为期7天的第五届“北林科技”杯教工男子篮球联赛在田家炳体育场举行，本届比赛共有12个队参加。北林科技获得冠军、机关一队获得亚军、体育教学部获得季军。

11月29日，首届“园林院杯”乒乓球团体赛在田家炳体育馆落幕，校工会主办、园林学院出资承办，男女12支代表队60余名运动员参加比赛。体育教学部获第一名，机关、图书馆、材料学院获第二名，信息学院、人文学院、工学院、生物学院获第三名。

12月7日，举办第九届青年教师教学基本功比赛。经过学院选拔和初赛，16名选手进入决赛。评出优秀组织奖5名，最佳演示奖5名，最佳组织奖5名；一等奖2名，二等奖4名，三等奖10名。选拔2名青年教师参加北京市高校第八届青年教师教学基本功比赛。

（赵晶泓　石彦君）

共青团工作

【概　况】 共青团北京林业大学委员会（以下简称“校团委”）下设办公室、组织培训部、宣传部、文体活动部、学生科技创新教育部、生态环保工作部、志愿者工作部、研究生与青年工作部、学生二课堂素质教育中心、社会实践指导中心、学生会秘书处、社团理事会12个部门。人员编制11人，其中书记1人，副书记3人，各部、中心设部长（主任）1人。全校13个学院分团委，6个社团团工委，1个直属团支部。

2012年，校团委实施“理想信念教育，志愿服务提升，创新实践拓展，校园文化建设，绿色引领服务，团建凝聚助力”六大工程，以“提升战斗力，加强凝聚力，激发创造力”为工作目标，以“质量、效益”为工作要求，以“理念机制、品牌项目、人才培养”为工作标准，推进北林共青团各项工作的改革创新。

（姚　莉　辛永全）

【理想信念教育】 ①开展“争做时代先锋，建设美丽中国”团学组织“学习党的十八大精神”系列活动。活动包括学习、宣传、践行3方面内容，重点举办团学干部党的十八大精神学习活动、“一二·九”文化周系列活动、“永远跟党走”青春歌咏会等；②开展“高擎团旗跟党走”纪念建团90周年暨“五四”运动93周年教育实践活动。重点开展学团史主题教育实践活动、“达标创优”评选等；③开展“我是雷锋”主题教育活动。举办“榜样进校园”专场报告会、“绿色见证雷锋精神”宣讲进校园等活动，聘请李素丽、刘真茂等新时代雷锋榜样担任青年学生成长导师；④开展“北林讲堂”活动。举办央企高管进校园、残奥英雄事迹报告会、鹦哥岭青年团队专场报告会等多场讲座活动；⑤推进青年英才培养工作。采用“小班教学、多元培养、学习与实践相结合”等培养模式，举办“李相符”青年英才培养计划首期培训班。举办2012～2013学年新生班级团支部骨干培训班、团干部培训班等；⑥开展分类引导工作。启动“青萤”学生网络电视台、“青汀”青年茶座和“北林青梅”手机客户端3项分类引导工作项目。开展“面对面”活动。

（姚　莉　辛永全）

【创新实践拓展】 召开科技创新工作推进会，制定《关于进一步加强“梁希杯”学生科技学术竞赛工作的意见》；组织学生团队参加北京及全国“挑战杯”系列赛事，获得全国铜奖2个、北京市金奖2个、银奖5个、铜奖7个；组建210支暑期社会实践团队，活动直接参与人数达2000余人，确定校级重点团队10支，校级团队22支，绿色长征(贵州团)被团中央等单位列为全国重点团队；在2012年首都大学生暑期社会实践评优表彰中，校团委荣获先进单位、5人荣获先进工作者、5人荣获先进个人、10支队伍荣获优秀团队、16项成果荣获优秀成果；校级层面，评选社会实践最佳组织单位1个、优秀组织单位3个；坚持开展红色“1+1”等社会实践活动。

（姜　斌　辛永全）

【校园文化建设】 北京林业大学学生民族管弦乐团被评为北京市大学生艺术团；将学生军乐团与学生室内乐团合并为学生交响乐团，由校团委、艺教中心统一指导，由校学生艺术总团负责日常管理；先后组织元旦晚会、毕业生晚会等演出活动。举办校园十大歌手赛、五月的花海合唱比赛等校内文艺赛事；组织学生合唱团、舞蹈团参加中央电视台等单位组织的各类演出活动，组织“高雅艺术进校园”活动，举办“我从草原来”专场演出、“京剧进校园”活动等。

（马樱宁　辛永全）

【志愿服务活动】 开展关爱农民工子女志愿服务活动，志愿者累计参与志愿服务达2300余次，直接覆盖农民工子女2795人。全国政协委员杨澜、韩国青年企业家协会代表团、台湾中华基金会青年志工先后参加活动，中央电视台、《人民日报》等多家媒体报道活动；组织青年志愿者志愿服务“北京市第十三次团代会”、国际竹藤组织论坛等；出台《北京林业大学研究生支教团招募管理实施办法》，组建第十五届研究生支教团，共有18名同学入选。完成西部计划招募、选拔、派遣工作，共有7名同学参加；推进志愿者实名注册工作，促进志愿服务项目的网络信息化管理；成立青年志愿者协会，作为团体会员加入北林志愿者联合会。（杨实权　辛永全）

【绿色环保活动】 举办“高擎团旗，绿色长征”2012年绿桥、绿色长征活动，“低碳生活，绿色北京”首都大学生第28届绿色咨询活动、青春志愿林种植活动、“绿色北京1+1”志愿服务活动项目、低碳“V”行动等；开展2012年全国青少年绿色长征——“情系母亲河”流域科考实践活动，组织青年学生到“长江流域”“黄河流域”“松辽流域”“珠江流域”途径省市开展环保宣传实践、调查研究活动；举办2012年全国青少年生态环保社团指导教师培训班；组织志愿者到中小学校开展“绿色课堂”活动；组织学生环保社团参加各类环保宣传实践活动，北京林业大学荣获“绿动北京”首都大学生环保社团文化节优秀组织奖。

聘请社会名人担任“绿色形象大使”，推动环保理念的社会传播；组织学生艺术团队编创生态艺术作品，面向社会展示推广；加强环保活动的对外宣传报道，《中国青年报》《中国教育报》等多家媒体报道北京林业大学绿色环保活动。

（黄　鑫　辛永全）

【学生会和重要活动】 北京林业大学学生会是在校团委具体指导下，开展学生工作的学生群众组织，是全国学生联合会委员单位，北京市学生联合会主席团单位，以“立足本职，服务同学”为宗旨，引导全校同学进行“自我教育，自我管理，自我服务”。学生会现有会员1.3万余人，学生会干部267人。

开展五月花海合唱比赛等文体活动，观看党的十八大开幕式直播，举办“习近平总书记五四讲话”专题座谈会，组织广大同学为芦山地震募捐，举办“五四”青年节座谈会，深化“A4210”项目，倡导青年学子通过21天，在衣、食、用、行4个生活方面，养成勤俭低碳好习惯。

举办“一二·九”阳光体育冬季长跑，“团团圆圆”北京林业大学2012年新年零点欢庆活动暨新年舞会，饮食文化节，学生烹饪大赛，校园十大歌手赛，创新推出北京林业大学节能环保周系列活动，开展“北林讲堂”系列活动等一系列精品讲座，定期举办英语四、六级模拟考试。

定期召开校、院两级维权工作会议，广泛倾听同学诉求；在继续开展“维权回音壁”“归璧”等特色活动的同时，继续开展“面对面”——职能处室领导与学生代表座谈活动。

组织开展北京林业大学2013年志愿服务双选会，“三五”志愿者周系列活动，“一条鱼”支教活动，关爱农民工子女志愿服务活动，动员全校同学参与“青春志愿林”植树活动。

召开北京林业大学第29次学生代表大会。

（辛　航　辛永全）

【社团组织】 学生社团联合会是对校、院两级学生社团进行科学管理、全面协调，联合运作的学生组织，是以学生社团为基层单位的社团(团员)权益代表机构，以“团结社团、服务社团”为宗旨，肩负“管理、监督、服务”三大职能。负责学生社团的成立、注册、审计、评比以及注销等日常事务。截至2012年12月31日，北京林业大学共有108支学生社团，新成立社团2支，分人文社科，学术创新，语言文化，表演艺术，环保公益，体育健康6大类，各社团团员合计18 212人，开展活动千余次。

【主要社团活动】 2012年，学生社团联合会共举办社团成立答辩会2次，社团注销答辩会1次，优秀社团团支部答辩会2次，“十佳明星社团”评选答辩会1次，学生社团2012年暑期社会实践活动审批答辩会1次，学生社团团支书培训1次。2012年11月举行第六届学生社团代表大会中期调整会以及2012年度社团风云人物评选。举办第28届首都大学生绿色咨询活动，举办灵舞之夜元旦露天舞会。各类学生社团活动开展情况如下。

人文社科类社团 中国传统文化学会进行汉服制作，彤心社主办校史知识竞赛，“知行”理论协会举办建党90周年征文活动，百坛心理学会举办“5·25”心理健康节系列活动，成功创业者协会举办JA课程事业启航活动。

学术创新类社团 百奥生物协会举办百花植物认知大赛，开拓者机器人协会参加亚太机器人大赛国内选拔赛、北京市机器人大赛、举办第六届机器人大赛决赛，北林天文学社与摄影协会联合举办天文摄影讲座，ACM爱好者协会参加百度之星程序设计大赛、参加北京大学举办的360杯程序设计大赛、举办ACM编程月赛，北林赛扶参加赛扶世界杯中国赛区总决赛。

语言文化类社团 北林CIC社团举办职场达人职场经验交流会，北林辩论协会举办第三届“思林杯”辩论赛、第二届“展新杯”新生辩论赛暨与中国矿业大学校辩论队友谊赛，德语与德国文化交流协会举办德语交流系列活动，英语地带举办北京林业大学英语地带英文电影配音大赛。

表演艺术类社团 Wander动漫社参加金面具COSPLAY大赛、举办帝都巡回画展，浅草艺苑、一米时光摄影社、“水木石”书法艺术交流协会三大社团举办校庆展，一米时光摄影社举办甲子校庆摄影展。

环保公益类社团 西部开发志愿者协会开展四维助教行动，和谐家园举行保护鲨鱼经验交流会，北林山诺会组织筹办WWF地球一小时之北林专场、岩壁完成建设，绿手指协会开展“北京水卫士”密云行，翱翔社举办“一个宿舍资助一个孩子”助学项目，北林红十字会参加高校红会交流营。

体育健康类社团 悦野自行车协会与北大自行车协会、农大自行车协会等举办永定河绿色骑行活动，北林乒乓球协会开展“国球文化节”系列活动、“迎新杯”乒乓球赛，北林网羽协会举办第三届“心羽心愿”暨首届北京高校羽毛球联盟比赛，弋扬游泳协会举办第二届学院路高校游泳邀请赛，北林台协举办第五届北林台球大赛，五环协会举办"五环杯"新生篮球赛及"五环杯"电竞交流赛，北林棋社参加第七届北京市高校中国象棋团体邀请赛。 （罗 杨 辛永全）

【团组织自身建设】 召开北京林业大学第十次团代会，选举产生北林共青团第十届委员会、常务委员会、书记、副书记。团中央学校部、北京团市委分别对北林共青团发展提出希望。

开展团学联谊会相关活动，召开团学联谊会成立10周年庆典大会，增选联谊会副会长、执委，动员历届北林团学人关心北林团学工作的发展和北林团员青年的成长成才；设立北林青年绿色成长基金，用于支持团干部理论学习、校园文化建设、绿色环保活动等。

召开北京林业大学纪念建团90周年暨党建带团建工作推进会，制定《北京林业大学关于加强新形势下党建带团建工作的意见》，明确新形势下党建带团建工作的重要意义、指导思想、目标任务及主要内容；研究制定《建设"国际知名、特色鲜明、高水平研究型大学"青年行动规划纲要(2012～2016年)》；学校与《北京青年报》报社签署战略合作框架协议；完成心桥网改版工作；承担市级课题研究项目；建立希望工程北京捐助中心、北京青少年发展基金会北林工作站，依托北林青年绿色成长基金，挖掘社会资源，设立资助项目，服务青年成长成才。

（杨实权 辛永全）

【校庆工作】

校庆文艺演出 文艺演出以"绿色摇篮"为主题，以"春动苗涌""山水树人""万物林育"为主体篇章，从"生命摇篮""人才摇篮""文明摇篮"3条主线，全面阐释北林人的"绿色理念""绿色情怀"和"绿色追求"；文艺演出演职人员共计690人，覆盖校友、离退休老教师、在职教师、在校学生、武警国防生、北林附小学生、留学生等群体。筹备工作历时近4个月，组织整体彩排共计12次，节目合练百余次。演出重点对"北林精神"与"北林文化"进行凝练和诠释。

校庆志愿者 校庆期间共招募各类大学生志愿者1551人。按工作需要分为平方志愿者、接待志愿者、礼仪志愿者、安保志愿者、交通引导志愿者、讲解翻译志愿者、会务志愿者、机动志愿者、住宿餐饮志愿者9类。召开动员誓师大会，确定校庆志愿者主题为"绿色甲子，志愿有我"，口号为"绿在你心中，我在你身边"。开展志愿者形象设计工作，标识以6片富有北林特色的银杏叶组合而成，象征北京林业大学60载教书育人的深厚积淀；吉祥物取名为"贝贝"和"琳达"，取其谐音为"北京林业大学"。先后组织两次通用知识培训，各类专项培训及岗前演练几十次。制定志愿者综合素质评定标准，科学评价志愿者工作。固化工作成果，学校命名志愿服务主题广场并树立雕塑，形成青年志愿服务工作有形遗产。

"迎甲子校庆，展青春风采"主题活动月 重点开展"绿色的交响"校庆专场音乐会、"认识我的母校"校史知识竞赛、"我为校庆做贡献"主题团日活动、"我为校园添点绿""以废换绿"等绿色校园创建活动、"甲子校庆·百团献礼"社团迎校庆展风采活动、"爱绿接力、薪火相传"迎校庆健康长跑活动、青年学子创新创意优秀作品展等活动。 （姚 莉 辛永全）

国防生选培

【概 况】 2012年，武警部队驻北京林业大学后备警官选拔培训工作办公室(以下简称"选培办")加强与北京林业大学沟通合作，紧紧围绕国防生学员第一任职需要，严格招收选拔，加大训练力度，提升管理质量，加强典型引导，丰富第二课堂，从严从难开展军政训练，进一步打牢国防生政治思想、科学文化、军事技能、作风纪律"四个基本素质"。 （汤宛地 金文斌）

【招收选拔】 截至2012年12月，在校国防生408人，其中，本科国防生377人、硕士国防生31人。2012年，直接从应届高中毕业生中招收国防生89人，其中，土木工程专业20人、森林资源类专业30人、计算机科学与技术专业15人、法学专业14人、心理学专业13人。2006级本科国防生共有18人返校攻读硕士研究生。

（杨敬峰 金文斌）

【军事训练】 按照《普通高等学校武警国防生军政训练计划》和《北京林业大学国防生军政训练计划》，坚持每日早操半小时，利用业余时间加强体能素质训练，同时抓好双休日和集中组织的国防生军政训练。

5月20日至6月1日，2011级91名国防生参加学校在北京市大兴高校学生军训基地组织的新生入学军训，承担设置教学场地、夜间流动哨、枪械管理等多项勤务，并成立国旗护卫队和军旗护卫方阵，圆满完成升国旗仪式、阅兵式、分列式多项任务。

7月16～31日，组织2011级国防生91人，圆满完成解放军总政治部在解放军防化指挥工程学院统一组织的暑期驻京国防生集中军政训练任务。在此次基地化集训中，北京林业大学国防生取得“板报设计评比第一名”“擒敌拳比武第二名”“队列会操第二名”的好成绩。

3月25日至4月15日，组织2008级国防生赴武警云南森林总队进行毕业前当兵实习锻炼，国防生首到南方进行当兵实习锻炼，多名国防生参加了云南“百战百捷”森林火灾灭火作战。同时，北京林业大学和选培办组成联合工作组，全程跟踪指导和展开调研。6月10日，按照《武警部队毕业国防生综合素质考核评估办法》，协调相关单位，对2008级国防生进行毕业综合素质考评，77名国防生全部考核优秀，入党率达100%。

12月1日，国防生统一组织进行期末军事素质考核，进一步规范了考核程序，检测本学年军政训练成果。 （杨敬峰　金文斌）

【教育管理】 落实教育部、解放军总政治部新修订的《国防生培养协议》《国防生教育管理规定》《关于加强国防生军政训练和任职培训工作的实施》等法规文件，修改完善《北京林业大学国防生违约淘汰管理暂行办法》，规范国防生思想教育、日常管理、学籍学分、考核奖惩机制。

准军事化管理 9月，学生宿舍9号楼为国防生单独设立宿舍，实行准军事化管理。选培办根据部队日常管理规定，按照年级将国防生编成4个学员队，每个学员队下设2个模拟区队，由2005级和2006级返校读研的16名国防生担任学员队骨干，区队骨干由综合素质优秀的国防生担任，并将返校读研国防生统一编制成研究生学员队。选培办指导学员队抓好日常养成，对国防生一日生活、哨位执勤、请销假、内务检查、班务会、晚点名、骨干例会等日常制度进行督促落实。

思想政治教育 围绕大力培育当代革命军人核心价值观，以《当代革命军人核心价值观宣讲材料》《中国国防生》等为基本教材，指导国防生开展“双争”评比活动。9月3日至12月28日，新生“思政教育十四讲”促进新学员身份意识的形成，引导和树立正确的价值观，尽快成长为一名合格的国防生。11月，在国防生中举办第四届“橄榄绿”杯征文比赛，并在此基础上编印了《砺剑北林》文集。6月上旬，与人文学院一同举办国防生第三届合唱比赛。

国防生党支部 截至2012年12月，在校国防生党员人数达到207人，占国防生总数50.9%。各学院为国防生党支部配置专门辅导员，对国防生党支部进行重点建设。

课余文化生活 选培办指导国防生模拟中队开展丰富多彩的课余文化活动。举办两届“使命·责任”杯篮球联赛和两届“绿色卫士”杯足球联赛，举办羽毛球、乒乓球等活动。2012年2月、3月，分别举办了“新学期，新气象”和“学雷锋”主题板报设计评比活动，反响强烈。板报评比纳入国防生制度，选培办定期组织开展。国防生代表学校参加北京高校运动会、奥林匹克日长跑等活动。国防生网站全年共刊登新闻317条，跟踪报道大型活动13项，在中国国防生网发表新闻63篇，《解放军报》《中国绿色时报》等主流报纸网刊登新闻12篇。

获得荣誉 2012年，国防生中，2人获国家奖学金，9人获国家励志奖学金，14人被评为“三好学生”，31人被评为校级优秀学生干部。2011～2012学年评优表彰中，2009级、2010级、2011级共284名国防生参评，123人次获表彰，表彰比例达43.31%。80余名国防生担任班长或学生会、学生社团主要负责人，60人在学校运动会等各类文艺体育比赛中获奖，3人在北京市电脑作品设计大赛等省部级比赛中获奖，10人在全国大学生创业计划竞赛等国家级比赛中获奖。 （汤宛地　金文斌）

【分配派遣】 2012年，毕业国防生77人中，分配到武警森林部队64人，其中，森林指挥部直属机动支队5人，内蒙古森林总队13人，吉林省森林总队5人，黑龙江省森林总队11人，福建省森林总队5人，四川省森林总队4人，云南省森林总队8人，西藏森林总队3人，甘肃省森林总队7人，新疆森林总队3人。分配到武警内卫部队和机动师部队13人。（杨敬峰　金文斌）

【武警森林指挥部亢进忠政委慰问】 1月12日，武警森林指挥部政委亢进忠少将、政治部主任徐元鸿大校等一行6人来北京林业大学走访。校党委书记吴斌、副校长姜恩来、副书记全海、选培办主任及有关部门负责人参加座谈。

（汤宛地　金文斌）

【国防生集体获雷锋奖章】 5月3日，北京林业大学纪念建团90周年暨党建带团建工作推进会召开，国防生集体获评首届“雷锋奖章”，受到表彰。（汤宛地　金文斌）

【国旗班荣获北京高校第三届国旗仪仗队比赛一等奖】 9月15日，北京高校第三届国旗仪仗队比赛结果在清华大学举办的升旗检阅式上公布。国防生国旗仪仗队从清华大学、中国人民大学等22所高校中脱颖而出，荣获一等奖。

（汤宛地　金文斌）

【森林部队庆祝北京林业大学建校60周年文艺演出】 10月10日，“北林的学生森警的兵”——森林部队庆祝北京林业大学建校60周年文艺演出在田家炳体育馆举行。学校领导、各职能处室领导老师、各学院学生代表和全体国防生观看了此次文艺演出。此外，武警森林指挥部政治部徐元鸿主任一行12人与校党委吴斌书记、宋维明校长等学校领导进行座谈，双方就深化军地双方合作、探索国防生培养模式等方面达成共识。（杨敬峰　金文斌）

【建校60周年文艺演出】 10月16日，“绿色摇篮”——北京林业大学建校60周年文艺演出在国家体育馆举行。共有273名国防生参与到校庆演出与安保工作中。选培办被学校授予“庆祝北京林业大学建校60周年文艺演出先进工作单位”荣誉称号。（张　剑　金文斌）

【武警森林部队为甲子校庆捐赠礼金】 10月15日，武警森林部队为北京林业大学60周年校庆捐赠礼金仪式在北京会议中心举行，武警森林部队向北京林业大学甲子校庆捐赠礼金20万元。

（张　剑　金文斌）

【亢进忠政委受聘客座教授】 10月15日，吴斌书记、宋维明校长等学校领导在北京会议中心贵宾厅会见了来访的武警森林指挥部亢进忠政委一行。宋维明校长代表学校学术委员会聘请亢进忠政委为北京林业大学客座教授，并颁发了聘用证书。（张　剑　金文斌）

【武警总部领导调研选培工作】 12月27日，武警总部政治部干部部部长杨万良、干部部选培办副主任一行在森林指挥部政治部主任徐元鸿、副主任张力农陪同下来到北京林业大学，对驻校选培办国防生依托培养工作进行检查调研。

（张　剑　金文斌）

【国防生第二课堂】 5月12日，国防生第二讲堂开课，依托学校优秀教育教学资源，切实拓宽在校国防生的知识视野，全面打牢国防生“四项基本素质”基础，营造积极向上的学习氛围，达到提高在校国防生普遍适应第一任职需求能力的目的。（汤宛地　金文斌）

【国防生首届军事运动会】 9月30日，国防生举办第一届军事运动会。（杨敬峰　金文斌）

【国防生微电影】 11月2日，表现国防生一日生活的微电影《别样的青春》在线上发布，微电影由人文学院国防生办公室和国防生宣传部共同完成。（汤宛地　金文斌）

【宣誓授衔仪式】 12月20日，北京林业大学2012级89名国防生举行宣誓授衔仪式，全体新生面向警徽庄严宣誓，正式成为国防生集体中的一员。（汤宛地　金文斌）

管理与服务

发展规划

【发展规划制定及执行情况】 2012年，北京林业大学全日制本科招生3352人，毕业3160人，在校生13 218人，本科生一次就业率为95.85%；学术型学位硕士招生827人，毕业751人，在校生2581人；专业学位硕士(全日制)招生440人，毕业370人，在校生782人；博士招生265人，毕业146人，在校生1048人；硕士、博士研究生一次就业率为99.46%。

2012年在职人员攻读硕士招收385人，博士后进站9人。2012年在职人员攻读硕士授予学位人数为207人，办理博士后出站15人。

"211工程"建设成效得到3部委肯定，成为28所被中央财政奖励的高校之一。

全年到校科研经费近2.23亿元。获国家杰出青年科学基金项目资助1名。"林木发育及逆境适应性的分子机制"团队获准建设全国高等学校学科创新引智基地。获高等学校科学研究优秀成果自然科学一等奖1项，省部级科技奖励4项。全年发表SCI收录论文399篇(其中第一作者233篇)，EI论文436篇(第一作者148篇)，影响因子显著提升，获授权发明和实用新型专利101项、软件著作权55项、外观设计3项。林学院、水保学院获"全国生态建设突出贡献先进集体"称号。

获批建设科技部"林业生物质能源国家国际科技合作基地"；宁夏盐池生态系统定位站成为国家水土保持科技示范园区；新增3个北京市重点实验室和1个北京市工程技术研究中心。大型仪器设备开放共享平台建设稳步推进。南北方基地建设成效显著，福建三明基地综合实践基地新建科技大楼竣工，河北平泉苗圃基地、木工车间基地，花卉种质创新与产业化示范实践基地正式启用。

获北京市高等教育教学成果奖一等奖3项、二等奖7项。北京市教学名师2人。新增1个国家级专业综合改革试点项目、1个国家级实验教学示范中心、2个国家大学生校外实践基地、3门国家级精品视频公开课。园林学生获国际风景园林竞赛一等奖。5种教材入选教育部第一批"十二五"普通高等教育本科国家级规划教材。北京高校新闻宣传工作优秀工作者1人。获得"北京高校创先争优先进党组织"2个。

专任教师1147人，具有高级专业技术职务的728人(其中教授229人，占专任教师总数的19.97%)；具有硕士以上学位的982人(其中博士学位670人，占专任教师总数的58.41%)。

(向文生　孙玉君)

【完成"十二五"事业发展规划的修订工作】 8月6日，按教育部要求，宋维明校长主持召开会议，部署"十二五"事业发展规划修编工作。根据要求，"十二五"规划编写组，研究完善与补充"十二五"事业发展规划。并就相关任务对发展规划处、组织部、国际合作处等部门进行分工完善，文本修订后报学校党委会通过。9月21日，北京林业大学"十二五"事业发展规划(修订版)上报教育部直属司。(向文生　孙玉君)

【统计工作法律工作】

统计报表 组织完成了2012年度学校各项企事业统计报表的编制和上报工作，包括：上报教育部2012/2013学年初高等教育基层统计报表；上报教育部2012年高等教育招生计划执行情况快报；上报北京市海淀区统计局2011年关于北京林业大学的的财务状况、能源消耗、劳资情况统计表等统计报表的年报及2012年定期报表；上报教育部北京林业大学校办企业2011年度财务决算报告、2012年度每月的财务情况快报；上报北京市教委校办产业管理中心北京林业大学校办企业2011年度报告。

法律工作 评审各类合同、协议共40份。主要包括：①与国外大学协议（美国密歇根州立大学、不列颠哥伦比亚大学、日本岛根大学、德国哈尔博格学院、越南林业大学、芬兰相关大学等），内容包括合作办学，科学研究、战略框架合作等。②与国内地方政府、林业机构合作协议（广西壮族自治区国有林场、安徽省有关自然保护区、重庆市人民政府、辽宁省林业厅、贵阳市人民政府、泰安市人民政府、河北迁西县人民政府等），主要为专业合作或战略框架合作。③国内高校、教育培训机构的教育合作、对口支援协议。④与其他公司、科研机构产业开发、技术转让等合作协议。审核中坚持以学校利益为基本出发点，同时又保证合同文本的合法性、合理性，尽最大限度规避学校风险，保证实现合同权益。

评审规范性管理文件。包括《北京林业大学关于处理研究生学位不端行为的试行办法》《北京林业大学本科生转专业管理规定》，保证有关管理制度的规范性、合法性、可行性。

处理学校实验林场边界划定工作。与林场管理人员起草、评审与妙峰山樱桃沟村委会《林场边界协议》，评审与航天科工集团《林场边界界定合同书》。

处理诉讼、非诉案件。①舒晓成诉北京林业大学财产损害赔偿。该案2012年12月份判决。部分支持原告诉讼请求（诉求12万元，支持2400余元）。②北京林业大学诉刁其玉、屠焰、张乃锋等著作权侵权执行案件。该案现已执行完毕，被告给与消除影响、赔偿损失。③就著作权侵权事宜，向同方知网（北京）有限公司、北京万方数据股份有限公司、重庆维普资信有限公司发律师函，要求从其数据库中撤出侵权文章。上诉3公司均如期按律师函要求从数据库中撤出侵权文章。（向文生　刘宏文）

【大学章程建设】 大学章程是现代大学制度建设的重要载体，是提升高等教育管理科学化的重要手段。自教育部2011年11月28日发布《高等学校章程制定暂行办法》，北京林业大学已启动章程制定工作，由发展规划处主要负责、高教研究室协同。学校已全面清理了现行规章制度，并在《北京林业大学十二五事业发展规划》中明确提出制定本校章程事宜。（常小明　刘宏文）

【对外合作】 学校先后与内蒙古赤峰市、广西壮族自治区林业厅、辽宁省林业厅、河南省林业厅、贵州省贵阳市、重庆市南川区、北京市门头沟区、山东省泰安市、北京市延庆县等签订了产学研合作框架协议，开辟了技术转让和科技成果落地的广阔前景。

同时，推动在框架协议内的具体协议的签订。在与河南省林业厅签订合作合同后，给各学院发放河南省《林业科教合作项目需求汇总表》，积极推进各个项目合作。在与重庆市南川区签订合作合同后，推动了经济管理学院与南川区进行的MBA培训和继续教育学院与南川区教育局进行继续教育合作，材料学院与广西林业厅七坡林场的合作不断深化，北京林业大学的一项科技发明二等奖在七坡林场转化，北京林业大学与山东泰安市的合作积极推进，北京林业大学泰安协同创新基地在规划之中，泰安市人民政府负责征地、基本建设投资，运行维护，北京林业大学负责组织科技成果在泰安协同创新基地转化。利用北京林业大学的科技优势为目前与各地的框架协议后续项目陆续在落实中。通过对外合作，拓展了北京林业大学的办学资源，提高了北京林业大学在社会上的知名度，为教师延伸了科学研究、科研成果转化的舞台，为人才培养提供了实习基地。

北京林业大学“林业生物质能源国际科技合作基地”获批为“国家国际科技合作基地”。科技部“国家国际科技合作基地”是承担国家国际科技合作任务中取得显著成绩、具有进一步发展潜力和引导示范作用的国内科技园区、科研院所、高等学校、创新型企业和科技中介组织等机构的载体，包括国际联合研究中心、示范型国际科技合作基地、国际创新园和国际技术转移中心共4类。北京林业大学获批基地属于示范型国际科技合作基地，由北京林业大学和德国哈尔博格学院“德中青年科技创新中心”共同建设，主要依托学科北京林业大学一级学科国家重点学科“林学”。基地的建立将为北京林业大学拓展国际合作渠道，促进利用全球科技资源、扩大科技对外影响力起到重要的推动作用，并对“林业生物质能源”高新技术领域的国际科技合作发展起到示范带动作用。（常小明　刘宏文）

校务管理

【概　况】 党政办公室是校党委、校行政的综合办事机构。1名同志从贵州挂职锻炼后回到办公室任副主任，现共有1名主任、4名副主任。2012年新设事务管理科，现共设文秘科(保密工作委员会办公室)、综合联络科(总值班室、信访办公室)、信息科(校务和信息公开工作委员会办公室、学校年鉴编辑部)、事务管理科，档案馆、收发室两个单位挂靠办公室。

2012年，党政办公室围绕学校年度工作目标，坚持服务中心、服务领导、服务部门、服务师生的宗旨，改进管理方式，做好参谋助手、组织协调、督查督办、调查研究、信息报送、信访接待、对外联络、公文办理、档案管理、年鉴编纂、重要活动组织、综合事务管理以及领导交办的其他工作。

2012年，党政办配合发展规划处和有关学院，协调做好产学研合作协议签订落实工作，完成了林木资源高效培育与利用协同创新论坛的前期准备，围绕学校与国家林业局信息办、重庆市南川区、北京市延庆县、山东泰安市等的战略合作，进行前期协调，组织完成了签字仪式讲话稿草拟及相关会务工作。

2012年，学校先后迎来北京市“平安校园”、北京市党建评估、教育部“三重一大”决策制度执行等3项检查，并启动了为期半年的教育部巡视整改落实工作。党政办进行制度建设，全面收集支撑材料，扎实搞好迎评工作。

在学校60周年校庆工作中，党政办公室承担了校庆前期筹备、庆典安排、校庆接待、文字材料准备等工作。

2012年，党政办公室组织编纂的《北京林业大学年鉴2011》被中国出版者协会评为全国年鉴编校质量一等奖，并荣获北京市地方志编撰办公室授予的北京市年鉴编校质量二等奖。

(丁立建　张　勇)

【综合事务管理】 完成学校总值班室的全年24小时值班工作，在重要敏感日、节假日坚持强化领导带班、值班制度，认真严格做好印信管理、公务接待、会议安排、会务服务、车辆调度、会议室管理等日常工作。全年为各类合同、申报材料、证书、证明等用印7万余个，做好全校各类会议的查询、预约、审批工作，提供综合楼会议室服务930余次。收发各类报刊、信件、包裹逾27万件，为全校师生提供及时周到的服务。认真完成学校法人证书、组织机构代码年检工作，修订完善学校各级各类通讯录。加强用印规范，严格执行印章使用登记、审核制度；不断提升各类会议、大型活动的综合服务保障。

(刘继刚　张　勇)

【文书文秘工作】 全面完成学校重要文稿的起草工作，包括学校60周年校庆报告、“平安校园”自查报告、“三重一大”决策制度执行情况报告、党政领导班子述职报告等；学校与政府、高校、企业等合作文件的起草、修改及相应协调工作。全年编写各类大型活动领导的讲话，搜集整理更新全校各类领导小组名单，全年制发党发文42件，校发文83件，流转各类上级来文和校内文件1500多份。

办公室主动参与学校重要决策，作为主要力量参与了学校关于深化本科教学改革、提升人才培养质量若干意见等重大改革方案的制定起草工作，负责教育部副部长鲁昕调研北京林业大学基本建设讲话整理工作。　(杨金融　张　勇)

【信息工作】 2012年，学校向教育部报送了《北京林业大学“六抓并举”推进“平安校园”建设有实效》《北京林业大学特殊群体就业帮扶工作形成“四个一”格局》等28篇学校情况反映。全年共向教育部、北京市委教育工委、北京市教委报送紧急信息5篇，无迟报、瞒报、漏报现象发生。2012年，编发《领导信息参考》10期。

(高　斌　张　勇)

【办公自动化工作】 进一步普及和优化OA系统，充分运用系统主要功能，全年通过OA系统流转完成来自全校各部门的160余份校级文件，共审核并组织或安排各类会议930余次，会议室利用率和会议审核效率得到提升。同时，针对旧的OA系统存在的缺陷，在广泛调研的基础上，与信息中心进行深入研讨，启动了 OA 系统二期建设工程。与此同时，办公室按照要求，对教育部电子公文处理系统、教育部视频会议系统及时进行升级，确保了上级来文的高效处理。

（刘继刚　张　勇）

【信访工作】 全年共处理信访材料 24 份，接待信访群众 20 余人次，积极妥善处理好网上书记留言本、校长信箱的反映的各类问题，及时督办领导信访批示。接听、处理大量反映问题或对学校改革与建设提出建议的来电、来访。各种信访均得到妥善解决，没有产生矛盾，群众对处理结果比较满意。（刘继刚　张　勇）

【信息公开工作】 进一步推进党务、校务、信息三公开工作，依托教代会、信息发布会、三公开栏等载体，及时公开学校重大事项。全年共公开 32 件重大事项，并完成了年度信息公开报告。

（杨金融　张　勇）

【年鉴工作】 5 月，《北京林业大学年鉴(2011)》正式出版。6 月 1 日，召开了年鉴 2011 卷总结表彰会及年鉴 2012 卷工作启动会，修订了《北京林业大学年鉴年度工作先进评选标准》，对在年鉴 2011 卷工作中表现突出的单位和个人进行了表彰，评选出年鉴工作先进单位 10 个，年鉴工作先进个人 10 名。

编制《年鉴编辑手册 2012 卷》，调整年鉴 2012 卷的目录框架设置，突出学校事业发展的新进展，增加图片比重；严把质量关，继续加强对年鉴组稿、编校环节的控制，完成了《北京林业大学年鉴(2012 卷)》的组稿和 3 次审校工作。

（刘继刚　张　勇）

【起草学校支撑生态文明建设行动计划】 党的十八大结束后，党政办在校党委的统一部署下，及时组织召开贯彻落实党的十八大精神工作部署会，明确工作重点。针对十八大提出加强生态文明建设的重要部署，及时汇总有关学院专家的建议，就强化办学特色支撑生态文明建设行动，起草了建议书，明确了服务生态文明的总体目标和工作任务。与此同时，党政办认真收集素材，为党委书记、校长在《人民日报》《中国绿色时报》等发表学习十八大的署名文章作出了贡献。（高　斌　张　勇）

人事管理

【概　况】 人事处主要承担学校人员编制的规划和管理、机构设置工作；负责教职工调配和离退休审批、办理手续工作；制定人才队伍建设规划，开展各类人才队伍的引进补充、培养培训和使用考核工作；负责各类岗位的设置和聘用工作，负责人才交流中心待岗人员管理、培训、推荐交流工作；制定和执行学校教职工薪酬及福利待遇政策，缴纳在编和非在编用工人员社会保险工作；制定和执行教职工奖惩办法，组织各类优秀人才的选拔推荐及承担专家管理服务工作；负责教职工长期公派和因私出国的审批；负责博士后流动站建设和管理工作；负责对口支援项目人员接收培训和人员派出工作；负责全校临时用工的计划管理工作。现设职工管理科、人事调配科、博士后管理办公室、师资科、劳动工资科、人才交流中心和社保中心，有职工 10 人。

人事处承担校人才工作小组办公室和校学术委员会秘书处工作，负责具体运行和日常管理工作。

2012 年，人事处在认真总结首轮聘期岗位聘用工作经验的基础上，结合学校“十二五”发展规划和现阶段学校实际情况，组织开展了全校第二轮岗位设置和人员聘用工作，实施绩效津贴收入分配制度改革工作。（崔惠淑　张　闯）

【机构设置调整】 2012 年，新成立机构 2 个：国家能源非粮生物质原料研发中心、北京林业大学语言服务中心；撤销机构 1 个：北京林业大学职业技能培训学校。（徐海昊　张　闯）

【师资和教职工队伍】 截至 2012 年年底，全校在册教职工人数 1775 人，按岗位类别划分：管理岗位 341 人，工勤技能岗位 77 人，专业技术岗位1357人。专业技术岗位中，教师岗位1147人(其中辅导员教师48人)，其他专业技术岗位210人。教师岗位按职务级别划分，高级专业技术职务728人，占63.5%；中级专业技术职务350人，占30.5%；初级及以下专业技术职务69人，占6.0%。按学位划分，教师中具有博士学位670人，占58.4%；具有硕士学位313人，占27.3%；具有学士学位160人，占13.9%。按年龄划分，教师中31岁以下的130人，占11.4%；31～40岁的475人，占41.4%；41～50岁的389人，占33.9%；51～60岁的140人，占12.2%；60岁以上的13人，占1.1%。

(吴　超　张　闯)

【专业技术职务评审】 2012年度专业技术职务评审工作于4月启动，5月中旬完成。经学校专业技术职务评审工作委员会评审、审批，教师系列共64人专业技术职务晋升，其中20人晋升为教授，44人晋升为副教授；非教师系列共72人专业技术职务晋升，其中2人晋升为正高级专业技术职务，30人晋升为副高级专业技术职务，35人认定为中级专业技术职务，5人认定为初级专业技术职务。

根据学校有关规定及任职条件，2011～2012年来校且试用期满考核合格的56名教职工确定了相应的专业技术职务；另有8名具有硕士学位的教职工认定为中级专业技术职务。

2012年新聘请7名国内外知名专家学者担任兼职(客座)教授，聘任到期7人，截至2012年12月31日，共有34人担任学校兼职(客座)教授。2012年新聘人员如下：

姓名	工作单位	职务(职称)	聘任单位	聘任名称
河村新藏	日本山形大学	教授 理学部副部长	理学院	客座教授
余钢	新自然高尔夫集团北京新自然环球高尔夫球场设计有限公司	高级工程师 董事长	林学院	客座教授
郭亚力(Alex Kuo)	美国华盛顿州立大学	教授	外语学院	兼职教授
Joan Burbick	美国华盛顿州立大学	教授	外语学院	兼职教授
亢进忠	武警驻北京林业大学选培办	政委	学生处	客座教授
王喜平	美国农业部林产品实验室	研究员	工学院	客座教授
Robert J. Ross	美国农业部林产品实验室	研究员 研究室主任	工学院	客座教授

(吴　超　徐海昊　张　闯)

【第二轮岗位聘用和收入分配制度改革】 2012年开展了第二轮岗位设置和人员聘用工作，并进行收入分配制度改革工作。经学校教代会、工代会和学校学术委员会审议，通过岗位设置、人员聘用及收入分配制度改革方案。第二轮人员聘用工作于6月初完成，全校1659名教职工按规定进入了相应岗位。其中，教师专业技术岗位9人聘任至特设二级校聘岗位，31人聘任至A1级校聘岗位；工勤技能岗位5人增聘至技师岗位。全校岗位晋级人员共计309人。与第二轮岗位聘用相结合，学校增加投入，调整校内绩效津贴结构，提高标准，进行收入分配制度改革。

(吴超　张　闯)

【校学术委员会】 校学术委员会2012年度共召开全体会议5次(人事处申请审议会议4次，教务处申请审议会议1次)，开展通讯审议2次，主要针对第二轮岗位设置和人员聘用制度改革和学校本科专业建设中的重要议题及有关文件开展审议、表决。全年共审议通过文件10个，表决重大事项4项。(吴　超　张　闯)

【人才引进】 4月，引进中国科学院植物研究所博士后1人到生物科学与技术学院工作，聘为副教授；6月，引进牛津大学博士后1人到环境科学与技术学院工作，聘为教授；7月，引进香港嘉道理农场暨植物园研究科学家1人到微生物所

工作，聘为副教授；11 月，引进中国科学院过程研究所 1 人到材料科学与技术学院工作，聘为副教授。（张　鑫　张　闯）

【人才培养】

新教师岗前培训　9～12 月组织开展新教工教育理论培训工作，69 位新来校教师报名参加培训。培训内容包括《教师职业道德修养》《高等教育法规概论》《高等教育学》《高等教育心理学》和《教学技能技法》5 门课程。培训方式分面授和网络培训，其中，《教学技能技法》为面授，其他 4 门课程为网络培训。培训考核结束，60 名学员获得岗前培训结业证书。

学历教育　2012 年，15 名教职工在职取得学位，其中取得博士学位 6 人，取得硕士学位 9 人。

骨干教师培养　2012 年，学校中青年教师培养项目，经审核及专家评审共有 127 名教师获得“青年骨干教师国家公派出国研修项目”“青年骨干教师国内访问学者项目”“新进教师科研启动基金项目”“国家精品课程师资培训项目”等资助，资助金额 400 余万元。2012 年学校师资队伍建设、人才队伍建设项目资助教师参加各类骨干教师培训、国际会议、发表学术论文等共计 112 人次，金额达 40 余万元。

教师资格认定　2012 年，59 人通过了北京市教委高等学校教师资格认定。

接收进修教师　2012 年，共接收各类进修人员 20 人，其中，“西部之光”访问学者 3 人，新疆和西藏少数民族科技特培骨干学员 6 人，来自新疆农业大学“质量工程”对口支援进修学员 6 人，教育部青年骨干教师国内访问学者 5 人。

（张向辉　张　鑫　张　闯）

【职工管理】

职工考核　2012 年度考核按照被考核人所聘岗位类别开展，教师岗位人员根据《北京林业大学关于制定第二轮聘用教师岗位职责与考核办法的指导意见》（北林人发〔2012〕29 号）由各教学科研单位结合岗位职责自行制定考核办法，其他岗位人员按照本岗位系列考核办法及岗位职责进行考核。2012 年应参加考核的全校 1775 名教职工中，考核结果为优秀的 266 人，合格的 1442 人，基本合格的 4 人，不合格的 1 人，因公派出国等原因不确定考核等级或未参加考核的 62 人。

200～2011 年首轮聘用聘期考核工作于 2012 年上半年结合第二轮岗位聘用工作开展，参加考核的教职工有 243 人获得优秀，2 人基本合格，1 人不合格，其余人员均为合格。

二级人事代理　2012 年新入校人员除引进人才外均签订了人事代理聘用合同书，聘期为 4 年。2012 年度人事代理聘用合同到期人员共 87 人，聘期考核结果全部为合格，其中 40 人因晋升至副高级及以上专业技术职务或副处级及以上行政职务，经学校批准不再实行人事代理制度，转为正式事业编制，其余 47 人根据学校规定续签人事代理聘用合同。

劳务派遣　2012 年度共有在聘劳务派遣人员 7 人。（吴　超　张　闯）

【人事调配】　2012 年新增人员共 88 人。其中教师岗位 63 人（含辅导员教师 5 人），管理岗位 16 人，实验技术系列 4 人，会计审计系列 3 人，卫生技术系列 1 人，工程技术系列 1 人。新进教师 58 人中，按学历学位划分：具有博士学位 54 人，占 93.10%，具有硕士学位 4 人，占 6.90%；按来源分：应届毕业生 43 人，占 72.41%；留学回国 5 人，占 8.62%；出站博士后 9 人，占 15.52%；其他单位调入 2 人，占 3.45%。按学缘结构分：39 人来自非本校的 985、211 高校院所，14 人为本校毕业。新增 4 名实验技术人员中，博士学位 1 人，硕士学位 3 人。

2012 年各类减员 26 人。其中退休 20 人，调出 3 人，非正常减员 3 人。

2012 年为 11 名教职工分批申报解决夫妻分居材料，2011 年申报材料中，7 人获批复。

（徐海昊　张　闯）

【工资与福利】　2012 年，全年在职职工和离退休人员工资总额 21 453 万元，在职职工年末正常发放人员 1775 人；离休人员年末正常发放人员 42 人；退休人员年末正常发放人员 767 人。2011 年度考核合格后薪级工资的正常晋升发生 1566 人次的调整。

2012 年度发放防暑降温费 57 万元、三节补助141万元、校庆补贴473万元。2012年发放抚恤金等各项补助共计67万元。

（任元彪　张　闯）

【社会保险工作】　截至2012年12月，学校2055人参加北京市失业保险、工伤保险，其中412人合同制工人和非在编聘用人员参加基本养老保险，345人非在编聘用人员参加生育保险和基本医疗保险。2012年，全年缴纳失业保险费188.49万元（含单位缴费、个人缴费），工伤保险费64.28万元。合同制工人和非在编聘用人员养老保险费375.64万元（含单位缴费、个人缴费），非在编聘用人员生育保险费9.07万元，基本医疗保险费118.89万元（含单位缴费、个人缴费）。

（刘尚新　张　闯）

【离退休工作】　2012年共为20名到龄人员办理退休审批手续。其中教师3人，干部11人，工人6人，农民合同工1人。退休人员名单如下：

张玉莲　吕慧荣　马钦彦　王晓红　于　晗
谭　鹏　张通阳　曲长洁　路呈璋　李国俊
卢欣石　吴江梅　周　景　王昆宝　郝宝林
顾明玲　刘　慧　杨今朝　管瑞金　张丽华

（徐海昊　张　闯）

财务管理

【概　况】　计划财务处是学校一级财务机构，在学校财经领导小组领导下，组织、负责学校的各项财务管理和会计核算工作。设置财经管理中心和财务核算中心，分设财经办公室、基建科、计划科、核算科、结算科、综合管理科、科研经费管理科。北京林业大学教育经费监管中心，挂靠学校计划财务处，中心主任由计划财务处处长兼任，设一名专职副主任，下设专项经费评估评价科和教育经费信息管理科。现有职工24人，其中高级职称5人，中级职称12人，中级以下7人。

2012年计划财务处在制度建设、专项经费管理、科研管理、支出管理、国库管理、报表管理、日常外审、收费管理、票据管理、工资及公积金管理、公费医疗、纳税管理、参与政府采购、固定资产报废、会计档案管理、业务培训等方面开展日常工作，同时在经费筹措、“二上二下”部门预算编制、加强预算执行、落实党风廉政建设责任制、“三重一大”财务机制建设、营业税改增值税、重点审计工作、配合学校人事制度改革、配合校庆工作、配合学校重点工程建设、配合学校“211工程”三期等学科建设、配合学校本科质量评估工作等方面取得进展。

2012年全年学校各项收入超过9.7亿元（不含售房及装修款），较2011年总收入8.45亿元（决算数，不含售房款）增加13%，预计总支出超过9.1亿元（含基建支出），与2011年支出持平。

【预算管理】　计划财务处于6月开始准备2013年部门综合预算资料，7～8月编制并向财政部、教育部报送2013年“一上”综合预算，教育部根据“一上”预算下达学校2013年预算指标及部门项目经费，11～12月依据“一下”的预算控制数编制并报送了“二上”综合预算，学校2013年收支规模基本确定，2013年综合预算收支预计第一次超过10.5亿元。

截至2012年12月底，学校财政资金预算执行率达到96.90%，在教育部76所直属高校中，排名前30位。

【财务核算与管理】　学校实行“一级核算、二级管理”的财务管理制度，基建项目由基建会计科单独核算。学校财务实行统一收支计划、统一规章制度、统一资源调配、统一业务领导、统一管理校内经济活动，维护学校正常的财经秩序。2012年计划财务处依照国家财经法规和学校财务管理办法，组织开展财务核算工作，完成教育事业费、科研经费、财政专项经费、公费医疗、基建经费、小学、校友会等经费核算工作。

截至12月20日，累计完成凭证超过2011年全年，核算业务量增幅8%。具体工作如下：

往来账管理方面，及时清理暂存暂付等挂账业务，加大对个人借支的催收力度，杜绝资金的不合理占用；科研经费平稳增长，预计全年科研拨款及横向科研总收入达 1.8 亿元，总支出 1.5 亿元，科研收支核算与经费管理及其配合科研审计等事务已成为财务工作的一项重要内容；银行及现金管理方面，按月对账，银行调节表实行审计、财务双签制度，严格按照国家有关支票、转账及现金管理办法，保证业务规范及资金安全，及时进行银行票据结算；公费医疗方面，全年门诊药费报销达 5000 人次、住院费报销达到 500 人次、较 2011 年增加 10%，预计全年公费医疗支出 1500 万元，较 2011 年增加 200 万元；住房基金核算，全年完成购房补贴、住房公积金、提租补贴等住房基金核算业务量超过 4000 万元。

【科研经费管理】 截至 12 月底各类科研经费到账金额已达 1.8 亿元。计划财务处同科研处协作，对科研项目进行管理探索，重新修订《北京林业大学科研经费管理办法》，对科研经费支出的范围、资产管理、经费转拨、大额资金支出管理、经费结存情况做进一步说明，建立各部门协同科研管理监督机制，明确科研、财务、审计和纪检等部门在科研经费使用、管理与监督中的职责和权限。

计划财务处配合科研处及会计师事务所对科研项目进行中期检查及结题检查。全年接待科研各类审计、检查超过 50 批次。

【收费管理】 计划财务处设专人对历年未收的学费进行补收；并与学生处、教务处、各院系配合，制定出相关收费措施。2012 年，学校共收到学费、培训费、住宿费等 13 000 万元，行政事业性收入已全部上缴财政并已返回学校账户。

加强银校合作，解决特困贫困生学费贷款问题。2012 年共从中国银行取得助学贷款 524 万元，贷款学生 875 人，生源地贷款金额 230 万元，贷款学生超过 400 人。

【专项经费管理】 2012 年教育部及北京市教委下达到学校的专项经费主要有中央修购专项经费、优势学科创新平台建设运行经费、基本科研经费、基建经费、质量工程、三期“211 工程”、高等学校本科教学质量与教学改革工程、学生国家奖学金、励志奖学金、助学金、困难补助等、中央高校与地方共建经费等，专项经费总计超过 1.7 亿元，较 2011 年增长 25%，截至年底，累计支出 1.6 亿元，专项经费已成为学校发展最主要的资金来源。

【加强筹资能力】 2012 年，教育部追加的系列财政拨款，主要有：①财务绩效奖励 375 万元，奖励学校在预算执行及财务管理工作中的优良表现，该款项直接纳入学校预算，用于弥补学校人员经费支出。②自筹化债配套奖励经费 360 万元，奖励学校 2009 ~ 2011 年度积极实施化债工作，并于 2011 年底利用化债专项资金及自筹经费偿还全部银行贷款，奖励资金纳入学校综合预算，用于学校事业发展。③获得“211 工程”三期中央奖励资金 1360 万元，配合发展规划处及学校“211 工程”办公室完成“211”三期相关工作，目前该经费已进行分配，用于学科建设及人才培养。④中央高校改善基本办学条件专项(中央修购专项)由 2011 年的 4000 万元增加到 2012 年度 5100 万元，资金主要用于学研中心基础设施建设、本科教学、房屋修缮、技术防范及消防等项目。⑤基本建设经费由 2011 年度的 3500 万元增加到 2012 年度的 7600 万元，主要用于学研中心基本建设及“211”三期学科建设。

【基建工程核算】 2012 年学校在建重点工程有学研中心、六道口征地、苗圃住宅 3 个项目，六道口学生食堂、公寓项目处于前期规划阶段，学研中心项目 2012 年得到国家发改委及财政部专项资金超过 9700 万元，其中国家发展改革委基本建设经费 6700 万元，工程支出超过专项拨款部分由学校自有资金解决。

计划财务处积极筹措建设经费，全力申请财政支持，校内预算适度向重点工程倾斜，在手续完备前提下及时支付工程款项，全年支付三大工程款项总计超过 2.5 亿万元。

【营业税改增值税工作】 国家税务总局出台相关文件，规定自 2012 年 9 月 1 日起在北京及上海市部分行业实现营业税改增值税工作试点。计划财务处做了增值税纳税人资格认定、增值税发票申请、增值税税控、增值税申报等工作，并与增值税管理部门沟通，得到业务指导。从10月1日起，学校所有需纳税科研项目由营业税改为增值税，综合税率由5.6%降至3.36%，降幅达40%。学校科研项目"营改增"后，预计每年科研项目少支付税款超过百万元，科研项目税费负担大幅下降。

【国库集中支付】 2012年是学校推行国库集中支付工作的第五年，国库集中支付范围加大，主要包括人员工资及学生奖助学金的发放、水电费、物业费、供暖费及校内经费下达的日常支出，截至12月20日，国库基本经费支出已全部执行完毕，国库项目经费执行进度95%。2012年通过国库集中支付下达的资金超过5.1亿元，较2011年增长37%，国库资金占学校资金总量的59%，较2011年提高13个百分点，已成为学校发展最重要的资金来源。

【"211工程"三期，财务通过验收】 计划财务处配合发展规划处、"211工程"办公室，完成财务总结及财务验收任务。

"十一五"期间学校启动实施"211工程"三期(2008～2011年)建设，以重点学科建设、创新人才和队伍建设以及公共服务体系建设为主要任务。根据总体规划，学校"211工程"三期总投入6230万元，其中中央财政将投入建设资金共4900万元，财政部、国家发改委分别安排1860万元、3040万元。在3～4月"211工程"财务总结工作中，计划财务处对学校"211工程"专项资金的使用、管理及完成情况做了详细、客观地阐述。7～8月"211工程"三期财务验收过程中，按照教育部、财政部编制相关报表、报告，准备验收材料，做解释工作，完成了财务验收任务。11月学校成为28所获得中央专项奖励的高校之一。

【规范校庆捐助资金管理】 计划财务处年初校内经费预算专门安排校庆筹备经费，保障校庆筹备工作顺利开展；为校庆办统计近30年学校教学、科研、基本建设经费；参与编辑《北京林业大学校史》(2002～2010年)；设立单独校庆账号，保证校庆经费专款专用；校庆期间在北京会议中心、国家体育馆及校园内设立多处捐赠点，方便社会各界及校友捐赠；核对款项及所收赠品；配合校友会管理捐赠资金，符合财政捐赠配比条件的款项一律申请配比，拓宽学校办学资金；规范资金使用，按照《基金会管理条例》和《民间非营利组织会计制度》的规定，进行各项捐赠资金的管理与核算。

【审计、检查工作】 2012年进驻学校的政府审计、社会审计及经费检查达50次，针对学校综合预算、内控建设、教育经费、科研经费、经费统计、公费医疗、高校化债等进行审计、检查。来校的重点审计、检查工作主要有：3月教育部委托事务所来校进行高校化债审计；3～4月，国家审计署教育审计局对学校2011年预算执行情况进行全面审计，审计内容审计涉及预算编制与执行、国库资金使用、大额资金支付等；4～5月教育部经费监管中心对学校所有执行的财务内控制度进行全面检查；5月北京市统计局来校检查教育经费统计情况；7月教育部委托的事务所检查及评估学校改善办学条件专项；7～8月财政部委托事务所对"211工程"财务情况进行验收；9月科技部经费监管中心对相关科研经费进行审计；10月向教育部"三重一大"检查小组汇报学校大额资金使用；12月北京医保检查学校近几年公费医疗工作情况。

【制度建设】 2012年，计划财务处落实本部门党风廉政建设责任制，配合学校惩防体系，推进财务惩防体系建设。

①落实党风廉政责任制、承担学校党风廉政建设责任分工任务。②加强重点部位和重点环节的教育、管理和监督情况。③协助主管校领导贯彻执行"三重一大"集体决策制度。财务部门执行涉及"三重一大"集体决策制度中大额资金使用决策，汇报学校各项收支情况、预算情况，并完成项目财务分析工作。④加强作风建设，遵守《廉政准则》和教育部"十不准"原则。⑤开展财务公开，财务公开是学校校务公开的重要组成内容，学校校内预算每年编制完成并通过校党委常委会、教代会审议通过后，在校务公开栏进行公示，接受全校教职工的监督。每年9月，在老生收费和新生报到前都要对学费、住宿费的收费标准进行公示，接受学生和社会监督。

（于志刚　刘　诚）

审计工作

【概　况】 审计处是学校内部审计机构，主要职能是依照国家法律、法规、政策以及上级部门和学校的规章制度，对学校及所属单位有关经济活动的真实、合法和效益行为进行独立的监督和评价。审计处共有工作人员5人，负责经济责任审计、财务收支审计、基建和修缮工程审计和科研经费等专项审计工作。2012年，审计处共组织配合各类审计63项，审结51项，在审12项，审计总金额3.4亿元，出具审计报告47份，其中，基建工程审计11项，审计金额1543万元；专项审计4项，审计金额1.68亿；经济责任审计2项，审计金额1350万元；财务收支审计2项，审计金额1350万元；修缮工程审计35项，审计金额2875万元；标底编制9项，总金额达1.01亿元；科研经费审签61项，审签金额1737万元。（武元浩　杨宏伟）

【经济责任审计与财务收支审计】 审计处共完成经济责任审计项目2项，审计总金额1350万元，出具审计报告2份，分别对理学院院长和体育教学部主任进行任中经济责任审计。同时，对上述2个单位的财务收支情况进行审计，重点审查被审计单位国家财经政策执行及内部控制制度情况、财务收支及专项经费使用情况、重要资金和固定资产的管理使用情况。

（武元浩　杨宏伟）

【基建、修缮工程结算审计】 审计处加强基建、修缮工程前期工作审核和服务，对有关工程的招标文件、工程预算、合同等重要文件进行审核，提供合理化建议。审核基础楼及森工楼电缆敷设、图书馆西南角草坪中塌陷修复和附属小学抗震加固工程等35项修缮工程，审计总金额2875万元，出具审计报告22份。

（武元浩　杨宏伟）

【科研经费审计】 审计处组织完成北京林业大学“211工程”三期建设项目9个重点学科建设项目、1个创新人才培养和1个队伍建设项目共11个子项目审计和评价工作，并提出提高仪器设备使用效率的相关建议。审计总金额6230万元，出具审计报告1份。此外，审计处受科技处委托对板栗技术推广和皂荚皂素推广两个科技推广项目进行了审计，审计总额达65万元。

（武元浩　杨宏伟）

【基建工程全过程审计】 审计处按照《北京林业大学建设工程和修缮工程全过程审计实施办法》的要求，对教工住宅、学研中心和征地拆迁项目实施全过程跟踪审计，加大对工程前期、施工过程、进度款支付和竣工结算等环节的审核力度。

教工住宅工程　2012年年初，审计处重点对教工住宅精装修工程和室外工程进度款进行审计，完成小结算10项，出具审计意见44份。在教工入住后，审计处组织牵头，会同基建处及审计公司，制定竣工结算审计工作计划，收集和归纳工程项目相关资料，出具付款审计意见34份。

学研中心工程　审计处根据学研中心项目的进展情况，以工程造价控制为核心，抓住影响该工程造价以及工程管理的各重点环节，重点参与景观、照明和石材等14项专业分包项目及暂估设备的调研、招标和评标工作，编制工程量清单及标底9项，并对其招标文件、合同和进度款等资料进行审核，出具审计意见53项。同时加强对未完成定价暂估价和专业项目的投资控制，严格控制工程预付款比例，整理和归档工程资料，做好竣工结算准备。

征地拆迁工程　审计处聘请专业审计公司对拆迁过程中的相关文件、材料进行审计复核，审查拆迁政策法规的执行和补偿标准的制定情况，主动联系和沟通各参建方，明确责任、义务，确定审计参与的控制环节和工作流程。审计处在征地拆迁项目完成后对项目进行审计，审计总额达1.05亿万元。（武元浩　杨宏伟）

【审计制度建设】 审计处以近两年起草出台及汇总整理的多项审计制度为基础，以网络为载体，通过召开审计联席会议、工作沟通会等方式加强审计制度宣传与落实，进一步推动审计工作程序化、制度化、规范化的进程。审计处梳理并完善内部规章制度，加强重点部位和重点环节的监管，实施处务公开，并完成了2012年党风廉政建设的自查工作。（武元浩 杨宏伟）

【审计培训】 2012年，审计处多次参加高校财务审计、工程管理审计培训班和研讨会，学习掌握最新的审计政策和理论，定期召开处务会，加强内部经验交流与沟通。此外，审计处参加工程计价软件和审计软件培训，推动学校全过程审计软件平台建设，服务校内基建全过程审计工作，提高审计工作水平。（武元浩 杨宏伟）

设备管理

【概 况】 实验室与设备管理处主要职能是制定学校重点实验室（工程中心、野外台站）等科研平台管理的规章制度与建设规划；重点实验室的立项、评估及检查验收；仪器设备计划与采购；大型仪器设备的开放共享；化学试剂的申报与管理；以及学校公共分析测试中心的建设与运行等。下设实验室建设与管理、设备管理、设备采购和化学试剂4个科室。

6月，化学试剂管理科启动"剧毒化学品库事故应急预案"。严格执行计划管理、公开招标和政府采购制度，全年采购金额总数为2965万元，节约资金160余万元；启动进口外贸40万元及以上设备审批工作；完成"211工程"三期和优势学科创新平台验收。（李 傲 万国良）

【仪器设备资产管理工作】 截至12月31日，北京林业大学仪器设备类固定资产共计53 946台（件、套），价值6.08亿元，其中教学科研设备41 409台（件、套），价值4.96亿元，占82%。新增仪器设备类固定资产3876台（件、套），价值3674万元。其中，教学科研仪器设备2708台（件、套），价值2485万元，占68%；10万（含）~40万元大型仪器设备31台（件、套），价值602万元，占16%；40万元（含）以上大型仪器设备10台（件、套），价值869万元，占24%。

2012年，仪器设备维修经费支出15万元，报废收入4万元。（李 傲 范朝阳）

【大型仪器设备共享】 编制《北京林业大学大型仪器设备开放共享平台建设概况》宣传册；召开大型仪器设备开放共享专家委员会，建立大型仪器设备维修基金，用于维修、保养大型仪器设备，开发新功能、研究测试方法；申报北京市高等教育学会《大型仪器设备开放共享建设》项目，北京林业大学信息中心《仪器设备网络培训的研究与实践》项目，北京林业大学教务处《全面提升仪器分析课程实验教学质量》项目，支撑大型仪器设备开放共享建设；遗传育种国家工程实验室试点大型仪器设备开放共享实验室建设。

开展大型仪器设备效益评价，全校40万元以上在用的大型仪器设备共有116台参加年度效益考核与评价，平均分值是59.64分，其中合格的65台，占56.1%。

3月，公共分析测试中心负责管理的显微染色体核型分析系统通过验收，优势学科创新平台森培学科智能型科研温室通过验收。

（李 傲 范朝阳）

【分析测试平台建设】 学校公共分析测试中心共接待校内、外测样约2万个，使用总机时达5000机时。单台仪器利用率达95%以上。中心承担《仪器分析Ⅰ》和《仪器分析Ⅱ》研究生课程和多项国家、省部级科研课题。

接待来自美国、英国、加拿大、日本等国际学术组织参观交流100余人；来自国内科研单位和高等院校参观、交流150余人。

建立符合国家实验室认可和计量认证的质量体系、运行体系和管理体系。

（李 傲 孙月琴）

【设备采购】 2012年，设备采购方式为政府采购设备公开招标、政府采购协议供货、校内邀请招标和单一来源谈判、询价。年度采购共计3800台（件、套），总金额2965万元，节约资金160余万元。其中采购外贸设备40台（件、套），金额531万元。（李 傲 李 青）

【实验楼运行情况】 实验楼1层为公共分析测试中心，拥有价值2000多万的贵重仪器，主要承担校内外的科研测试工作。2~5层设有林木育种国家工程实验室、森林培育与保护教育部重点实验室、国家花卉工程技术研究中心、北京市污染水体源控与生态修复技术工程研究中心。2012年，实验楼全年接待上级领导和国内外专家学者的参观指导9次。（李　傲　程　迅）

【化学试剂管理】 2012年，共申请购买管制类化学试剂1048千克，收集废弃物2.09吨。9月，正式启动化学试剂管理平台。10月，出台《关于加强我校十八大期间危险化学试剂安全管理的通知》，组织实验室填写《危险化学品和危险废弃物现场检查表》。（李　傲　刘　洋）

【信息化建设】 仪器设备综合管理系统进行综合升级，集中解决系统出现的问题，完善系统功能，增加退库、价格变动业务。9月，正式启动化学试剂管理系统，筹建仪器设备维修保障平台。（李　傲　范朝阳）

基建与房产管理

【概　况】 学校基本建设和房地产管理工作由基建房产处承担，下设综合科、工程科、房地产管理科和人防办公室。主要工作内容有制定基建及房地产管理规章制度、组织工程项目招投标、工程施工管理、周转房管理、房补发放等管理职能。

学校基本建设工作主要集中在学研中心工程、教工住宅工程、六道口征地拆迁、锅炉房改造工程和学生食堂及宿舍工程前期工作。房地产管理工作主要是做好腾退住房房屋所有权证办理、房补发放、物业费及供暖费报销核算、周转房管理工作。

【学研中心工程】 学研中心工程建筑面积89 989.7平方米，总投资4.04亿元，是集教室、实验室、办公室于一体的多功能、现代化楼宇。2012年，协调各参建单位完成精装修设计、二次结构、设备安装、幕墙安装、室外管线等工作，在学校60年校庆前实现外立面主要部位亮相。

【学生食堂及宿舍前期工作】 学生食堂及宿舍项目是学校“十二五”期间计划实施的两个项目。基建与房产处将学生食堂及学生宿舍原本两个项目作为一个项目申报，连成一体，解决校园停车难问题。北京市规划委员会同意我校规划申请，并于11月7日批准该项目规划条件。

开展设计竞赛。北京林业大学面向社会公开征集到7套不同风格的设计方案，并将设计方案在全校范围内进行公开展示，通过民意测评、专家评审、学生座谈等方式充分征求意见，最终确定设计方案。

【六道口征地拆迁工作】 全部完成六道口征地拆迁工作。共拆迁29处，拆迁宅基地面积5050.82平方米。地上建筑物于5月份全部拆除，校园东侧新增土地2.27万平方米。

【锅炉房改造工程】 学校决定对燃气锅炉房进行改造，增加一台锅炉给学研中心工程供暖。先后完成锅炉招标采购、路由勘察、工程设计及采暖外线施工、循环水泵安装、锅炉安装、天然气安装等工作，为学研中心工程入冬开展供暖设备调试和内部精装修等工作的开展创造条件。

【教工住宅入住和保障工作】 完成教工住宅各项保障工作：①在交钥匙前对精装修的关键部位、主要设备设施运行状况进行检查和验收；②完善小区景观、道路等配套设施，营造优美和舒适居住环境；③加强对电梯、门禁等重要设备进行监控，并组织专业人员对弱电、消防、供水、排水等系统进行全面检查，及时消除各种隐患，确保教职工平安入住。

【工程档案及统计工作】 完成2012年基本建设投资计划及教育部、北京市统计局基本建设月报工作。

【房地产管理】 安排新教工住宿40多人；发放各类住房补贴共计1603万元；核定供暖费和物业费共计120万元；完成日常维修15项。

针对周转房管理，研究制订周转房租赁、计分、挑选以及安置费发放办法，9月对周转房进行大调整，107名符合条件的教职工选到周转房。

【内部管理工作】 重点修订《洽商变更办理程序》《招投标实施细则》《周转住房租赁办法》《周转住房计分及挑选办法》和《安置费发放办法》等制度。 （孟凡君 李亚军）

总务管理

【概 况】 总务与产业管理处成立于1998年，现有事业编制职工14人，非事业编制职工26人。下设管理科、节能办公室和环境科，主要工作内容有节能管理、校园环境建设、校园维修和公用房管理；代表学校，作为甲方负责监督管理综合服务公司的工作，同时配合学校招标领导小组，做好学校修缮招标组织工作。

2012年，总务工作主要围绕校园环境改造、基础设施维修、日常能源管理、公用房调整、校园绿化美化等工作开展，并承担60周年校庆庆典的校园环境及后勤保障工作，继续推进节约型校园建设。 （许红芹 崔建国）

【节能工作】 制定学校能源管理规划及节能技改方案，管理监督能源使用及其运载设备、设施的运行，做好能源数据统计分析以及水电暖费用的收缴。

2012年，全校年用水量83.3万吨，支付水费339.5万元；年用电量2286万度，支付电费1145.6万元；年用燃气502.4万立方米，支付燃气费113.9万元。2012年收回学生宿舍、经营性单位等水电费421.8万元。

准确把握国家和北京市节能政策支持，争取各种节能经费，节约办学经费。5月，通过教育部、财政部、住建部专家组评审，被正式确定为2012年高等学校节能监管平台建设示范单位，并获得最高额度政策资金支持，共计270万元；7~8月，争取海淀区居民供暖燃料补贴，补贴资金已到账87.1万；申请国管局补贴节能灯1.3万支。

持续推进绿色照明工程，基础楼、二教、学7号楼等楼宇更换T5型灯管9500支。

3月，完成主楼、综合楼、图书馆、学11号楼、学12号楼等建筑避雷检测工作。

5月，完成配电室高压设备检测与直流屏电池更换工作，保障全校用电需求。组织学生志愿者参加第21个全国城市节约用水宣传周启动仪式，开展全校节水宣传、普及节水常识，增强师生节水意识。

5~6月，协同环境学院联合举办以“心系节能惠万代，奉献林苑贺甲子”为主题的校园节能策略创意PPT大赛。

6月，组织源爱节约志愿服务队学生参观2012中国（北京）国际节能环保展览会。与综合服务公司签订“1+7”项维修服务协议，明确工作内容，实行定额包干。

6~9月，图书馆中央空调系统节能改造竣工及调试；在改善图书馆内空气质量及舒适度的同时节能10%~30%，并为北京林业大学相关专业的学生提供教学实习平台。

7~9月，完成对校园内及家属区的自来水老旧主管道更换，实现各楼独立控制。更换学生宿舍老旧电表925块。完成标本馆的电力增容改造，满足了标本馆的用电需求。改善浴室洗浴条件，更换250个淋浴头、安装160个球阀，安装冷凝水回收系统及冷热混水系统。

6~11月，完成供暖管网维护；全面检修、保养每台锅炉，邀请专业机构检测评定锅炉的性能、安全等指标；完成带压测试，更换焊接部分腐蚀穿孔的管道和跑、冒、滴、漏现象严重的阀门。9~10月，完成部分供暖管线的更新改造，响应北京市提前供暖通知，11月2日实现全校正式供暖。

10月，制定校庆期间《水电保障工作方案与应急预案》，要求工作人员24小时待命，严格执行工作方案。

配合学研大厦工程进度，制定供电方案，完成向供电局报装工作，保障用电需求。

完成校外小区12万平方米的供暖收费任务，收费率达94.27%，远高于北京市70%的平均收费率。（满 达 崔建国）

【校园环境建设工作】 负责全校绿化美化、校园公共区域的卫生保洁、垃圾清运。承担全校19万平方米的绿化养护、11.7万平方米的室外保洁和1.2万平方米的室内保洁任务。

绿化美化工作 完成校园绿地基础养护、补植和植物引种工作。补植草坪3500平方米、绿篱230延米，种植宿根花卉200平方米、乔灌木70余株，引种六道木、金叶风箱果、荷包牡丹、日本绣线菊等多个新品种植物，重点引种国家一级重点保护植物——珙桐，保证校园绿地的完整性和绿化景点的美观性。

5～7月，完成主楼前绿化景观改造工程：绿化面积6287平方米，种植苗木品种47种，其中新增品种19种；乔木增加银杏（直径23厘米）1株，造型油松1株，高接铺地柏3株。景石堆筑假山2座，选用北京本地出产房山石，共计用料98吨。主楼前浇灌系统灌溉覆盖面积约6540平方米，敷设管线近1100米，采用业内喷灌控制设备中最先进全自动类型，操作更加便捷稳定，同时可以作为学生实习使用。

完成二教东征地绿化景观改造工程：拆除围墙及渣土消纳170立方米，地面垃圾清运3280立方米；回填种植土2852.87立方米；修建园路640平方米；绿化面积约4110平方米，种植苗木7个品种，灌木近300株，小灌木160平方米，野花组合选用红、黄、白、粉、混5种颜色，选用多年生、一年生优良花卉种源，播种面积达4000平方米。

完成森工楼、林业楼、图书馆、田家炳体育馆及一教自行车停放区及周边绿化建设工程：安装自行车停车架480米，自行车停放区面积1000平方米，新增铺装面积660平方米；周边新增绿化230平方米；森工楼石材铺装135平方米。

6～8月，完成主楼前景观水池的改造工程：原景观水池池底、池壁、景观壁的面层拆除，对池底、池壁、溢水槽、蓄水坑进行防水施工，确保整套循环水系统的防水效果；整体浇筑钢筋混凝土池底、池壁。水池面层分为池底池壁、平台花岗岩铺装和景观壁3部分，景观壁以雕塑形式勾勒出中国林区分布图；荒料选用山东莱州芝麻白自然面石材。主景观跌水瀑布动力设备配置3台5.5千瓦潜水泵，大流量的动力设置使出水量达480立方米/小时；池底安装涌泉喷头7套、雪松喷头2套；水下灯采用节能低耗的LED光源。

7月，完成倒伏树木的处理、危险树木的支撑工程，全面清理枯枝、断枝、危险枝，支撑长势倾斜的树木。

8～9月，完成校园夜景照明工程，恢复南北主干道节日串灯，增设银杏大道射灯，增设校内雕塑、景石及景亭射灯。

9月，完成学校北门综合环境整治工作：清理北门外道路两侧随意停放的机动车，新建隔离护栏450米，清理占道经营摊位2处，并改造为绿化景观。

10月，完成校庆期间高级别的校园净化工作，冲洗地面7000平方米，实行校园外环境网格化管理，责任到人。

环境卫生工作 分区划片责任到人，随时检查，全天保洁。对教学办公区等重点部位，加强日常管理与检查。

完成校园环境清扫、教学办公楼保洁、垃圾消纳处理等基础环卫工作任务。

迎接教育部巡检，与保卫处共同完成学校西南门环境卫生整治工作和校内小广告的清除工作，同时在显著位置摆放鲜花绿植，确保校园环境卫生无死角。

9～10月，完成田家炳体育馆、东西配楼等楼宇外立面清洗工作，总清洗面积超过1万平方米。完成校内全部雕塑、景石和标志牌、灯杆灯罩的清洗及翻新工作。

结合季节特点，适时开展夏季灭杀蚊蝇、秋季清理绿地、冬春季扫雪铲冰等工作，并长期进行小广告清理、爱国卫生宣传等专项工作。

（王 谦 崔建国）

【校园维修】 负责全校公共设施、设备的运行和日常维护；制定学校全年重点维修项目计划及相关工程实施安排，根据《北京林业大学维修改造实施管理办法》《北京林业大学维修项目实施细则》《北京林业大学修缮和服务采购招投标实施细则》，完成维修工程项目的方案论证、可行性分析、经费预算与结算、重点工程的招标、质量管理与监督验收等工作。

重点改造工程 办公楼宇卫生间改造工程：涉及主楼及东配楼、林业楼、森工楼、生物楼、信息楼28个楼层共81间卫生间，建筑面积达1200平方米，维护更换上下水管线累计902米，更换洁具配件328套，整修门窗85樘，更换墙地砖共1135平方米，新做吊顶共960平方米，更换荧光灯107个。

东配楼大小报告厅室内装饰装修工程（含暖通、防水、空调系统）：涉及建筑面积约480平方米，新做吊顶450平方米，墙面吸音板420平方米，维修座椅202套，更换座椅136套，新装整套美国EAW音响系统，配备7套舞台灯光方案，满足报告讲座、文艺演出、同步会议等功能需求。

东配楼大小报告厅灯光音响工程：大报告厅定义为汇演性质的文艺厅，小报告厅定义为纯粹学术讲演的学教型展厅。大报告厅选用EAW音响系统，增设灯光系统、排列双幕布。同时整理和升级处理室内监控系统和数据连接系统。

田家炳体育馆屋面防水工程：在2928平方米的屋面铺设40×20毫米镀锌矩形管后喷涂进口BASF聚氨酯保温材料，将TPO卷材铺设于上，并进行杆件和胶粘固定。同时对东侧附属办公区域（结构为框架结构）屋面和四周女儿墙采用SBS Ⅱ PY PE3＋SBS Ⅱ PY M3（或PE3）材料防雨处理。

办公区、学生区宿舍楼、办公楼大厅及连廊粉刷工程：林业楼和生物楼采用铲除现有墙皮至红机砖层，清理后进行水泥砂浆找平3厘米厚粉刷腻子粉饰涂料，暗埋处理裸露线管，穿管整理部分裸露线路。对其他楼体和学生区宿舍楼（7、11、12号楼），采用清理楼内基层后直接粉刷涂料的做法。

雨水管整修工程 涉及林业楼、森工楼、基础楼、生物楼、信息中心，学1～6号楼、学8号楼、家属区1～15号楼宇，在对破损和脱落的雨水管进行更换铁皮刷漆雨水管后加固处理，更换檐沟，以保证建筑防水需要。

中小型维修工程 完成文化墙粉刷工程；中央空调机钢棚防护架工程；主楼地下室防水工程；校观景花坛、雕塑铁艺门翻新工程；主楼配电室地下室防水工程；眷16、17号楼女儿墙TPO防水工程；家属区1、12号楼屋面坍塌瓦片和检修口整修工程；家属区停车位新增工程；家属区车位划线及标志安装工程；气象站主门防盗网及室外维修工程；茶浴室彩钢房工程；学6号楼屋面防水工程；综合楼门廊粉刷及屋顶修补；校园景观（石）摆放及安装工程；安装和摆放校庆期间校友送达的2座校庆石；二教前景观改造工程；东、西家属区储藏室改造工程。

代表学校重新修订与综合服务公司的日常散修合同，进一步明确职责范围，推动报修体系的落实，确保报修渠道畅通，提高维修质量和服务水平。（周振兴　崔建国）

【公用房管理】 负责全校行政、教学、科研用房使用的整体规划、调配和日常管理工作。重点是做好学研大厦建成后的分配使用工作和更新全校办公用房系统数据，建立和完善公用房使用、管理和交接等制度。

3～4月，拟定《北京林业大学公用房定额及管理办法》。5～6月，更新全校公用房信息管理系统的数据，筛查图纸，完成办公用房辅助系统的搭建工作。10～12月，初步完成全校办公用房调整的分配方案工作，并汇总整理准备上报、审议工作。

3～9月，初步制定学研大厦的初步使用分配方案，并和涉及学研大厦分配的单位（包括外语学院、信息学院、人文学院、教务处）进行房屋使用需求的收集和交接，同时配合维修工作，对学研大厦进行实用性等论证，避免重复施工浪费，节约搬家成本。12月，制定2013年全校公用房搬家方案、流程、时间表及相关管理办法。

2012年，分别和北京航天航空大学、北京矿业大学、浙江大学、对外经贸大学就公用房管理的改革办法及信息化管理进行座谈，沟通信息、学习经验。（王　毅　崔建国）

【校庆花坛】 总务与产业管理处负责校庆主题花坛的设计及摆放工作。

正门花坛 分为3个部分，左侧主体为主体花墙，右侧主体为主题花柱，中间主体为“60”字样；花坛左侧的立体花墙由红叶红花的四季海棠组成，花墙上“知山知水，树木树人”体现北京林业大学办学理念；花坛右侧的3个立体花柱和花丛花坛层次分明，3个立体花柱分别代表北京林业大学办学的3个奋斗目标，即国际知名、特色鲜明、高水平研究型大学；花坛中间的“60”字样和其上的林大校徽，点明北京林业大学建校60周年主题。

主楼花坛 花坛宽度约7米，台阶平台上摆放五色草模纹花坛，上写有“绿色摇篮”，以此体现北京林业大学办学特点；台阶中间主要由一串红铺底，上面用菊花摆成北京林业大学校标，两边配以变叶木、一品红点缀。

田家炳体育馆花坛 围绕60周年倒计时牌展开设计，颜色主要以红、黄两色为主；中间主体展示部分后侧植物平行摆放，形成一面绿化墙，成为倒计时牌背景，前侧大面积红色草花上用黄色草花摆放了“60”字样。

图书馆花坛 花坛长约15米，宽约5米，高约3米，中间为立体花拱，右侧为“书本”形状立体花坛，左侧为花丛花坛；红色立体花拱下摆放有北京林业大学校徽，花拱和圆形校徽放在一起好似一只眼睛，绿色“书本”形状立体花坛上写有“绿色学府”字样，整个立体造型隐喻林大学子阅读浩瀚的书海，投身生态文明的宏远志向。

行政楼花坛 花坛长约14米，宽约6米，高约3米；主体为北京林业大学特色之一的“银杏叶”立体花坛，主体上分别有“甲子盛典”和“甲子华章”字样，点明建校60周年主题；花坛下是以蒲葵、铁树和叶子花为主要植物的花丛花坛，前端以黄、红两色为主的草花进行点缀；大面积的名贵树种——银杏图案的营造，突出北京林业大学这所绿色学府的办学特点。

（王　谦　崔建国）

【招标组织工作】 作为修缮和服务招标组长单位，负责组织房屋修缮、拆改建、基础设施改造与校园环境整治工程的设计、施工、监理及主要工程材料的招标工作。

4月，作为组长单位，组织北京林业大学校庆宣传片招标会议，经专家评审，北京中联文化传播有限公司中标；组织完成田家炳体育馆屋面防雨工程招标会议，经专家评审，北京金盾建材有限公司中标。

5月，作为组长单位，组织北京林业大学校庆纪念品（笔筒、邮品）制作招标会议，经专家评审，校庆笔筒由北京金宝环宇科贸有限责任公司、北京军冶际圆科技发展有限公司承做，校庆邮品由学院路（含中关村）邮局承做。

6月，作为组长单位，组织北京林业大学实验林场学生宿舍楼修缮工程招标会议，经过专家评审，北京城建七建设工程有限公司中标；组织北京林业大学校庆画册制作招标会议，经专家评审，北京旗智天捷国际文化传播有限公司中标。

7月，作为组长单位，组织东配楼大小报告厅装修工程招标，经专家评审，南通四建集团有限公司中标；组织公共区域卫生间装修工程招标工作，经专家评审，南通四建集团有限公司及北京丞琦建筑装饰工程有限公司分别承接不同楼宇的卫生间装修工程。

8月，作为组长单位，组织北京林业大学校庆纪念品制作招标会议，经专家评审，北京本色年华文化发展有限公司中标。

9月，作为组长单位，组织北京林业大学校庆文艺演出舞美工程招标会议，经专家评审，北京至朋佳音数码科技有限公司中标；组织参加北京林业大学楼宇消防设施、电气防火安全检测工程招标会议，经专家评审，北京央视华业电视工程有限公司中标。

10月，作为组长单位，组织北京林业大学消防维修保养工程招标会议，经专家评审，北京中消长城消防安全工程有限公司中标；组织北京林业大学安防监控系统维修保养工程招标会议，经专家评审，北京冠林盈科智能系统集成有限公司中标；组织试验林场寨尔峪配电增容改造工程、寨尔峪配电增容改造项目（箱变）两个招标会议，经专家评审，北京海供巨力电气工程安装有限公司和沈阳飞驰电器设备有限公司分别中标。

12月，作为组长单位，组织北京林业大学

学生公寓全自动电磁开水器采购项目招标会议，采购电开水器36台，经专家评审，北京恒信正佳科技发展有限公司中标；组织北京林业大学软件正版化采购项目招标会议，经专家评审，北京环宇通达科技有限公司中标。

（许红芹　崔建国）

产业管理

【概　况】 北京林业大学经营性产业组成，主要包括北京林业大学资产经营有限公司、北京林业大学林业科技股份有限公司、北林宾馆、北林印刷厂、京林加油站、北林科技园有限公司、林和物业有限公司和2012年新投资注册成立的北京北林先进生态环保技术研究院有限公司8家企业。

2012年，资产公司继续推进产业规范化建设工作，完成包括《预算管理办法(试行)》《绩效考核制度》《风险防控制度》《薪酬体系制度》等公司内控制度的建设和实施。截至2012年12月31日，资产公司合并资产总计5.24亿元，合并利润额7259万元，实现国有资产保值增值。

【科技产业管理】 校办科技产业继续完善产业管理体系建设，规范治理结构，加强制度建设与实施，校办科技产业取得稳固发展，截至2012年12月31日，实现总产值7.75亿元。

北林科技园通过走访学习，建立"科技创新+孵化+创投"、人才激励、市场选择、"政产学研用"互动机制和体制，及产业创新基金。继续推进"学研大厦"启用工作，制订科技园区具体使用方案以及楼书，开展企业入驻、底商入驻、研发中心共建工作，为申请国家级大学科技园、留创园做准备。

申报国家级大学生创业实习基地，申报工作已到专家评审阶段。针对大学生创业企业的需求，定期开展培训。截至2012年年底，已有15家大学生科技创业企业入驻园区，其中北京安塞创想科技有限公司为国家信息技术安全研究中心联盟成员，云启正通(北京)科技发展有限公司成功获取北京市科委认定的高新技术企业资格。

与国家林业局就合作共建国家林业双高人才培养示范基地进行洽谈，初步搭建合作框架，建设人才培养培训体系。申请北京市科委30万元专项资金、北京市海淀区科委80万元专项资金、中关村管委会100万元发展支持资金，为产学研平台的搭建、园区软硬环境的提升、重大科技成果的转化争取条件。

10月16日，资产公司、林业科技股份有限公司举办首届"绿色产业发展高端论坛"，寻找政府、企业与学校科技产业合作共建"产学研平台"的新模式。

【北京林大资产经营有限公司】 资产公司行使学校经营性资产"管理人"职能，坚持"规范管理，科学发展"，推进校办产业稳定发展。截至2012年12月31日，资产公司合并资产总计5.24亿元，合并利润额7259万元，合并净利润额6144.81万元，合并资产保值增值率同比增长2.22%，相较资产公司成立之时和2011年度，国有资产实现保值增值。

2012年，资产公司和控股公司完善"平安校园"工作方案，在学校各楼宇配齐配强安全稳定工作队伍，做好保安员业务培训、队伍稳定和思想教育工作，提高保安员队伍整体素质。加强消防安全措施，邀请"消防安全协会"定期做消防安全知识培训，提高员工风险防范意识。

北京林和物业管理有限公司(以下简称"北林物业")协助学校基建处对伯儒苑二期实施前期物业管理，梳理协调入住维修工作，实现户主顺利入住，完善小区各项物业管理工作；负责苗圃以及柏儒苑、东西家属区供暖工作，保证供暖质量及供暖维修服务。截至2012年年底，物业服务面积23万平米，供暖面积25万平米，物业员工155人。

北林宾馆、北林印刷厂、京林加油站运营状况良好，完成十八大会议期间的各项保障工作以及校庆服务等工作。

（徐　军　蔡　飞）

后勤服务

【概　况】 后勤服务总公司成立于2000年5月，职责是为学校提供安全高效的餐饮、学生公寓、幼教、超市等后勤保障服务，实行主管校长领导下的总经理负责制，按照事企分开、两权分离、产权明晰、权责明确原则，实行公益性全成本服务，下设行政、财务2个部，饮食服务、学生公寓、幼儿园3个中心，拥有固定资产916.7万元(不含房屋建筑和公寓家具)，正式职工28人，退休返聘职工5人，劳务派遣本科生4人，合同工482人(包括合作经营餐厅员工186人)，其中，研究生学历1人、本科学历21人、大专学历26人；正高职1人、副高职2人、中职13人；中共党员20人。

【管理工作】

评审验收　完成内部审核和管理评审工作，通过中安质环认证中心监督审核；通过海淀区卫生局卫生A级量化复验评级；通过一级一类幼儿园复检验收；持续推进标准化食堂、标准化学生公寓建设。

条件改善　2012年，公司共投入193.7万元改善后勤服务条件，其中，饮食服务中心投入108万元，用于维修食堂基础设施、更新炊事设备、增加库房和维修房面积、改造员工宿舍；幼儿园投入54万元，用于翻新活动场地、添置玩具，配备教学设备；学生公寓投入15.7万元，用于学生宿舍楼电梯维修、保养。

平安后勤　公司召开动员会，成立平安后勤工作领导小组，层层分解建设任务，规划平安后勤建设方案，开展检查整改。破解当下面临的用工难题和食堂价格瓶颈，创建安全平台、打造优秀团队、实施预防为主的标准化流程作业，建立平安后勤建设的长效机制。

队伍建设　继续开展劳动法规、ISO9001标准D版、职业道德、文明礼仪、消防安全、业务技能及饮食卫生知识等培训。饮食服务中心举办第十二届炊事技术等级考核暨全员烹饪大赛，共100人参加(其中合作经营餐厅13人)。学生公寓中心暑假期间组织消防中控员3人、电梯管理员3人参加北京市消防中控及电梯安全操作的技能培训，并获得证书。自筹资金185万元为合同工缴纳养老、失业、工伤、医疗社会保险。

民主管理　加强与学生的沟通，主动接受学生监督。定期召开例会听取学生对后勤服务的意见和建议；安排专人每日浏览校园网络论坛，及时回帖；参加学校及各院系的学代会解答有关提案；邀请学生参加伙食原材料招标采购，食堂聘任学生值班经理。定期编辑《伙食简报》《公寓简报》，宣传后勤工作。

与校学生会联合举办第七届饮食文化节和第六届学生烹饪大赛，3000多名学生参与投票，评选最佳食堂、十佳炊事员、十佳菜肴。与学生处联合举办第十一届公寓文化节系列活动，包括“物业生活我体验”“评选优秀保安员”“评选最有人气电梯司机”“评选最佳管理员”等活动。通过问卷调查、教学观摩、家教宣传栏、家园联系册、飞信短信平台等方式，加强与幼儿家长的信息交流与沟通。

2012年，公司共向学生发放调查问卷4402份，征求意见和建议，调研结果显示后勤服务满意率达到90.42%。

党建工作　后勤直属党支部共有党员20人，完成北京高校党员年终统计，通过听报告、讲党课、观看纪录片、召开专题会议等形式对干部员工加强廉政教育及职业道德教育，提高廉洁自律意识和拒腐防变能力，与实体负责人签订《廉政建设责任书》。

校际交流　南开大学、北京化工大学、对外经贸大学、北京交通大学、北京公安大学等20多所高校来校参观学习。　(刘　鹤　赵相华)

【饮食服务中心】 饮食服务中心负责全校师生的餐饮保障工作，下设办公室、采购部、维修部、总库房、微机室5个部门和学生一食堂、学生二食堂、学生第三食堂、清真食堂、风味餐厅、沁园食堂、莘园餐厅7个食堂餐厅及超市，拥有员工345人，其中，在编正式职工11人、劳务派遣职工 4 人、退休返聘职工 3 人、中心所属合同工 157 人、合作经营餐厅员工 186 人；高级技师 1 人、技师 6 人；高级厨师 60 人、中级厨师 50 人，全年营业收入 4680 万元，承担全校 2.4 万名师生员工的餐饮服务。

稳定伙食价格 继续贯彻实行精简高效、强化管理、节能降耗、严格核算、品种调剂、合理用工等措施，坚持倒挂成本补贴办伙举措，顾全大局，动用政府补贴和往年积累补贴 283 万元，以保持饭菜价格基本稳定。

联合采购 组织学校伙食原材料采购小组参加第十五届北京高校伙食原材料联采活动，开展 1 次单品种“二次招标”工作，按照“质量第一、价格第二、安全卫生一票否决”的原则，全年共签订 1887 万元的办伙物资采购合同。

烹饪大赛 举办第十二届炊事技术等级考核暨全员烹饪大赛，共 100 人参加（其中合作经营餐厅 13 人），比赛项目包括主食、副食、冷荤、切菜，其中主食和副食增加自选品种，考核成绩与员工岗位、报酬挂钩。

改善服务条件 全年投入 108 万元。更新 800 多个灭火器材；为学生食堂，呱呱食堂改造卫生间；利用暑期维修所有食堂的地面、墙砖、墙面等基础设施；更新部分食堂的灶具、室内外抽油烟装置；建设 50 吨地下室冷库，更新 2 台数控式洗碗机；配合市政、基建处完成道路拓宽库房拆除重建工程，增加库房和维修房面积；对 8 家员工集体宿舍进行改造，重建房顶、地面，重修门窗玻璃、墙面等。

校庆 60 周年饮食服务 中心在考察了解兄弟高校做法和校庆办、各学院需求的基础上，召开专题工作会研究成立餐饮接待工作领导小组，筹划制定餐饮接待方案。协调采购、库房等二线部门，开辟学三食堂作为校庆用餐专场，其他食堂作为支援，加班加点完成学校 60 周年校庆志愿者用餐和返校校友的校内就餐接待任务，接待志愿者 8200 人次、校友 3600 人次。引入社会专业快餐公司为庆典现场等校外各处志愿者和工作人员提供冷链送餐服务。

新食堂建设 中心与基建处联合开展前期调研，对京内外 11 所具有代表性的高校食堂进行实地考察，形成考察报告。根据《食品安全法》《中华人民共和国消防法》等相关法规和学校实际要求，提出规划设计方案。中心班子与食堂基层管理人员召开多次会议商讨设计方案，提出专业意见，协助校党委选定建设方案。提出过渡食堂的建设布局和预算方案，配合基建处做好过渡食堂的选址、规划、水电气暖和设施设备核对工作。

社会工作 主持北京市伙食专业委员会工作，组织全市食品卫生安全专项检查工作；推进北京高校联合采购和农校对接基地建设工作等。参与“北京高校后勤十二五规划”的修订完善工作。通过各种渠道向政府反映高校办伙情况，争取政府支持、为政府制定伙食政策提供重要参考，促成北京市生均 150 元/年伙食补贴政策的及时出台和全市高规格后勤工作会议的召开。开展标准化食堂建设工作及行业培训，协助验收对外经贸大学、财贸职业学院的食堂标准化建设。1 人被聘为全国伙食专业委员会副秘书长。

（刘　鹤　赵相华）

【学生公寓中心】 学生公寓中心下设办公室、质量监督检查部、东区公寓管理部、西区公寓管理部，负责学校 11 座本科生和研究生公寓（总建筑面积 15.52 万平方米）、17 600 名住宿学生的物业管理和服务工作。拥有员工 123 人，其中正式职工 5 人、合同制及劳务人员 118 人。组建 4 支管理服务队伍，即管理员（包括值班员）、保洁员、电梯司机、消防中控员队伍。

日常管理 做好员工的补招、录用工作，全年共离职 26 人，新招聘员工 24 人；自 2012 年起，4 栋高层公寓在原有管理员负责制的基础上，增设 1 名主管，调整为以单体楼为单位的主管负责制；依法调整学生公寓中心员工工资报酬和加班费、保险费等福利待遇，规范合同制员工及劳务人员的工资体系；及时开展正式职工岗位评聘工作。

安全工作 全力做好“平安校园”期间学生公寓的安全稳定工作。参加消防知识讲座、灭火器实际操作演练及火灾突发事件应急演练，组织多次专门的安全自查、自评工作；配合保卫处在学生公寓（学 1～6、8～9 号公寓楼）安装烟感消防报警系统，在每间宿舍安装烟感器；坚持周检查和日巡检制度，及时发现和消除安全隐患；更换女生高层公寓水泵房电机、更新 10 号公寓楼中水系统污水处理设备；配合保卫处对学生公寓所属7185个灭火器全部进行检测、对4栋高层公寓消防烟感系统、视频监控系统进行全面的维修维护；强化突发事件处置能力的培训和考核。

员工培训 积极组织员工参加“五勤管理法”专题培训，全面开展“五勤管理法”在中心推广方案的制定和实施；暑假期间组织消防中控员3人、电梯司机3人参加北京市消防中控及电梯安全操作的技能培训，分别获得培训证书；组织有关人员参加行政部、财务部举办的人力资源软件系统培训。

沟通工作 参加学代会、每周公寓例会、辅导员座谈会、学生自律委员会例会等会议。通过网络、顾客满意度调查了解学生需求，关注学生动态。购置微波炉、宣传板，补充各楼爱心雨伞。与学生处公寓办共同举办“公寓文化节”系列活动，举办“物业生活我体验”“评选优秀保安员”“评选最有人气电梯司机”“评选最佳管理员”等活动。

迎新送旧 完成1080名学生宿舍调整工作和暑假期间1200人临时住宿学生管理服务工作。完成毕业生离校后空置宿舍的清理保洁、门锁调换工作。配合完成学生7号公寓楼7～8层改造工程，包括房间、公共墙面、顶棚的粉刷、家具更新工作，由原6人/间改为8人/间；配合完成学生5号公寓楼2～5层房间家具的调配工作，每房间增加1架高架床及配套家具，由原3人/间改为4人/间。做好4860名新生800多间宿舍内外保洁、家具的检查、报修、验收等迎新准备工作。利用暑假期间重点对学11号公寓楼宿舍门进行全面清理整顿，对宿舍门牌号逐一进行补充、完善，完成学11、12号公寓楼大厅、值班室墙面粉刷。 （李慧丽　赵相华）

【幼儿园】 幼儿园负责全校教职工二代、三代幼儿的保教工作。现有教职工51人，其中，正式职工9人、合同工42人；区级骨干教师2人，带班教师中90%为大专学历。现有10个教学班，在园幼儿352人。2012年，通过北京市一级一类幼儿园复检验收工作及食堂卫生等级B级单位验收。

硬件设施改善 2012年，根据幼儿园实际情况，共投入45万元，改善硬件设施。其中，投入13万元，购置大型玩具、幼儿图书；投入14万元，为每个班级配备电脑、打印机、照相机、电脑桌、空气净化器，为3个班级更换空调；投入4.8万元，为3个班级配备55寸触摸电视，进行电化教学；投入3.8万元，为厨房添置电烤箱、打蛋器、消毒柜、电饼铛、冰柜、不锈钢料理台、食品货架等；投入4.4万元，增设4个高清摄像头，更换一个摄像头，使每个班级都有监控；投入5万元，购买其他办公设备。

家长开放日 11月，举办全园家长开放日，300多名家长参加。

安全工作 早晚入园、离园高峰时段，大门口配备2名保安、1名办公室人员。确保师、幼人身安全；将木质电闸箱更换为铁皮箱。在日常活动中以游戏的形式对幼儿开展安全教育，提高幼儿自我保护能力；利用宣传栏、家长会、飞信等途径向家长宣传安全知识；发放《致家长的一封信》，不断地加强对家长的安全教育。

幼儿活动 开展迎新年联欢会、趣味运动会、“六一”游园会、毕业典礼、亲子DIY制作生日蛋糕等活动，为幼儿提供锻炼展示的舞台，以班级为单位，开展纸黏土制作、绘本、互动式教学活动，提高师生、家长的艺术表现力。

毕业及招生工作 顺利举行大班毕业典礼，完成大班幼儿离园工作。完成小班招生编班及人员配备工作。 （王　春　赵相华）

综合服务

【概　况】 综合服务公司是学校下属独立核算的后勤服务机构，下设日常维修、修缮工程、茶浴供暖、交通服务4个中心。公司按照企业化模式运作，接受学校委托的服务事项，完成工作任务，达到相应的服务标准或工作要求。

主要负责学校委托的房屋、机电设备、道

路、供水供电系统、排水排污系统、供暖系统等维护保养及小修；校内重点修缮工程；学生及部分员工的洗澡、开水供应；冬季采暖；交通服务；毕业生行李发送，新生行李接取发放；寒、暑假学生火车票团购及学校交办的其他工作。现有职工41人，其中，在编职工18人、非在编员工22人；副高级职称1人、中级职称1人、技师4人；大学学历3人、大专学历4人、中专学历1人；中共党员7人。

2012年，公司在保证学校基础设施、设备正常运行的前提下，完成家属区道路翻新、学研大厦供暖管线铺装等多项重点修缮工程，总投入550余万元。

服务校庆。周密计划，制定实施方案与细则，修葺基础设施、设备，组织大小车辆200多台，完成校庆交通服务工作。

（潘洁忱　赵桂梅）

【队伍建设】 公司重视队伍建设与人才培养，邀请海淀交通大队及清河消防中队警官为全体员工进行交通安全及消防安全知识培训；2名员工继续参加本科学历学习；先后派出5人次参加节能管理、物业管理等专业培训；电工、司炉工、水质化验等特殊工种全部具备相应资质，并有23人次参加电工、司炉工、水质化验等特殊工种资质培训及审验。2012年，非在编的22名员工全部签订《无固定期劳动合同》。

（潘洁忱　赵桂梅）

【党建与团群工作】 6月，2名预备党员如期转正，截至12月31日，共有中共党员7人。积极参与学校工会组织的各项活动，如双代会、工会主席培训班及各类文体活动。

（潘洁忱　赵桂梅）

【荣誉与奖励】 2012年，公司共获得校级以上奖励3次：获海淀区交通安全先进单位；1人被评为海淀区优秀管理干部；2人被评为海淀区高校系统优秀驾驶员。（潘洁忱　赵桂梅）

【日常维修中心】 日常维修中心（简称“维修中心”）现有在编员工4人，非在编员工10人。主要负责合同范围内的31.75万平方米校舍，水，电，暖设施、设备，道路，场院等的维护、维修；负责34.48万平方米供暖设施维护小修，其中校内31万平方米、校外3.48万平方米。2012年，共完成日常维修任务26 351个，派出人工33 685人次，维修维护室外下水管道4000米、地井755个、雨水篦子617个、化粪池110个、路灯243盏、草坪灯255盏。完成主楼消防管道改造、学10号楼中水管道更新改造、一教北侧下水主干道清淤、局部花岗岩路面修复、锅炉房东侧加装风机房、维修中心的库房和办公用房建设等小型单项工程40余项，总投入400万元。

参加并协助工程中心完成家属区道路翻新、学研大厦供暖管线铺装、家属区供暖管道、截门大修、办公楼粉刷等多项工程。

继续市场化运作，降低运行成本。采取灵活的用工方式解决用工成本过高的问题，与社会上具有相应资质的工程公司合作，承接学校装饰装修工程；与大理石厂商合作，专门维护校内的花岗岩路面等石材设施，减少专业人员的长期雇用，节省用工成本。

推行激励机制，对一线员工实行多劳多得、优劳优酬的报酬模式，对所有维修任务均确定人工报酬，按劳付酬，提高员工的工作积极性、维修及时率，减少用工量。

由于双清路改造，维修中心办公地点于8月由校内西家属区搬迁至苗圃。

（潘洁忱　赵桂梅）

【修缮工程中心】 修缮工程中心（简称“工程中心”）现有在编员工4人，兼职员工不定，主要负责学校重点修缮工程的施工方案设计、施工材料选购、施工队伍组织、施工现场管理、工程预结算等工作。2012年，完成浴室改造、学研大厦热力管线外线工程、办公楼粉刷维修、西家属区混凝土道路铺设、东家属区沥青路铺设等重点修缮工程共计十几项，总投入550万元。

（李义方　赵桂梅）

【茶浴供暖中心】 茶浴供暖中心（简称“供暖中心”）现有在编员工6人，非在编员工4人，保安1人，季节司炉工3人。下辖茶浴室和供暖锅炉房2个部门，负责学校浴室运行管理、开水供应、冬季采暖、寒暑期学生火车票团购及新生行李接取、毕业生行李托运任务。

学校现有浴室3处，洗浴服务总面积1134平方米，共有喷头258个，双休日不休息，每周7天全部开浴，年接待洗浴服务120多万人次。

4月中旬，浴室锅炉房增加冷凝水回收装

置，热水输送过程中产生的冷凝水和散失的热量被全部回收利用，日均回收利用冷凝水15吨左右，年节省水资源5400吨。寒假对东、西浴室进行综合修缮，改善洗浴环境。

2012～2013年度供暖季共供热135天，保质保量的完成41.53万平方米的供暖工作，较上年节约支出110.51万元，节约能源费60多万元。

校内供暖锅炉房2002年建成使用，原有10吨燃气热水锅炉4台，9月，配合学校基建房产处对锅炉设备进行扩容改造，增加10吨锅炉1台，更新一次循环泵4台，为2013年下半年正式投入使用的学研大厦（建筑面积9万多平方米）做供暖准备。

2012年，新生行李接取786件，毕业生行李托运2200件、寒暑假团购学生火车票1600张。（张建军　赵桂梅）

【交通服务中心】 交通服务中心（简称"交通中心"）是自主经营、自负盈亏的经济实体，为学校的教学、科研、行政及生活出行提供安全便捷的交通服务。现有在编人员3人，非在编人员8人；大型客车10辆，小型轿车10辆，资产总值799万元。

2012年，服务学校，往返60多条线路，共接送教职员工上下班、教学实习、会议、科考、生活用车等1.18万车次，运载人数为26万余人次。自筹资金160余万元，更新3部中档次车辆。

校庆期间，承接全校的交通服务接待任务，接送校友、志愿者、工作人员和参会教师、学生，10月13～18日往返于车站、机场、校友驻地、主会场等地，安排出行900多车次，服务接待1.3万余人次。（艾胜兰　赵桂梅）

校友联络和教育基金会

【概　况】 校友工作办公室负责校友会和教育基金会工作。现有专职工作人员3名。已成立20个地区校友会，11个学院分别成立北京校友会。2006年，开始编印校友简报，共编印15期，2009年更名为《北林校友》，共编印17期，向全国各地校友免费邮寄，截至2012年12月31日，已寄发26万余册。2007年，建立校友会网站及校友数据库，现已收集8万余名校友资料，并实现信息化管理。自2009年起，每两年召开一次校友工作会议，交流各地校友会工作开展情况及经验；建立校友工作联络员制度，在毕业班设立班级、专业、学院和学校校友工作联络员，每年召开毕业生校友工作联络员聘任大会。北京林业大学教育基金会（以下简称"教育基金会"）于2006年11月23日在北京市民政局注册，属非公募基金会，注册资金200万元。教育基金会为学校发展提供资源，围绕人才、教学、科研等学校中心工作，开展大量奖学、助学、奖教、助教等公益慈善活动。2012年，收入2713.59万元，自成立至2012年12月31日，累计收入6060.88万元，其中捐赠收入、投资收益及利息收入总计4403.88万元，财政部、教育部配比资金1657万元，总支出2009.15万元，受益人数6865人次。（李永花　王　平）

【服务60周年校庆】 与老校友、老领导座谈，了解校庆50周年的组织、接待情况，并在校庆60周年工作协调会上提出多条建议。

梳理重要校友信息，提供13个学院的49 179条校友信息，用于各学院邀请校友、制定具体校友接待方案、编印校友通讯。

协助庆典视频校友贺辞部分的拍摄工作，提供采访名单，联系校友安排拍摄时间，收集京外校友的祝贺视频，保障庆典视频制作的顺利进行。组织96位校友共同撰稿编写《甲子绿韵2000首》，校友会协助征稿、整合、出资，联系中国林业出版社出版，印刷近千册。

各地校友会通过捐资、赠礼（标本）、组团参会等形式参与校庆。60周年校庆期间，接收到湖北校友会、江西校友会、甘肃校友会、厦门校友会、天津校友会、山西校友会、陕西校友会的各级校友捐赠的三峡石、景德镇彩色瓷盘、铜制马踏飞燕、蔡氏漆线雕、塘沽木刻画、标本(猕猴、褐马鸡、红腹锦鸡等3种5件)、朱寰、树化玉、铜鼎、匾额等校庆礼物。

(李嘉斌　王　平)

【校友联络交流】 1月8日至12月15日，校友会走访广州、深圳、天津、辽宁、广西、浙江、河北、湖南、贵州、宁夏、西藏、云南、内蒙古、山西地区的校友，参加广州校友会、天津校友会的校友联谊活动；指导成立辽宁、河北、湖北、山西、宁夏等5个地区校友会。

拓展校友联系网络平台，以年级为单位，建立14个校友QQ群；在腾讯、搜狐、新浪等网络媒体建立校友会官方微博，实时报道学校动态和校友活动；校友会网站增设校园风景栏目，并将校庆网站链接在校友会网站上。

2012年，《北林校友》出刊5期，印发6万册，寄送全国各地校友；聘任2012届各级校友工作联络员159名；设计制作纪念帽和纪念T恤，发放给2012届4587名毕业生。

(李嘉斌　王　平)

【捐赠管理】

社会捐赠　2012年，共接受捐赠1940.87万元，投资收益22.93万元，利息收入4.38万元，合计1967.59万元。

资金配比　教育部、财政部对高校基金会募集资金10万元以上捐赠项目进行资金配比，2012年教育基金会获配比资金746万元。

2012年，教育基金会收入总计2713.59万元。

【奖助项目】　2012年，设有各类奖助项目45个，发放各类奖学金、奖教金、助学金、助教金360.10万元，奖励资助教工、学生1409人次。

沈国舫森林培育奖励基金项目是沈国舫院士2009年捐出10万元作为启动资金设立的，重点奖励全国森林培育学科的优秀研究生。2012年，收到捐款20万元。

大学生就业扶助项目是华民慈善基金会的首推项目，旨在帮助家庭经济困难的大学生缓解就业中遇到的问题。2012年，该项目到账40万元，资助学生100名，每人4000元。

家骐云龙奖学金是由北京千禧福临房地产开发有限公司2002年设立，奖励家庭困难、品学兼优的本科生。2012年，奖励学生20名，每人5000元。2002~2012年，累计捐款130万元，资助220人次。

海峡两岸林业敬业奖励基金由祁豫生先生于1995年设立，奖励林业行业知名专家和从业人员。2012年，祁豫生捐赠2.45万美元。10月14日，召开海峡两岸林业敬业奖励基金颁奖仪式，5名林业工作者获奖，奖金每人3万元，材料学院李建章获奖。1995~2012年，累计73人获得奖励。

申宗圻木材奖是欧年华、杜庆平为纪念恩师对木材学科发展的成就设立的，主要奖励木材学科优秀论文作者。2012年，申宗圻木材奖评选出10位获奖者。

为鼓励学校青年教师在教学和教学研究工作中做出优异成绩，在校友杨云龙的支持下，设立"家骐云龙青年教师教学优秀奖"项目。5月30日，家骐云龙青年教师教学优秀奖评选工作完成，共评选出30位获奖青年教师。

5月31日，就业基金评选、发放工作完成，共资助269人，总计26.9万元。

8月30日，校友方力捐赠10万元，设立北林青年绿色成长基金，用于筹建学生交响乐团。

9月28日，全海副书记参加中国下一代教育基金会世纪爱心基金启动仪式，世纪爱心基金是由世纪爱心国际投资集团有限公司捐资设立，用于资助贫困学生顺利完成高等教育。该基金资助北京林业大学30名贫困优秀新生，每人5000元。

12月8日，由北京云南企业商会和中国扶贫基金会主办，北京林业大学承办的滇商新长城助学基金2012年度发放仪式暨滇商助学创业励志交流会在校举行。

"我爱母校校友年度捐款"项目，2012年，共106位校友参与，捐款6.39万元。自2008年，累计525人次参与，捐款总额15.78万元。

2012年，爱生助困项目资助经管、环境、园林学院3名患重病学生看病自付药费部分，共计5万元。

(李永花　王　平)

【新设项目】

奥林高尔夫教育与研究专项基金　3月17日，奥林高尔夫教育与研究专项基金成立暨捐赠仪式在京举行，该基金重点关注生态环境保护、水资源的合理利用与高尔夫球场建造管理的教育和研究等，同时开通奥林高尔夫基金网站。

新科鹏举千人奖助计划 9月19日，甘肃新科建设环境集团有限公司董事长董鹏举(园林1983级校友)捐赠200万元，设立新科鹏举千人奖助计划。该计划每年发放助学金48份，奖学金48份，奖教金4份，即每年奖助100人，10年完成奖助千人计划。

北京林业大学发展基金 10月13日，北京东方园林股份有限公司董事长何巧女(园林1984级校友)捐赠4000万元设立北京林业大学发展基金项目，用于学校及园林学院的学科建设、师资队伍建设、基础设施建设、学生培养、人才引进、资助贫困师生。

卓越人才培养基金 10月15日，广州弘亚数控机械股份有限公司总经理李茂洪(木工1988级校友)捐赠100万元，设立卓越人才培养基金，用于奖励梁希实验班及工学院品学兼优的本科生。

铁汉教育基金 10月16日，深圳市铁汉生态环境股份有限公司捐赠150万元，设立铁汉教育基金，用于奖励和资助学生培训与活动。刘水董事长、全海教授出席捐赠仪式。

北林经管方然发展基金 10月17日，校友余方然捐赠50万元，设立经管方然发展基金，用于经管学院的建设与发展。

其他项目 10月，顾正平教授和沈瑞珍教授捐赠10万元，广东江门市地尔汉宇电器股份有限公司董事长石华山(工学院1985级校友)捐赠10万元，设立工学院发展基金，用于工学院的建设与发展。水保1983级校友刘振国捐赠50万元，设立关君蔚水土保持基金，旨在弘扬关君蔚院士的精神，促进水土保持事业的发展。

(李永花　王　平)

【税收优惠政策】 5月22日，北京市财政局、北京市国家税务局、北京市地方税务局、北京市民政局联合下发京财税〔2012〕840号文件《关于公布北京市2011年度获得公益性捐赠税前扣除资格的公益性社会团体名单的通知》，教育基金会获得2011年度公益性捐赠税前扣除资格。

(李永花　王　平)

【学习交流】 7~10月，校友会负责人陪同校领导参加河南农业大学、东北林业大学、南京农业大学、南京林业大学校庆活动。7月5日，参加中国社会组织促进会组织的基金会培训班暨全国百家公益慈善组织宁夏黄河善谷行活动。8月10日，参加在延边大学举办的中国高等教育学会教育基金工作研究分会教育基金会的第十四次年会。10月22日，参加在广州举行的第四届中国非公募基金会发展论坛。10月30日，参加校友工作研究分会第十九次工作研讨会。12月10日，参加在中国农业大学举行的全国农林水高校基金工作协作会成立大会。

2012年家骐云龙青年教师教学优秀奖

学院	姓名	学院	姓名
人文学院	魏华	生物学院	马　超
人文学院	杨智辉	生物学院	张　东
工学院	程旭锋	保护区学院	徐基良
工学院	李艳洁	水保学院	查同刚
林学院	尹淑霞	水保学院	王海燕
林学院	王永林	信息学院	李冬梅
环境学院	封　莉	信息学院	陈飞翔
体育部	刘甄悦	经管学院	谢　屹
体育部	孙　峰	经管学院	马　宁
外语学院	范婷婷	经管学院	秦　涛
外语学院	罗凌志	园林学院	孙　明
外语学院	魏　萍	园林学院	王美仙
材料学院	王　瑾	园林学院	王忠君
材料学院	刘　冠	理学院	罗宝华
材料学院	郭　茜	理学院	陈红艳

(李永花　王　平)

高教研究

【概　况】 北京林业大学高教研究室创建于1988年，1993年在此基础上成立原林业部高等教育研究中心，1999年由于学校机构调整，中心与学校编辑部合并，成立北京林业大学教育发展研究中心。2001年恢复独立建制。中心现有成员7名，其中研究人员5名。

研究中心的主要工作职责是：承担教育部、国家林业局和学校等有关部门的教育科研项目；承担教育经济与行政管理教学任务；编辑《高教信息摘要》；为全校师生提供高教信息与资料服务；承担全国农林高校高教期刊论文索引编写任务；承担有关学术团体和学校交办的其他工作等。

“九五”以来，中心先后承担或完成了教育部、国家林业局、北京市、中国工程院和学校等来源的课题近30项，组织和参与编写出版专著10余部；在教育类刊物(包括核心刊物)发表论文70余篇，获各类教育科研奖励15项。

研究中心注重学术交流与联系，与国内外多所著名大学的相关研究机构保持着学术交流关系。研究中心坚持“立足学校、面向全国、放眼世界”的发展思路，努力建成国内高水平、在国际上有一定影响的院校研究机构。

【科研成果】 2012年，高教研究中心共编写、翻译出版各类著作3部，撰写论文、讲稿及工作报告16篇，公开发表论文10篇。译著《Bamboo Music Instruments》(汉译英)由中国林业出版社出版发行，作者江泽慧、王魏。该译著作为国际竹藤组织成立15周年的献礼成果之一。《我国林业创新工程技术人才培养模式的研究》项目获批2012年度教育部和中国工程院联合专项课题。诗集《甲子绿韵2000首》，由中国林业出版社出版，主编李东才。

【学术交流】 邀请世界著名比较高等教育学家美国波士顿学院国际教育研究中心主任Phillp Altbach教授来校讲学。主持北京市高等教育学会和中国林业教育学会高教分会“十二五”规划项目《我国卓越林业忠诚技术人才培养模式研究》。主持中国林业教育学会高教分会“十二五”规划项目《具有行业特色高水平研究型大学章程研究》。主持校级教学改革研究项目《在教学过程中优化学生学习方式的研究》。参加中国高等教育学会立项课题《高等林业院校人才培养质量标准体系的研究与实践》。组织学习研讨十八大精神，邀请原校长贺庆棠教授做《生态文明建设与林业高等教育》专题讲座。1人参加教育部“大学章程制度研讨培训班”，到有关高校调研大学章程的制定情况。1人参加第六届高水平行业特色型大学发展论坛年会。1人参加教育部组织的卓越工程师人才培养模式改革研讨会。1人参加中国高等教育学会成立30周年的纪念活动。完成教育部高等农林教育人才培养调研报告撰写工作和担林业教育110周年研讨会会议材料的撰写工作。

【获奖情况】 译著《Bamboo Music Instruments》(汉译英，作者江泽慧、王魏，中国林业出版社出版)列入2013年度“经典中国国际出版工程”。刘佳论文《农林院校大学生学习状态实证研究》获得2012年北京市高等教育教学成果二等奖及2012年北京林业大学教学成果一等奖。

(侯　璐　李　勇)

中国水土保持学会

【概　况】 中国水土保持学会(Chinese Society of Soil and Water Conservation)于1985年3月由国家体改委和中国科学技术协会批准成立，是由全国水土保持工作者自愿组成、依法登记的全国性、学术性、科普性的非营利性社会团体，是中国科学技术协会的组成部分。

中国水土保持学会于1986年5月、1992年5月、2006年1月和2010年12月在北京分别召开第一、第二、第三和第四次全国会员代表大会。杨振怀任第一和第二届理事会理事长，鄂竟平任第三届理事会理事长，刘宁任第四届理事会理事长。中国水土保持学会第四届理事会共有理事168名，常务理事35名。

中国水土保持学会下设14个专业委员会，分别为防护林专业委员会、水土保持预防监督专业委员会、小流域综合治理专业委员会、黄河专业委员会、崩岗防治专业委员会、沙棘专业委员会、水土保持规划设计专业委员会、泥石流滑坡防治专业委员会、水土保持监测专业委员会、工程绿化专业委员会、生态修复专业委员会、风蚀防治专业委员会、科技协作工作委员会、城市水土保持生态建设专业委员会。在27个省(区、市)成立省级水土保持学会，分别为四川省、甘肃省、吉林省、黑龙江省、山东省、辽宁省、江西省、福建省、陕西省、山西省、内蒙古自治区、青海省、安徽省、云南省、河北省、贵州省、江苏省、重庆市、河南省、新疆维吾尔自治区、广东省、湖北省、宁夏回族自治区、广西壮族自治区、湖南省、浙江省、海南省。

2012年，中国水土保持学会由民政部评定为中国社会组织评估4A等级，获得中国科学技术协会优秀科技社团三等奖。召开学会四届四次、四届五次常务理事会通讯会议，召开学会四届六次常务理事会和四届三次理事会。中国水土保持学会(包括专业委员会)组织境内外学术交流和考察活动15次、科普活动5次、举办各类培训班7期。编辑出版《中国水土保持科学》正刊6期。

【服务创新型国家和社会建设】 2012年，中国水土保持学会完成48家水土保持方案编制资格证书持证单位的日常变更审核及证书换发工作，7个省级水土保持学会完成乙丙级资质单位编制人员培训工作。小流域综合治理专业委员会承接重点工程管理、农发项目管理和监理资质管理等3项政府转移职能；科技协作工作委员会承接水土保持生态文明工程评审、国家水土保持科技示范园区评审和中小学生水土保持社会实践教育基地评审等3项政府转移职能。

3月28～29日，沙棘专业委员会在内蒙古鄂尔多斯市举办砒砂岩沙棘种植培训。4月25日，防护林专业委员会在浙江省嘉兴市举办全国平原绿化工作座谈会，有关省(区、市)林业部门主管造林负责人参加座谈。会议主要讨论农田防护林建设在确保粮食稳产增产方面的作用、高标准农田防护林网建设标准等相关议题。4月25～26日，黄河专业委员会在陕西省西安市召开黄河流域(片)水土保持普查工作座谈会，黄河流域所属各地、各单位40人参加会议。

5～9月，小流域综合治理专业委员会召开陕西、四川和全国北方片水土保持工程施工监理单位座谈会，围绕当前监理工作中存在的一些突出问题进行讨论，并对新形势下如何进一步做好水土保持监理工作提出意见和建议。

7～8月，中国水土保持学会与中国水利水电勘测设计协会共同举办2期注册土木工程师水利水电工程(水土保持)考前培训班，200人参加培训。8月，中国水土保持学会在内蒙古呼和浩特市举办省级水土保持方案编制师资人员培训班，110人参加培训。8月10～15日，风蚀防治专业委员会在内蒙古呼和浩特市举办青海省防沙治沙高级研修班。9月26日，城市水土保持专业委员会在广东省深圳市举办深圳市生产建设项目水土保持方案编制资质单位业务骨干培训班。10月22日，印发《关于准予水土保持方案编制甲级资格证书延续的通知》，27家单位的甲级资格证书获延续。组织举办甲级资质单位2期上岗人员培训班，600人参加培训。3期继续教育培训班，780人参加培训。

【学会能力提升计划】 2012年，中国水土保持学会获得中国科学技术协会优秀科技社团三等奖，得到300万元的资金支持。

【获中国社会组织评估4A等级】 4月26日，中国水土保持学会经全国性社会组织评估委员会评定为中国社会组织评估4A等级。6月19日，民政部正式下发《民政部关于对评估为3A级以上等级的全国性行业协会商会、学术类社团、基金会予以授牌的决定》(民发〔2012〕98号)，正式授予中国水土保持学会中国社会组织评估4A等级奖牌和荣誉证书。

【学术交流】 5月27～29日，监测专业委员会在陕西杨凌举办水土保持监测设施设备交流研讨会，来自全国各流域机构水土保持监测中心站、各省市区水土保持监测总站，黄土高原土壤侵蚀与旱地农业国家重点实验室，部分水土保持监测资质持证单位和水土保持设施设备生产或研制单位，有关高校和科研单位的专家、学者170人参加会议。会议代表参观黄土高原土壤侵蚀与旱地农业国家重点实验室和部分水土保持监测设施设备的现场演示，听取有关专家关于水土保持监测设施设备的介绍，并进行现场交流。

6月14～23日，中国水土保持学会协办第十三届海峡两岸三地环境资源与生态保育学术研讨会。大会由中国资源环境与生态保育学会以及台湾东华大学环境学院防灾研究中心联合主办，中国水土保持学会、中国文化大学地理学系、中国科学院地理科学与资源研究所、广东省生态环境与土壤研究所、香港中文大学地理与资源管理学系等协办。会议分流域管理与区域可持续性发展，生态工程建设的新理念、新形式与功能提升，地质灾害的发生机理、评估与防减灾体系，湖泊、河流湿地资源利用与保护，资源—环境—生态和谐发展的社会支持体系，退化生态系统恢复重建理论与实践和学生专场等7个会场，进行分组交流与讨论。来自海峡两岸三地近200名环境资源与生态保育领域的专家学者以及研究生参加研讨会。大会共交流学术论文87篇，其中、学生专场交流学术论文20篇、评选优秀论文18篇。中国水土保持学会组织12个省(区、市)的水土保持主管部门、高等院校和研究机构的42人参加会议，并在会后参观东华大学、中兴大学和台湾中华水土保持学会、瑞穗舞鹤水土保持户外教室等有关单位。

7月23日，生态修复专业委员会在银川召开第五届全国水土保持生态修复学术研讨会暨第二届专业委员会换届会，大会选举产生新一届主任委员会。7月25～26日，风蚀防治专业委员会在内蒙古呼和浩特协办第九届海峡两岸沙尘与环境治理学术研讨会，参会代表80余人，其中，外籍专家15人、交流论文30余篇。

8月11～16日，滑坡泥石流专业委员会在成都协办2012国际泥石流学术会议，来自中国、美国、意大利、日本、泰国、韩国等6个国家、20多个单位100余名科学家参加会议，大会交流5个特邀报告和30个主题报告，进行为期4天的针对泥石流防治工程的野外调研。8月20日，工程绿化专业委员会在北京市召开“5·12”汶川地震灾后植被恢复重建理论与技术研讨会，来自国内高等院校和科研院所等26家单位的60余名专家、学者参加会议，就汶川地震灾后重建进行学术交流。

9月15日，滑坡泥石流专业委员会在成都协办2012特大山洪泥石流灾害形成机理与风险分析学术研讨会，来自国内14家高等院校和研究机构的110余名专家学者参与交流。9月15日，由工程绿化专业委员会主办，河南农业大学、河南欣安生态建设有限公司承办的2012年矿山废弃地生态修复学术研讨会在河南省郑州市召开，来自全国各地120余位专家、学者参加会议。会议就矿山地质环境监测、矿区生态恢复的机遇与挑战、河南省地质环境恢复治理工作进展、废弃采石矿山岩质边坡植被恢复技术实验研究、固体废弃物在矿山修复中的应用、自燃煤矸石山的生态修复、煤矸石山生态修复技术实践、废弃矿山治理与边坡复绿工程案例等内容进行交流。

10月13日，沙棘专业委员会在北京召开2012年沙棘专业委员会年会，参会代表40余人。10月15～19日，崩岗专业委员会在湖北宜昌协办南方水土保持研究会第十八届年会暨2012年学术研讨会，参会代表106人，交流论文45篇。大会结合三峡库区水土保持和宜昌市兴山县柑橘园、板栗园和高山有机茶园水土保持综合治理典型，开展现场观摩学习。10月31日至11月2日，规划设计专业委员会在江苏省扬州市召开中国水土保持学会规划设计专业委员会2012年年会暨学术研讨会，来自全国82家会员单位的120多名委员参加会议。组织交流29篇学术论文，表彰奖励12个会员单位、10名先进个人和10篇优秀论文，并印制论文集，收录论文60篇。

12月3～5日，中国水土保持学会在海南省三亚市召开中国水土保持学会年会暨学术研讨会。研讨会主题为“新时期水土保持生态建设的理论与实践”，有关专家学者分别作题为《扎实推进水土保持工作促进生态文明建设》《水土保持与生态文明建设》等10个特邀报告。水土保持监测专委会、生态修复专委会、科技协作工作委员会，以及工程绿化、泥石流滑坡防治和规划设计专委会联合主办4个分会场，就新形势下的热点和焦点问题进行交流研讨。会后全体与会者参观考察三亚市水土保持科技示范园。

【期刊工作】 《中国水土保持科学》编辑部完成中国水土保持学会会刊《中国水土保持科学》6期正刊的出版工作，刊出文章120多篇，沙棘专业委员会出版《国际沙棘研究与开发》4期。

12月2日，《中国水土保持科学》创刊10周年纪念座谈会暨第三届编委会第一次会议在海南三亚召开。中国水土保持学会第四届理事会副理事长、水利部水土保持司司长刘震主持会议并讲话。主编王礼先教授作“承前启后 开拓创新——纪念《中国水土保持科学》创刊10周年”的报告，回顾《中国水土保持科学》创刊10周年的发展历程、主要成绩和经验，发布《中国水土保持科学创刊10周年纪念光盘》。编委们审议通过《中国水土保持科学》第三届编委会第一次会议工作报告，讨论期刊的发展及努力方向，为编辑部提出很多建设性的建议。

11～12月，中国水土保持学会开展《中国水土保持科学》第四届优秀论文评选工作。本次评选范围为2011年1～6期正式发表的121篇论文，通过编辑部初选、编委评选、专家评审会和常务理事会审批4个环节，评选出5篇优秀论文。

12月7日，中国科学技术信息研究所在北京国际会议中心举行2011中国科技论文统计结果发布会。据2012年版《中国科技期刊引证报告(核心版)》公布的数据，《中国水土保持科学》2011年影响因子为0.603，在1998种中国科技论文统计源期刊中，影响因子排序为第441位，在农业工程类期刊中，影响因子和综合评价总分分别为第6位和第4位。

【科普与青少年工作】 黄河专业委员会通过召开座谈会、印发宣传单、张贴宣传条幅宣传画、出版宣传画册等多种形式，开展新水土保持法学习宣传贯彻活动。

崩岗专业委员会于暑期组织大学生深入到江西省余干县开展主题为“科技兴农、文化强农”的科普活动。5月12日，中国水土保持学会参加由中国科协在北京举办的2012年“防灾减灾日”主题科普活动启动仪式。7月1日，中国水土保持学会在北京回龙观社区公园举行2012年《水土保持法》宣讲活动，现场展出水土保持60年成就展以及与水土保持相关的展板，发放新法宣传手册上万册，并通过咨询、讲解、游戏、答题、唱歌、调查问卷等多种形式与观众互动，现场教唱《一滴水 一方土》。8月，中国水土保持学会组织编写的全国水土保持科普宣传教育系列丛书之一《水土保持科普读本》(小学版)由中国水利水电出版社正式出版。

【表彰奖励】 由中国水土保持学会向中国科学技术协会推荐的王治国同志被评为第五届全国优秀科技工作者。

中国水土保持学会评选第四届中国水土保持学会科学技术奖17项，其中一等奖2项、二等奖6项、三等奖9项。评选第八届中国水土保持学会青年科技奖9名。评选2012年学会年会暨学术研讨会优秀论文15篇。评选《中国水土保持科学》第四届优秀论文5篇。授予《中国水土保持科学》主编王礼先中国水土保持学会特殊贡献奖。

【组织建设】 2012年，中国水土保持学会召开学会四届四次、四届五次常务理事会通讯会议，召开学会四届六次常务理事会议、四届三次理事会议。

湖南省、浙江省、海南省成立水土保持学会。截至2012年12月31日，已有27个省(区、市)成立地方水土保持学会。4月12日，在江苏省苏州市召开学会秘书长工作会，学会下属14个专委会、26个省级学会的秘书长，尚未成立学会的5个省份主管水土保持工作领导和学会秘书处56人与会。7月23日，生态修复专业委员会在宁夏回族自治区银川市召开第五届全国水土保持生态修复学术研讨会暨第二届专业委员会换届会，大会选举产生新一届主任委员会。

【网络建设】 继续维护中国水土保持学会网站 http：//www.sbxh.org 和《中国水土保持科学》网站 http：//www.sswcc.org，及时更新内容和发布信息。

（程　云　张　焱）

中国林业教育学会

【概　况】 中国林业教育学会系国家一级学会，是具有独立法人资格的学术性、科普性、公益性、全国性社会团体。学会由教育部主管，业务挂靠国家林业局，秘书处设在北京林业大学，专职工作人员3名。学会下设4个二级分会高等教育分会(挂靠北京林业大学)、职业教育分会(挂靠南京森林警察学院)、成人教育分会(挂靠国家林业局管理干部学院)、基础教育分会(挂靠黑龙江森工总局)。学会设有组织、学术、学科建设与研究生教育、专业建设、图书与教材、毕业生就业指导、交流与合作、现代教育技术指导8个工作委员会。学会网址 http：//www. lyjyxh. net. cn，会刊《中国林业教育》。

中国林业教育学会于成立1996年12月，林业部原副部长刘于鹤任第一、第二届理事会理事长，中纪委驻国家林业局纪检组组长杨继平任第三届理事会理事长，并连任第四届理事会理事长。截至2012年12月31日，中国林业教育学会理事会共有理事175名，常务理事58名。

2012年，中国林业教育学会举办培训班(含分会举办的培训班)24期，联合分会举办会议、论坛7次；完成十佳毕业生评选；职业教育分会开展6项教育理论课题的研究；高等教育分会获北京市高教研究成果二等奖1项；成人教育分会完成4部书籍及规划的编制任务。学会同时协助国家林业局开展林业重点学科评审的筹备工作。

【学术交流及研讨会】 5月，受国家林业局委托在沈阳与国家林业局人才中心共同举办“林业人才培养与需求工作”研讨班，来自23个省(区、市)林业厅、局，9个企业、集团公司，全国23所林业院校，5个国家林业局事业单位，共74名代表参加会议。

5月，与国家林业局人才中心联合举办第七届中国林业产业发展与人才开发论坛，来自全国涉林企业主要负责人、科研单位以及林业院校负责毕业生就业工作的领导和部分毕业生参加会议。会议研讨林业企业对人才的需求和林业人才培养的现状。会议期间，在北京林业大学举办林业企业校园招聘会”。

7月，在兰州举办高等林(农)业院校现代教育技术培训研讨班，共有来自22所高等农林院校50名代表参加培训，会议邀请2名专家做讲座，主题分别为“全国高等农林教育的基本情况”与“如何利用网络教育技术做好教学工作”。

10月，与北京林业大学联合举办纪念林业教育110周年学术研讨会，来自全国30多所农林院校及媒体代表共260余人参加会议。此次会议就如何加强林业教育改革，提升教育水平，为院校与政府部门、企业搭建交流平台，拓展林业教育改革视野，促进林业教育的发展达成共识。

【教育理论研究】

高等教育分会开展的研究工作 组织会员单位对“十二五”期间立项的24项课题以及与中国高教学会共同立项的“十二五”教育研究课题开展研究工作，并获得北京市高教研究成果二等奖1项。

职业教育分会开展的研究工作 组织全国林业职业院校，开展“园林类专业就业与创业、学历证书与职业资格证书双融合教学体系的研究与实践”“高职园林类专业工学结合创新研究”“新晋本科院校科研建设存在的主要问题及对策研究”“新晋本科警察院校教学团队建设存在的主要问题及对策研究”等课题研究，发表论文40篇。

针对目前现代林业发展对人才的需求情况，完成全国林业职业院校涉林紧缺人才专业材料撰写报告并向教育部递交。

依托辽宁林业职业技术学院和广西生态工程职业学院，组建北方片和南方片全国林业职业教育集团，协助相关院校做好集团成立的各项筹备、组织协调工作。

开展中等职业院校开办林业类专业情况的调研，完成新增专业申报工作，并上报国家林业局和教育部。

依据教育部要求，完成高职林业类专业教学标准的修改工作，并将由高等教育出版社出版。

完成国家林业局高职重点专业、精品课程评审，评选出10个国家林业局2011年度高职重点专业。

成人教育分会开展的研究工作 组织会员单位和省级林业培训基地，开展“林业关键岗位干部胜任能力模型研究”，通过调研访谈，取得200多个采访录音和文本，完成针对乡镇林业工作站站长、国有林场场长、种苗站站长、森防站站长、木材检查站站长5个关键岗位的文本分析和模型构建工作。完成《2012林业教育培训文件汇编》和《党的十七大以来林业干部教育培训工作巡礼》两部书刊的编写工作。协助场圃总站编制《国有林场基本建设指导手册》；协助保护司编制《国家级自然保护区教育培训“十二五”规划》。

【评奖活动】 6月，在北京启动“第三届北美枫情杯全国林科十佳毕业生评选活动”，评选出2013届全国林科十佳毕业生30名，其中，研究生10名、本科生10名、高职高专10名；评选出全国林科优秀毕业生120名，其中，研究生40名、本科生40名、高职高专40名。12月，在北京举行表彰大会。

【培训工作】 2012年，秘书处围绕林业建设的热点、难点和专业技术问题，面向各省基层林业干部职工进行培训，举办“森林生态效益补偿”“退耕还林与森林经营”“国有林场棚户区改造建设与管理”“集体林权制度改革后土地流转与国有林场改革”“森林抚育与造林技术”“野生动植物及自然保护区建设”“林地及‘十二·五’森林采伐限额管理”“中央财政林业科技推广项目”等相关内容的培训班20期。

职业教育分会举办的培训 ①4月，在山西太原组织举行“高职园林类专业工学结合‘十二五’规划教材”编写提纲审定会议，就教材编写大纲是否体现工学结合、课程标准是否体现专业定位，以及教材内容是否符合职业岗位等原则进行审定，提出修改意见和建议。②7月，在牡丹江举办全国林业职业院校实训基地建设与管理工作研讨班。全国18所高职院校，7个中职院校的教师、实训基地负责人、校领导共计60人参加研讨学习。③8月，在广西柳州举办全国林业职业院校学生工作研讨会，共有22所职业院校，60多位分管学生工作的领导和部门负责人参加培训学习。④9月，在山西林业职业技术学院召开全国林业职业院校协作会2012年度会议，24个会员单位的领导、管理人员和教学人员参加会议。⑤10月，在贵州省林业学校组织召开全国林业职业院校改革与发展研讨会暨中职业教育育研究会2012年会，全国25所中高职林业院校的领导以及高等教育出版社、中国林业出版社相关领导60余人参加会议。

成人教育分会举办的培训 5月，联合北京市园林绿化局举办文稿演示职业技能培训班，提高北京园林绿化系统职工文稿演示的技能和水平。7月，在山东日照举办全国林业远程培训研讨班，理清远程培训工作思路，交流各省开展干部远程培训、林农远程培训和学历远程培训教育的做法和经验，对今后工作提出新的设想。11月，在广州举办全国林业教育培训管理者研讨班，从干部教育培训理论、方法，思路创新等方面进行研讨和培训。12月，在厦门召开通讯员培训班，明确要求，提升能力，为2013年举办网站开通10周年纪念活动做准备。

【出版刊物及信息】 2012年，学会编辑出版《中国林业教育》正刊6期，增刊1期；《高等林业教育信息动态》（电子版）4期；职业教育分会编辑《林业职业教育动态》9期。中国林业教育培训网更新信息2000余条，原创信息300余条，围绕重点热点问题共录制专题课程（讲座）37部。其中，《林业应对气候变化与碳汇交易》等5部课件作为精品课程报送中组部。

【林业重点学科评审】 协助国家林业局开展林业重点学科评审的筹备工作。组织召开国家林业局林业学科建设专家座谈会，组织有关人员编制涉林国家一级、二级学科目录及相关文件、林业领域学科（涉林学科）基本情况、国家林业局重点学科评审工作方案（草案）、国家林业局重点学科评审办法（草案）、局重点学科评价指标及标准等重要文件。

（陈　涛）

国家林业局自然保护区研究中心

【概　况】 国家林业局自然保护区研究中心成立于2001年12月18日，挂靠在北京林业大学，主要职能是协助国家林业局野生动植物保护与自然保护区管理司(以下简称“保护司”)组织国家级自然保护区评审、自然保护区学术研究、自然保护区管理者培训以及中国自然科学博物馆协会自然保护区专业委员会(以下简称“自然保护区专委会”)秘书处工作。下设2个科室，分别是国家林业局自然保护区研究中心办公室、中国自然科学博物馆协会自然保护区专业委员会办公室。2012年，中心继续协助保护司完成全国林业系统国家级自然保护区评审；协助中国自然科学博物馆协会对自然保护区类会员单位提供咨询、帮助，组织编写自然保护区立法材料，建言献策；完成中心网站维护更新等部门自身工作。

【评审工作】 中心协助保护司组织每年一次的全国林业系统国家级自然保护区晋升评审会，内容包括评审材料的接收、初审、送审、归档等工作。2012年，共23个保护区经预审合格参加晋升评审会，其中，22个保护区通过评审，1个申请功能区调整的保护区未通过。中心专家协助保护司保护处对49个国家级自然保护区的《国家级自然保护区总体规划》和《国家级自然保护区旅游规划》进行评审及复审，并组织专家对云南哀牢山、安徽牯牛降等36个国家级自然保护区的基础建设项目及生态旅游规划进行现场评审。完成2012年全国林业系统省级晋升国家级保护区材料的整理归档工作。

【中国自然科学博物馆协会自然保护区专业委员会工作】 中国自然科学博物馆协会自然保护区专业委员会工作由国家林业局保护司主管，中心承担其秘书处工作。2012年，自然保护区专委会利用所属中国自然科学博物馆协会的技术资源优势，帮助会员单位福建武夷山国家级自然保护区建立保护区展示馆，为其推荐相关咨询专家和展览展示公司，并提出多条建设性意见。在自然保护区立法工作中，协助国家林业局保护司搜集、编写材料、组织专家(主要是院士)联名上书人大环资委、国务院相关部门和领导，说明自然保护区立法的利害关系并提出林业部门的主张。受农业部草原监理中心委托，派出人员参与编写《中国草原资源名录》中的野生动物部分，已由中国农业出版社出版。10月1日至12月31日，会员单位内蒙古大兴安岭汗马国家级自然保护区在北京新光天地举办“森之旅·生之灵”生态摄影图片展，经自然保护区专委会协调，展览在北京新光天地展出结束后，在自然博物馆巡展。组织自然保护区专委会“会员风采”主题台历照片征集活动，于2012年底制作完成发放到国家林业局、各省林业厅、全国会员单位及学校相关部门。

【自然保护区评审专家座谈会召开】 3月，组织专家在北京林业大学召开“自然保护区评审专家座谈会”，共有来自中科院、中国林科院、北京林业大学、北京师范大学等单位12位专家与国家林业局保护司领导探讨自然保护区总体规划和生态旅游规划的评审以及自然保护区相关工作，专家对评审程序、评审标准以及一些具体技术问题提出建设性意见，保护司领导表示将结合专家意见和实际情况逐步提升自然保护区评审工作质量。

【国家林业局“中央投资计划执行情况”报送工作】 自2010年6月起，中心承担国家林业局保护司“中央投资计划执行情况”数据统计工作。2012年，按季度完成国家级自然保护区基础设施建设进展情况统计表(《中央预算内林业基本建设执行情况表》)及《中央投资计划执行情况单行材料》，中心工作人员每季度末月20日前向各省林业厅保护区管理部门了解情况收集数据，整理统计后于季末月25日前向国家林业局保护司报送。

(刘文敬　张燕良)

校医院

【概　况】 北京林业大学医院（以下简称校医院）创建于1952年，是一所一级甲等医院，北京市医疗保险定点医院及社区卫生服务中心。医院隶属北京林业大学，为学校教辅单位。建筑面积2500平方米，现有职工27人，其中，卫生技术人员26人（包括主任医师1人，副主任医师3人，副主任检验师1人，副主任药剂师1名，主治医师、主管护师、主管技师17人，药师1人，医师1人）、其他技术人员1人。校医院设有内科、外科、口腔科、妇科、中医科等普通门诊，护理治疗、医技检查、预防保健、急诊、中西药房等业务科室，负责全校师生员工日常医疗服务及学校突发公共卫生事件的应急处理工作。

校医院现有通过北京市社区医学考试合格证书的全科医生9人，社区护士10人，25名医护人员均拿到不同岗位的社区准入证。2012年，校医院医技护人员均完成国家级医学继续教育课程的学习并顺利通过年终审核注册。2012年全年医护人员共发表医学论文9篇。

【社区卫生服务工作和日常医疗服务】 2012年，校医院门急诊量70 556人次，护理治疗各类患者16 800人次，各类健康体检（学生、儿童、饮食人员、职工）16 326人次，预防免疫接种12 811人次。为行为不便60岁以上老人上门服务591人次，为社区育龄妇女、新生儿提供生育指导72人次，上报传染病例2人次，访视监控传染病62人次。承担了学校重大学术活动、大学新生军训、60年校庆、学生职工运动会、校友联谊会等保健医疗服务及学校功能社区内医疗保健、预防康复、计划生育及健康教育“六位一体”的医疗服务工作。

预防保健和健康教育　2012年，发放健康处方6570份，接待健康咨询6482人次。建立家庭电子档案2253份，个人健康档案27 336份。与社区1965户签约，实施家庭医生式服务。对高发病（如糖尿病、高血压、冠心病、脑卒中、恶性肿瘤等）人群实施长期跟踪治疗、慢病管理、监测、指导。校医院主办的《绿色健康》报，全年发行12期8万张。免费为学生举办健康讲座13场，举办健康促进活动12次，受益人数18 164人。自2012年7月，实施“HC型高血压筛查与脑卒中防治项目的实施方案”，对全校500名高危人群进行健康干预。

公费医疗工作　2012年，获得北京市医保中心奖励补助，将其全部用于补充公费医疗，继续落实社区药品零差价出售的优惠政策。通过海淀区卫生局、海淀疾病控制中心、海淀区防疫站等上级业务主管部门组织的各项绩效考核。

【外聘专家坐诊】 2012年，加强和北医三院对口支援联系，邀请三院专家每周来校医院坐诊一天。4月，与中医科学研究所协作，由西苑中医院两位专家医师坐诊，增设每周二、周三上午中医草药饮片服务，受益人数1339人次。针灸、拔罐、红外线中医保健康复408人次。

（朱　彤　贺　刚）

人口与计划生育

【概　况】 2012年，北京林业大学召开计划生育工作会1次，重点人员讨论会2次，与各部门签订计划生育目标管理责任书43份，接待外校来访3次，参加市计生协“宝贝计划、青春健康项目培训班”1期，获北京市计生委“示范会员之家”称号。

全年在校学生、职工生育子女74人，随父落户15人，办理生育服务70人，整理出生报告、增减托补132人次，出具学生婚育状况证明475份，办理学生平安保险54人份，补助独生子女困难家庭28个，发放独生子女父母奖励费、年老时一次性补助费、职工子女医疗费1952人份。

【学生青春健康教育】 2012年，中国计划生育协会启动了第二期青少年健康教育计划，以改善国内10～24岁青少年的性与生殖健康状态。北京林业大学组织专题讲座，并参与多项有关活动。

11月1日，举办“大学生预防艾滋病”专题讲座，邀请海淀区妇幼保健院主任医师张凤霞，为学生介绍艾滋病的发生与预防，并现场解答学生们的疑问，共230人参加，讲座达到了预期目的。

11月29日，北京市计生委在国家会议中心举办“关爱你我、防艾为零”首都高校大型宣传活动，国际计生联、国家人口计生委、中国计生协、北京市计生委及媒体代表参加启动仪式。仪式上播放了高校预防艾滋病的宣传片，其中北京林业大学女生宿舍楼的“灯光防艾”标志受到关注，当天电视新闻报道了“灯光防艾”标志及其设计理念。

2012年，北京林业大学学生代表分别在3月19日北京科技大学高校联合会、3月23日大钟寺区计生协会堂、5月30日区科技馆青少年性健康教育基地挂牌仪式，以及5月31日中国矿业大学(北京)“我的青春我做主”演讲比赛中发言。

【外语学院教师获市级“百家幸福家庭”表彰】 4月，北京市计生委会同市委宣传部、首都文明办等部门在全市范围内开展幸福家庭创建活动，此次活动围绕“836”计划的工作思路，按照“家庭和睦、身心健康、生育文明、安居乐业、乐于奉献”的标准进行评比。北京林业大学外语学院教师李健与妻子史啸云相亲相爱的事迹，经过3轮评审，获得表彰，并刊登于8月13日《北京日报》。10月29日，北京市计生委在市会议中心召开了表彰大会，李健家庭等100个市级幸福家庭接受表彰。 （郭海滨　胡　建）

社区工作

【概　况】 北京林业大学社区居民委员会(以下简称社区居委会)是党领导下的社区居民实行自我教育、自我管理、自我服务、自我监督的群众性自治组织，是社区建设、社区服务、社区管理的基层组织，是党和政府联系群众的桥梁和纽带。北京林业大学社区占地10万平方米，共有住宅楼27栋，住宅面积16万平方米，常住居民1900余户，4200多人。社区居民中离退休人员1100余人，学前儿童80余人，低保人员1名，残疾人44人。

社区居委会现设社区党支部、社区居委会、社区服务站、社区妇女联合会等部门，其中，社区居委会设主任1名、副主任2名、委员4名；下设社会福利、综合治理、人民调解、公共卫生、人口计生、文化共建6个下属委员会。社区党支部设支部书记1人，组织委员1人、宣传委员1人，在册党员36人。

2012年，社区居委会依法组织居民开展自治活动，宣传宪法、法律、法规和国家政策，开展多种形式的社会主义精神文明建设活动，教育居民遵守社会公德和居民文明公约，依法履行应尽义务，指导和监督社区内社会组织、业主委员会、育新物业柏儒苑管理处及林和物业开展工作，维护社区居民的合法权益。扎实做好社区民政、社会保障、综合治理、计划生育、司法民调、社区矫正、残联、文教体育、卫生防疫等工作。2012年，获海淀区人口与计划生育先进集体、学院路街道优秀品牌社区。

【安全工作】 布置重点日安保工作及落实烟花爆竹限放禁放工作。落实学校“平安校园”、十八大维稳工作，对社区进行全面的安全检查，对发现的安全隐患限期整改并做检查记录。对社区便民网点的灭火器进行检修或更换。督促柏儒苑物业做好地下室、库房、空置房屋、监控室、出租商业用房等重点部位区域的安保工作。开展消防安全知识讲座，配合街道及派出所开展养犬年检工作。协助东升派出所完成“实有人口全覆盖”工作。

【司法民调工作】 全年接收1名社区服刑人员和2名解教人员，开展矫正和帮教工作。启动“六五”普法，开展“弘扬法治精神、共建和谐社区”等各类法制宣传活动，为居民就近解决身边的法律问题提供帮助。发挥调解员队伍在调解工作中的作用，全年调解扰民、纠纷等34余起。

【网格化管理】 建立社区三级网格组织，将27栋居民楼和平房划分为7个三级网格，居委会工作人员牵头、楼门组长为成员，实现“小事不出网格、大事不出社区、矛盾不上交”，实施网格化管理，提供团队式服务，畅通社区群众表达诉求的渠道。

【换届选举】 3~6月，按照《北京市海淀区学院路街道办事处第八届居民委员会选举工作方案》部署完成社区居民委员会换届选举工作，选举产生居委会主任1名、副主任2名、委员4名。

【便民服务】

社会福利工作 成立社区老年互助社，建立帮扶对子12对。开展“孝星”宣传、推荐和评选工作，评出北京市级“孝星”3名。开展各类扶贫济困捐赠活动，共募集捐款2098元，棉衣被369件。从6月起试运行“车载蔬菜进社区”项目，解决老年人买菜难问题。为低保高龄老人申请高龄津贴。全年共办理老年证21个，办理65岁以上老年优待证25个。为满80岁以上的老人办理发放养老服务补贴券100元/月。

残疾人康复工作 建立康复服务档案，定期走访残疾人家庭，了解康复需求，每月为15位残疾人员发放就业安置金。对社区老干部活动中心、居民楼、社区柏儒苑等4处公共场所实施无障碍改造，铺设坡道、安装扶手，为3户重度肢残人家庭卫生间安装扶手、防滑设备等，给社区需要帮助的残疾人发放轮椅、手杖、浴椅、盲表、闪光门铃、闪光水壶等辅助器具。

人口计生工作 为12个家庭办理一孩生育服务证，为2个双独家庭办理二胎审批手续，为6个家庭领取独生子女证，为4个家庭办理年老时一次性独生子女费的领取，为1个伤残独生子女家庭办理特别扶助补助，为15人办理档案转出转入手续，为53个家庭办理独生子女费的验证发放工作。开展“爱心五必访”活动，定期走访哺乳期产妇，为新生儿家庭送去宝宝丛书、计生宣传品和避孕药具。电话走访21户新生儿家长，采集新生儿入户相关信息。电话走访6对新婚夫妇及12位更年期育龄妇女。及时录入全员人口信息库。加大流动人口管理，对柏儒苑小区出租房内的外籍人员进行全面检查。

公共卫生工作 “五一”和“十一”节前发挥楼门组长、积极分子的作用，动员居民参与清洁卫生日综合治理专项活动。

社会保障工作 社区今年新增失业人员14人，灵活就业26人，对适龄劳动人口进行全面调查摸底，建立下岗失业人员状况、4050人员、零就业家庭、灵活就业、弹性就业、领取失业金人员等电子台账，对社会化退休人员100%建档。开展“帮扶到人、政策到位、岗位到手、追踪到底”为主题的就业援助活动，搜集各类用工和求职岗位信息，推荐招聘会，为失业人员提供多方位的就业援助服务。2012年24名失业人员实现灵活就业，就业率达90%。配合社保所落实一年一度的“一老一小”“无业居民”及福利养老金的参保及缴费告知书的发放和信息核对工作，为参保居民及时缴费提供保障，2012年新增“一小”34人。

住房保障工作 开展社区住房保障工作，全年累计申报、上交15个家庭住房申请材料，3个家庭通过审查进行公示。

红十字会工作 在不同阶段利用宣传橱窗、海报、发放宣传小册子等形式开展疾病知识的宣传教育预防工作。6~9月开展儿童手足口病预防知识宣传，10~11月开展婴幼儿和60岁以上老年人流感疫苗接种宣传工作，12月开展预防艾滋病知识宣传。

文体工作 利用社区宣传栏定期开展社区共建及居民中的好人好事宣传活动，全年共做4期21块展板。组织居民参加“低碳出行”全民健身春季骑自行车比赛，观看“五月鲜花”文艺汇演，参加“第九套广播操、民俗文化”展示，组织第六届“和谐杯”乒乓球选拔赛和第二届“林里和谐杯”社区乒乓球友谊赛等活动。

【社区妇联工作】 开展多种形式的妇女维权活动。举办“三八”妇女维权咨询服务活动。开展送岗位进社区活动，为10名社区失业妇女送信息、送服务，10名失业女同志全部办理灵活就业。精心打造“妇女之家”，及时反映妇女群众的合理诉求，做好妇女同胞的情绪疏导、纠纷调解、矛盾化解等工作，全年共调解各种邻里纠纷19人次，化解家庭矛盾1次。“春节”“三八”“重阳”等节日开展为高龄老人、归侨、地退人员、伤残军人、低保人员送温暖等慰问活动。慰问女地退人员，并组织她们参加免费体检。开展品牌家庭的创建活动，324户家庭获得“五好文明家庭”。组建巾帼志愿者队伍，对高龄空巢老人进行爱心帮扶。

春节前夕，组织社区小志愿者开展“陪老人说说话”“给老人演个节目”为主题的爱老助老献爱心公益活动。3月4日，响应国家倡导“绿色环保”行动，与人文学院联合举办“绿色卫士”进社区环保公益活动。4月10日举办北京林业大学社区英语趣味活动。5月18日，关爱妇女健康，大力开展两癌免费筛查工作。6月，开展迎“六一”亲子趣味运动会活动。11月，开展“快乐生活，健康成长——让科学的早期教育走进千家万户”为主题的早期教育宣传月活动。11月17日，与北京林业大学环境科学与工程学院绿手指环境保护者协会志愿者一起开展社区绿色“1+1”低碳减排环保宣传活动。12月4日，组织妇女同胞开展学习十八大会议精神的活动。12月7日，与北京林业大学幼儿园一起举办0~3岁儿童早期教育亲子活动。12月20日，开展“情满社区、爱在冬至”包饺子送温暖活动。

（夏巍青　刘西瑞）

附属小学

【概　况】 北京林业大学附属小学（以下简称林大附小）创建于1960年，座落于北京林业大学校园内，占地3100平方米。林大附小属于北京林业大学公办性质，主要解决北京林业大学在职教职工二代子女就学问题。林大附小坚持遵循“勤学、博思、明理、笃行”的校训，以培养出具有高尚品德、遵规守纪、勤奋上进的人才为育人宗旨，全面推进学校的发展建设。

2012年，林大附小有教学班12个，学生567名，教职工56人，其中，在编教师25人、非在编教职工9人、退休教职工22人。设有教导处、德育处、总务处3个行政处室，开设语文教研室、数学教研室、英语教研室、体育教研室、科任教研室5个教研室。

【校园文化建设】 林大附小重点提炼体现时代要求的办学育人理念，形成学校的思想文化，培养优良的校风、教风、学风。通过全员参与，从净化、绿化、美化校容校貌入手，建设优美的环境文化，促进校园物质文化建设。依法治校，依法执教，深化教育教学管理，促进校园制度文化建设。提高教学效率，开发校本课程，抓好校本教研，创新学生综合素质评价体系，促进校园课程文化建设。传承林业特色文化，弘扬绿色精神，促进校园全面发展建设。

【教学工作】 林大附小坚持教学质量是学校生存的主思路，有效将教师队伍专业的提升与学校的生存发展紧密联系。2012年，林大附小立足课堂，以落实减负增效、稳步提升教学质量为宗旨，开展教学工作。

加强师资队伍建设 以“教师成长工作室”为载体，有系统、有针对性的开展教师系列培训。每两周开展一次教育教学随笔反思。专家对每一位教师的反思逐一进行批注反馈，并印制成册下发。开展系列主题培训，聘请3位全国特级教师每周来校进行教学讲座和听课指导。

教学质量保持优势 2012年，在海淀区118所小学教学质量抽测中，林大附小连续第5年名列前茅。7月，林大附小毕业生86人，55人被市、区级重点中学录取，占毕业生总数的64%，重点中学录取率居海淀区小学之首。其中，7人被人大附中录取(5人考入人大附中人素班，占据全北京招收人数的3%)；6人被清华附中录取(2人考入清华优才班，占招生人数的4%)；此外，考入北大附中3人，101中学8人，中关村中学13人，北达资源中学2人，交大附中4人，二十中5人，北航附中4人，北理工附中1人，朝阳外国语学校2人。

【德育工作】 依据林大附小的实际工作情况，认真落实德育教育常规管理，继续推进养成教育工程，积极引导学生养成良好的学习和行为习惯。倡导全体学生践行“北京精神”，争做“四好少年”，以丰富多彩的教育活动促进学生快乐、健康成长；同时切实抓好德育队伍建设，逐步构建以学生为主体的自主管理与自主教育的德育机制。

构建高素质的德育队伍 2012年，林大附小在德育工作上选择重点，找准难点，进行专项培训，以求实效。4月，听取《把尊重的理念融入教育细节》《好的关系就是好的教学》《亲子共同成长》等专家讲座。6月，教师成长工作室组织读书分享会。9月，逐步完善德育工作的评价和激励机制，建立健全德育队伍的评价体系，要求教职工在日常教学工作中，严格遵守《教师道德规范》，争做学生喜欢的老师。12月，全体教职工参加工会组织的十八大会议精神的学习。

拓展德育空间，丰富德育内涵 5月，下发学习资料设立“道德讲堂”。通过“走进道德课堂，触动你的心灵”提升学生的道德品质，培养学生健康心理、自信人格。9月，组织心理健康教育系列活动，关注每一个学生心灵的健康成长。通过观看《开学第一课——美在你身边》培养学生积极的人生观，完善学生健全健康的人格。10月，编导校园心理剧，使学生人人都拥有一个阳光心理、一个健康的人生。德育处与《小鬼当家》杂志合作推出系列心理小故事、校园心理剧，让学生从中得到启迪，享受健康快乐的校园生活。

融入少先队教育 通过学校少先队各项活动培养学生坚强意志、乐观情绪、开朗性格等良好的心理品质，每学期20次的班队会、红领巾广播向学生宣传心理知识、心理小故事；根据六年级学生成长特点和压力监测结果，与《品德与社会》学科结合适时进行心理疏导，帮助学生缓解考试压力，学做情绪的主人。4月，聘请北京林业大学心理系导师和研究生为个别心理失衡、心理挫折和心理障碍的学生，做专业的心理辅导，同时与家长沟通做好配合工作。通过有目的、有计划、有步骤的活动与举措，培养学生良好的心理品质。

【研发绿色校本课程】 林大附小依托北京林业大学“知山知水，树木树人”的办学理念，充分挖掘大学独特的、丰富的自然学科资源和人才资源。多次走访、咨询专家学者，根据学生年龄特点，结合北京林业大学学科优势，确定动物、植物、插花艺术等12个领域的校本课程科目，并聘请大学教授亲自走进课堂为学生们讲授相关知识。从一年级起，学生将有计划、有系统地学习这12个领域的相关知识，毕业时，除得到全市小学生统一的“学业成绩单”外，学生还将获得“林小绿色课程结业单”。

4月12日，林大附小举办“林大附小绿色校本课程启动仪式——为孩子们做一件幸福的事”启动仪式，北京林业大学副校长与7位教授、2位副教授、3位讲师正式进入课堂给学生们授课。

【校园集体活动】 10月，林大附小在北京林业大学操场举办首届亲子运动会。此次运动会以“给孩子多一份快乐”为主题，学生及家长共1200人参加活动。 (王 琳 高慧贤)

学校公共体系

信息化建设

【概　况】 信息中心承担学校网络建设与管理、信息化建设、信息安全管理、网络资源平台建设、校园一卡通运行、基础数据通信管理等6项工作职能，下设信息部、用户服务部、网络管理科、系统运行科、数据研发科、基础业务维护科。

2012年，信息中心重点推进“数字北林”新版数字校园平台建设和教师信息系统建设，以及网络改造、带宽扩容、无线网、数据中心、信息安全等信息化基础建设。继续执行“校园一卡通”系统二期工程，修订信息化“十二五”规划，提升日常管理与服务水平。被评为“信息与网络安全保卫工作先进单位”和“高校招生网络安全畅通工程先进单位”。　　（黄儒乐　黄国华）

【校园网情况】

校园网改造与优化　调整出口防火墙、链路负载设备、DNS服务器的运行策略。重新规划校园网万兆核心交换机的冗余备份方案，完成学7号楼、学10号楼等楼内的老旧交换机设备更换与升级，试点学生宿舍楼万兆接入。研发解决网络计费系统的1G以上带宽支持问题。新增100兆校园网出口带宽，全网IPv4出口带宽总量达到1.2G，IPv4网络双向峰值达到1.7G。

IPv6网络项目　按照教育部、教育科研网的要求，完成校园网IPv6技术升级项目的各项工作。各类网络设备、服务器均安装部署并上线运行，校园网IPv6出口带宽实现万兆接入，IPv6网络流量双向峰值达到8.6G，居于全国IPv6试点高校的前列。2012年7月的统计数据显示，北京林业大学IPv6出口流量居于全国高校第十一位。

7月7日，教育部专家组来校对IPv6项目进行现场验收，项目各项建设指标均达标，多项指标超出预期目标，项目通过验收。

无线网络　上半年，与中国联通合作开展校园无线网络建设，新增无线AC控制器2台，安装无线AP发射器450个，完成学校东区学生宿舍楼和东办公区的无线网络建设。采用专业无线定位接入设备将位于八家村的实验苗圃接入校园网络，为今后苗圃的远程教学实践、科研等工作的开展提供支撑。12月，全校实现无线网络全覆盖。

开展校园内手机信号增强工作，完成校园楼宇内电梯以及部分楼宇的中国联通信号手机信号增强工作。

综合服务　规范校园网使用，9月28日，印发《北京林业大学调离人员校园网使用管理办法》，并于10月1日起执行。降低上网费用，12月19日，修订并发布《北京林业大学校园网计费细则》，并于2013年1月1日起执行。组织多种形式的网络宣传与培训，修订并发放《2012版网络使用手册》，印发《数字校园平台使用手册》。完成校园软件正版化工作，为每位教职工提供3套正版操作系统和办公软件，更好地为教学、科研和管理工作服务。做好电话移机、并机、新装、费用代缴等基础语音通讯服务工作。

全年一卡通累计发卡17 597张（含新生发卡、各类开卡与补卡），接受各类电话咨询9000余次，外派网络与计算机故障维修610次。

（王雁军　黄国华）

【数字校园与信息化建设】

新版数字校园平台　数字校园平台是数字校园的信息集中展示平台，也是校内不同业务系统的服务集成平台。新版数字校园平台建设是学校2012年信息化建设的重点任务。5～9月，在全校范围，开展需求调研，与党政办、财务处、教务处、研究生院、图书馆、实验室与设备管理处等相关部门多次讨论现有业务系统与新版数字校园平台的接口集成问题，督促承建公司完成系统设计。10月，新版数字校园平台试运行，命名为“数字北林”。

“数字北林”是一个创新型社区式数字校园服务平台，集成通知、日程、日志、微博、网盘等25项公共功能，并且结合学校已有的应用系统，集成身份管理、网络计费、一卡通、图书馆等24项特色服务功能，是国内高校首批建成的新一代数字校园平台之一。

教师信息系统项目 教师信息系统是面向全校教工、业务覆盖各院系和主要职能部处的教工管理与信息服务系统。1月，项目正式启动，学校各有关部门和承建公司项目组共同开展项目的各项工作。信息中心组织各类需求调研会、项目讨论会41次，先后完成组织部、人事处、科技处、国际交流与合作处等一期建设部门的系统需求调研，梳理各类数据与业务需求，整理完成详细的需求调研报告。10月，人事管理系统人才招聘模块上线试运行，科研管理系统、国际交流与合作信息系统中的部分模块进入测试运行。

校园信息化课题研究 11月，完成“北京林业大学2011年校园信息化科研专项”课题的验收与结项工作，21项课题参加验收汇报，5项课题延期验收。经专家评审，参加汇报的21项课题全部通过验收，其中6项被评为优秀课题。2012年，各课题组共发表论文4篇，专著1部，形成信息化需求分析报告2份，新建信息系统6个，升级网站和信息系统6个，取得计算机软件著作权1项。

信息安全 继续开展学校网站与信息系统等级保护工作，开展安全漏洞排查与整改。先后下发《关于切实加强网络与信息安全工作的通知》和《关于加强网站与数字校园平台信息发布工作的通知》，落实信息安全责任制。继续推行网络实名制认证，执行“实名发布，专人负责，先审后发”的网上信息发布原则。9月21日，组织召开2012年信息员培训会，开展网络与信息安全培训。加强网络舆情监控与应急处置，完成十八大期间的网络安全保障与监控工作。

3月，学校被北京市公安局文化保卫总队评为“信息与网络安全保卫工作先进单位”。

网站建设 继续推进网站集中管理与发布工作，完成教学促进中心、林场、标本馆等共计26个网站的迁移或版本更新工作。完成校庆60周年专题网站升级改版工作。完成学校中文主页改版，围绕高校核心职能，新增多个栏目，并建立有效的信息发布与维护机制。完成学校英文主页的全新改版，推进英文主页的长效维护工作机制。截至12月31日，网站群系统中共运行各类网站96个。

信息化交流 参加2012年教育电子政务(电子校务)建设工作研讨会、北京市信息安全等级保护暨十八大网络安全工作部署大会、信息化创新会议及教育网络与信息安全高级技术培训等重要会议。学校信息中心负责人作为论证专家参加2012年教育基础数据库标准建设工作研讨会。

先后赴北京航空航天大学、中国农业大学等高校交流学习信息化建设。中国农业大学、北京体育大学、北京语言大学先后来校调研，交流信息化建设的有关情况。（黄儒乐　黄国华）

【改造扩容数据中心】 继续推进存储与数据备份中心建设，对原有旧存储进行5.4TB的存储扩容，扩容后达到21.6TB，新购50T存储空间用于数字校园平台和邮件系统扩容，以及50T存储用于异地容灾备份系统，完成新版数字校园平台、科研系统、人事系统等信息系统数据存储硬件迁移工作。

完成标本馆地下一层的UPS机房改造，安装吸顶式机房专业空调。将数据中心机房接入统一的机房监控系统，安装部署视频监控、温湿度监控、能源动力监控等各类监控采集器，实现机房整体环境的远程监控与应急处理。

（高显俊　黄国华）

【柏儒苑教工住宅区工程】 2～3月，信息中心放弃假期，加班施工，完成柏儒苑1号楼、2号楼(北京林业大学部分)、3号楼、4号楼以及新建6号楼、7号楼、8号楼的接入校园网工程。工程坚持“高标准、高起点”。同时，实现北林科技、工学院实践楼、气象站等区域的校园网络接入。（王雁军　黄国华）

【校园视频平台】 完成标本馆机房的有线电视信号接入，建成28路电视直播频道和2路现场直播频道的网络视频直播平台(IPTV),为全校师生提供重大活动、重要会议、体育赛事等的网络电视转播,并为网络视频公开课以及各类网络视频资源提供网络点播。该系统承担北京林业大学建校60周年庆祝大会和文艺演出、武警森林部队庆祝北京林业大学建校60周年慰问演出等活动的网络直播工作,累计直播4场,网络观看用户达千余点次。

合作引入高清视频播放平台,在校园网上提供公开课视频、讲座视频、正版电影、电视剧等播放服务。校园IPTV、电影网、高清视频播放平台3者相互补充,学校成为首批建成全面校园视频平台的高校。 (高显俊 黄国华)

【扩大"校园一卡通"应用范围】 继续执行"校园一卡通"项目二期工程,改造调整软硬件系统,扩大一卡通系统覆盖范围,全年新增刷卡终端100余个。完成网络主控机房、数据中心机房一卡通门禁系统建设,实现一卡通系统与数字校园平台的接口集成,新增一卡通自助服务终端四六级报名缴费功能,完成2012年度两次四六级报名自助缴费工作。 (王雁军 黄国华)

图 书 馆

【概 况】 2012年,北京林业大学图书馆有职工91人,其中,在编职工61人;正高级职称2人,副高级职称23人;下设办公室、资源建设部、资源推广部、流通部、阅览部、技术部、特藏部、教材发行部、后勤管理部等9个部室。"全国林业院校图书情报工作委员会""全国林业院校进口教材图书中心""北京科技情报学会高等院校科技情报专业委员会"均设在该馆。图书馆现有阅览室座位3258个,纸质文献163.25万册,电子文献3720GB,服务器全年不间断开放。完成图书馆安防系统改造,将原来的模拟摄像头替换为数字式摄像头,采用基于IMOS的IP智能监控架构和iVS8000监控解决方案,可实现视频直播、数字录像、视频点播、报警联动等功能。全年发展新党员1人,转正1人。

(袁明英 阎锦敏)

【馆际交流合作】 馆际互借合作馆80余家,提供高校联合体馆际互借证和BALIS(北京高校文献资源保障体系)网上馆际互借两种方式的借阅服务;拥有CASHL(中国高校人文社会科学文献中心)、BALIS、超星读秀中文学术搜索等原文传递服务系统,为广大读者提供全方位、多学科、多渠道的原文传递服务。本年度,通过馆际互借两个平台共借阅图书900册,完成原文传递750篇。 (石冬梅 闫锦敏)

【读者服务】 2012年共接待读者1117.8万人次,完成33万册图书的借阅服务,放漂图书500余册,完成8万人次的阅览服务,完成SCI\EI检索460余篇,出具检索证明183份。修改读者一卡通数据1075个。全年接待读者咨询2200人次,原文传递接收请求157份,发送请求541份,处理原文传递读者注册73人;馆际互借发送请求261人次,接收请求111人次,借入图书130册,借出图书38册,处理馆际互借读者注册108人。

读者培训 全年共举办培训100余场(次),内容涵盖新生教育培训、馆藏文献资源利用、中外文数据库利用、SCI专题、学位论文提交、NE软件等。其中,外请数据库讲座7场次、联合研究生院开展SCI讲座4场、部门自主和受邀开展专题讲座10余场。

资源推广活动 积极开展新生"走进图书馆活动"。采用"一对一"培训形式,优化预约流程,在入学一个月内,组织全校新生按班级依次入馆参观,并进行现场讲解与实务操作培训。

举办世界读书日主题活动 以"世界读书日"为契机,举办以"知识改变命运,资源成就未来"为主题的资源宣传推广月活动。活动月期间,图书馆工作人员结合世界读书日、数据库资源等主题制作宣传专栏和资料,开展"听讲座、获知识、赢奖品"的馆藏数据库讲座,涵盖SCI、CNKI、Springer、NE、Proquest、OVID、SpecialSciDBS等,旨在提高馆藏资源利用效率。邀请目前图书馆正在试用的50种电子数据库商进行现场推介，读者通过现场推介以及试用情况，填写调查表并提出引进意见，为数字资源引进提供参考。同时，图书馆结合读者的积极参与度和表现情况，评选出本科生付国珍、研究生邹建美、教师袁涛等3名读者为2012年图书馆资源宣传推广月活动“先进个人”，并进行表彰。

教材发放服务 为了更好地服务教学，图书馆邀请中国大学出版协会主办的第五届北京地区高校出版社教材展到学校进行巡展，将各出版社的最新教材、重点教材、精品教材信息传递给北京林业大学师生。2012年，集中发放教材共42 794册，1742种。（石冬梅　闫锦敏）

【文献资源建设】

书刊供应商重新招标 5月，图书馆报请学校相关部门批准，对图书馆图书、报刊合作商进行重新招标，确定新的合作商。

纸本文献建设 图书采选主要以现采为主，结合网上书目采选，按照图书馆文献建设目标和经费预算进行文献采选。

截至12月31日，新增纸质文献25 868册，其中，新增中文图书18 171册，新增外文图书1582册，新增中文过刊3886册，新增外文过刊679册、报纸47册，收藏本校学位论文1027册，以及其他混合型资料和小语种文献。并且完成编目工作，送交流通、阅览，提供给读者借阅。

订购2013年中文期刊1565种，中文报纸108种，外文期刊173种；为图书馆各部门订期刊23种，报纸5种15份。

电子文献建设 新购数据库2个。根据读者要求，结合技术部的评价，新购《科学》在线（Science Online）和Nature系列全文电子期刊。续订SCI、WILEY、EI等数据库27个，保障了中外数据库的顺利开通和使用。

接受文献捐赠 2012年，正值学校60周年校庆，图书馆共接受校友和社会各界赠书10 012册。其中，中国林业出版社赠书6830册，园林1980级全体同学赠书122册。经过挑选，符合馆藏要求编目上架的2710册，送交阅览漂流的761册，其余留做交换。

举办新书展 举办新书展3场。分别在3月份和9月份在图书馆大厅举办新书展，提供近万种新书，为师生提供一个及时挑选推荐新书的平台。此项活动已连续举办9年。

图书整理 变更1453册授权影印外文图书馆藏地，由外文阅览室调拨到流通各室，按照外文模式编目，按照中文模式修改索书号，并根据图书分配原则进行馆藏地的调拨。流通各室非可借状态改为可借状态的图书794册，回溯编目176册，编目遗失赔书118册。

（张丰智　闫锦敏）

【图书馆课题研究】 全国林业院校图书情报工作委员会、中国林业教育学会图书馆工作委员会第21次会议于9月21日在西南林业大学召开。本次会议主题是“新时期的图书馆联盟服务”。图书馆馆长刘勇教授做题为《消除误解，传承中华文化》的主题报告。图书馆职工投出的论文分别获得了大会的一、二、三等奖。

图书馆技术部参与的2011年校园信息化专项课题《多媒体资源元数据管理与服务系统研究及实践》及《开放获取资源管理系统的研究与实践》顺利完成并通过验收。其中，《多媒体资源元数据管理与服务系统研究及实践》被评为优秀课题。

以图书馆为主任馆的高校科技情报专业委员会被北京科学技术情报学会评为“2012年度优秀专业委员会”。自2005年高校科技情报专业委员成立以来，已经连续8年获此殊荣。

完成《北京林业大学图书馆60年》的编纂工作，集全馆员工之力，经过对各种史实资料的整理与挖掘，历时两年，在北京林业大学60年校庆前完成编纂，印刷成册。

《国际林学研究新动向》正式创刊，该杂志是电子杂志，将国际上林学学科发展的新动态采用信息推送的方式发送给读者。

在图书馆的资助下，全年图书馆教职工发表专业论文5篇。（唐茂元　闫锦敏）

期刊工作

【概　况】 期刊编辑部负责5种国内外公开发行的期刊——《北京林业大学学报》《北京林业大学学报(社会科学版)》《中国林学(英文版)》《中国林业教育》《中国鸟类(英文版)》的编辑出版工作。2012年初，《中国鸟类(英文版)》召开编委会，确定刊物的年度发展规划、学术专题、稿件组织等内容。新闻出版总署批复《中国鸟类(英文版)》出版单位由"高等教育出版社"变更为"清华大学出版社"，《中国林学(英文版)》更名为《林业科学与实践(英文版)》。期刊编辑部继续对所有稿件检测学术不端，规范学术行为，与作者签订版权转让协议，并将所有版权转让协议管理、归档。向学校提交《关于学校学术期刊创新发展的报告》，就期刊编辑部下属5个期刊今后的发展向学校提出建议，同时就如何为本校学术期刊创造良好发展环境问题和人事处、科技处等单位进行沟通。配合学校二轮岗位聘用工作，完成期刊编辑部各刊和办公室人员的聘用。现有工作人员18人，其中，正高职称1人、副高职称11人、中级职称5人。12月，赵秀海教授就任期刊编辑部主任。此外，中国高校科技期刊研究会秘书处仍设在学校期刊编辑部。

【组稿工作】 《北京林业大学学报》《北京林业大学学报(社会科学版)》《中国林业教育》《中国林学(英文版)》《中国鸟类(英文版)》完成正刊的编辑、出版任务。其中，《中国鸟类(英文版)》出版2期专辑(包括一期亚洲鹤类研究与保护专辑，一期鸟类巢寄生国际专辑)，《北京林业大学学报》出版1期增刊，《中国林业教育》出版2期增刊。2012年，各刊加大组稿约稿力度，但是受科研评价政策影响，稿源质量仍呈总体下降趋势。

【主要成绩】 在教育部科技发展中心组织评选的2011年度"中国科技论文在线优秀期刊"中，《北京林业大学学报》获得一等奖，《北京林业大学学报(社会科学版)》获得二等奖，学校期刊编辑部获得"中国科技论文在线科技期刊优秀组织单位"奖。

《北京林业大学学报》获教育部科技司"第四届中国高校精品科技期刊奖"，《中国鸟类(英文版)》获得"第四届中国高校特色科技期刊奖"。

《北京林业大学学报》入选中国学术期刊(光盘版)电子杂志社，及清华大学图书馆2012年12月首次发布的"中国国际影响力优秀学术期刊"，在科技期刊中位列第十三位，在林业类期刊中名列第一；继续被收入中国中文核心期刊、中国科学引文数据库来源期刊、中国科学技术信息研究所中国精品科技期刊等中。　(张铁明)

档案工作

【概　况】 北京林业大学档案馆(以下简称档案馆)是学校档案工作的职能管理部门，也是永久保存和提供利用本校档案的科学文化事业机构，主要负责全校各门类档案立卷归档的监督指导和档案材料的收集、整理、编目、保管、借阅、统计、鉴定、利用、编辑研究及档案的信息化建设几项主要工作。

档案馆现有专职档案员6人，外聘人员1人，其中，副研究馆员2人、馆员2人、助理馆员2人。档案用房870平方米，设有综合档案库房、人事档案库房、阅览室、办公室，案卷排架总长度923米。

档案馆共有1个全宗，包括党群、行政、人事等14类档案，库藏档案63 188卷，其中，包括邓小平等国家领导人为学校题词的原稿，为学校建设发展作出突出贡献的知名专家资料和学校在教学、科研方面取得突破性成就的记录等。

【档案管理】 档案工作在资源整合、档案基础工作、档案信息化建设、档案编研和宣传以及完善管理手段方面开展档案管理工作，并完成2012年度校档案工作先进单位和先进个人评比表彰活动。

信息化建设 档案馆推进档案信息化建设、资源建设以及档案开发利用等创新工作，对1952～2009年间的库存老旧档案实行统一分类、统一编号、统一整理，保证档案的数字化管理能够顺利进行。目前，已录入电子目录数据87632条，扫描各类重要档案全文3087页，字画64幅，奖证269个，竣工图纸326张。规范网络环境下电子档案的接收工作，档案馆加大力度收集、整理和利用现行电子文件，并借助档案网络系统平台全面实现档案资源共享，加快实现电子文件与纸制文件同步归档和有效管理，促进档案信息化建设的实施。

制度化建设 档案馆以程序化建设为基础，重点落实两项制度。一是落实档案的归档制度，档案馆严格按照各单位归档范围验收档案，并在全校范围内召开档案工作现场办公会议，针对问题进行现场培训，对各单位的归档率、完整率与合格率进行评优。二是落实案卷审核制度，档案馆对各单位档案整理的各个环节进行认真审核，加强归档监督机制，保证案卷质量分类科学。同时，实行定期催办制度，掌握归档进程，协调归档问题，保证纸质文件和电子文件同步归档。

人事档案审核达标工作 档案馆按照教育部的要求完善人事档案审核达标和人事档案改版工作，针对人事档案达标要解决的干部档案材料是否完整、档案信息是否准确、档案整理是否规范的3个问题及围绕着检查验收实行4项“单项否决”的重要内容展开工作。同时，对人事档案按照标准化要求进行换盒等改版工作，将全校人事档案统一更换新的标准档案盒，并对每份档案进行规范化整理、分类、编目、补洞、裱糊、编页、装订，并将手写目录全部录为电子目录。

归档工作 在全校范围内再次开展“学校记忆工程活动”，一方面继续完成2012年归档主渠道工作，另一方面开拓征集范围，把不同时期形成的具有归档保存价值的不同门类、不同载体、不同形式的存放在各单位的档案以及过去遗漏立卷的档案材料进行一次全方位的收集、记录、整理和开发利用。

档案工作会 5月，档案馆召开2012年全校档案工作会，总结档案工作取得的重要成绩，分析归档工作中存在的归档内容不全面、电子文件归档不完整、兼职档案员变动频繁等问题，并安排2013年的档案工作，并对参会的档案工作人员进行档案网络管理系统的应用培训，讲解档案管理系统的归档操作流程、电子文件的上传和编辑档案类目等内容。

【档案开发利用】 2012年，档案馆共接收档案案卷5413卷，补充教职工档案7958份，学生档案55 260份，接收学生档案4894卷，转出学生档案5100卷。为教学、科研、管理工作提供全方位的档案信息服务，借助档案网络查询系统提供档案查询服务，全年利用综合档案9223卷次，利用人事档案3160卷次，借出和复印档案材料2742份，电话查询3959人次，网站访问量6137人次，配合教育部学位学历认证437人次。

2012年，档案馆新著《学院机构改革》《历次党代会情况》《国家级教学》《科研奖名录》4项编研，补充完善干部任免、职称聘任、学位学历3项编研成果。

为迎接学校60周年校庆，档案馆主动为用户提供多种形式的信息服务，把59年的历史文件、照片和相关数据加以筛选、提炼并集中整合，制作题为《北林足迹——见证学校历史，传承北林精神》的宣传图板，在学校宣传栏进行展示，内容涵盖12个板块，重现北京林业大学的创建、变迁、建设和奋斗的足迹历程。

2012年，为配合校庆宣传工作，档案馆首次在网络上建立网络校史馆，以时间为线索，通过珍贵的资料、图片、实物、文献、图表和奖证等，再现北京林业大学各个时期的重要事件和代表人物。 （李伟利　张月桂）

实验林场

【实验林场概况】 北京林业大学实验林场(以下简称实验林场)原名北京林业大学妙峰山教学实验林场，建于1952年，是在北京林学院成立后合并北京农大林专林场及中林所西山造林实验场的基础上建立起来的。

实验林场位于北京市海淀区西北部苏家坨镇，北纬39°54′，东经116°28′，横跨海淀和门头沟两个区，面积765.19万平方米，森林覆盖率96.4%，最高海拔1153米，共划分为6大经营区，12个林班，106个小班。经调查实验林场范围内共有陆地植物121科447属955种(包括变种、变型)，昆虫种类14目122科539种。实验林场现在主要任务是为教学实习科研服务、营林防火、病虫害防治和森林旅游。

实验林场现有教职工38人，其中，高级职称3人、中级职称6人、具有大学本科以上学历6人。

2012年，实验林场围绕教学实习科研服务、营林防火、病虫害防治和森林旅游的中心工作，多方筹集资金，共投资380万元，完成对学生宿舍楼维修改造，更换教学区铁艺栏杆170余延米，完成家属楼、温室、井房、瞭望塔、响堂等屋面防水改造770平方米，厕所改造86平方米，环境整治面积3万平方米，栽植苗木1400株。9月26日，与航天二院207所签定边界协议。实验林场被评为2011~2012年度海淀区护林防火先进单位。

(邓高松　王　勇)

【教学实习和科研】 实验林场是北京林业大学重要的教学、科研、实习基地，中心任务是为学校教学和科研工作提供服务。

教学实习 2012年，实验林场共接待北京林业大学教学实习师生6000人次，其他兄弟院校实习师生4000人次，完成《北京林业大学实验林场资源概览》的出版和《北京林业大学实验林场教学实习管理规定》的制定。实验林场教学实习的课程有营林生产实践、林木种苗培育技术、土壤学、地质与地貌、生态学、昆虫分类学、果树概论、植物学、园林树木学、气象学、地图学、苗圃学、园林设计、旅游规划、森林保护、环境规划、森林防火。

科研服务 制定《科研项目进驻协议》，协助水保学院、林学院、生物学院、工学院等有关科研项目在林场顺利开展。截至2012年12月31日，在实验林场开展的科研项目，包括遗传育种、水土保持、干旱地区造林、梅花和牡丹芍药栽培育种等方面，科研项目具体情况如下表所示。

北京林业大学实验林场开展的科研项目情况

序号	科研项目名称	项目负责人	项目地点
1	梅花品种的保存研究	张启翔	梅园
2	梅花与牡丹分子育种与品种创新	成仿云	牡丹园
3	森林植被对降水输入过程的调控机制	谢宝元	秀峰寺以西
4	“十二五”国家科技支撑计划项目“三北”地区水源涵养林体系构建技术研究与示范	余新晓	锅炉房以南以及云岫亭西侧
5	国家林业局林业公益性行业科研专项项目典型森林植被对水资源形成过程的调控研究	余新晓	锅炉房以南以及云岫亭西侧
6	国家自然科学基金面上项目基于氢氧同位素技术的植被-土壤系统水分运动机制研究	余新晓	林场办公区北侧气象站区域
7	蓝莓定向高效培育及加工利用技术研究	侯智霞	普照院
8	能源林培育技术	马履一	普照院

（续）

序号	科研项目名称	项目负责人	项目地点
9	灌木能源林树种选育与高效培育技术	马履一	普照院
10	华北主要造林树种容器苗稳态营养加载技术研究	李国雷	普照院
11	红花玉兰种质资源收集保护、遗传测定与开发	马履一	普照院
12	中法生物质能源树种良种基地建设与培育	彭祚登	普照院

（邓高松　王　勇）

【营林与防火】 实验林场的营林管理工作重点是林相改造、护林防火和病虫害预防监测的生态维护。

营林工作 实验林场接待社会单位1150人次到实验林场参加植树活动，共栽植各种苗木1215株。完成义务植树单位委托林场抚育管理林木56.61万平方米；以抚育幼树、抚育野生树、一树一库抚育、修林间道路、打防火隔离带等义务植树尽责形式参与义务植树人数共计7339人次，完成义务植树折合株数35 432株。

护林防火工作 实验林场调整完善2012年度森林防火工作计划及扑火预案，打设防火隔离带43万平方米，清理防火小道20千米，培训一支15人的专业扑火队伍，完成萝芭地瞭望塔维修改造，调试原有的防火设施、监控设备等，保证防火期间各种设备正常运转。实验林场全年度没有发生火情、火警和火灾现象，被评为2011～2012年度海淀区护林防火先进单位，3名护林员被评为海淀区森林防火先进个人。

病虫害防治工作 实验林场设专人进行病虫害监测，共设置6个观测点，4～10月每天进行观测记录并报海淀区林业工作总站，4～9月在重点区域、重点部位进行6次药物防治，对海拔高度较大的区域，通过释放肿腿蜂、周氏啮小蜂等进行生物防治，确保实验林场林木资源安全。（邓高松　王　勇）

【实验林场基本建设】 2012年，实验林场利用教育部修购资金380万元，对林场学生宿舍楼维修改造，更换教学区周围铁艺栏杆170延米，完成家属楼、温室、井房、瞭望塔、响堂等屋面防水改造770平方米，厕所改造86平方米，售票处、北井房的冬季取暖改造，新安装电取暖炉9千瓦、6千瓦各1台。（邓高松　王　勇）

【北京鹫峰国家森林公园】 2012年，公园开展环境综合整治改造、绿化美化工作，完成环境整治面积3万平方米，增设景区安全警示标志160块。公园举办鹫峰梅花节、鹫峰生态文化节、鹫峰登山节和鹫峰彩叶节系列主题旅游文化活动；参与由海淀区人民政府、北京市旅游局共同主办的“2012中关村科教旅游节”，及北京市海淀区人民政府和北京市旅游局主办，北京市海淀区旅游局和苏家坨镇人民政府承办的“海淀西山文化休闲旅游节”；全年接待游人12.8万人次，门票收入96.4万元，被评为“首都文明旅游景区”。

（邓高松　王　勇）

【重要事件】 4月9日，国家林业局50多位司局级领导在实验林场开展义务植树活动，共栽植白皮松和银杏60株。校党委书记吴斌、副书记方国良、海淀区园林绿化局相关负责人一起参加植树活动。自1982年起，国家林业局（原林业部）每年都组织人员前往北京林业大学林场参加义务植树造林活动，至今已连续31年。

9月26日，实验林场与航天二院207所（中国长峰机电技术研究院）经过近10年的谈判磋商，双方签定边界协议。至此，实验林场全面完成与周边单位的边界协议的签署工作，并开始启动国有土地使用证办理工作。

10月28日，由北京市大学生体育协会主办、北京林业大学承办的“首都高等学校第九届鹫峰国家森林公园杯越野攀登赛”在鹫峰国家森林公园内举行，来自北京25所高校的代表队报名参赛，教练员、裁判、运动员共500余人。校党委副书记陈天全参加开幕式并为比赛起跑鸣枪。（邓高松　王　勇）

苗圃与树木园

【概　况】 北京林业大学苗圃和树木园管理办公室，成立于2010年10月26日，挂靠北京林业大学教务处。该办公室是学校的实践教学单位，负责建设和管理教学实习苗圃和树木园，为本科教学提供实习实验平台，开展本科教学实习，为教师和学生实习服务。管理办公室现有主任1名、副主任1名，暂设生产业务科和教学实习科2个科室，分别由1人负责，招有劳务人员若干。

苗圃位于北京市海淀区双清路西侧，北京地铁13号线东侧，八家村委会北侧，海淀区八家郊野公园南侧，距北京林业大学校本部西北门约300米，总面积31 181平方米，由西院、东院和东南院3部分组成，已完成规划建设，投入使用。树木园正在规划设计中。

2011年3月28日正式接待本科学生实习。2012年度，共安排园林学院、林学院、梁希班实习课程24门次，实习班级72班次；承担大学生创新实验计划和科研训练项目5项，大学生毕业论文实验4项；接待学校留学生班苗圃考察实习1次，接待西部专家学者12人。2012年苗圃内共种植木本植物约20种，草本植物100余种，药用植物29种，水生植物29种。教学实习用地15 410平方米。

【基本建设】 2012年度主要开展苗圃水生植物展示园建设和特色植物展示区、灌溉井的改造、彩钢板库房等相关建设：

水生植物展示园区的建设和管理 7月开工建设水生植物展示园区，9月10日完工。工程建设为教学苗圃实习平台增加了新内容，为园林学院和自然保护区学院相关课程提供了实习支撑。

水生植物园区建筑面积880平方米，由深水种植区、浅水种植区、湿地种植区和部分水面组成。能够种植沉水植物、浮水植物和挺水植物。在工程设计方面，使用了14种园林面层材料，运用了多种施工技术如7种动态水景形态、3种防水形式，为学生提供更多的考察学习要素。路面采用9种铺装材料，设有2处喷泉、1处涌泉。建成时栽植水生植物27种，陆生植物50，形成了美丽的水生植物和水景景观。

特色植物园展示区建设 10月，在河北校友的支持下，苗圃建设了280平方米的特色植物展示区，用于学生认知兼做采穗圃。种植了16种彩叶树种，共计236株。

灌溉井的改造 2012年将苗圃范围内的34个水井进行了改造，新建3个水井，共计37个。

彩钢板库房建设 在苗圃东区建设了60平方米的彩钢版库房，用于存放生产资料。

东南院东围墙的拆除和改建 2012年，苗圃新建了80米长的钢丝网围墙。

原土过筛 由于苗圃土质差，垃圾多，不适合苗木生长，在2011年基础上，继续对一部分土壤进行过筛改良，全年共改良了约1000平方米，筛除碎石、垃圾200多立方米。

建设梅菊圃 5月，苗圃调整出1500平方米土地，为陈俊瑜院士辟出梅菊圃。

完善多用途教室功能 对多用途教室进行地面铺装，并将教室的一部分开辟为大学生“创意工坊”，美化装饰温室外墙，购置家具，为大学生发明创造提供场所。

【物联网信息建设和机械化系统建设】

研制自动气象站 5月，实习苗圃与信息学院教师合作，研发制作成功自动气象站，实现了与苗圃物联网系统的互联，定时监测、记录着气象因子的变化。

研制自动温湿度检测记录仪 苗圃研发了2台自动温湿度测量记录仪，用于监测阳畦内外的温湿度，掌握气温的变化，为阳畦的越冬春化花卉提供温湿度资料。

苗圃机械化应用研究 经过对苗圃生产环节的分析和农机市场调研，苗圃从简单的机械入手，改造农业机械并进行配套，应用于苗圃生产，提高苗圃的生产效率。

【苗圃生产技术管理和财物管理】 苗圃生产过

程包括苗圃生产作业安排、劳务工人工作安排、机械管理、生产资料组织等。

劳务管理 2012年度，继续将苗圃劳务发包给园林绿化公司，并加大对劳务服务公司的指导，提高劳务人员的工作水平，使各项劳动作业规范、及时、到位。

财务工作 2012年，北京林业大学为苗圃投入运行经费(业务费)100万元，办公费5万元。业务费用于民工工资，水电，煤、油燃料，生产资料购置费，种苗，地租，维修，设备设施费等方面。由于2012年维修改造项目较多，超计划约13万元。

修购计划 苗圃申报的修购计划项目经过国家有关方面的评审审计，获275万元项目经费，用于2013年苗圃温室等配套项目建设。

【教学实习】 作为学校实践教学平台的苗圃，为林学院、园林学院、生物学院、自然保护区学院和水土保持学院的相关实践课程提供服务，如森林培育学(育苗部分)、草坪学、牧草、切花生产、盆花生产、野生花卉学、园林植物景观设计、园林植物栽培养护、花卉种苗与园林苗木生产学、园林植物遗传育种学、园林苗圃学、盆景学、果树与蔬菜园艺学、药用植物学等课程的实践环节。

3月初，苗圃管理办公室收集汇总各学院本科教学实习申请表，协调各门课程到苗圃开展各项实践环节的时间安排，及时向各学院反馈并沟通苗圃可承担的实习内容，为本科生实习做好前期各类工具、生产资料、苗木植株和土地修整、灌溉、作床的准备；学生实习期间做好师生接待工作，协调工具和生产资料的供求，及时解决各类突发事件，保证学生实习中的安全；记录学生实习过程主要技术环节，并为学生实习拍照留影以备存档；学生实习后安排苗圃工作人员及时撤除覆盖物、灌溉、松土、除草、间苗、追肥、移栽等，督促实习班级学生做少量管理工作，并进行定期数据调查。

2012年度，教学实习苗圃共接待实习课程24门次，接待实习班级72班次；接待大学生创新实验计划和科研训练5项，大学生毕业论文实验4项。承担学校留学生班苗圃考察实习1次，接待西部专家学者12人。

2012年度苗圃接待实习课程及班级一览表

实习课程	时间	实习班级	任课教师	备注
园林苗圃学	3月20~23日	园林09-1~6	罗乐	
林木种苗学	3月26~29日	林学09-1~3	郭素娟	
种苗与苗圃学	3月28日至4月10日	园艺09-1~2、草业10	吕英民	
盆景学	6月1日	园艺10-1~2	李庆卫	将做好的盆景定植在大田中
森林培育学	3月28；4月23	梁希10-2	李国雷	做高低床播种等
林学概论	3月31至4月1日	梁希11-1	彭祚登	做高低床播种等
森林培育学B	4月9日	水保09-1~2	李国雷	参观学习
园林树木栽培养护学	4月13日；4月16日	园林09-1，2，4 园艺09-1~2	孙 明 赵惠恩 李 青	修剪碧桃枝条
园林花卉学A	4月13日；4月17日	园林10-1~6 园艺10-1~2	刘 燕 董 丽 杨秀珍 李秉玲 何恒斌	秋播花卉的春季定植实习

（续）

实习课程	时间	实习班级	任课教师	备　注
专业英语	4月27日	草坪09、草业09	尹淑霞	到草坪播种区辨认不同的草坪草及杂草
观赏植物遗传育种学	6~9周	园艺09-1~2	贾桂霞	
园林植物景观设计A	5月5日	园艺09-1~2	高亦珂	各类花径建植
切花生产	4月1日；4月10日、23日、25日；5月18日	园艺09-1~2	潘会堂 王四清	切花播种、定植
园林花卉学A	4月18日；4月20日；4月24日；5月23日、25日、30日；6月14日	园艺10-1~2 园林10-1~6	刘　燕 董　丽 杨秀珍 李秉玲 何恒斌	春播花卉、移植、定植等；各班分批分期前来苗圃实习
林学概论	5月2日	林经11-1~2	贾忠奎	参观学习
林木种苗学	9月11日	林学09-1~3	彭祚登	该课程设计部分
园林植物景观设计A	9月20日	园艺09-1~2	高亦珂	拔杂草、修剪枯枝
野生花卉学	9月20日	园艺10-1~2	高亦珂	花径观察
果树蔬菜概论	9月12日	园艺11-1~2	吕英民	种植各类蔬菜
草坪学(双语)	9月24日	草业11	尹淑霞	草种认知、草坪建植示范
苗圃学	9月26~27日	草业10	贾忠奎	做高低床播种等
野生花卉学	11月1日	园艺09-1~2	高亦珂	播种野外采集草花
园林草坪与地被	11月7日、9日	园艺11-1~2	李秉玲	草坪草种识别
园林花卉学A	9月22日、24日、27日；10月12日、26日、27日、28日、31日；11月8日	园艺11-1~2 园林11-1~6	刘　燕 杨秀珍 何恒斌 李秉玲	秋播花卉、打阳畦等、分苗屯入阳畦等；各班分批分期前来苗圃实习
园林树木栽培养护学	12月28日	园艺10-1~2	赵惠恩	

【科学研究和技术管理】

开展容器苗育苗技术研究　容器苗是一种新的苗木培养模式，2012年苗圃进行了大量的实验，以期找出更好的容器苗培养模式和方法。

枯落物生态利用　2012年苗圃将草本植物地上部分收割粉碎、沤制，进行生态消纳，减少苗圃营养元素的消耗和损失，减少有机垃圾的清运成本，消除安全隐患。

开展测土施肥工作　2012年苗圃购买了土壤营养元素速测仪，对苗圃土壤和容器苗基质定期监测，以掌握土壤营养元素的含量和变化，经过比较、计算，进行合理施肥。

【校庆活动】　为开展校庆活动，迎接校友参观指导，整理了圃容圃貌，将苗圃装扮一新。重新设计制作苗圃旗帜；对苗圃的大门进行重新整饰、喷涂真石漆，制作不锈钢字(三顷园)标识；在新落成的水生植物展示园布置了植物分布介绍图牌；在园内主要地方，摆放盆栽花卉。

在多用途教室内布置了苗圃建设发展展览，

展览分为苗圃建设、领导关怀、专家指导、授业尊师、教学实习、机械化建设、新技术应用、辛勤园丁、圃容圃貌等9个部分，反映了苗圃建设发展历程和服务教学的各项功能。

收集了在苗圃开展的各门实习课程优秀学生实习报告及部分实习老师的实习情况总结，并制作成册陈列在苗圃多功能温室内供校友参观和低年级学生学习。

展示苗圃常用种子标本。将种子调制整理干净，分类放入专用展示的玻璃器皿中，按专业名称和拉丁学名标记，陈列于苗圃多功用途教室展柜内供校友参观，共展示100余种各类木本草本植物种子。

编辑印刷了苗圃画册，赠送给老师、校友和部分学生，同时制作PPT，在多用途教室循环播映，宣传介绍苗圃的教学实习工作。

（王　珏　郝建华）

标本馆

【概　况】 北京林业大学标本馆以森林植物标本馆建设为起点，以收集珍稀濒危动植物为主要目标，从1923年原北京大学农学院森林系树木标本室至今近90年的历史。2010年6月，成立标本馆建设领导小组和筹建办公室，进行筹建和一期建设，2011年10月19日，正式成立并开馆。标本馆现有工作人员5人，并已形成集森林植物、森林昆虫、森林动物、木材、菌物、土壤、矿物与岩石等资源，综合标本收藏与展示一体，承载着教学育人、科学研究、科学普及和文化传承的自然博物馆。

目前，馆内收藏各类标本约33万份。其中，植物标本近20万份、昆虫标本近11万份、动物标本2000余份、木材标本1万余份、菌物标本2000余份、土壤与矿物岩石标本约660份、模式标本210份。展出国家一级保护动物35种，一级保护植物12种。

标本馆现有展览面积2300平方米，设有哺乳动物展厅、昆虫展厅、鸟类与爬行动物展厅、植物展室、种子展室、木材展室、菌物展室、土壤展室、矿物与岩石展室9个基本陈列布局。

2012年标本馆接待各类参观102批，3550人次。

（王红缨　张　勇）

【建设与布展工作】 1月，标本馆二期建设进入设计阶段，3月进入施工阶段，10月校庆前标本布展工作全面完工。

二期建设工程对原有布展空间和方式进行局部调整，分别将连接在一起的木材展室的3个房间、菌物展室的2个房间、矿物与岩石展室的2个房间之间的隔断打通，拓宽展示空间；在一、二层展厅，将原动物展厅改为哺乳动物展厅、原昆虫与植物展厅改为昆虫展厅；新建3层鸟类与爬行动物展厅和植物展室。

二期布展展出动物标本278种434件，其中，爬行动物标本8种11只、鸟类标本215种338只（其中国家一级保护鸟类14种、国家二级保护鸟类43种）、哺乳动物标本55种85件（其中整体姿态标本81件、头部标本1件、头骨标本3件，国家一级保护动物16种、二级保护动物20种），动物展品总数较一期布展增加238种379件；展出昆虫标本3500余种5038头（其中森林昆虫部分展示标本200余种1647头、昆虫分类部分展示标本23目214科3150种3228头、观赏昆虫部分展示标本156种163头，国家一级保护昆虫1种、二级保护昆虫2种）；展出植物标本672份、种子标本356份、木材标本702份、菌物标本156份、病害标本396份、土壤标本199份、岩石标本326份、沙样标本135份。

（王红缨　张　勇）

【展览工作】 标本馆自开馆后就开始助力教学科研，发挥教学中心、科研中心、交流中心、文化中心的作用。

服务教学　2012年，标本馆共接待上课实习40批1555人次，涉及林学院、生物学院、水保学院等7个学院18门专业课。

服务科普　标本馆面向附小、幼儿园开展科普活动5次，共530人次参与；面向清华附中、中关村二小开展科普活动4次，共180人参与。

对外交流 接待来自美国、罗马尼亚、土耳其等地6批参观交流者共79人次。

其他参观接待 接待校内各单位的嘉宾客人、校庆期间返校校友、各年级学生的参观及党团活动47批1206人次。（王红缨 张 勇）

【标本征集工作】

标本捐赠和购买 标本馆以接受捐赠和借展的方式成功征集到了国家一、二级保护动物大熊猫、东北虎、黑熊、藏羚、藏原羚、鹅喉羚、羚牛、蒙古野驴、马鹿、野猪、扬子鳄、朱鹮、大鸨、小天鹅、东方白鹳、褐马鸡、红腹锦鸡、白鹤、灰鹤、蛇雕等标本，其中吴斌书记、骆有庆副校长、张启翔副校长等校领导、校友和教师分别捐赠鸟类、化石、木材、矿物标本200余件。购买包括金丝猴、雪豹、绿孔雀等在内的动物姿态标本，馆藏一级保护动物从6种增加到35种，占全部森林类一级保护动物的42.7%；二级保护动物从24种增加到66种，占全部森林类二级保护动物的29.6%。

标本采集 安排3支队伍赴云南、青海、西藏、广西4地采集大量植物、昆虫、菌物标本，重点补充热带亚热带标本。馆藏植物标本增加近1万份，昆虫标本增加4000余份，菌物标本增加395份，鉴定展出166种，其中发现3个锈菌新种，已完成形态和分子鉴定，正在成稿中。

（王红缨 张 勇）

【出席高校博物馆育人联盟】 5月30～31日，受邀参加全国高校博物馆育人联盟成立大会，并成为理事单位。（王红缨 张 勇）

【完成校庆参观接待】 在60年校庆期间，承担返校校友参观标本馆的接待工作。从10月2～18日，与生物学院学生讲解志愿者共同接待各地返校校友参观标本馆427人次。

（王红缨 张 勇）

【野生东北虎标本】 2011年10月27日，一只野生东北虎在黑龙江省密山市因颈部被猎套所套，导致肌体和脏器衰竭死亡，长约2.5米、重约200千克。随后，东北虎尸体被运往黑龙江省野生动物研究所保存。2012年1月9日国家林业局批准（林护发〔2012〕2号文）将该虎皮张调配北京林业大学制作警示教育标本。4月13日该东北虎皮张由黑龙江省林业厅动物管理处组织专家现场剥离，并在皮张剥离后的第一时间移交赴黑龙江省哈尔滨市标本馆。经处理之后的东北虎皮张，被制作成姿态标本，陈列于标本馆一层大厅，用于开展警示教育。野生东北虎属于国家一级保护动物。（王红缨 张 勇）

【大熊猫标本】 中国保护大熊猫研究中心在国家林业局的许可下，将大熊猫皮张（WL019、大熊猫“白石”；WL020，大熊猫“雨诗”）借于北京林业大学展出，借展期20年。4月下旬，标本馆工作人员赴四川省雅安市中国保护大熊猫研究中心碧峰峡基地，接收大熊猫皮张2张，骨架1具。5月8日，大熊猫皮张被送至标本厂制作姿态标本，制成的大熊猫标本陈列于标本馆一层大厅，用于校内展示，开展公众科普教育及科研教学活动。大熊猫属于国家一级保护动物。

（王红缨 张 勇）

【北京动物园珍稀标本捐赠】 11月15日下午，北京动物园珍稀标本捐赠仪式在北京林业大学行政楼第五会议室举行。北京动物园副园长张金国、宋利培，北京林业大学副校长骆有庆出席捐赠仪式。仪式上，北京动物园向北京林业大学捐赠朱鹮和羚牛标本，副校长骆有庆代表学校向北京动物园颁发标本捐赠荣誉证书。朱鹮和羚牛属于国家一级保护动物。（王红缨 张 勇）

【广西昆虫标本入库】 7月15～30日，标本馆组织人员前往广西元宝山自然保护区、九万山国家级自然保护区和大瑶山国家级自然保护区等保护区开展昆虫野外采集工作。8～10月，组织人员对采集的昆虫标本进行后期处理，制作针插标本，并逐一附上标签和馆藏号签。11月，将制作完成的标本进行冷冻处理，入库。

广西采集获昆虫标本4000余号，丰富了标本馆广西地区标本的种类和数量，特别是采集到的弹尾纲、昆虫纲（等翅目、啮虫目）等类群标本，填补了馆藏昆虫高级分类阶元标本的空白。

（王红缨 张 勇）

专　文

党发重要文件选编

北京林业大学关于建立重大决策社会稳定风险评估机制的指导意见(试行)

北林党发〔2012〕9号

根据中共中央办公厅 国务院办公厅印发《关于建立健全重大决策社会稳定风险评估机制的指导意见(试行)》的通知和北京市《建立重大事项社会稳定风险评估机制的实施办法(试行)》精神，为切实加强学校重大事项决策的民主化和科学化，建立健全重大事项民主决策机制和从源头预防和减少不稳定因素的长效机制，尽可能避免和减少因决策不当给学校事业发展和社会稳定造成不和谐因素，维护校园安定和社会稳定，确保学校事业科学和谐发展，结合我校实际，提出如下意见。

一、指导思想

全面贯彻党的十七大和十七届三中、四中、五中、六中全会精神，以邓小平理论和“三个代表”重要思想为指导，深入贯彻落实科学发展观，坚持以人为本、执政为民，正确处理改革、发展、稳定的关系，坚持民主决策、主动维稳，依照“关口前移、重心下移、预防为主、标本兼治”的总体思路，对学校重大事项可能出现的稳定风险实行先期预测、先期评估、先期化解，着力从源头上预防和减少不稳定因素，不断提高学校民主决策水平和维稳工作水平，确保学校各项工作持续健康发展，为学校又好又快发展营造和谐稳定的环境。

二、评估范围

学校重大决策事项社会稳定风险评估，是指在制定或实施涉及师生员工及较大范围人民群众切身利益的重大决策事项时，对可能引发影响学校及社会稳定的群众集体上访、群体性事件或危及公共安全的情况进行先期评估、先期预防、先期化解，保证决策事项既有利于促进改革发展，又有利于维护社会稳定。

学校开展社会稳定风险评估的重大决策事项包括：

(一)学校规划编制、重大投资项目的设立和调整；

(二)学校管理体制改革；

(三)学校收费政策、助学政策、就业政策的调整；

(四)学校课程设置改革；

(五)人事分配制度改革、职称评定政策；

(六)单位改革中涉及的人员安置、社保关系、职工待遇及重大资产处置调整等；

(七)后勤保障管理改革；

(八)重大基建项目；

(九)其他涉及师生员工及人民群众切身利益的重大决策事项。

三、评估内容

对需要进行社会稳定风险评估的重大决策事项，重点从以下几方面进行评估。

(一)合法性评估。决策机关是否享有相应的决策权并在权限范围内进行决策。决策内容和程序是否符合有关法律法规和政策规定。

（二）合理性评估。决策事项是否符合科学发展观的要求，是否符合本地、本校近期和长远发展规划，是否符合教育规律和人才成长规律，是否反映了大多数师生员工的意愿，是否兼顾师生员工的现实利益和长远利益，是否兼顾各方面利益群体的不同诉求，是否遵循公开、公平、公正原则。拟采用的措施和手段是否必要、适当，是否尽最大可能维护了所涉及群众的合法权益。

（三）可行性评估。决策事项是否经过严密的可行性论证，出台时机是否成熟，实施方案和配套措施是否完善、具体、可操作，决策方案是否充分考虑了师生员工的接受程度，是否得到大多数群众的支持。

（四）可控性评估。决策事项是否可能引发严重影响学校和社会稳定的问题，是否存在引发集体上访或其他群体性事件的风险；是否会诱发关联性的其他不稳定问题。决策可能引发的社会稳定风险是否可控，对可能出现的影响社会治安和社会稳定的问题，是否有相应的预测预警措施和应急处置预案。宣传解释和舆论引导工作是否充分。

四、评估责任主体

重大决策事项社会稳定风险评估实行分级负责的原则，谁主管、谁负责，谁决策、谁评估。社会稳定风险评估的责任主体分别是各主管部门和分管领导。

五、风险评估程序

（一）充分听取意见。根据实际情况，可采取公示、专家咨询、问卷调查、实地走访和召开座谈会等多种方式，就决策事项听取各方面意见。对受决策影响较大的群众要重点走访，当面听取意见。听取意见要注意对象的广泛性和代表性，讲清决策的法律和政策依据、决策方案、决策可能产生的影响。

（二）全面分析论证。分门别类梳理各方面意见和情况，对决策方案的合法性、合理性、可行性和风险可控性进行全面深入研究，查找社会稳定风险点。对所有风险点逐一进行分析，预测研判风险发生概率，可能引发矛盾纠纷的激烈程度和持续时间、涉及人员数量，可能产生的各种负面影响，以及相关风险的可控程度。

（三）确定风险等级。根据分析论证情况，按照决策实施后可能对社会稳定造成的影响程度确定风险等级，分为高风险、中风险、低风险3类。大部分群众有意见、反应特别强烈，可能引发大规模群体性事件的，为高风险；部分群众有意见、反应强烈，可能引发矛盾冲突的，为中风险；多数群众理解支持但少部分人有意见的，为低风险。

（四）提出评估报告。评估报告应当包括评估事项和评估过程，各方意见及采纳情况，决策可能引发的社会稳定风险，风险评估结论和对策建议，风险防范和化解措施以及应急处置预案等内容。

六、评估结果运用和决策实施跟踪

（一）评估结果运用。重大决策须经学校党委常委会、校长办公会等集体讨论决定，社会稳定风险评估结论要作为重要依据。评估报告认为决策事项存在高风险的，应当区别情况不实施决策，或者调整决策方案、降低风险等级后再行决策；存在中风险的，待采取有效的防范、化解风险措施后，再作出实施的决策；存在低风险的，可以作出实施的决策，但要做好解释说服工作，妥善处理相关群众的合理诉求。

（二）决策实施跟踪。学校要跟踪了解重大决策实施情况，实施过程中出现社会不稳定因素的，要及时组织决策实施部门有针对性地做好宣传结束和说服工作，采取措施预防和化解社会矛盾；对群众的合理诉求要妥善处理，对确实存在困难的群众要给予帮扶，对不明真相的群众要耐心解释。建立"第三方"社会调解机制，发生群体性事件、矛盾纠纷问题时，学校要联系协调辖区综治、维稳、司法、调解等部门和社会有关方面，用社会化方式化解社会矛盾。决策实施引发影响社会稳定重大问题的，学校要暂停实施；需要对决策进行调整的，要及时调整。

七、落实社会稳定风险评估的责任

（一）切实加强领导。学校重大决策事项社会稳定风险评估工作实行主要领导负责制。党委书记、校长是本单位重大事项社会稳定风险评估工作的第一责任人，分管领导是直接责任人。学校成立重大决策事项社会稳定风险评估工作领导小组。

组　长：吴　斌　宋维明

副组长：陈天全　姜恩来　方国良

张启翔　全　海　骆有庆
王自力　王玉杰

成　员：张　勇　邹国辉　李铁铮
黄中莉　刘宏文　张　闯
姜金璞　刘　诚　周伯玲
杨宏伟　张志强　于志明
侯小龙　万国良　刘俊昌
孙信丽　王士永　辛永全
董金宝　石彦君　孟京坤
李亚军　崔建国　王　勇
阎锦敏　黄国华　赵相华
贺　刚　刘希瑞

办公室设在党政办公室。

办公室主任：张　勇

副主任：姜金璞

要切实把重大决策事项社会稳定风险评估作为维护稳定的基础性工作来抓，作为出政策、上项目、搞改革的前置程序和必备条件，做到未评估不上会、不决策。

（二）完善备案制度。要建立重大决策事项社会稳定风险评估报告及审查决定意见报同级维稳办备案制度。

（三）纳入工作目标考核范围。把社会稳定风险评估作为重大事项能否出台或实施的前置程序和必要条件，纳入各部门年度工作目标考核内容，纳入"平安校园"建设和维护安全稳定工作考核内容。

（四）强化责任追究。各部门要加强对重大决策事项社会稳定风险评估工作的监督检查，要定期通报有关情况，督促相关部门和人员开展责任追究工作。对在重大事项决策过程中对应评估而未评估或组织实施评估流于形式，以及防范化解工作不落实、不到位，引发不稳定问题或群体性事件，给社会稳定造成严重影响的，将依照有关规定，追究相关责任领导和直接责任人的党纪、政纪和法律责任。

中共北京林业大学委员会　北京林业大学
2012年4月

关于修订《北京林业大学保密工作规定》的通知

北林党发〔2012〕10号

各单位：

根据《中华人民共和国保守国家秘密法》（以下简称保密法）和《中华人民共和国保守国家秘密实施办法》及教育部、北京市委相关规定，根据学校的实际情况，经学校研究决定，对《北京林业大学保密工作规定》（北林党发〔2007〕11号）进行修订，现印发给你们。请认真学习，严格执行。

特此通知。

附件：北京林业大学保密工作规定

中共北京林业大学委员会
2012年4月23日

附件：

北京林业大学保密工作规定

第一章　总　　则

第一条　为保守国家秘密，维护国家安全和利益，保证学校各项工作有序顺利进行，根据《中华人民共和国保守国家秘密法》（以下简称保密法）和《中华人民共和国保守国家秘密实施办法》及教育部、北京市委相关规定，结合学校实际，制定本规定。

第二条　国家秘密是关系国家安全和利益，依照法定程序确定，在一定时间内只限一定范围的人员知悉的事项。

第三条　国家秘密关系到国家安全和利益，全校师生员工都有保守国家秘密的义务。

第四条　保守国家秘密的工作（以下简称保密工作），实行积极防范，突出重点，依法管理的方针，既确保国家秘密安全，又便利信息资源合理利用。

第五条　学校设保密工作委员会。校保密工作委员会在校党委的领导和上级保密部门的指导下，负责制订全校性保密规章制度；确定学校保密要害部门、部位；组织对涉密人员进行教育培训等工作。保密工作委员会下设办公室，办公室设在党政办公室，负责委员会日常管理工作。各单位指定一名负责同志分管本单位保密工作，设兼职保密员一名，协助学校保密工作办公室和本单位主管保密工作领导开展工作。

第二章　保密范围和密级确定

第六条　学校保密范围包括教学、科研、公务活动中产生或承办的国家秘密及学校“内部事项”。

第七条　国家秘密的密级分为绝密、机密、秘密三级。不属于国家秘密，在一定时间内又不宜公开的事项，定为“内部事项”。内部事项虽然不属于国家秘密范畴，但也必须严格加以管理，未经批准，不得擅自扩大知悉范围。

第八条　主管保密工作校领导及党政办主任为学校定密责任人。负责学校的国家秘密确定、变更和解除工作。

第九条　凡产生或承办国家秘密事项的单位，应及时根据定密的法定程序，按照国家保密局会同中央国家机关有关部委制定的《国家秘密及其密级具体范围》，提出密级、保密期限和知悉范围的初步意见，报党政办公室，由主管校领导或党政办主任审批确定。

执行上级确定的国家秘密事项，需要定密的，根据所执行的国家秘密事项的密级确定。

第十条　国家秘密事项的密级、保密期限和知悉范围，应根据情况变化及时变更。对需要变更密级、保密期限、知悉范围或解密的事项，由原密级确定单位提出意见，按规定报主管领导审批，变更结果应及时书面通知知悉范围内的单位或人员。

第十一条　国家秘密的保密期限届满的，自行解密。

第三章　保密制度

第十二条　保密管理责任制采取“业务谁主管，保密谁负责”和“分级负责、对口管理、整体防范”的原则。各级领导干部都要切实履行保密工作责任制的相关规定，主管保密工作的领导要负责指导、协调、督促和检查本单位保密工作，及时处理重大问题。

第十三条　凡由中央、省、市委、上级党群部门和上级政府、职能部门及学校党政形成的机密文件、资料由党政办公室负责管理和制定保密措施，并负责督促检查各部门对上述文件资料的管理情况。

其他涉密事宜的管理，根据涉密内容，做如下分工：

涉及国家安全的保密事宜由保卫部对口负责。

涉及组织、人事方面的保密事宜由组织部、人事处对口负责。

涉及科技方面的保密事宜由科研处对口负责。

涉及外事的保密工作由国际合作与交流处对口负责。

对外宣传报道工作中的保密事宜由宣传部对口负责。

第十四条　各单位要严格执行保密规章制度，对师生员工进行保密教育，并做好保密管理和监督检查工作。

第十五条　涉及绝密级国家秘密事项或涉及机密级、秘密级国家秘密事项的部门，应当确定为保密要害部门。将产生、存放、保管、集中销毁国家秘密载体的场所确定为保密要害部位。按照国家保密规定和标准配备、使用必要的技术防护设施、设备。

第十六条　涉密人员界定遵循“先审后用”原则，人事部门会同保密部门依据相关保密规定对拟进入涉密岗位人员进行严格岗前审查。涉密人员应具有良好的政治素质和品行。涉密人员上岗前应经过保密教育培训，掌握保密知识技能，签订保密责任书，严格遵守保密规章制度。

第十七条　各单位应严格按照相关保密规定对涉密人员进行保密教育、管理和检查。涉密人员在岗期间应严格遵守相关保密规定，出境应经有关部门审批。

第十八条　涉密人员离岗离职实行脱密期管理。涉密人员在脱密期内，应当按照规定履行保密义务，不得违反规定就业，不得以任何方式泄露国家秘密。

第十九条　承载国家秘密的纸介质、光介质、电磁介质属于国家秘密载体。国家秘密载体及其过程文件、资料的制作、收发、传递、使用、复制、保存、维修和销毁，应遵守相关保密要求，机要文件须由机要工作人员进行专门管理。禁止非法复制、记录、存储国家秘密；禁止通过普通邮政等无保密措施的渠道传递国家秘密载体；禁止邮寄、托运国家秘密载体出境；禁止在私人交往和通信中涉及国家秘密。

第二十条 存储、处理国家秘密的信息系统按照涉密程度实行分级保护，应当按照国家保密标准配备保密设施、设备，经检查合格后，方可投入使用。涉密计算机和信息系统的管理严格执行相关保密规定。禁止将涉密计算机、涉密存储设备接入互联网和其它公共信息网络以及内部非涉密计算机和信息系统。禁止使用非涉密计算机及非涉密存储设备处理、存储涉密信息。禁止将未经安全技术处理的退出使用的涉密计算机、涉密存储设备赠送、出售、丢弃或者改作其他用途。

第二十一条 通信及办公自动化设备的使用应严格遵守保密规定。涉密办公自动化设备的使用和管理严格执行相关保密规定，禁止使用非涉密办公自动化设备处理和传输国家秘密信息。

第二十二条 承担涉密研究项目的单位应按照科技保密工作相关规定严格进行管理。参与项目研究的所有人员都应自觉遵守项目的保密管理规定，不得在对外交往与合作中提供或泄露国家秘密。确需提供的，须事先经项目主管单位和学校业务主管部门同意报上一级主管部门批准。

第二十三条 校内人员在访问、考察、进修、讲学、出席国际会议、接待境外学者来访、参观等涉外活动中，均应遵守涉外活动的保密规定，不准携带密件、密品，确因工作需要携带时，须按规定履行审批手续，并妥善保管，不得遗失。

第二十四条 单位或个人如接受境外机构、团体、个人，及其委托的社会调查，须经学校相关主管部门批准。社会调查不得涉及国家秘密或学校“内部事项”。

第二十五条 组织重大涉密活动或涉密会议须履行审批手续，主办单位须依据有关规定提前制定保密方案，报学校保密部门审批，采取必要的保密措施，并对参加人员进行保密教育，提出具体保密要求，全程接受学校保密部门的监督检查。

第二十六条 参加涉密会议，应遵守会议规定的保密要求。

第二十七条 报刊、图书、音像制品、电子出版物的编辑、出版、印制、发行，广播节目、电视节目、电影的制作和播放，互联网、移动通信网等公共信息网络及其他传媒的信息编辑、发布，应当遵守有关保密规定，不得涉及国家秘密。

第二十八条 校园计算机网络用户应遵守有关法律法规和学校计算机信息网络安全保密管理规定。

第二十九条 单位或个人发现国家秘密已经泄露或者可能泄露时，应立即采取补救、保护措施，并及时向学校保密部门报告。

第四章　奖励和惩处

第三十条 对保守、保护国家秘密做出突出贡献以及在保密工作中取得显著成绩的单位和个人，学校按规定给予表彰和奖励。

第三十一条 对违反保密法律法规和本规定，故意或过失泄露国家秘密的，视情节轻重，给予应有的党纪、政纪处分，并追究上级有关领导的责任。构成犯罪的，移交有关部门依法追究刑事责任。

第五章　附则

第三十二条 本规定自颁布之日起执行，《北京林业大学保密工作规定》(北林党发〔2007〕11号)同时废止。

第三十三条 本规定最终解释权归校保密工作委员会。

北京林业大学关于加强新形势下党建带团建工作的意见

北林党发〔2012〕14号

为深入贯彻落实中共中央组织部、共青团中央《关于加强新形势下基层党建带团建工作的意见》(组通字〔2010〕76号)，北京市委《关于加强新形势下全市党建带团建工作的意见》(京发〔2011〕7号)和北京市教工委《关于加强新形势下高校党建带团建工作的意见》(京教工〔2011〕30号)等相关文件精神，切实加强我校新形势下党建带团建工作，以党的建设带领和推动团的建设，增强团组织的生机和活力，扎实推进我校各项工作的开展，提出如下意见。

一、充分认识新形势下加强党建带团建工作的重要意义

共青团是党领导的先进青年的群众组织，是党的助手和后备军，也是党联系青年的桥梁和纽带。高校是青年聚集之地和成长之地，团的建设是高校党的建设的重要内容。实践证明，推进党建带团建工作是确保党的事业薪火相传、后继有人的战略决策，是推进素质教育、促进青年学生健康成才的客观需要，也是党团凝聚青年师生，推动学校事业发展的必然要求。

一直以来，学校党委高度重视共青团工作，始终把共青团建设纳入到党的建设总体规划之中。在学校党委坚强领导下，团组织积极探索党建带团建的有效途径，在学校各项事业发展中充分发挥了共青团生力军和突击队的作用，取得了显著效果。总体看来，党委的重视与支持是党建带团建工作的重要保障，团自身的主动性与创造性是党建带团建工作的内在要求，团干部队伍的建设与发展是党建带团建工作的必要条件。

当前，随着我国经济社会的深刻变革，青年的思想更加活跃、多元，需求日益多样化、差异化，对学校党建带团建工作提出了新的更高要求。此外，学校党建带团建还存在一些薄弱环节，体制机制不够健全，迫切需要认真研究党建带团建工作的特点和规律，解决突出问题，进一步加强党对共青团的领导，以改革创新的精神大力推进党建带团建工作。

二、党建带团建工作的指导思想和目标任务

1. 指导思想：高举中国特色社会主义伟大旗帜，以邓小平理论和“三个代表”重要思想为指导，深入贯彻落实科学发展观，围绕学校中心工作，全面推进党建带团建工作，通过带思想建设、带组织建设、带队伍建设和带创先争优，不断增强团组织的凝聚力、创造力和战斗力，促进学校共青团各项工作的改革创新，为学校建设“国际知名，特色鲜明，高水平研究型大学”作出积极贡献。

2. 目标任务：通过党建带团建工作，使学校基层团组织建设在工作内容和空间上与党建紧密结合，能够充分借鉴和运用党建的先进理论和经验，推动团建方式和内容上的创新和发展；建立健全团的组织体系，完善工作运行机制，构建团员青年参与度、认可度高的工作项目载体；努力打造一支政治过硬、素质全面、作风扎实的团干部队伍。

三、党建带团建工作的主要内容

党建带团建工作的主要内容：把团建作为党建的重要组成部分，在加强党建的过程中推动和加强团的建设，重点做好“四个带”，即带思想建设、带组织建设、带队伍建设、带创先争优。

1. 带思想建设，进一步把握共青团组织的政治方向。

坚持科学理论武装。坚持用中国特色社会主义理论武装团员青年，用社会主义核心价值体系引领团员青年，带领广大团员青年坚定不移地贯彻执行党的路线、方针、政策，在政治上、思想上和行动上同党中央保持高度一致。要进一步提升学校共青团组织“红绿相映，全面发展”育人理念的核心内涵，高度重视和大力支持共青团开展“青年马克思主义者培养工程”，推进符合学校特色的学生骨干培养项目。要进一步加强党团校建设，建立健全校院两级党团校的培训体系，各级党组织负责人每年至少要为团员青年上1次党团课，每年至少参与1次主题党团日活动。要进一步加强团员青年的理想信念教育，以“青春·责任·使命”主题教育活动为统揽，增强团员的政治意识、责任意识和团员意识，使广大团员青年能够自觉将个人成长成才与国家、学校的发展结合起来，树立正确的世界观、人生观和价值观。

增强思想引领成效。加强对团员青年的世情、国情、社情、校情教育，各级党组织要支持团组织开展形势宣讲、政策学习等主题教育实践活动。各级党组织负责人每年要针对团员青年开展至少1次形势政策报告会，以国家社会发展建设成就教育、鼓舞团员青年。各级党组织要指导和帮助团组织开展分类引导工作，及时了解和掌握青年的思想动态，以青年喜爱的沟通、交流方式做好思想引领和教育工作。要指导和支持团组织开展“我与祖国共奋进”“我与母校共成长”等丰富多彩的主题教育实践活动，增强思想政治工作的针对性和实效性，引导团员青年健康成长成才。

2. 带组织建设，进一步提升共青团组织的有效覆盖和影响力。

健全团的基层组织。切实抓好团的基层建设，从实际出发设置团的基层组织，不断扩大团的基层组织覆盖面，在后勤、教辅等单位建立团组织，实现团组织对青年学生、青年教师和青年员工的有效覆盖和影响。指导团组织完善以校团委为核心，以学院团委(团总支)为纽带，以基层班级团支部、教工团组织为基础，以学生会(研究生会)、学生社团为支撑的共青团组织网络。完善团的各级委员会和常委会建设，指导团组织按期换届。

增强团组织的活力。要充分发挥共青团组织青年、引导青年、服务青年、维护青年合法权益四项基本职能。推动团组织在建设发展中实现“六个有”，即有先进的工作理念，有健全的组织机构，有完善的制度机制，有创新的品牌项目，有显著的育人成果，有高素质的人才队伍。要进一步引导和鼓励团组织融入学校中心工作，发挥优势，以贴近实际、贴近需求、贴近生活为要求，增强团组织工作和活动的影响力。

强化团组织职能建设。要重视发挥团组织的动员优势，指导团组织带领广大团员青年发挥生力军和突击队的作用，积极投身国家建设和学校发展。要重视发挥团组织的育人功能，进一步明确和增强团组织在素质教育中的重要地位和积极作用，在人才培养、科学研究、社会服务、文化传承创新中，以团组织开展的社会实践、志愿服务、科技创新、校园文化活动、就业创业教育为载体，促进青年全面成长成才。要重视发挥团组织的引领带动作用，强化团组织对学生会、学生社团的指导力度，按照学生会、学生社团组织属性，完善青年“自我服务、自我管理、自我教育”的制度机制。

支持团组织阵地建设。要充分运用学校资源，加强团的学习阵地、宣传阵地、素质教育阵地、校园文化阵地的建设，在资金、政策上给予支持。要充分利用现有面向社会的组织平台，以国家生态文明教育基地、国家大学生文化素质教育基地等为依托，提升团组织的社会影响力。要支持团组织积极整合社会资源，在校内外拓展活动阵地，完善团组织实习实践基地建设。

3. 带队伍建设，进一步加强共青团组织的凝聚力和战斗力。

加强团干部队伍建设。坚持党管干部的原则，年轻干部队伍建设是党的事业发展的重要保证，团干部是年轻干部的重要来源。要建立学校党委统一领导，组织、人事和共青团等部门共同推进、有关单位积极参与的工作格局，选好团干部。要在各级团组织中配齐配强团干部，各学院至少配备1名正式在编人员担任专职团干部，优化团干部年龄结构。要加强团干部的教育培养，把团干部的教育培训纳入到党的干部教育培训总体规划，支持团组织开展专题学习会、团干部讲坛等活动，鼓励和支持团干部校内外、国内外深造学习，拓宽团干部的眼界和视野。要坚持严格管理，注重对团干部队伍的考核和关心指导，落实团干部各项保障措施。重视团干部的基层锻炼机会，加大团干部交流轮岗、任职挂职支持力度，提供必要的保障，提高团干部队伍的综合素质。

注重团员队伍建设。充分运用党员队伍建设的成功经验和做法，指导和帮助团组织加强团员教育、服务和管理。坚持和完善团组织“推优入党”工作，探索学生组织推荐优秀学生干部入党机制，使优秀团员成为党员的主要来源，增强团员模范带头作用。

4. 带创先争优，进一步提高共青团组织的吸引力和创造力。

坚持党团共建创先争优。以党组织和党员创先争优带动团组织和团员青年创先争优，形成党建带团建工作长效机制。坚持创先争优同筹划、同推进，紧密围绕学校中心工作，做到“党有号召，团有行动”，保证团组织工作的方向性和实效性。通过创先争优，切实提高团组织服务学校发展大局、服务青年成长成才的能力和水平。

融入学校中心工作做贡献。指导团组织紧密围绕学校建设“国际知名，特色鲜明，高水平研究型大学”奋斗目标，做好青年工作规划，大力加强团组织自身建设和基层组织建设，引导广大团员青年发挥青年先锋作用，创新工作方式方法，立足本职建功立业，推动学校科学发展。

四、强化党建带团建工作落实

完善工作机制。各级党组织要树立抓党建必须抓团建的意识，定期研究共青团工作。学校党委领导和学院党组织负责人要每年点评团的工作，参加团的重要活动，及时解决存在的问题和困难。根据工作需要，校团委书记可以列席学校党委(常委)会，参加与青年工作有关的会议，参与有关决策，以更好的了解大局、服务大局。

建全保障机制。各级党组织要将党建带团建工作作为落实党建工作考核内容，制定考核标准，纳入考核体系。加大对团组织工作和活动的经费保障、政策保障，不断帮助改善工作环境。注重树立党建带团建工作先进典型，总结推广先进经验，加强宣传表彰，形成良好的工作导向和校园氛围。

中共北京林业大学委员会
2012 年 4 月 27 日

北京林业大学关于进一步加强和改进研究生思想政治教育的实施意见

北林党发〔2012〕15 号

为深入贯彻《中共中央国务院关于进一步加强和改进大学生思想政治教育的意见》(中发〔2004〕16 号)《国家中长期教育改革和发展规划纲要(2010 ~ 2020)》《教育部关于进一步加强和改进研究生思想政治教育的若干意见》(教思政〔2010〕11 号)和《中共北京市委教育工作委员会、北京市教育委员会关于进一步加强北京高校研究生思想政治教育的意见》等文件的精神，结合学校第十次党代会提出的发展目标，全面提高研究生培养质量，进一步提升研究生综合素质，对进一步加强和改进我校研究生思想政治教育工作提出以下实施意见。

一、充分认识加强和改进研究生思想政治教育的重要意义

1. 高等学校肩负着培养德智体美全面发展的中国特色社会主义事业合格建设者和可靠接班人的根本任务。加强和改进研究生思想政治教育工作，就是为了解决好“培养什么样的人、如何培养人”这个高校办学的根本问题。这不仅是培养高层次拔尖创新人才、推动高等教育改革发展、构建社会主义和谐社会的需要，也是我校建设“国际知名、特色鲜明、高水平研究型大学”的需要，更是促进研究生健康成长和全面发展的需要。

二、加强和改进研究生思想政治教育的工作思路和主要任务

2. 我校加强和改进研究生思想政治教育的工作思路和主要任务是：以研究生全面发展为目标，以理想信念教育为核心，以爱国主义教育为重点，以道德规范教育为基础、以生态引领意识教育为导向，把研究生思想政治教育与研究生业务培养紧密结合起来，不断提升研究生的创新能力，努力培养一批适应国家经济社会发展需要，尤其是适应国家林业和生态环境建设需要的学术领军人物和高层次应用型人才。

三、健全和完善研究生思想政治教育工作的体制机制

3. 学校成立由校党委书记、校长任组长，主管思想政治教育、学生工作、培养工作和科研工作的副校长任副组长，相关职能部门负责人为成员的研究生思想政治教育工作领导小组，指导开展全校研究生思想政治教育工作，监督各项工作落实情况。领导小组办公室设在党委研究生工作部，具体负责全校研究生思想政治教育工作的统筹、协调和实施。

4. 学院成立由学院分党委(党总支)书记任组长，分管研究生工作的副院长、副书记任副组长，学科负责人、研究生专兼职辅导员、研究生秘书、研究生党团支部书记代表、研究生会主席为成员的研究生工作组，负责本学院研究生的思想政治教育工作。

四、进一步拓展新形势下研究生思想政治教育工作的有效途径

5. 充分发挥思想政治理论课在研究生思想政治教育中的主导作用

进一步加强研究生思想政治理论课的课程、教材和教师队伍建设；将社会主义核心价值体系融入教育全过程，坚持用马克思主义中国化最新成果武装研究生头脑。以研究型教学为导向，进一步创新贴近研究生思想和学习实际的教育教学模式；加强教学与实践的有机结合，加强形势与政策教育，加强廉洁教育，不断提高研究生用马克思主义的立场、观点和方法指导业务学习和科研工作的能力，树立正确的世界观、人生观、价值观和荣辱观。

6. 继续强化研究生学术成长体系建设

以创新型研究生人才培养为目标，不断完善多层次、立体化的研究生学术成长体系建设，营造有利于研究生健康成长的校园学术文化环境。制定《北京林业大学研究生学术道德规范》，把科学道德教育纳入到研究生培养体系，培养研究生不畏艰难的科学作风、严谨求实的优良学风以及求新探异的创新意识；继续实施学术科技活动立项制度，调动学院开展多种形式学术活动的积极性，着力打造“院士讲堂”“名家访谈”等学术活动品牌；设立专项基金，资助研究生参加国际、国内高水平学术会议，支持和鼓励研究生参加“IFLA”“挑战杯”等学术科技竞赛；举办研究生学术文化节、学术论坛、学术之星评选等活动，为研究生搭建思想交流和学术争鸣平台。

7. 大力开展研究生社会实践活动

把社会实践纳入研究生培养体系，强化研究生实践教育环节。设立研究生社会实践专项经费，通过研究生特色党建创建工作、研究生党建研究课题立项、红色“1 + 1”共建活动等形式，鼓励和支持研究生深入基层、深入社会，以社会调查、项目研究、科技服务和挂职锻炼等形式为地方经济社会发展服务，并在服务中受教育、长才干、做贡献。另外，通过利用我校的学科优势，把研究生社会实践基地建设与研究生培养基地建设紧密结合起来，探索研究生社会实践可持续发展的长效机制。

8. 进一步加强研究生心理健康教育工作

把研究生心理健康教育纳入学校心理素质教育工作体系，建立和完善学校、学院、学科(班级)、导师团队、宿舍五级心理健康教育工作网络，依托学校学生心理健康教育中心，开展心理健康教育的宣传普及、专题讲座、团体辅导与个体咨询等日常工作。开展研究生新生心理健康普查和后续跟踪访谈工作，建立研究生心理健康档案；建立和完善研究生心理危机识别与干预机制，帮助研究生解决好情绪调节、环境适应、人格发展、人际交往、交友恋爱、择业就业等方面的困惑，增强心理调适能力，提高心理健康水平。

9. 不断完善研究生就业指导与服务工作体系建设

加强研究生就业指导，不断完善就业服务体系建设。以研究生就业指导课程体系建设为重点，结合研究生就业创业论坛、就业沙龙等活动，开展研究生就业形势教育，把事业引导和政策激励相结合，帮助研究生探索实现自我价值的正确方式和途径，引导研究生树立远大志向，到西部、基层、国家重点行业和生态环境建设领域建功立业。实施帮扶计划，对研究生中有特殊问题的群体进行一对一的指导咨询服务，及时解决就业过程中遇到的实际问题与困难。加强创业教育，鼓励研究生自主创业，以创业带动就业，结合专业特点，将研究生科研成果转化为社会生产力。

10. 努力解决研究生的实际问题

建立渠道，加强学校与研究生、导师与研究生之间的沟通交流，及时发现他们的实际问题。结合研究生培养机制改革的要求，进一步完善研究生奖助体系，强化奖助育人功效。进一步优化研究生优秀奖学金评定方案，建立科学有效的激励机制；继续深入开展研究生“三助”(助教、助研、助管)工作，加强研究生“三助”工作的科学化管理，不断创新和发展“助管”的实施种类；进一步加大对研究生特困群体的帮扶力度，及时为家庭经济困难和遭遇突发事件的研究生提供帮助，切实帮助研究生解决实际困难和问题。

五、充分发挥研究生在思想政治教育工作中的主体作用

11. 切实加强研究生党建工作

加强研究生基层党组织建设，坚持把研究生党支部建在班上。加强对研究生党支部书记的选拔与培训工作，提升党支部书记的党务工作水平。通过开展研究生党建特色工作创建活动，创新研究生党支部活动模式，增强党组织在研究生中的凝聚力、战斗力。鼓励各学院分党委(党总支)根据本单位实际情况，把党员教育与研究生的实际需求相结合，与研究生的学术科研相结合，与研究生的成长成才相结合，不断拓展研究生党员教育的有效途径和长效机制，引导研究生党员在创先争优中加强党性修养，发挥先锋模范作用。

12. 加强研究生团学组织及班级建设

加强对研究生各级团学组织集体意识、团队意识和奉献意识的培养，调动研究生会、研究生社团等成员自我教育、自我管理、自我服务的积极性；充分发挥各级研究生团组织和研究生会在校园文化建设中的引领作用，积极开展学术、科技、文体和社会实践等活动，营造浓厚的校园文化氛围。加强研究生基层班级建设，根据学院的具体情况，按照每班不超过40人的建制，建立纵向或横向班级，并配备班主任；通过研究型班集体创建工作，引导研究生主动参与班级建设和管理，提高研究生的集体荣誉感和班级凝聚力。进一步加强研究生骨干队伍培训，通过新生骨干培训和精英骨干培训相结合的方式，发挥研究生骨干在研究生思想政治教育工作中的榜样带动作用。积极推进优秀研究生担任本科生学业辅导员制度，发挥研究生在本科生思想政治教育中的积极作用，引导其在参与育人的过程中加强自我教育。

六、切实加强研究生思想政治教育工作队伍建设

13. 强化研究生导师在思想政治教育中的首要责任人作用

教书和育人是导师的两大基本职责。导师必须了解掌握研究生的思想状况，全面关心研究生的成长，帮助他们解决学习和生活中遇到的困难和问题，在教学和科研实践中培养研究生遵守学术道德规范，养成良好的学风，对研究生进行就业指导，鼓励他们为社会主义现代化建设做出贡献。将育人作为导师遴选的必要条件，建立定期联系和沟通制度，把研究生思想政治教育工作纳入研究生导师的考核体系，通过导师培训、经验交流、优秀导师评选等工作，进一步明确导师的责任和义务，调动导师育人和参与研究生相关活动的积极性和主动性，构建和谐的师生关系。

14. 建设专兼结合的研究生辅导员队伍

按照北京市《关于进一步加强北京高校研究生思想政治工作的意见》中有关辅导员配备的要求，原则上按照1：200的比例设立研究生辅导员岗位。研究生人数达到300人的学院，应设立研究生专职辅导员岗位，同时，各学院可根据本学院实际情况，配备一定数量的兼职辅导员岗位。兼职辅导员可以从研究生导师和青年教师中选聘，同时充分利用优秀博士生资源，作为研究生兼职辅导员队伍的重要补充。建立和完善辅导员培训、考核和激励制度，鼓励和支持专职辅导员把研究生思想政治教育作为专业去建设，作为职业去发展，作为事业去追求，切实提高研究生辅导员队伍的专业化水平。

七、为研究生思想政治教育工作的科学化、可持续发展提供保障

15. 努力形成研究生思想政治教育工作的合力

学校党委要定期听取研究生思想政治教育工作情况的汇报，学校有关部门和各学院要各司其职、各负其责，切实承担起在研究生思想政治教育中的责任，把思想政治教育贯穿于研究生培养的全过程，促进专业教育和思想教育的协调发展，最终形成全员育人、全方位育人和全过程育人的格局。

16. 加大研究生思想政治教育工作的经费投入

学校按照人均不少于100元划拨研究生思想政治教育专项经费，并逐步提高专项资金支持力度，用于主题教育、队伍建设、骨干培训、社会实践，学术活动、心理健康教育、班集体建设等工作。按毕业生人均不少于100元划拨研究生就业指导与服务专项经费。划拨一定数量的经费作为研究生辅导员队伍建设、研究生评优和研究生“三助”工作的专项经费。各学院必须在学校分配的研究生管理经费中按不低于40%的比例用于研究生思想政治教育工作。

17. 加强研究生思想政治教育理论的科学研究

结合研究生培养机制改革的需要，加强新形势下研究生思想政治教育工作特点和规律的研究，注重调查研究，把工作建立在科学分析的基础上，同时注重研究成果的转化，增强工作的前瞻性、研究性和精确性。加大研究生思想政治教育课题的研究立项，提升研究生学生工作队伍的理论水平和科研能力。根据《北京高等学校党的建设和思想政治工作基本建设标准》和《北京高等学校德育评估标准》中的相关指标体系，进一步健全规章制度，完善工作机制，不断总结和探索研究生思想政治教育工作的规律，为加强和改进研究生思想政治教育工作提供强大的理论支持和决策参考。

中共北京林业大学委员会

2012年5月21日

关于印发《北京林业大学党务公开工作实施办法(试行)》的通知

北林党发〔2012〕17号

各分党委、党总支、直属党支部，各单位：

为深入贯彻落实《北京市关于党的基层组织实行党务公开的意见》，结合学校实际，特制定《北京林业大学党务公开工作实施办法(试行)》和《北京林业大学党务公开目录》，现印发给你们，请遵照实施。

特此通知。

附件：1. 北京林业大学党务公开工作实施办法(试行)

2. 北京林业大学党务公开目录

中共北京林业大学委员会

2012年5月30日

附件1

北京林业大学党务公开工作实施办法(试行)

为深入贯彻落实党的十七大和十七届四中全会精神，根据《中国共产党普通高等学校基层组织工作条例》《中共北京市委办公厅关于印发〈北京市关于党的基层组织实行党务公开的意见〉的通知》《北京市党务公开工作领导小组办公室印发〈北京市关于党的基层组织实行党务公开的意见实施细则〉的通知》和《中共北京市委教育工作委员会关于进一步加强高校党务公开工作的意见(试行)》，结合学校实际，制定本实施办法。

一、党务公开工作的含义及其重要意义

(一)党务公开工作的含义

党务公开，是指党内工作、党内生活的内容、程序、结果等在一定范围内进行公布。包括上级党组织向下级党组织乃至全体党员的公开，党组织领导班子的活动、决定等向所属下级党组织和党员的公开，党组织作出的重大决策，涉及广大师生员工切身利益的，还应面向党外公开。

(二)实行党务公开工作的意义

我校实施党务公开，是进一步推进党内民主的重要基础，是落实党内监督的关键环节，是现代大学实现科学管理、自主管理的重要条件。通过开展党务公开，在校内构建公开、公平、公正的政治氛围，有利于广大师生党员更好地发挥民主权利，保障党员的知情权、监督权，促进民主管理、科学管理和依法管理，进一步加强和谐校园建设。

二、党务公开工作的指导思想、基本原则和目标要求

（一）指导思想

高举中国特色社会主义伟大旗帜，以邓小平理论和“三个代表”重要思想为指导，深入贯彻落实科学发展观，坚持围绕中心、服务大局，坚持党要管党、从严治党，尊重党员主体地位，推进党内基层民主建设，最大限度地扩大党员群众对党内事务的知情权、参与权、选择权和监督权，努力增加党的工作和党内事务的开放度和透明度，促进学校各级党组织工作科学化、制度化、规范化，不断提高学校各级党组织的创造力、凝聚力和战斗力，为建设国际知名、特色鲜明、高水平研究型大学提供坚强保证。

（二）基本原则

1. 围绕中心，服务大局。党务公开工作要服从和服务于学校中心工作，充分调动各级党组织和广大党员参与学校发展的积极性，为学校科学发展营造健康和谐的良好环境。

2. 积极稳妥，依纪依法。处理好公开与保密的关系，党内事务除依规不宜公开或不能公开的外，应按照党纪党规和党的路线方针政策向我校全体党员公开。不断完善党务公开的制度体系，加强对党务公开的监督检查。

3. 真实公正，规范科学。坚持实事求是、公开透明，保证内容真实、程序公正、公开适时，尊重和保障广大党员的知情权、参与权、选择权和监督权。

4. 突出重点，注重实效。采取适当形式重点公开事关学校发展的重大决策、涉及师生利益的重大事项和师生、社会关注的热点问题。增强党务公开的针对性和实效性。

三、党务公开的内容、程序、方式和时限

（一）公开内容

凡属《中国共产党党内监督条例（试行）》《中华人民共和国高等教育法》《中国共产党普通高等学校基层组织工作条例》等法规要求公开的内容，凡是学校党员、群众关注的重大事项的决策、部署和重要工作的开展、落实情况，只要不涉及党和国家秘密，都应依纪依规在适当范围以适当方式、适时予以公开。

1. 基本情况。校党委领导机构、工作机构设置情况，工作职责。领导班子构成及职责分工。

2. 党组织决议、决定及执行情况。主要包括党组织贯彻落实党的路线、方针、政策和上级党组织的决议、决定及工作部署的情况；研究制定涉及学校改革发展和群众利益的重大改革、重大项目、重大投资等重要决策及执行情况，工作部署的情况；党组织任期目标、阶段性工作部署、工作任务及落实等情况。

3. 党的思想建设情况。主要包括党组织开展思想政治工作、理论学习计划及落实、党员干部教育培训计划及落实等情况。

4. 党的组织建设情况。主要包括党组织的设置、主要职责、机构调整、换届选举、党员发展、民主评议、创先争优，党费收缴、管理和使用、党务工作经费管理和使用、党员权利保障等情况。

5. 领导班子建设情况。主要包括领导班子职责分工、议事规则和决策程序，执行民主集中制，召开民主生活会，年度考核评价等情况。

6. 干部选任和管理情况。主要包括干部选拔任用、轮岗交流、考核奖惩，干部监督制度及执行等情况。

7. 联系和服务党员群众情况。主要包括听取、反映和采纳党员群众意见和建议，帮助党员群众解决生产生活实际困难，接待来信来访、排查化解矛盾纠纷，办理涉及党员群众切身利益重要事项等情况。

8. 党风廉政建设情况。主要包括执行廉洁自律规定、落实党内监督制度、推进惩治和预防腐败体系建设、落实党风廉政建设责任制、处理违纪党员等情况。

9. 其他应当公开的事项。

（二）公开程序

1. 制定目录。根据上级党组织要求，进一步明确公开内容、范围、方式和时限等。

2. 实施公开。党委各部门按照工作分工，依照目录实施公开。对列入党务公开目录的事项，按目录规定的方式和时限，公开有关内容。如有目录外需要公开的事项，经报请学校党委审核同意后进行公开。党务公开内容的真实性、可靠性，由提供公开内容的部门负责。

3. 收集反馈。学校设立电子信箱，公布联系电话，收集全校党员对党务公开情况的意见和建议，将处理情况向党员进行反馈。

4. 归档管理。建立健全党务公开档案，对党务公开内容和党员群众的意见、建议和处理落实情况，及时登记，分类归档。

（三）公开方式

坚持简便易行、灵活多样、勤俭节约、便于监督的原则，坚持固定内容长期公开、常规工作定期公开、阶段性工作逐段公开、动态工作随时公开、热点问题及时公开，将党务公开工作贯穿于学校党内重要事务酝酿、决策、实施的全过程。

1. 对党组织内部公开的事项，可主要通过党内有关会议、文件、简报等形式进行公开。

2. 对校内公开的事项，可主要通过党务公开栏、情况通报会、简报、校园网及其它宣传媒体进行公开。

3. 对社会公开的事项，主要通过网络、报纸等媒体进行公开。

（四）公开时限

1. 长期公开。指具有长期性、稳定性的工作，需在长时间内对党员群众公开，应每年公开一次。

2. 阶段公开。指阶段性工作或一定时期内相对稳定的常规性工作，应适时公开。

3. 即时公开。指动态性、临时性、应急性的工作，如领导活动和讲话、干部考察预告、任前公示、发展党员公示等，应根据情况每月公开一次或随时公开。

四、党务公开工作保障制度

（一）例行公开制度

列入党务公开目录的事项，应按照职责分工和有关规定，及时主动公开。暂时不宜公开或不能公开的，报上级党组织备案。公开事项如需变更、撤销或终止，由学校党务公开工作领导小组批准并备案后及时公布并做出说明。

（二）依申请公开制度

党员按有关规定向党组织申请公开的相关党内事务，可以公开的，及时向申请人公开或在一定范围内公开；暂时不宜公开或不能公开的，及时向申请人说明情况。申请事项及办理情况按规定报学校党委备案。

（三）信息反馈制度

按照“谁公开、谁负责，谁收集、谁反馈”的原则，收集整理党员群众围绕党务公开提出的意见和建议；涉及重要事项和重大问题，要认真讨论研究，并根据需要再次公开。

五、党务公开的组织领导

（一）加强领导，明确责任

1. 学校成立党务公开工作领导小组，由党委书记任组长，党委副书记任副组长，党委职能部门和群团组织负责同志为成员，负责全面指导全校的党务公开工作。领导小组下设办公室，设在党委组织部，具体负责党务公开的组织、协调工作。

2. 学校各分党委（党总支、直属党支部）成立党务公开工作小组，设立党务公开工作信息员。各分党委（党总支、直属党支部）书记是党务公开的第一责任人。

3. 学校党委各工作部门和群团组织承担党务公开的具体任务，党委各工作部门和群团组织负责人是党务公开的具体责任人。

（二）加强宣传，营造氛围

把加强宣传作为推进党务公开的先导，充分运用校内报刊、校园网等媒体，大力宣传推进党务公开的重要性、必要性和紧迫性，宣传推进党务公开的做法、经验和成效。

（三）加强党务公开平台建设

遵循实用、牢固、醒目的原则，设立党务公开栏，做到定期维护。充分利用校园网、电子显示屏等公开载体，提高党务公开工作的信息化水平。

（四）健全制度，规范操作

把加强制度建设作为推进党务公开的基础，建立健全党务公开工作保障制度，着力构建推进党务公开工作的长效机制，不断推进党务公开的科学化、制度化、规范化建设。

附件 2

北京林业大学党务公开目录

一级目录	二级目录	公开代码	公开内容	公开范围	公开形式	公开时限	主要责任单位
基本情况	机构情况	1.	校党委领导机构、工作机构设置情况、工作职责情况	校内外	校园网	长期	党政办
	领导班子情况	2.	校领导班子构成、职责分工、联系学院情况	校内	校园网等	长期	党政办
党组织决议决定及执行情况	重大事项决策	3.	贯彻落实党的路线方针政策和上级党组织决议、决定及工作部署情况	校内	校园网等	即时	党政办
		4.	涉及学校改革发展和群众利益的重大改革、重大项目、重大投资决策	校内	文件、会议、简报、校园网、公开栏等	即时	党政办
		5.	年度工作要点、党委阶段性工作部署	校内	文件、会议、校园网、公开栏等	阶段	党政办
		6.	学校编制、机构调整以及与师生利益相关的重大决策	校内	文件、会议、校园网、公开栏等	即时	党政办 人事处 及相关部门
		7.	学校党委相关文件、领导重要讲话	党内	文件、会议	即时	党政办
	重大决策落实	8.	完成上级党组织有关决定及工作部署情况	党内	文件、会议、简报、校园网、公开栏等	即时	党政办及相关部门
		9.	党委重要工作完成情况	校内	文件、会议、简报、校园网、公开栏等	即时	党政办及相关部门
		10.	涉及学校改革发展和群众利益的重大改革、重大项目、重大投资决策执行情况	校内	文件、会议、简报、校园网、公开栏等	即时	党政办及相关部门
思想建设	理论学习	11.	党委中心组理论学习计划及落实情况	校内	文件、会议、校报、校园网等	阶段	党政办宣传部
		12.	党员干部教育培训计划及落实情况	党内	文件、会议、简报等	阶段	组织部党校
		13.	全校教职工政治理论学习情况	校内	文件、会议、校园网等	阶段	宣传部
	思想政治工作	14.	教职工、本科生、研究生思想政治工作开展情况	校内	文件、会议、校园网、橱窗等	阶段	宣传部 党委学工部 研工部 人文学院

（续）

一级目录	二级目录	公开代码	公开内容	公开范围	公开形式	公开时限	主要责任单位
思想建设	思想政治工作	15.	精神文明创建活动开展情况	校内	会议、简报、校园网、橱窗等	即时	宣传部
		16.	先进典型、优秀事迹专题宣传开展情况	校内	会议、简报、校园网、橱窗等	即时	宣传部
		17.	校园文化建设情况	校内	会议、简报、校园网、橱窗等	即时	宣传部
组织建设	基层党组织建设情况	18.	基层党组织设置情况与基层党组织负责人配备情况	党内	文件、会议	阶段	组织部
		19.	基层党组织制度建设情况	校内	文件、会议、校园网	阶段	组织部
		20.	基层党组织换届情况	校内	文件、会议、校园网	即时	组织部
		21.	组织生活安排	党内	文件、会议、校园网	阶段	组织部
		22.	基层党组织检查、考核、评优表彰情况	校内	文件、会议、校园网、公开栏等	即时	组织部
		23.	党费收缴、管理及使用情况	校内	文件、会议	阶段	组织部
	党员队伍建设情况	24.	党员队伍基本情况	校内	简报、会议	阶段	组织部
		25.	党员教育培训情况	党内	简报、会议	阶段	组织部 党校
		26.	党员民主评议情况	党内	简报、会议	阶段	组织部
		27.	开展主题教育活动情况	校内	文件、会议、简报、校园网等	即时	组织部 宣传部
		28.	处置不合格党员情况	校内	文件、会议	即时	组织部
领导班子建设	工作机制	29.	校党委常委会、全委会、书记办公会议事规则、决策程序及各学院党政联席会议制度	校内	文件、会议、校园网	长期	党政办
		30.	民主集中制和“三重一大”制度贯彻执行情况	校内	文件、会议、公开栏	即时	党政办
		31.	党内民主选举、民主决策、民主监督、民主管理及加强党组织建设的制度、规定等	校内	文件、会议	长期	党政办 组织部

（续）

一级目录	二级目录	公开代码	公开内容	公开范围	公开形式	公开时限	主要责任单位
领导班子建设	思想政治建设	32.	加强领导班子思想政治建设相关制度及执行情况	校内	文件、会议	长期	党政办
		33.	领导班子成员参与学习培训、撰写理论学习体会文章情况	校内	会议	阶段	党政办 组织部
		34.	领导班子年度考核工作	校内	文件、会议	阶段	组织部
	作风建设	35.	领导班子成员深入基层调研和解决实际问题情况	校内	会议、校园网	即时	党政办 宣传部及 基层党组织
		36.	领导班子成员民主生活会开展情况	校内	文件、会议	即时	党政办 组织部
干部选任和管理	制度建设	37.	干部选拔任用、交流、监督、管理等有关制度	校内	文件、校园网	长期	组织部
	干部选任情况	38.	干部队伍建设情况	校内	简报、会议	阶段	组织部
		39.	干部选任工作岗位及任职条件、选拔方式、步骤、考察预告、任职公示、任免结果等	校内	文件、会议、校园网、公开栏	即时	组织部
		40.	开展竞争性选拔干部工作各阶段进展情况	校内	文件、会议、校园网、公开栏	即时	组织部
		41.	干部选拔任用民主监督情况	校内	会议、校园网、公开栏等	即时	组织部
	干部培养及管理情况	42.	干部年度考核、试用期考核实施情况	校内	文件、会议、校园网 考核结果向本人反馈	即时	组织部
		43.	干部谈话制度落实情况	校内	会议、简报、校园网等	即时	组织部
		44.	干部挂职、借调及脱产学习情况	校内	会议	即时	组织部
		45.	干部培训有关情况	校内	文件、会议、校园网	阶段	组织部 党校

（续）

一级目录	二级目录	公开代码	公开内容	公开范围	公开形式	公开时限	主要责任单位
联系和服务党员、群众	联系和服务党员、群众、师生员工情况	46.	群众来信来访受理和办理情况	校内	个别答复	即时	党政办及相关部门
		47.	师生普遍关注的重点、热点、难点问题的落实情况	校内	会议、简报、校园网	即时	宣传部及相关部门
		48.	校领导班子成员走访、慰问、帮扶困难师生员工情况	校内	校报、校园网等	即时	宣传部及相关部门
党风廉政建设	党风廉政宣传教育	49.	党风廉政建设工作会议召开情况	校内	文件、会议、校园网	阶段	纪委
		50.	“廉洁教育、廉洁文化进校园”工作开展情况	校内	文件、会议、校园网	即时	纪委
	党风廉政制度建设	51.	领导班子成员“一岗双责”任务分解及落实情况及述职述廉情况	校内	文件、会议	阶段	纪委 组织部
		52.	党内监督各项制度落实情况	校内	会议、校园网、公开栏	阶段	纪委
		53.	惩治和预防腐败体系建设情况	校内	文件、会议、校园网、公开栏	阶段	纪委
		54.	违法违纪案件查处情况	校内	文件、会议、公开栏	阶段	纪委
其他事项	其他事项	55.	党委职能部门年度计划与年度总结	校内	文件、会议、校园网	阶段	党委 各职能部门
		56.	经校党委研究决定或上级党委要求公开的事项	校内外	文件、校园网、公开栏等	即时	党委相关部门

北京林业大学党委关于进一步加强和改进青年教师思想政治工作的意见

北林党发〔2012〕18号

中共北京市委办公厅2012年5月15日印发了《关于加强和改进高校青年教师思想政治工作的意见》（简称《意见》），对在新形势下加强和改进青年教师思想政治工作提出了具体要求。《意见》非常符合高校的实际，对于推动高校青年教师思想政治工作，具有极其重要的现实意义和指导作用。

近年来，我校以党建为龙头，以师德建设为重点，以社会实践等为载体，以解决实际困难为着力点，以媒体宣传为推动力，不断加强和改进青年教师思想政治工作，取得了一定成绩。广大青年教师思想状况主流积极向上，政治立场坚定，认同中国特色社会主义理论体系和主流意识形态，充分肯定经济社会发展成就，高度认同从事的教书育人工作，热爱祖国的林业和生态环境建设事业。广大青年教师兢兢业业，勤勤恳恳，以高尚的奉献精神和敬业精神，为教书育人做出贡献，成为学校改革和发展的生力军。但是，应该清醒地认识到，国内外形势飞速发展，高校青年教师的思想发生了一些变化，给做好思想政治工作带来了许多新课题。学校党委在认真领会文件精神的基础上，结合本校的实际情况，特提出以下意见。

一、切实提高对加强和改进青年教师思想政治工作重要性的认识

高校思想政治工作为高校的建设发展提供方向指导、精神动力和人才支撑。青年教师是教师队伍的重要组成部分，是高校新生力量、未来和希望。做好青年教师思想政治工作，不仅有利于提高青年教师的思想政治素质，促进青年教师的全面发展，也有利于激发青年教师的积极性、主动性和创造性，推动学校的建设发展，还有利于提升青年学生的思想政治工作的质量，确保高校坚持社会主义办学方向，从而培养更多更好的社会主义建设者和接班人。要深刻认识到，当前国际国内形势的深刻变化、社会价值观念的多元冲击及首都的特殊地位等因素，给青年教师思想政治工作带来了新问题，全球化背景下国际交流深化给青年教师思想政治工作带来了新挑战，互联网和现代通信技术发展给青年教师思想政治工作带来了新环境。各单位、各部门、各级组织都要充分认识在新的形势下加强和改进青年教师思想政治工作的重要性，增强进一步加强和改进青年教师思想政治工作的主动性、积极性和创造性，注重发挥思想政治工作对青年教师的教育作用、导向作用、协调作用、凝聚作用和稳定作用，为学校的建设发展和人才培养提供坚强有力的政治思想保证和人才队伍保证。各单位、各部门、各级组织要组织专门的学习和讨论，进一步统一思想、提高认识，把思想尽快统一到市委办公厅印发的《意见》上来。

二、进一步加强对青年教师思想政治工作的领导

加强各级党组织对青年教师思想政治工作的组织领导，是做好这项工作的关键。学校党委要切实负总责、全盘筹划、督促检查；院系党委（直属党支部、党总支）要切实负起主要责任、精心实施、认真落实；组织部、人事处、宣传部、教务处、科技处、研究生院、校工会等相关部门要切实协同推进、建立大格局；要强化党支部、教研室、科研团队等基层组织在工作中的基础作用，努力让工作覆盖到每一位青年教师。建立健全青年教师思想政治工作协调机制，提供经费保障。各单位要把青年教师思想政治工作作为一项重要任务，纳入中心工作加以布置和要求，要认真制定工作意见和实施规划，采取切实有效措施，保证推进落实。各级党组织要把青年教师思想政治工作列入重要议事日程，每学期听取专题汇报和专门讨论，并就有关事项作出决策。及时开展青年教师政治思想状况调研活动，形成青年教师思想动态调研报告。经常召开青年教师代表座谈会，根据情况对青年教师思想政治工作做出部署安排。各院系党委（直属党支部、党总支）建立领导班子成员联系青年教师制度，及时掌握青年教师思想动态，做到上情下达、下情上达，推动青年教师思想政治工作不断深入。

三、进一步推进青年教师思想政治教育

要采取相应措施，进一步推进青年教师思想政治教育。加强社会主义核心价值体系教育，以马克思主义中国化最新成果武装青年教师头脑，坚持不懈地在青年教师中开展社会主义核心价值体系教育，用中国特色社会主义共同理想凝聚力量，用以爱国主义为核心的民族精神和以改革创新为核心的时代精神鼓舞斗志。实施“理论引领工程”，坚持不懈地对青年教师开展党的基本理论、基本路线、基本纲领和基本经验教育，帮助广大青年教师系统掌握马克思主义立场、观点、方法，坚定走中国特色社会主义道路的自觉性。建立健全以青年教师入职教育、日常教育、主题教育为主要内容的理论教育体系。结合青年教师的工作生活特点，积极探索理论教育的新载体、新平台，不断增强理论教育的吸引力和感染力。

要加强青年教师形势与政策教育。针对国内外形势及热点问题，通过专家报告、座谈研讨、专题讲座等形式，开展世情、国情、社情教育，帮助青年教师开阔视野。举行“专家热点解读”系列报告会，有针对性地加强教育引导，帮助师生释疑解惑，在解决真信、真学、真用上下功夫。学校重大政策措施出台前，要广泛征求青年教师的意见，统一思想，凝聚共识。定期编发理论学习材料，建设形势与政策教育网络资料库，为青年教师了解形势、理解政策提供及时便利的支持，确保教育覆盖面。充分发挥网络的功能，开展网上形势政策教育。做好青年教师思想动态的调查，及时准确地把握工作中出现的新情况、新问题。要强化青年教师思想政治工作专题会，举办青年教师思想政治工作干部专题读书班，提高新形势下开展工作的能力。

四、进一步在青年教师中开展师德师风建设

贯彻落实《高等学校教师职业道德规范》，完善师德建设规章制度，深入开展师德师风教育，激励广大教师爱岗敬业、刻苦钻研、严谨笃学、勇于创新、奋发进取，自觉履行教书育人的神圣职责。引导广大青年教师努力做到“四个自觉”，即自觉做到敬业爱教、献身人民教育事业；自觉做到廉洁从教、塑造教师良好形象；自觉承担社会责任，传播优秀文化，坚持学术研究无禁区、课堂讲授有纪律；自觉抵制违背宪法和党的路线方针政策的错误观点及言论。

要完善师德师风建设奖惩和监督机制，严格执行“师德一票否决制”，把青年教师的思想政治素质、职业道德水平和教书育人能力，作为教师年度考核、职务评聘和评先推优等的重要依据。继续开展评选青年教师师德标兵，大力宣传和树立一批践行社会主义核心价值体系和“北京精神”的先进典型。要进一步弘扬“厚德爱生”的教风。

五、进一步加强青年教师社会实践工作

要积极开展青年教师社会实践工作，以邓小平理论和“三个代表”重要思想为指导，深入贯彻落实科学发展观，以社会主义核心价值体系和北京精神为引领，以理想信念教育为核心，以师德建设为重点，以国情、市情、校情教育为基础，坚持与青年教师专业特长相结合、与职业发展相结合、与人才培养相结合、与服务社会相结合，多方协作、形成合力，切实把工作落到实处。

学校力争在5年内分期分批组织实施，实现青年教师社会实践活动的全覆盖，使每名青年教师都能参加有组织的社会实践活动，在实践中了解国情、市情、校情、拓展视野，坚定中国特色社会主义理想信念，成长为立场坚定、业务精湛、品德高尚的青年人才，为学校人才培养和首都经济社会发展提供坚强保障。各院系党委（直属党支部、党总支）要成立组织协调机构，研究制定工作方案，统筹资源，在企业、社区及农村建立社会实践基地，开展示范性社会实践活动；要充分发挥主体作用，搭建平台，广泛组织青年教师开展学习考察、挂职锻炼、调查研究等多种形势的社会实践活动。

六、切实解决青年教师工作的实际问题

要切实解决青年教师最关心、最直接、最现实的利益问题，积极搭建青年教师成长发展的平台。在“985优势学科创新平台”“211工程”人才队伍建设项目中，加大对青年教师的培养培训力度。结合落实北京市“优秀中青年骨干教师发展计划”和“万名教师境外培训计划”，选派优秀青年教师进行国内访学和境外研修。进一步推进教师专业技术职务聘任制改革，更加注重对青年教师发展潜力和整体表现的综合评价，构建有利于青年教师脱颖而出的聘任机制，为学术水平和教学科研业绩突出的青年教师提供破格晋升的机会。将优秀青年教师纳入学科带头人和后备干部培养体系。在薪酬分配中，更加关注青年教师，建立更为科学合理、有利于稳定青年教师的收入分配机制，逐步提高青年教师的收入水平。坚持把解决思想问题与解决实际问题相结合，加强统筹，创造条件，努力解决青年教师工作生活中的困难。学校各级领导和职能部门要通过接待日、交流谈心、调查研究、走访慰问等方式，了解掌握青年教师的思想、工作、生活状况，畅通沟通渠道。进一步完善青年教师诉求表达、矛盾化解、利益协调机制。在住房分配等方面注意听取青年教师的意见和建议，注重关心和解决关乎青年教师切身利益的重要问题，关注青年教师身心健康，开展心理咨询服务，提高幸福指数。

各学院、各单位要根据本意见精神，结合实际制定和完善实施方案，并及时上报工作开展情况

中共北京林业大学委员会

2012年6月15日

关于印发《北京林业大学“三重一大”决策制度(试行)》的通知

北林党发〔2012〕19号

各单位：

经学校党委研究决定，现将《北京林业大学“三重一大”决策制度(试行)》印发给你们，请认真贯彻执行。

附件：北京林业大学“三重一大”决策制度(试行)

中共北京林业大学委员会

2012年9月4日

北京林业大学“三重一大”决策制度(试行)

第一章 总 则

第一条 为了进一步落实党委领导下的校长负责制，完善健全党政议事和决策机制，促进党风廉政建设，防范决策风险，推动学校科学发展，根据《中华人民共和国高等教育法》《中国共产党普通高等学校基层组织工作条例》《北京市实施<中国共产党普通高等学校基层组织工作条例>的办法》《中国共产党党内监督条例(试行)》，以及《教育部关于进一步推进直属高校贯彻落实“三重一大”决策制度的意见》(教监〔2011〕7号)文件要求，结合我校实际，制定本项制度。

第二条 “三重一大”决策制度是指凡属重大决策、重要人事任免、重大项目安排和大额度资金使用，必须由领导班子集体研究作出决定的制度。执行“三重一大”制度要坚持民主集中制的原则，充分发扬民主，广泛听取意见，完善群众参与、专家咨询和集体决策相结合的决策机制。要遵守国家法律法规、党内法规和有关政策，保证决策的科学民主。

第三条 北京林业大学“三重一大”决策制度是学校和二级单位(学院、部、处及直(附)属单位)集体决策的行为准则。

第二章 学校决定的“三重一大”事项

第四条 学校决定的“三重一大”事项包括：

(一)重大决策事项，是指事关学校改革发展稳定全局和广大师生员工切身利益，依据有关规定应当由领导班子集体研究决定的重要事项。主要包括学校贯彻执行党和国家的路线方针政策、法律法规和上级重要决定的重大措施；党的建设、党风廉政建设和意识形态等重要工作；学校事业发展、校园建设、学科与人才队伍建设等规划以及年度工作计划；学校重要规章制度；内部组织机构的设置和重要调整；教职工收入分配及福利待遇、奖励和关系师生权益的重要事项；学校年度财务预算方案、决算情况的审定和预算

执行与决算审计；学校重要资产处置、重要办学资源配置；校级以上重大表彰，校园安全稳定和重大突发事件的处理，以及其他重大决策事项。

（二）重要人事任免事项，是指学校中层及以上干部的推荐、任免和需要报送上级机关审批的重要人事事项。主要包括学校党政机构和学院、校级科研机构等内部组织机构领导班子成员以及享受相应待遇的非领导职务人员的任免、党政纪处分，学校全资、控股企业校方董事、监事及经理人选的确定，推荐后备干部、党代会代表、人大代表、政协委员等人选，以及其他重要干部人事任免事项。

（三）重大项目安排事项，是指对学校规模条件、办学质量等产生重要影响的项目设立和安排。主要包括国家各类重点建设项目，国（境）内外科学技术文化交流与合作重要项目，重大合资合作项目，重要设备、大宗物资采购和购买服务，重大基本建设和大额度基建修缮项目，以及其他重大项目安排事项。

（四）大额度资金使用事项，是指超过学校所规定的党政领导人员有权调动、使用的资金限额的资金调动和使用。主要包括学校年度预算内大额度资金调动和使用、未列入学校年度预算的追加预算和大额度支出，重大捐赠，以及其他大额度资金运作事项。

第五条 学校决策的主要会议形式为校党委全委会、校党委常委会和校长办公会。

第六条 校党委全委会，由学校全体党委委员组成。根据会议内容，非党委委员的副校长、校长助理和有关学院、部、处及直（附）属单位负责同志可以列席会议。

校党委全委会讨论决定的事项：

（一）贯彻执行党和国家的路线方针政策、法律法规和上级重要决定的方案、措施；

（二）传达、学习、落实上级党组织的重要指示、文件和会议精神；

（三）学校办学方向、中长期发展规划、指导思想和工作方针；

（四）学校党的建设、党风廉政建设和思想政治工作、党务公开等重大事项和重要制度；

（五）学校党委、行政领导班子换届及党、政领导建议人选；

（六）校级后备干部的推荐、选拔；

（七）党委常委会的工作报告；

（八）党委常委会提交审议的其他重要事项。

第七条 校党委常委会，由学校全体党委常委组成。根据文件规定和会议内容，非党委常委的副校长、校长助理和有关学院、部、处及直（附）属单位负责同志可以列席会议。校党委常委会讨论决定的事项：

（一）贯彻落实上级政策、文件、重要指示和会议精神的意见；

（二）学校总体发展规划；

（三）学校重大改革实施方案；

（四）校内机构设置与撤销方案；

（五）学校党的建设和思想政治工作、党风廉政建设和意识形态等重要工作方案；

（六）学校干部队伍建设、处级领导干部的任免、调整；

（七）学校人才工作政策；

（八）党代会代表、各级人大代表、政协委员等人选的推荐；

（九）影响校园安全稳定的重大人身伤亡、责任事故和突发事件的处理；

（十）学校年度财务预算和决算；

（十一）学校党委发布的重要规章制度的制定、修改或废止；

（十二）预算外支出在100万元人民币以上（含100万元）的重大项目；

（十三）学校重要基建、维修工程项目及规划；

（十四）校长办公会讨论后提出建议，提交校党委常委会通过的事关学校改革发展稳定和师生员工切身利益的重大问题和重大事项；

（十五）学校纪律检查委员会提交的重大事项；

（十六）学校党委认为应该集体研究决定的其他重要事项。

第八条 校长办公会，由校长、副校长、校长助理、党政办公室主任组成。学校纪检监察部门负责人应列席会议。根据会议内容，可以邀请校党委书记、副书记参加。根据文件规定和会议内容，有关学院、部、处及直（附）属单位负责同志可以列席会议。校长办公会决议根据多数人的意见作出。

校长办公会讨论决定或讨论建议后提交党

委常委会决策的事项：

（一）学校发展战略规划、学科建设和人才队伍建设规划以及校园建设规划（讨论建议）；

（二）学校年度财务预算和决算方案（讨论建议）；

（三）重要基建项目及规划（讨论建议）；

（四）学校的年度工作计划、学期工作计划和工作总结（讨论建议）；

（五）有关学校发展、建设、教学、科研、后勤、管理运行的各项工作；

（六）教职工工资待遇、医疗、住房、职称等，以及关系师生权益的重大事项；

（七）学校发布的行政类规章制度的制定、修改或废止；

（八）学校全资、控股企业的校方董事、监事及经理人选的确定；

（九）校外重要行政机构任职人选的推荐；

（十）校办产业的开发、产权变更和重大经济合同的签订；

（十一）校学术委员会、学位评定委员会等涉及学校整体工作的各类委员会的负责人和成员的任免或审定；

（十二）“211 工程”“优势学科创新平台”“2011 计划”等国家重点项目实施方案的制定和建设；

（十三）国内外重要合作和交流事项；

（十四）校务公开、信息公开有关重要事项；

（十五）学校无形资产的授权使用；

（十六）学校预算外支出 50 万元人民币以上（含 50 万元）、100 万元人民币以下的项目；

（十七）其他需要集体研究决定的重大事项。

第九条 校党委全委会、党委常委会和校长办公会在讨论决定学校有关学术方面的问题时，应充分咨询校学术委员会的意见。

在讨论涉及教职员工切身利益的重大事项时，应当邀请工会及教代会代表列席会议。

第三章 学院决定的“三重一大”事项

第十条 本章所称“学院”包括学院和教学部；“党委会”包括二级单位的党委会、党总支委员会和直属党支部委员会；“院长”包括学院院长和教学部主任；“党委书记”包括二级单位的党委书记、党总支书记和直属党支部书记。

第十一条 学院决策“三重一大”事项的主要会议形式为院党政联席会、院党委会和院学术委员会。

院党政联席会、院党委会和院学术委员会分别负责学院全面工作、党务和学术方面重大问题的决策。

第十二条 院党政联席会组成人员包括院党政正、副职干部。由党政主要负责人研究确定其他参加或列席人员。党委书记为召集人和主持人，党委书记不能出席时，由院长主持。在讨论决定涉及教职员工切身利益的重大事项时，应当邀请工会主席和教代会主任列席会议。

院党政联席会的主要议事范围包括：

（一）学院定位、发展方向、办学思路、发展规划等重要问题；

（二）贯彻落实上级重要指示、精神和工作部署；

（三）学院年度、学期工作计划和总结；

（四）院属机构的设立、合并与撤销；

（五）审议并确定学院学科发展规划；

（六）审议并确定学院德育工作、招生就业和教学工作规划或方案；

（七）重大科研项目的申报；

（八）学院系一级干部的任免和其他重要岗位人员的推荐；

（九）教师及其他专业技术职务评聘领导工作；

（十）重要人事安排、人才培养和人才引进工作；

（十一）学院财务预算、决算和基金使用情况；

（十二）创收和利益分配、奖、酬金分配方案等事项；

（十三）预算外资金额度在 1 万元人民币以上（含 1 万元）的购置项目和资金分配使用项目；

（十四）对外交流和合作办学问题，及重要合同、协议；

（十五）教职员工评选校级及以上先进、奖励及处分等问题；

（十六）院务公开、党务公开工作及有关事项；

（十七）审议并确定学院重要规章制度；

（十八）由院党委会、学术委员会、党委书记、院长或 5 名以上教授认为需要由党政联席会讨论的重要事项；

（十九）其他涉及学院改革发展稳定和师生员工切身利益的重大事项。

第十三条 学院党政联席会至少每两周召开一次，作出重要决定时，必须有应出席人数的三分之二以上到会方为有效。

院党政联席会应事先确定议题，议题由院长和院党委书记协商后提出，也可先由主管副院长提出，经院长与党委书记认可，共同确定。会议议题应提前通知与会人员。

院党政联席会如果涉及学科建设、队伍建设、人才引进、科研项目申报等方面问题，应该就所议事项提前向院学术委员会征求意见。学院党政联席会根据事项重要程度分别以简单多数（超过应到会人员半数）或绝对多数（超过应到会人员三分之二）通过方可有效。

第十四条 院党委会，由院党委全体成员组成，院党委书记为召集人和主持人。院党委会一般有应到委员三分之二以上出席方可召开，表决议题时的赞成人数超过应到会委员半数为通过。如对重要问题意见发生分歧，除紧急情况外，一般应暂缓作出决定，进一步调查研究，交换意见，下次再议，或向上级党组织请示。根据会议内容，可以邀请非党委委员的院长、副院长、学院主要学科负责人列席院党委会。

院党委会是学院的政治核心，与会成员集体讨论决定学院党建的重要问题：

（一）所在学院对党和国家的方针政策及上级党组织各项决定的贯彻落实；

（二）学院党委年度和学期工作计划及总结；

（三）党支部的设置、撤销和建设；

（四）入党积极分子的培养、教育；

（五）党员发展、预备党员转正和党员教育；

（六）校级及以上党员的评优、表彰、处理等事项；

（七）教职工思想政治工作和师德师风、学术道德教育，学生思想政治教育的重大事项；

（八）学院工会及共青团工作中的重要事项；

（九）学校党委或行政领导班子交办的其他重要事项。

第十五条 院学术委员会，按照院学术委员会章程建立并履行职责。

第十六条 院党政联席会、院党委会、院学术委员会会议必须由专人负责记录。会议议决的事项，必要时要形成正式文件，经主要负责人审定后印发。

会议决定的议题，应由专人负责组织落实，并由办公室主任、党务秘书或院学术委员会秘书负责了解落实情况，及时向院长、院党委书记、院学术委员会主任反馈。

第四章 机关部处决定的“三重一大”事项

第十七条 依照学校的有关规定，各部处实行部（处）长负责制，全面负责本单位职责范围内的事务和内部管理工作，对重大问题，通过部（处）长办公会行使决策权。

职工人数较少的部处，一般以部（处）务会代替部（处）长办公会。

（一）参与决策的人员范围

一般情况下，为各部处的行政正职和副职。设科的部处可吸收科长参与决策。根据工作需要，负责具体工作的同志可以列席会议。

（二）决策程序

1. 开展调查研究；
2. 提出方案建议；
3. 会议讨论决策；
4. 重要情况报校领导批准；
5. 交付实施；
6. 监督检查落实情况。

（三）议事规则

1. 认真贯彻民主集中制原则，充分听取与会人员意见，确保决策的科学化、民主化、制度化；

2. 凡需部（处）长办公会或部（处）务会决策的事项，一般不得擅自决定；

3. 集体决策时，应坚持少数服从多数的原则。

对于产生实质性争议的议题或事项，如无时限要求，一般应推迟议决，重新调研，待意见成熟后，再提交会议议决。如属紧急事项，部（处）长有权作出最后决定，但必须详细记录所有意见，并将具体情况上报主管校领导。

第十八条 机关部处讨论决定的“三重一大”事项：

（一）贯彻落实学校党委和行政决定、决议的办法和措施；

（二）本单位的改革和发展规划；

(三)年度工作计划;

(四)内部管理制度的建立健全;

(五)职工队伍建设、干部队伍建设和党风廉政建设;

(六)校级及以上荣誉称号授予人选的推荐和重要奖惩事项的确定;

(七)工资待遇、医疗、住房、职称等需要在本单位内部研究的事项;

(八)未列入学校预算和决策范围的、单项支出数额较大的资金款项;

(九)其他涉及本单位改革发展稳定和职工切身利益的事项。

第十九条 “三重一大”事项决策的情况,包括决策参与人、决策事项、决策过程、最后决议等,要以会议记录、纪要、决议等形式留下文字材料,存档备查。特别要将讨论中的不同意见和反对意见记录在案。

第五章 直(附)属单位决定的“三重一大”事项

第二十条 附属小学的“三重一大”事项范围可参照学校确定。

其他直(附)属单位的“三重一大”事项范围,可依据单位实际,参照学院或机关部(处)确定。

第二十一条 设有分党委、党总支、直属党支部的单位,党政联席会是最高决策机构。

设立董事会的单位,董事会为最高决策机构。

上述两种情况以外的单位,其行政办公会为最高决策机构。

第二十二条 直(附)属单位“三重一大”事项决策后,需报请主管校领导、校长办公会、党委常委会审批的,应按照学校规定执行。

第六章 学校“三重一大”事项决策的基本程序

第二十三条 “三重一大”事项提交集体决策前,应进行深入细致的研究论证,广泛听取并充分吸收各方面的意见。

与师生员工利益密切相关的事项,要通过教职工代表大会、学生代表大会或其他形式听取师生员工的意见和建议。依照教育部、中国教育工会全国委员会颁布的《高等学校教职工代表大会暂行条例》的规定,应交教代会审议通过的重要事项,在党委常委会或校长办公会决策前,要提交教代会审议。

依照《中华人民共和国高等教育法》的规定,应由学术委员会审议的重大学术事项,在校长办公会决策前应提交学术委员会审议。

选拔任免重要干部,应按照有关规定,在党委常委会研究决定前书面征求纪检监察部门的意见。

其他“三重一大”事项,在党委常委会或校长办公会决策前,对专业性、技术性较强的重要事项,有关职能部门要依照法律、法规和学校规章制度规定的程序,深入调查研究,充分听取群众和专家的意见,进行专家评估,技术、政策法律咨询,进行科学论证,提交论证报告或立项报告。需要经学校有关专项工作领导小组审议的事项,在党委常委会或校长办公会决策前,要提交相关专项工作领导小组审议。

第二十四条 “三重一大”事项应以会议的形式集体研究决策。不得以传阅会签或个别征求意见等方式代替会议决定。会议决定的事项应按照学校议事规则规定提出,议题应经学校党委书记、校长审阅并充分沟通后,方可提交会议研究决策。除紧急情况外,不得临时动议,由个人或少数人临时决定重大事项。紧急情况下由个人或少数人临时决定的,决定人应对决策负责,事后应及时报告并按程序予以追认。

第二十五条 会议决策“三重一大”事项,实际到会人数达到应到会人数的半数以上方可召开。党委讨论决定重要干部任免事项,应有三分之二以上的成员到会,并保证与会成员有足够的时间听取情况介绍、充分发表意见。进行表决,以超过应到会成员半数同意形成决定。学校纪检监察部门负责人可以列席党委常委会、校长办公会等重要会议,其他有关职能部门负责人和党代会代表、教代会代表、学生代表等可按有关规定,根据会议议题内容,列席有关会议。

第二十六条 会议研究决定“三重一大”事项,应坚持一题一议,与会人员要充分讨论,对决策建议应分别表示同意、不同意或缓议的意见,并说明理由。主要负责人应当最后发表结论性意见。会议决策中意见分歧较大或者发现有重大情况尚不清楚的,应暂缓决策,待进一步调研或论证后再作决策。党委、分党委、党总支、直属党支部决定重要事项,应当进行表决。会议决定的事项、参与人及其意见、表决情况、结论等内容，应当完整、详细记录并存档。

第二十七条 参与“三重一大”事项决策的个人对集体决策有不同意见，可以保留或向上级反映，但不得擅自改变或拒绝执行。如遇特殊情况需对决策内容作重大调整，应当重新按规定履行决策程序。

第二十八条 党委常委会、校长办公会决定的事项，由学校党政办公室负责督办，并及时将落实情况向校党委书记、校长汇报。

凡党委常委会作出的决策，如需再次上会复议，必须有一人动议，并在会前征得三分之二以上应出席会议人员同意，否则不得复议。

凡校长办公会作出的决策，如需再次上会复议，必须有一人动议，并在会前征得半数以上应出席会议人员同意，否则不得复议。

第七章 保障机制

第二十九条 建立“三重一大”决策回避制度。如有涉及本人或亲属利害关系，或其他可能影响公正决策的情形，参与决策或列席人员应当回避。

第三十条 建立“三重一大”决策公开与查询制度。除涉密事项外，“三重一大”决策事项应按照《高等学校信息公开办法》（教育部令第29号）《北京林业大学信息公开实施办法》《北京林业大学党务公开工作实施办法（试行）》等有关规定，以适当方式予以公开。

第三十一条 校党委全委会决定的事项，由党委常委会组织实施；校党委常委会决定的事项，由常委会成员按照分工组织实施；校长办公会作出的决定，由校长办公会成员按照分工组织实施。任何单位或个人不得擅自改变或拒绝执行校党委全委会、党委常委会（或校长办公会）作出的决定。

第三十二条 学校应将贯彻落实“三重一大”决策制度的情况，按年度向教育部党组报告。学校基层各单位亦应将贯彻落实“三重一大”决策制度情况，按年度向学校党委和纪委报告。

学校领导班子成员和二级单位领导班子均应将“三重一大”决策制度的执行情况列为民主生活会和述职述廉的重要内容。

第八章 检查、考核和责任追究

第三十三条 对二级单位“三重一大”制度落实情况的检查、考核及责任追究，由学校党委统一领导，学校党政办公室、组织、纪检监察、审计等部门根据职责权限具体负责实施。

第三十四条 二级单位领导班子成员违反本规定，凡属下列情况，应依纪依法分别追究班子主要负责人、分管负责人和其他责任人的责任：

（一）不履行或不正确履行“三重一大”决策制度决策程序，不执行或擅自改变集体决定的；

（二）未经集体讨论而由个人决策、事后应通报而不通报的；

（三）未向领导班子提供真实情况而造成决策失误的；

（四）执行决策时发现可能造成损失，能够挽回而不及时采取措施纠正，造成重大经济损失和严重后果的；

（五）其他违反本规定的情节。

第三十五条 处级领导班子和领导干部，贯彻执行“三重一大”制度的情况，应列为本单位党风廉政建设责任制考核和干部考核的重要内容；列为领导班子成员经济责任审计的重要内容；作为考察、考核和任免干部的重要依据；列为领导班子民主生活会和领导干部述职的重要内容。

第三十六条 工会、教代会和全体教职工有权监督“三重一大”制度的贯彻落实情况，有权向各级党组织和上级部门反映意见。

第三十七条 党委组织有关部门在检查处级单位执行“三重一大”制度的情况时，有权采取下列措施：

（一）要求被检查的单位和人员提供有关的会议记录、财务账目及其他相关材料；

（二）要求被检查的单位和人员作出解释和说明；

（三）责令被检查的单位和人员停止违反“三重一大”制度的行为；

（四）提出处理意见与建议，报请校党政领导审批。

第三十八条 责任追究应当依据职责范围，明确集体责任、个人责任或直接领导责任、主要领导责任。

第三十九条 给学校造成重大损失和严重政治影响的责任人，根据事实、性质和情节轻重，依纪追究责任，触犯法律的交由司法机关处理。

第九章 附 则

第四十条 各学院、部、处及直(附)属单位应当根据本规定精神，及各自工作的实际，修订本单位关于"三重一大"制度的实施细则，报学校党政办公室、纪委备案。直(附)属单位制定的本单位"三重一大"制度实施细则，报学校党政办公室、纪委审批。

第四十一条 本规定由校党委负责解释，自发布之日起执行，同时2004年3月1日制定的《北京林业大学实施领导班子"三重一大"集体决策制度的规定》废止。此前其他文件中有与此制度相矛盾的内容，以此制度为准。

关于印发《北京林业大学关于加强党员领导干部兼职管理的暂行规定》的通知

北林党发〔2012〕21号

各分党委、党总支、直属党支部：

现将《北京林业大学关于加强党员领导干部兼职管理的暂行规定》印发给你们，确因工作需要在校内外经济实体、社会团体中兼职的领导干部，自本通知下发之日起一个月内重新申报，履行审批手续。请各基层党组织遵照执行。

特此通知

附件：北京林业大学关于加强党员领导干部兼职管理的暂行规定

中共北京林业大学委员会

2012年11月14日

附件

北京林业大学关于加强党员领导干部兼职管理的暂行规定

为认真贯彻落实《中国共产党党员领导干部廉洁从政若干准则》(以下简称《廉政准则》)和《教育部直属高校党员领导干部廉洁自律"十不准"》(以下简称"十不准")关于党员领导干部不准违反规定在经济实体、社会团体等单位中兼职或者兼职取酬的规定，进一步规范党员领导干部兼职行为，按照《中共教育部党组关于进一步加强直属高校党员领导干部兼职管理的通知》(教党〔2011〕22号)要求，加强党风廉政建设，进一步加强学校党员领导干部兼职管理，制定本规定：

第一章 总 则

第一条 本规定所称"经济实体"，是指校内外各种类型的企业(公司)以及营利性的事业单位和民办非企业单位。本规定所称"社会团体"，是指中国公民自愿组成，为实现会员共同意愿，按照其章程开展活动的非营利性社会组织。

第二条 本规定所指"兼职"，是指处级以上(含处级，下同)党员领导干部在上述各类"经济实体"和"社会团体"中兼任职务的行为。

第三条 全校处级以上党员领导干部，未经批准一律不得在上述"经济实体""社会团体"等单位中兼职(含名誉职务)。经相关机构批准兼职的党员领导干部，也不能擅自领取兼职单位发放的兼职薪酬或其他收入，包括奖金、津贴、顾问费、咨询费等各种名目的酬金。已经收取的报酬(包括各种经济利益)应当上缴。

第四条 学校党员领导干部要自觉执行《廉政准则》和"十不准"，认真贯彻落实三委部《关于加强高等学校反腐倡廉建设的意见》，忠于职守，廉洁自律，认真履行岗位职责，把主要精力放在做好本职工作上。

第二章　校级党员领导干部的兼职

第五条　校级党员领导干部原则上不得在经济实体中兼职，确因工作需要在本校设立的资产经营公司兼职的，须经学校党委常委会集体研究决定，按照干部管理权限报教育部审批，并报教育部纪检组监察局备案。

第六条　校级党员领导干部在社会团体等单位中兼职的，需经学校党委常委会研究同意后，按照干部管理权限报教育部审批。

第七条　新提任的校级党员领导干部，应在任职后三个月内辞去在经济实体中兼任的职务，确需在本校资产经营公司和社会团体等单位中兼职的，应当重新履行审批手续。

第三章　处级党员领导干部的兼职

第八条　全校处级党员领导干部原则上不得在经济实体和社会团体等单位中兼职，确因工作需要兼职的，报党委组织部审核，经学校党委审批，并报校纪委备案。

第九条　新提任的处级党员领导干部，应在任职后一个月内对本人在经济实体和社会团体中的兼职情况进行申报，并履行审批手续。

第四章　管理机制

第十条　学校成立“北京林业大学党员领导干部兼职管理工作领导小组”（见附件1），在学校党委的领导下，负责全校处级以上党员领导干部兼职管理工作，按照有利于提高教学科研质量、有利于产学研相结合、有利于服务经济社会发展的原则，健全管理制度，防止利益冲突，对党员领导干部严格教育、严格要求、严格管理、严格监督。

第十一条　党委组织部和校纪委共同负责全校处级以上党员领导干部兼职工作的管理。全校处级以上党员领导干部对兼职情况的申报和审批程序为：由相关责任人根据本人实际和工作要求填写《北京林业大学党员领导干部兼职情况申报表》（见附件2），经所在单位负责人审查后，报党委组织部履行审批手续。党委组织部按规定程序向上级部门申报，做好年度工作总结。

第十二条　纪委、监察处负责对全校党员领导干部兼职情况的监督检查。对违反规定在经济实体、社会团体等单位中兼职或兼职取酬的，按照《中国共产党纪律处分条例》第七十七条（见附件3）的规定作出处理，并责令兼职的领导干部辞去本职或者兼任的职务，上缴所收取的干部兼职报酬（包括各种经济利益）。

第十三条　学校将采取适当方式，在一定范围内定期公开党员领导干部的兼职情况，以接受广大师生员工的监督。

第十四条　全校处级以上党员领导干部经批准后在兼职活动中，应严格遵守有关法律法规和党的纪律，并以学校事业发展为重，维护学校的利益，不得影响本职工作。

第五章　附　则

第十五条　本规定适用于我校全体处级及以上中共党员领导干部。对于非中共党员领导干部的兼职管理，参照本规定执行。

第十六条　短期兼职（三个月以下，且不得连续）及一次性的兼职行为，不在本规定的管理和限定范围之内。

第十七条　本规定由党委组织部负责组织实施，纪委、监察处负责监督检查。

第十八条　本规定自发布之日起施行，解释权在北京林业大学党员领导干部兼职管理工作领导小组。

附件：1. 北京林业大学党员领导干部兼职管理工作领导小组成员名单

2. 北京林业大学领导干部兼职情况申报表

3.《中国共产党纪律处分条例》第八章第七十七条

附件1

北京林业大学党员领导干部
兼职管理工作领导小组成员名单

组　长：	陈天全	校党委副书记、纪委书记
副组长：	王自力	副校长
成　员：	张　勇	党政办公室主任
	邹国辉	党委组织部部长
	张　闯	人事处处长
	周伯玲	纪委副书记
	杨宏伟	纪委副书记、监察处处长、审计处长

领导小组下设办公室，设在党委组织部。

附件2

北京林业大学领导干部兼职情况申报表

<table>
<tr><td>姓名</td><td></td><td>单位</td><td colspan="3"></td></tr>
<tr><td>职务</td><td colspan="3"></td><td>政治面貌</td><td></td></tr>
<tr><td rowspan="5">申
报
内
容</td><td colspan="3">兼职单位</td><td>职务</td><td>兼职是否取酬</td></tr>
<tr><td colspan="3"></td><td></td><td></td></tr>
<tr><td colspan="3"></td><td></td><td></td></tr>
<tr><td colspan="3"></td><td></td><td></td></tr>
<tr><td colspan="3"></td><td></td><td></td></tr>
<tr><td>兼
任
理
由</td><td colspan="5">兼职人员签字： 年 月 日</td></tr>
<tr><td>呈报
单位
意见</td><td colspan="5">单位负责人签字： 单位盖章 年 月 日</td></tr>
<tr><td>组织部
呈报
意见</td><td colspan="5">单位盖章 年 月 日</td></tr>
<tr><td>学校
审批
意见</td><td colspan="5">学校党委盖章 年 月 日</td></tr>
</table>

说明：此表学校批准后报校纪委备案，申报内容较多的干部可另附纸张填写。

附件3

《中国共产党纪律处分条例》第八章第七十七条

第八章 违反廉洁自律规定的行为

第七十七条 违反有关规定从事营利活动，有下列行为之一，情节较轻的，给予警告或者严重警告处分；情节较重的，给予撤销党内职务或者留党察看处分；情节严重的，给予开除党籍处分：

（一）经商办企业的；

（二）个人违反规定买卖股票或者进行其他证券投资的；

（三）从事有偿中介活动的；

（四）在国（境）外注册公司或者投资入股的；

（五）有其他违反有关规定从事营利活动行为的。

利用职务上的便利，为其亲友的经营活动谋取利益的，依照前款规定处理。

违反有关规定兼职或者兼职取酬的，依照第一款规定处理。

校发重要文件选编

关于下发《北京林业大学关于国家科技计划和公益性行业科研专项经费预算调整暂行规定》《北京林业大学关于课题专项经费中“绩效支出”使用的暂行规定》的通知

北林校发〔2012〕6号

各单位：

为进一步加强学校科研专项经费预算执行的严肃性和经费使用的规范性，提高科研经费使用效益，根据《财政部、科技部关于调整国家科技计划和公益性行业科研专项经费管理办法若干规定的通知》(财教〔2011〕434号)文件精神和有关课题专项经费管理办法，我校制定了《北京林业大学关于国家科技计划和公益性行业科研专项经费预算调整暂行规定》和《北京林业大学关于课题专项经费中“绩效支出“使用的暂行规定》，现印发给你们。请结合实际，认真贯彻实施。

特此通知。

附件：1. 北京林业大学关于国家科技计划和公益性行业科研专项经费预算调整暂行规定

2. 北京林业大学关于课题专项经费中“绩效支出”使用的暂行规定

北京林业大学

2012年4月12日

附件1：

北京林业大学
关于国家科技计划和公益性行业科研
专项经费预算调整暂行规定

各学院及课题负责人：

为加强学校科研专项经费预算执行的严肃性和经费使用的规范性，提高科研经费使用效益，根据《财政部、科技部关于调整国家科技计划和公益性行业科研专项经费管理办法若干规定的通知》(财教〔2011〕434号)文件精神和有关课题专项经费管理办法，结合我校的具体情况，学校研究讨论决定，对科研专项经费预算调整做如下规定：

1. 课题合同和专题合同一经签订，课题预算总额和课题合作单位预算不得调整。

2. 课题总预算不变的情况下，课题实施过程中科研活动的实际需要发生变化，直接费用中材料费、测试化验加工费、燃料动力费、出版/文献/信息传播/知识产权事务费、其他支出预算可以适当进行调整；但设备费、差旅费、会议费、国际合作与交流费、劳务费、专家咨询费预算不予调增；间接费用(管理费)不得调整，严格按合同预算执行。

3. 项目实施期内，只能提出一次经费调整申请，调整涉及科目不得超过3个。需要调整的课题，课题负责人根据实际需要，在课题中期评估前提出申请，填写《北京林业大学科研专项经费预算调整申请报告》，提交经费支出明细表和决算表(财务处盖章)，由课题负责人所在学院审核，上报财务处和科技处。

4. 科技处、财务处依照相关课题经费管理办法和国家相关政策对课题组提出的课题调整申请报告及其经费使用实际情况进行严格审查。通过审查的课题，组织技术专家、财务专家和管理专家召开论证会，课题负责人以PPT形式汇报(10~20分钟)，说明课题进展情况、经费支出情况以及经费调整的重要性和必要性，专家根据国家相关管理办法和课题实际需求，提出同意或不同意调整意见，明确调整科目和额度。

5. 专家论证同意经费调整的课题，学校备案，课题后期经费使用以调整后执行，科技部或相关主管部门在中期财务检查或财务验收时予以确认。

6. 学校是课题经费使用和管理的责任主体，有义务和权力对课题合作单位的预算执行进行监督和检查，课题负责人对调整程序要加强指导和提醒。

附件 2：

北京林业大学
关于课题专项经费中“绩效支出”
使用的暂行规定

各学院和课题负责人：

根据《财政部、科技部关于调整国家科技计划和公益性行业科研专项经费管理办法若干规定的通知》(财教〔2011〕434 号)文件精神和有关课题经费管理办法，结合我校的具体情况，学校研究讨论决定，对课题经费预算中“绩效支出”的使用做如下规定：

1. 凡在间接经费中单独列支“绩效支出”预算的课题，绩效支出全部纳入单位财务统一管理(校留经费预算部分)，由学院审核使用。

2. “绩效支出”的使用以课题合同指标完成情况和产出成果质量二方面考核，“绩效支出”预算的 50% 用于参加课题并完成研究任务的人员激励费(可支出部分非业务费)；另外的 50% 用于本课题成果产出的奖励费。

3. 严格控制“绩效支出”额度，不得提前预支和超支。按年度拨付经费的科研课题，“绩效支出”额度以年到经费数量(校留)核定；一次性拨付经费的课题，“绩效支出”额度以课题合同期年均经费数量(校留)核定。

4. “人员激励费”原则上按季度发放，各课题主持人按当年核定的“绩效支出”额度，分期填制《北京林业大学“人员激励费”发放申请表》，明确发放课题人员名单及额度，经主管院长审批后到财务办理支付手续，财务审核扣税后领取(专题中外单位人员)或将款打入工资卡中(本校人员)。

5. “成果产出奖励费”不用于获奖科技成果和优秀博士论文的奖励，其他成果奖励范围和标准参照《北京林业大学科技成果奖励办法》(北林人发〔2009〕32 号)核定发放，成果要求该课题为第一标注，学校为第一完成人单位，同一成果不得重复奖励，标准就高，额度用完为止；课题通过验收后，未用完的“产出奖励费”，余额纳入学院发展基金延长使用，对二年内项目产出的符合条件的科技成果进行奖励，二年后仍未用完，余额用于学院科研发展基金。

6. “产出奖励费”半年核发一次，课题负责人填报《北京林业大学“成果产出奖励费”发放申请表》，并附相关成果原件及证明材料，学院审核，主管院长签字发放。知识产权证书上交学校存档，其他材料学院存档。

7. 课题年度报告和经费决算报告不按时提交、中期评估和验收结果较差的项目，视情节轻重，学院要缓拨或减少或停发“人员激励费”支出。

北京林业大学关于设立学生食堂饭菜价格平抑基金的通知

北林校发〔2012〕11 号

各单位：

根据教育部等五部门《关于进一步加强高等学校学生食堂工作的意见》(教发〔2011〕7 号)文件要求，经学校研究决定，设立学生食堂饭菜价格平抑基金。

一、平抑基金的组成

学校自 2012 年起按学费收入的 2% ~5% 标准设立平抑基金，用于补贴学生食堂(包括社会企业经营的食堂)因伙食原材料及用工成本在短期内大幅上涨导致的伙食成本亏损，抑制学生食堂饭菜价格过快上涨。

二、平抑基金的管理

由学校餐饮工作领导小组负责对基金实行统一管理，校财务处设立平抑基金账户，对平抑基金实行民主管理，建立严格的基金筹集、管理、使用制度，制定基金具体运行管理办法，定期公布基金收支项目。

三、平抑基金的启用条件

1. 以消费者物价指数(CPI)为依据

当本地区 CPI 月度同比涨幅达到 4% 时，即可启用平抑基金。

2. 以食品原材料价格涨幅为依据

当市场办伙原材料价格月度同比涨幅达到15%时，即可启用平抑基金，市场办伙原材料价格涨幅数据由北京高校伙专会提供。

3. 以人工成本涨幅为依据

当合同制员工(占我校炊管人员总数的90%以上)按市政府规定和“劳动合同法”要求，年度同比工资待遇(含工资、社会保险、加班费等)增加幅度达生均月增加办伙人工成本10元以上时(按每名炊管人员服务45名师生比例计算)即可启用平抑基金。

四、平抑基金的申报和审批

1. 当出现以上3种启用条件的任一种时，即可按照相应标准进行申报。

2. 饮食服务中心向学校餐饮领导工作小组提交申请报告，餐饮领导小组进行审核并确定补贴额度。

3. 学校餐饮领导小组批准平抑基金申请报告后，根据补贴的标准将平抑基金按季度拨付饮食服务中心用于补助因学生食堂处于“外涨内不涨”而亏损的办伙成本，并将当年所用部分在次年补齐。

五、平抑基金的监督

1. 启用的平抑基金应做到专款专用，基金启用额度应与学生食堂倒挂成本额度基本相等，从而保证学生食堂基本大伙饭菜价格的稳定。

2. 学校审计部门对学生食堂平抑基金使用情况进行定期审计，实施审计监督。

3. 学生处及后勤服务总公司要随时掌握学生食堂饭菜价格和质量变化情况，确保平抑基金起到平抑基本大伙饭菜价格的作用，使学生享受到基金带来的实惠。

北京林业大学

2012年4月12日

北京林业大学“2011计划”实施方案

北林校发〔2012〕12号

各有关单位：

为落实《教育部　财政部关于实施高等学校创新能力提升计划的意见》(教技〔2012〕6号)和《教育部　财政部关于印发高等学校创新能力提升计划实施方案的通知》(教技〔2012〕7号)，按照《教育部科学技术司　财政部教科文司关于组织2012年度“2011协同创新中心”评审认定工作的通知》(教技司〔2012〕162号)，做好我校高等学校创新能力提升计划(简称“2011计划”)的组织实施，特制定本方案。

一、指导思想

按照“国家急需、世界一流”的要求，瞄准科学前沿和国家发展的重大需求，以重点学科建设为基础，以机制体制改革为重点，以创新能力提升为突破口，大力推动协同创新，充分发挥高等教育作为科技第一生产力和人才第一资源重要结合点在国家发展中的独特作用，支撑经济社会又好又快发展。

主动适应国家建设生态文明和“以生态建设为主的林业发展战略”的需求，抓住促进学校发展的战略机遇期，坚持解放思想，开拓创新，积极推进学校各项事业的科学发展，全面提升学校核心竞争力。

二、总体目标

依据“需求导向、全面开放、深度融合、创新引领”十六字原则，充分发挥高等学校多学科、多功能的优势，积极联合国内外创新力量，有效整合创新资源，构建协同创新的新模式与新机制，形成有利于协同创新的文化氛围。探讨我校“2011协同创新中心”的培育组建模式，集聚和培养拔尖创新人才，取得重大标志性成果，成为具有国际重大影响的学术高地、行业产业共性技术的研发基地、区域创新发展的引领阵地和文化传承创新的主力阵营。推动知识创新、技术创新、区域创新的战略融合，支撑国家创新体系建设。

三、重点任务

以人才、学科、科研三位一体的创新能力提升为核心，坚持“高起点、高水准、有特色”，充分利用学校已有的基础，汇聚社会多方资源，大力推进高等学校与高等学校、科研院所、行业企业、地方政府以及国际社会的深度融合，探索建立适应于不同需求、形式多样的协同创新模式。

重点思考面向行业产业的协同创新中心类型。面向行业产业经济发展的核心共性问题，依托高等学校与行业结合紧密的优势学科，与大中型骨干企业、科研院所联合开展有组织创新，建立多学科融合、多团队协同、多技术集成的重大研发与应用平台，形成政产学研用融合发展的技术转移模式，为产业结构调整、行业技术进步提供持续的支撑和引领，成为国家技术创新的重要阵地。

重点关注面向区域发展的协同创新中心类型。面向区域发展的重大需求，鼓励各类高等学校通过多种形式自觉服务于区域经济建设和社会发展。支持地方政府围绕区域经济发展规划，引导高等学校与企业、科研院所等通过多种形式开展产学研用协同研发，推动高等学校服务方式转变，构建多元化成果转化与辐射模式，带动区域产业结构调整和新兴产业发展，为地方政府决策提供战略咨询服务，在区域创新中发挥骨干作用。

四、培育组建

按照“2011 计划”的精神和要求，加强组织领导和顶层规划，积极推进机制体制改革，充分汇聚现有资源，广泛联合科研院所、行业企业、地方政府以及国际社会的创新力量开展协同创新。通过前期培育，确定协同创新方向，选择协同创新模式，组建协同创新体，营造协同创新的环境氛围，形成协同创新的新机制和新优势，为参与“2011 计划”奠定基础。

学校要求相关学院编写协同创新中心实施方案。重点开展协同创新方向确定、协同创新体组建、创新资源与要素汇聚、创新环境与氛围建设等，逐步形成协同创新的新平台和新机制。

1. 确定协同创新方向。从国际科技发展前沿和国家、行业、产业、地方的重大需求出发，结合高校自身的优势与特色，确定协同创新方向。方向选择应具有较强的针对性、战略性和前瞻性，具有一定的广度和深度，充分体现科学研究与国家需求的紧密结合，体现多学科的交叉融合，避免成为单纯的研究项目。

2. 组建协同创新体。由高校牵头，积极吸纳国内外优势力量，形成强强联合的协同创新体。建立实质性协同的组织管理机构，并结合协同创新体的特色与能力，切实地选择协同创新的模式与类型。制定整体实施路线，明晰各方职责，确定具体分工，建立协同创新的新平台。

3. 汇聚创新要素与资源。发挥协同创新的聚集作用，充分利用现有国家、行业等方面的资源，积极吸纳地方、企业以及国内外社会的支持与投入。以人才作为协同创新的核心要素，加快与基地、平台、资本、信息、成果、仪器设备等创新要素的整合，形成协同创新的新优势。

4. 构建创新环境与氛围。结合协同创新目标与任务的要求，系统设计机制体制改革，创新人员聘用与考评方式，完善高校学生培养机制，建立有组织创新、协同管理、资源整合与成果共享等制度体系，形成有利于协同创新和解决国家重大需求的长效机制。

五、工作任务与进度

（一）准备工作（2012 年 5 月 7 日至 6 月 24 日）

1. 学校成立领导小组与工作组

2. 邀请有关部委领导做辅导报告

（二）启动与明确方向（2012 年 6 月 25 日至 7 月 13 日）

1. 学校动员、布置任务

2. 成立学院领导小组和工作组

3. 确定协同创新方向与培育组建框架

将协同创新方向及相应的文字说明材料（1000 字左右）、培育组建框架于 6 月 29 日前报学校发展规划处。

4. 协同创新方向凝练与筛选

学校将在 2012 年 7 月 11 ~ 7 月 13 日间组织专家对方向进行论证，确定校级协同创新方向与申报国家协同创新方向。

（三）协同创新中心实施方案撰写与完善（2012 年 7 月 14 日至 8 月 31 日）

确定为校级协同创新的方向由所在学院负责，申报国家协同创新方向的以所在学院为主，举全校之力。

1. 方案撰写

2. 调研合作论证咨询

3. 文本完善

各相关学院，于9月1日前将协同创新中心实施方案的最后文本报学校发展规划处，学校将从中筛选出“1+1”认定为校级中心将从政策与资金等方面做引导性、奖励性支持，同时从中择优支持、培育组建优势方向积极申报教育部协同创新中心。

（四）论证与申报（2012年9月1～9月25日）

1. 学校凝练与论证

2. 文字润色与申报

2012年9月25日前将协同创新中心实施方案上报教育部科技司。

有关“2011计划”的各项政策和通知公告可从教育部科技司网站“2011计划”专栏（http://www.dost.moe.edu.cn/2011/）或我校发展规划处网站上下载。

北京林业大学

2012年6月25日

关于印发《北京林业大学专业学位硕士研究生学位授予工作实施细则（试行）》的通知

北林校发〔2012〕14号

各单位：

《北京林业大学专业学位硕士研究生学位授予工作实施细则（试行）》经校学位评定委员会审议通过，现印发给你们，请各单位遵照执行。

附件：《北京林业大学专业学位硕士研究生学位授予工作实施细则（试行）》

北京林业大学

2012年6月26日

北京林业大学专业学位硕士研究生学位授予工作实施细则（试行）

第一章 总 则

第一条 为贯彻执行《中华人民共和国学位条例》《中华人民共和国学位条例暂行实施办法》，结合专业学位的特点和我校的实际情况，制定本实施细则。

第二条 本校专业学位分在职硕士专业学位和全日制硕士专业学位两种类型。

第三条 凡是拥护中国共产党的领导，拥护社会主义制度，热爱祖国，坚持四项基本原则，遵纪守法，品德良好，并达到专业学位相应要求者，均可按本细则的有关规定申请学位。但申请人不得同时向两个学位授予单位提出申请。

第二章 在职硕士专业学位

第四条 课程学习、学分及培养环节

研究生应结合本人培养计划，修完相应类别（领域）专业学位研究生培养方案中所规定的课程且成绩合格，达到总学分要求，并完成各项培养环节后方可提交学位论文答辩申请。

第五条 学位论文的基本要求

1. 学位论文选题应来源于应用课题或现实问题，必须要有明确的职业背景和应用价值。

2. 学位论文形式可以多种多样，可采用调研报告、应用基础研究、规划设计、产品开发、案例分析、项目管理等形式。

3. 学位论文的格式内容及其书写、印刷要求参照《北京林业大学关于硕士专业学位研究生学位论文格式的统一要求》。论文字数原则上在3万字以上（规划设计/艺术设计类论文字数原则上在2万字以上）。

4. 总体要求

（1）论文工作应在校内外导师的共同指导下，由研究生本人独立完成；

（2）论文必须具有一定的工作量，研究生用于完成论文工作的实际时间一般不少于一年半；

（3）论文运用的理论、研究方法和技术手段正确，有一定创新或具有一定的理论深度和学术

水平；

(4)论文应能体现作者综合运用知识进行调查研究、分析并解决生产和管理实际问题的能力；

(5)论文行文流畅，结构严谨，逻辑性强，应能体现作者较强的写作能力。

第六条 学位论文答辩时间

申请答辩研究生的学制要求为3～5年。全年安排一次正式答辩，为10月～11月。

第七条 论文答辩申请

1. 研究生完成学位论文的撰写，经校内外导师审阅同意后，方可申请论文答辩。

2. 研究生在每年9月1～30日期间向学院负责人提交答辩申请，学院负责人在规定时间内对申请者的答辩资格进行审查。

3. 申请时需提交成绩单、学位论文初稿电子版和纸质版等相关材料。具体要求按照《北京林业大学在职专业学位研究生学位论文答辩指南》办理。

第八条 论文评阅工作

1. 通过学位论文学术不端行为检测的学位论文方能进入论文评阅环节。

2. 研究生的学位论文采用隐名送审的方式评审。

3. 学位论文应至少有2名具有副高级以上职称的专家评阅。评阅人负责对论文写出详细的学术评语和修改意见，并明确提出是否同意答辩。申请人的导师不能作论文评阅人。

4. 研究生必须根据评阅人提出的意见对论文进行认真修改后才能进入学位论文的答辩环节。

5. 论文送审中有1篇(含)以上不通过者，此次申请无效，需延期一年后重新办理答辩申请手续。

6. 论文应在答辩前30天送交评阅人。研究生不得参与论文及评阅意见的送审传递工作。

第九条 学位论文答辩的组织

1. 研究生学位论文答辩由学院各专业学位点负责。

2. 答辩委员会由3～5位专家组成，其中应有相关行业实践领域具有高级专业技术职务的专家。导师可参加答辩会议，但不得担任答辩委员会成员。如个别答辩委员因故缺席，但委员到会人数及组成符合要求，则答辩会可照常进行，缺席的委员不得委托他人投票。

3. 答辩委员会设秘书一人，答辩秘书应由获得硕士学位以上的教师(或中级职称以上人员)担任。答辩秘书应在答辩前一周负责将学位论文送达答辩委员，并协助答辩委员会主席做好答辩会的组织工作，对答辩过程进行详细记录。具体要求按照学位论文答辩会程序执行。

4. 答辩委员应本着“坚持标准，严格要求，保证质量，公正合理”的原则进行评议。经答辩委员会全体成员三分之二以上同意者，方可建议授予硕士学位。对建议缓授学位者，经答辩委员会成员半数以上同意，并做出决议，可在半年后至一年内修改论文，重新申请答辩。

第十条 学位论文答辩会程序

1. 答辩委员会主席宣布答辩开始、宣布答辩委员会成员和秘书名单、学位申请人及其指导教师姓名、学位论文题目等，并主持会议；

2. 答辩秘书介绍研究生简历、课程学习成绩、学位论文送审及修改情况，并说明是否符合答辩要求；

3. 研究生报告论文主要内容，不超过二十分钟；

4. 答辩委员会成员及到会者提问，申请人答辩，导师不得代替研究生回答问题；

5. 研究生答辩(导师不得代替研究生回答问题)；

6. 休会；

答辩委员会举行会议，讨论答辩委员会决议；以不记名的方式进行投票表决，做出是否授予学位的建议；

7. 复会。

由答辩委员会主席宣布答辩委员会决议。

第十一条 答辩会结束后，研究生应根据答辩委员会提出的意见对论文进行修改。论文修改情况经导师签署意见，在规定时间内由答辩秘书将学位论文及答辩材料交送所在学院，其他材料按照北京林业大学研究生学位信息管理系统要求提交。

第三章 全日制硕士专业学位

第十二条 课程学习、学分及培养环节

1. 研究生应完成相应专业学位类型研究生培养方案所规定的课程学分和各项培养环节

要求。

2. 全日制专业学位研究生课程选修、学分管理以及课程学习成绩考核等方面的具体要求，按照《北京林业大学研究生课程学习管理办法》执行。

3. 校外专业实践时间在学期间不少于6个月。

第十三条 学位论文的基本要求

1. 学位论文选题应来源于应用课题或现实问题，必须要有明确的职业背景和应用价值。

2. 学位论文形式可以多种多样，可采用调研报告、应用基础研究、规划设计、产品开发、案例分析、项目管理等形式。

3. 学位论文的格式内容及其书写、印刷要求参照《北京林业大学关于硕士专业学位研究生学位论文格式的统一要求》。论文字数原则上在3万字以上（规划设计/艺术设计类论文字数原则上在2万字以上）。

4. 总体要求

（1）论文工作应在校内外导师的共同指导下，由研究生本人独立完成；

（2）论文必须具有一定的工作量，学制两年的研究生用于完成论文工作的实际时间一般不少于一年，学制三年的研究生用于完成论文工作的实际时间一般不少于一年半；

（3）论文运用的理论、研究方法和技术手段正确，有一定创新或具有一定的理论深度和学术水平；

（4）论文应能体现作者综合运用知识进行调查研究、分析并解决生产和管理实际问题的能力；

（5）论文行文流畅，结构严谨，逻辑性强，应能体现作者较强的写作能力。

第十四条 学位论文答辩时间

按规定学制完成。如有特殊情况需要提前或延期答辩者，由本人在学校规定的时间内申请，经导师、专业学位所对应学科的负责人审查同意、学院批准后，报研究生院备案。

第十五条 论文答辩申请

1. 研究生完成了学位论文的撰写，经校内外导师审阅同意后，方可申请论文答辩。正式申请应在答辩前45天向所在学院提出。

2. 申请时需提交答辩申请表、答辩审核表、成绩单、学位论文初稿电子版和纸质版等相关材料。具体要求按照《北京林业大学硕士研究生学位论文答辩指南》办理。

第十六条 论文评阅工作

1. 论文评阅一般为3～5人（具有副教授或相当职称的专家），评阅人负责对论文写出详细的学术评语和修改意见，并明确提出是否同意答辩。申请人的导师不能作论文评阅人。

2. 研究生必须根据评阅人提出的意见对论文进行认真修改后才能进入学位论文的答辩环节。

3. 论文送审中如有一篇不通过者（建议修改后再送审或不同意答辩），论文修改后可增聘一名评阅人，如再次不通过者（建议修改后再送审或不同意答辩），则取消本次答辩资格。如一次送审中有两篇及以上不通过者（建议修改后再送审或不同意答辩），则直接取消本次答辩资格。申请人下次提交答辩申请的时间至少在半年以后。

4. 论文要在答辩前30天由答辩秘书送达评阅人。研究生不得参与论文的送审传递工作，评阅人和评审意见对申请人保密；论文被确定为隐名送审的研究生应在答辩前35天提交学位论文。

第十七条 学位论文答辩的组织

1. 研究生学位论文答辩由专业学位所对应的学科负责。

2. 答辩委员会由3～5位专家组成，其中应有相关行业实践领域具有高级专业技术职务的专家。导师可参加答辩会议，但不得担任答辩委员会成员。如个别答辩委员因故缺席，但委员到会人数及组成符合要求，则答辩会可照常进行，缺席的委员不得委托他人投票。

3. 答辩委员会设秘书一人，答辩秘书应由获得硕士学位以上的教师担任。答辩秘书应在答辩前一周负责将学位论文送达答辩委员，并协助答辩委员会主席做好答辩会的组织工作，对答辩过程进行详细记录。具体要求按照学位论文答辩会程序执行。

4. 答辩委员应本着“坚持标准，严格要求，保证质量，公正合理”的原则进行评议。经答辩委员会全体成员三分之二以上同意者，方可建议授予硕士学位。对建议缓授学位者，经答辩委员会成员半数以上同意，并做出决议，可在半年后至一年内修改论文，重新申请答辩。

第十八条 学位论文答辩会程序

1. 答辩委员会主席宣布答辩开始、宣布答辩委员会成员和秘书名单、学位申请人及其指导教师姓名、学位论文题目等，并主持会议。

2. 答辩秘书介绍申请人的基本情况，主要包括申请人的课程学习成绩、论文发表情况、学位论文送审及修改情况，并说明是否符合答辩要求。

3. 申请人宣读《论文独创性声明》，并报告论文的主要内容(30分钟以内)。

4. 答辩委员会成员及到会者提问，申请人答辩，导师不得代替研究生回答问题。

5. 休会，答辩委员会内部讨论，内容主要包括：

(1)申请人导师介绍研究生在学期间的政治思想表现、学习和科研能力等；

(2)导师回避，答辩委员会单独举行会议；

(3)主席宣读论文评阅人的综合评语；

(4)委员讨论，并通过论文评语，投票表决是否同意授予学位、同意毕业，最后形成答辩决议。

6. 复会，申请人起立，主席宣读《答辩委员会决议书》。

7. 申请人答谢，并可对决议提出质疑或提出保留意见。

8. 主席宣布答辩会结束。

第十九条 答辩会结束后，研究生应根据答辩委员会提出的意见对论文进行修改。论文修改情况经导师签署意见，在规定时间内由答辩秘书将学位论文及答辩材料交送所在学院，研究生同时应向学校图书馆上传学位论文全文电子版，其他材料按照北京林业大学研究生学位信息管理系统要求提交。

第四章 学位评定与授予

第二十条 校学位评定委员会和院学位评定分委员原则上每年1月份、6月份各举行一次全体会议。

第二十一条 学位评定分委员会审议

学位评定分委员会对经答辩委员建议授予专业学位的申请人，要逐个对其思想品德表现、课程考试和论文答辩等情况进行全面审议。凡答辩委员会不建议授予学位的，分委员会一般不再进行审议，但对个别争议大的，经过复议程序后，可提交分委会审议；对个别经答辩委员会通过的论文，分委员会审议后认为不合格的，可作出建议修改论文重新答辩或不予授学位的决议。

学位评定分委员会作出决议时，应充分说明理由，并在会议上以无记名投票的方式进行表决，经全体成员半数以上通过，决议方为有效。

第二十二条 学位评定委员会审批

学位评定委员会对院学位评定分委员会审核上报的专业学位授予名单和学位申请材料进行审核，重点审核学位分委员有争议的内容。

对某些经答辩委员会通过的论文，校学位评定委员会审核认为不合格者，也可以作出一年内修改论文重新答辩一次或不予授学位的决议，但须对不合格的理由作出明确的说明，形成决议。校学位评定委员会以无记名投票方式进行表决，过半数以上票数通过者，决议方可生效。

第二十三条 学校于每年适当时候举行学位授予仪式，为学位获得者颁发学位证书。

第五章 附 则

第二十四条 如研究生对学位授予存在异议，可向仲裁机构提出申诉。

第二十五条 如该细则内容与各专业学位教育指导委员会相关规定冲突时，按照专业学位教育指导委员会文件规定执行。

第二十六条 本条例自公布之日起执行，解释权在研究生院。

关于印发《北京林业大学授予博士、硕士学位和培养研究生的二级学科自主设置管理办法(试行)》的通知

北林校发〔2012〕15号

各单位：

《北京林业大学授予博士、硕士学位和培养研究生的二级学科自主设置管理办法(试行)》经校学位评定委员会审议通过，现印发给你们，请各单位遵照执行。

附件：北京林业大学授予博士、硕士学位和培养研究生的二级学科自主设置管理办法(试行)

北京林业大学
2012年6月26日

附件

北京林业大学授予博士、硕士学位和培养研究生的二级学科自主设置管理办法(试行)

第一章 总 则

第一条 根据国务院学位委员会、教育部《学位授予和人才培养学科目录设置与管理办法》和《授予博士、硕士学位和培养研究生的二级学科自主设置实施细则》的规定，二级学科由学位授予单位依据国务院学位委员会、教育部发布的一级学科目录，在一级学科学位授权权限内自主设置与调整。

第二条 自主设置二级学科包括目录内二级学科、目录外二级学科和交叉学科。

第三条 我校可在具有博士学位授权的一级学科下，自主设置与调整授予博士学位的二级学科，在具有硕士学位授权的一级学科下，自主设置与调整授予硕士学位的二级学科。

第四条 为规范我校授予博士、硕士学位和培养研究生的二级学科(以下简称“二级学科”)自主设置工作，进一步加强我校学位授权点建设，确保研究生培养质量，结合学校学科建设实际，特制定本办法。

第二章 指导思想

第五条 二级学科的自主设置与调整，应遵循学科发展规律，有利于创新人才培养，有利于学科结构调整，有利于学科特色形成，与国家经济建设和社会发展对高层次人才的需求相适应。

第六条 二级学科的自主设置与调整，要结合学校的学科基础和研究生培养现状，科学、合理、规范地设置。要坚持质量第一的观念，避免盲目地追求学科数量，要注重学科点的内涵建设，形成学科特色和优势，扩大学科影响力，确保人才培养质量。

第三章 二级学科设置的基本条件和最低要求

第七条 二级学科是组成一级学科的基本单元。二级学科设置应符合以下基本条件：

1. 与所属一级学科下的其他二级学科有相近的理论基础，或是所属一级学科研究对象的不同方面。

2. 具有相对独立的专业知识体系，已形成若干明确的研究方向。

3. 社会对该学科人才有一定规模的需求。

4. 具备设置该二级学科所必需的学科基础和人才培养条件，能开设培养研究生所需的系列课程。

第八条 二级学科博士点自主设置的最低要求

1. 有一支知识结构、年龄结构以及专业技术职务结构合理，且团结协作、学术思想端正、活跃的学术队伍，其中主要在该学科开展工作的

教授（本人第一学科，下同）不少于2人、副教授不少于3人，具有博士学位者不少于6人。

2. 在研国家级项目不少于3项或近五年到账科研经费人文学科不少于60万元，社会科学学科不少于100万元，自然科学学科不少于200万元。

3. 申请自主设置的二级学科应已至少完整培养一届硕士研究生，培养质量良好。

第九条 二级学科硕士点自主设置的最低要求

1. 有一支知识结构、年龄结构以及专业技术职务结构合理，且团结协作、学术思想端正、活跃的学术队伍，其中主要在该学科开展工作的教授（本人第一学科，下同）不少于1人、副教授不少于3人，具有博士学位者不少于4人。

2. 在研国家级或省部级项目不少于2项，或近五年到账科研经费人文学科不少于20万元，社会科学学科不少于50万元，自然科学学科不少于100万元。

3. 申请自主设置的二级学科的学科带头人，应至少完整培养一届硕士研究生，培养质量良好。

第四章 二级学科自主设置程序

第十条 目录内二级学科的自主设置

1. 增设一级学科下的目录内二级学科，须符合本办法第三章所列基本条件和最低要求。

2. 拟增设的目录内二级学科，应在学科建设规划指导下，认真评估本学科点的实力和潜力，明确学科点负责人，并提交《自主设置目录内二级学科论证方案》，经所在学院学位评定分委员会进行审议表决，通过后将论证方案、表决结果等材料上报研究生院。跨学院设置者，两个学位评定分委员会都要进行审议。

3. 研究生院协同相关职能部门对论证方案进行形式复审，复审通过后聘请5人以上（含5人）外单位同行专家（须是所在一级学科具有博士点单位的博士生导师，下同）对论证方案进行评议。

4. 专家评议通过（三分之二以上同意者）的增设二级学科论证方案，提交校学位评定委员会审议表决，通过后做出增设二级学科的决定并进行校内公示（公示期7天），公示无异议后正式发文批准增列。

5. 各单位增设目录内二级学科的论证报告、专家评议意见、学位评定委员会表决意见等材料由学校统一归档、备查。

第十一条 目录外二级学科的自主设置

1. 增设目录外二级学科，须符合本办法第三章所列基本条件和最低要求。

2. 拟增设目录外二级学科应根据经济和社会发展对人才的需求，国内外学科的最新发展，结合本单位人才培养条件，认真评估学科点的实力和潜力，明确学科点负责人，并提交《自主设置目录外二级学科论证方案》，经所在学院学位评定分委员会进行审议表决，通过后将论证方案、表决结果等材料上报研究生院。跨学院设置者，两个学位评定分委员会都要进行审议。

3. 研究生院协同相关职能部门对论证方案进行复审，复审通过后聘请7人以上（含7人）外单位同行专家组对论证方案进行评议。专家组评议通过（三分之二以上同意者）的目录外二级学科论证方案上报教育部信息平台进行公示。

4. 学校于每年9月30日前将目录外自主设置或更名二级学科的名单、论证方案、专家评议意见表提交到“中国学位与研究生教育信息网”的“二级学科自主设置信息平台”进行公示，接受同行专家及其他学位授予单位为其30天的评议和质询。各单位涉及到的公示材料应符合国家有关保密规定，可在互联网上向社会公开。

5. 依据信息平台公示结果，经过校学位评定委员会审核并表决通过后，做出增设目录外二级学科的决定并正式发文批准。

6. 目录外二级学科的学科代码为六位，前四位为该学科所在的一级学科代码，第五位为“Z”，第六位为顺序号（从“1”开始顺排）。

第十二条 交叉学科的自主设置

1. 拟设交叉学科应是跨学科门类或多个一级学科的交叉学科，其基础理论、研究方法已经超出一级学科的范围，并且由于研究对象的不同，将促进新的理论形成和发展或产生新的研究方向。

2. 自主设置与调整的交叉学科所涉及到的一级学科必须均已获得相应学位授权。

3. 申请增设交叉学科须按照增设目录外二级学科的程序进行论证审批。

4. 交叉学科的学科代码为四位，前三位为

"99J"，第四位为顺序号(从"1"开始顺排)。

第五章　二级学科调整程序

第十三条　各学位授权一级学科点应根据本单位人才培养条件及社会人才需求的变化，对于不能达到本办法第三章要求的二级学科，应及时提出撤销申请并提交撤销论证报告，经所在学位评定分委员会审议通过后，提交至校学位评定委员会审议，表决通过后做出撤销决定。

第十四条　学校将加强二级学科的评估工作，对各培养环节适时进行过程管理和质量监控，对于培养质量存在问题及评估不合格的学科点，视情节轻重将予以停招或撤销。

第十五条　目录外二级学科及交叉学科的更名程序按照增设目录外二级学科的程序进行论证审批。

第六章　附　则

第十六条　本办法自公布之日起施行，解释权归研究生院。

关于印发《北京林业大学周转住房租赁办法》《北京林业大学周转住房计分及挑选办法》和《北京林业大学安置费发放办法》的通知

北林校发〔2012〕16号

各单位：

为进一步规范学校周转住房管理，发挥周转住房对学校教育事业发展的保障作用，提高使用效率，经过广泛调研，结合我校实际情况，学校制定了《北京林业大学周转住房租赁办法》《北京林业大学周转住房计分及挑选办法》和《北京林业大学安置费发放办法》，《北京林业大学周转住房管理暂行办法》(北林办发〔2006〕31号)废止。经学校批准，现将《北京林业大学周转住房租赁办法》《北京林业大学周转住房计分及挑选办法》和《北京林业大学安置费发放办法》印发给你们，请各单位组织教职员工认真学习，严格执行。

特此通知。

附件：1. 北京林业大学周转住房租赁办法

2. 北京林业大学周转住房计分及挑选办法

3. 北京林业大学安置费发放办法

北京林业大学

2012年6月29日

附件1

北京林业大学周转住房租赁办法

第一章　总　　则

第一条　为缓解无房教职工暂时住房困难，规范和完善周转住房管理体系，促进学校事业发展，根据《在京中央和国家机关进一步深化住房制度改革实施方案》(厅字〔1999〕10号)和《关于完善在京中央和国家机关住房制度的若干意见》(厅字〔2005〕8号)等文件精神，结合我校实际情况，特制定本办法。

第二条　周转住房可租赁房源分为A、B两类。A类为单身教工集体宿舍，B类为改造房及未出售的成套住宅。申请同类住房租赁期限一般不超过5年。

第三条　为确保周转住房的流动性，周转住房只租不售，第一年起租标准略低于市场租金，5年后超过市场租金收取。

第二章　申请与审核

第四条　申请周转住房，应当符合以下条件：

(一)租赁周转住房的申请人为具有北京林业大学事业编制的在岗教职工；

（二）本人及配偶均未享受过任何形式的政策性住房且无自购商品房等，未通过受赠、继承、租赁等形式获得其他住房的无房教职工；

（三）申请租赁B类周转住房须为已婚教职工。

第五条 本办法中政策性住房是指含有国家或单位补贴租金、售价、承租或购建的住房，包括：

（一）职工及其配偶按规定的公有住房租金标准承租的公有住房；

（二）以房改成本价、标准价（含标准价优惠）购买或集资购建的公有住房；

（三）职工及其配偶出资购买由其工作单位开发（含团购）的经济适用住房；

（四）职工及其配偶因承租公房（含标准租私房）获得的危改回迁房；

（五）两限房等国家认定带有政策性的其它住房。

第六条 申请人本人应该根据学校周转房管理部门的规定，提交书面申请材料，并按要求提供相关证明材料。申请人必须对申请材料的真实性负责。

第七条 学校周转房管理部门会同有关部门，对申请人提交的申请材料进行审核。

经审核，对符合申请条件的申请人，在网上进行公示，经公示无异议的，登记为周转房配租对象。如有异议，周转房管理部门进行核查并报周转住房管理委员会裁定。

第三章 配租管理

第八条 对于配租对象，申请A类住房的，根据来校时间及学历等情况进行配租；申请B类住房的，周转住房管理部门根据《北京林业大学周转住房计分及挑选办法》采取综合评分、顺序选房的方式，确定配租对象的配租顺序。

第九条 配租对象选择周转住房后，周转房管理部门与其签订周转住房租赁合同。

第十条 承租者交纳周转住房租赁保证金，办理入住手续。

第十一条 周转住房租赁期届满5年后一般不予续租。如有特殊情况确需继续承租者，必须向周转房管理部门申请，经审批通过后，延期承租期内的租金按周转住房管理规定交纳。

第十二条 5年租赁期内的周转住房租金标准参照周转住房所在地市场租金标准及周边高校周转住房租金标准确定，2012年，各区域各类型住房租金按以下标准收取：

学3#楼40元/平方米/月，家属区成套住宅45元/平方米/月，柏儒苑盲间改造房（含家用电器及家具）55元/平方米/月，西三旗成套住宅38元/平方米/月，西平房35元/平方米/月，学6#楼等集体公寓租金标准见下表。

部位	朝向	建筑面积（平方米）	每人月租金（元）	备注
东部	南	29.25	600	阳台4.5平方米
	北	29.25	560	无阳台
中部	南	21.6	560	阳台4.12平方米
	北	18.0	520	无阳台

以后周转住房租金标准根据周转房和单身宿舍所在地周边区域市场房租每年调整一次。对于首次租赁周转住房的承租者，第一年房租按照当年学校公布的租金标准收取，以后年度的房租在前一年租金标准的基础上每年递增10%；5年租赁期届满后，从第六年开始租金在上一年房租的基础上每年递增50%。

第十三条 周转住房租金由学校直接从其工资中扣缴，不足部分由教职工本人直接到房管部门交纳。

第十四条 承租周转住房后，因改善住房条件而调房的承租者，租住年限累计计算，该套住房的租金标准按照承租人累计租住年限执行。

第十五条 水、电、气、卫生、保安、网络、电话及有线电视费等由承租人自行交纳。

第四章 租后管理

第十六条 承租者须遵守国家有关法律、法规和学校相关的管理制度。

第十七条 承租者必须与房屋管理部门签订租赁合同。

周转住房租期参照人事聘用期限，但累计不应超过5年。每次签订租赁合同期限最长为一年。合同到期后仍需承租周转住房者，必须在合同结束前一个月向周转房主管部门提出书面申请，经复核，仍符合周转住房申请条件的，经周转房主管部门同意后，双方办理续租手续，但申请者必须服从主管部门的住房安排；不符合的不再续租，承租人应退出住房。

第十八条 承租人有下列行为之一的，不管合同是否到期，应无条件退还周转房：

（一）承租周转住房的职工及配偶通过购买、受赠、继承、租赁等方式取得已申请周转房以外住房者；

（二）房屋无故空闲三个月以上者；

（三）调离、辞职、除名、开除、解聘、解除劳动合同、劳动合同期满后不再续签、死亡者；

（四）自费出国（境）留学，因公出国逾期未归者；

（五）学校需要对承租住的房屋进行维修和装修；

（六）学校认定其他应退房的情况。

第十九条 如承租人员存在违章、违约用房，学校有权终止合同，收取违约金。自承租人违章、违约之日起，违约金按合同租金的200%补缴，逐年递增10%。违约金由学校直接从工资中扣缴，不足部分由教职工本人直接到房屋管理部门交纳。

第二十条 有下列情况之一者，为违章、违约用房：

（一）按照本办法第十八条的规定应退还周转房而不予退还的；

（二）租赁合同期届满后，因承租人原因不续签合同而继续使用的；

（三）擅自占用住房（床位）的；

（四）改变住房用途、或将住房（床位）转让、转借、转租的；

（五）破坏或者未经管理部门许可进行改造装修所承租周转房，拒不恢复原状的；

（六）在周转房内进行非法活动的；

（七）违反周转房其他管理制度、违背租房合同的行为。

第五章 附 则

第二十一条 申请承租周转房的教职工应如实填报住房情况调查表及相关证明材料。申请人隐瞒有关情况或弄虚作假，以欺骗等不正当手段取得租赁住房资格或者承租周转住房的，学校将对申请人给予相应经济处罚，罚金由学校直接从工资中扣缴；已承租周转住房的，限期退回所承租周转住房，并从违约之日起按本办法第十九条之有关规定补缴租金。

第二十二条 广大教职工有向各级纪检、监察及房管部门反映、检举其他教职工隐瞒真实情况的权利及义务。

第二十三条 租金标准根据职工住房补贴、周转住房所在地的市场租金及周边高校周转住房租金等因素适时进行调整。

第二十四条 本办法自2012年7月1日起实施，学校原有的有关规定和本办法不一致的，以本办法为准。

附件2

北京林业大学周转住房计分及挑选办法

第一章 总 则

第一条 为缓解无房教职工暂时住房困难，规范和完善周转住房管理体系，促进学校事业发展，根据《在京中央和国家机关进一步深化住房制度改革实施方案》（厅字〔1999〕10号）和《关于完善在京中央和国家机关住房制度的若干意见》（厅字〔2005〕8号）等文件精神，结合我校实际情况，在发展和稳定大局的原则下坚持公开、公平、公正地进行周转住房配租工作，特制定本办法。

第二条 本办法适用于我校教职工申请B类周转住房。

第二章 租赁范围及期限

第三条 周转住房可租赁房源分为A、B两类。A类为单身教工集体宿舍，B类为改造房及未出售的成套住宅。

第四条 为确保周转住房的流动性，周转住房只租不售。申请同类住房租赁期限一般不超过五年。

第三章 申请条件

第五条 申请周转住房，应当符合以下条件：

（一）租赁周转住房的申请人为具有北京林业大学事业编制的在岗教职工；

（二）本人及配偶成员均未享受过任何形式的政策性住房且无自购商品房等，未通过受赠、继承、租赁等形式获得其他住房的无房教职工；

（三）申请租赁B类周转住房须为已婚教职工。

第四章　申请程序

第六条　申请租赁周转住房按以下程序进行：

（一）申请人网上填写租赁周转住房申请表；

（二）打印申请表到相关部门签字盖章；

（三）提交本人及配偶住房情况等相关证明文件；

（四）提交本人退房承诺文件；

（五）周转房管理部门会同有关部门对申请人进行资格审查；

（六）对符合申请条件的教职工进行排序、公示；

（七）挑选周转住房并签订租赁合同。

第五章　计分办法

第七条　计分规则：

（一）双职工分：双职工家庭每户加3分。双职工可选择对自己家庭有利的一方参加排队；

（二）子女分：有子女（含已孕）的家庭每户加3分。

第八条　任职分和职龄分根据职务职称按表1、表2、表3规定的方式计算。

表1　职称系列

职称系列	初级及以下	中级	副高级	高级
任职分	1	4	7	10
职龄分/年	0.5	1	1.5	2

表2　职务系列

职务系列	科员及以下	副科级	正科级	副处级	正处级
任职分	1	3	4	7	10
职龄分/年	0.5	0.8	1	1.5	2

表3　工勤系列

工勤系列	中级工以下	高级工	技师	高级技师
任职分	1	3	4	7
职龄分/年	0.5	0.8	1	1.5

第九条　申请租房的教职工，副处级及以上职务的任职时间由党委组织部认定；技术职称的聘任时间、科级及以下职工的任职时间、技术工人的技术等级任职时间等均由人事处认定。

第十条　工龄分：自正式参加工作起，每一年计1分（未满一年的按一年计）。有间断工龄的，按照间断年限扣减计分。计算公式为：（计分排队年－参加工作年份－间断工龄）×1。

第十一条　学龄分：全日制大专以上院校、高中毕业后上中专在读期间每年记学龄1分；初中毕业上四年制中专的学龄计1分。已计入工龄的学习年限不重复计算为学龄分。

第六章　挑房顺序

第十二条　申请租赁周转住房的教职工通过相关部门的资格审核后，方可参加计分排队。

第十三条　挑选顺序：

（一）有申请租赁周转住房资格的教职工按计分总值由高到低排序；

（二）总计分＝双职工分＋子女分＋任职分＋职龄分＋工龄分＋学龄分；

（三）总计分相同者以有子女者优先挑选；

（四）前三项相同者以双职工者优先挑选；

（五）前四项相同者以来校时间早者优先挑选；

（六）以上各项相同者以年龄大者优先挑选。

附件3

北京林业大学安置费发放办法

为鼓励无房教职工多途径解决住房困难，减轻职工住房资金压力，促进周转住房合理使用，结合我校实际情况，特制定本办法。

第一条　具有北京林业大学事业编制的在

岗教职工身份，1999 年 1 月 1 日(含)后来校工作，本人及配偶没有享受任何形式的政策性住房，且具备下列条件之一的，可向学校申请安置费：

(一)按《北京林业大学周转住房管理暂行办法》(北林办发〔2006〕31 号)承租周转住房未满三年，并自愿选择执行 2012 年颁布的《北京林业大学周转住房租赁办法》的教职工；

(二)未按《北京林业大学周转住房管理暂行办法》(北林办发〔2006〕31 号)承租过校内周转住房的教职工。

第二条 政策性住房包含内容详见《北京林业大学周转住房租赁办法》第五条的规定。

第三条 符合发放条件的教职工，安置费按每人每月 1000 元标准发放，累计发放不超过三年。

第四条 教职工应如实填报住房情况调查表及相关证明材料，申请人隐瞒有关情况或弄虚作假，以欺骗等不正当手段取得安置费资格的，学校将对申请人给予相应经济处罚，罚金由学校直接从工资中扣缴。已领取安置费的，限期退回所领安置费；拒不退回的，由学校直接从工资中扣缴。

第五条 房屋管理部门对符合条件职工的安置费进行核算，由学校每月随职工工资发放。

第六条 本办法经校长办公会批准，并自 2012 年 7 月 1 日起实施。

北京林业大学研究生支教团招募管理实施办法

北林校发〔2012〕21 号

总　则

第一条 组建研究生支教团参加“中国青年志愿者扶贫接力计划”是北京林业大学响应团中央、教育部等部门号召，积极贯彻落实国家“科教兴国”和“西部大开发”战略，缓解国家中西部贫困地区师资短缺等问题，充分发挥我校青年人才优势，引导广大青年在祖国基层一线奉献青春、建功立业。通过采取公开招募和定期轮换的接力形式，招募优秀青年志愿者到中西部贫困地区从事为期一年的支教工作。

第二条 组建研究生支教团也是北京林业大学认真贯彻落实胡锦涛总书记给北京大学第十二届研究生支教团回信精神和弘扬北京林业大学“知山知水，树木树人”办学理念和“红绿相映，全面发展”育人理念，充分发挥高校服务社会功能，引导青年学生“向实践学习，向人民群众学习”和实现青年学生健康成才、全面发展的重要途径。

第三条 按照“公开招募、自愿报名、择优录取”的原则，在全校范围内选拔优秀应届本科毕业生和在读研究生以志愿者身份到中西部贫困地区从事基础教育等工作。

第四条 所有研究生支教团志愿者必须严格按照本办法规定开展支教志愿服务活动，充分发扬“团结、友爱、互助、进步”的志愿服务精神，把支教团工作做好、做实。

第一章　组织管理

第五条 北京林业大学成立研究生支教团工作领导小组(以下简称“领导小组”)，具体领导北京林业大学研究生支教团的工作。领导小组组长由学校主管学生工作的校领导担任，领导小组成员由校团委、教务处、研究生院等相关部门负责人组成。领导小组办公室和北京林业大学研究生支教团项目管理办公室(以下简称“项目办”)设在校团委。

第六条 北京林业大学项目办工作职责如下：

1. 配合团中央项目办、北京市项目办、服务地项目办和领导小组完成研究生支教团日常管理和服务等工作；

2. 负责我校支教团志愿者的招募、选拔、培训、管理、考评和督导服务等工作；

3. 根据服务地的实际情况，协调相关部门为我校志愿者提供必要的政策和工作条件保障；

4. 及时掌握我校支教团志愿者的工作、生活和思想状况，协调我校支教团志愿者和服务地的关系，协助解决实际困难，并定期向上级团组织和领导小组汇报工作实施情况；

5. 负责对支教团志愿者的表彰和处分提出基本意见；

6. 积极争取校内外资源协助我校支教团志愿者在当地开展扶贫、助学等工作。

第七条 每届研究生支教团设团长1名，副团长若干名，共同负责支教团志愿者在志愿服务过程中进行自我教育、自我管理和自我服务，组织支教团志愿者与服务地开展相关共建活动，管理支教团公共物资，并按照要求定期向北京林业大学项目办汇报支教工作进展情况。

第二章 志愿者招募选拔

第八条 北京林大学研究生支教团志愿者的招募选拔工作由领导小组统筹安排，北京林业大学项目办负责具体实施。

第九条 研究生支教团志愿者报名基本条件：

1. 具有较高的思想政治素质，拥护中国共产党的领导，热爱祖国，遵纪守法，无违反学校纪律受到处分记录。

2. 应届本科毕业生学习成绩优良，学习成绩排名一般应在本专业总人数50%（含）以内，全国大学生英语四级考试成绩425分（含）以上，补考课程通过，能正常获得学位证和毕业证。对于特别优秀的学生（如取得市级或市级以上奖励、称号等），学习成绩可适当放宽。

3. 具有良好的语言表达能力，形象气质佳，逻辑思维强，较强的吃苦精神与环境适应能力，有奉献精神，身体健康，无不良嗜好，符合支教工作需要。

4. 中共党员，校院两级学生组织主要骨干，有一定志愿服务经历和特长者优先考虑。

5. 在读研究生另行规定。

参加研究生支教团的应届本科毕业生，不占用学校本年度计划推荐免试研究生的名额，由教育部单独划拨。

第十条 应募志愿者报名材料包括成绩单、报名表、个人申请书、获奖证书等材料，经学院审核无误后报学校项目办，所交材料必须真实有效，如有虚假将取消报名者资格并按照相关规定给予处分。

第十一条 学校项目办负责组织进行笔试、面试，对应募志愿者进行考核和选拔，初步确定支教团志愿者名单。

第十二条 名单初步确定后，在学校进行公示；公示结束后，无异议的应募志愿者填写《中国青年志愿者扶贫接力计划研究生支教团招募协议书》，取得参与支教资格。最后由北京林业大学项目办将入选志愿者名单和基本情况上报团中央，经批准后，支教团正式成立。

第三章 志愿者培训实习

第十三条 支教团志愿者在正式赴服务地之前，必须接受团中央、服务地和北京林业大学项目办组织的培训实习工作。

第十四条 北京林业大学项目办组织的培训形式包括：

1. 理论学习

掌握党政相关理论知识，对社会热点问题具有深刻的理性认识，同时熟悉中西部贫困地区教育发展情况，并对“西部开发”和“科教兴国”等进行深入学习，提升研究生支教团成员的理论修养。

2. 技能培训

（1）教师职业道德培训

培养支教团成员教师职业道德。对教师的基本义务和权力等进行详细的讲解，引导支教团成员树立正确的育人观念，遵守教师职业道德。

（2）教师专业技能培训

培养支教团成员的专业技能。从个人知识储备、学习能力、传授能力等方面进行培养，塑造支教团成员良好的个人形象，提升学习能力，提高表达、沟通、协调、组织等能力，从而使支教团成员逐步具备良好的专业技能。

（3）教育心理学辅导

组织支教团成员进行教育心理学学习。以科学的理论为指导，把握学生的心理，了解学生的心理需求等状况，有针对性地开展支教工作。

（4）支教经验分享交流

组织支教团志愿者与已结束支教的志愿者进行交流座谈，让新一届支教团成员了解服务地基本情况，做好充足的准备，争取在支教过程中发挥更重要的作用。

3. 实习锻炼

研究生支教团正式成立后，学校项目办将根据实际情况安排支教团成员进行实习锻炼，使支教团成员熟悉相关工作流程，提高解决实际问题的能力。

4. 其他形式培训

除上述培训形式外，支教团也可以自主开展其它形式的培训活动，但必须事先征得北京林业大学项目办的批准。

第四章 志愿者派遣上岗

第十五条 正式派遣上岗前，所有支教团志愿者应保证正常完成学业，在毕业前能够获得毕业证书和学位证书以及本专业其他毕业要求。

第十六条 学校项目办将通过组织座谈会、欢送会等方式为志愿者送行，进一步激发志愿者的荣誉感、使命感和责任感。

第十七条 支教团志愿者派遣上岗前，必须按要求参加团中央、团市委和学校项目办组织的相关活动，不得无故缺席。

第十八条 学校项目办将指派老师为支教团志愿者送行，支教团志愿者原则上必须从学校统一出发前往服务地报道，听从学校项目办统一安排。

第五章 志愿者管理

第十九条 支教团志愿者必须严格按照团中央项目办相关工作要求赴服务地教学一线完成一年支教任务，志愿者不得以任何理由参加非教育岗位工作。

第二十条 支教团志愿者在服务地期间，必须遵守全国项目办、服务地项目办、服务学校和北京林业大学的各项规定，服从服务地项目办工作安排，服从支教团团长、副团长的管理，自觉维护北京林业大学形象。

第二十一条 支教团志愿者在服务期间要严格保证上课和工作的正常出勤，如有特殊情况，必须事先向服务学校请假；不允许私自离开服务地，如有特殊原因，必须事先向服务地项目办、服务学校和北京林业大学项目办提出申请，获准后方可离开，否则取消研究生支教团成员资格并给予相关处分。

第二十二条 不得单方终止招募协议，确因不可抗力因素需提前终止协议的，必须向北京林业大学项目办提出书面申请，并报服务学校和服务地项目办同意、报团中央项目办备案后，完成工作交接方可离岗。

第二十三条 支教团志愿者在完成支教工作后，须对服务期间的工作、学习、生活情况进行书面总结(不低于5000字)，上交北京林业大学项目办。

第六章 政策保障

第二十四条 我校应届本科毕业生在支教服务期间保留研究生入学资格一年，研究生支教团成员须遵照我校研究生入学有关规定，人事档案关系挂靠在北京林业大学，户口留在北京林业大学集体户口中，党团组织关系临时转到志愿服务所在地的党团组织(由团长统一保管转递)。

第二十五条 团中央与学校将和支教志愿者签订有关协议。志愿者支教服务期满后，团中央青年志愿者工作部将根据服务地团委及服务单位的意见审定《研究生支教团服务鉴定表》，记入志愿者个人档案，同时印发志愿服务证书，作为落实服务期间计算工龄等相关政策的依据。

第二十六条 志愿者在支教一年后，必须回北京林业大学读研，因个人原因无法完成支教工作、支教工作评价不合格者取消研究生入学资格，因其他原因所致不能准时返校读研的按学校有关规定处理。

第二十七条 除以上政策保障外，志愿者还享有《共青团中央、教育部关于实施青年志愿者扶贫接力计划研究生支教团有关政策的意见》(中青联发〔1998〕28号)、《共青团中央、教育部关于做好青年志愿者扶贫接力计划支教工作的通知》(中青联发〔1999〕46号)、《中央文明办、团中央、人事部、国务院西部地区开发领导小组办公室关于配合实施西部大开发战略全面推进青年志愿者扶贫接力计划的通知》(中青联发〔2001〕22号)和《2012年大学生志愿服务西部计划实施方案》(中青联发〔2012〕10号)等文件所规定的其它政策保障。

第二十八条 志愿者政策保障的具体落实由北京林业大学项目办与相关单位协商解决。

第二十九条 服务期间表现出色的志愿者若希望继续留在服务地长期开展志愿服务工作的有关政策，由其它文件另行规定。

第七章 附加条款

第三十条 本办法最终解释权归北京林业大学研究生支教团工作领导小组所有。

北京林业大学

2012年9月10日

大型仪器设备开放共享维修基金管理办法

第一章 总 则

第一条 为了保障大型仪器设备的良好运行状态，促进大型仪器设备开放共享平台建设，提高资源利用率，发挥投资效益，更好地为教学和科研提供服务和支撑，学校设立大型仪器设备开放共享维修基金(以下简称维修基金)。为保障维修基金的有效管理和使用，特制定本办法。

第二条 大型仪器设备如出现故障，应及时维修。各学院(系)、各有关单位应督促、支持本单位的大型仪器设备机组及时修复故障、确保大型仪器设备处于良好的运转状态。

第三条 学校大型仪器设备开放共享专家委员会负责维修基金的规划和审批，实验室与设备管理处负责具体管理和使用。维修基金的使用遵循：重点、公开、公正、有效的原则。

第二章 维修基金资助范围及原则

第四条 维修基金主要来源于学校专项维修费，逐年累计。

第五条 维修基金资助范围(以下各条需同时满足)：

1. 用于学校教学和科研的、单价或成套价值40万元以上的大型仪器设备；

2. 纳入学校大型仪器设备开放共享平台管理，大型仪器开放共享管理系统(http://es.bjfu.edu.cn)内基本信息准确、完整，对校内外开放共享的大型仪器设备；

3. 能及时、如实地填写《北京林业大学大型仪器设备使用记录薄》，使用记录齐全；

4. 上一年度大型仪器设备效益评价分值60分以上(使用仪器所产生的效益要有证明材料，如论文，专利、成果等)。

第六条 本办法所指维修是指对大型仪器设备原有功能损坏的修复，不包含对仪器功能的扩展、升级等。

第七条 对于已到使用年限，无维修价值或维修费用高于设备原值的50%的仪器设备，原则上不再维修。

第八条 为保证维修基金使用效益，鼓励大型仪器设备开放共享，本维修基金优先支持管理水平高、开放好、使用效益突出的大型仪器设备。

第三章 维修基金使用程序

第九条 需要维修并符合上述要求的大型仪器设备机组填写《北京林业大学大型仪器设备开放共享维修基金申请表》，经学院主管领导审核签字、盖章后提交实验室与设备管理处审核，维修总金额2万元以上的由大型仪器设备开放共享专家委员会论证并审核。大型仪器设备维修原则上由实验室与设备管理处根据情况会同设备机组人员与生产厂家进行维修。

第十条 审核通过后，对符合要求的大型仪器设备的维修进行补贴，补贴标准为实际维修金额的50%～80%(视大型仪器设备开放共享绩效确定)，最高补贴额度不超过10万元。

第十一条 实验室与设备管理处受理机组人员对维修基金项目的申请，每年根据实际情况审核若干批，每批经审核并确定补贴额度后，上网公示1周，若无异议即生效执行。

第十二条 因教学科研急需的维修项目开通绿色通道，由两名大型仪器设备开放共享专家审核确认后先行维修。

第十三条 设备维修好后，需两名以上具有高级职称的专家验收签字，经学院主管领导审核签字后方可报账。

第十四条 获批补贴的机组应及时使用补贴经费和自身配套经费一次性完成报账手续。

第四章 附 则

第十五条 大型仪器设备开放共享维修基金的使用接受全校教职工的监督，实验室与设备管理处对所申请的项目进行管理，并组织检查和评估。

第十六条 各机组应如实申报维修内容。对于虚报维修内容的机组，一经发现，将追回补贴经费，并对当事人进行严肃处理。

第十七条 本办自法颁发日起实施。

第十八条 本办法由实验室与设备管理处负责解释。

北京林业大学关于印发《北京林业大学关于深化本科教学改革提升人才培养质量的若干意见》的通知

北林校发〔2012〕29 号

各单位：

经学校研究决定，制定《北京林业大学关于深化本科教学改革 提升人才培养质量的若干意见》，现印发给你们，请各单深入贯彻落实，确保各项要求落到实处。

特此通知。

附件：北京林业大学关于深化本科教学改革 提升人才培养质量的若干意见

北京林业大学

2012 年 12 月 24 日

附件

北京林业大学关于深化本科教学改革提升人才培养质量的若干意见

为深入贯彻《国家中长期教育改革和发展规划纲要(2010～2020 年)》，根据《教育部 财政部关于“十二五”期间实施“高等学校本科教学质量与教学改革工程”的意见》和《教育部关于全面提高高等教育质量的若干意见》，全面落实学校第十次党代会和“十二五”发展规划部署，围绕培养知识、能力和素质协调发展，适应经济和社会发展需要的“信念执著、品德优良、知识丰富、本领过硬的高素质专门人才和拔尖创新人才”的根本任务，现就进一步加强本科教学工作，深化教学改革，全面提升人才培养质量提出如下意见。

一、巩固本科教学基础地位，深化教学管理改革

1. 巩固本科教学基础地位。人才培养是学校的根本任务，教学是学校的中心工作，抓好本科教学是提高人才培养质量的关键和基础。学校和学院(部)的党政一把手是学校和学院(部)本科教学质量的第一责任人。巩固教学工作的优先发展地位，确保政策保障和资源配置优先保证本科教学。坚持每学期召开 2 次校领导班子会议专题研究教学工作，每年召开 1 次全校本科教学工作会议，着力解决突出问题。强化教师聘任与考核中对本科教学投入和业绩的机制。坚持学校和学院(部)领导的定期听课制度。

2. 深化二级教学管理体制改革。学校教学管理部门要切实以教师和学生为本，紧扣教学质量，引导教学改革方向，完善校院二级管理机制，出台相关配套措施，充分发挥学院在培养体系、培养模式、教学方式、业绩评价、激励约束机制等方面改革的自主权，使学院成为本科教学改革和管理的重心。

3. 坚持教授为本科生授课的基本制度。切实将承担本科教学任务作为教授岗位聘任和考核的基本条件。开展专业核心课程教授负责制试点，大力倡导知名教授指导本科生开展科研创新创业训练，开设新生研讨课，完善分专业群或专业的名师讲堂。

4. 实施教师教学水平提升计划。着力加强学校教师教学促进中心建设，全面开展教师培训、教学改革、经验分享、名师示范、质量评估等活动，特别是加强新教师和青年教师规划教学生涯，提高青年教师的教学能力与水平，搭建师生交流平台。开展教案和教学效果评优活动，每年表彰 30～40 名优秀主讲教师。“十二五”期间争取培养和引进国家级教学名师 1～2 名，新增北京市教学名师 5～6 名。

5. 切实发挥教研室的应有职能。切实开展教学研讨，完善新开课、开新课的试讲与教案审核制度；坚持“一人多课”、鼓励并推行“多人一课”的授课组织方式。全面建立青年教师的教学导师制。学院(部)院长(主任)每年至少参加一次本单位各教研室的教研活动，及时掌握教研动态。鼓励以团队形式多出精品课程、优秀教材。继续开展优秀教研室、教学团队评选活动。

二、深化本科教学改革，推动人才培养模式创新

6. 深化人才培养模式改革。大力促进各学院主动联合科研院所、行业、企业，构建协同育人创新平台，首先落实好与中科院有关院所的“科教结合协同育人系列行动计划”，完善拔尖创新人才、高素质应用型人才的协同培养模式。以“国家理科(生物学)基地”“梁希实验班”为试点，采取“3+1+X”模式，实现本硕(博)统筹培养。实施卓越人才培养教育计划，“十二五”期间，争取6~8个专业进入国家“卓越农林人才教育培养计划”，1~2个专业领域进入国家“卓越工程师培养计划”。

7. 加快人才培养国际化进程。实施本科生联合培养计划，与国际知名大学联合培养本科生，开展本科生国外短期交流与实践。实施留学北林计划，积极争取政府奖学金，吸引国外优秀本科生来校学习，提升本科教育的国际影响力。“十二五”期间，在5~8个专业形成交换生、联合培养生等的国际化培养格局。

8. 推进按学科大类培养。加大按专业大类招生的推广力度，调动核心支撑学科投入的积极性。“十二五”期间，在4~6个专业群推行大类招生、按类培养。低年级实行通识教育，强调厚基础、宽口径；高年级注重专业教育，强化创新能力和实践能力。本着“理性引导、尊重个性、分类设槛、公平竞争”原则，完善本科转专业的机制。

9. 加强专业内涵建设。以适应经济社会发展需求为导向，完善招生—培养—就业联动机制；健全专业评估体系和动态调整机制，“十二五”期间本科专业及方向控制在60个。强化优势专业品牌特色，加大新办专业培育与评估力度。加强艺术类专业建设，适时整合资源，提高资源共享率与办学效益。遴选4~6个专业群实施专业综合改革，强化以提升实践创新能力为主的内涵建设，提升专业核心竞争力。

10. 强化实践教学和创新创业教育。建立分专业群的实践教学考核指标体系，强化实践教学环节，完善实践教学体系。完善国家、北京市、学校三级项目资助体系，大力开展学生创新创业训练，开设《创业基础》课程。鼓励本科生参加国内外各类学科竞赛，每年资助经费60万元。确保创新创业教育学生参与覆盖率达50%以上。

11. 加强课程和教材建设。优化课程结构，精炼教学内容，注重课程衔接，力戒内容重复。大力推进以研促教，及时把最新科研成果转化为教学内容。开展主教材、辅教材、电子资料库、网络教学平台等立体化教材建设立项，资助一批基础好、有创新的教材选题。“十二五”期间，开展100种教材的建设立项，出版50种高质量教材，设立教材建设基金，开展校级优秀教材的评选。

12. 深化教学方式方法改革。大力推进启发式、探究式、讨论式、参与式、自学式、案例式等教学模式，注重师生互动、学思结合，提升学生学会学习、学会审美、学会批判的能力。注重因材施教，推广导师制，将传授知识、培养能力、提高素质融为一体。继续扩大校级教改研究的立项规模，加强教学方式方法改革研究，提高立项质量。“十二五”期间，学校设立教学方式方法改革研究专项100项。

三、坚持教学相长，营建师生互促的优良教风学风

13. 加强师德师风建设。加强各部门协作，健全教育、宣传、考核、监督与奖惩相结合的师德建设工作机制。制定科学合理的师德考评方式，将师德师风作为教师绩效考核、聘任和评优表彰的首要标准，实行师德一票否决制。坚持自律与他律并重，加强教师职业理想和职业道德教育，引导教师潜心教书育人。明确教学是教师的第一要务，教师是课堂的第一责任人，树立言传身教的良好教风。开展师德先进评选活动，加大表彰力度，营造爱岗敬业的氛围。

14. 加强学风建设。确立学生在学习中的主体地位，在专业课中设立由学生和教师共同选定的自主学习环节，加强学习策略和方法的训练指导，激发学生学习的主动性和积极性。坚持教学部门和学生部门联动，加强思想教育、学风考风督导和学术诚信建设，杜绝和惩戒作弊等学术不端行为。

15. 突出绿色教育在校园文化建设中的特色。强化“知山知水，树木树人”的办学理念，坚持绿色教育价值取向，开展绿色教育主题实践，传播绿色文化、引领生态文明，营造校园环境文化和自然生态并重的绿色教育环境。注重培养学生的艺术修养，实现与人文素养、科学精神的有机融合。

四、强化本科教学质量评价与监控

16. 健全教学质量保障体系。健全多元的教学过程和质量监控体系，构建管理部门、教师、学生间畅通的沟通渠道。完善学生评教机制，开展同行评价，强化教学督导员的指导作用，提高教学水平。构建社会、学校与学生间联动的教学质量和专业水平的自我评估体系。建立各学院(部)的本科教学基本状态数据库，编制教学质量分析年度报告，针对存在问题提出切实改进措施。开展各学院(部)的本科教学质量评优活动，推动相关专业参与专业认证及评估。

17. 改革课程考核方式。强化学习活动中的过程性考核，改革考试方法，逐步从单一结果性考核向过程性考核与结果性考核相结合的累加式考试模式过渡，探索注重知识与能力、素质相结合的综合考试模式，积极推行结果性考核的考教分离模式。

五、加强教学资源与保障机制建设

18. 建设优质教学资源共享体系。整合特色专业、精品课程、精品教材等资源，利用现代信息技术，大力推动网络教学资源开发与应用，搭建全校共享的优质教育教学资源网络平台。充分利用北京高科大学联盟、学院路教学共同体等校际本科教学开放合作平台，促进校际教学资源共享。“十二五”期间，建设4～6门国家精品开放课程，建设30门具有行业特色的视频公开课和资源共享课。鼓励不同学院或专业立足实际需求，聘用实践经验丰富、理论水平高的行业管理骨干、专业技术人员和高技能人才等担任兼职教师。

19. 加强实践教学资源建设。加大对实验室的投入建设力度，充分利用实验林场、苗圃和南北方综合实践基地开展实践教学；积极拓展校外实践教学基地和就业实践基地的建设。创新实践教学运行管理机制，提升现有实验教学中心的建设水平，加大各类科技创新平台与基地向本科生开放的力度。“十二五”期间，力争新增1～2个国家级实验教学示范中心、2个国家级校外实践基地、1～2个北京市级示范性校内创新实践基地、2～4个北京市校外人才培养基地。

20. 加强人才培养经费保障。不断加大对本科教学条件建设和教学改革的经费投入。“十二五”期间，学校本科教学业务费每年增长10%以上。将本科教学条件建设纳入学科建设项目体系。鼓励学院(部)多途径筹集补充教学经费，表彰绩效突出的学院(部)。

各单位要认真贯彻落实本意见，加强组织领导，细化落实举措，促进本科教学质量再上新台阶，加快建设国际知名、特色鲜明、高水平研究型大学的步伐。

重要讲话

围绕内涵发展　进一步深化改革　着力提升学校办学质量

——在2012年工作会议上的讲话

校长　宋维明

2012年2月17日

同志们：

根据学校安排，我代表校班子对2012年重点工作进行部署。为了科学谋划好今年的工作，2月11日校领导班子召开专题会议，通报各分管口工作要点，研究提出了今年的重点任务和发展新举措，达成了共识，明确了目标。下面，我代表学校领导班子就今年上半年的工作做以下部署。

一、准确把握宏观形势，抢抓机遇，加快学校发展步伐

2012年是学校实施“十二五”规划的重要年份，同时又是党的十八大即将召开，北林将迎来建校60周年的年份。做好全年的工作，具有特殊的意义。

一是振奋精神以优异的成绩迎接党的十八大召开。党的十八大召开是全党政治生活中的大事。我们必须切实增强政治意识、大局意识和责任意识，加强改进党建和思想政治工作，着力维护学校和谐稳定。用十八大的精神指导学校的改革进程，以校庆60年为契机全面推动学校各项工作再上新台阶。

二是2012年的中央1号文件对依靠科技创新驱动，引领支撑现代农业建设做出了全面部署，提出实施“卓越农林教育培养计划”等强化农林科技创新的重大任务。为学校发挥行业高校优势提供了重大的发展机遇。我们要认真学习贯彻好中央1号文件，既要抓住机遇，充分获取和利用相关资源；更要按照中央部署，促进科研和行业需求的紧密结合，在人才培养、科研创新、社会服务等方面为生态文明建设作出应有的贡献。

三是高等教育改革重大项目的相继启动，要求我们提前谋划，积极争取，获得新的发展机遇。教育部今年将推进实施“2011工程”“高等学校创新能力提升计划”和“全面提高高等教育质量的若干意见”。这些为我校加快协同创新，深化教育教学改革，深入推进人才培养、学科建设、科研工作有机结合，提供了宝贵的机遇。需要我们树立新的理念，做好申请、申办和实施的准备。

二、突出工作重点，坚持开拓创新，高质量完成全年工作

2012年，学校将以实施岗位聘任制度和人事分配制度改革为核心，以加强学科建设和提高教育质量为主线，为提升学校整体办学水平奠定制度和机制保障。同时，努力办好60周年校庆活动，向全社会展示北京林业大学发展的成就和对未来的信心。

下面，我根据各位校领导和各部门提出的工作要点，着重强调以下10个方面的工作。

1. 实施岗位聘任制改革，构建以学院为运行主体的内部管理机制

全面推行岗位聘任制改革，是今年上半年的核心任务。此项工作从去年开始，经过校外调研、方案起草、意见征求等多个环节，岗位聘任及收入分配制度改革总体方案基本制定完成。本周三党委常委会又对改革方案进行了深入研讨。接下来，学校将继续征求学院和职能部处的建议，将细化完善后的人事制度改革方案提交双代会讨论通过后加快实施。与此次改革同步，学校将在实施岗位聘任制的同时，开展职称评定工作。

本次人事改革工作的目标要求：一是分类管理。根据学院学科和任务特点对学院进行分类管理；二是以学院（部）为改革主体，由学院制订学科岗位的责任、权力和评价标准，实现责、权、利的统一；三是有特色的评聘分开制度，职务评审与岗位聘用分离；四是建立科学的考核评价制度。强化聘期的作用，对教师岗位侧重聘期考核；五是建设科学的收入分配制度，保证教学投入和科研投入相互协调的收入分配导向。

希望各学院要充分认识此次改革的重要性，这是关系建立科学的学校内部管理机制最核心的改革。这次改革，学校要投入几千万的资金，较大幅度地改善教职工的收入水平，特别是青年教师的收入水平，为调动教职工积极投入学校事业发展提供有力的物质和精神的激励。

与此同时，我们要加强对“千人计划”及“长江学者”等高层次人才的引进，完善人才引进政策的促进效应，同时制定措施引导和促进学院主动开展人才队伍建设。与引进人才同步，积极实施五个新的人才计划，加强对现有高端人才的目标化培养，建立全方位多层次的人才支持培养体系，特别是在人事管理、科研管理和学科管理等方面采取有效措施，引导和加强学科团队建设。同时，继续利用各种渠道经费和项目支持青年教师出国深造，加速师资队伍国际化建设。

2. 加强学科资源整合，系统规划学科发展

学科建设始终是学校发展的重中之重。今年学校面临一级学科评估等硬条件，我们要以此为契机，进一步优化学科布局，进行学科资源的科学整合，突出学科特色，完善学科体系。

在学校“十二五”事业规划的框架下，尽快完成学科建设规划的制定。要切实发挥校、院两级学术委员会的作用，充分研讨，制定学科调整、整合的方案，加快推进学科资源整合。

抓好一级学科评估，为重点学科申报打基础。上学期期末，教育部启动了第三轮一级学科评估，学校进行了相应的部署。本次评估，我们确定了确保林学一级学科全面领先；风景园林、林业工程争取领先；农林经济管理、生态学、生物学提升地位的目标。希望各学院抓紧材料收集和成果归纳，突出反映学科建设的成效。此外，要根据“十二五”学科规划目标，提前谋划重点学科的申报，开展对重点学科建设情况的检查，完善学科建设举措。

继续以“优势学科创新平台”“211 工程”为依托，全力推动学科建设上水平。完成“211 工程”三期建设验收，抓好优势学科创新平台的建设。主动跟踪上级动向，提前做好新一轮国家项目如“2011 工程”建设方案的谋划，争取学科发展的新资源和新平台。

3. 深化教育教学改革，提升人才培养质量

教学工作始终是学校建设的中心工作。我们要继续推进教育教学改革，提升本科和研究生培养质量，提升继续教育效益。

本科教育要筹备召开第十次本科教学工作会议，谋划本科教育改革发展。要加强校内各项政策在教学投入和提高质量方面的导向性，保障本科教学的中心地位。要积极争取本科教学工程项目，抓住实施“卓越农林人才培养计划”等契机，用好北京高科大学联盟等平台，推进专业综合改革、实践教学改革和人才培养模式改革。要充分发挥苗圃、林场等资源的支撑作用，强化实践环节教学。发挥教学促进中心的作用，推进网络课程的建设和推广应用。做好林学等本科教学指导委员会换届工作，保证学校在本科教学建设方面的话语权。做好国家教学成果奖、国家教学名师的培育工作。

研究生教育要完善以成果产出和提高人才培养质量为主导的学术型研究生培养模式，健全研究生教育过程监控体系。建设将博士研究生培养与学校科学研究水平提高紧密结合的机制，提升研究生学术创新能力。同时，深入探讨专业学位研究生培养的模式，建设校内外产学研一体化的专业学位研究生培养平台，做好专业学位研究生培养工作。

继续教育要积极争取远程教育，强化培训的市场化运作，提升继续教育的效益。

4. 抓好重点平台建设，科研水平上新台阶

平台建设是学校科技创新的主要阵地和学术发展的重要依托。今年要重点推进科技平台管理机制改革，建立分层次管理体系，解决平台由谁建、怎么建的问题。此项工作由发展规划处负责，尽快出台相关制度，明确各个重点平台的主体运行单位，抓好花卉工程技术中心等国家级平台的验收评估。要组织队伍，明确我校建设国家实验室的目标和努力方向，进行系统的设计，加强与上级主管部门的沟通，争取参与建设指南的制定。要加强国家能源非粮生物质原料研发中心的建设，主动与行业主管部门和企业进行联合，搭建发展平台。要完善南方、北方和其他校外科研基地的管理，实现科研、教学和社会服务等活动有效支持基地运营的有效机制。

要加大科研重大成果产出的支持培育力度，保持科研发展的良好态势。要组织力量，跟踪“2011 计划”等动向，推进协同创新，加强科研重大项目申请的顶层设计，提升重大项目竞争力。各学院和学科要重点分析各自优势领域和方向，组织和协调优势科技力量，加强年度重大科技项目申报工作，力争在“973”计划“863”计划、国家科技支撑、基础性工作专项、行业专项、国家基金等科技计划年度重大项目立项中再创佳绩。要认真总结凝练标志性科技成果，力求在国家科技奖励申报的质量和数量方面再上新台阶。

5. 拓展产学研合作平台，全面推进开放办学，促进学校与社会深度融合

学校的办学必须与社会形成互动，搭建起更多的合作共赢平台，实现学校与社会的深度融合。为此，我们要“立足北京、面向全国，服务林业，以贡献促帮助，以服务求支持”，通过产学研合作，着力增强学校发展的自我造血机制，实现学校的自我发展运行。

一方面要充分利用学校科技园区的平台，将学校发展与社会需求紧密结合学科的研发活动，生态环保研究院和科技园建设要紧密结合学科的研发活动，引进高水平的驻园企业，争取申报认定教育部“双实双业”基地和“国家大学科技

园”。同时，要利用科技园区的平台，促进北林科技等企业抓住国家和北京市重大项目实施的契机，优化经营结构，争取大项目，提高经营效益和对学校发展的贡献度。

另一方面要支持校友会和教育基金会工作，积极建设校友资源的平台，将校友作为学校未来发展不可替代的力量，特别是要发挥校友在提供新的教育资源、科学研究资源以及社会服务资源的桥梁与纽带作用。

此外，我们还要以实质性国际合作与交流为内涵，围绕师资队伍建设、学科建设和开拓国际教育市场，发挥国际交流与合作的作用，进一步提升国际化办学水平。有序开展“亚太地区林业院校长会议机制协调办公室”相关工作。

6. 加大基本建设力度，科学配置办学空间资源，提高空间使用效率

基本建设是一件长期性的重要工作，关系到办学条件的改善、校园的和谐与学校的可持续发展。要从总体规划、工程推进、拓展资源等方面加大工作力度，加快基本建设重点工程进度。苗圃教工新建住宅装修的后期工作要细化落实，力争4月15日前完成入住搬迁。组织好腾退房搬家，完成售房后续工作。学研大厦要以实用、美观、环保为原则，细化后期设计方案，做好招投标，力争年底竣工，2013年上半年投入使用。

从学校总体发展出发，对校本部、林场进行系统规划。要主动争取教育部、北京市的各项政策支持，调整校园建设规划，争取后勤综合服务楼等新项目立项，为学校后续发展提供空间支撑。林场建设的规划要与学校总体发展相衔接，发挥每块土地资源的效益。

做好资源调整和校园基础设施改造。充分利用学研大厦投入使用的契机，推进办公用房调整，向教学科研一线倾斜，努力实现“一院一地一文化”、提高用房的使用效率。此项工作王自力校长带领工作组进行了大量的工作，成效显著。要以迎接校庆为重点，进一步做好校园环境改造和重点区域维修。

7. 做好校庆筹备，广泛凝聚力量，加快学校发展

迎接建校60年，办好校庆活动，是总结办学经验、凝聚人气力量、树立发展信心的重要契机，为此，我们要坚持全校发动、完善工作方案，形成合力，重点做好校友联系、资金筹措、庆典活动、安全预案制定等校庆筹备，认真总结北林的优良办学传统，挖掘北林精神的丰富内涵，推动绿色大学文化的创新发展。

要加强各地校友会建设，扩大教育基金会的影响。努力争取国家部委、地方政府、广大校友和社会各界的支持。

8. 加强党的建设，维护学校稳定，迎接党的十八大胜利召开

强化党的建设，是我校保持稳定发展的优良传统。今年，要以高度的政治责任感和历史使命感，营造良好氛围、保障校园安全做好迎接十八大召开和十八大召开后的学习、宣传、贯彻工作。加强思想政治和新闻宣传工作。推动中心组学习与中心工作紧密结合。

要加强干部队伍建设，强化党风廉政建设。加大干部教育培训力度，加强干部的党性建设、作风建设和能力建设。着力加强基层党组织建设，强化基层党组织的战斗堡垒作用，引导党员干部真情服务师生。召开党风廉政建设工作会议，强化干部监督管理，落实廉政责任制，引导规范从政。搞好基本建设的全过程审计，加强干部经济责任审计。

要加强统战工作、离退休工作和工会工作。加大党外干部的培养力度，引导党外人士围绕中心做贡献。抓好离退休同志的服务工作，促进老有所为。落实《学校教职工代表大会规定》，加强教代会建设，召开双代会，搞好党务、校务和信息三公开。要落实平安校园创建活动的各项要求，力争建成北京市平安校园。强化维护稳定各项工作，做好信访工作，维护校园稳定安全。

9. 强化大学生思想政治教育，服务学生成长发展

要坚持德育为先、能力为重，构建促进学生健康成才工作体系，筹备召开学生工作会议。抓好辅导员、班主任和学术骨干队伍建设，引导他们深入到学生中开展德育工作。多部门联动，加强学习型班级和和谐宿舍建设，引导学生文明修身，建设良好的学风。要加强研究生思想政治教育，继续开展研究生学术创新活动。发挥共青团作用，搞好绿桥等品牌活动。紧密结合实践，开展德育理论研究。

招生就业工作要提升质量。继续巩固和扩大优质生源基地建设成果，规范各种类型招生，实行阳光招生，确保生源保持高质量。拓展主流行业的就业渠道，完善就业用人网络建设，提高毕业生就业质量。

10. 完善制度建设，加强科学管理，确保学校高效运转

加强管理制度建设，推动依法治校。要认真贯彻《高等学校章程制定暂行办法》，广泛调研，做好学校章程的制定工作。要进一步完善“三重一大”民主决策制度，健全会议制度，确保民主科学决策。

加强学校的科学管理，提高运转效率。加强财务的科学化、精细化管理。巩固纵向经费主渠道，大力拓展横向经费渠道，做好重点建设项目的资金筹集工作。整合资源，建设教师信息系统。加强标本馆、苗圃、林场、图书馆、期刊、档案和高教研究等公共体系的建设和管理，发挥其服务教学科研的作用。做好校医院、计划生育、居委会、林大附小等部门的管理服务工作。

三、贯彻“把握大势，突出重点，狠抓落实，强调质量”工作方针，全面推进学校事业发展

2012 年的工作头绪多，任务非常繁重，但是对学校未来发展却至关重要。因此，面对上述十个方面的工作，我们要贯彻“把握大势，突出重点，狠抓落实，强调质量”工作方针。

一是要把握大势。学校的内部管理体制和机制改革已经为未来的发展造就了良好的发展大势，我们要充分把握和利用这个大势，形成大家的期望和信心，积极地引导大家投入工作，切实把思想统一到改革发展、聚焦质量和内涵建设上来。继续增强主动工作的紧迫感和忧患意识。始终保持奋发向上的精神状态。

二是要突出重点。发展改革千头万绪，要抓主要矛盾和逻辑前提。保持科学和有效的工作秩序。

三是要狠抓落实。抓紧做好各项重点工作的分解落实，由各分管校领导抓落实，召开专题会议进行部署。专项工作指定专人负责。全校上下要紧紧围绕中心工作，进一步加强战略性思考、系统性部署和创造性，形成工作合力，营造共谋发展的良好氛围。

四是要强调质量。要以质量为核心，即以质量要求来评价工作的成效。

2011 年学校各项事业的发展和进步，为 2012 年的工作打下了良好的基础，特别是全校上下形成了一股奋发向上的发展势头，这就更加坚定了我们实现学校发展目标的信心。我们必须抓住机遇、乘势而上，巩固和发展学校“十二五”开局的良好势头。我相信，只要我们更新观念，鼓足干劲，开拓进取，努力实干，就一定能够开创学校发展的新局面！

深化改革　协同创新　全面提升学校核心竞争力

——在 2012 年下半年工作会议上的讲话

校长　宋维明

2012 年 9 月 7 日

同志们：

经过两个月的暑假调整，我们迎来了新的学年。今天我们召开新学年工作会议，总结上半年工作，部署下半年重点工作。这次会议正值党的十八大即将召开和 60 周年校庆筹备的关键时刻，对于统一思想、凝聚人心，团结动员师生员工真抓实干、攻坚克难，扎实推进学校建设步伐具有重要意义。今天我的讲话包括 3 个方面的内容：首先传达一下教育部直属高校工作咨询委员会 22 次会议的精神；第二总结一下上半年的工作；最后谈谈下半年的工作思路。

一、教育部直属高校工作咨询委员会第 22 次全体会议主要精神

8 月 20 日，教育部直属高校工作咨询委员会第 22 次全体会议在武汉举行。刘延东国务委员出席会议并作重要讲话。我简要传达一下会议

精神。

刘延东报告分三部分，一是对十七大以来5年中国高等教育发展的总结，提出五年来高等教育事业继往开来、与时俱进、大有作为、硕果累累；二是对我国高等教育发展形势和遇到的问题进行了深刻阐述，提出了高校要努力做到“六个坚持”，即高等教育要：

1. 坚持协调发展，主动适应经济社会发展需要，包括主动适应产业发展战略的需要；主动适应区域发展战略需要；主动适应建设学习型社会的需要。

2. 坚持内涵发展，全面提高高等教育质量。树立科学的质量观，资源配置要体现质量导向，健全教育质量保障和评估体系，稳定规模、优化结构，全面提高高等教育质量。

3. 坚持特色发展，在不同层次、不同领域争创一流。鼓励高校合理定位，各展所长，实行分类管理，争创一流。

4. 坚持创新发展，激发学校办学的生机和活力。完善学校内部治理结构，建设中国特色的现代大学制度。坚持完善党委领导下的校长负责制，处理好学术权力和行政权力的关系。转变政府管理职能和管理方式。

5. 坚持开放发展，不断提升我国高等教育竞争力和影响力。完善高校面向科研院所、企业、地方开放合作机制，加快引进先进教育理念和优质教育资源，积极推动我国高等教育走出去。

6. 坚持可持续发展，注重科学规划，加强制度建设，增强工作连续性、预见性、创造性和系统性，努力形成我国高等教育持续健康发展的良好局面。

讲话的第三部分是对促进高等教育科学发展提供坚强保障的要求。

教育部副部长杜玉波做了应询讲话，针对会前征询的意见和委员们提出的咨询建议，围绕“创新人才培养、教师队伍建设、‘2011计划’实施、现代大学制度建设、政策支持与条件保障、党建和思想政治工作”等6个方面做了报告。

1. 关于创新人才培养：提出应从六个方面入手找到突破口。①要突出人才培养适应经济社会发展需要导向(学科专业结构调整)；①要完善创新人才选拔体系(自主招生多样化)；③要建立杰出人才培养的特殊机制(实行一制三化，导师制、小班化、个性化、国际化)；④要加快推动研究生教育改革(教育发展方式从注重规模发展向注重质量提升转变、培养类型结构以学术学位为主向学术学位与专业学位协调发展转变、培养模式从以注重知识学习为主向知识学习和能力培养并重转变、人才质量评价方式从注重在学培养质量向与职业发展质量并重转变)；⑤要加大对人才培养的保障力度(领导精力、资源优化、规划指导)；⑥要改进人才培养质量的评价方式(内涵导向、分类评估)。

2. 关于高校教师队伍建设：第一提高教师队伍素质(坚持师德为先、教学为要、科研为基)；第二优化教师队伍结构(加强高层次人才引进和培养、加强青年教师队伍建设)；第三增强教师队伍活力(岗位分类管理、创新教师薪酬激励机制、建立教师流转退出机制)。

3. 关于“2011计划”：一要把握推进协同创新这个主题；二要把握解决国家重大需求这个根本出发点；三要把握人才、学科、科研三位一体创新能力这个核心任务；四要把握突破体制机制瓶颈这个改革重点；五是把握培养组建这个工作前提；六是把握建立协同创新模式这个关键组带；七是把握协同创新中心这个实施载体。

4. 关于建设现代大学制度：①加强大学章程建设；②进一步落实和扩大高校办学自主权；③坚持和完善党委领导下的校长负责制；④加强学术组织建设；⑤加大力度推进试点学院的改革。

5. 关于政策支持与条件保障：①支持中西部高等教育发展；②探索改革试点的政策突破：③加强经费支持和监管。

6. 关于党建和思想政治工作：①改进大学生党员发展工作；②加强高校青年教师思想政治工作；③做好高校意识形态工作。

会中，就2011计划、教师队伍建设等专题进行的司长专题咨询。最后袁贵仁部长就维稳工作做了专题报告，提出在事关政治方向和根本原则的问题上必须始终保持旗帜鲜明和立场坚定，牢牢把握党对高校意识形态的指导权。高校要高度重视党的十八大前和会议期间的稳定工作，决不能让少数人扰乱思想、影响大局，决不能给错误思想提供传播渠道。要切实管好自己的人、管好学校的阵地，管住可能出的事。

二、上半年工作的简要总结

上半年，在学校党委行政的领导下，以实施岗位聘任制度和人事分配制度改革为核心，以加强学科建设和提高教育质量为主线，推动各项工作取得了重大的进展，主要表现在以下八个方面：

（一）把握国家和行业需求形势，扎实推动政产学研用一体化

年初中央1号文件对农林科技创新的重大部署以及教育部"2011计划"的实施，为行业特色高校提供了广阔的平台。近年来学校提出了政产学研用一体化建设的新思路，开展了一系列实践探索。今年学校先后与辽宁省林业厅、赤峰市政府等新签合作协议，与海淀区政府、广西林业厅、湖北林业厅等的合作项目稳步实施。学校抢抓协同创新的契机，迅速成立"2011计划"办公室，研究设计实施方案，加强与教育部和行业主管部门的沟通，深入凝练培育方向，加快协同创新中心的前期筹建，并以此为契机梳理整合校内学术资源，主动服务国家战略需求。

（二）人事制度改革取得重大进展，人才队伍建设成果突出

学校岗位聘任和薪酬制度改革取得阶段成果，有效激发办学活力。此次改革历时九个月，坚持"评聘分开"，突出学院主体，将设岗、聘用等权力下放学院。经过第二轮岗位聘任，所有教职员工签约入岗，同时实现了教职工津贴较大幅度的增长。对于激励工作动力，改善民生都产生了重大的推动作用。

学校继续加强人才引进和培养工作。许凤成为国家杰出青年科学基金获得者（公示中），刘俊国入选首届青年拔尖人才支持计划，高层次人才建设实现新突破。学校审批引进第三层次人员2名，第四层次人员2名。补充教职员工87人，新进教师全部来自国内985、211院校、中科院毕业生和留学人员，师资队伍学缘和学历结构进一步改善。中青年教师培养工作力度有所加大。

（三）深化教育教学改革，稳步提高人才培养质量

"本科教学工程"建设扎实推进。在林学专业试点实施大类招生。加大课程和教材建设力度，3门课程列为国家精品视频公开课，30余种教材申报国家等部委规划教材，其中国家级"十二五"规划教材8种。重视教学团队建设，1名教师获首届全国高校青年教师教学竞赛二等奖，新增北京市教学名师2名。确立59项校级教改项目，积极申报国家级教学成果奖。拓展梁希班的范围，新增园林设计类和材料类梁希班。强化教学实践基地建设，园林实验教学中心被列为国家级实验教学示范中心建设项目，学校鹫峰国家森林公园被列为国家大学生校外实践教育基地。本科生招生质量稳中有升，本科一志愿录取率创历史新高达到99.85%，理科录取平均分高出重点线50.56分，文科高出37.01分，均创历史新高。本科生一次就业率达到95.85%。

研究生教育注重分类指导，提升质量。调整了研究生课程安排和实践实验，评选首批研究生精品课程，提升研究生科研实践能力。修订学位培养管理制度，严把研究生毕业质量关。共计招收全日制硕士1267人，博士生265人，在职专业学位研究生381人，研究生招生生源质量不断提高。

继续教育稳步发展，建成远程培训平台，远程教育扎实推动。

国际合作交流和联合办学不断深入，继续推进与加拿大UBC大学的"2+2"合作办学和越南林业大学的"2+2"合作办学项目进程，启动"留学北林计划"，今年共接收30名海外留学生来校学习。成功举办国际观赏植物种质资源学术研讨会、中日森林植被学术研讨会等国际学术活动。

（四）加强学科建设，强化科技成果产出

瞄准国家行业发展需求，统筹学科布局与资源分配。"211工程"三期完成校内验收及国家验收准备，国家优势学科创新平台建设通过专家检查评价。把握全国第三轮一级学科评估的契机，梳理学科特色，为学科调整做准备。

科研工作稳步推进。上半年新立项纵向科研项目102项，到账经费1.4亿元。累计发表SCI、EI收录论文523篇；科研实践基地建设不断推进，河北平泉苗圃基地、木工车间基地，花卉种质创新与产业化示范实践基地正式启用。出台科技奖励办法，规范科研奖励工作。以材料学院、工学院、园林学院、生物学院为试点，签署了科

技成果转化管理责任书。

(五)扎实做好基建工作，不断改善办学条件

教职工住宅顺利竣工并投入使用，数百名教师喜搬新家，后续售房工作进行顺利。学研大厦工程建设严格按照程序完成二次结构、地下设备安装和大部分专业分包、材料设备招标工作。拟建学生食堂和学生宿舍进入前期调研与功能确定阶段。校园总体规划已经报批，为改善学校办学条件奠定了坚实基础。

优化公共服务体系。后勤狠抓服务质量，稳定伙食物价；校园网络进行结构升级，数字一卡通二期工作继续推进；图书馆馆藏资源继续增加。林场共接待校内外教学实习5000余人次，举办"鹫峰梅花节"和"鹫峰生态文化节"，提升了林场的知名度。

(六)坚持科学管理，提升校务管理效益

科学编制财务预算，多方面筹措资金。上半年学校各项收入总计超过5亿元。加强节能节水工作，完成校园环境的绿化美化，修缮了西家属区道路。加强校务、信息公开，提升民主办学水平。档案管理、校医院、计划生育、居委会等工作有效加强。

产业发展势头良好。截至7月，资产公司上半年收入2.2亿元。生态环保产业技术研究院设立战略合作委员会和专家委员会，完善内部机制和规章制度。整合物业管理，加强校内东西家属区的管理。

校友会和教育基金会快速发展。上半年，辽宁、宁夏、湖北、河北、山西、云南等地筹备成立了校友会。教育基金会募集款项近150万元，发放奖助学金、就业基金共计109万元，受益学生1655人。

(七)党建不断加强，平安和谐校园建设成效显著

以落实教育部巡视反馈意见为契机，制定整改落实方案，加强领导班子建设。党委中心组理论学习继续深化，与北京建工学院党委中心组共建，建立中心组校外实践基地。推进竞争性干部选拔，配齐配强院处级领导班子，搭建干部多岗位锻炼平台，上半年共选派5名干部挂职锻炼。做好自查工作，认真迎接《党建基本标准》达标检查。抓好思想政治和新闻宣传工作，推动大学文化建设，重点开展"北林精神表述语评选"等文化活动。新获北京高等学校党建和思政工作优秀成果奖。

加强党风廉政建设。召开2012年全校党风廉政建设工作会，学校与全校各单位签署党风廉政建设责任书。贯彻"主动、独立、前移、过程"思路，扎实推进审计工作。

加强平安和谐校园建设。加强党外代表人士联系和队伍建设，做好离退休老同志的学习、帮扶与日常服务，成功召开第六届教职工第十四届工会会员代表大会第三次会议，有效做好离退休和工会工作。完善校园安全保障机制，以优异成绩通过"平安校园"示范学校检查，建设和谐校园。

(八)积极做好学生工作，促进学生健康成长

学生管理不断求新，思想道德教育和心理健康教育常抓不懈。制定管理规章制度17项。建立以班级为主要管理节点的学生管理体系。实施辅导员宿舍责任承包制度，倡导文明的公寓文化。推进学生资助工作标准化建设，上半年共发放本科生各类奖助学金1133.5万元。

共青团工作突出品牌。绿桥、绿色长征、绿色咨询活动取得新进展。成功召开学校第十次团代会，党建带团建工作全面深化。

此外，学校各个部门和学院都牺牲了暑期的休息时间，推进2011协同创新中心的前期筹备，细化落实校庆筹备，为学校发展无私奉献。在此，我谨代表学校党委向辛勤工作的全校教职员工致以衷心的感谢!

三、继续深化改革，高质量完成下半年工作

9月2日，学校召开了校党委常委会，深入研讨改革发展新举措，确立了下半年的工作重点思路为：下半年的工作以持续深化人事、教学和科研改革，切实抓好"2011计划"协同创新中心的培育、国家重点实验室申报、重点学科评审等重点工作，继续提升人才培养、科学研究、学科建设、社会服务和管理水平；同时努力办好60年校庆活动，展示学校的风采和活力，以优异的成绩迎接党的十八大胜利召开。在此，我重点强调十方面的重点工作。

(一)抢抓机遇，完善"十二五"规划，全力以赴推进协同创新中心培育、国家重点实验室

申报

要认真学习领会教育部对学校"十二五"规划制定的反馈意见，抓紧完成规划修编，做好学科建设等分规划的制定。指导学院制定各项规划，形成校院两级协调一致的规划体系。

暑假学校已经召开了多次协同创新座谈会，充分研讨如何建立具有北林特色的协同创新模式。按照"国家急需、世界一流"的要求，瞄准科学前沿和国家发展的重大需求，立足我校学科特色，拓展政产学研用一体化的空间，凝练方向、组织队伍、加强外联，设计体制机制新模式，基本完成"林木资源高效培育与利用"协同创新中心的申报方案，下一步将尽快成立具有北林特色的协同创新中心。在协同创新中心的建设过程中，要进一步开阔视野，循序渐进、持之以恒。将协同创新体制机制的设计与学校重点科研平台体制机制改革衔接，推动后者的改革进程。同时，充分发挥协同创新中心的载体和纽带作用，牵引学校各项事业取得突破进展。继续扩大政产学研用合作成效，下半年争取与延庆县人民政府、山东泰安市人民政府、重庆南川区人民政府签订合作协议。对于已经签署的协议，要组织有关学院抓紧落实，推动合作取得实效，实现双赢。

做好计划把握机会，组织力量继续推进国家重点实验室的申报，包括指南的参与、文本的完善等，要尽快落实，加快工作进度，力求突破。

(二)稳妥推进学科结构调整，建设特色鲜明的学科体系

学科建设是学校各项工作的龙头，学科整体实力对提升学校核心竞争力和社会影响力具有重要意义。要抓紧规划新一轮"211工程"建设项目，科学编制新一轮优势学科创新平台申报方案。整合学科资源，探索一院多所学科管理模式，促进学科交叉融合，占领学术高地。及早谋划新一轮国家重点学科申报，通过管理制度的改革促进现有国家重点学科和省部级重点学科在学术队伍、科学研究、人才培养、条件平台、学术交流等方面取得新成绩，为国家重点学科申报取得好成绩做好准备。

(三)深化人才培养模式改革，提高本科和研究生教育质量

人才培养是高等教育的本质要求和根本使命，提高教育质量关键是提高人才培养质量。要统筹考虑本科、研究生和继续教育，形成承上启下、相互促进的创新人才培养体系。

贯彻落实高教30条，组织召开第十次本科教学工作会议，总结本科创新人才培养取得的成绩，提出加强本科教学的新举措。本科教育质量保证既要体现在精英教育模式改革，如依托"卓越农林人才培养计划"，加强"梁希实验班""国家理科(生物学)基地"建设，探索本硕(博)统筹培养模式等方面，也要体现在大众教育模式的改革上。对大众教育来说，也要突出抓好实践能力和社会责任感的培养。因此，重视现代化教学资源开发与应用，建成一批具有行业特色的视频公开课和精品资源共享课，建设好"校内外创新实践基地"，是我们必须尽快要完成的具体工作。

今后一个阶段研究生教育改革任务比较繁重。首先要对学术型研究生和专业学位研究生的培养模式进行改革，统筹协调科学学位与专业学位研究生培养，分类施策；其次，调整研究生培养结构，规范研究生培养的二级学科和交叉学科自主设置，启动新一轮研究生培养方案的修订；第三，继续强化学术性研究生科研产出的制度导向，提高学位论文质量监督的水平，确保研究生培养质量进一步提高。

继续教育要加强各类非学历高等教育类型的管理水平，保证和提高在读学生的培养质量，同时继续促进网络平台和信息化教育资源和平台的建设。

国际合作交流要推进与加拿大UBC大学以及越南林业大学的联合培养，形成交换生、联合培养生等为主的国际化高等人才培养格局。

(四)强化科研立项和成果产出，加强科技平台建设

在实现我校发展目标的进程中，科学研究工作至关重要，科研产出的规模和质量，决定着学校成长空间和平台的大小与层次，决定着发展的高度。因此，要把科研工作与人才培养工作看做是学校发展的两个车轮，两轮同时驱动才能奔着一个方向前进。在初步完成了岗位聘任制改革的基础上，要逐步实现科研活动的组织与管理以学院(国家级平台)为主体，学校、学院(国家级平台)、学科三位一体的体制；科研资源的获取要

形成激励纵向与横向、组织与个人并行共同努力的机制。要继续加强科研战略的顶层设计，全力争取国家科技计划申报。校院结合规范科研项目和科研经费管理，加强科研项目审计。组织筹建新农村发展研究院。促进南方、北方基地科研项目实施，组织做好2012年度学校优秀科技成果奖励的评审，力争实现高水平论文和科技奖励产出的新突破。加强科研与教学互动的导向，构建科研反哺教学的长效机制。

改革和完善各层次科研平台的运行体制机制，集中力量做大做强国家级平台，真正发挥其品牌效益，促进学术创新，推动产业发展。以学院为主积极培育省部级科研平台，促进科研成果的产出和应用。要瞅准时机，积极展开科技平台的立项建设，认真遴选，组织申报，争取在十二五期间实现一批省部级重点实验室、工程中心和野外定位观测研究站立项建设的新突破。

（五）深化人事制度改革，推进人才强校战略实施

师资队伍建设要落实师德为先、教学为要、科研为基，创新制度，坚持内培外引，提升人才队伍建设质量。要进一步激发学院的积极性，继续做好高层次人才引进和校内人才队伍培养。依托千人计划、长江学者奖励计划和梁希学者特聘教授计划，抢抓“万人计划”等契机，加强教学科研领军人物的培养。

以建设高水平的教学与科研团队为出发点，加大青年教师培养力度，特别是围绕着协同创新中心、国家级和省部级科研平台的建设和重点学科建设，建设一批由高水平领军人物和各层次中青年研究力量组成的科研创新团队。

人事聘任及绩效津贴分配改革取得了阶段成果，下一步要着力做好配套的奖励制度和机制的建设，科学地设计岗位聘任中期和期满考核制度，制定本轮聘期中期考核和聘期考核办法，细化考核评价体系与资源配置体系管理及运行规则，强化动态管理。

（六）进一步做好基本建设工作，提升公共体系支撑学校发展的能力

坚持工程质量第一，加快学研大厦建设步伐，校庆前完成外立面主要部位亮相，力争在年底前基本完成整体工程，确保2013年5月使用。稳步推进办公用房调整工作，科学制定搬迁方案，细化进度，确保向教学科研倾斜的优势资源真正发挥效用。做好校园总体规划的报批工作，力争提高容积率，争取新的发展空间。全力争取学生宿舍和学生食堂两项“十二五”工程的审批。顺利完成后续各轮次的售房工作。做好校庆前校园环境的维修、整理和美化工作。

健全公共体系。推动平安后勤建设，百分百保证饮食安全，继续稳定食堂价格，做好后勤人员的专业化培训。突出图书馆的馆藏特色，提升馆藏资源和电子资源的利用率。优化校园网内部结构，完成教师信息系统建设，实现数字校园升级。林场要继续做好教学实践服务，进行基本设施维修和防火准备，统筹做好林权证和土地证办理工作。

（七）坚持改革创新，加强党建和思想政治工作，迎接党的十八胜利召开

党的十八大召开，是全党和全国人民政治生活的一件大事。要以高度的政治责任感，扎实做好党建和安全稳定各项工作，积极建设和谐校园，为十八大的召开创造稳定的校园环境。积极号召和组织各级党组织对党的十八大精神学习、领会、宣传、贯彻，用党的十八大精神统领学校改革发展的大局。

加强党建工作创新，推动我校的思想建设、组织建设、干部建设、廉政建设。做好教育部巡视反馈意见的整改落实工作，推动学校改革发展。加强对岗位空缺干部的遴选，选齐配强管理干部。修订和完善干部工作相关制度，做好年轻后备干部、党外干部的选拔和培养工作。完善党建工作考核评价机制，深化创先争优成果，推进基层组织建设，做好党建达标评估。教师党支部和学生党支部要主动发挥组织、凝聚、推动作用，服务大局。深入开展思想政治和新闻宣传工作，推进文化建设。

党风廉政建设要重点落实责任制，完善惩防体系建设，深入开展廉政风险防范。强化对基本建设工程、重点专项资金的审计，推进干部经济责任审计。

做好统战、离退休和工会工作。进一步加大对党外干部的选拔培养和使用力度，充分发挥党外人士在推动学校发展中的积极作用。切实抓好离退休教职工服务，继续推进老有所为工作。进一步落实《学校教职工代表大会规定》，加强教

代会建设。

（八）坚持育人为本，加强学生管理服务，促进学生素质全面提升

筹备召开学生工作会议，把社会主义核心价值体系融入学生工作全过程，大力倡导“北京精神”和“北林精神”。加强学生心理危机预防和干预，倡导良好的宿舍文化。提升学生管理科学化水平，建设高素质的班主任和辅导员队伍。开展以“资助十年”为主题的总结活动，加强和改进学生资助工作。做好国防生培养、国防教育和冬季征兵入伍工作。以学术道德建设和专业素养提升为重点，做好研究生思政工作。

继续推进优质生源基地建设，合理布局，力争新签20个生源基地。与合作中学构建长效的合作机制。强化就业宣传，完善就业指导服务体系，引导毕业生到主流行业就业，保持就业的高质量。

共青团工作要围绕理想信念、社会实践、绿色环保、志愿服务等内容，开展学生喜闻乐见的活动，保持青春向上的精神风貌。

学生工作无小事，特别是这学期重点关注学生的稳定工作和做好60校庆志愿者工作。

（九）推进校务的科学管理，提高管理工作质量和效率

学校管理要继续深化改革，改革与学校发展不相适应的体制机制，推进机制整合与制度化建设，启动北京林业大学章程的制定工作。优化内部治理结构，进一步推进管理重心下移。要在职能部门和教辅单位中，加强和改进“精细化管理、人性化服务”，为教学科研提供优质服务，营造一流的发展环境。

高质量做好财务和产业工作。做好2013年预算编制，提升资金的使用效率，继续拓展资金筹措渠道，规范财务管理。继续加强产业发展，抢抓机遇，进行产业结构调整，以项目带动企业发展。抓好大学科技园建设，吸引优质企业入园，积极申报国家级大学科技园。

做好校务日常管理。落实《党政公文管理条例》，修订出台《北京林业大学公文管理办法》，结合“公文质量年”活动，狠抓公文规范，推进办公自动化系统的升级改造，提高办公自动化水平。建立信息公开的长效机制，推动民主办学。

充分利用校庆契机，做好校友会和教育基金会的工作，将校友工作纳入学校开放办学的战略体系中来，挖掘和发挥校友资源成为学校发展的重要力量。结合学校的教学与科研改革继续开展有针对性的高等教育研究；引导广大教师加强体育锻炼，关注教职工健康，做好校医院、计划生育、居委会、林大附小等部门的管理服务工作。

同时，我们将改善和提高教职员工的生活待遇及工作条件，作为努力的重要目标，因此，将继续加大工作力度，努力在推动发展、保障发展的同时，关注民生、改善民生。

（十）广泛凝聚力量，举全校之力办好60周年校庆

同志们，还有39天即将迎来北京林业大学60周年的建校庆典，校庆筹备已经进入倒计时的冲刺阶段。学校确立的校庆工作思路是“弘扬学术、彰显成就、凝聚校友、谋求支持、促进发展”。希望全校各部门、各单位和全体师生员工要本着“校荣我荣”的工作态度，尽己所能，充分融入到校庆的各项筹备工作之中，充满激情、富有创造性地开展工作，营造人人关注校庆、人人参与校庆的生动局面，为北林60华诞献礼。

同志们，回顾学校60年发展，学校在坎坷中前进，在困难中自强，从北京的西山到云南的楸木园再回到肖庄，从低矮的木板房到高耸的学研大厦，北林人坚持迎难而上、追求卓越的豪迈情怀，书写了辉煌的奋斗之路。在这个学校发展史的关键节点上，让我们大家发扬北林精神，勇敢地担负历史赋予我们的使命，脚踏实地，务实工作，以学校优异的发展业绩迎接党的十八大的胜利召开，为早日把北京林业大学建设成为国际知名、特色鲜明、高水平研究型大学而努力奋斗！

在北京林业大学建校60周年庆祝大会上的讲话

北京林业大学校长　宋维明

2012年10月16日　国家体育馆

值此中国林业高等教育开创110周年之际，我们迎来了北京林业大学60华诞，所有北林人都无比振奋和激动。首先，请允许我代表北京林业大学全体师生向一直关心学校发展的各级领导、各位嘉宾、各位朋友，表示最衷心的感谢！欢迎你们在银杏初黄的金秋十月，与我们共同分享节日的喜悦！同时，我要向在各个时期为学校建设竭诚奉献的师生员工，向为母校增光添彩的广大校友，表示由衷的敬意！

60载风雨兼程。从秉承1902年京师大学堂的厚重历史，到1952年西山大觉寺正式建校；从1960年被列为全国重点院校，到文革十年被迫迁往云南颠沛流离；从1979年返京复校后再次创业，到1985年更名为北京林业大学稳步前进，北林走过了一条艰辛曲折的发展之路。

六十载艰苦奋斗。从1995年跨入"211工程"大学行列，到2008年进入国家优势学科平台建设试点高校，从2011年第十次党代会勾绘发展蓝图，到如今的加快内涵发展、致力协同创新，北京林业大学不断创造着新的业绩。

这60年，是北林人践行"知山知水，树木树人"理念、加快高水平林业大学建设步伐的攀登奋进史，更是北林人传播绿色文明、引领生态文明，为新中国的林业事业、为祖国的生态环境建设不断奉献的绿色腾飞史。

今天的北京林业大学，已经从单科性的林业院校发展成为以林学、生物学、林业工程学、风景园林学、水土保持与荒漠化防治学、农林经济管理学为特色的多学科性全国重点大学。

今天的北京林业大学，已经由一个专业，壮大为13个学院，建有研究生院，共有57个本科专业及方向，116个硕士点和39个博士点，形成了以本科和研究生教育为主的多层次人才培养体系。学校现有全日制本科生1.3万余人，研究生1700余人，学校拥有一支以3位院士领衔的千人教师团队，其中教授、副教授占到了70%多。学校不但在国内广泛开展校地、校企、校校、校所合作，还与30多个国家和地区的170余所大学和科研机构建立了合作关系。

60载耕耘不辍，几代北林人自强不息、攻坚克难，抢抓机遇、着力改革，人才培养、科技创新、社会服务、文化传承创新和党建思政等事业发展成就辉煌，谱写出了浓墨重彩的华章。

学校强化教学中心地位，成为林业、生态环境高层次人才培养的最大基地。建校以来，学校英华荟萃、人才辈出，为国家培养了以13位两院院士为代表的近10万名优秀毕业生。他们在祖国大地上辛勤播撒绿色的种子，为我国林业事业和生态环境建设做出了卓越贡献。学校不断更新教育理念，深化教育改革，教学质量始终位列农林高校前列，2005年获得教育部本科教学评估优秀，获得38项国家级和省部级教学成果奖，建设了5个国家级教学团队，获得一大批质量工程项目，2011年被评为全国就业50强高校。梁希实验班等拔尖创新人才培养探索取得新进展。30多人次获得国际风景园林设计大赛一等奖，获奖数量排名中国高校第一。9篇博士论文入选全国和北京市优秀博士论文。

学校坚持特色发展，成为国家林业科技创新的学术高地。林学一级学科始终保持全国第一，形成了森林培育学、水土保持学等9个国家二级重点学科为骨干的健全学科体系。学校坚持科技创新，取得了累累硕果。建成了国家花卉工程技术研究中心、林木育种国家工程实验室、国家野外台站、国家荒漠生态定位站等29个国家级和省部级平台，在建设了六大综合实践基地和一批产学研合作平台。2000年以来，获国家科技进步奖和技术发明奖15项，在森林资源培育、园林与人居环境建设、生物质材料与能源开发、生态与环境修复等学术发展方面，支撑了国家生态安全和资源保护利用。

学校主动服务国家战略，不断拓展服务面向，成为国家生态建设的重要支撑力量。我校专家教授积极参与三北防护林工程和天然林保护工程规划、中国可持续发展林业战略研究等国家林业政策咨询和规划制定。学校组织优势学科全面参与1987年大兴安岭特大火灾、2008年南方雨雪冰冻灾害和汶川震后生态恢复重建的科技支撑，受到党和国家领导人的充分肯定。学校坚持顶天立地，立足林业，面向全国，探索政产学研用一体化新模式，完成了中南海景观改造、奥林匹克公园规划设计、深圳仙湖植物园等重要景观设计建设工程600余项，建设国家能源非粮生物质原料研发中心、中关村科学城生态环保技术研究院，主持《中华大典·林业典》编撰，开展三峡库区消落带生态恢复、北京市植物种质资源调查和郊野公园总体规划、江西省森林生态效益评估等一大批重大社会服务项目，推动了绿色北京建设和现代林业发展。

学校不断完善红绿相映的育人格局，强有力的党建和思想政治工作保障了学校事业发展。学校先后荣获全国政务公开先进单位、北京市党建先进校、首都文明标兵单位等荣誉。学校发挥首批国家生态文明教育基地的示范作用，大力传播绿色文化，深入开展绿色实践，发起成立中国青少年生态环保志愿者之家等组织，全国青少年“绿色长征”、首都大学生“绿桥”活动，成为引领青少年生态环保活动的著名品牌。

60年是一幅壮美的画。风雨中，北京林业大学从当年西山脚下的一颗树苗，植根于新中国的沃土，成长为郁郁葱葱的参天大树；涌动着北林人尊重自然、追求真理、知山知水、树木树人的绿色情怀。以我国水土保持事业奠基人关君蔚先生、花卉院士陈俊愉先生、三倍体毛白杨之父朱之悌先生等为代表的一代代北林人全力践行使命与责任，不断创新实践，把精彩论文写在了祖国大地上，用汗水、用心血乃至用生命，替山河妆成锦绣，把国土绘成丹青。

60年是一首隽永的诗，饱含着学校历届领导班子和广大师生，迎难而上的勇气和百折不挠的毅力。全校师生艰苦奋斗，革故鼎新，坚守大学之道，遵循教育规律，以质量为核心，不断强化办学特色，实现了学校各项事业的协调发展。

60年是一曲绿色的歌，跳动着北林师生誓让“黄河流碧水，赤地变青山”的强音，“传播绿色文化、引领生态文明”的校风、“尚德、爱生”的教风、“学会学习、学会思考、学会审美”的学风，正成为学校发展的强大精神动力和不竭精神源泉，必将激励一批批绿色学子继往开来，积极投身伟大林业事业。

当前，我国经济社会发展正进入重大转型时期，质量提升成为高等教育发展的主题，林业在实现绿色增长中的重要作用日益凸显。面对新形势、新要求，北京林业大学作为林业生态环境领域的绿色学府，倍感责任重大，使命光荣。

60年的绿色校庆，是学校发展和腾飞的重要时间节点。我们带着对中国林业高等教育110年发展轨迹的追忆，共叙绿色情怀；我们推动建设生态文明、实现绿色发展的浪潮，踏上新的征程。

此时，我们又想起党和国家领导人对林业建设的殷切希望和重要指示。我们将立足国家宏观战略和生态文明建设的大局，深入贯彻落实国家教育、科技和人才规划纲要精神，大力实施质量提升、结构优化、特色发展、人才强校、改革驱动、开放合作六大战略，力争在建设国际知名、特色鲜明、高水平研究型大学的奋斗征途上，续写绿韵华章，再创新的辉煌，努力引领中国林业高等教育前进的方向！

机构与队伍

党群、行政机构

学校党群机构

北京林业大学党政办公室
中共北京林业大学委员会组织部
中共北京林业大学委员会党校
中共北京林业大学委员会宣传部
中共北京林业大学委员会统战部
中共北京林业大学纪律检查委员会
中共北京林业大学机关委员会
中共北京林业大学委员会保卫部
中共北京林业大学委员会学生工作部
中共北京林业大学委员会武装部
中共北京林业大学委员会研究生工作部
中国教育工会北京林业大学委员会
共青团北京林业大学委员会

学校行政机构

党政办公室
新闻办公室
发展规划处
监察处
保卫处
学生处
研究生院
继续教育学院
教务处
科技处
计划财务处
审计处
人事处
基建房产处
国际交流与合作处
招生就业处
离退休工作处
总务与产业管理处
实验室与设备管理处

教学机构

林学院
园林学院
水土保持学院
经济管理学院
工学院
材料科学与技术学院
生物科学与技术学院
人文社会科学学院
外语学院
信息学院
理学院
自然保护区学院
环境科学与工程学院
体育教学部

教学辅助、附属、挂靠及产业机构

实验林场
图书馆
标本馆
信息中心
校医院
校友会
期刊编辑部
高教研究室
后勤服务总公司
综合服务公司
北京林大林业科技股份有限公司
北京林大资产经营有限公司
北京林业大学社区居委会
北京林业大学人口与计划生育办公室
北林附小

中国林业教育学会
中国水土保持学会
中国防治荒漠化培训中心
国家林业局自然保护区研究中心
国家花卉工程技术研究中心
档案馆
教学科研实践基地建设办公室
公共分析测试中心
国家能源非粮生物质原料研发中心

（徐海昊　张　闯）

学校重要委员会和领导小组

北京林业大学第十届党委委员名单

常　委：王玉杰　王自力　方国良　全　海
吴　斌　宋维明　张　勇　张启翔
陈天全　姜恩来　骆有庆

委　员：于志明　马履一　王玉杰　王自力
方国良　石彦君　任　强　全　海
刘　诚　刘宏文　李铁铮　吴　斌
邹国辉　宋维明　张　闯　张　勇
张　敬　张志强　张启翔　陈天全
陈建成　郑晓清　姜恩来　骆有庆
董金宝

第十届纪律检查委员会委员名单

于文华　于翠霞　王艳青　刘广超　刘俊昌
庞有祝　杨宏伟　陈天全　周伯玲　姜金璞
管凤仙

北京林业大学第七届校学术委员会

顾　　问：沈国舫　陈俊愉　孟兆祯
名誉主任：尹伟伦
主任委员：宋维明
副主任委员：张启翔　骆有庆
委　员：（以姓氏笔划为序）
于志明　马履一　尹伟伦　王向荣　史宝辉
朱清科　孙建新　孙润仓　孙德智　孙承文
刘晋浩　吴　斌　严　耕　宋维明　李　雄
张文杰　张启翔　张志翔　张志强　余新晓
陈建成　侯小龙　赵广杰　骆有庆　俞国胜
黄心渊　康向阳　韩海荣　蒋湘宁　雷光春
潘焕学
秘　书：张　闯

秘书处设在人事处

北京林业大学第七届学位评定委员会

主　　席：宋维明
委　员：（以姓氏笔画为序）
于文华　于志明　马履一　王玉杰　史宝辉
邬荣领　孙润仓　孙德智　严　耕　李　雄
李文彬　吴　斌　张文杰　张志强　张启翔
陈建成　林金星　赵广杰　侯小龙　骆有庆
黄心渊　蒋湘宁　韩海荣　雷光春
秘　　书：张志强
列席委员：刘宏文　张劲松

北京林业大学财经工作领导小组

组　长：吴　斌　宋维明
成　员：陈天全　王自力　王玉杰
计财处处长　人事处处长
财经工作领导小组办公室设在计划财务处
办公室主任：计财处处长

北京林业大学人才工作领导小组

组　长：吴　斌
副组长：宋维明
成　员：陈天全　姜恩来　方国良　张启翔
全　海　骆有庆　王自力　王玉杰
王晓卫
办公室设在人事处
办公室主任：人事处处长
办公室成员：发规处处长　组织部部长
教务处处长
研究生院常务副院长　科技处处长　计财处处长

基建处处长　国际合作处处长　实设处处长
办公室秘书：人事处工作人员

北京林业大学学科建设领导小组
组　长：宋维明
副组长：吴　斌　骆有庆
成　员：张启翔　王玉杰
发规处处长　研究生院常务副院长　党政办主任
人事处处长　科技处处长　计财处处长
林学院院长　生物学院院长　材料学院院长
经管学院院长　园林学院院长　水保学院院长
领导小组下设学科建设办公室挂靠在发展规划处
办公室主　任：发规处处长
办公室副主任：发规处副处长，“211 工程”办公室主任

北京林业大学“211 工程”三期建设项目领导小组
组　长：吴　斌　宋维明
副组长：张启翔
成　员：姜恩来　骆有庆　王自力
发规处处长　党政办主任　教务处处长
科技处处长　实设处处长　人事处处长
计财处处长 “211”办公室主任

“十二五” 校园建设总体规划编制工作领导小组
组　长：吴　斌　宋维明
副组长：王自力
成　员：发规处处长　基建处处长
党政办主任　计财处处长
领导小组办公室设在基建房产处
办公室主任：基建处处长
成　员：基建处、计财处相关人员

北京林业大学重点工程领导小组
组　长：宋维明　吴　斌
副组长：陈天全　王自力
成　员：计财处处长　监察处处长
纪委副书记　基建处处长

北京林业大学 售房委员会
主任委　员：王自力
副主任委员：方国良
委　员：党政办主任　人事处处长　计财处处长
机关党委书记　工会常务副主席　基建处处长　后勤公司总经理　图书馆常务副馆长　林场场长　各学院行政副院长、工会主席或副书记　离退休处副书记
离退休职工代表 3 人　教职工代表 3 人
办公室主任：基建房产处分管房产副处长

北京林业大学大宗采购招标管理小组
组　长：宋维明
副组长：陈天全　姜恩来　张启翔　王自力
成　员：发规处处长　党政办主任　基建处处长
总务处处长　实设处处长　计财处处长
纪委副书记　监察处处长
审计处处长　审计处副处长

北京林业大学贯彻落实党风廉政建设责任制领导小组
组　长：吴　斌
副组长：陈天全　全　海
组　员：党政办主任　组织部部长　人事处处长
宣传部部长　纪委副书记　监察处处长
机关党委书记　张卫民　继教学院书记
离退休处党委书记　后勤公司经理
审计处处长　审计处副处长
各教学院（部）党委（总支）书记

北京林业大学校务公开领导小组
组　长：吴　斌
副组长：宋维明　陈天全　方国良　全　海
成　员：党政办主任　组织部部长　人事处处长
纪委副书记　工会常务副主席

北京林业大学加强和改进大学生思想政治教育领导小组
组　长：吴　斌
副组长：宋维明　姜恩来　全　海　骆有庆

成　员：党政办主任　组织部部长　人事处处长　宣传部部长　教务处处长　保卫处处长　离退休处处长　人文学院党委书记　人文学院院长　学生处处长　研工部部长　招就处处长　党校副校长　校团委书记
加强和改进大学生思想政治教育领导小组办公室设在党政办公室

北京林业大学信访工作领导小组

组　长：吴　斌　宋维明
副组长：陈天全　姜恩来　方国良　张启翔　全　海　骆有庆　王自力　王玉杰　王晓卫
成　员：党政办主任　纪委副书记　监察处处长　组织部部长　宣传部部长　统战部部长　发规处处长　机关党委书记　保卫处处长　科技处处长　人事处处长　计财处处长　总务处处长　招就处处长　基建处处长　教务处处长　研究生院常务副院长　国际合作处处长　学生处处长　工会常务副主席　校团委书记　离退休处处长　居委会主任　校医院院长　信息中心主任　信访工作办公室设在党政办公室
主　任：党政办主任
副主任：纪委、党政办工作人员

北京林业大学离退休工作领导小组

组　长：吴　斌　宋维明
副组长：陈天全　姜恩来　方国良 全海　王自力
成　员：党政办主任　组织部部长　人事处处长　计财处处长　宣传部部长　总务处处长　基建处处长　工会常务副主席　校医院院长　学生处处长　校团委书记　居委会主任　离退休处处长、副处长　离退休处党委书记、副书记　顾正平　贺庆棠　胡汉斌　吕焕卿　张清泉　周　景　沈瑞祥

北京林业大学民族宗教工作领导小组

组　长：全　海
副组长：姜恩来
成　员：党政办主任　组织部部长　宣传部部长　统战部部长　保卫处处长　国际合作处处长　教务处处长　人事处处长　学生处处长　研工部部长　离退休处党委书记　后勤公司总经理　校团委书记　信息中心主任
民族宗教工作领导小组办公室设在党委统战部
办公室主　任：统战部部长
办公室副主任：保卫处处长　学生处处长

北京林业大学人口与计划生育委员会

主　任：方国良
副主任：党政办主任　组织部部长　人事处处长　机关党委书记
成　员：纪委副书记　继教学院书记　图书馆常务副馆长　研工部部长　学生处处长　后勤公司经理　校医院院长　宣传部部长　各教学院（部）主管领导　计生办主任

北京林业大学治理教育乱收费领导小组

组　长：陈天全
副组长：姜恩来　骆有庆
办公室主任：党政办主任
副主任：计财处处长　纪委副书记　工会常务副主席　监察处处长
成　员：宣传部部长　教务处处长　研究生院常务副院长　校友办主任　基建处处长　招就处处长　学生处处长　保卫处处长　总务处处长　图书馆常务副馆长　后勤公司经理　继教学院院长　体育部主任　校医院院长　审计处处长　监察处工作人员　林大附小校长

北京林业大学体育运动委员会

主　任：宋维明

副主任：陈天全　姜恩来　方国良　体育教学部主任

委　员：党政办主任　教务处处长　宣传部部长　工会常务副主席　保卫处处长　招就处处长　学生处处长　校团委书记　总务处处长　研工部部长　校医院院长　各教学院(部)党委副书记　体育部副主任　校学生会主席 校研究生会主席　继教院副院长

办公室主任：体育教学部副主任

北京林业大学绿化工作领导小组

组　长：王自力

副组长：总务处处长　林场场长

办公室主任：总务处工作人员

成　员：园林学院院长　生物学院院长　林学院院长　总务处副处长

北京林业大学网络宣传教育领导小组

组　　长：吴　斌

常务副组长：全　海

副　组　长：姜恩来　骆有庆

成　　员：宣传部部长　党政办主任　组织部部长　人事处处长　学生处处长　教务处处长　研究生院常务副院长　科技处处长　国际合作处处长　保卫处处长　计财处处长　总务处处长　工会常务副主席　信息中心主任　人文学院党委书记　信息学院党委书记　宣传部副部长　校团委书记　网络宣传教育办公室设在党委宣传部。

办公室主任：宣传部副部长

副主任：宣传部相关人员

北京林业大学传染病防控领导小组

组　长：宋维明

副组长：方国良　陈天全　姜恩来　张启翔

成　员：校医院院长　党政办主任　总务处处长　研究生院常务副院长　保卫处处长　宣传部部长　教务处处长　学生处处长　研工部部长　后勤公司总经理　国际合作处处长　居委会主任　机关党委书记

关心下一代工作委员会

主　　任：陈天全

副　主　任：姜恩来　全　海

常务副主任：吕焕卿

委　　员：

党政办主任 组织部部长　招就处处长　校友办主任　学生处处长　研工部部长　教务处处长　校团委书记　居委会主任　离退休处党委书记、副书记　宋长义　田砚亭　沈秀萍　赵绍鸿　班道明　高孟宁　张清泉　吕焕卿　任恒祺

办公室设在离退休工作处。

秘　书　长：离退休处党委书记

副 秘 书长：离退休处党委副书记　宋长义　张清泉

大学生创新创业教育指导委员会

委员会主任：姜恩来　骆有庆

委员会成员：教务处处长　招就处处长、副处长　研工部部长　校友办主任　资产经营公司总经理　科技处处长　学生处处长　校团委书记　各学院主管教学工作的负责人　各学院主管学生工作的分党委负责人

经营性资产管理委员会

主任：王自力

成员：科技处处长　实设处处长　计财处处长　人事处处长

经资委下设办公室，与资产公司合署办公。

办公室主任：资产经营公司总经理

办公室成员：资产经营公司、发规处工作人员

学校公用房调整领导小组

组　长：宋维明
副组长：王自力
成　员：党政办主任　基建房产处处长　总务处处长　计财处处长　教务处处长　实设处处长　监察处处长　审计处处长　保卫处处长　工会常务副主席　信息中心主任　高教研究室主任　苗圃和树木园办公室主任　资产经营总经理　水保学会常务副秘书长　各学院院长 继续教育学院院长
办公室：设在总务与产业管理处

科研经费监管领导小组

组　长：宋维明
副组长：张启翔　陈天全
成　员：科技处处长　财务处处长　监察处处长　审计处处长　实设处处长　人事处处长　纪委副书记　各学院院长

北京林业大学节能委员会

主　任：王晓卫
副主任：总务处处长　总务处副处长
成　员：党政办副主任　基建房产处副处长　计财处副处长　教务处副处长　实设处副处长　监察处副处长　审计处副处长　保卫处副处长　工会常务副主席　信息中心副主任　高教研究室副主任　苗圃和树木园办公室副主任　资产经营副经理　水保学会常务副秘书长　各学院行政副院长　继续教育学院行政副院长
办公室主任：总务处节能办公室主任

校园环境综合管理委员会

组　长：宋维明
副组长：王自力
成　员：全　海　王晓卫　总务处处长　保卫处处长　宣传部部长　基建处处长　学生处处长　校团委书记　信息中心主任　居委会主任　资产经营公司总经理　后勤公司总经理　综合服务公司总经理
办公室：设在总务处

校园建设协调工作组组成人员

组　长：宋维明
副组长：王自力　王玉杰　王晓卫
成　员：党政办主任　计财处处长　发规处处长　审计处处长　总务处处长　基建处处长
（注：组长因故不能出席本组会议时，由王自力负责主持）

干部名单

校级领导

党委常委，党委书记：吴　斌
纪委书记：方国良（任职至2011年5月31日）
党委常委，党委副书记兼纪委书记：陈天全（任职自2011年5月31日起）
党委常委，党委副书记：方国良
党委常委，党委副书记：全　海
党委常委，校长：宋维明
党委常委，副校长：陈天全（任职至2011年5月31日）
党委常委，副校长：逄广洲（任职至2011年11月12日）
党委常委，副校长：姜恩来
党委常委，副校长：张启翔
党委常委，副校长：骆有庆
党委常委，副校长：王自力
副校级干部兼水土保持学院院长：王玉杰
校工会主席（副校级）：周　景

各部门负责人

序号	单 位	姓 名	职务名称
1	党政办公室	张 勇	党政办公室主任
2	组织部、党校	邹国辉	党委组织部部长
3	组织部、党校	刘广超	党校副校长、党委组织部副部长
4	宣传部(新闻办公室)	李铁铮	党委宣传部部长，新闻办公室主任
5	统战部	黄中莉	党委统战部部长
6	纪委	周伯玲	纪委副书记
7	监察处、审计处	杨宏伟	纪委副书记、监察处处长、审计处处长
8	机关党委	郑晓清	机关党委书记
9	党委保卫部(处)	姜金璞	党委保卫部(处)部(处)长
10	党委学生工作部(处)、武装部	王士永	党委学生工作部(处)部(处)长兼武装部部长
11	研究生工作部	孙信丽	研究生工作部部长
12	工会	石彦君	校工会常务副主席
13	校团委	辛永全	校团委书记
14	发展规划处	马履一	发展规划处处长
15	研究生院	张志强	研究生院常务副院长
16	教务处	于志明	教务处处长
17	苗圃与树木园管理办公室	郝建华	苗圃与树木园管理办公室主任
18	科技处	侯小龙	科技处处长
19	计划财务处	刘 诚	计划财务处处长
20	人事处	张 闯	人事处处长
21	基建房产处	李亚军	基建房产处处长
22	国际交流与合作处	刘俊昌	国际交流与合作处长
23	招生就业处	董金宝	招生就业处处长
24	实验室与设备管理处	万国良	实验室与设备管理处处长
25	离退休工作处	孟京坤	离退休工作处党委书记
26	离退休工作处	宋太增	离退休工作处处长
27	总务与产业管理处	崔建国	总务与产业管理处处长
28	实验林场	王 勇	林场场长
29	校友会	王 平	校友工作办公室主任
30	图书馆	刘 勇	图书馆馆长
31	图书馆	阎锦敏	图书馆常务副馆长
32	信息中心	黄国华	信息中心主任
33	标本馆	张志翔	标本馆馆长

（续）

序号	单 位	姓 名	职务名称
34	校医院	贺 刚	校医院院长
35	期刊编辑部	张铁明	期刊编辑部副主任
36	高教研究室	李 勇	高教研究室副主任
37	后勤服务总公司	赵相华	后勤服务总公司总经理
38	综合服务公司	赵桂梅	副处级干部
39	资产经营有限公司	蔡 飞	北京林大资产经营有限公司总经理
40	居委会	刘西瑞	居委会主任
41	计生办	胡 建	计生办主任
42	林大附小	高慧贤	林大附小校长
43	林业教育学会	贾笑微	林业教育学会办公室主任
44	水土保持学会	张 焱	水土保持学会副秘书长
45	国家林业局自然保护区研究中心	张燕良	国家林业局自然保护区研究中心副秘书长
46	国家花卉工程	程堂仁	国家花卉工程中心副主任
47	林学院	刘宏文	林学院党委书记
48	林学院	韩海荣	林学院院长
49	园林学院	张 敬	园林学院党委书记
50	园林学院	李 雄	园林学院院长
51	水保学院	王玉杰	水保学院院长
52	水保学院	王立平	水保学院党委书记
53	经管学院	张卫民	经管学院党委书记
54	经管学院	陈建成	经管学院院长
55	工学院	于翠霞	工学院党委书记
56	工学院	于文华	工学院院长
57	材料学院	任 强	材料学院党委书记
58	材料学院	孙润仓	材料学院院长
59	生物学院	庞有祝	生物学院党委书记
60	生物学院	林金星	生物学院院长
61	信息学院	郭小平	信息学院党委书记
62	信息学院	黄心渊	信息学院院长
63	人文学院	崔一梅	人文学院党委书记
64	人文学院	严 耕	人文学院院长
65	外语学院	魏 莹	外语学院党委书记
66	外语学院	史宝辉	外语学院院长
67	理学院	张文杰	理学院院长

（续）

序号	单 位	姓 名	职务名称
68	理学院	刘淑春	理学院党委书记
69	自然保护区学院	王艳青	自然保护区学院党总支书记
70	自然保护区学院	雷光春	自然保护区学院院长
71	环境学院	韩秋波	环境学院党总支书记
72	环境学院	孙德智	环境学院院长
73	体育教学部	苏 静	体育教学部直属党支部书记
74	体育教学部	孙承文	体育教学部主任
75	继续教育学院	管凤仙	继续教育学院党总支书记
76	继续教育学院	张劲松	继续教育学院院长

人　物

院士简介

【沈国舫】　浙江嘉善人，1933年11月出生于上海，中国著名的林学家、林业教育家、中国现代森林培育学的主要创建者和学科带头人。第八、九、十届全国政协委员。中国工程院原副院长。1956年毕业于前苏联列宁格勒林学院林业系。现任中国工程院院士、中国环境与发展国际合作委员会中方核心专家、北京林业大学教授、博士生导师、森林培育学科带头人。曾任北京林业大学校长(1986～1993)、中国林学会理事长(1986～1993)、中国林学会理事长(1993～1997)、北京市人民政府专业顾问(林业顾问组组长)，现兼任国务院学位委员会学科评议组成员、《林业科学》《森林与人类》《北京林业大学学报(英文版)》主编等职。长期从事森林培育学方面的教学科研工作，在森林立地评价与分类、造林树种选择、混交林营造、干旱与半干旱地区造林等方面有多项研究成果，并在发展速生丰产用材林技术政策等的制定、大兴安岭特大森林火灾后恢复森林资源和生态环境工作方针的制定等方面起过关键作用。近年来，致力于较宏观的林业可持续发展的研究及城市林业的研究，参与并领导了数项工程院的咨询研究项目。曾获国家级、省部级科技进步奖6项，全国优秀教材奖及全国优秀图书奖3项，著有《造林学》《林学概论》《中国造林技术》《中国森林资源与可持续发展》《森林培育学》等通用教材及专著9部，发表学术论文百余篇，1991年被评为国家级有突出贡献优秀科技专家称号，1996年获全国“五一”劳动奖章和首都劳动奖章，2004年获国家林业局“林业科技贡献奖”，2008年获“三北防护林体系建设突出贡献者”称号，获得2009绿色中国年度焦点人物特别贡献奖，2010年获得第八届光华工程科技奖。　(杨金融　张　闯)

【孟兆祯】　男，1932年生，湖北武汉人。中共党员。风景园林规划与设计教育家。1956年毕业于北京农业大学园艺系造园专业后开始在北京林业大学(原北京林学院)任教至今。现为中国工程院资深院士，园林学院风景园林学教授、博士生导师，兼任中国风景园林学会荣誉理事长、住房与城乡建设部风景园林专家委员会副主任、北京市人民政府园林绿化顾问组组长、上海市绿化局顾问组组长、《风景园林》杂志名誉主编，清华大学、北方工业大学客座教授等。培养大批硕士、博士研究生(其中外籍学生2名)、博士后2名，曾指导3名学生4次获国际大学生风景园林设计竞赛大奖。学术思想活跃，理论成果丰富，将中国传统文人写意自然山水园的民族风格，园林综合效益的科学内容、地方特色和现代社会文化休息生活融为一体，在继承的基础上发展并和其他园林专家一起建立了风景园林规划与设计学科的新教学体系，是当代传承中国传统园林文化的重要代表人物。发表论著40余部(篇)，代表作有《园衍》《孟兆祯文集——风景园林理论与实践》《中国古代建筑技术史·掇山》《避暑山庄园林艺术理法赞》(获国家科技进步二等奖)《中国大百科全书·建筑卷·置石、假山、园林工程》。主持40多个风景园林设计项目，《深圳仙湖植物园设计》获得深圳市1993年设计一等奖、住房与城乡建设部优秀设计三等奖，《三亚市园林绿地系统规划》获住房与城乡建设部1995年优秀设计奖，近年来主持设计了杭州花园、邯郸赵苑公园、梦海公园、北京奥林匹克公园假山等。所承担的风景园林设计都布局有章、细部精微、科技与艺术融为一体，且根据现代社会生活需要，创造出具有先进理念的现代人居环境。2004年获首届林业科技贡献奖。2011年被风景园林学会评为风景园林终身成就奖。

(周春光　张　闯)

【尹伟伦】 生于1945年9月，天津市人，汉族。1988年7月加入中国共产党，1968年7月参加工作，硕士研究生毕业，教授。1968年9月北京林学院(现北京林业大学)林学专业毕业，分配到内蒙古牙克石甘河林业局机修厂工作，先后任技术员、车间主任。1978年9月至1981年6月在北京林学院攻读植物生理学硕士学位，毕业后留校任教。1993年至2010年曾担任校党委常委、副校长、常务副校长、校长等职务。2005年12月当选为中国工程院院士，2010年当选为中国工程院农业学部主任，2012年当选北京科协副主席，2008年至今连续当选为第十一届、第十二届全国政协委员，并被聘为国务院应急管理专家组成员、国家环境咨询委员会委员、国家减灾委员会委员等；兼任国际杨树委员会执委，中国林学会副理事长、法人，中国杨树委员会主席，中国植物协会常务理事，北京林学会理事长，北京市政府顾问，天津市政府顾问，广西壮族自治区主席顾问，北京市学位委员会委员等职务。主要研究方向是林木生长发育调控、植物抗旱抗盐机理、良种选育及分子生物学基因工程等。发表论文200余篇，主编教材与著作有《林业生物技术》《中国杨树栽培与利用研究》《杨树遗传图谱构建与数量性状基因定位》《中国松属主要树种栽培生理生态与技术》《国际杨树研究新进展》等。主持课题有“九五”“十五”的国家攻关项目，“十一五”“十二五”国家科技支撑项目，国家“863”及国家自然基金重点项目等。先后获国家发明三等奖1项，国家科技进步二等奖4项，国家教学成果一等奖1项、二等奖1项，及省部级科技、教学奖17项。获全国优秀科技工作者，全国模范教师，全国优秀教师，首都劳动奖章获得者，北京市优秀教育工作者，国家级、省部级突出贡献中青年专家，国务院政府特殊津贴，宝钢优秀教师特等奖、北京市有突出贡献的科学技术管理人才等10余项荣誉称号，是“2010绿色中国”年度焦点人物特别贡献奖获得者。 （刘 超 张 闯）

知名专家学者

【概 况】 截至2012年，学校有“千人计划”特聘教授1人，为邬荣领教授；长江学者特聘教授、讲座教授4人，分别是骆有庆教授、李百炼教授、孙润仓教授、邬荣领教授；其中孙润仓教授2010年获批“ 生物质转化为高值化材料的基础科学问题”“973”项目，并担任首席科学家。杰出青年基金获得者4人，分别是孙润仓教授、戴玉成教授、林金星教授、许凤教授。

【邬荣领】 1964年生，男，美国华盛顿大学数量遗传学博士。美国宾夕法尼亚州立大学教授、博士生导师、统计遗传学中心主任，国家海外杰出青年科学基金获得者。现同时担任北京林业大学计算生物学中心主任，“长江学者奖励计划”讲座教授，中组部“千人计划”特聘教授，中组部与人保部“国家特聘专家”。因其在统计遗传学领域的卓越贡献，2010年被评选为北美统计学会杰出会员。邬荣领教授是统计遗传学领域的知名学者，在国际上首次提出生物复杂性状的功能作图理论，并推导出一系列动态性状基因定位的统计模型与算法。其研究最显著的创新点是将数学及统计学的基本原理镶入生物学的具体问题之中，运用计算模型解析生物体生长发育的遗传调控机制，进一步监控基因突变现象和预测生命的发展趋势。迄今已在国际权威刊物发表论文280余篇，出版学术专著3部。担任多家国际学术期刊主编、副主编及编委。邬荣领教授利用其在海外的学术资源和国际上的学术地位，一直与国内多所高校开展合作研究，帮助国内学者在国际刊物上发表SCI论文逾百篇，为国家培养了一批青年科技人才。承担多项国家科学基金项目，发表的论文获中国林学会的梁希林业科技奖。 （郭允倩 张 闯）

【骆有庆】 1960年10月19日出生，男，汉族，博士，浙江义乌市人。1982年大学毕业于南京林业大学，1985年研究生毕业于北京林业大学后留校工作。现为北京林业大学党委常委、副校长，教育部北京林业大学长江学者特聘教授、博士生导师，森林保护学科带头人，教育部创新团队带头人，教育部北京市共建森林培育与保护重点实验室主任，全国农林高校森林保护教材编写指导委员会主任委员。亚洲－太平洋地区林业院校长会议机制协调办公室主任。兼任中国昆虫学会常务理事、中国林学会森林昆虫分会副主任委员、北京昆虫学会副理事长、以及中国科协、国家林业局、农业部、国家质检总局、国家标准局等多个专家组成员；《中国农学通报》副主编，《北京林业大学学报》《昆虫知识》《中国森林病虫》等多家学术刊物的常务编委和编委。获"新世纪首批百千万人才工程"国家级人选、北京市高校教学名师、教育部优秀骨干教师、北京市先进工作者、北京市"五四"青年奖章获得者、北京市高校优秀青年骨干教师、林业敬业奖、全国林业科技先进个人，以及美国农业部有害生物入侵管理国际合作研究奖等荣誉称号。主持国家科技攻关、省部级重点课题、国际合作、国家重大基础研究课题("973")、国家高新技术专题("863")、各类自然科学基金、霍英东基金、成果转化基金、科技支撑项目、博士点基金等课题30余项。以第一完成人获国家科技进步奖二等奖、省部级科技进步一等奖、中国林学会梁希奖、霍英东高校青年基金项目奖。

(陶 静 张 闯)

【李百炼】 1957年12月生，男，美籍华人，北京林业大学长江学者特聘教授，美国北卡罗莱纳州立大学林学和环境资源学院教授，博士生导师。现任美国北卡罗莱纳州立大学副校长，北美林木遗传改良协作组主任，国际林联IUFRO第二学部"树木生理与森林遗传"主席，国际著名林学杂志 *Forest Science* 和 *Canadian Journal of Forest Research* 副主编，瑞典农业大学、澳大利亚昆士兰大学、芬兰赫尔辛基大学和北京林业大学等多所著名大学的兼职教授和博士生导师。一直从事林木遗传改良的教学和科研工作。目前主讲"数量遗传学"和"生物信息学"等课程；主持了10余项来自美国科学基金会、农业部、能源部等机构和部门的研究和开发项目。在树木遗传育种学、分子遗传学和基因组学等领域取得了多项研究成果，并成功地应用于美国重要用材树种火炬松和南方松的育种实践中。迄今，已在国际著名的各种专业杂志和专业书籍上发表了100多篇高水平学术论文，被引用次数高达2000多次。

(张 鑫 张 闯)

【孙润仓】 1955年生，男，英国威尔士大学博士毕业，国家杰出青年基金获得者，"长江学者奖励计划"特聘教授，"973"首席科学家。现为北京林业大学材料科学与技术学院院长兼生物质化学与技术研究所所长，博士生导师，林产化工学科带头人，兼任华南理工大学纸浆造纸工程国家重点实验室主任、教育部植物资源高效利用创新团队带头人。20多年来，一直从事于生物质转化为新材料与新能源方面的基础研究，提出了一种全新的生物质高效转化途径"组分清洁分离→建立转化平台→定向转化为新材料"，阐明了生物质组分清洁解离机制，实现了生物质组分高效分离；然后依据分离组分的构效关系，构建了生物质转化为高值化材料的新理论与新方法。在国内外学术期刊上发表SCI收录论文398篇，73篇发表在SCI收录的农林化学专业领域内期刊中的顶点期刊(JCR一区)，IF大于9有3篇，发表EI收录论文56篇，论文被他人正面引用5000余次。参加了29次有关该领域的国际会议，其中在美、英等国做过11次国际会议特邀报告，16次以邀请的身份做了大会发言。主编 *Cereal Straw as a Resource for Sustainable Biomaterials and Biofuels: Chemistry, Extractives, Lignins, Hemicelluloses and Cellulose* 专著1部(2010, Elsevier)，同时还被国外专家邀请参与编写 *Hemicelluloses: Chemistry and Technology* 等英文专著13部和英国科学分离百科全书1部。授权发明专利16项。国务院学位委员会学科评议组成员，*Bioresources*，*Journal of Biobased Materials and Bioenergy* SCI期刊(美国)及 *The world Journal of Forestry* 副主编，6种国外期刊 *Journal of Agricultural and Food Chemistry* (SCI一区)，*Industrial Crops and Products* (SCI期刊)，*International Journal of Cellulose Chemistry and Technology* (SCI期刊)，*The Scientific World Journal*，*Journal of Engineering*，*Dataset Papers in Chemistry*，*The Open Agriculture Journal* 编委，主编了有关生物质炼制、结构表征及高值化利用领域2期特刊 *Journal of Biobased Materials and Bioenergy*，5(2)和 *Interna-*

tional Journal of Cellulose Chemistry and Technology, 46 (5))。英国化学会 Fellow，美国木材科学学会委员会 Member Committee Member，第四届国际纸浆与造纸技术大会主席(The 4th International Symposium on Emerging Technologies of Pulping and Papermaking, 4th ISETPP, November 8 – 10, 2010, Guangzhou, China)，第四届国际制浆造纸与生物技术会议学术委员会共同主席(2012，南京)第二届国际生物质炼制大会学术委员会委员(The 2nd International Biorefinery Conference in Syracuse, New York, October 6 – 9, 2009)及第五届国际桉树制浆大会学术委员会委员(5th International Colloquium on Eucalyptus Pulp, May 9 – 12, 2011, Porto Seguro, BA Brazil)，第十四届中国科协年会组织委员会委员及第十分会场生物质精炼技术研讨会主席(2012.9.8～10，石家庄)，中国科协第65期新观点新学说沙龙"生物质精炼技术与传统制浆造纸工业"领衔专家(2012.10.25～26，北京)。获国家技术发明二等奖1项(3)，省部级自然科学一等奖4项、二等奖3项，培养的博士生中2人获全国百篇优秀博士论文奖，1人获全国百篇优秀博士论文提名奖。（彭 锋 张 闯）

【戴玉成】 1964年生，男，芬兰赫尔辛基大学博士毕业，国家杰出青年基金获得者，中国科学院百人计划和中国科学院百人计划优秀团队获得者。现为北京林业大学微生物研究所所长，博士生导师，兼任中国菌物学会副理事长、《菌物学报》主编、中国科学院研究生院教授。主要期从事森林生态系统木生真菌多样性、系统发育、真菌酶活性、食药用真菌及森林病害研究。发现和发表真菌新属6个，新亚属3个，新种156个，新组合种43个，森林新病原真菌52个，新食药用真菌26个，新生物工程菌15个，将中国木生真菌种类由过去记载的不足700种增加到1300种，占世界已知种的50%，使木生真菌的种类和菌种保藏数量均处于世界前列。编研出版了《中国东北野生食药用真菌图志》《中国储木及建筑木材腐朽菌图志》《海南大型木生真菌的多样性》《中国药用真菌图志》等专著。发掘出了蕴藏的大量真菌资源。建成国内外最大的木材腐朽菌标本库和菌株库。分析了木材腐朽菌多个代表类群的系统发育关系，从分子水平上阐述了它们之间的亲缘关系，使木材腐朽菌的研究居身世界前列。通过对真菌遗传学的研究，在高等真菌中首次发现了一种新的交配类型，并发现世界上最大的真菌；通过木生真菌生态研究，揭示了寒温带、温带和暖温带等不同森林类型中木生真菌区系的种群结构和变化规律。在国内外学术期刊上发表SCI收录论文150篇，论文被他人正面引用2000余次。授权发明专利6项。获得省部级一等奖1项，二等奖3项。

（张 鑫 张 闯）

【林金星】 1961年生，男，北京大学理学博士毕业，"国家杰出青年基金"获得者，中国科学院"百人计划"入选者，第五届"中国青年科技奖"获得者。现任北京林业大学生物科学与技术学院院长、教授、博士生导师、全国政协委员、北京植物学会理事长，曾经兼任南开大学、中国科大研究生院、北京师范大学、东北师范大学、厦门大学等兼职教授。现任国际刊物 *Plant Signaling and Behavior* 副主编 、*Communicative and Integrative Biology* 编委、*Trees – Structure and Function* 编委、《科学通报》编委、《植物科学进展》副主编、《电子显微学报》副主编、《植物学报》等6个刊物编委、中国植物学会植物结构与生殖生物学专业委员会主任等、国家自然科学基金委员会植物学科评审组成员、《中国青年科技奖》评审组成员。近20年来，一直致力于植物细胞与生殖生物学的研究，在植物细胞囊泡转运和膜蛋白内吞等方面都取得了创新性成果，先后在 *Plant Cell*, *ACS Nano*, *Plant Journal*, *Plant Physiology* 等著名刊物发表论文30多篇，达到国际同类先进水平。近5年来，主持国家自然科学基金重点项目1项，科技部国际合作重点项目1项，"973"课题1项，教育部"111"引智计划1项，培养研究生和博士后20多名。

（杨丽娜 张 闯）

【许 凤】 1970年生，女，博士，材料科学与技术学院教授，博士生导师。2008年入选教育部"新世纪优秀人才支持计划"、2009年获批享受国务院政府特殊津贴、2012年获"国家杰出青年科学基金项目"资助。主要从事农林生物质高效转化利用的教学科研工作，研究主要方向为农林生物质超微结构，细胞壁主要组分高效分离，及高值化化工产品或材料转化的新理论与新方法。主持“十二五”科技支撑项目、国家自然基金、教育部重点项目、博士点基金项目、国家林业局“948”项目等多个项目的研究工作。已在国内外重要期刊发表论文127篇，其中SCI收录109篇(第一作者或通讯作者69篇)，IF大于9的期刊上发表2篇，EI收录115篇。发表的论文被他引1181次。在SCI期刊中被他引813次，其中单篇论文最高他引68次。获国家发明专利5件。参加本领域重要国际会议20余次，做特邀报告3次，大会报告1次，分会报告12次。被邀请参与编写英文专著3部、主编和参编中文专著各1部。研究成果获教育部及省级一等奖3项(陕西省科学技术奖，2005年，排名4；教育部科学技术奖，2007年，排名2；教育部科学技术奖，2012年，排名2)，二等奖2项(梁希林业科技奖，2009年；广东省科学技术奖，2005年，排名3)。曾获全国优秀博士学位论文、第十一届中国青年科技奖。现为美国化学会会员、英国皇家化学会会员、两种国际期刊 *BioResources* 以及 *Cellulose Chemistry and Technology* 编委、国外15种期刊 *BioResources*、*Carbohydrate Polymers*、*Biotechnology Progress*、*Journal of Biobased Materials and Bioenergy* 等的审稿人，第四届国际生物质与制浆造纸技术会议学术委员会委员。

（徐吉东　张　闯）

2012年博士生导师名录(208人)

林学院(49人)

沈国舫　骆有庆　韩海荣　赵秀海　李俊清
冯仲科　田呈明　李景文　苏德荣　牛树奎
韩烈保　刘　勇　马履一　贾黎明　孙建新
徐程扬　郭素娟　贺　伟　郑小贤　孙玉军
亢新刚　刘琪璟　苏淑钗　彭道黎　张晓丽
杨　军　武三安　温俊宝　戴玉成　史明昌
岳德鹏　李根前(外聘)　唐守正(外聘)
吴　坚(外聘)　刘惠民(外聘)　张星耀(外聘)
范少辉(外聘)　王有年(外聘)　谭晓风(外聘)
方　伟(外聘)　王玉柱(外聘)　赵春江(外聘)
宋国华(外聘)　徐正会(外聘)　盛茂领(外聘)
周国模(外聘)　王　兵(外聘)　陆元昌(外聘)
李吉悦(外聘)

园林学院(19人)

李　雄　林　箐　赵　鸣　朱建宁　王向荣
刘晓明　吕英民　张玉钧　孟兆祯　周　曦
刘　燕　张启翔　戴思兰　成仿云　董　璁
董　丽　贾桂霞　王四清　郑国生(外聘)

水土保持学院(24人)

吴　斌　孙向阳　孙保平　余新晓　张洪江
王　浩　张志强　贺康宁　王秀茹　陈丽华
王百田　朱清科　毕华兴　张克斌　王玉杰
张建军　赵廷宁　丁国栋　聂立水　王冬梅
查天山　胡雨村　王小平(外聘)
孙世国(外聘)

经济管理学院(24人)

宋维明　刘俊昌　陈建成　高　岚　田明华
聂　华　张绍文　温亚利　张大红　田治威
曹世雄　朱永杰　张彩虹　潘焕学　王立群
张立中　张　颖　王武魁　张新伟(外聘)
石　峰(外聘)　郑文堂(外聘)　李　周(外聘)
徐晋涛(外聘)　刘东生(外聘)

工学院(9人)

俞国胜　李文彬　刘　毅　刘晋浩　钱　桦
赵　东　肖　将　张厚江　赵燕东

材料科学与技术学院(22人)

常建民　赵广杰　曹金珍　蒲俊文　孙润仓
李　黎　许　凤　张力平　李建章　蒋建新
高建民　樊永明　于志明　张双保　伊松林
张亚池　谢益民(外聘)　杜官本(外聘)
张齐生(外聘)　王向明(外聘)　林作新(外聘)
陈克复(外聘)

生物科学与技术学院(35人)

尹伟伦　张志翔　刘玉军　郑彩霞　张金凤
徐吉臣　张德强　陈少良　蒋湘宁　王华芳
张柏林　王建中　孙爱东　丁长青　陆　海
康向阳　李　云　胡德夫　李博生　沈应柏
夏新莉　高宏波　谢响明　邬荣领　汪晓峰
卢存福　李　悦　薛达元(外聘)
裴　东(外聘)　陈晓阳(外聘)　李百炼(外聘)
邹　坤(外聘)　程　池(外聘)　师光禄(外聘)

杨敏生(外聘)

信息学院(8 人)

赵天忠　黄心渊　吴保国　武　刚　陈志泊
淮永建　曹卫群　刘文萍

自然保护区学院(8 人)

崔国发　雷光春　关文彬　刘俊国　于飞海
栾晓峰　张明祥　陈建伟(外聘)

环境科学与工程学院(7 人)

孙德智　张盼月　张立秋　张　征　王毅力
贠延滨　梁文艳

人文社会科学学院(3 人)

严　耕　李铁铮　林　震

(王国柱　张志强)

正高级专业技术岗位人员名单

截至 2012 年年底，北京林业大学正高级各系列专业技术职务在聘人员共有 227 人，其中教授 211 人。

教授一级(3 人)

沈国舫　孟兆桢　尹伟伦

教授二级(28 人，按姓氏笔画排序)

马履一　王向荣　冯仲科　朱金兆　孙建新
孙保平　孙润仓　孙德智　刘俊国　刘晋浩
吴　斌　宋维明　张启翔　余新晓　李文彬
李俊清　李　雄　严　耕　林金星　郑小贤
骆有庆　赵广杰　赵秀海　康向阳　蒋湘宁
韩烈保　雷光春　戴玉成

教授三级(64 人，按姓氏笔画排序)

丁国栋　丁密金　于飞海　于文华　于志明
王玉杰　王四清　王立群　王百田　王华芳
王秀茹　王建中　史宝辉　田治威　朱永杰
朱建宁　朱清科　孙玉军　孙向阳　孙承文
刘俊昌　刘　勇　刘晓明　刘　燕　许　凤
成仿云　吴保国　张大红　张文杰　张立中
张志翔　张盼月　张洪江　张柏林　张彩虹
陈少良　陈丽华　陈建成　李　云　李建章
李　黎　苏德荣　郑彩霞　武三安　俞国胜
赵廷宁　贺康宁　胡德夫　段克勤　徐程扬
贾桂霞　夏自谦　聂　华　常建民　崔国发
曹金珍　韩海荣　韩　朝　彭道黎　谢宝元
董　丽　温亚利　蒲俊文　戴思兰

教授四级(115 人，按姓氏笔画排序)

丁长青　王小春　王冬梅　王学顺　王武魁
王洪琴　王　强　王毅力　亢新刚　牛树奎
田呈明　田明华　史明昌　申世杰　兰　超
卢存福　朱建军　孙爱东　刘文定　刘文萍
刘玉军　刘琪璟　刘蓟生　刘　毅　伊松林
关文彬　吕英民　毕华兴　贠延滨　张力平
张双保　张玉钧　张立秋　张亚池　张克斌
张志强　张京霞　张建军　张　征　张明祥
张绍文　张金凤　张　青　张厚江　张晓丽
张祥雪　张继晓　张　颖　张德强　陈　东
陈志泊　陈晓鸣　李汉平　李　健　李　悦
李　艳　李博生　李　强　李景文　汪晓峰
沈应柏　肖文科　肖　江　苏　宁　苏淑钗
陆　海　林子臣　林　箐　林　震　周　曦
岳德鹏　武　刚　金鸣娟　金彦平　赵天忠
赵　东　赵　鸣　赵燕东　查天山　胡雨村
贺　伟　高甲荣　高亦珂　高宏波　高建民
徐　平　徐吉臣　夏新莉　栾晓峰　翁　强
聂立水　袁津生　贾黎明　郭素娟　钱　桦
曹卫群　曹世雄　曹礼昆　梁文艳　淮永建
黄晓玉　温俊宝　董　瑰　蒋建新　谢响明
谢惠扬　韩　宁　訾　缨　雷建都　鲍际平
廖蓉苏　撒　潮　樊永明　潘焕学　戴秀丽

特聘教授(1 人)

邬荣领

其他专业技术系列正高级职务(16 人，按姓氏笔画排序)

编审：李铁铮
研究员：方国良　王自力　王　勇　全　海
刘　诚　陈天全　邹国辉　姜恩来
侯小龙　赵相华　董金宝
研究馆员：赵世华
正高职高级工程师：何　昉　徐　波
主任医师：贺　刚

(吴　超　张　闯)

各级人大代表、政协委员名单

政协委员

全国政协委员　尹伟伦

北京市政协委员　李俊清

海淀区政协委员　李　雄　高甲荣　张盼月

东城区政协委员　张明祥

人大代表

海淀区人大代表　王自力　郭素娟

（黄中莉）

2012 年大事记

1 月

7~9 日 全国林业院校经管类青年教师在校培训。

9 日 获贯彻实施《学校体育工作条例》优秀学校、优秀校长、阳光体育联赛优胜学校、高水平运动建设优秀学校等 4 个全部奖项。

1 月 武警森林指挥部政治部主任徐元鸿代表指挥部党委、首长慰问学校家庭经济困难的国防生。

就业服务中心学生助理团在北京市职业类社团联席会年会获得表彰。

再获北京市高等教育自学考试一等奖。

校长宋维明教授课题“高等林业院校人才培养质量标准体系的研究与实践”入选中国高等教育学会“十二五”教育科学规划重点课题。

武警森林指挥部政委亢进忠少将、政治部主任徐元鸿大校等一行 6 人来校座谈。

学生在“园冶杯”风景园林国际竞赛获佳绩。

2 月

10 日 尹伟伦院士当选北京市科协副主席。

14 日 福建省三明市委常委、宣传部长曾祥辉一行来校交流科技合作。

14 日 张启翔教授等完成“主要商品盆花新品种选育及产业化关键技术与应用”获国家科学技术进步二等奖，冯仲科教授等完成的“森林计测信息化关键技术与应用”获国家技术发明二等奖。

15 日 新疆农业大学校长雒秋江一行来校考察交流。

22 日 园林学院与交通运输部环安中心签署合作协议。

24~25 日 盐池荒漠生态系统定位研究站被水利部正式命名为第四批“国家水土保持科技示范园区”。

德国世界风景园林大师彼得 · 拉茨来校做学术报告。

2 月 2011 年暑期社会实践工作获“首都高校社会实践先进单位”等多项荣誉。

校团委获 2011 年度北京共青团信息工作先进单位称号。

在 2012 年全市共青团工作会议上，校团学组织获 2011 年北京市多项奖励。

与越南林业大学签订本科“2 + 2”合作办学项目协议。

自然保护区学院崔国发教授教授获得设施标识系列专利，共计 41 项。

由中国工程院资深院士、梅国际品种登录权威陈俊愉教授主编的《中国梅花品种图志》一书，入选新闻出版总署第三届“三个一百”原创出版工程。

3 月

5 日 作为协作组组长单位组织的华北地区农林学科学位与研究生教育研讨会。

组织开展以“传承雷锋精神，参与志愿服务”为主题的关爱农民工子女志愿服务活动，中央电视台《新闻联播》报道学校志愿服务活动。

5~6 日 承办国家林业局“948”、局重点项目验收会。

7 日 教育部网站报道学校新学期本科教学工作。

8 日 北京大学、清华大学等 14 所高校统战部负责人来校座谈交流。

全国政协委员、阳光文化基金会主席杨澜，团中央青年志愿者工作部副部长廖恳，团中央、阳光文化基金会相关领导参加学校关爱农民工子女活动。

9 日 第六届教职工代表大会、第十四届工会会员代表大会召开，校长宋维明作了题为《深化改革强内涵，凝心聚力促发展》的工作报告。

韩国青年企业家代表团参与学校志愿服务活动。

10~11 日 运动员在全国田径室内锦标赛 60 米跨栏比赛中获得冠军。

12 日 在 2012 北京国际现代林业技术装备

展览会暨北京国际园林绿化装备展览会上，工学院多项科研成果亮相。

14 日 获评“2001 ~ 2011 北京高校‘伙联采’、‘农校对接’先进学校”。

16 日 举办“X - 对话——国际当代艺术展”。

17 日 中国首个高尔夫教育研究基金在校设立。

18 日 “自然保护与绿化”青神绿色奖学金在校设立。

21 日 承担的《高校培养青年马克思主义者的实现途径研究》党建研究课题获北京高校优秀奖。

22 日 获评 2011 年度“海淀区绿化美化先进单位”。

获信息与网络安全保卫工作先进单位称号。

教育部高等学校环境生态类教学指导委员会 2012 年工作会议在校召开。

23 日 福建农林大学、国际关系学院 2 所学校来校调研交流。

教育部水土保持与荒漠化防治专业教学指导委员会 2012 年工作会议在校召开。

26 日 继续教育学院与国家林业局政策法规司签订协议，承接国家林业局政策法规司林业行政执法人员林业法律法规软科学课题研究。

27 日 林学院、材料科学与技术学院、国家花卉工程技术研究中心分别与广西壮族自治区国有七坡林场签署科技合作协议。

28 日 北林科技被北京市教委授予“北京高校毕业生就业百佳用人单位”荣誉称号。

第三届“寻找青年科学之星”颁奖典礼，自然保护区学院刘俊国教授荣获环境科学领域金奖。

29 日 北京北大资源物业经营管理集团有限公司与经管学院举行校企合作签约，共建北京林业大学就业实践与教学实习基地和北大资源物业企业发展战研究与培训基地。

西北农林科技大学校长孙其信一行来校调研交流。

29 ~ 30 日 与赤峰市人民政府签署产学研合作框架协议。

31 日 2012 年全国青少年生态环保社团指导教师培训班开班仪式在校举行。

3 月 启动 2012 年“本科教学工程”“专业综合改革试点”建设项目工作。

学生在 2012 中国(昆山)国际包装印刷产业博览会暨中国(昆山)国际包装印刷创意大赛获多个奖项。

《森林生态学》和《土壤侵蚀原理》被评为 2011 年北京市高等教育精品教材。

新增电子商务本科专业。

IFLA 现任秘书长，著名俄罗斯风景园林专家 Ilya Mochalov 来校访问交流。

获教育部“全国大艺展”优秀组织奖。

园林学院受邀出席广州普邦园林股份有限公司上市挂牌，寻求深层合作。

启动北京林业大学章程制定工作。

4 月

1 日 共青团北京林业大学委员会、首都大学生环保志愿者协会、首都青少年生态文化研究中心联合举办“低碳生活，绿色北京”首都大学生第 28 届绿色咨询活动。

“高擎团旗，绿色长征”2012 年绿桥、绿色长征活动启动仪式在校举行，游本昌、李素丽、吕薇、保剑锋、栗坤、鲍春来、胡佳、刘璇、郜丽华等受聘成为首都大学生“绿桥”暨全国青少年绿色长征活动“绿色志愿大使”。

2 日 原创舞蹈《树说》亮相央视文艺频道。

9 日 水土保持学院与赤峰市开展科技合作。

12 日 吴斌同志当选北京市第十一次党代会代表。

中国水土保持学会秘书长工作会议在苏州召开，学会秘书长、校党委书记吴斌主持会议并作讲话。

15 日 学生获 2012 北京国际长跑节第二名。

18 日 与安徽扬子鳄、牯牛降两个国家级自然保护区共建教学科研基地，并获赠扬子鳄标本。

20 日 首届全国农林院校林产品贸易学术研讨会召开，校长宋维明教授出席研讨会并致辞。

北京市委教工委、教委首次对北京教育系统优秀新闻宣传工作者予以表彰，学校新闻办公室主任获先进个人称号。

21日 第八届首都高校红十字会高峰论坛在校举行。

23日 学生在第三届“北斗杯”全国青少年科技创新大赛中获三等奖。

24日 北京市科学技术委员会主任闫傲霜、副主任伍建民一行来校调研座谈。

25日 北京市“平安校园”创建检查验收工作组来校检查验收，工作组组长、市委教育工委常务副书记刘建主持会议，并做讲话。

26日 北京市“平安校园”创建检查验收工作组向学校进行意见反馈，“平安校园”创建工作受到肯定。

27日 承办园林行业高层绿道论坛。

29日 校足球队获北京市大学生足球联赛季军。

4月 辅导员论文《基于校园SNS的大学生思想政治教育工作模式探析及实践研究》在2011年度全国辅导员优秀论文评选中获一等奖。

《北林共青团》连任首都高校传媒联盟主席团单位，这是《北林共青团》报社继入选第四届首都高校传媒联盟主席团单位以来第二次当选。

国家林业局一行50余位司局级领导来校实验林场参加义务植树活动。

自然保护区学院教授应邀参加在朝鲜举办的“森林与生态恢复”国际研讨会，并做了主题报告。

教工委主题网站报道学校国防生学雷锋活动。

两篇博文获“全国高校优秀辅导员博文奖”。

国家发改委东北振兴司产业发展处一行来校参观指导。

高教研究中心获批2012年度教育部人文社会科学专项研究项目。

学生在2012美国大学生数学建模竞赛获国际二等奖。

北京市委教育工委副书记唐立军一行13人来校调研深化“平安校园”创建工作。

“北京林业大学产学研基地”在广西国有七坡林场揭牌，标志着广西林业企业首个“产学研基地”诞生。

孙德智教授获“十一五”国家环境保护科技工作先进个人称号。

信息学生在第三届“蓝桥杯”全国软件专业人才设计与创业大赛北京赛区获一等奖，学校获“优胜学校奖”。

华中农业大学来校调研交流本科教学工作。

5月

3日 生物学院与昌平区南口镇人民政府签订产学研合作协议。

学校男篮获首都教育系统教职工运动会冠军。

4日 牵头负责“十二五”国家“863”计划现代农业技术领域“林果花草分子育种与品种创制”项目启动会。

8日 北林科技获批中关村科技园博士后工作站分站。

9日 “国家能源非粮生物质原料研发中心”建设研讨会在校召开。

10日 教育部巡视组来校反馈巡视意见，反馈意见高度肯定了学校的工作。

11日 承办发展中国家应对全球气候变化的林业经营理念与实践管理官员研修班。

12日 成立“树人”研究生党员骨干培养学校。

获首都高校第六届机械创新设计大赛一等奖。

13日 北京林业大学森林资源资产评估研究中心揭牌。

首都高校第五十届学生田径运动会学校获佳绩，其中2名运动员获得冠军。

15日 华中农业大学园艺林学学院一行9人来校调研人才培养事宜。

17日 国家家具及室内环境监督检验中心与材料学院签署协议，成为学校就业实践和教学实习基地。

19日 学校志愿者服务“集善工程”全国助残日活动。

20日 男女排球在北京市“阳光体育”比赛中分获第二和第四的优异成绩。

21日 学校代表团访问日本山形大学。

21～23日 承办首届中国高尔夫教育发展高峰论坛。

24日 学生在由北京电视台《最强阵容》节目主办的首都高校《校园群英汇》对抗赛成功晋级。

人民网专题报道学校关爱农民工子女服务

活动。

27日 获北京市第三届大学生轮滑大赛男子团体冠军、女子团体冠军、男女团体冠军。

28日 “林业生物质能源原料收储运研讨会”在校召开。

28日 在2012年北京市高校毕业生就业推进大会上，向北京高校介绍毕业生就业工作经验。

29日 花卉种质创新与产业化示范基地启动。

31日 在市教委会议上分享学籍管理经验。

5月 武警部队政治部干部部授予北京林业大学选培办“2011年度先进选培办”荣誉称号。

二炮生态建设与管理人才培训基地落户学校。

农林经济管理和生物学2个学科新增补为一级学科北京市重点学科。

北京大学视觉与图像研究中心与材料学院艺术系签约实践基地实施计划。

与中国城市建设研究院签署教学实习与就业实习基地协议。

经管学院与江西环境工程职业学院签订师资培养合作协议。

批准成立“北京林业大学村官培训中心”，服务农村建设，中心办公室设在经管学院。

非粮生物质原料标准化技术委员会在校成立。

教育部网站登载学校“平安校园”建设经验。

编制全国生态文明县认定标准和管理办法。

新增林木生物质化学实验室、森林资源生态系统过程实验室和林业食品加工与安全实验室3个北京市重点实验室和园林植物工程中心被认定为北京市工程技术研究中心1个工程技术研究中心。

由工学院开拓者机器人协会成员自主制作的5台功能型机器人亮相科博会。

两委组织专家组进行全市高校学生食堂工作检查，学校作为首批院校接受了市两委专家组的检查，并受到肯定。

6月

1日 《人民日报》报道学校“七彩课堂”志愿支教活动。

2日 获第四届中国环境与健康宣传周突出贡献奖，全国政协副主席陈宗兴为学校颁奖，校长宋维明代表获奖单位致辞。

5日 园林学院在首都第二届红色旅游线路设计大赛中取得佳绩。

8日 中国共产党党员、中国工程院资深院士、北京林业大学教授陈俊愉先生因病于2012年8日10时58分，在解放军总医院逝世，享年95岁。

10日 240名国防生代表北京林业大学，同北京航空航天大学、中国农业大学共400人组成长跑第一方阵，领跑奥林匹克日长跑活动。

12日 牵头成立全国油松良种基地技术协作组。

14日 国务院学位办来校调研涉农专业学位研究生教育指导委员会工作。

北京市团干部和青年骨干基层调研动员培训会在校召开。

17日 与辽宁省林业厅签署产学研合作协议。

18日 生物学院与广西三江县政协座谈毛竹产业发展。

19日 水利部水土保持司司长刘震一行赴国家水土保持科技示范园区——宁夏盐池荒漠生态系统定位研究站考察水土保持工作。

27日 国际商务专业硕士校外导师聘任会召开。

6月 国家林业局造林司总工吴坚一行3人来校商谈林业生物质能源发展相关事宜。

在广东省建立3所优质生源基地。

由图书馆组织编辑的《国际林学研究新动向》电子期刊创刊。

研究生舞协承办北京高校社交舞大赛，并在比赛中获多项大奖。

校党委理论中心组成果《理论学习与实践创新》出版。

学校教师代表北京市高校参加首届全国高校青年教师教学竞赛。

教育部网站登载学校就业困难群体帮扶工作经验。

生物质转化预处理国际学术研讨会在加拿大温哥华不列颠哥伦比亚大学(UBC)举行，学校国家能源非粮生物质原料研发中心参加会议，并将与UBC开展深度合作。

村官培训中心成立。

7月

1日 中国水土保持学会在社区宣讲2012年新修订的《中华人民共和国水土保持法》。

2日 全国大中专学生志愿者暑期"三下乡"社会实践活动启动仪式在校举行。

3日 北林科技被评为"2011中关村高成长企业TOP100"评委会突出贡献奖荣誉称号。

5~8日 校长宋维明出席河南农业大学百年校庆，并在中外农业大学校长高层论坛上就"农林高校协同创新与政产学研用一体化建设"做主题发言。

8~13日 两名教师受邀参加国际林联第五学部会议。

11日 全国森林疾病发生现状及对策研讨会在校召开。

18日 生物学院与山东乐陵市签订产学研合作协议。

北京林业大学MBA教育实践基地在福建省泰宁县杉阳公司正式揭牌。

19日 校党委书记吴斌、校长宋维明一行13人，在建军85周年前夕来到武警森林指挥部机关走访慰问。

17~20日 承办2012国际观赏植物种质资源学术研讨会开，校长宋维明参加会议并致辞，副校长张启翔向大会做了主题报告。

19~20日 中国学位与研究生教育学会农林学科工作委员会2012年学术年会在湖南长沙召开，学校研究生人才培养获赞誉。

19~21日 "现代林业与绿色行政高级研修班"在福建三明举办。

21日 海峡两岸"水土保持理论与技术"研究生学术交流营在校正式开营。

25日 与河南省林业厅签署了共同推进中原经济区建设林业科学发展框架协议。

与重庆市南川区深入开展校地合作。

27日 介绍积极探索生态文明教育的做法，引起生态教育论坛与会者的关注。

28日 校长宋维明主持生态文明贵阳会议森林碳汇论坛。

7月 北林科技获批北京市园林植物工程技术研究中心。

经济管理学院首届亚太及非洲地区留学生毕业。

鹫峰国家森林公园获评"2011年首都文明旅游景区"。

8月

7日 校长宋维明前往教育部"2011计划"办公室，汇报学校"2011计划协同创新中心"组建培育情况。

校党委书记吴斌前往国家林业局向赵树丛局长汇报学校工作，邀请赵树丛局长参加学校60周年校庆大会。

10日 校长宋维明应邀出席2012海峡两岸大学校长农业论坛，并做了《在改革中探索创新人才培养模式》主题演讲。

13日 由科技部国际合作司主办、北京林业大学承办的2012年荒漠化防治技术国际培训班在甘肃省武威市培训基地开班。

18日 河北校友会成立。

21日 由北京林业大学、日本国际协力机构(JICA)中国事务所联合举办的中日森林植被恢复学术研讨会在校召开。

16~18日 中国园艺学会观赏园艺专业委员会2012年学术年会在广州召开，张启翔教授被授予"中国观赏园艺杰出贡献奖"，是该奖项设立以来的首位获奖人。

24日 主办首届森林与水国际学术研讨会。

25日 "北京林业大学湖北继续教育分院"签字授牌仪式在湖北生态工程职业技术学院举行，校长宋维明出席授牌仪式。

湖北校友会在武汉成立。

25~26日 教师刘松在首届全国高校青年教师教学竞赛获理科组二等奖。

28日 科技部基础司有关负责人来校生物学院调研。

29日 北京林业大学团代表当选第十三届北京市团市委委员。

30日 北京林业大学与海淀区园林绿化局联合举办管理培训班。

校友方力先生捐赠北林青年绿色成长基金。

31日 台湾中华基金会青年志工参与北京林业大学志愿服务活动。

8月 本科一志愿录取率99.85%，达历史新高。

国际树木栽培杂志专访学校教师。

北京林业大学青年教师获北京市青年岗位能手称号。

9月

1日 林大附小开学典礼突出祝福北林主题。

2日 首届MBA开学典礼在校举行。

4日 北京林业大学男足与海南琼中女足举办友谊赛献礼校庆。

5~7日 园林学生获第49届国际风景园林师竞赛一等奖。

6日 国家基金委中德中心负责人来校生物学院调研。

60周年校庆"山河丹青"书画名家笔会在校举行，20余名书画家泼墨挥毫献礼校庆。

8日 山西校友会成立。

9日 校长宋维明应邀出席中国高等农林教育校(院)长联席会第十二次会议暨中外大学校长论坛，并做了主题演讲。

11日 校长宋维明一行赴中国林科院，商谈协同创新合作事宜。

12日 北京林业大学代表团赴越南林业大学进行正式友好访问。

13日 1名学生获第九届全国大学生运动会铜牌。

与中国福马机械集团签署合作协议。

13~14日 北京林业大学代表团访问越南教育部及胡志明农林大学。

12日 北京林业大学代表团赴越南林业大学进行正式友好访问。

北京林业大学教授当选中国生态学学会分会副主任、委员。

15日 水保学生作品获首届北京市大学生建筑结构设计竞赛三等奖。

15日 国旗班荣获北京高校国旗仪仗队评比一等奖。

16日 启动科学道德和学风建设宣讲教育活动。

17日 北京语言大学网络信息与教育技术中心有关人员来校考察交流信息化建设工作。

东北林业大学校长杨传平一行来校商谈"2011计划"合作事宜。

19日 与四川省眉山市委组织部联合举办培训班为眉山市培训管理干部。

20日 北京林业大学重庆继续教育分院在南川挂牌。

20~21日 省部共建森林培育与保护教育部重点实验室主办的森林观测国际学术研讨会在校召开。

22日 北京林业大学聘请数十名MBA社会导师。

22~23日 森林观测国际研讨会专家考察学校吉林蛟河森林生态系统定位研究基地。

24日 林学院、水土保持学院获"全国生态建设突出贡献先进集体"荣誉称号，朱金兆、李俊清、冯仲科3名教授获"全国生态建设突出贡献先进个人"荣誉称号。

25日 《北京高校党建和思想政治工作基本标准》集中检查工作专家组来校检查党建思政工作。

北京市水务系统多家单位来校水保学院恰谈合作。

全国人大常委会副委员长、民革中央主席周铁农同志为学校甲子校庆题词。

加拿大不列颠哥伦比亚大学副校长 John Hepburn 一行来校访问。

承办全国林业工程与生物质材料和能源博士论坛。

25~26日 北京林业大学中国林学会森林水文与流域治理分会、北京林学会和世界自然保护联盟共同举办的"森林与都市饮用水源地保护"国际学术研讨会召开。

26日 北京林业大学召开第十次教学工作会议。

教育部高教司副司长刘贵芹一行组成的教育部"三重一大"决策制度检查组来校检查工作。

27日 学校第十次教学工作会顺利闭幕。

水土保持学院与北京市房山区水务局举行"北京林业大学水土保持学院房山教学实习实践基地"签约仪式，为校再添一教学实习实践基地。

28日 校友、河南农业职业学院党委书记兼院长杨海蛟教授来校，为校庆书画展捐赠书法作品，并向学校捐赠一批个人专著。

宁夏校友会成立。

9月 于志明、史宝辉2名教师被评为北京高校系统师德先进个人。

年鉴获全国年鉴编校质量一等奖。

2名学生在首届中关村数字设计创业大赛中获得铜奖。

3名学生获第三届梁希优秀学子奖。

8名教师获批2012年国家公派出国项目资助。

加拿大UBC大学与北京林业大学“能源中心”签订合作备忘录。

北京林业大学专家赴房山调研“7·21”特大洪灾重建。

北京林业大学—加拿大不列颠哥伦比亚大学本科“2+2”国际实验班录取30名学生。

获评“2012年高等学校节能监管平台建设示范单位”，并获最高额度270万元的政策资金支持。

吉祥物“霖霖”献礼甲子校庆。

“园林实验教学中心”获批“十二五”国家级实验教学示范中心。

产学研联合培养研究生基地建设项目获优秀。

刘俊昌、陈志泊两名教师荣获第八届北京市高等学校教学名师奖。

经管学院和潞安矿业集团联办工商管理第二学士学位班。

教育部举办的直属高校改革发展成果展展出北京林业大学办学成就。

北京林业大学150项国家级大学生创新创业项目获教育部审批。

举办第八届首都高校风景园林学术论坛。

北京市园林绿化局、北京林业大学联合启动为首都平原百万亩造林提供科技支撑的课题研究。

10月

8～12日 由北京林业大学和中国林学会林木遗传育种分会共同主办的森林生态系统基因调控国际研讨会在京召开。

9日 希望工程北京捐助中心、北京青少年发展基金会高校工作站在校成立。

10日 海南鹦哥岭青年团队先进事迹专场报告会在校举行，其团队中有北京林业大学校友。

顾正平、沈瑞珍为工学院发展基金捐资10万元。

11日 北京林业大学校友、中国社会福利基金会理事长刘光和来校捐赠礼物，祝贺母校建校60周年。

北京地拓科技公司捐赠教育基金会20万元。

12～16日 自然保护区学院参与承办国际克隆植物生态研讨会。

13日 北京东方园林股份有限公司董事长何巧女向母校捐资4000万元。

由北京林业大学等多加单位共同主办的林业经济国际论坛在京开幕。

园林学院主办的风景园林高峰论坛在校举行。

14日 建校60周年生态摄影以及书画名家作品展开幕。

国家林业局副局长孙扎根来校调研

北京林业大学材料学院教授李建章获得海峡两岸林业敬业奖励基金。

由中国林学会、北京林业大学共同主办的第二届森林科学论坛——森林可持续经营国际学术研讨会在京开幕。

园林1980级校友赠书贺校庆。

陕西省副省长祝列克和陕西省林业厅向北京林业大学捐款20万元助学。

15日 中国工程院院士沈国舫的新作首发。

森工1988级校友暨广州弘亚数控机械股份有限公司出资100万在校设立卓越人才培养基金。

由北京林业大学和教育部高等学校林学专业教学指导分委员会、中国林业教育学会联合主办的林业教育改革与发展暨纪念林业教育110周年学术研讨会在京召开。

吉林森工集团董事长、党委书记柏广新作客林业大学林业厅(局)长论坛。

武警森林部队向北京林业大学甲子校庆捐赠礼金20万元。

亢进忠少将受聘北京林业大学客座教授，成为为学校客座教授的现役部队首长。

16日 北京林业大学建校60周年庆祝大会在国家体育馆举行。国务院总理温家宝为北京林业大学校庆60周年题词：“知山知水求真知，树木树人树高材”。中共中央委员、全国人大常委会副委员长乌云其木格，中共中央委员、全国政协副主席白立忱，全国政协副主席罗富和、全国政协原副主席张怀西等出席庆祝大会。国务院副总理回良玉、国务委员刘延东等发来贺信，向北京林业大学校庆 60 周年表示热烈祝贺。国家教育部、国家林业局、北京市委市政府、国家水利部、国家环境保护部等，也发来贺信祝贺北京林业大学 60 周年华诞。

教育部党组成员、副部长鲁昕，国家林业局党组书记、局长赵树丛，北京市副市长洪峰、水利部副部长刘宁出席庆祝大会并讲话。中国农业大学校长柯炳生、美国密歇根州立大学副校长朱莉·尤艾特女士，作为国内外大学的代表致辞。北京林业大学教师代表沈国舫、校友代表张效廉、在校学生代表任利利，分别在庆祝大会致辞。

校党委书记吴斌主持了北京林业大学建校 60 周年庆祝大会。校长宋维明发表了讲话。

来自教育部、水利部、国家林业局等中央部委，北京市委市政府有关领导，兄弟高校、各省（区、市）林业、水利、环保、园林、城建等厅局领导，校地合作单位负责人，社会各界知名人士代表，学校师生员工代表，校友代表；来自美国、加拿大、德国、日本、马来西亚、越南等国的大学校长、院长以及出席林业教育改革发展暨中国林业教育 110 周年学术研讨会的代表等近万人参加了庆祝大会。

深圳市铁汉生态环境股份有限公司向北京林业大学捐资 150 万元。

广东江门市地尔汉宇电器股份有限公司董事长、工学院 1985 级校友石华山先生为工学院发展基金捐资 10 万元

北京林业大学新增林业食品加工与安全北京市重点实验室。

关君蔚水土保持基金设立。

教育部副部长鲁昕听取关于校园规划和基本建设等工作的汇报。

17 日 重庆市南川区政府与北京林业大学签订政产学研用合作框架协议。

北林经管方然发展基金正式成立。

广西壮族自治区林业厅副厅长李明琪应邀做客北京林业大学林业厅（局）长论坛。

芬兰技术中心科泰克公司、奥卢大学及土尔库大学等多个单位与北京林业大学生物学院签订产学研用合作框架协议。

18 日 越南林业大学代表团 Nguyen Van Tuan 一行来校访问。

20 日 北京林业大学生物学院获高校生命科学论坛优秀组织奖。

校长宋维明应邀代表学校出席南林大南农大校庆庆典并讲话。

21 日 北京林业大学学生在 ACM 国际大学生程序设计竞赛天津赛区比赛中获铜牌。

22～24 日 园林教师获中国风景园林学会年会论文大奖。

24 日 新增一家具方向就业实践与教学实习基地。

主办第九批在京 MBA 培养院校联谊会。

非粮生物质原料标准化林业技术委员会秘书处落户北京林业大学“国家能源非粮生物质原料研发中心”。

26～27 日 北京林业大学参与承办非粮生物质原料论坛。

28 日 北京林业大学学生男篮获 CUBA 北京赛区预赛乙组冠军。

北京林业大学承办首都高校第九届鹫峰公园杯越野登山赛。

29 日 北京林业大学在新闻发布会上宣布将在明年开工新建新学生食堂和宿舍工程。

中南林业科技大学副校长廖小平一行来校调研研究生教育工作。

30 日 信息学院承办的“伦敦奥运 中国创造”第六届创意未来百校巡讲活动在校启动。

10 月 多位国家林业局老领导为校庆题词祝贺。

发布 60 周年第二号校庆公告。

生物学院林金星教授获中国电子显微镜学会“钱临照奖”。

泰安市副市长张瑞东一行来校洽谈校地合作。

标本馆二期工程完成。

北京林业大学共建单位——北京市昌平区南口镇政府赠送“回望”石。

由北京林业大学主办的绿色产业发展高端论坛在京召开共话协同创新。

学校凝练德育创新与发展优秀成果，副校长姜恩来主编的《高校德育创新与发展成果选编·北京林业大学卷》由人民出版社正式出版。

校庆期间与来自美国、加拿大、马来西亚、越南等国家和中国台湾地区的10所海内外大学洽谈合作。

凤凰卫视报道北京林业大学在宁夏回族自治区盐池县建立的荒漠生态系统定位研究站。

北京林业大学新增"树木发育及逆境适应性的分子机制"创新引智基地。

"林业生物质能源国际科技合作基地"被科技部认定为国家示范型国际科技合作基地。

北京林业大学主办的首届"绿色产业发展高端论坛暨招待酒会"在京召开。

园林学生在由景观中国网站、《景观设计学》杂志联合举办的"和平钓鱼岛"景观设计方案竞赛中获优胜奖。

国际大学生物联网创新创业大赛，北京林业大学学生队伍分获全国二等奖和全国三等奖。

11月

3日 北京林业大学南方林区(福建三明)综合实践基地科技大楼竣工。

9日 与山东泰安市签产学研战略合作框架协议。

北京林业大学获第九届全国大运会北京代表团贡献奖。

12日 教育部"三重一大"检查组反馈巡视检查意见。

15日 与北青报签署战略合作框架协议。

17日 获评"绿动北京"首都大学生环保社团文化节优秀组织奖。

承办第四届海峡两岸口译大赛华北地区赛。

7所高校学生在校举行"携手青春，投递感恩——'青春与责任'大型主题实践活动"。

18日 北京绿化基金会"自然保护与绿化"青神绿色奖学金捐赠仪式在校举行。

19日 与深圳市铁汉生态环境股份有限公司就业实践基地签约仪式在校举行，新增园林就业实践基地。

20日 出台学习贯彻十八大精神实施意见。

22日 学生作品获第四届CGDA中国优秀游戏制作人评选大赛一等奖。

北京林业大学在北京高校毕业生生源信息发布会上代表北京高校做了主题报告。

23日 人民日报刊发校长宋维明署名文章《以协同创新促人才培养》。

24日 第一届研究生学术论坛开幕。

25日 健美操队在首都大学生阳光体育体能挑战赛获佳绩。

26日 贺十八大当代书法名家作品展在校开幕。

11月 与辽宁省辽河油田第一高级中学、大连市第一中学签订优质生源基地建设合作协议，在辽宁优质生源基地增加至14所。

风景园林学科专业指导小组全会在校召开。

材料学院学生获得国际景观规划设计大赛旅游渡假区类金奖。

北京林业大学召集专家座谈生态文明建设。

北京林业大学在宁夏回族自治区建立吴忠中学、石嘴山市第三中学两所优质生源基地。

学生在国际风景园林竞赛中获4项评委奖。

北京林业大学学生作品在第十四届中国上海国际艺术节暨大学生游戏创意竞赛中获佳绩。

多倍体基因作图模型构建领域取得突破。

第二届全国农林院校研究生管理工作研讨会肯定学校研究生工作。

学生在华北5省(区、市)暨港澳台大学生计算机应用大赛获一等奖。

评选出首届"十佳班主任"。

在江浙地区建立江苏省锡山高级中学、常州市第一中学、浙江省衢州二中3所优质生源基地。

12月

1日 MBA教育获第二届中国商学院领袖年会2项表彰。

1~2日 北京林业大学专家学者在中国生态文明研究与促进会第二届年会上主旨发言。

3日 鹤类保护与可持续农业国际研讨会在校开幕。

4日 北京市教委北京大学生艺术团专家评审团来校评审艺术教育及民乐团发展情况。

4日 北京林业大学校志愿服务团队、项目和个人获海淀区表彰。

6日 举办公文处理工作培训会。

8日 首届MBA精英年会在京召开，并成立MBA联盟汇集社会资源办学。

10日 继续教育学院伊春函授站正式挂牌。

11日 北京林业大学与北京市建筑工程装饰有限公司校企合作揭牌仪式举行，学校再添一就业实践与教学实习基地。

12日 校长宋维明出席第六届行业特色型大学发展论坛。

13日 柳州市林业系统局长高级研讨班在校开班。

13日 北京林业大学在北京高校党校协作组成立20周年大会上介绍经验。

14日 罗马尼亚布拉索夫市特兰西瓦尼亚大学代表团一行来校进行友好交流访问。

教学实习基地落户杭州植物园。

16日 两教授当选海淀区党外知识分子联谊会理事。

19日 与延庆县人民政府签署战略合作框架协议。

工业设计系师生获中国创新设计最高奖。

中国音乐学院来校调研"平安校园"建设工作。

20日 中国农业大学网络中心负责人一行来校考察信息化建设情况。

国家林业局信息办与北京林业大学签署信息化合作协议。

中国绿色碳汇基金会碳汇经济研究中心落户北京林业大学。

22日 教工羽协在学院路高校羽毛球团体赛中获亚军。

23日 成立语言服务中心。

24日 校长宋维明在中国工程院组织召开的高等学校与工程研究院所联合培养博士生试点工作座谈会工介绍博士点经验。

26日 贺庆棠教授在教育部高等教育司、中国老教授协会、全国高校教师网络培训中心共同举办《当代中国国情与青年的历史责任》系列网络讲座中论生态文明。

校友杨雄任上海市代理市长。

北京林业大学学报获评首届中国国际影响力优秀学术期刊。

林业生物质能源国际科技合作基地授牌成立。

27日 西藏大学农牧学院党委书记纪建洲一行来校座谈交流。

武警总部政治部干部部杨万良副部长、干部部选培办徐福林副主任一行对驻校选培办国防生依托培养工作进行检查调研。

北京林业大学教授完成世界首张梅花全基因组精细图谱。

27～29日 学生在第四届全国大学生电子商务"创新、创意及创业"挑战赛获全国特等奖和一等奖。

29日 牵头成立全国林业系统第一个协同创新中心。

林木资源高效培育与利用协同创新论坛在校举办。

12月 北京林业大学代表团赴巴西、智利参加国家留学基金委组织的教育展暨教育交流系列活动。

北京林业大学教授发表数量性状基因定位新模型。

许凤教授获2012年国家杰出青年科学基金资助，这是首次通过学校申报并获得资助的国家杰出青年科学基金项目。

教育部网站介绍北京林业大学就业工作先进经验。

北京市教委学生处来校指导学籍管理工作。

7名教师入选教育部新世纪优秀人才支持计划。

地理信息系统团队多名研究生在中国地理信息产业大会第七届海峡两岸GIS研讨会上获奖。

北京林业大学计算生物学中心研究人员发展的基因定位新模型促进植物抗寒遗传机理研究取得突破。

北京林业大学毕业生获"北美枫情杯"2013届全国林科十佳毕业生荣誉称号。

学生在第五届全国三维数字化创新设计大赛中获二等奖。

5种教材入选"十二五"国家级规划教材。

新增北京市延庆县水务局延庆水土保持教学实验基地和北京康洁家具有限公司康洁教学实验基地两个国家大学生校外实践教育基地。

材料学院林化09－2班获北京高校"十佳班集体"评比第一名。

中共海南省委宣传部发来感谢信，对海南鹦哥岭青年团队先进事迹报告会暨图片展在校成功举办学校作出的努力表示感谢。

外语学院教师李健获"首都市民学习之星"称号。

北京林业大学分别到华中农业大学、西北农林科技大学、河南农业大学、浙江农林大学4所兄弟院校调研国家级实验室(中心)平台建设工作。

学生在第五届全国计算机仿真大奖赛上获佳绩。

信息中心成立"数字北林支持中心"。

获评"2011年度党内统计工作全优单位"称号，这是自2006年以来，第四次获得全优单位称号。

继续教育学院招生规模再创新高。

新增与拿大不列颠哥伦比亚大学合作举办木材科学与工程、生物技术"3＋2"本科专业两个中外合作办学本科专业。

"211工程"三期建设获中央专项资金奖励。

重要学术报告会一览

林学院2012年主要学术讲座(报告)情况一览表

时　间	名　称	主讲人	主讲人身份
3月15日	美国高尔夫球场认证体系	戴耀宗	香港富通环球有限公司董事总经理，同济大学和中山大学客座教授，兼任中高协国际事务顾问
3月15日	日本高尔夫球场草坪管理理念及其基础	山田孝雄	日本东洋养护株式会社董事长，东洋绿化株式会社董事长。日本草坪学会高尔夫分会会长，日本高尔夫球场事业协会会长
3月30日至4月1日	森林信息化经营学术前沿与技术创新会议	地理信息系统学科	
5月11～31日	商务部"发展中国家应对全球气候变化的林业经营理念与实践管理官员研修班"	林学院	
9月20～21日	森林观测(Forest Observational Studies)国际学术研讨会	森林培育与保护重点实验室	
10月14～15日	第二届森林科学论坛——森林可持续经营国际学术研讨会	林学院	
10月15日	林业教育改革与发展暨纪念林业教育110周年学术研讨会	林学院	
10月16日	绿色校庆年系列学术讲座之林苑讲坛	林学院研究生会	来自中国科学院、中国林业科学研究院、国家林业局等多位林学、生态学权威机构专家
11月12日	Interactive effects of climate change and air pollution on forest ecosystems	Andrzej Bytnerowicz	美国农业部林务局资深科学家，从事大气污染对植物的影响研究超过30年，在国际知名杂志发表论文逾200篇

园林学院2012年主要学术讲座(报告)情况一览表

时　间	名　称	主讲人	主讲人身份
2月15日	过程·内容·形态——城市景观的再生、适应与增生	Jessica Leete	美国新锐景观设计师

（续）

时　间	名　称	主讲人	主讲人身份
2月28日	日本绿地政策的形成和现代社会的绿地规划动向	平田富士	日本兵库县立研究生院院长
3月24日	千叶大学园艺学部介绍	赤坂信	日本环境造园领域长
3月24日	日本农村的振兴与空间管理——以住民自身为主体的再生案例研究	齐藤雪彦	日本千叶大学教授
3月24日	景观设计的近作介绍	三谷徹	日本千叶大学教授
3月24日	为环境城市的形成而进行的绿地环境管理研究	柳井重人	日本千叶大学教授
4月10日	城市世界的绿色基础设施	Nancy Rottle	西雅图华盛顿大学建成环境学院风景园林专业副教授
4月24日	应对不断改变的学术和专业需求下的风景园林设计、规划和管理	Eckart Lange	英国谢菲尔德大学风景园林系主任
4月25日	环境规划与设计中景观可视化沟通的机遇与局限	Eckart Lange	英国谢菲尔德大学风景园林系主任
5月15日	设计师的职业生涯发展	马晓伟	意格公司总裁，首席设计师
5月22日	无设计实践在中国	袁松亭	笛东联合规划设计顾问有限公司总裁兼首席设计师
6月12日	地质遗产保护	陈安泽	中国旅游地学研究会会长
6月14日	生物信息学的应用	张晓艳	同济大学生命科学与技术学院副教授
10月13日	以美国洲际高速铁路发展为例阐述城市规划设计	Jake Williams	美国教授，风景园林师
10月13日	leading landscape 让现状成为景观设计的基础	Henri BAVA	原法国景观师协会会长
10月13日	“Finding center”——风景园林设计中教育、研究和实践的关系	Carol Emmerling	伊利诺伊大学景观设计系教授、副系主任
10月13日	日本公园绿地建设管理新动向	金子忠一	日本东京农业大学地域环境科学部造园学科长
10月14日	从业60年	孟兆祯	北京林业大学院士、教授、博士生导师
10月26日	自然与园林艺术	Jurgen Heinrich von Reuss	德国卡塞尔大学景观规划系教授，卡塞尔城市景观事务所主持设计师
11月3日	园林艺术中的功能主义	Jurgen Heinrich von Reuss	德国卡塞尔大学景观规划系教授，卡塞尔城市景观事务所主持设计师
11月19日	世界旅游发展趋势及职业发展	屈海林	美国俄克拉荷马州立大学酒店餐饮及旅游管理学院校董特聘终身正教授

（续）

时　间	名　称	主讲人	主讲人身份
11 月 20 日	易兰国际宣讲及旅游度假规划设计解析	唐艳红	易兰规划设计院副总裁
11 月 22 日	人居环境园林植物多样性实践与探索	刘坤良	棕榈风景园林研究院常务副院长
11 月 23 日	意格国际宣讲及美国社区公园设计的宗旨——以人为本	孔　梅	意格国际上海公司担任资深主创设计师
11 月 28 日	建造生态：人工世界的新景观	邓信惠	香港大学建筑学院园境建筑学部本科项目负责人
11 月 29 日	新单位主义与城市生活圈规划	柴彦威	北京大学城市与环境学院教授
12 月 1 日	艺术融入自然——关于园林的审美和设计（含北京市园林古建设计研究院宣讲内容）	严　伟	北京市园林古建设计研究院高级风景师
12 月 2 日	“中国园林前世今生的故事”系列之一	金柏苓	北京市园林古建设计研究院原院长兼总工，教授级高工，一级注册建筑师
12 月 4 日	花漫京城——北京市花卉布置 30 年回顾及发展	董文珂	北京市花木有限公司工程师
12 月 6 日	“中国园林前世今生的故事”系列之二	金柏苓	北京市园林古建设计研究院原院长兼总工，教授级高工，一级注册建筑师
12 月 9 日	“中国园林前世今生的故事”系列之三	金柏苓	北京市园林古建设计研究院原院长兼总工，教授级高工，一级注册建筑师
12 月 13 日	“中国园林前世今生的故事”系列之四	金柏苓	北京市园林古建设计研究院原院长兼总工，教授级高工，一级注册建筑师
12 月 16 日	“中国园林前世今生的故事”系列之五	金柏苓	北京市园林古建设计研究院原院长兼总工，教授级高工，一级注册建筑师
12 月 21 日	从历史照片谈颐和园的遗产保护	翟小菊	北京颐和园学会秘书长
12 月 23 日	“中国园林前世今生的故事”系列之六	金柏苓	北京市园林古建设计研究院原院长兼总工，教授级高工，一级注册建筑师

水土保持学院 2012 年主要学术讲座(报告)情况一览表

时　间	名　称	主讲人	主讲人身份
3 月 16 日	生态系统服务功能损失、土地退化以及可持续土地管理对策	Anna Tengberg	瑞典哥德堡大学教授
3 月 27 日	化肥面源污染防治技术研究	刘宝存	北京市农林科学院植物营养与资源研究所所长
4 月 15 日	Matlab 基本原理及操作	张　岩	北京林业大学副教授

（续）

时　间	名　称	主讲人	主讲人身份
4月20日	The Role of Fungi in Soil Ecosystem Processes	Prof. John Dighton	美国土壤协会会长(Pinelands Field Station, Rutgers University, USA)
5月15日	英语科技论文讲座	任胜利	《中国科学》杂志社总编辑
5月15日	恋爱中的两性关系	朱　慧	国家二级心理咨询师
5月16日	水文模型在土壤侵蚀研究中的应用	Prof. Bofu Yu	澳大利亚格里菲斯大学工学院院长
5月31日	半干旱生态系统监测作用及生态重要性	Prof. Victor Roy Squires	澳大利亚阿德莱德大学
7月22日	以移动观测法测定莿竹林地气温与相对湿度之空间变化	唐琦	屏东科技大学水土保持系副教授
7月22日	SH波在凸起地形内部的散射反应	徐文信	屏东科技大学水土保持系博士
7月22日	台湾常用山崩分类系统与相关大型研究计划介绍	杨树荣	屏东科技大学水土保持系博士
7月22日	应用WASP模式于都会型河川污染整治策略研究	杨州斌	屏东科技大学水土保持系博士
7月22日	高崩塌率下诱发土石流之模拟研究——以莫拉克风灾在南台湾新开地区为例	陈晋琪	华梵大学环境设计系副教授
7月22日	降雨特性对阿里山森林铁路崩塌潜感之影响分析	詹勋全	中兴大学水土保持系博士
7月22日	工程绿化技术	赵廷宁	北京林业大学水土保持学院教授
7月22日	生产建设项目水土保持	贺康宁	北京林业大学水土保持学院教授
7月22日	土壤侵蚀普查的历史与线状	张岩	北京林业大学水土保持学院副教授
7月22日	林木根系与土壤锚固性能	冀晓东	北京林业大学水土保持学院副教授
7月22日	林木根系固坡的数值模拟研究	及金楠	北京林业大学水土保持学院教师博士
7月22日	荒漠生态系统水文过程	肖辉杰	北京林业大学水土保持学院博士
7月22日	台湾泥石流降雨频率分析	张誉译	屏东科技大学水土保持系硕士生
7月22日	水土保持草类对盐度逆境之初步探讨	潘柏宏	屏东科技大学水土保持系硕士生
7月22日	坡地与不同覆盖处理下低温之变化	陈奕诚	屏东科技大学水土保持系硕士生
7月22日	运用支持矢量机于河道含沙量预测	孙嘉伟	屏东科技大学水土保持系硕士生

（续）

时　间	名　称	主讲人	主讲人身份
7月22日	HEC-HMS应用于土石流堰塞现象之研究	陈柏龙	屏东科技大学水土保持系硕士生
7月22日	台湾野溪清疏工程规划与执行成效探讨	周钦源	屏东科技大学水土保持系硕士生
7月22日	地形曲率对崩塌类型之影响-以隘寮溪流域为例	李宗联	屏东科技大学水土保持系硕士生
7月22日	崩积边坡坡体变形之行为-以梅山游客中心后方边坡为例	张旻晋	屏东科技大学水土保持系硕士生
7月22日	台中丰原东阳地滑地之地下水检层分析	江泓铨	屏东科技大学水土保持系硕士生
7月22日	地下水位对边坡稳定性之影响探讨——以屏东科技大学水土保持户外教室为例	张文彦	屏东科技大学水土保持系硕士生
7月22日	利用罗吉斯回归建立阿里山森林铁路山崩潜感模式	洪雨柔	中兴大学水土保持系硕士生
7月22日	水理输沙模式之应用——以大甲溪为例	詹翔屹	中兴大学水土保持系硕士生
7月23日	大仑山区次生林日平均风速之统计分布	许世霖	华梵大学环境设计系硕士生
7月23日	以落锥试验决定阿太堡限度之研究	陈舒华	华梵大学环境设计系硕士生
7月23日	光滑渠床中水流混合颗粒之阻力分析	杨棱洁	华梵大学环境设计系硕士生
7月23日	固床工上下游之堆土高度变化对冲刷坑影响之初步实验	萧宇吟	华梵大学环境设计系硕士生
7月23日	山区道路边坡生态工程评估——以华梵校园为例	余信萱	华梵大学环境设计系硕士生
7月23日	影响华梵坡地变位之降雨强度和累积雨量之初步关系曲线	苏达人	华梵大学环境设计系硕士生
7月23日	以不连续变形分析法探讨坡顶载重对边坡位移影响之研究	林静嫩	华梵大学环境设计系硕士生
7月23日	地锚边坡巡勘检测与稳定分析应用案例探讨	陈莹臻	华梵大学环境设计系硕士生
7月23日	落石达稳定结果所需实验次数之研究	陈俞云	华梵大学环境设计系硕士生
7月23日	北京典型森林生态系统SPAC水分运动机制研究	李轶涛	北京林业大学水土保持学院博士生
7月23日	稳定同位素在森林生态水文中的应用	贾国栋	北京林业大学水土保持学院博士生

（续）

时　间	名　称	主讲人	主讲人身份
7月23日	三峡库区植物篱生态效益分析与评价	吕文星	北京林业大学水土保持学院博士生
7月23日	浅沟信息的数码照相识别技术	常　存	北京林业大学水土保持学院硕士生
7月23日	温度植被干旱指数在草原干旱监测中的应用研究	陈　斌	北京林业大学水土保持学院硕士生
8月21日	中日林业合作历程	吴斌	北京林业大学教授
8月21日	森林对东日本大地震的作用及可持续森林管理·利用	太田猛彦	东京大学名誉教授
8月21日	三峡库区消落带治理	朱金兆	北京林业大学教授
8月21日	森林防止和减轻山地灾害的功能与对策	落合博贵	森林综合研究所企划部长
8月21日	四川地震灾后林业生态重建现状	鄢武先	四川省林科院林业所所长
8月21日	中日技术合作四川省地震灾后森林植被恢复项目介绍	大西满信	JICA中国事务所首席顾问
8月21日	四川省北川县震后森林植被恢复项目介绍	赵廷宁	北京林业大学教授
8月21日	中日技术合作四川省示范林营造项目介绍	敬彬	四川省凉山州林业局林业产业管理站站长
8月21日	中日无偿资金合作黄河中游宁夏防护林营造计划介绍	石慧书	宁夏盐池县环境保护和林业局工程师
8月21日	黄土高原治山技术培训项目介绍	张建军	北京林业大学教授
8月21日	中日无偿资金合作黄河中游山西防护林营造计划介绍	翟庆云	山西省自然保护区管理站总工
8月21日	北京山区关停废弃矿山植被恢复工程情况介绍	胡俊	北京园林绿化局防沙治沙办公室副主任
9月21日	森林水文学发展新动态	王彦辉	中国林科院研究员
10月8日	奥地利土壤侵蚀：空间分布、原因、影响、治理措施与政策	皮特尔·斯特劳斯（Dr. Peter Strauss）	奥地利联邦水土保持研究所所长　维也纳农业大学教授
10月9日	地理学研究进展与前沿领域	郑　度	中国科学院院士
10月12日	西北荒漠化地区资源空间异质性研究	杨晓晖	中国林科院荒漠化防治研究所研究员，中关村绿色碳汇研究院副院长
10月12日	全国水力侵蚀普查方法	刘宝元	北京师范大学地遥学院教授
10月19日	水土保持事业在新时期的历史使命	蔡强国	中国科学院地理科学与资源研究所研究员
10月19日	东北黑土漫川漫岗区小流域水土流失综合治理范式研究	蔡强国	中国科学院地理科学与资源研究所研究员

（续）

时　间	名　称	主讲人	主讲人身份
10 月 31 日	Participatory Planning for Community-based Natural Resources Management	Prof. Victor Roy Squires	美国犹他州立大学自然资源管理与草原生态学博士
11 月 1 日	Detecting and monitoring impacts of ecological importance in semi arid e-cosystem	Prof. Victor Roy Squires	美国犹他州立大学自然资源管理与草原生态学博士
11 月 2 日	薄层水流流速测量方法	雷廷武	中国农业大学水利工程系教授
11 月 10 日	泥石流防治、植被固坡技术研究与实践	舒安平	北京师范大学教授
11 月 12 日	Introduction to debris flow assessment and mitigation (in Austria)	Prof. Hannes Huebl	维也纳自然资源与生命科学大学院长
11 月 14 日	森林碳汇功能的研究	杨晓辉	中国林科院荒漠化防治研究所研究员，中关村绿色碳汇研究院副院长
11 月 15 日	森林资源与服务功能评估	王　兵	中国林业科学研究院首席专家研究员
11 月 15 日	生态修复工程中的新技术——KLD 草毯的运用	张慧中	北京康莱德国际环保植被公司总经理
11 月 17 日	植被固坡技术研究与实践	舒安平	北京师范大学环境学院教授
11 月 22 日	工程绿化技术动态	董智	山东农业大学教授
11 月 26 日	水土保持理念与土壤侵蚀研究方向	刘宝元	北京师范大学教授
11 月 29 日	岩质边坡植被恢复的几个问题探讨	顾　卫	北京绿之源生态工程有限公司，高工、总工程师
11 月 29 日	环境生产力与城市可持续发展	毛志峰	北京大学环境科学与工程学院环境管理系及中国持续发展研究中心教授
12 月 7 日	Role of land cover change in the self-regulation of desert oases in Northwest China	Prof. Charles Bourque	University of New Brunswick (UNB)
12 月 12 日	Site Influences on Net Ecosystem Productivity (NEP) in Two Abies balsamea stands in Southwest New Brunswick Monitored by Eddy Covariance	Prof. Charles Bourque	University of New Brunswick (UNB)
12 月 13 日	山东省破坏山体立地条件类型划分及其植被恢复	董　智	山东农业大学
12 月 13 日	填埋场植被恢复及垃圾腐质土资源化利用技术研究	郭小平	北京林业大学教授
12 月 20 日	暴雨和边坡绿化	赵廷宁	北京林业大学教授

工学院(单位)2012年主要学术讲座(报告)情况一览表

时　　间	名　　称	主讲人	主讲人身份
3月13日	Current research in Daniel Experiment Forest Research Site Utah state University	Scott B. jones	美国有他州立大学农学院土壤系教授
5月28日	应力波在人工林活立木中传播机理研究	王喜平	王喜平博士，美国农业部林产品实验室研究员
9月27日	美国高等工程教育研究及实践的现状和发展趋势	方宁	方宁博士，美国犹他州立大学(Utah State University)工学院工程教育系副教授。2010年兼任美国国家科学基金会(National Science Foundation)本科教育部工程教育主任
9月27日	学术报告《美国工业设计现状及趋势》	乔什·欧文	美国罗彻斯特理工大学工业设计系主任
10月12日	学术报告《工业设计与工业产业》	Harald Hullmann	德国萨尔造型艺术学院产品设计系主任
10月15日上午9点	产品设计方法学研究的新进展	闻邦椿	中国科学院院士，机械动力学和工程机械专家，力学教育家。现为东北大学机械工程与自动化学院教授，辽宁工程技术大学兼职教授，机械电子工程研究所名誉所长，IFToMM(国际机器理论与机构学联合会)中国委员会委员，国际转子动力学技术委员会委员，亚太振动会议指导委员会委员，中国振动工程学会名誉理事长，上海交通大学“振动、冲击、噪声”国家重点实验室学术委员会名誉主任，现任或曾任全国20余所大学的兼职教授、顾问教授和名誉教授。1984年被评为全国第一批有突出贡献的中青年专家，1991年当选为中国科学院院士
10月16日	农业工程学科发展研究与农林领域信息化科技创新发展的思考	汪懋华	中国农业大学教育部现代精细农业系统集成研究重点实验室中国工程院、国际欧亚科学院院士
10月16日	创新让中国企业更有尊严	石华山	江门市地尔汉宇电器股份有限公司董事长

（续）

时　间	名　称	主讲人	主讲人身份
10月17日	1. Impact of Nondestructive Testing and Evaluation 2. Nondestructive Testing of Timber Structural Components	Robert Ross 王喜平	Robert Ross 博士，美国农业部林产品实验室工程木材研究室主任，研究员，国际木材科学院院士。 王喜平博士，美国农业部林产品实验室研究员
10月19日	Contactless Sensing Techniques for Plant Drought Stress Experiments	Martin Kraft	“Fedearl Research Institute for Rural Areas, Forestry and Fisheries Insstitute of Agricultural Technology and Biosystems Engineering” 主要研究方向：植物图像技术，在研课题：基于自动图像分析的植物冠层参数检测方法
10月24日	1. Agri-Therm Inc. Mobile Pyrolysis Technology for the Production of Bio-oil and Bio-char and ICFAR Biomass Feeding Technology 2. 林业生物质炼制——将林业生物质和林业废弃物转变为工业生物质产品	Federico M. Berruti 徐春宝	Federico M. Berruti 博士，Agri-Therm 副总裁，加拿大 Western University(原“西安大略大学”)博士生，主要从事生物质处理以及进料技术方面的研究 徐春宝教授，加拿大 Western University(原“西安大略大学”)化学工程系教授，加拿大自然科学与工程研究理事会工业研究主任，主要从事生物质炼制方面的研究

材料学院2012年主要学术讲座(报告)情况一览表

时　间	名　称	主讲人	主讲人身份
2月9日	专利申请知识介绍	王伟锋	律师，北京鼎佳达知识产权代理事务所专利代理人
4月11日	SCI 写作技巧	冯晶	美国哈佛大学在站博士后
5月14日	1. Transformative technology for forestry industry part I-From pulp and paper to new generation materials 2. Transformative technologies for forestry industry part II-Biochemical and biofuel from cellulosic biomass	毛长斌	加拿大林产品创新研究所(FPInnovations)研究员
6月28日	功能材料与生物药物	雷建都	中国科学院过程工程研究所生化工程国家重点实验室副研究员
8月25日	Comprehemsive understanding of lignin chemistry structure and reactivity	Yuji Matsumoto	国际知名木质素结构研究专家，东京大学教授

（续）

时　　间	名　　称	主讲人	主讲人身份
8月29日	工程木塑复合材料的发展及应用	Douglas J. GARDNER	美国缅因大学教授
9月1日	木材加工技术及应用进展	史强	美国北德克萨斯州立大学教师
10月13日	3D structure visualization and characterization of fibrous porous bio – based materials and their relationship to transport and mechanical properties	Shri Ramaswamy	美国明尼苏达大学双城分校教授
10月17日	工程木制材料产品开发新进展	欧年华	美国邱博工程木材公司技术总监
11月15日	Biorefinery and HWE™ based Cmmerical Hardwood	Thomas E. Amidon	纽约州立大学教授
11月21日	Free Padical reaction and lignin structure	吕发创	威斯康辛大学研究员

经济管理学院2012年主要学术讲座(报告)情况一览表

时　　间	名　　称	主讲人	主讲人身份
3月29日	易学与哲学	马宝善	中央政法委法制日报社原副社长兼中国律师报常务副总编，高级编辑
3月29日	国际视野下中国林木生物质能源资源潜力和发展前景	张彩虹	北京林业大学经济管理学院教授
4月8日	多功能林业与森林经营：机遇与挑战	Heinrich Spiecker	德国弗莱堡大学教授
4月9日	中国金融改革的思辨与前瞻	郭田勇	中央财经大学金融学院教授
4月21日	漫谈GDP核算	彭志龙	国家统计局国民经济核算司司长
4月21日	城镇居民基本医疗保险费率形成和调节机制问题研究	汪泽英	中国劳动科学院社会保障所研究员
4月22日	中国林产品贸易壁垒	吴盛富	中国林产工业协会国际市场部主任
4月22日	草原生态建设工程绩效评价	张立中	北京林业大学经济管理学院教授
4月26日	中国企业竞争力	龚炯	对外经贸大学国际经济贸易学院经济学系副教授
5月16日	窥探中国领导艺术中的领导力	陈生民	清华大学经管学院领导力研究中心研究员
5月18日	瑞典林业发展与森林可持续经营模式	宫培臣	瑞典农业大学林业经济学及瑞典环境与资源经济研究中心教授
5月27日	汉字与书法	郁志桐	中国书协第四、第五届理事；中国世界民族文化交流促进会副会长、北京书协第四届副主席，第五届顾问
6月5日	中国对外金融政策	丁志杰	对外经贸大学金融院院长
9月22日	探索、成长、反思与展望——人力资源管理变革在中国	曾湘泉	中国人民大学劳动人事学院院长

（续）

时　间	名　称	主讲人	主讲人身份
9月22日	认识自我，实现跨越——职业发展中的情商与领导力	李志祥	北京理工大学常务副校长
9月22日	学HR，享美好人生	杨伟国	中国人民大学规划处处长
10月12日	天保林业与林业碳汇的耦合研究	曹玉坤	东北林业大学经济管理学院教授
10月18日	关于全球环境保护下的中国农业发展问题	何秀荣	中国农业大学教授、全国农林学科评议组成员
11月2日	专业与人生	朱信凯	中国人民大学农村发展学院副院长、教授
11月6日	当代收入分配对社会稳定的影响	李长安	对外经贸大学公共管理学院副教授
11月13日	东亚农业发展的经验教训与我国现代农业的发展方向	曾寅初	中国人民大学农业与农村发展学院教授
11月23日	食品安全管理与消费者行为的经济学研究	周应恒	南京农业大学经济管理学院院长、教授
12月4日	十八大经济和政治体制改革解读	施雪华	北京师范大学政治学与国际关系学院教授
12月10日	全球化与中国经济漫谈	崔建华	北京大学经济学院副院长（兼），副研究员，党委副书记

人文社会科学学院2012年主要学术讲座（报告）情况一览表

时　间	名　称	主讲人	主讲人身份
4月5日	绿色经济转型与生态文明建设	齐晔	清华大学“长江学者”特聘教授，国务院学位委员会学科评审委员
4月26日	生态文明研究	约翰·格瑞姆、玛丽·伊夫林·塔克	美国耶鲁大学森林与环境学院“宗教与生态论坛”创始人兼负责人
5月18日	从裸婚到AA制：中国人婚姻观念的变化与婚姻法的变革	马忆南	北大法学院教授、新婚姻法起草者
6月12日	环保组织参与环境治理问题和与环境相关的公共政策推进	郎希宇	“绿色和平“组织行动和调研部经理
6月15日	大选年看美国	埃德温·亚瑟·温克勒	美国哥伦比亚大学、哈佛大学教授，美国国务院、兰德公司顾问
6月19日	全球化与社会发展的新特征——比较社会学视角	李捷理	美国俄亥俄州立大学教授
10月9日	皈依原生——走出当代社会审美窘境	严耕	北京林业大学人文学院院长
10月11日	天上的爱与人间的爱——性吸引与关系的心理	朱建军	北京林业大学人文学院心理系教授

（续）

时　间	名　称	主讲人	主讲人身份
10 月 14 日	中国企业走出去的必修课——海外投资战乱风险法律防范	王斌	北京林业大学人文学院法学系教师
10 月 23 日	生态文明的科技与经济建设	卢风	清华大学哲学系主任
10 月 25 日	人文学院研究生生涯规划	于翠霞	北京林业大学工学院党委书记
11 月 1 日	关于当代社会思潮问题	赵甲明	清华大学马克思主义研究中心副主任、中国历史唯物主义学会常务理事、中国辩证唯物主义研究会理事
11 月 15 日	法治如何推进生态文明转型	孙佑海	最高院研究室第一副主任、中国政法大学环境资源法博士生导师
11 月 16 日	公共政策执行的中国模式——以林改政策为例	贺东航	华中师范大学政治学研究院博士生导师，中国农村研究院林改中心主任
11 月 24 日	"绿色行政工作坊"深入探讨十八大精神专题讲座	高小平、林　震、仲亚东	北京林业大学人文社会科学学院教师
12 月 7 日	推进生态文明建设中的重大理论与实践问题	郇庆治	北京大学马克思主义学院教授
12 月 10 日	森林法修改及主要争议问题	王洪杰	国家林业局政策法规司副司长

2012 年外语学院主要学术讲座(报告)一览表

时　间	名　称	主讲人	主讲人身份
3 月 12 日	关于日本现代文学	福山泰男、森冈卓司、中村笃志	日本山形大学法人、人文学部教授
3 月 16 日	现代小说的先声：塞缪尔·理查森(Samuel Richardson)	刘意青	北京大学外语学院教授，博士生导师，全国高等教育学会外国文学专业委员会副会长、外国文学学会理事、燕京研究院研究员
3 月 26 日	中国文化走出去的过去、现在和未来	武波	外交学院英语系教授
4 月 18 日	中国语境下的美国文学景点阐释	郭英剑	中央民族大学外国语学院教授
5 月 29 日	英华博译翻译学院口笔译培训宣讲	金雅玲、王学文	英华博译销售总监，外经济贸易大学国际交流学院原院长，《国际商报》原副社长、副总编，《中国外经贸英文月刊》原总编辑
6 月 13 日	口译译员——职业与规划	李健	联合国同传译员，口译培训师
6 月 20 日	Ethnosemantics and Cognitive Anthropology：a short history	Jürgen Bohnemeyer	德国著名语言学家，现任教于美国纽约州立大学布法罗分校

（续）

时　间	名　称	主讲人	主讲人身份
9月18日	同传翻译讲座	陈丹	埃塞克斯大学高级翻译系同声翻译讲师
9月25日	学好英语真的那么重要	王晓卫	北京林业大学副校长，曾任华盛顿驻美大使馆教育处秘书、驻美芝加哥总领馆教育参赞
10月16日	外语学科中的人文精神与科学精神	封宗信	清华大学外语系教授
10月19日	认知语言学与口语和手语的一致性	Sherman Wilcox	美国新墨西哥州立大学语言学系教授、系主任
10月22日	外贸行业发展现状	高佳东	全国外贸考试中心北京考培中心副主任
10月25日	口译实战与能力培养	张雪涛	甲申同文翻译公司创始人、总经理
11月7日	外事工作讲座	林宇	北京林业大学国际交流与合作处老师
11月13日	一个真实的美国	王晓卫	北京林业大学副校长，曾任华盛顿驻美大使馆教育处秘书、驻美芝加哥总领馆教育参赞
12月11日	Bingo教你说美语	徐斌斌	网络口语教学栏目创始人

生物学院2012年主要学术讲座(报告)情况一览表

时　间	名　称	主讲人	主讲人身份
1月3日	国家自然科学基金项目申请的注意事项	林金星	生物学院院长
2月24日	蛋白质结构与功能性食品开发研究	田之仓优	日本东京大学教授
3月28日	拟南芥中的机械力敏感的钙离子通道候选蛋白	饭田秀利	日本东京学艺大学教授
4月18日	科研人生漫谈	马 红	上海复旦大学教授
4月24日	eQTL mapping: the added value for complex trait dissection	崔跃华	美国密歇根州立大学副教授
4月26日	木本植物老树试管复幼分子生物学及生理机制	黄丽春	台湾中央研究院教授
5月11日	真菌多样性与次级代谢	刘杏忠	中科院微生物研究所研究员
5月15日	英文科技写作技巧和心得	唐继军	美国南卡罗莱纳大学副教授
6月1日	Reproductive Endocrinology of Male Elephants	田谷一善	日本东京农工大学教授
6月6日	植物私生活——交配系统进化	白伟宁	中科院植物研究所副研究员

（续）

时　　间	名　　称	主讲人	主讲人身份
6月14日	Processing of biomass to liquid bio-fuels（生物质转化为液体生物燃料的加工技术）	Piotr Dziugan	波兰罗兹技术大学博士
6月14日	中美研究生教育的比较与分析	邬荣领	美国宾夕法尼亚州立大学教授
6月21日	理科基地建设经验交流会	许崇任	北京大学教授
7月27日	Current topics of forest genetics and biotechnology	李百炼	美国北卡罗莱纳州立大学教授
8月1日	Advancement of Quantitative Genetics and Application to Tree Genetics：GWAS and Genomic Selection	吴夏明	澳大利亚 CSIRO 首席科学家博士
8月28日	国家重大科学研究计划	傅小峰	科技部基础司重大科学研究计划处处长
9月6日	Involvement of salicylic Acid in plant cell responses to environmental	Dr. Tomonori Kawano	TheUniversity of Kitakyushu
9月6日	中德科技合作	陈乐生	国家基金委中德科学中心主任
9月24日	Recent Developments in Seed Science	Hugh W. Pritchard	英国皇家植物园邱园首席科学家
10月8日	森林生态系统基因调控国际研讨会	邬荣领	美国宾夕法尼亚州立大学教授
10月16日	林业资源利用与林业食品发展	尹伟伦	北京林业大学院士
10月30日	Lignin VersusLignan，Two Twins with Different Fates（木质素和木脂素及其合成途径的研究）	赵　乔	美国诺贝尔基金会博士后
10月30日	蛋白磷酸酶对激素信号传导和植物发育的调控	代明球	美国耶鲁大学博士
11月6日	全球气候变化对媒介生物及人类健康的影响	刘起勇	中国 CDC 传染病预防控制所研究员
12月5日	Light regulated Arabidopsis growth and development：from the perspective of central dogma	吴素幸	台湾中央研究院植物暨微生物研究所研究员

理学院2012年主要学术讲座(报告)情况一览表

时　　间	名　　称	主讲人	主讲人身份
4月26日	怎样走向成功之路	谭浩强	清华大学教授、我国著名计算机学者
5月11日	从平行公里到空间的弯曲	王诗宬	北京大学院士
12月28日	数据包络分析(DEA)与支持向量机(SVM)简介	甄　苓	中国农业大学理学院副教授，硕士生导师

信息学院2012年主要学术讲座(报告)情况一览表

时　间	名　称	主讲人	主讲人身份
5月25日	Nature-Inspired Computing Model: Artificial Immune Systems (AIS)	Prof. Chih-Cheng Hung	美国南方理工州立大学教授
5月27日至6月10日	快速抠图算法介绍	王　珏	ADOBE公司高级研究员
5月27日至6月10日	图片边缘优化方法	王　珏	ADOBE公司高级研究员
5月27日至6月10日	偶动画算法研究	王　珏	ADOBE公司高级研究员
5月27日至6月10日	帮助小成本视频和动画制作的计算机新技术	王　珏	ADOBE公司高级研究员
6月7日	云计算和大规模数据存储	陈继东	EMC中国研究院大数据实验室主任和研究经理
6月12日	中粮集团整体信息系统规划及信息系统审计	邵　波	中国粮油控股有限公司审计监察部项目经理
6月13日	博弈论及其在计算机网络中的应用	徐　恪	清华大学计算机系教授
7月4日	Creating Technologies and Technologies for Creating	曹　翔	微软亚洲研究院
9月8日	Hidden Markov Model (HMM)	Prof. Chih-Cheng Hung	美国南方理工州立大学教授
9月19日	手绘在游戏和影视创作中的应用	钟川、张威莽	Autodesk概念设计大师
10月11日	Reconstructing regulatory networks from the dynamic plasticity of gene expression by mutual information	王建新	归国留学人员
10月12日	人脸识别综合技术在周克华案中的应用	苏光大	清华大学教授
10月24日	北斗技术及其林业应用前景探讨	唐小明	林科院资信所研究员
10月31日	遥感图像在对地观测技术中的应用	陈　甫	中国科学院遥感与数字地球研究院副研究员
11月1日	欧洲动画的发展与现状	EricRiewer	法国高布兰学院国际事务高级顾问
11月3日	色彩对设计师意味着什么	梁景红	知名色彩专家
11月7日	CPK认证体系介绍	彭作文、孙连清	中科点击公司董事长、技术总监

（续）

时　　间	名　　称	主讲人	主讲人身份
11月14日	Understanding the Adaptive Use of IT Capabilities and the Development of Shared Mental Models in Virtual Teams	于晓丹	PhD Candidate，University of Nebraska at Omaha
11月24日	Large-Scale Visual Recognition	范建平	美国北卡罗来纳大学夏洛特分校教授
11月30日	学科前沿性专题讲座	赵春江	"十二五"现代农业技术领域"863"专家组专家、研究员、博导、主任

自然保护区学院2012年主要学术讲座(报告)情况一览表

时　　间	名　　称	主讲人	主讲人身份
3月5日	美国密西西比流域水资源管理与环境政策研究	希瓦利埃	美国南伊利诺伊州立大学教授
5月20日	中国自然保护区发展前景	陶思明	国家环保部自然生态司自然保护区处长
9月22日	Ecological Data analysis andmodelling in R	文　力	澳大利亚新南威尔士州环境与遗产办公室高级研究员
11月23日	SCI论文写作	于飞海	北京林业大学自然保护区学院教授
12月13日	灵长类进化与保护遗传学	刘志瑾	中国科学院动物所副研究员
12月14日	美国湿地恢复——以俄勒冈州班顿国家野生动物保护区湿地恢复为例	罗伊·罗威	美国鱼类和野生生物服务局俄勒冈海岸野生生物保护中心项目主管

环境科学与工程学院2012年主要学术讲座(报告)情况一览表

时　　间	名　　称	主讲人	主讲人身份
10月11日	环境科技发展中的几个方向性问题	曲久辉	中科院生态环境研究中心院士
10月14日	Effect of oxidants and algaecides onCyanobacteria：cell rupture，and metabolite release and degradation	林财富	台湾国立成功大学环境工程学系主任教授
10月14日	城市污水处理达一级A标准工艺与技术分析	彭永臻	北京工业大学教授

表彰与奖励

获奖科研成果名录

2012年获奖科研成果名录

序号	奖励名称	等级	项目名称	获奖人	学院	单位排名	奖励类别
1	高等学校科学研究优秀成果奖(科学技术)自然科学类	一	生物质木质素的结构表征及多糖功能材料的构建	孙润仓 许 凤 彭 锋 刘传富 任俊莉 王 堃 袁同琦 李明飞 彭新文	材料学院	一	省部级
2	高等学校科学研究优秀成果奖(人文社科类)	三	中国省域生态文明建设评价报告(ECI2010)	严 耕 林 震 杨志华 吴明红 刘 洋 樊阳程	人文学院	一	省部级
3	北京市第十二届哲学社会科学优秀成果奖	二	中国省域生态文明建设评价报告(ECI2010)	严 耕	人文学院	一	省部级
4	北京市科学技术奖	三	芍药科植物迁地保护及开发利用	王莲英 袁 涛 李清道 王 福 马 钧 秦魁杰	园林学院	一	省部级
5	2012年度环境保护科学技术奖	二	全国重点生物物种资源调查、编目与评估	薛达元 张启翔 陈大庆 李 顺 覃海宁 陈美兰 王建中 郑从义 周可新	园林学院	二	省部级
6	陕西省科学技术进步奖	二	黄土高原农牧交错带生态恢复机理和关键技术研究	刘广全 薛占海 王鸿喆 朱清科 王彦龙 土小宁 焦 醒 吴宗凯 秦 伟 刘长海 杜 峰	水保学院	二	省部级
7	重庆市科学技术奖	二	长江三峡库区森林植物群落水土保持功能及其营建技术	张洪江 程金花 王海燕 程 云	水保学院	二	省部级
8	陕西省科学技术进步奖	二	陕西生态经济型防护林树种评价体系与利用技术研究	季志平 康永祥 刘建军 康博文 吕平会 何佳林 王鸿喆 高甲荣 李凯荣	水保学院	三	省部级

教学成果获奖名录

北京林业大学2012年获奖教学成果名录

获奖级别	序号	项目名称	成果主要完成单位	第一完成人
一等奖	1	构建多维实践育人体系，培育生态环境栋梁之才	教务处	宋维明
	2	《名师讲堂》课程的构建与实践	林学院	骆有庆
	3	实践创新型风景园林顶尖人才培养体系构建与实践	园林学院	李雄
	4	传承创新，持之以恒打造园林花卉学精品	园林学院	刘燕
	5	农林院校大学生学习状态实证研究	高教研究室	刘佳
	6	遗传学开放性大实验教学实践	生物学院	张金凤
	7	水土保持与荒漠化防治特色专业建设研究与实践	水保学院	王玉杰
	8	实行本科生导师制，培养专业创新型人才	保护区学院	雷光春
	9	植根中国传统美术，构建高素质艺术设计人才培养教学体系	材料学院	兰超
	10	应用心理学专业“知、行、思”三维立体人才培养模式的构建及应用	人文学院	訾非
	11	计算机专业应用型人才培养模式的研究与实践	信息学院	陈志泊
	12	基于研究性学习的机械设计类课程创新型人才培养的探索与实践(教材)	工学院	司慧
	13	分析化学课程改革与创新	理学院	陈媛梅
	14	电气工程及其自动化专业建设成果	工学院	韩宁
	15	创新型木材科学与工程专业人才培养模式和教学方法改革	材料学院	李黎
	16	经济管理类专业本科生中推行导师制的研究与实践	经管学院	田明华
	17	法律诊所教学方法的研究与实践	人文学院	韦贵红
	18	环境工程专业课程体系与实践教学体系构建	环境学院	孙德智
	19	大众化教育背景下农林院校精英型人才培养模式的研究与实践	林学院	韩海荣
	20	构建北林特色的城市规划专业人才培养体系	园林学院	李翅
	21	英语专业文学类课程教学改革	外语学院	南宫梅芳
二等奖	1	计算机网络精品课程	信息学院	袁津生
	2	林产化工国家特色专业创新型人才培养实践	材料学院	蒋建新
	3	高素质创新人才培养——艺术设计专业提高本科教学质量的研究与实践	材料学院	周越
	4	大学物理教程(教材)	理学院	张文杰
	5	中国园林古建筑教学案例库	园林学院	董璁
	6	基于“90后”特点的农林高校思想政治理论课教学改革的研究与实践	人文学院	朱洪强
	7	《审计学》精品课程建设	经管学院	张岩
	8	研究式教学方法与学生创新能力培养的探索	生物学院	郑彩霞
	9	森林保护学实践教学改革与体系构建	林学院	田呈明

（续）

获奖级别	序号	项目名称	成果主要完成单位	第一完成人
优秀奖	1	《土壤侵蚀原理》课程教学改革与实践	水保学院	张洪江
	2	《水土保持学》精品课程建设的创新与实践	水保学院	毕华兴
	3	大学生自主创新实验室实践教育：创新人才培养模式的研究与实践	生物学院	翁强
	4	旅游创新人才培养体系的构建与实践	园林学院	蔡君
	5	造纸专业教学思路、教学手段的研究与实践	材料学院	姚春丽
	6	《计算方法》的教学方法改革与研究	理学院	丰全东
	7	工程图学考核方法的研究与实践	工学院	霍光青
	8	包装工程专业核心课程教学方法和教学手段的改革与实践	材料学院	方健
	9	工业设计专业实践类课程的优化与实施	工学院	程旭锋
	10	“工商管理”专业课程实践模拟教学研究与实施	经管学院	张莉莉
	11	金融学专业教学方法及课程体系完善研究报告	经管学院	潘焕学
	12	市场营销专业课程体系设计及团队建设	经管学院	陈凯
	13	《国际贸易实务》精品课程的建设与实践	经管学院	缪东玲
	14	以数据结构为核心的算法设计系列课程建设与改革	信息学院	李冬梅

北京林业大学2012年“本科教学工程”立项项目

序号	项目名称	项目负责人	学　院	项目类别
1	风景园林建筑专业建设项目	郦大方	园林学院	专业建设
2	风景园林建筑设计课课程建设	秦　岩	园林学院	课程建设
3	公共建筑设计课课程建设	任莅棣	园林学院	课程建设
4	旅游资源学	李丽娟	园林学院	课程建设
5	中外城市建设史	董晶晶	园林学院	课程建设
6	城市规划与设计系列课之居住区规划设计	钱　云	园林学院	课程建设
7	建筑概论	曾洪立	园林学院	课程建设
8	城市规划专业概论	曹　珊	园林学院	课程建设
9	园林苗圃学	罗　乐	园林学院	课程建设
10	建筑技术概论	刘利刚	园林学院	课程建设
11	计算机科学与技术(物联网方向)专业教学团队	田　萱	信息学院	优秀教学团队建设
12	操作系统	马　杰	信息学院	课程建设
13	交换与路由	齐建东	信息学院	课程建设
14	财务信息管理	王海燕	信息学院	课程建设
15	数字图像处理	王忠芝	信息学院	课程建设
16	《环境影响评价》精品课程建设	李　敏	环境学院	课程建设
17	《环境毒理学》精品课程建设	洪　喻	环境学院	课程建设

（续）

序号	项目名称	项目负责人	学　院	项目类别
18	《环境监测实验》课程内涵建设	豆小敏	环境学院	课程建设
19	环境科学与环境工程专业课程实验体系建设	王毅力	环境学院	专业建设
20	国际法	王　斌	人文学院	课程建设
21	心理测量	杨智辉、金灿灿	人文学院	课程建设
22	刑法分则	姚　贝	人文学院	课程建设
23	欧洲文明史	赵　亮	人文学院	课程建设
24	中华人民共和国外交风云	朱洪强	人文学院	课程建设
25	基础理论心理学	雷秀雅	人文学院	优秀教学团队建设
26	数字电子技术	张　立	理学院	课程建设
27	物理学C	张祥雪	理学院	课程建设
28	数值计算	王三强	理学院	课程建设
29	数学模型与数学实验	刘　胜	理学院	课程建设
30	近世代数	顾艳红	理学院	课程建设
31	无机及分析化学	陈媛梅	理学院	课程建设
32	《自然保护区规划设计》精品课程建设	栾晓峰	保护区学院	课程建设
33	关于改进《保护经济学》教学方法的研究	刘晶岚	保护区学院	课程建设
34	图说《野生动物学原理》的探索	郭玉民	保护区学院	课程建设
35	《野生动物管理学》精品课程建设	时　坤	保护区学院	课程建设
36	《进化生物学》课程建设	潘慧娟	保护区学院	课程建设
37	《脊椎动物分类学实验》课程建设	王　楠	保护区学院	课程建设
38	《湿地学》课程课堂参与式教学探索与实践	高俊琴	保护区学院	课程建设
39	《湿地学》实习教学的优化与探索	雷　霆	保护区学院	课程建设
40	导师制在提高本科毕业设计质量中的作用分析——以湿地教研室为例	李红丽	保护区学院	专业建设
41	资源环境与城乡规划管理专业建设	毕华兴	水保学院	专业建设
42	流域治理教学团队	高甲荣	水保学院	优秀教学团队建设
43	土壤与植物营养学	孙向阳	水保学院	优秀教学团队建设
44	土壤生物学	耿玉清	水保学院	课程建设
45	水土保持工程概预算	史常青	水保学院	课程建设
46	土壤侵蚀原理(双语)	程金花	水保学院	课程建设
47	木材学教学团队	张文博	材料学院	优秀教学团队建设
48	色彩语言在设计教学改革中的实践研究	程亚鹏	材料学院	专业建设
49	艺术设计专业基础课程教学体系改革研究	刘长宜	材料学院	专业建设
50	制浆造纸方向课程体系改革的探索	金小娟	材料学院	专业建设

（续）

序号	项目名称	项目负责人	学 院	项目类别
51	艺术设计专业学生创新能力培养——基于综合材料表现的特色教学研究	史钟颖	材料学院	专业建设
52	林产化工专业实践教学改革探索	宋先亮	材料学院	专业建设
53	《有机合成及高分子化学》	何 静	材料学院	课程建设
54	《加工纸与特种纸》	姚春丽	材料学院	课程建设
55	《化工过程控制及仪表》	张 谦	材料学院	课程建设
56	《人造板工程设计》课程建设	张双保	材料学院	课程建设
57	《展示设计》	赵 雁	材料学院	课程建设
58	工商管理专业建设研究	李小勇	经管学院	专业建设
59	商业银行经营学	秦 涛	经管学院	课程建设
60	会计英语	何 玥	经管学院	课程建设
61	企业会计学	张卫民	经管学院	课程建设
62	客户关系管理——理念、技术与实践	薛永基	经管学院	课程建设
63	商务英语	李 欣	外语学院	优秀教学团队建设
64	商务英语阅读	蒋 兰	外语学院	课程建设
65	英汉－汉英口译	武立红	外语学院	课程建设
66	高级英语	范 莉	外语学院	课程建设
67	普通语言学	史宝辉	外语学院	课程建设
68	基础日语	段克勤	外语学院	课程建设
69	高级日语	祝 葵	外语学院	课程建设
70	工学院实验实习系列课程教学团队	李 宁	工学院	优秀教学团队建设
71	实时教室反馈系统在力学课堂教学中的应用研究	赵秀丽	工学院	课程建设
72	互换性与测量技术基础	高道祥	工学院	课程建设
73	工业产品造型材料与工艺课程中造型能力训练的研究与实践	程旭锋	工学院	课程建设
74	过程控制系统	刘文定	工学院	课程建设
75	信号与系统	阚江明	工学院	课程建设
76	数字电子技术课程的实验创新能力培养	樊桂玲	工学院	课程建设
77	电机与拖动基础	王海兰	工学院	课程建设
78	森林保护专业课程建设	温俊宝	林学院	专业建设
79	城市林业方向专业建设	杨 军	林学院	专业建设
80	林火生态与管理	牛树奎	林学院	课程建设
81	苗圃学	贾忠奎	林学院	课程建设
82	林学概论	彭祚登	林学院	课程建设
83	草坪灌溉与排水系统	苏德荣	林学院	课程建设

（续）

序号	项目名称	项目负责人	学　院	项目类别
84	昆虫学	石　娟	林学院	课程建设
85	气象学	同小娟	林学院	课程建设
86	《生物化学 A》多媒体课程建设	杨海灵	生物学院	课程建设
87	面向林业院校应用型人才培养的《植物学 B》课程建设	程　瑾	生物学院	课程建设
88	山野菜开发技术	陈玉珍	生物学院	课程建设
89	生物制药基础	马　超	生物学院	课程建设
90	食品发酵工程	欧阳杰	生物学院	课程建设
91	试验设计与统计分析	李颖岳	生物学院	课程建设
92	细胞生物学系列课程网络化建设	荆艳萍	生物学院	课程建设
93	动物学优秀教学团队建设	丁长青	生物学院	优秀教学团队建设
94	生化与分子生物学优秀教学团队建设	汪晓峰	生物学院	优秀教学团队建设
95	女篮校代表队的建设、训练和管理模式的研究	韩　旭	体育部	专业建设
96	北京林业大学国防生体育课程建设研究	王　斌	体育部	课程建设

北京林业大学 2012 年度教学改革研究项目一览表

序号	项目名称	主持人	项目类别	学院
1	用系统思想和方法提高林学专业学生的创造力	刘　勇	重点项目	林学院
2	草地植物遗传育种学(双语)课程教学模式研究	许立新	青年教师鼓励项目	林学院
3	草业科学专业实习教学体系研究	常智慧	一般项目	林学院
4	《菌物分类学》教学内容改革与实践	王永林	青年教师鼓励项目	林学院
5	科研实践课程优化	郭素娟	重点项目	林学院
6	实地短途和网络虚拟实习相结合的地学实践类课程改革探索	张　岩	重点项目	水保学院
7	规划类课程伞式教学理论探索与实践	张宇清	一般项目	水保学院
8	与课程教学同步的连续性考核模式研究——以《人文地理学》课程为例	吴秀芹	一般项目	水保学院
9	建筑 CAD 自激励式教学方法研究	李亚光	一般项目	水保学院
10	工程结构类系列课程教学方法研究与实践	周建中	一般项目	水保学院
11	园林树木栽培养护学网络教学平台设计与建设	孙　明	一般项目	园林学院
12	园林南方综合实习 I 课程教学优化研究	郑　曦	一般项目	园林学院
13	建筑学专业课程体系研究	郦大方	一般项目	园林学院
14	“绿色”实践教学模式研究及支撑平台建设	李　凯	重点项目	生物学院
15	基于专题讨论式的病毒学课程教学与实验改革探索	赵国柱	一般项目	生物学院
16	大学生科研创新能力培养模式的探索与实践	林金星	重点项目	生物学院

（续）

序号	项目名称	主持人	项目类别	学院
17	《生物化学实验》创新型实践教学体系的研究	林善枝	一般项目	生物学院
18	基于木质材料特色的包装专业课程改革与实践	母　军	一般项目	材料学院
19	书籍装帧设计课程教学内容及方法改革研究	李湘媛	一般项目	材料学院
20	设计色彩的教学方法研究	王　瑾	青年教师鼓励项目	材料学院
21	我国林业金融专业人才培养模式研究	田治威	重点项目	经管学院
22	基于全国性商务应用大赛的本科生电子商务实践教学研究	樊　坤	青年教师鼓励项目	经管学院
23	基于E-Learning的《管理模型与决策基础》课程学习辅助系统设计与开发	马　宁	一般项目	经管学院
24	《保险学》课程教学内容改革研究与实践	潘焕学	一般项目	经管学院
25	物业管理专业教学实验中心建设研究	韩　朝	重点项目	经管学院
26	管理类课程学生案例分析考核体系建设	余吉安	青年教师鼓励项目	经管学院
27	思想政治理论课考试方式改革研究	戴秀丽、金鸣娟	一般项目	人文学院
28	“形势与政策”课考核创新模式研究	陈丽鸿	一般项目	人文学院
29	数字媒体艺术专业实践教学体系和评价方法研究	淮永建	重点项目	信息学院
30	搜索引擎课程教学与实践新方法研究	赵传钢	一般项目	信息学院
31	程序设计系列课程的教学方法和内容改革研究	徐艳艳	青年教师鼓励项目	信息学院
32	《信息管理导论》课程建设研究	李　维	青年教师鼓励项目	信息学院
33	“数字色彩艺术”课程教学方法研究	韩静华	青年教师鼓励项目	信息学院
34	以社会需求为导向的应用型数学专业人才培养模式的探索	张　青	重点项目	理学院
35	全面提升仪器分析课程实验教学质量	徐　鹏	青年教师鼓励项目	理学院
36	数学文化观下的大学数学教学实践研究	罗宝华	青年教师鼓励项目	理学院
37	农林类高等数学的实践型教学与创新作业的探索	牛志蕾	青年教师鼓励项目	理学院
38	考试题型与学生成绩相关性统计分析	石绍会	一般项目	理学院
39	有机化学虚拟实验室的建设	黄　凯	一般项目	理学院
40	数理统计课程辅助教学资料库的建设	杨晓霞	青年教师鼓励项目	理学院
41	《嵌入式系统原理与应用》课程实验教学方法研究	汪　沛	青年教师鼓励项目	理学院
42	大学英语分级教学培养模式实施与分析	李　芝	一般项目	外语学院
43	新版教学计划下《英国文学》课程教学改革	南宫梅芳	一般项目	外语学院
44	网络多媒体环境下“基础日语”课程教学策略的探讨与研究	陈咏梅	一般项目	外语学院
45	英语专业学生修辞能力培养模式探讨	姚晓东	青年教师鼓励项目	外语学院
46	工业设计专业毕业设计的改革研究与实践	张继晓	重点项目	工学院
47	任务导向型教法在车辆工程专业教学中的应用	王青春	一般项目	工学院

（续）

序号	项目名称	主持人	项目类别	学院
48	以物联网技术为核心推动“科技创新训练”课程改革	郑一力	青年教师鼓励项目	工学院
49	以实训基地为依托的工业设计专业课程创新探索和研究	石　洁	青年教师鼓励项目	工学院
50	面向工业设计专业的电类课程教学改革研究	闫　磊	青年教师鼓励项目	工学院
51	企业横向课题带动的工业设计应用型人才培养模式的研究与实践	冯　乙	青年教师鼓励项目	工学院
52	《汽车发动机理论与构造》课程教学方法的改革与实践	陈忠加	青年教师鼓励项目	工学院
53	《自然保护区管理》教学内容和方法的改革	王清春	青年教师鼓励项目	保护区学院
54	大气污染控制工程课程考试改革的研究与实践	王　辉	一般项目	环境学院
55	北京林业大学与澳大利亚高校环境工程专业本科生培养的模式差异研究	贠延滨	一般项目	环境学院
56	大学生体质状况分析与健身指导网络服务资源建设	赵　宏	一般项目	体育部
57	“处方式”教学法在体弱大学生中的应用	满昌慧	一般项目	体育部
58	高校运动会模式改革的理论与实践研究	孙承文	一般项目	体育部
59	核心力量训练在我校素质班教学中运用	王涛、张振明	青年教师鼓励项目	体育部

北京林业大学2012年优秀成果奖

奖励类别	奖项	学院	项目名称	获奖人
自然科学类	一等奖	生物学院	杨树多倍体高效诱导技术	康向阳
		林学院	大熊猫栖息地一体化保护关键技术及示范应用	李俊清
	二等奖	林学院	中国苜蓿秋眠性分类、评价及其应用体系研究	卢欣石
		林学院	草坪高效低成本养护关键技术研究与应用	韩烈保
人文社科类	二等奖	经管学院	林业统计分类、指标与方法研究	刘俊昌
		人文学院	没收财产刑研究	姚　贝
		人文学院	当代中国林农法律意识研究	戴秀丽

2012年省市级学位与研究生教育教学成果奖名单

序号	获奖个人	获奖名称	授奖部门	授奖时间
1	刘翠琼　张志强 王兰珍　赛江涛	中国学位与研究生教育学会农林工作委员会2012年学术年会优秀论文一等奖	中国学位与研究生教育学会农林工作委员会	7月20日
2	赛江涛	2011年度研究生教育管理工作先进个人	中国学位与研究生教育学会农林工作委员会	7月20日
3	孙信丽	第二届全国农林院校研究生管理工作研讨会优秀论文一等奖	中国学位与研究生教育学会农林工作委员会	12月22日

（王兰珍　张志强）

2012 年全国百篇优秀博士学位论文提名作者及指导教师名单

博士生	导师	学科、专业	博士学位论文题目
马洪双	尹伟伦	森林培育学	胡杨在盐胁迫下差异表达基因的筛选以及胡杨 PeSCL7 基因功能分析

2011～2012 学年北京林业大学优秀博士学位论文作者及指导教师名单

序号	博士生	导师	二级学科名称	博士学位文题目	学院
1	袁同琦	许　凤	林产化学加工工程	三倍体毛白杨组分定量表征及均相改性研究	材料学院
2	李明飞	孙润仓	林产化学加工工程	基于生物炼制的竹材组分分离及苄基化研究	材料学院
3	高　强	李建章	木材科学与技术	大豆蛋白基胶粘剂特性表征及固化与胶接机理研究	材料学院
4	徐云杰	李文彬	森林工程	人工林内无线遥测信号传输绕射规律的研究	工学院
5	许　银	孙德智	生态环境工程	Mo-Zn-Al-O 催化剂研制和湿式氧化处理染料废水	环境学院
6	董宁光	尹伟伦	森林培育	杨树嫩茎生根及调控激素的组织细胞原位分析	林学院
7	胡　昊	刘　勇	森林培育	核果实硬核期差异蛋白质组级木质化相关转录因子表达谱的分析	林学院
8	李旦旦	尹伟伦	植物学	胡杨钙离子结合蛋白 PeCBL6、PeCBL10 基因的克隆与功能研究	生物学院
9	庞　卓	余新晓	水土保持与荒漠化防治	北京山区森林生态系统土壤呼吸驱动机制研究	水保学院
10	索琳娜	孙向阳	土壤学	几种农林生物质废弃物再利用生产无土栽培机制技术及应用	水保学院
11	史京京	赵天忠	森林经理学	海南东寨港红树林空间分布与适应性群团抽样技术的研究	信息学院
12	鲍沁星	李　雄	城市规划与设计	杭州自南宋以来的园林传统理法研究——以恭圣仁烈宅园林遗址为切入点	园林学院
13	黄　河	戴思兰	园林植物与观赏园艺	甘菊响应盐诱导的分子机理研究	园林学院

2011～2012 学年北京林业大学优秀硕士学位论文作者及指导教师名单

序号	硕士生	导师	二级学科名称	硕士学位文题目	学院
1	贾宁	孙润仓	林产化学加工工程	纤维素基可降解生物材料的制备及表征研究	材料学院
2	孟玲燕	吴玉英	林产化学加工工程	基于全溶预处理棉秆组分分离及结构表征研究	材料学院
3	闫海成	张厚江	机械制造及自动化学科	木质材料动态粘弹性及剪切模量检测技术研究	工学院
4	刘贺	赵燕东	控制理论与控制工程	离散纹波控制太阳能最大功率点跟踪研究	工学院
5	董玉婧	王毅力	环境科学	絮凝调理对给水厂污染污泥絮体理化特性与微观结构的影响研究	环境学院
6	王冠	张卫民	会计学	基于实物期权法的企业价值评估及在我国林业企业中的应用研究	经管学院

（续）

序号	硕士生	导师	二级学科名称	硕士学位文题目	学院
7	康凯丽	温亚利	林业经济管理	基于区域森林碳汇能力的我国碳汇林业发展研究	经管学院
8	葛旭萍	李强	农业经济管理	陕西省农村劳动力转移对农业生产的影响研究	经管学院
9	王慢想	李强	生物物理学	基于卟啉的多酸修饰及其杂化分子的结构与性能研究	理学院
10	赵长林	戴玉成	森林保护学	中国多年卧孔菌属的分类与系统发育研究	林学院
11	贾碧丝	戴玉成	森林保护学	中国蜡孔菌属分类与系统发育研究	林学院
12	王小艺	张凌云	森林培育	油茶果实同化物卸载路径及油脂积累规律的研究	林学院
13	姜俊	赵秀海	生态学	吉林蛟河针阔混交林种－面积关系及种间联结性研究	林学院
14	宫丽彦	徐平	法学理论	我国立法语言的规范化初探——以林业规范性法律文件为例	人文学院
15	司书娟	朱建军	应用心理学	唐、宋茶诗词中的“茶意象”研究	人文学院
16	王子元	谢响明	微生物学	绿色糖单孢菌木聚糖酶基因的克隆表达与酶学性质研究	生物学院
17	赵珊	刘玉军	植物学	板栗壳斗总酚降糖活性及其机制研究	生物学院
18	刘李霞	毕华兴	地图学与地理信息系统	蔡家川流域场降雨径流模拟与数字化研究	水保学院
19	王萍花	陈丽华	水土保持与荒漠化防治	华北四种常见乔木根系固土的力学特性研究	水保学院
20	任丽娜	王海燕	植物营养学	华北土石山区森林土壤健康特征及评价研究	水保学院
21	孙雅静	范莉	外国语言学及应用语言学	汉语儿童疑问词的非疑问用法的早期习得	外语学院
22	曹永洁	齐建东	管理科学与工程	无线传感网络及传输机制的研究	信息学院
23	任海艳	陈飞翔	计算机应用技术	移动 GIS 中矢量空间数据渐进传输方法的研究	信息学院
24	池伟	瞿志	城市规划与设计	城市称号评价标准的比较性研究	园林学院
25	王晶晶	刘晓明	城市规划与设计	北京皇家祠庙环境研究	园林学院
26	杜蕊	贾桂霞	园林植物与观赏园艺	矮生彩色针叶树扦插繁殖年龄效应及栽培技术研究	园林学院
27	蒋冬月	潘会堂	园林植物与观赏园艺	6 种芳香园林植物挥发性有机物释放特性及抑菌作用研究	园林学院
28	张倩	张明祥	自然保护区学	环境条件对沉水植物群落结构和生产力的影响	自然保护区学院

教师、职工个人或集体重要奖励

1. 孙德智、陈建成、李雄、张德强获批 2012 年度享受政府特殊津贴人员

2. 李俊清、徐基良获宝钢优秀教师奖

（张　鑫　张　闯）

北京林业大学校庆 60 周年“青松荣誉奖”

于香久、王治生、王慧身、白春禄、司静庄、邢金钟、刘万钧、刘家骐、齐宗唐、关毓秀、孙时轩、李景韩、李滨生、沈熙环、张儒、张守中、张建凌、陈燕芬、武景友、郑晖、孟广卿、姜浩、柴慧瑛、徐化成、徐连庭、高志义、凌靖、郭金钟、唐尚菊、曹慧娟、梁宏、董世仁、韩熙春、廖士义、樊永福、潘章杰、薛广静、夏祖延、周仲铭

北京林业大学第二届十大“健康之星”

谢淑宜、郝振岭、沈瑞珍、刘云普、王绍武、杨旺、张儒、张木兰、郑雪珍、陈相林

北京林业大学 2012 年“七一”表彰名单

创先争优先进党组织（16 个）：

机关党委党政办公室党支部、机关党委校工会党支部、离退休处党委第三党支部、林学院党委直属党支部、经管学院党委财金系教工党支部、园林学院党委树木教研室党支部、园林学院党委学生第四党支部、水保学院党委水保专业 09 - 11 级本科生党支部、生物学院党委教工第六党支部、材料学院党委艺设学生第一党支部、工学院党委学生第三党支部、人文学院党委思政教育教研室党支部、外语学院党委教工第三党支部、理学院党委数学教研室党支部、自然保护区学院党总支 2010 级研究生党支部、林场直属党支部

优秀共产党员（23 人）：

董金宝　张　闯　王　颖　苏新琴　王新杰
宋吉红　陈建成　刘丽萍　王建中　金小娟
潘会堂　王向荣　韩　宁　杨智辉　李　欣
陈飞翔　刘　松　王洪杰　张劲松　王　春
高慧贤　蔡　飞　赵桂梅

学生重要学科竞赛获奖名单

2012 年大学生学科竞赛获奖名单

序号	学生姓名	奖项名称	获奖等级	项目名称
1	李璐瑶　许莫涵　欧阳超	美国大学生数学建模竞赛	国际二等奖	
2	郑卓筠　李　昊　张兆玉		国际二等奖	
3	薛　晴　王　蓓　陈　辉		国际二等奖	
4	谢冰峰　张　曦　金海峰		国际二等奖	
5	王　婷　高　阳　刘新湖		国际二等奖	
6	吴秋鹏　周聃婕　史鹤飞		国际二等奖	
7	孙　妍　吴佳明　孙　智		国际二等奖	
8	徐　犇　金海峰　傅得强　步国超　吴芳昱	ACM 国际大学生程序设计竞赛	亚洲赛区铜牌	

（续）

序号	学生姓名	奖项名称	获奖等级	项目名称
9	庄伟斌 费 胜 苟 欢 聂建斌	第十一届亚太大学生机器人大赛	全国三等奖	
10	邓小东 李红杰 易 磊	全国大学生数学建模与计算机应用竞赛	全国二等奖	
11	宗珮媛 孙瀚宸 郭昱杉		北京市二等奖	
12	郭泽秀 马东辉 郭明俊		北京市二等奖	
13	步国超 杨建伟 李炜良		北京市二等奖	
14	汪骏祥 朱声荣 李 娜		北京市二等奖	
15	万 全 柯荣宾 李树豪		北京市二等奖	
16	聂建斌 周玉婷 范峰海		北京市二等奖	
17	马东辉	2012年全国大学生数学竞赛	全国二等奖	
18	武杭杭		全国三等奖	
19	李 宁 陈 晖 肖体蛟	第七届全国大学生“飞思卡尔”杯智能汽车竞赛	全国三等奖（光电组）	
20	朱俞溪 桑大海 李 娜 张志敏	第五届全国大学生机械创新设计大赛	全国二等奖、北京市一等奖	魔方桌
21	任弘毅 芮 琦 覃玲华 费 盛 屠青怡		北京市一等奖	多功能如厕轮椅
22	王 超 吴梦宇 汤 洪 贾建业		北京市二等奖	车锁式打气筒
23	王 超 吴梦宇 汤 洪 贾建业 王容海		北京市二等奖	波波球
24	赵久长 刘逸思 刘 政 徐亚云		北京市二等奖	新型办公椅
25	江冬冬 任 冶 程 琦 张舵		北京市二等奖	家用多功能健身器
26	汤 洪 凌 川		北京市二等奖	立体翻转展示架
27	王 超 吴梦宇 汤 洪 贾建业 王容海		北京市三等奖	家用汽车清洗器
28	陈阻玎 李 宁 兰锦文	第五届全国计算机仿真大赛	全国二等奖	第五届全国计算机仿真大赛
29	刘 念 冯洁嫦 高 飞		全国三等奖	第五届全国计算机仿真大赛
30	—		优秀组织奖	
31	王永泽 聂建斌 周玉婷 刘旭东	中国大学生物联网创新创业大赛	全国二等奖	小鬼当家
32	李 宁 陈 晖 郭 皎 雷一丹		全国三等奖	情感传递仪
33	解梓涵 杨海倩 陈李子 黄 欢		北京市二等奖	More than flowers
34	段晶静 吕斯俊 冯洁嫦 宋亦凡		北京市二等奖	流氓狗

（续）

序号	学生姓名	奖项名称	获奖等级	项目名称
35	刘泽碧　王展朗　陈习龄　赵　远　石秀庆	全国大学生电子商务“创新、创意及创业”挑战赛	全国特等奖	“校联购”高校生活娱乐资讯平台
36	朱厚强　毕玉琦　张　翔　刘翔宇　张　勤		全国一等奖	“笃得”大学生家教网
37	刘泽碧　王展朗　陈习龄　赵　远　石秀庆		北京市特等奖	“校联购”高校生活娱乐资讯平台
38	朱厚强　赵　远　张　翔　刘翔宇　毕玉琦		北京市特等奖	“笃得”大学生家教网
39	黄礼彬　姜丁菱　马含瀚　裔嗣胄		北京市一等奖	“爱游网 I&U”大学生互助游社交网络平台
40	吕文厚　闫昱霖　王雨涵　林歆睿　袁舟航		北京市一等奖	老友季创意聚会策划服务公司
41	徐丽丽　孙晓彤　万洁菲　刘　冰　孙宇彤		北京市一等奖	“莱莱网”电子商务系统
42	刘冬花　郭益鹏　吴　松　疏　卉　雷梦云		北京市一等奖	斯威特菲尔自助坊有限公司
43	张瑞嘉　景振华　刘雨琪　李　珊		北京市一等奖	创意＋手工艺策划
44	苏　婷　曲梦茜　王文婷　亓　越　邱蓝漪		北京市一等奖	囧啊哈网上书屋
45	聂　博　侯牧云　方思超　李佩芸　东　梁		北京市一等奖	U&G 信息有限责任公司
46	金　晶　刘博雅　迟易通　夏　田　王　莹		北京市一等奖	北京 RFB 绿尚农场有限责任公司
47	尹彤彤　邱婉莹　周金华　温　馨　刘辰硕		北京市一等奖	E 租网高效便捷租赁平台
48	王　亚　罗　凌　丁柯利　李　杨		北京市一等奖	七件送
49	程逸群　吴　迪　周诗雨　朱红梅　彭　荣		北京市二等奖	绿购农产品交易电子商务信息平台
50	杨　楠　童飘峰　董　晨　薛　寒　王　熙		北京市二等奖	惠多多电子商务策划书
51	刘宇凡　陶曦月　丁雪萌　张春兰　刘可人		北京市二等奖	shop-hop 卡理念
52	牟　敏　林迪芬　王文静		北京市二等奖	爱游网旅游电子商务平台策划书
53	毛帅晨　黄　婷　李丹辉　王笑航　陈奕丹		北京市二等奖	青葉绿色食品网上代销
54	金　悦　程芳菲　朱晋仪　蒽瑞婷		北京市二等奖	游哉旅行移动互联公司
55	林　响　尤　蕾　杨星子　李敏燕　韩　乐		北京市二等奖	老外在中国

（续）

序号	学生姓名	奖项名称	获奖等级	项目名称
56	韩　玉　朱　益　沈栋葎　钱晓君　王雪松	全国大学生电子商务“创新、创意及创业”挑战赛	北京市二等奖	“居委汇”网络有限责任公司
57	张　赛　孙依娃　孙　蕊　刘亚男		北京市二等奖	POSE运动装备网
58	罗　凌　赵也璋　安治鹏　徐陈军		北京市二等奖	百峰木业有限责任公司
59	张　勤　吕京惠　潘艺伦　王鲁钰　邓雪佳		北京市三等奖	NEAR. U
60	朱怿清　王晋伟　陈庆平　焦　李海强		北京市三等奖	BAC模式创新计划书
61	刘倩倩　冯　璐　王小欢		北京市三等奖	“饰美”电子商务网站
62	赵安妮　赵　娜　张慧敏　王雨莉		北京市三等奖	福莱仕农产品贸易电子商务有限责任公司
63	彭婷婷　韩　杰　李　英　黄　越　孙翠敏		北京市三等奖	@兼职吧
64	姚　瑶　庞逸群　王雅君　宋达健		北京市三等奖	创意馆 idea bomb
65	吴肖梦　韩晓宇　蔡昕好　汪雨婷　黄慎初		北京市三等奖	易适网络试衣间
66	李婷婷　王子成　张宇彤　孙望舒　陈倩桦		北京市三等奖	伴侣网有限责任公司
67	夏国雯　程芳航　石美琳		北京市三等奖	3D强袭，网购无惧
68	崔　丹　李丛聿　唐显明　许瑶佳　钱梦婷		北京市三等奖	北京乐品信息技术有限公司
69	梁　璐　袁　擎　王翔宇　孟凡林		北京市三等奖	灰公主服装租赁公司
70	周海潮　李晓琪　姚姝宇　刘　璐		北京市三等奖	“U”贷电子借贷服务系统
71	傅得强	全国软件专业人才设计与创业大赛　个人赛	全国三等奖、北京市一等奖	
72	刘新湖		全国三等奖、北京市一等奖	
73	郑洁瑾		全国三等奖、北京市一等奖	
74	宫　珂		全国三等奖、北京市一等奖	
75	汪骏祥		全国三等奖、北京市一等奖	
76	陈胜英		全国三等奖、北京市一等奖	
77	王　琳		全国三等奖、北京市一等奖	

（续）

序号	学生姓名	奖项名称	获奖等级	项目名称
78	刘佳星	全国软件专业人才设计与创业大赛　个人赛	北京市二等奖	
79	史蒙云		北京市二等奖	
80	孙　浩		北京市二等奖	
81	陈　洁		北京市二等奖	
82	邹利浪		北京市二等奖	
83	陈　骏		北京市二等奖	
84	侯佳佳		北京市二等奖	
85	刘晶晶		北京市二等奖	
86	朱声荣		北京市二等奖	
87	张兆玉		北京市二等奖	
88	杨韦佳		北京市二等奖	
89	王宁晨		北京市三等奖	
90	曹光耀		北京市三等奖	
91	颜　灏		北京市三等奖	
92	金剑乔		北京市三等奖	
93	李泉蓄		北京市三等奖	
94	张铭庆		北京市三等奖	
95	车懿航		北京市三等奖	
96	高　阳		北京市三等奖	
97	曹晶晶		北京市三等奖	
98	吕嘉傲		北京市三等奖	
99	沈志新		北京市三等奖	
100	李金燊		北京市三等奖	
101	李　娜		北京市三等奖	
102	叶轻舟		北京市三等奖	
103	覃　延		北京市优秀奖	
104	王怡青		北京市优秀奖	
105	莫　琴		北京市优秀奖	
106	张传玺		北京市优秀奖	
107	潘思雨		北京市优秀奖	
108	季　鹤　王梓丞　孙　民	全国软件专业人才设计与创业大赛　团体赛	全国预选赛一等奖	自动求职招聘系统

（续）

序号	学生姓名	奖项名称	获奖等级	项目名称
109	汪宝佳 李 蔚 童玉宾 马天林 沈 聪	第三届北京市大学生动漫设计竞赛	北京市一等奖（动画类）	《青凤》
110	薛泽浩		北京市二等奖（动画类）	《过去式》
111	冯智乐		北京市三等奖（动画类）	《咖啡之神》
112	刘 群		北京市三等奖（动画类）	《柚子灯》
113	巫 桐 郑妍琳		北京市三等奖（动画类）	《ZOO》
114	林 琳 唐诗雨 王瑶琳 李比亚		北京市三等奖（动画类）	《白日梦》
115	陈 怡 张诗怡		北京市三等奖（动画类）	《气球的故事》
116	高保琴 徐 熙 王萃蔚 蒋艾迪 陈佳妮		北京市三等奖（动画类）	《逗熊记》
117	曾楚隽 史潇潇 魏 瑗		北京市一等奖（数字互动类）	《那些年我们一起玩过的游戏》
118	吴道权 青 柏 汪宝佳 王 祎		北京市一等奖（数字互动类）	《插队人》
119	张泊宁 宋珊珊 李 夏 刘 蕙 李 莹		北京市二等奖（数字互动类）	《iTree · 爱树》
120	王 祎		北京市二等奖（数字互动类）	《青蛙梦想》
121	申雪曼 汤斯馨 周 旸		北京市三等奖（数字互动类）	《植物连连看》
122	王彩红		北京市一等奖（漫画插画类）	《寻》
123	王 茜		北京市二等奖（漫画插画类）	《糖馅烧饼和手推车》
124	林铮洁		北京市二等奖（漫画插画类）	《魔法森林》
125	朱 凡		北京市二等奖（漫画插画类）	《欢迎你》
126	郭可萱		北京市二等奖（漫画插画类）	《WARDEN》
127	洪宇涵		北京市三等奖（漫画插画类）	《等飞机》
128	吕申琦		北京市三等奖（漫画插画类）	《青春狂想夜》

（续）

序号	学生姓名	奖项名称	获奖等级	项目名称
129	张泊宁　李　夏　李　莹	北京市大学生计算机应用大赛	北京市一等奖	《iTree·爱树》
130	申雪曼　汤斯馨　周　旸		北京市二等奖	《植物连连看》
131	侯俊鹏　周　莹　乔元秀	北京市大学生工程训练综合能力竞赛	北京市三等奖	
132	李佳威　王　晨　白邱艾琳		北京市三等奖	
133	郭　波　易　江　王　罗		北京市三等奖	
134	刘　念　王　毅	北京市大学生电子设计竞赛	北京市二等奖	北京市大学生电子设计竞赛
135	许大伟　陈智磊		北京市三等奖	北京市大学生电子设计竞赛
136	马东辉	北京市大学生数学竞赛	北京市二等奖	
137	武杭杭		北京市三等奖	
138	管婉青　刘　尧　郭明俊	北京市大学生物理实验竞赛	北京市二等奖	空气物理量的实验研究
139	崔　超　嘎拉泰　曾广周		北京市三等奖	空气物理量的实验研究
140	王志华　王　丽　万　全		北京市三等奖	温度传感
141	李世林　郑晶晶　吴美华		北京市三等奖	惠斯登电桥灵敏度的研究及实验验证
142	陈　健　马　奔　刘丽华		北京市三等奖	关于"落球法测量液体粘滞系数"实验的教学研究
143	谷晓琪　周修文　田振国		北京市三等奖	基于 MATLAB 的简谐振动合成图形的动态演示
144	刘　钿	北京市大学生英语演讲比赛	北京市三等奖	
145	尹诗萌　匡　晓　刘静文　马银燕　唐伟国	北京市大学生人文知识竞赛	北京市三等奖	

2011～2012 年度北京林业大学"先锋杯"优秀团员名单

序　号	姓　名	性　别	政治面貌	所在支部
1	扬红喜	女	团员	保护区 09 班团支部
2	吴朔桦	女	中共党员	法学 10－2 班团支部
3	乔　木	男	团员	心理 11－3 班团支部
4	曾庆泉	男	党员	生物学生科 09 团支部
5	杨坪坪	男	团员	水保 103 团支部
6	李　焕	女	群众	林学 10－1 团支部
7	叶　琳	女	团员	英语 09－1 团支部
8	王　帅	男	中共党员	硕士 10 级 2 班团支部

（续）

序　号	姓　名	性　别	政治面貌	所在支部
9	李易蔓	女	共青团员	志愿者联合会团支部
10	陈　静	女	预备党员	林化 09－2 班团支部
11	苏亚平	女	共青团员	后勤直属团支部
12	雷雨晴	女	预备党员	环工 10－1 班团支部
13	管　乐	女	中共党员	统计 09 团支部
14	孙晓彤	女	中共党员	工商 10－2 班团支部
15	管婉青	女	共青团员	电子 10－1 团支部
16	张鹏飞	男	团员	园林 09－4 团支部
17	孙　巍	男	中共党员	车辆 09－2 团支部
18	杨　轩	男	团员	学生会
19	管立娜	女	团员	林化 09－3 班支部
20	饶　懿	女	团员	团学宣传组织学生记者团
21	苏初伟	男	团员	学生科技协会团支部
22	尹　群	女	团员	团校
23	李　娜	女	党员	计算机 10－3 团支部
24	张绿乔	女	团员	校团委生态环保部
25	崔光臻	男	团员	学生合唱团团支部

2012～2013 学年度北京市先进班集体名单

序号	学院	班级名称	班级人数	序号	学院	班级名称	班级人数
1	林学院	林学 10-1 班	33	5	经管院	人资 102 班	30
2	水保院	环规 11-2 班	25	6	工学院	工设 11 班	32
3	生物院	食品 11-2 班	28	7	材料院	林化 112 班	28
4	园林院	风园 10-3 班	41	8	信息院	信息 112 班	26

北京地区高等学校优秀毕业生名单

姓　名	性　别	民　族	学　历	专　业
马　亮	男	汉	本科	野生动物与自然保护区管理
陈　曦	女	汉	本科	生物科学
臧　森	男	汉	本科	生物科学
王　畅	女	汉	本科	生物技术
刘红杏	女	满	本科	生物技术

（续）

姓　名	性　别	民　族	学　历	专　业
佘星星	女	汉	本科	食品科学与工程
尹培培	女	汉	本科	食品科学与工程
王　丹	女	汉	本科	食品科学与工程
陈　佳	女	汉	本科	园林
康莉欣	女	汉	本科	风景园林
杨　雪	女	汉	本科	城市规划
霸　超	男	汉	本科	风景园林
李敏琦	女	汉	本科	旅游管理
阎　谧	女	汉	本科	风景园林
王思凡	女	汉	本科	园林
姚　远	女	满	本科	园林
刘知谕	男	汉	本科	园林
孙　凤	女	汉	本科	旅游管理
崔宝月	女	汉	本科	园艺
林慧茹	女	汉	本科	旅游管理
李凤仪	女	汉	本科	园林
王文辉	男	汉	本科	旅游管理
王　冰	女	蒙古	本科	园林
王子同	女	汉	本科	数学与应用数学
杨峰艳	女	汉	本科	数学与应用数学
柳金山	男	汉	本科	电子信息科学与技术
龙　滢	女	汉	本科	电子信息科学与技术
李丹雄	女	汉	本科	水土保持与荒漠化防治
郝　玥	女	汉	本科	水土保持与荒漠化防治
付国珍	女	汉	本科	水土保持与荒漠化防治
王　欢	女	汉	本科	资源环境与城乡规划管理
华峻翊	男	汉	本科	资源环境与城乡规划管理
佘学霜	女	汉	本科	土木工程
刘　滢	女	汉	本科	土木工程
张晓玲	女	汉	本科	环境科学
林佳逸	女	汉	本科	环境工程
王磊明	男	汉	本科	环境工程
汪　琦	男	汉	本科	信息管理与信息系统
刘丽芳	女	汉	本科	信息管理与信息系统

（续）

姓　名	性　别	民　族	学　历	专　业
李　杰	男	汉	本科	计算机科学与技术
刘　沙	男	满	本科	计算机科学与技术
陶行科	女	汉	本科	计算机
闫　敏	女	汉	本科	计算机科学与技术
蔡亚利	男	汉	本科	数字媒体艺术
杨雪丹	女	汉	本科	数字媒体艺术
于潇翔	男	汉	本科	动画
周玮珠	女	汉	本科	机械设计制造及其自动化
邓汉阳	男	汉	本科	机械设计制造及其自动化
阮斯洁	女	汉	本科	机械设计制造及其自动化
张鹰华	男	汉	本科	机械设计制造及其自动化
何　进	女	回	本科	车辆工程
刘新颖	女	汉	本科	车辆工程
史亚彬	女	汉	本科	车辆工程
罗　鑫	男	汉	本科	自动化
许青伟	男	汉	本科	自动化
雷兴林	男	汉	本科	电气工程及其自动化
杨睿茜	女	汉	本科	电气工程及其自动化
丁　昕	女	汉	本科	工业设计
刘海轩	男	汉	本科	林学
张凌南	女	汉	本科	林学
路倩倩	女	汉	本科	林学
熊典广	男	汉	本科	森林资源保护与游憩
高志强	女	汉	本科	地理信息系统
安勐颖	女	汉	本科	草业科学
张新娜	女	汉	本科	林学
尹瑞恒	女	汉	本科	草坪管理
纪小凤	女	汉	本科	法学
金媛曦	女	汉	本科	法学
赵建玲	女	汉	本科	法学
陈肖悦	女	汉	本科	心理学
熊朋迪	女	汉	本科	心理学
卢　平	女	汉	本科	心理学
李范霞	女	汉	本科	林产化工

（续）

姓 名	性 别	民 族	学 历	专 业
姜彤彤	女	汉	本科	林产化工
周 霞	女	汉	本科	林产化工
王怡人	女	汉	本科	木材科学与工程
李红艳	女	汉	本科	木材科学与工程
孙明远	女	汉	本科	木材科学与工程
吴佳欢	女	汉	本科	木材科学与工程
田 婧	女	汉	本科	木材科学与工程
任 丹	女	苗	本科	包装工程
王筱淇	女	汉	本科	艺术设计
冯天成	男	汉	本科	艺术设计
王姗姗	女	汉	本科	艺术设计
杨 伟	女	汉	本科	艺术设计
谭化丹	女	汉	本科	英语
宋 晗	女	汉	本科	英语
卢 英	女	汉	本科	英语
梁薇薇	女	汉	本科	英语
王 琳	女	汉	本科	日语
杨丽慧	女	汉	本科	工商管理
杨 璇	女	汉	本科	工商管理
谢玄玄	女	汉	本科	工商管理(经济信息管理方向)
盛 筠	女	汉	本科	工商管理(物业管理方向)
章智群	男	汉	本科	工商管理(物业管理方向)
肖 丽	女	汉	本科	工商管理(物业管理方向)
黄梦雪	女	汉	本科	工商管理(物业管理方向)
温家祥	男	汉	本科	会计学
刘冰洁	女	汉	本科	会计学
赵丽娟	女	满	本科	会计学
许光宇	女	汉	本科	会计学
徐凤凤	女	汉	本科	统计学
邹燕青	女	汉	本科	国际经济与贸易
袁梦萍	女	汉	本科	国际经济与贸易
严亚慧	女	汉	本科	金融学
张 舰	男	汉	本科	农林经济管理
周 琦	女	汉	本科	农林经济管理

（续）

姓　名	性　别	民　族	学　历	专　业
段　珺	女	汉	本科	市场营销
俞莎莎	女	汉	本科	市场营销(电子商务方向)
邹静韵	女	汉	本科	人力资源管理
毛倩倩	女	汉	本科	人力资源管理
黄玉佳	女	汉	本科	梁希班(统计学)
严健标	男	汉	本科	梁希班
张　欣	女	汉	本科	梁希班
魏　钰	女	汉	硕士	自然保护区学
吴琼贤	女	汉	硕士	英语语言文学
肖克艳	女	汉	硕士	马克思主义基本原理
张　娥	女	苗	硕士	应用心理学
康凯丽	女	汉	硕士	林业经济管理
易　慧	女	汉	硕士	会计学
王　程	女	汉	硕士	管理科学与工程
张　伟	男	汉	硕士	地图学与地理信息系统
朱仲龙	男	汉	硕士	森林培育
郝　鹏	男	汉	硕士	生态学
王　方	女	汉	硕士	森林经理学
任忠秀	女	汉	硕士	植物营养学
王志明	男	汉	硕士	工程绿化
王萍花	女	汉	硕士	水土保持与荒漠化防治
刘宗民	男	汉	硕士	生物物理学
周振兴	男	汉	硕士	设计艺术学
张文超	女	汉	硕士	细胞生物学
张浩林	男	汉	硕士	野生动植物保护与利用
溥丽华	女	汉	硕士	植物学
郝　君	女	汉	硕士	城市规划与设计
孙　男	男	汉	硕士	园林植物与观赏园艺
游晓会	女	汉	硕士	园林植物与观赏园艺
王　全	男	汉	硕士	风景园林硕士
安书慧	女	汉	硕士	城市规划与设计
郭炜强	男	汉	硕士	控制理论与控制工程
王　虓	男	汉	硕士	森林工程
许　佳	男	汉	硕士	环境科学

（续）

姓 名	性 别	民 族	学 历	专 业
严 欢	女	汉	硕士	设计艺术学
陈名腾	男	汉	硕士	管理科学与工程
包永霞	女	蒙古	博士	草业科学
岳征文	男	汉	博士	生态环境工程
索琳娜	女	汉	博士	土壤学
袁同琦	男	汉	博士	林产化学加工工程
沐先运	男	汉	博士	林木遗传育种
孔 滢	女	汉	博士	园林植物与观赏园艺
吴沙沙	女	汉	博士	园林植物与观赏园艺
于江龙	男	汉	博士	林业经济管理
李 菁	男	汉	博士	森林保护学

北京林业大学2012年评优表彰名单

国家奖学金（共134人）

谢 莹	保护区09	周佳宁	水保10－1	凌 川	车辆09－1
雷佳琳	保护区10	田 艳	土木10－1	陈 晖	电气09－2
许 梅	保护区11	董 玥	水保11－3	雷一丹	工设09
石 雪	环境09	龚颖华	环规11－2	姜子豪	机械10－3
刘清香	环工10－1	何宇菲	英语09－1	李先林	车辆10－3
吕晓桐	环境11	邬朝倩	日语09	徐 庆	自动化10－1
刘新湖	计算机09－1	黄 瑶	英语10－2	田 昊	电气10－2
赵子琪	信息09－2	赵 月	商英11－1	张沁园	工设10
刘晶晶	数媒09－1	李泓成	包装09	徐 凯	车辆11－1
金剑乔	信息10－1	宁凯敏	包装10	张智鹏	电气11－1
王 铂	计算机10－2	潘春娇	包装11	于良坤	工设11
张 俊	动画10	张晓健	林化09－1	徐 凯	国贸09－1
孙姗姗	信息11－2	陈 静	林化09－2	刘青青	工商09－2
杨昭颖	计算机11－2	周 源	林化10－1	王 婧	林经09－2
王 琳	计算机11－3	林舒媛	林化10－3	万洁菲	人资10－2
李雪珂	风园09－3	张艳婷	林化11－2	高佳遥	金融10－1
曹姝妤	旅游09－1	高 姗	木工09－3	冯 璐	会计10－4
姚亚男	园林09－1	杨舒英	木工09－4	邱蓝漪	国贸11－1
侯惠珺	园林09－1	刘心怡	木工10－2	王佳遇	梁希09－1
徐 倩	园林09－4	曾 俊	木工10－5	张名扬	工商09－3
黄凤杰	园艺09－1	张 蕾	木工11－1	杨雅琳	会计09－1
李妮妮	城规10	王珺珠	艺设09－2	赵 远	营销10－1
张博雅	风园10－2	王朝鹤	艺设10－1	罗 凌	林经10－1
陆诺南	风园10－3	魏梦婕	艺设11－2	王 亚	梁希10－1

赵思涵	旅游 10-1	田学远	梁希 09-2	朱厚强	人资 11-1
王晞月	园林 10-2	张秋秋	梁希 10-2	刘腾飞	营销 09-1
常湘琦	园林 10-5	要伊桐	梁希 11-2	毛宇飞	人资 09-1
张　芬	园林 10-6	吴　璇	林学 09-1	丁柯利	国贸 10-2
张真真	园艺 10-2	张志丹	林学 09-2	孙晓彤	工商 10-2
闵　冠	风园 11-1	吴　尚	林学 09-3	孙翠敏	物业 10-3
韩孟怡	风园 11-1	李巧玲	林学 10-2	袁舟航	梁希 11-1
张　引	园林 11-1	肖爱华	林学 10-2	张燕琳	工商 09-2
张瑾渝	园林 11-4	侯　颖	草业 09	尹　歌	营销 09-2
谭　立	园林 11-5	王子楠	游憩 09	张　璇	统计 09
张　盟	园艺 11-1	赵　明	游憩 09	管　乐	统计 10
许　赛	生科 09	于晓航	草坪 09	曲梦茜	工商 10-3
王　茜	生技 09-1	王舒婷	草业 10	柯朱颖	会计 11-4
陈一欧	生科 10	郭昱杉	地信 10	潘　玲	统计 11
袁　野	生技 10-2	李　阳	心理 09-1	刘心竹	梁希 09-1
杨宇迪	食品 11-2	柯木玲	法学 09-3	雷　艺	电子 09-2
郗晓宸	生物 11-2	任　洋	法学 09-3	郭明俊	电子 10-1
宫亚光	环规 09-1	唐义诚	心理 10-1	顾娟娟	数学 09-1
郑丽萍	水保 09-2	朱志炜	法学 11-1	羊　凤	数学 10-2
周　朋	土木 09-2	赵　爽	心理 11-1	王微恒	环规 10-2
王　超	机械 09-3				

国家励志奖学金(共 387 人)

陈虹兵	林学 09-1	周团团	环工 10-1	王　灿	计算机 09-3
郭怡婷	林学 09-1	赵雪皓	环工 10-2	胡　涛	计算机 09-3
付　锋	林学 09-2	夏成红	环境 11	周云滔	计算机 09-4
杨静静	林学 09-2	王　宇	环工 11	林　琳	数媒 09-1
林　竹	林学 09-3	杨丽红	给排水 11	徐　熙	数媒 09-2
杜秋洋	游憩 09	任　雪	保护区 09	祝　璞	动画 09
刘昭阳	游憩 09	蔡天龙	保护区 09	杨　乐	信息 10-1
陈　静	地信 09	张雪莹	保护区 10	刘佳星	信息 10-2
陈雅媛	草业 09	邱冬冬	保护区 11	莫　琴	计算机 10-1
彭晓茜	草业 09	王文秀	梁希 09-1	胡文洁	计算机 10-2
李晓玉	林学 10-1	唐　佼	梁希 09-1	朱声荣	计算机 10-3
鲁　燕	林学 10-1	宋丽娟	梁希 10-1	伍美函	数媒 10-1
侯嫚嫚	林学 10-2	夏国雯	梁希 10-1	张　迪	数媒 10-2
任玫玫	林学 10-2	崔明明	梁希 11-1	胡　倩	动画 10
孙颖娇	林学 10-3	高云飞	梁希 11-1	杨雪芳	网工 10
崔明明	游憩 10	郭　静	梁希 09-2	陈玉玲	信息 11-1
张俊娥	游憩 10	刘昕昕	梁希 09-2	方　博	信息 11-2
连　君	地信 10	于小惠	梁希 10-2	姚文林	计算机 11-1
张　念	草业 10	刘兰妹	梁希 10-2	刘　杨	计算机 11-2
佟济宏	草业 10	刘京泽	梁希 11-2	符　巧	数媒 11-1

马冰倩	林学 11－1	高硕硕	梁希 11－2	刘学敏	数媒 11－2
赵国春	林学 11－1	王　茜	工商 09－2	李　波	动画 11
李文杰	林学 11－2	董宝根	工商 09－2	杨超群	网工 11
曹元帅	林学 11－3	占君慧	工商 09－2	刘　滢	计算机 11－3
何雯倩	林学 11－3	张雅婷	工商 09－2	赵倩倩	包装 09
何经纬	游憩 11	符颖佳	工商 09－3	康　柳	包装 10
郝慎思	游憩 11	吴成嘉	国贸 09－1	杨丹丹	包装 11
张　兰	地信 11	赵鸿蕴	会计 09－1	赵　恒	林化 09－1
田　平	草业 11	许兰梅	会计 09－3	杨春宵	林化 09－2
杨　蕾	草业 11	陈翠婷	会计 09－3	怀慰慰	林化 09－2
荣　华	生科 09	高先霞	金融 09－1	吴秋霞	林化 09－3
赵　帆	生技 09－2	周慧昕	金融 09－2	张　悦	林化 09－3
李　博	生技 09－1	包金梅	金融 09－2	付　尧	林化 10－1
孟　欣	食品 09－1	樊向辉	林经 09－1	李春晓	林化 10－2
辛　雨	食品 09－2	张　丽	林经 09－2	代晴晴	林化 10－3
贺新丽	食品 09－3	宁　艳	林经 09－2	张秀东	林化 10－3
李伟煊	生科 10	王雪梅	人资 09－1	赖静宁	林化 11－1
马莉丽	生技 10－1	刘文博	人资 09－2	张　琪	林化 11－2
王丽娜	生技 10－2	唐诗瑶	统计 09	张　双	林化 11－3
肖　颖	食品 10－1	张桂芳	物业 09－1	刘　昕	林化 11－3
谈　甜	食品 10－2	汪　梦	物业 09－1	刘　蓉	木工 09－1
沈梦晨	食品 10－3	张军凤	物业 09－3	刘　潇	木工 09－2
张　林	生物 11－1	陈业芳	物业 09－4	曾祥玲	木工 09－2
何土保	生物 11－2	卢钟燕	物业 09－4	王翠翠	木工 09－3
陈　敏	生物 11－3	姜鸿艳	物业 09－4	张　宇	林化 10－2
钱　佳	生物 11－1	莫华柳	营销 09－2	张璐霞	木工 09－5
吴明辉	食品 11－2	聂雪艳	林经 10－2	严　鸯	木工 10－1
刘　敏	食品 11－3	张丽娟	林经 10－2	程乙北	木工 10－2
覃云斌	水保 09－1	黄海珍	金融 10－1	张　琪	木工 10－2
邓　川	水保 09－2	霍倩婷	金融 10－1	杨甜甜	木工 10－3
陈文思	水保 09－3	杨春秀	金融 10－1	苏洁洁	木工 10－3
李金菊	环规 09－1	陈新畅	金融 10－1	郭兆霞	木工 10－4
廖文超	环规 09－2	孙　山	金融 10－1	范　雪	木工 10－5
董道武	土木 09－1	刘玥楠	工商 10－2	商俊娜	木工 10－5
杨玉霜	土木 09－2	吴艳辉	工商 10－3	单伟伟	木工 11－1
高　飞	水保 10－1	范星慧	工商 10－3	裴　佳	木工 11－2
戴矜君	水保 10－1	康孟云	国贸 10－2	齐　琪	木工 11－3
杨　超	水保 09－2	万　莉	国贸 10－2	宋苗丽	木工 11－3
杜　庆	水保 10－2	雷晓亮	会计 10－1	龚王丽	木工 11－4
郭含文	水保 10－3	赵红杰	会计 10－1	吴　静	木工 11－5
王震宇	水保 10－3	王　娟	会计 10－4	戴雅文	木工 11－5
张晓霞	环规 10－1	郭　宏	会计 10－4	常金霞	艺设 09－1
牟　夏	环规 10－2	邓　芳	会计 10－4	赵洪莉	艺设 09－2

赵勋刚	土木 10-1	朱亮亮	会计 10-4	齐　哲	艺设 09-3
梁　琳	土木 10-2	张莉莎	会计 10-4	郑秋实	艺设 09-4
王赛鸽	水保 11-1	应雪琴	营销 10-2	宋瑞丽	艺设 10-1
靳梦理	水保 11-1	韩亚杰	会计 10-3	史国丹	艺设 10-2
陈婉娇	水保 11-2	黄　鑫	会计 10-3	阮甜子	艺设 10-3
付国鹏	水保 11-3	曹士园	金融 10-2	黎　影	艺设 10-4
杨　田	环规 11-1	宫芸萍	金融 10-2	李秋萍	艺设 11-1
石学圆	环规 11-2	李威樱	林经 10-1	容维聪	艺设 11-2
陈红梅	土木 11-1	于姣姣	林经 10-1	刘美会	艺设 11-3
胥叶朋	土木 11-2	王　瑶	林经 10-1	李　雪	艺设 11-4
邓　倩	英语 09-1	吴　柯	人资 10-2	王武振	车辆 11-1
韩　露	日语 10	李丛聿	人资 10-2	郭　波	车辆 10-3
陈　灿	英语 10-1	李　凤	物业 10-1	赵瑛琦	自动化 11-1
杨　莹	英语 10-1	郭　晴	营销 10-1	王宁宁	电气 10-1
吴　燕	英语 10-2	王晋伟	营销 10-1	周玉婷	电气 10-1
卢　珊	英语 10-3	石美琳	工商 11-1	赵　齐	自动化 10-2
樊晓梅	商英 11-1	王卫东	林经 11-2	谌　敏	机械 11-1
王玉梅	商英 11-1	郭益鹏	国贸 11-2	王秀丽	机械 11-1
朱文婷	商英 11-2	王　欢	会计 11-1	王青宇	机械 09-2
赵芳芳	英语 11-1	董胜利	会计 11-2	管　成	机械 09-2
唐娅婷	英语 11-2	袁　晋	会计 11-4	伍宏芳	自动化 11-2
姚　琴	英语 11-2	伍徽文	林经 11-1	涂佳炎	自动化 11-2
欧亚玲	商英 11-2	彭　荣	人资 11-1	陈晓璇	车辆 10-1
颜　媚	电子 09-1	张容基	人资 11-1	吴全雄	机械 11-3
张晓薇	电子 09-2	李　璐	人资 11-2	刘　彪	机械 09-4
谢冰峰	数学 09-1	张越评	统计 11	孙锡铭	自动化 10-2
薛　晴	数学 09-2	阿斯木姑丽·阿吉	物业 11-2	段晶静	自动化 09-1
杨建伟	电子 10-1	毛冬月	物业 11-2	周丽丽	车辆 09-1
刘红喜	电子 10-2	王小月	营销 11-2	王潆璇	车辆 09-1
凌秀玉	数学 10-1	王　丹	营销 11-3	苏振华	电气 09-2
马玉媛	电子 11-1	彭婷婷	营销 11-3	王永泽	电气 09-2
黄昱淋	电子 11-2	疏　卉	营销 11-3	聂凤梅	自动化 09-2
李广宇	数学 11-1	黎存壁	林经 09-2	张　超	机械 10-3
王春燕	环境 09	洪　皓	信息 09-1	李　村	车辆 10-2
钱　旭	环工 09-1	许　卉	信息 09-2	唐伟国	机械 10-3
聂　超	环工 09-2	黄　斌	计算机 09-1	阚学鹏	工设 10
宋晓梅	环境 10	蒋　麒	计算机 09-2	李　进	电气 11-1
李　健	机械 11-4	胡　兰	园林 09-1	孟　语	风园 10-3
曹双倩	机械 11-2	鲁　丹	园林 09-2	王博娅	风园 10-3
党元浩	电气 11-1	吕银环	园林 09-3	王　茜	风园 10-4
王喜元	车辆 09-1	张鹏飞	园林 09-4	周　琼	园艺 10-1
刘博平	车辆 11-1	苏亚玲	园林 09-5	焦　垚	园艺 10-1
吴　煜	机械 10-1	钟军珺	园林 09-5	王　萌	园艺 10-2

付祉江	机械10－1	龙春娇	园林09－6	陈素洁	旅游10－1
江冬冬	机械09－3	范金霞	风园09－1	李　娜	旅游10－2
徐慧慧	车辆11－3	毛　竹	风园09－2	林彬榕	城规10
王海婷	法学09－3	孙　腾	风园09－3	董旭娇	园林11－1
刘瑞珍	法学09－3	陈　玲	风园09－4	李　新	园林11－1
金　新	法学09－3	郑秋霞	旅游09－1	谢　慧	园林11－2
张雷雷	心理09－1	廖雅容	旅游09－2	范峻珏	园林11－2
李　信	心理09－1	刘晶晶	园艺09－1	高光超	园林11－3
魏莎莎	心理09－3	晋知文	园艺09－2	杨佳鑫	园林11－3
肖赛男	法学10－2	成雪菲	城规09	王东昊	园林11－4
黄惠娥	法学10－3	曹晓泰	园林10－1	王　岩	园林11－4
原　瑶	法学10－2	宋　佳	园林10－1	许雅楠	园林11－5
余真真	心理10－3	林昌焕	园林10－1	聂鹏程	园林11－5
刘烯琴	心理10－1	朱文俊	园林10－2	刘　顺	园林11－6
张　琴	心理10－3	张美玲	园林10－3	胡永佳	园林11－6
黄倩倩	法学11－3	张　羽	园林10－4	李小华	风园11－1
张添添	法学11－2	孙绍华	园林10－4	高露凡	风园11－2
章成文	法学11－2	吴闻燕	园林10－5	冯晓宇	风园11－3
张　凤	心理11－2	李艳茹	园林10－6	许　露	风园11－4
刘亚威	心理11－3	谷永利	风园10－1	何翔菲	园艺11－1
张碧娇	旅游11－2	高一雅	风园10－1	朱平毅	园艺11－1
孙　甜	城规11	龚　宇	风园10－2	郭正茂	园艺11－2
刘梦颖	数学10－2	丁瑞华	园艺11－2	蒋冬琴	旅游11－2
次仁拥宗	旅游11－1				

宝钢奖学金(共8人)

刘旭东	车辆10－3	林　瑨	艺设10－2	胡　楠	风园09－2
肖　政	林经09－2	回　乔	食品10－1	张云路	园林博士
孟玮璘	数学09－1	王　菲	土木11－1		

“北林苑”新生专业特等奖学金(共35人)

梁嘉琪	法学11－1	王丽娟	保护区11	张　翔	林经11－2
裴欢昌	心理11－1	杨梦月	日语11	韩　玉	物业11－2
秦书琪	林学11－1	戴　琪	商英11－2	毕　超	金融11－1
李若鑫	游憩11	徐楚琳	英语11－2	刘路婷	工商11－1
陈　欣	草业11	张梦晗	园林11－6	赵德慧	人资11－1
瞿　帅	地信11	高　星	园艺11－1	王　莹	会计11－1
王梦藜	草坪11	廖　菁	旅游11－1	贺　立	统计11
唐嘉泽	生科11	孙悦昕	城规11	俞雪坤	国贸11－2
刘　莉	食品11－2	高露凡	风园11－2	何　杰	土木11－1
张亦藜	环境11	王　丹	营销11－3	申　明	环规11－2
熊钱珊	环工11	侯牧云	营销11－1	匡舒雅	水保11－2
丁　帅	给排水11	聂　博	工商11－3		

嘉汉林业新生专业特等奖学金(共23人)

程正霖	梁希11-2	李广宇	数学11-1	陈柏年	艺设11-4
蔡梦竹	信息11-1	张　惜	包装11	蔡昕妤	梁希10-1
郝树东	计算机11-1	荆　茜	林化11-1	张　凯	机械11-2
金时昱	数媒11-1	谈　昕	林化11-2	孙振宇	车辆11-2
陈宇晴	动画11	薛　晶	木工11-2	曹芳菲	电气11-2
宗珮媛	网工11	刘斯雅	木工11-5	左佃云	自动化11-1
林歆睿	计算机11-3	丁晶晶	艺设11-2	金莉娜	工设11
龚顺旺	电子11-1	迟君毅	艺设11-3		

优良学风班(共68个)

林化09-2	食品10-1	风园10-3	统计11	法学09-3	机械11-4
林化09-3	食品11-2	园艺10-1	会计11-2	法学10-2	车辆11-2
林化10-3	环规11-2	园林11-2	金融10-1	法学11-1	工设11
林化11-2	环规09-2	风园11-2	会计11-3	法学11-2	车辆10-3
林化11-3	水保10-3	旅游11-1	会计11-4	英语09-2	机械10-3
木工11-1	环规10-2	梁希10	物业11-3	英语10-1	电气11-1
木工11-2	数学11-1	会计10-4	会计11-1	商英11-1	电气10-2
艺设11-1	电子10-1	梁希11	草业10	信息09-1	保护区11
环工10-1	城规11	国贸10-2	梁希09-2	数媒09-1	环境11
园林09-4	人资10-2	梁希10-2	信息10-1	生科09	风园09-3
人资10-1	梁希11-2	信息11-2	生科10	园林10-5	统计10
林学10-1	动画11				

"KDT极东机械"奖学金(共5人)
"汪·王"奖学金(共1人)
"家骐云龙"奖学金(共20人)
"黄奕聪"奖学金(共17人)
"嘉汉林业·北美枫情"奖学金(共10人)
"冠林"奖学金(共5人)
新科鹏举奖学金(共48人)
优秀班主任(共93人)
三好学生(共988人)
优秀学生干部(共1291人)
梁希一等奖学金(共18人)
梁希二等奖学金(共34人)
梁希三等奖学金(共54人)
优秀学生一等奖学金(共184人)
优秀学生二等奖学金(共962人)
优秀学生三等奖学金(共1439人)
学术优秀奖学金(共309人)
外语优秀奖学金(共29人)
学习进步奖学金(共129人)

文体优秀奖学金(共172人)
社团活动奖学金(共237人)
拾金不昧奖学金(共6人)
理科基地科技与创新奖学金一等奖(共7人)
理科基地科技与创新奖学金二等奖(共4人)

IFLA大奖获奖名单

1988~2012年北京林业大学园林学院参加国际风景园林师联合会(IFLA)国际大学生设计竞赛得奖情况

序号	时间	参赛学生	名 次	作品名称	导 师
1	1988	刘晓明	评委奖	因指见月	孟兆祯
2	1988	瞿 俊	评委奖	思源广场	黄金琦
3	1990	刘晓明	一等奖	蓬莱镇海滨风景规划与设计	孟兆祯
4	1991	周 曦	一等奖	岛屿及其沿岸的风景化	孟兆祯
5	1991	林 鹰	评委奖	娱乐与景观的文化意义	
6	1995	朱育帆	一等奖	生命之旅——十渡风景区规划与设计	孟兆祯
7	1996	林 箐	三等奖	自然和历史之路——杭州大运河地区改造规划	梁伊任
8	1999	萧 晶 王文奎	评委奖	城廓的回忆	梁伊任 王向荣
9	2002	韩炳越 李正平 张 璐 刘彦琢	一等奖	寻找远去的西湖	王向荣
10	2003	邓武功 胡 敏 薛晓飞 周 虹	评委奖	神秘摩梭人的可持续发展文化	王向荣
11	2005	余伟增 高若菲 耿 欣 魏菲宇 高 欣	一等奖	安全的盒子——北京传统社区儿童发展安全模式	李 雄 梁伊任
12	2009	张云路 苏 怡 刘家琳 鲍沁星 张晓辰	一等奖	绿色的避风港	李 雄
13	2009	沈 洁 胡 婧 王思元 李 洋 任 蓉	三等奖	S+C——羌峰寨生态性恢复规划	王向荣
14	2009	孙 帅 束冬冬 董 丽 黎琼茹 张 慧	评委奖	河口的生态重建——海河入海口生态性修复规划	王向荣 林 箐
15	2010	白桦琳 杨忆妍 郝 君 王乐君 王南希	一等奖	黄河边即将消失的活遗址	李 雄
16	2010	沈 洁 王思元 洪 泉 赵 洁 李 洋	二等奖	寻找失去的泉	王向荣 林 菁
17	2010	夏 宇 田习倩 化雁林 李 倞 李 利	评委奖	园迹	王向荣 林 菁
18	2010	鲍沁星 张敏霞 刘思萌	评委奖	因油而变——被遗忘石油城的重生	李 雄
19	2010	刘家琳 李 萍 朱时雨 张雪辉 卢 亮	评委奖	城市中的记忆之芽——较场口隧道遗址的保护与更新	李 雄

（续）

序号	时间	参赛学生	名 次	作品名称	导 师
20	2010	张 晋 郁 聪 张 洋 毕汝涛 赵 睿	评委奖	一条运河、一座城市：历史遗产的保护与城市更新	王向荣 林 菁
21	2010	陈崇贤 孟 洋 王金瑾 徐筱婷	评委奖	城市农场：上海东方渔人码头的改造与可持续发展	王向荣
22	2010	董 丽 黎琼茹 张 慧 束冬冬 孙 帅	评委奖	从高碳到低碳——城市工业遗址的更新	王向荣 林 菁
23	2010	赵 晶 刘 通 张 钢	评委奖	绿色祈愿：西藏阿里地区札达县托林寺的保护与更新	王向荣
24	2010	王乐砾 严 岩 林元珺 陶悦珊 李尚乘	评委奖	新巴扎主义——将巴扎作为新城市生活的基础构造	刘东云
25	2011	张旻昱 满 新 李进琼 李 婧 赵 画	评委奖	边界的“介入式”景观——对于粉煤灰场改造的探索	曾洪立 王 朋
26	2011	闫 晨 吴 然 薛 敏 李 旸 胡承江	评委奖	生长的边界	李 雄
27	2011	刘 通 郁 聪 张 洋 张 晋 毕汝涛	评委奖	鱼塘景观——香港后海湾城市过渡带景观规划与设计	王向荣 林 箐
28	2012	李 慧 吴丹子 冯 璐 鲍艾艾 孙 帅	一等奖	漂浮的城市，漂浮的模块	王向荣 林 箐

毕业生名单

2012 年学历教育博士毕业人员名单(合计 152 人)

林学院(合计 43 人)

草业科学(共 4 人)

王　胜　包永霞　肖　波　韩永芬

林业装备工程(共 4 人)

刘东云　邓　欧　郭　伟　曹　恒

森林保护学(共 9 人)

阿地力·沙塔尔　赵宇翔　陶　静　刘　霞

李　菁　游崇娟　崔亚琴　侯雅芹　夏　博

森林经理学(共 12 人)

唐小平　岳彩荣　王洪波　黄儒乐　张　旸

彭恩强　蔡　烁　赵浩彦　王光华　蒋桂娟

吴　见　顾　丽

森林培育(共 8 人)

郭　鹏　刘新宇　赵　华　郑金萍　黄广远

董宁光　胡　昊　吴明红

生态学(共 6 人)

牛树奎　金　川　韩淑梅　罗柳红　吕连宏

牛　香

园林学院(合计 29 人)

城市规划与设计(共 18 人)

李　玲　王晓博　邵丹锦　王丹丹　田　甜

梁仕然　于冰沁　赵　晶　王　玏　郭永久

洪　泉　鲍沁星　孙　鹏　赵文斌　王思元

沈　洁　沈莉颖　胡文芳

园林植物与观赏园艺(共 11 人)

刘秀丽　李丽娟　秦　磊　杨　爽　孔 YING

贺　丹　杨德凭　封　紫　黄　河　吴沙沙

李　霞

水土保持学院(合计 25 人)

复合农林学(共 2 人)

李　萍　赵磊磊

工程绿化(共 1 人)

崔建国

山地灾害防治(共 1 人)

夏静芳

生态环境工程(共 6 人)

于显威　于景金　张文海　吕春娟　李　杨

岳征文

水土保持与荒漠化防治(共 12 人)

李秀芬　周建勤　姚国征　庞　卓　邵方丽

赵国平　郑海金　李　婧　殷小琳　崔　强

王海星　郭军庭

土壤学(共 3 人)

王　亮　索琳娜　田　赟

经济管理学院(合计 18 人)

林业经济管理(共 17 人)

盛均全　吴　聪　靳丽莹　王光华　李卫芳

王岐海　张长达　于江龙　张　英　蓝瞻瞻

黄　易　郭艳斌　乔　羽　刘　静　杨桂红

李月梅　马花如

农业经济管理(共 1 人)

张安良

工学院(合计 3 人)

机械设计及理论(共 1 人)

张海鹰

森林工程(共 2 人)

徐云杰　王　典

材料科学与技术学院(合计 12 人)

林产化学加工工程(共 5 人)

陈　瑶　武国峰　李明飞　冯　月　袁同琦

木材科学与技术(共7人)
行 焱 王晓旭 佟立成 王 雨 高 强
席恩华 张 帆

生物科学与技术学院(合计18人)
林木遗传育种(共7人)
杨章旗 王 璐 雷 杨 薄文浩 曹 媛
任媛媛 孙佩光
野生动植物保护与利用(共3人)
金学林 李林海 沐先运
植物学(共5人)
孙长霞 丁友芳 师 静 李旦旦 孙立炜
生物化学与分子生物学院(共3人)
李 科 潘 振 饶国栋

信息学院(合计1人)
森林经理学(共1人)
史京京

人文社会科学学院(合计1人)
森林培育(共1人)
冯尕才

环境科学与工程学院(合计2人)
生态环境工程(共2人)
张 晶 许 银

(李 凌 孙信丽)

2012年学历教育硕士毕业生名单(合计980人)

林学院(合计152人)
草业科学(共16人)
李晓帅 马秀杰 奇 凤 于芳芳 桂 焱
张世达 黄 宁 王瑞峰 高 菲 戴继航
全艳嫦 王鹏山 徐玉芹 张 强 花 欣
刘 威
地图学与地理信息系统(共30人)
韩 旭 李 影 刘小丽 孙 微 王春博
王永国 吴 斌 邢 哲 孙 赫 王海平
胡 阳 刘文博 岳 鹏 魏 曦 雷 章
郭伟伟 姜 磊 张 伟 马 菁 刘 维
董雯雯 黄秀珍 王依贺 杨 光 叶 影
张 英 陆亚刚 侯碧屿 贾文娟 李 靖
森林保护学(共19人)
曹春蕾 贾碧丝 赵长林 潘 琪 田 昕
席燕敏 刘 颉 王 莹 王 壮 赵延霞
李维维 李 铮 王 妍 谭 琼 邢茂卓
魏 靖 王晓晓 郭 虹 张 琳
森林经理学(共13)
王春红 程 琳 刘俊琴 谢佳利 刘文慧
徐琼瑶 苏月秀 吴 涛 董 宇 王天博
周 蔚 王 方 王晶晶
森林培育(共31人)
付 瑞 王永超 孙 凯 李习宾 王文舒
刘淑慧 朴 蕾 华 星 司 婧 温 静
姜林林 庞 薇 邹尚庆 王 璞 王晓玲
张田田 朱仲龙 冯莎莎 王 青 张明明
李茜玲 刘万平 王 倩 尹德洁 刘利芳
杨笑天 朱解放 黄桂雪 王小艺 卫 静
张 盾
生态学(共27人)
乌吉斯古楞 孔洋阳 赵 琦 秦英英
任一星 张 业 郝 鹏 刘艳萍 王苏铭
高晓琳 孙 燕 吴 蕾 宋 洋 金 琳
唐博雅 赵 辉 熊文涓 周传航 王景华
赵 蓓 涂 玉 孙 阳 徐 满 丁胜建
姜 俊 姜庆彪 邹 璐
林业(共16人)
胡 畔 齐秀慧 田胜男 李 蒙 阳晶晶
费 滕 姚 毅 孜来比·买木提名 武爱彬
杨芫钦 李 毅 吴慧惠 申书侃 王雨涵
白海峰 刘南希

园林学院(合计209人)
城市规划与设计(共47人)
肖 寒 田 涯 王 瑶 曹 颖 刘 雯
张 芸 丛 鑫 李 静 秦 超 郝 君
黄 灿 李长霖 李 煜 于 跃 张雪辉
杜小玉 刘晓星 吴 菲 郁 聪 雷 晨
萨 娜 王晶晶 严利洁 张法亮 张 莹

周　婷　周晓兰　李子玉　刘卓君　赵　睿
张新鑫　安书慧　陈炫然　范崇宁　刘　丽
王　璟　袁　珺　秦小萍　毕小山　张东伟
崔易梦　江　宁　张敏霞　饶　飞　尹玉洁
池　伟　郝蔚然

旅游管理(共10人)

周　辉　孟春晓　钟　洁　张文平　樊　华
郑丹丹　刘　鑫　王　瑾　黄志远　贾亦琦

园林植物与观赏园艺(共65人)

高　莹　王　禾　周逸龄　孙佳琦　刘　珊
张建成　韩丽晓　王　莹　庞利铮　李娜娜
牛雅静　孙秋玲　唐杏姣　王　斌　张亚琼
董　政　郭　燕　马樱宁　尚　书　王晓庆
郑雨茗　朱琳飞　何　琦　张　婕　马利静
杜　蕊　刘晓丽　于　雪　袁　霖　包　欣
孙　男　付慧琪　景　珊　田文桥　田丽媛
杨敏娣　陈　燕　傅伊倩　李　旻　马丽茹
王　威　邹明珠　焦雪辉　吴锦娣　蒋冬月
穆绘莉　石　超　游晓会　马　琳　汤久杨
李美蓉　彭丽军　宋焕芝　梁建国　石文芳
王史琴　王晓玉　薛　辉　韩　倩　李继爱
沈　景　王泽翻　杨　恒　郑　燕　杨　佩

风景园林(共87人)

白宇琴　鲍　昱　曹　悦　陈笑凯　陈又畅
程洁心　单丹丹　杜永安　樊　可　范思思
酆欣雨　甘雨欣　龚　琤　胡　珊　滑　霖
黄　舢　姜　斌　姜　蔓　康　宜　赖乂嘉
李　慧　李金龙　李　婧　李　荣　李　澍
李　威　李伊畅　李　芸　梁怀月　刘利泓
刘艳茹　刘一婕　刘　宇　刘　媛　龙　曼
罗　丹　马丽颖　满　晨　满　新　宁　崴
庞雪琴　蒲虹宇　乔　悦　石　佳　石志斌
时　间　粟　玺　孙迪锋　孙　泉　檀子惠
唐　瑶　王　全　王守芦　王淑红　王艳芳
夏胡蓉　肖　凡　谢丽娟　薛　京　阎　华
杨　开　杨　岚　杨　旸　叶保润　叶杨扬
翼佳音　曾庆宜　詹先来　张富拴　张　君
张旻昱　张　敏　张　明　张鹏伟　张　骞
张汀汀　张研奇　张雨洋　张　钊　赵　然
赵　爽　赵　怡　周　易　李进琼　张安琪
刘原道　祖育猛

水土保持学院(合计99人)

地图学与地理信息系统(共7人)

刘李霞　滕　红　林　泉　赵紫阳　周　涛
李慧敏　徐　珂

复合农林学(共9人)

田世艳　朱　悦　雷　娜　王玺婧　侯　阳
赵玉洁　谢　静　邝高明　王　晶

工程绿化(共8人)

汪明勇　王玮璐　张　平　李永福　王　军
高　俊　王　娟　王志明

结构工程(共7人)

吴　婷　陈晓阳　周爱秋　杜　敏　杨　芳
孙江波　黄显学

农业生物环境与能源工程(共5人)

田　娜　王丽丽　白　麟　韩雪梅　王娟娟

山地灾害防治工程(共8人)

王　颖　杨麒麟　冯华敏　雷声坤　易　琴
李小龙　刘　法　尚　虹

生态环境工程(共6人)

张宾宾　张　滕　靳阿亮　李　佳　李　振
彭孝飞

水土保持与荒漠化防治(共30人)

常　进　卞西陈　王　鹏　王萍花　张　焜
耿胜慧　乌日娜　樊文会　郭倩倩　李安超
孙晓涵　肖自幸　张由松　朱蔚利　李思扬
王则一　胡　畔　肖红霞　王引乾　钟晓娟
周湘山　曹优明　陈　倩　康　璇　黄枝英
宋思铭　宋　楠　徐佳佳　张静雯　程中秋

土壤学(共9人)

塔　娜　姚志斌　林　茂　孔爱辉　郭　城
郝利峰　罗　丹　张　强　张月鲜

植物营养学(共3人)

孙兆地　任丽娜　任忠秀

自然地理学(共7人)

解建强　石　鑫　周　毅　李敏蕊　吴智洋
韩晓文　金　莹

经济管理学院(合计109人)

管理科学与工程(共11人)

吴　熊　黄冬妮　谢　飞　翟艳凤　郑　悦
卢　琛　胡佳佳　王　程　田婷婷　刘　宇
苏思斯

国际贸易学(共6人)
田文美 张春宝 范 悦 吴 垠 陶 青
李尚治
会计学(共8人)
王若烨 王丹丹 白光泽 陆婧婧 易 慧
邹 昊 王 冠 颜玉颖
金融学(共7人)
董玫汐 高 丽 蔡红远 何 清 张 倩
秦伟伟 王 冕
林业经济管理(共12人)
刘馨蔚 李海权 朱 宁 裴阳硕 朱治国
张冠坤 石 帅 赵志威 侯黎明 康凯丽
王桂涛 胡 申
农业经济管理(共3人)
史常亮 袁 承 葛旭萍
企业管理(共8人)
曹 帆 曾晓晔 揭昌亮 宋玉娇 齐 琪
陆 屹 郝千瑶 张海姣
统计学(共7人)
王林娟 刘凯旋 丁 婕 朴小锐 李 冰
尹 露 员普超
行政管理(共17人)
付佳琳 刘 玲 乔依杨 宋 超 姜婷婷
刘亚楠 刘菲菲 戚驰杰 刘 通 陈 琳
孙 勋 王宏岩 郭东旭 王东山 隋 帆
高铭尉 廖梦珩
人口、资源与环境经济学(共2人)
刘 丹 张 艳
农村与区域发展(共28人)
宋玉华 王晓雪 郭钟泽 王 磊 宋向娟
张 婵 谢 琼 连洁梅 唐 巍 郝佼辰
姜冰润 多琳娜 张 萌 包红玲 杨志鹏
蒋丽群 孔凡利 李 真 田 甜 郭雅楠
刘 鹏 郭威康 牟振坤 赵 娜 张 琳
李佳茜 张 迪 蒋国娟

工学院(合计45人)
车辆工程(共6人)
程 敏 周乾坤 孙 逊 孙 颖 牛浩龙
郭文天
机械电子工程(共6人)
杨 娜 刘 君 赵索菲 李玉株 黄丽燕
杨 锴
机械设计及理论(共10人)
张绍全 丁 文 王有刚 李 进 赵 义
宋 杨 宋晓文 刘小虎 张 硕 徐 辰
机械制造及其自动化(共7人)
贺 振 汪雨萌 尹振波 梁 伟 孙燕良
朱 磊 闫海成
控制理论与控制工程(共9人)
唐 艺 夏志峰 郭炜强 王 政 邹永涛
刘 慧 马扬飞 刘 贺 刘学成
森林工程(共7人)
陈东峰 王 虓 张百杰 顾守宽 魏 超
余东威 曾 科

材料科学与技术学院(合计57人)
林产化学加工工程(共13人)
吴瑞平 马瑞杰 苏辉辉 苏肇秦 刘慧琴
陈 倩 张 静 周调调 贾 宁 孟玲燕
田春华 宋晓磊 王乐
木材科学与技术(共29人)
孙 薇 周璐璐 刘 芳 白 雪 徐炜玥
韩 丽 齐景坤 张晓燕 胡 静 刘晓颖
杨勇林 田启魁 李宇宇 赵磊峰 冯永顺
张 莉 张鹏翼 余梦洁 甘雪菲 孙玉慧
樊晓敏 刘 玮 徐正东 张亚卓 赵 方
胡 娟 江天长 马 倩 王孝丽
设计艺术学(共15人)
曾亚奴 雷 阳 于 宁 陈 琳 李凌雨
胡晓婷 郑 云 韩 冰 门 琳 李 莎
纪文青 李 花 赵雪梅 梁 斌 周振兴

生物科学与技术学院(合计117人)
林木遗传育种(共19人)
姜 丹 李 昊 孙立洋 毛彦科 石 乐
李 静 张立沙 杨妮娜 刘华波 麻丽颖
代 亮 王保垒 潘 炜 赵 杏 肖 宁
付文锋 陈 磊 郭 斌 张译云
农产品加工及贮藏工程(共16人)
李桂星 郭 准 何颖敏 任美玲 刘玲玲
陈 林 杨丽娜 王兴枝 刘文杰 曲丽洁
王姗姗 侯雅坤 孟阿会 夏 薇 刘友群
周琳娜
生物化学与分子生物学(共16人)
程小乔 刘少莉 李建梅 康巧林 王 兴

曹　山　苏万凯　丁　可　景　寅　王　琼
张　倩　曹　羽　高　萌　李　迪　刘佳琪
聂鹤云

食品加工与安全（共24人）

温　馨　柳志宇　戎柯晓　王子娜　钟　南
郭　瑶　房　明　张　粲　刘子健　高婷婷
刘　瑜　钱雪洁　高　萌　陈　萌　郭　旭
马丽娜　张树玲　李　薇　张敬晗　林清华
李　军　黄泽昊　赵治国　宋陶然

微生物学（共6人）

周　巍　吕　欣　姜　杰　汪文静　王子元
文　娅

细胞生物学（共5人）

郝瑞芝　张文超　王瑾瑜　王艳萍　郑广顺

野生动植物保护与利用（共13人）

王鲁静　蓝晶晶　宋　婋　张　肖　唐勇清
刘善辉　张欣颖　陈丽霞　盛　夏　张浩林
明　晓　郑彦超　涂　蔷

植物学（共18人）

包斯琴　王婷婷　王菲菲　韩翠晓　潘　登
娄兴亮　李秋琦　陈思玉　赵　珊　刘　霞
溥丽华　陈荣珠　李　静　刘汉峰　段中鑫
曾令兵　赵　腾　刘克东

信息学院（合计50人）

管理科学与工程（共13人）

张冬梅　陈　剑　陈俊生　聂秀琴　陈名腾
刘　莹　许志卿　任海艳　王　欢　王小品
麻雅静　王澎澎　陈　慧

计算机应用技术（共7人）

崔　颖　张　帆　周文婷　崔天意　贺　娜
曹永洁　程超然

森林经理学（共5人）

张　瀚　林玉婷　杨　丽　张晓璇　张静菲

设计艺术学（共9人）

刘　轩　刘　洋　刘　颖　刘　倩　张　岩
刘姝婧　严　欢　董芳菲　吴晓晖

计算机软件与理论（共8人）

赵禹晶　程舒晗　林　健　董肖莉　刘　虹
王　静　李兰英　宫　磊

农业信息化（共8人）

蔡宁宁　郝妮红　罗小莉　岑敏强　张　行
商　晓　徐黎明　韩燚云

人文社会科学学院（合计60人）

法学理论（共8人）

王　珂　王星志　王兆衡　梁　玮　刘　佳
宫丽彦　王晓莉　李　帅

科学技术哲学（共18人）

孙　贺　王　春　张　蕾　许　莎　李华东
乔　斐　王　艳　杨品舒　侯　浩　李佳阳
吴　平　薛　婷　康　蕊　王靖楠　李　卉
李　梅　徐　珍　赵　林

思想政治教育（共7人）

刘菁菁　彭小凡　陈　晨　党静雯　田　云
崔晓婧　朱原辉

马克思主义基本原理（共3人）

李　蔓　唐天宇　肖克艳

应用心理学（共13人）

周烁方　杨　振　刘　愫　姜金花　刘贤伟
李秋玲　陈　聪　李　立　庞　凤　司书娟
冯华萍　陈晓庆　张　娥

行政管理（共11人）

罗约坡子　李　静　王华荣　刘雅静　田　露
毕景媛　寇艺明　王宏宇　夏　瑜　杨　瑒
郭乙言

外语学院（合计28人）

外国语言学及应用语言学（共21人）

赵婧婧　孙宁宁　齐丽莉　杜　晶　徐　艳
孙雅静　郝玲玉　李　然　高凤翔　郝靓瑶
张辛欣　吕华蕾　郭晓丹　李宇洲　张加克
常　远　宋洁奎　张　蕾　张人元　张燕妮
程　英

英语语言文学（共7人）

吴琼贤　赵艳平　关俊杰　杨婷婷　雷　榕
邢　瑞　丁　蓓

理学院（合计11人）

生物物理学（共11人）

丁小康　宋可珂　方晓雨　刘　娟　李　礼
丁志强　赵子华　王慢想　侯凌燕　郝燕华
刘宗民

自然保护区学院（合计16人）

自然保护区学（共16人）

王　君　宁俊勇　孙婉莹　刘映杉　蔡　龙

刘　平　杨　帆　蔡振华　贾获帆　李　斌
魏　钰　戴　魁　陈　颖　韩俊丽　惠婷婷
张　倩

环境科学与工程学院(合计27人)
环境科学(共27人)
蒋文博　曹　琪　汪　媛　魏祥甲　梁志霞
许　佳　董　骞　梅雪立　裴淑玮　张艳素
李萍萍　陆　英　李　莎　王汝南　董玉婧
李　婷　林燕华　张信信　向文艺　吕　婧
王红娟　吴运松　徐　欣　张　胜　张玉璇
桂　凌　王举位　　　　　　(李　凌　孙信丽)

2012年本科毕业生名单

包装工程
赵小风　崇　姗　戴云婷　李晓旭　李　政
林惟炜　刘春亮　刘　萍　彭丹凤　钱　杨
任　丹　石莉莉　孙　晓　王东升　翁梦晟
吴燕喆　武秀明　谢　丹　许扬培　杨正阳
殷　勤　尹　宁　曹　微　陈　芬　陈景鸿
陈昃希　张瑞涵
草坪管理(中美合作办学)
姜沫男　曹晓震　陈　晖　陈　闽　陈　璞
陈思琪　崔睿琪　崔智鹏　何乐君　胡晓博奕
黄佳秋　来傅华　李　丹　刘思遥　陆鑫祎
莫　婷　秦　汉　王斯超　易　达　尹瑞恒
张立抒彤　肇　特　周红艳　朱天龙　王素菲
草业科学(草坪科学与管理方向)
布赛热木·木台力甫　安勐颍　崔辰根　邓潭静
丁苓苓　胡海笑　花兰迪　杰恩西别克·开力
地别克　李鹤菩　李梓毓　刘　艳
木合旦斯·哈地尔　瞿　杨　孙思思　孙玉竹
田梓澎　王清华　王文哲　吴　丹　肖　洋
杨　威　姚源源　殷　旭　张天明　陈雨峰
任　赛　阿巴斯·吐尔逊　刘一凡　张　杰
车辆工程
黎　萌　陆轶石　钱旭杰　严　帅　王钰培
王　越　韦　伟　尉　玮　向　盼　闫文婧
杨祥东　易伟峰　于佳天　袁　超　袁璐瑶
张　行　张金煊　张金阳　张力娟　张　强
张研祥　钟紫姝　周　杭　周洪雷　周筠潮
朱广勇　朱思文　李如娜　李　旭　梁骁赫
刘宝龙　刘昊伟　刘健男　刘琦源　刘新颖
刘　扬　陆泽明　孟　莹　任广琼　沈银波
史阿蒙　史亚彬　孙　超　孙敏强　田　华
田婉钰　万火旺　万　爽　王兵然　王晨香
王　慧　王　可　王晓东　安　琛　曹　珊
陈　冲　陈福军　丛　瑞　崔　政　杜渐萌
杜旭之　范小芳　冯二萍　冯晓玮　高思旭
何　进　侯晓瑀　胡　超　胡煦东　黄河山
黄榕哲　黄晓晓　康　宁　李博旭　李　刚
李皓晨　李　璟　李　萌　周宇凡　吕仲伟
彭丹千　李　航　邓寒秋　吴筱岑　张治昊
城市规划
王　赫　董悠悠　窦鹏瑶　侯　硕　黄星溢
居晓旺　李敏静　刘文佳　刘　艺　刘子尧
陆佳敏　石　岩　宋仁杰　田燕国　王　琢
邢晓娟　杨　雯　杨　雪　翟　俊　张　婧
张舒菡　张晓萌　张云璐　周　忆　祖　建
敖　民　边青青　程语忱　孟　润　白宏磊
地理信息系统
韩天旸　郝鹏宇　黄　琦　李彬彬　刘宗旺
马　强　宛　冉　王　佩　韦家柏　杨文豪
杨云雷　杨正彪　张　晨　张　驰　赵　赫
赵书龙　周　昕　朱　彤　付兆璧　高志强
电气工程及其自动化
李云扬　卫思明　吴珮均　吴益芝　许　潇
杨　彪　杨朝赟　杨　华　杨睿茜　姚艳侠
于加音　翟　雪　张　超　张　敬　张　宁
张　祥　赵　媛　朱　健　邹　明　宫欣伟
金　鑫　孔维红　赖鹏华　赖小龙　黎东祥
李安泉　李　丹　李红雁　李锐锋　李　婷
李孝国　李益惠　李志珑　刘　彬　刘海涛
刘　铧　卢丽霞　罗　军　乔敏瑞　邱佛林
桑晓萌　孙玉庆　覃　波　王巧利　蔡　怡
曾陈颖　陈建清　丁奕文　董晓晨　范海波
范雪凝　付可宁　肖长旺　雷兴林
电子信息科学与技术
麻泽宇　闫晓春　田　雷　王　娇　王梦莹
王　爽　王　婷　王星妍　王雪微　吴　超

吴　静　肖晶娟　辛　愿　徐　骏　徐　哲
闫　旭　杨　柳　杨倩倩　尹浩宇　占婷婷
张傲思　张　浩　张　咪　赵　胜　郑子天
朱　蔚　崔鑫彤　费　会　苟　钧　光礼夏
郭玉鹏　郝　悦　胡一鸿　纪　锐　李俊婵
李　可　李　翔　林　雨　刘　坤　刘　鹏
柳金山　龙　滢　卢云龙　罗立峰　毛虹尹
孟星涵　莫小龙　秦飞强　饶强云　孙克成
陶　鹏　白　冰　毕笑楠　蔡　溚　陈　吉
陈树玲　陈思源　陈　星　成鹏飞　王子骏

动画

付　晨　何秋海　李淑娟　李　蔚　马天林
冉京未　沈　聪　童玉宾　汪宝佳　王　寒
王娅敏　王　祎　巫　桐　徐　恺　薛泽浩
于潇翔　郑妍琳　陈　树　谌　默　吴明怡
冯智乐　王　茜

法学

赖佳男　黄鑫祥　金媛曦　夏　艳　向延亚
肖欢欢　邢梦宁　徐小川　杨　静　杨　熙
杨知凝　叶　沛　于晓洋　俞　灵　张非易
张海英　张　琳　张　露　张琼予　张　泉
张文倩　张　野　赵建玲　赵亚骎　甄雨辰
郑牧洋　娄晓航　罗　超　罗梦露　孟祥磊
宁　戎　潘梦迪　庞　博　裴　蕾　彭　飞
彭明阳　彭　越　施春福　石　梅　苏　伟
苏文礼　孙畅阳　孙　齐　孙振杰　唐　斌
万书炜　王　东　王化雨　王　熙　王晓莹
王　勇　王　勇　吴定松　代俊杰　董宇哲
董芸汶　冯　丰　高利伟　辜　鹏　关亮东
郭文娟　郭英琦　胡杰飞　胡舒欣　黄　昂
黄敏仪　纪韶昱　纪小凤　李冰雪　李　晋
李　磊　李昀寰　李植行　梁海景　刘宝龙
刘　璐　刘新晓爱　刘雪菲　刘郁春　龙振江
安朋辉　陈德正　陈建男　陈　江　陈金山
程黎明　崔　蕾　代　策　代　欢　许祖引
冯　瑾　高　岩

风景园林

陈　瑶　周心怡　周　瑶　周　正　邹　童
尹露曦　尹宗汉　于妮媛　余方舟　余　森
岳　华　张　彬　张博一　张　帆　张　劼
张杰夫　张凌之　张倩媛　张　爽　张　威
张新霓　张怡曼　张　颖　张雨濛　张　越
张云柯　赵　蕊　赵相盈　赵雪莹　赵元驰

周　详　唐思嘉　田皓允　童　静　王佳乐
王　坤　王露敏　王　敏　王　芃　王秋杨
王瑞莹　王诗鑫　王天一　王文君　王馨甜
王意涵　王紫微　谢文琮　邢晓静　徐　骥
徐澜宁　许梦娇　严亚宁　阎　谧　杨碧彤
杨　帆　杨子旭　刘智玮　卢荣华　卢彦鹏
卢一娇　吕　回　吕　尧　吕银实　吕　莹
马诗梦　孟　盼　牛　琳　彭扶摇　彭子珍
戚博闻　曲舒然　任栩亿　山雪娇　石雅慧
宋珊珊　宋　铮　苏　扬　孙　波　孙健雄
孙竹堃　汤　获　唐尚辉　姜　桐　蒋艳玲
景泽宇　康莉欣　孔德维　李　单　李东咛
李　凡　李嘉乐　李兰姬　李　骁　李砚然
李昱敏　李泽深　郦　春　廖　倩　刘安琪
刘安棋　刘　璐　刘悄然　刘沁炜　刘　姝
刘晓帆　刘晓璐　刘晓强　刘欣雅　蔡　超
曹伊晨　陈迪凡　陈厚佳　陈　婧　陈　明
陈宇峰　邓慧兰　丁长缨　董　旭　范楚丹
范向楠　方慧萍　冯　丽　高博书　顾晨塬
郭　畅　郭　媛　洪士媛　洪舒扬　呼格吉乐
胡　兰　宦凌云　黄　明　贾秋辰　贾　维
安　泰　霸　超　白传羽　白　净　周利利
梅应楷　黄志源　宋沛丰

工商管理

陈　言　周锦萱　郑紫轩　朱雪梅　刘梦宇
马美莹　牛　静　潘银雪　孙璐婧　唐　棠
田立康　王　丹　王　菲　王霄汉　吴采芬
吴　薇　肖　佳　胥露阳　徐　艳　严盼盼
杨丽慧　杨　佩　杨　璇　张　超　张丁雪
张云竹　赵　娟　赵　帅　赵　影　郑　娟
阿不都外力·艾买提　阿吉古力·阿卜力米提
蔡清艳　曹　敏　陈　军　陈　萍　陈　甜
陈晓庆　符海娟　古明宇　海　楠　何　俊
李　娜　李文超　李晓亮　李叶舟　李昭昭
李梓淼　梁辰凌子　廖婷婷　刘安凤　刘晨帆
鲁　懋　杜元君　包晓晨

工商管理(二学位)

许　翔　延安君　闫　芳　杨江浩　杨　晶
张美艳　张　伟　崔韫慧　郭飞燕　郭齐男
贾惠惠　晋绍华　康　婷　李　丹　李　佳
李彦光　李一桥　刘　波　刘一力　齐　欣
邱一柳　申　惠　宋旭强　王翠萍　王　芳
王　倩　王相宜　王燕丽　王云芳　魏　敏

工商管理(经济信息管理方向)
吴华君 隋 麟 杨 青 张达丽 张萍萍
张忠华 朱 琳 朱宇新 包颉娜 薄闪闪
陈思妙 褚夫欢 崔 璨 何语斯 洪 钰
姜 颖 柯少尧 匡立里 林青青 宋 爽
王嘉宁 王姝文 王奕翔 伍 婧 谢玄玄
杨 超 邵斯祺
工商管理(物业管理方向)
陈 垦 王 喆 洪 源 马 瑾 张恒铭
张梦雅 张 伟 张效晨 张兴华 张玉洁
章智群 赵晓蕾 赵 渊 周 超 朱沛麒
朱莹莹 诸葛雯丽 邹 明 王少庞 王 晓
王 新 王泽锋 韦玉婷 卫 辉 魏磊磊
肖 丽 肖 雪 徐海燕 徐汇溪 许 逸
闫 鸣 闫 妍 严沛文 杨 帆 杨 洋
姚浩然 叶 丹 应 南 游肖红 禹 雪
袁 猛 袁明星 岳 岩 刘 欣 刘振坤
娄本兰 卢 超 吕敏怡 马春艳 马晓涛
蒙金婷 弭 超 秦晓羲 秦驭初 盛 筠
施晓艳 史兰兰 苏彦舒 孙国娟 孙佳露
孙新普 孙雪妮 王 芳 王 芳 王 佳
王 腱 王君培 王梦琪 郭 健 郭晓晓
胡冠仪 胡晓欣 黄鹤鹤 黄梦雪 贾晓玉
解 颖 靳 乐 康 甜 李 淼 李明双
李溥林 李 爽 李思宁 梁红丽 林凡锦
林 艳 刘 聪 刘 东 刘飞旭 刘 敏
刘 明 刘同辉 刘晓思 白 帆 毕妙亭
蔡颖楠 曹 婧 曹 熙 曹 瑜 陈劲草
陈 康 陈雅芳 陈叶秀 邓玉龙 丁 赫
丁 蒙 丁 猛 付晓梅 高建秀 高崴薇
耿宗忠 顾 岩 韩 磊 薛克睿
工业设计
李少军 李燕平 李 源 刘晶晶 罗江威
隋婷婷 王登辉 王 卉 王 姣 王莉英
王 莹 徐 亟 徐 瑶 闫 黄 杨 阳
殷佳宁 张兴宇 赵云鹏 周庭乔 安诗乐
毕冬蕾 陈炽锋 陈冉祎 崔 倩 丁 昕
段思奇 贺雨薇 胡 林 冀姝宏 黎秋莎
李 根
国际经济与贸易
陆 惠 吕枫林 宓霭宁 聂 达 彭 仁
任宇佳 司 维 孙蔚琳 孙小敏 汤泽宇
田 敏 王原抒 吴宛林 徐曾一舟 于婷婷
袁 魁 袁梦萍 张 庚 张 辉 张 强
赵 强 赵 宇 钟嘉雯 周晓丽 邹燕青
宫晓琳 关雨桐 韩 璐 韩沐洵 何宇航
黄晓漫 黄 瑀 贾玺蓓 江桂婷 焦智康
金晓艳 李 瑾 李 丽 李明丽 李 腾
李天一 李伟嘉 李阳阳 李 祎 李玉敏
李增辉 梁文丽 刘 超 刘建楠 刘娜娜
巴文姗 白 聪 蔡晓枫 陈永慧 戴 璐
范蓓玲 高 宽 刘淑君
环境工程
王 伟 杭天浜 司 畦 苏文龙 苏子尧
王晶晶 王君竹 王磊明 王 蓉 王 闪
王思斯 王 颖 吴 芳 吴楠杰 吴嗣骏
吴振军 闫玮琳 张海艳 张 希 张湘怡
赵 唤 赵济慈 郑利兵 钟昉芸 周 枫
朱亚琦 曾任良 崔雁翔 额日贺 高靖伟
高艳珊 郭泓利 郭洪骁 郭慧雯 胡 楠
胡 威 华 颖 纪静雯 康 昀 李 黎
李宇慧 李 远 林佳逸 刘 斌 刘博杰
刘美辰 刘 晓 刘 一 刘玉洁 刘玉兰
孟 芳 其 美 边 宇 黄新宇
环境科学
周佳慧 朱晓东 陈斯文 窦 杰 杜昱柯
范怡然 高 飞 郭芸清 康云泽 李雪驰
李周园 林梦平 柳 絮 上官小亚 孙 骁
孙 宇 汤 韬 王 凯 王思玉 王韦舒
吴依玲 吴 祎 肖慧敏 辛 展 翟羽佳
张 巧 张晓玲 钟雨君 艾 晗 陈 晴
王 琛
会计学
刘 玲 郭 缦 周 泉 张丛夏 张翠哲
张 晖 张景怡 张 静 张明照 张 晴
张秋菊 张世阳 张 玮 张馨蔓 张雪佳
张彦楠 张 洋 赵丽娟 郑丽骊 钟 莹
周峻民 朱胜杰 祝 勇 王文静 王 浠
王 枭 王晓睿 王新源 王星蒙 王云裔
王昨非 魏弥本 温家祥 吴 芳 吴文静
向 禛 徐铭泽 徐 银 许光宇 许楠楠
许 杨 杨慧欣 杨 洁 杨 静 姚 尧
尹成博 于晓聪 俞希妍 袁 荣 云海龙
龙玉娇 卢 鑫 吕英巧 马 丁 马 亚
毛成龙 毛祖丰 木子健 欧芷伊 潘能元
潘雅琴 彭 博 沈 琪 司马经芸 宋昌超

孙美琦 孙　妙 孙婷婷 唐　琳 田　韵
童西婷 涂　馨 庹琼园 王　敬 王丽艳
王　茜 王思培 韩楚波 贺　恒 侯　珏
黄冰清 黄　麟 黄雯睿 霍宇辰 冀　宇
郏雨薇 江晏时 金　昊 赖骏丞 雷德航
李纯子 李梦楠 李鹏花 李　平 李韵豪
梁　燕 林婷婷 刘冰洁 刘　畅 刘　劼
刘　璐 刘佩敏 刘雪倩 刘　妍 包玉珊
鲍　柯 曾　嘉 陈方旭 陈　珂 陈麦旖
陈思洁 陈　雪 程钰蕴 初　琳 戴　彦
刁　珂 丁　睿 董文灿 段丽婷 范雨蒙
冯　卉 付　庭 高丰慧 高馨蕊 耿家骏
龚荣贤 顾　笑 郭雅芝 国亚荣 卞　夏

机械设计制造及其自动化

李　昂 陈涌泉 马　浩 谭　政 佟天齐
袁飞武 臧　义 张　楷 张　南 张培培
张天鹏 张文栋 张　义 张鹰华 赵保顺
赵冬冬 赵文鹏 周玮珠 朱　元 祝　佳
邹修贤 祖汉松 王　宁 王　强 王茹苓
王　玮 王文斌 王笑玉 王永超 王玉东
魏正祥 吴立英 肖舞莲 肖　潇 熊欢欢
熊佳俊 徐　磊 严　涛 颜小林 颜　宇
杨　东 杨　帆 杨科锋 杨　磊 杨　鹏
杨　洋 俞　洋 李　彬 李　蒙 李　婷
李秀娟 李雁北 李宗辉 梁　霄 廖建波
刘　令 刘璐璐 刘永俊 卢　博 吕汝洋
马阿娟 马智慧 裴亚楠 乞　航 全成杰
阮斯洁 邵　欢 石首军 宋仁杰 宋帅堂
王　建 王　捷 崔宗逸 单丹妮 邓汉阳
丁晓燕 丁衍升 董明明 董先飞 樊　超
范光吉 付环宇 郭　斌 郭婧儒 郭　涛
何　勇 黄旭光 黄　洋 黄宇哲 江　锃
姜洋洋 金安成 靳　钊 靳　钊 匡　伟
黎才荡 安　东 曾　根 陈恺丰 陈晓东
程　辉 崔　岩 杜孔恩 李远贵 李金洲

计算机科学与技术

韩翔宇 杨建君 马天驰 张熙雯 张宪一
张　骁 张馨爻 张　正 赵　凡 赵家琪
赵　琳 赵　欣 钟　娜 钟振洋 朱　波
朱文飞 武高峰 肖剑锋 辛娟娟 徐　犇
徐晟茜 薛岩洁 闫　敏 严敏周 杨广州
杨　梅 杨翔宇 杨小江 杨秀君 杨紫柠
于　怡 元正勋 袁　昶 詹墨磊 张东风
张国才 张　磊 张孟顺 张启艳 张　蕊
张　帅 张雯斌 毛宗仁 梅本金 孟　丹
齐　超 乔松月 邵　辉 盛　轩 宋峥崎
孙兴强 汤上葵 陶行科 陶至成 田　垒
田　原 万　鹏 王浩伟 王季萱 王杰超
王倩岚 王　强 王双河 王　汐 王　竹
魏雯娟 吴婷婷 吴小婵 耿　腾 郭　昊
韩　飞 郝　伟 何　以 黄恬恬 黄　政
霍依新 蒋春倩 李冬玉 李　洁 李黎茜
李赔蓓 李　琴 李　艳 李一飞 刘伯岩
刘来贵 刘　攀 刘　沙 刘少海 刘世楼
卢灼华 罗思维 吕雅雯 马杰璋 陈明健
陈　旭 程钰婷 丁萌萌 董　琛 杜静伊
高建茹 高　良 朱治强 汪　楠 李　杰
陈　伟 崔　勋

金融学

于志苹 王艺霖 王玉昆 邢　璐 徐倩雯
许文渊 许新忠 严亚慧 杨思远 姚明超
易锡文 殷玉娜 于畅游 余　淼 袁　野
张　晶 张韶恒 张唯瞻 张伟晶 张蕴荷
赵晓倩 赵娅娜 赵　宇 钟剑云 周俊余
邹　玉 高云骢 关　畅 郭　婧 韩翔宇
贾永鑫 姜玮佳 姜禹西 解惠洋 雷皓月
李丽蓉 李兆宇 梁　悦 林　婕 刘　丹
刘　洋 秘　婷 苗天放 彭彩莉 史扬帆
覃蕻云 唐若蜚 汪素萍 王　海 王睿青
王斯一 王　婷 王雅琳 曾蔚颉 晁亚洁
陈冈扬 陈　婧 陈　璐 陈子宸 董　宾
董晨光 董梦喆 方晓芸 冯忻平 高　扬
朱思汉 罗雅冰 崔　琦

林产化工

陈盛熠 马　千 全　晟 陈　姗 方　晶
付连花 高玉霞 郭　晶 郭凌雯 黄胡阔
李范霞 李　媛 刘显春 刘　晔 罗书勤
马文学 毛　敏 庞　琳 孙大卫 王博超
徐永霞 袁超平 袁星海 张　涛 章伟岸
周自圆 朱　磊 艾　翔 陈　博 丁章政
文孝明

林产化工(制浆造纸工程方向)

徐　恒 向启勇 肖　潇 许陈博 闫立凡
阳彦辉 杨　坤 杨希月 杨　艳 游婷婷
张婉青 张　逊 赵东方 郑　雪 周　霞
周　讯 方　燕 方远鹏 付秋爽 高　洁

龚一飞 姜彤彤 蒋　磊 焦文彬 金伟捷
李亚娟 刘泽纬 罗秀丽 逄锦慧 荣乐天
汪军明 王金鹏 王　萌 王永宽 王兆鸿
王政惠 魏冬雪 吴　苗 吴小丽 吴远艳
白　林 程静然 李　熙 付　鹏 陈建行
赵琼瑜 靳琳琳 李雯雯

林学

高鼎淇 许　晶 许菽敉 许重阳 杨庆楠
叶思阳 叶　粟 尹　菲 袁茜男 张建泳
张　林 张凌楠 张明洁 张小娜 张新娜
赵春富 赵明瑶 赵　娜 郑昌龙 郑莉莉
郑　怿 周智文 朱俐娜 祝　春 邹丽莎
刘清影 刘亚涛 刘羽诚 卢妮妮 路倩倩
罗　芳 吕志远 马海梅 马映然
娜迪提·海拉提 彭晶晶 彭　立 彭娅琴
彭意钦 齐烟舟 邱春晶 沈　悦 宋建平
陶　伟 吐逊阿依·吐鲁甫 王高敏 王佳茜
王逸然 王志刚 吴天冬 肖书笑 谢一田
关山越 关耀东 郭津泽 韩月明 何　珊
何彦然 侯　东 黄　侃 黄良帅 霍　宁
纪彬彬 江　姗 康九山 寇艳茹 李海萍
李金航 李璐一 李　敏 李培利 李倩倩
李　珣 李　洋 李志坚 廖祥龙 刘　畅
刘海轩 刘佳嘉 白晨喜 曹雄赳 陈　露
陈永辉 戴腾飞 丁泊元 杜　瑾 段梦佳
高红丹 高　媛 米拉地力·阿不力米提
郭健宁 毛小龙 次仁顿珠 其美多吉
古再丽努尔·伊敏

旅游管理

肖付健 周云菲 郑莉莎 郑　妮 周　娟
秦丹琳 任欢欢 商丽洋 孙　凤 孙　思
孙依愿 王安琪 王思宇 王添悦 王文辉
王雪涛 韦　丹 吴　琼 吴树华 肖紫菱
徐心宇 许晓宇 游艺丹 翟温鑫 张晋源
张　功 张晓兰 张　旭 张雨缘 赵　润
赵素婕 陈　姣 陈凯伦 陈伟辉 陈绪群
戴苏闽 丁瑞虹 窦萌春 韩　静 黄　翠
黄　蕾 焦艳萍 李梦婷 李敏琦 李沁元
李香香 李芸津 林慧茹 刘成功 刘志聪
罗　丹 罗　娟 罗丽昕 吕慧琳 马腾飞
马婷婷 马雪梅 包斌斌 鲍阳昊 毕宏泽

木材科学与工程

赵琼杰 周　念 朱潇雄 谭　波 陶定堂
王海云 王梦茜 王明星 王　腾 王怡人
王易木 王宇飞 韦俏俏 魏志杰 谢添羽
徐佳佳 徐梦青 徐雅楠 徐一丹 徐战涛
阳文浩 杨　兵 尹盼秋 张佳慧 张　露
张　婷 张文睿 赵军辉 赵　蕊 李婷婷
李　昕 李　苑 李贞慧 梁玉斌 刘文雅
刘　旭 隆　龙 陆凯欣 罗　兰 罗丽丝
罗荣水 罗　姗 马正郭 毛景宇 潘　龙
庞　玮 彭　尧 祁　威 强　项 秦　冲
秦囡璞 曲雯雯 沙汀鸥 宋梅芳 孙明远
蔡韫天 陈黎鸥 陈梦桃 崔云飞 窦富超
杜　津 方　萍 符　晖 付珍丽 郭旭霞
胡景良 胡译尹 黄德升 纪雨辛 康　含
黎　晖 李　本 李红艳 李珂亿 李　雷
李　磊 李　琦 李沁芮 李　杰 陶　峰

木材科学与工程(家具设计与制造方向)

高晓晨 葛志成 张　乾 张馨杨 赵　非
周文骏 庄子愚 刘　茜 刘　哲 罗淑萍
潘丽芬 潘玉梅 曲　婷 沈丹阳 石　悦
宋思维 孙　立 谈　聪 谭　灿 田　婧
王佳薇 王敏纳 王　舒 王添翼 王一敏
王益德 吴佳欢 宿　可 杨　柳 杨绍健
张　佩 陈　娜 陈　远 成靖洁 崔小芳
崔　莹 董　旻 杜冠宇 段佳杰 高鑫鑫
胡　蝶 胡　已 黄宇翔 蒋辰星 金美蓉
李丹蕾 李盛峰 李小玲 林　琳 林为梁
刘金戈 刘　侃 刘佩芳 吴天一 吴博天
许嘉榕

农林经济管理

刘　玥 叶智超 于　聪 袁新明 扎西拉姆
张　舰 张璐坤 张　先 张晓婉 赵天悦
赵文文 赵　正 郑　齐 周　琦 朱永刚
李　姣 李骥凌 李　智 刘庭春 潘文婧
任宇楠 石歆恒 陶　衍 田　琪 王海燕
王　佳 王　建 王　琳 王业晨 吴　冰
武　彧 谢邵峰 谢　玉 许铠川 许　良
闫　玲 严健标 杨　晨 杨　静 杨可书
杨礼嘉 曾亚萍 陈利志 程振虎 迟春婷
次卓嘎 杜文超 杜　欣 段雪瑶 付亚菲
葛雅莉 关　怀 郭景威 侯天齐 胡立祥
胡丽娇 胡　玥 华　杰 黄　彦 蒋月亮

矫立鹏 鲁子羿 黄 萍 沈睿文

人力资源管理

茹珏琼 王 蓉 王晓彤 王玉姣 王正勇
奚 方 夏 倩 肖 鑫 徐辰雪 许 敬
杨林达 杨昭阳 姚 尧 袁圣煜 张 蕾
赵 琦 周 雯 朱岑柳 邹静韵 葛 舒
何桂婷 胡 洲 金姗姗 李国栋 李佳明
李 婷 李 圆 梁光河 刘 佳 刘一童
卢 颖 罗丹妮 毛倩倩 庞晓勇 钱海燕
钱 静 宋 昊 宋文瑞 孙 嘉 孙丽君
孙 越 王 安 王欢欢 王 婕 王莉萍
鲍皓昕 曾韦玮 常慧宁 陈 帅 陈 伟
陈雅莉 程诗雨 邓雅然 丁 贺 董绍颖
高 洁 葛佳慧 尤 越 王 让 陈 竞

日语

王 琳 王淼珊 吴 凡 邢刘平 徐晓丹
闫孟娇 颜廷陶 杨昊天 杨 楠 叶 晴
游岚清 张 涵 张星玥 张 泽 赵姝博
陈佳晋 巩 桐 解亚瑾 李金星 刘 彤
鲁星池 孙 晴 王蓓蕾

森林资源保护与游憩

田 斌 王德朋 魏丹峰 熊典广 杨晓接
俞琳锋 张 磊 张 璐 张思行 冯治理
黄华毅 蒋友渊 金树磊 匡阳正 李双斌
刘达强 聂思情 彭 翔 申露露 沈绍伟

生物技术

毕 然 胡亚云 刘 露 刘攀峰 刘翔宇
刘晓瑜 刘豫宁 刘 越 卢 杰 罗莉琼
麻佳佳 缪丹丹 宋文玲 孙啸晨 王 畅
王成功 王暑辉 王 岩 吴一平 许琳祯
许 瑞 薛 天 张 帅 张 曦 赵 舒
朱巧亚 朱芸晔 曹 翰 陈菁菁 谌殷蕾
成斯嘉 程 琛 次 东 郭 成 侯交弟
侯欣瑜 亢羽宁 李江华 李清林 李蕊馨
李事如 立天宇 廖维华 刘红杏 周骏辉
史元杰

生物科学

陈 曦 戴明道 段红静 盖雪鸽 黄雨洁
李 琳 廖婵璨 刘炳梅 刘 畅 吕 娜
牟淑琳 盛萱宜 万心怡 王金子 王 晶
王 珏 王文婷 翁 冀 徐思涵 游 阳
原婉琼 臧 森 张 唯 周 晨 陈彬丽
潘 琪 沈 勇 晁 楠

食品科学与工程

邢 诗 许 典 杨佳越 杨 楠 杨乔乔
杨伟成 叶 智 尹培培 尹晓燕 余 标
袁雨曦 袁 源 张 茜 张帅云溪 张 彧
赵兴兴 赵雅娇 郑 绅 周 丹 林雪娇
刘广木 刘昊雨 刘鸣畅 陆晓莹 吕 隽
马国玲 苗 苗 屈静静 任 宇 山 杰
佘星星 孙冰洁 孙骕南 唐雅娟 屠瑞莹
万 山 王 丹 王瑞芳 王小凤 王 月
魏铭含 夏冬严 夏 禹 相 飞 程 旭
崔 犁 范文灿 范 昕 龚 唯
古扎丽努尔·艾尼瓦尔 郭耀锋 韩 艳
胡高爽 胡潇文 胡元琪 黄橙橙 黄 涵
黄秋林 黄迅辰 拉姆次仁 李 婧 李 莉
李 林 李蕊伽 李书悦 李 伟 李伊姣
李意颖 梁贤花 林 敏 陈蓓颖 陈茹娇
王 怡

市场营销

吴 超 张润灵 刘 成 刘红霞 龙祥祥
卢禹西 马彩霞 莫东锋 牛左荣 沈 艨
孙大江 孙立民 孙维芳 王玫藻 颜 歆
杨 毅 尹雯萱 翟瑞一 张晓蕾 赵 彤
邓云岫 段 珺 樊振华 范洪俏 符 献
谷晓芳 匡 竹 陈 斌 邓晓煜

市场营销(电子商务方向)

李迎春 刘 冰 毛兴宇 苏兴国 田秋艳
王 俊 许丽娜 阎博雅 俞莎莎 袁 林
翟思颖 张 宁 张 晓 郑 鹏 朱梦萱
朱栩逸 左 阳 曹 阳 杜 磊 房海南
高 静 贺凌燕 黄莹莹 金玉兰 李非非
张 越 宋 鑫

数学与应用数学

宋志鹏 许瑞光 杨峰艳 姚 杰 易立功
游 兵 张 晨 张 嫚 张 明 张 帅
张玉环 赵 徽 周 沫 邹 宾 韩 琦
贺琳茜 胡一轩 姜 佳 金伟琴 李 丽
林中杰 刘东林 刘 晶 龙裕冰 陆艳珺
罗钧峰 罗来福 邱 锐 瞿 璐 孙文秋实
孙 煦 唐建明 拓 婷 王 闯 王胜男
王 宇 王子同 吴 江 奚 鑫 徐 凯
曹 苗 陈家珑 陈祉作 陈中泰 单 清
邓明月 郭铜羿 郭宇虹 王 磊 王琳娇
耿佳超 王晓斌 王 羽

数字媒体艺术

张一然 吴 月 吴 祯 吴 征 徐舒婷
杨天宇 杨雪丹 于泽阳 余 捷 岳佳琦
詹 艺 张 欢 张圆圆 郑 艺 朱静云
李姗姗 李 夏 李晓艳 李 滢 刘冰筠
刘 蕙 刘晶晶 刘柯伶 刘珊珊 刘夏琦
刘子京 龙 波 卢 倩 吕 程 孟 倩
闵刘卉子 牛丰沛 祁远卫 任梦琪 邵鹏坤
宋珊珊 宋一诚 唐 沂 王彩红 王佩倩
吴 燕 敖梦星 蔡亚利 陈 赓 冯建峰
福人远 郜文博 耿倩倩 郭欢庆 韩 旭
胡亚欣 黄 萌 黄湘豫 李 瑾 张海宝
郑 中 赵璧

水土保持与荒漠化防治

任佳权 申云康 徐 灿 徐 畅 徐 琳
颜 楠 杨 貌 杨志鹏 易 扬 尹红莉
俞妍博 张 单 张 凯 张文源 张 雯
张心笛 张 欣 张秀鹏 赵冰清 赵冬琳
赵 瑞 周 青 朱锦奇 朱明淏 朱晓博
石 星 舒 鑫 宋亚男 孙佳美 孙一兵
唐 女 田 畯 万 丽 汪梦洋 王冰洁
王翠峰 王 铎 王 娇 王晶晶 王久乐
王明星 王鲜鲜 王晓亮 王新星 王一之
王俞程 王 瑜 吴 芳 吴 桐 武小青
郝 玥 黄 媛 贾建鑫 金一鸣 靳春香
康 烨 寇馨月 库尔班江·米吉提
李丹雄 李丽娟 李淑芳 李文叶 李亚军
李云鹏 梁非凡 刘 刚 刘慧博 刘 静
刘可暄 刘 颖 刘 勇 马雪琳 马雪梅
苗 蔚 欧阳前顺 曹贵霞 陈 东 陈 丽
陈上杰 陈 艳 次旺卓玛 崔德华 段荣薇
付国珍 果 超 韩 鹏 郝 好 谢长江
杨 波

统计学

冯 波 高 娜 黄玉佳 李 佳 李 娴
卢致婷 彭 乐 任弘毅 石梓涵 唐子杭
王 玮 王 希 王亚欧 王玉梅 吴亚宸
武 岩 辛剑波 徐凤凤 晏小雪 杨 雪
杨智蕊 袁 勇 张德俊 张 璟 张 清
张文静 朱静芸 曾 翔 朱一飞

土木工程

韩 杨 马 磊 王金富 王 新 吴清杰
肖兴北 徐 驰 徐 飞 徐小云 徐晓东
颜旭春 杨 超 杨 鹏 杨思源 于霈露
于 洋 余学霜 袁 伟 张峰硕 张 磊
张文辉 赵 维 赵小慧 郑 达 郑 健
钟福宾 仲 伟 别 钰 蔡 亮 曾 蓓
陈军鹏 初庆玺 付良辰 甘 珣 顾 菲
郭长岚 何 萍 华正实 柯瑶瑶 李婧濛
李翊绫 李宗霖 梁丽丽 刘 滢 卢小芬
陆霆寰 罗 欢 潘国钊 潘泽亮 彭代雄
彭绍好 宋祎楚 汤超越 谢邵黎 叶方奇
邓 超 孟祥超 陈 飞 常伦轩

心理学

张钦柏 熊朋迪 徐慧君 薛 天 阳 莎
杨菁菁 杨舒婷 杨 鑫 殷毅尧 俞园春
占诗苑 张冰洁 张骋姣 张 帆 张佳晨
张丽敏 张玥頔 赵 翊 赵雨濛 赵 越
郑 颀 朱媛婷 李心悦 李艳红 林英威
刘国栋 刘晗姝 刘泽洋 卢礼鹏 卢 平
鲁梅佳 罗正才 倪 晨 欧阳洋 戎 英
盛 蕊 时小宇 宋 淼 宋雨歌 唐 骢
王 堃 王鹏程 王少波 王思晨 危倩如
温 娟 吴 昊 吴庆玺 谢安娜 曾 岑
马艺菲 钞 淼 车文婷 陈洁英 陈肖悦
程宇青 邓月明 范竹芸 方 梓 冯建业
冯 轲 关成阳 韩书文 何 博 何夏怡
何伊丽 贺菁伟 黄 蓉 贾秋怡 姜静云
靳水宁 兰 瑾 兰 岚 李 超 李冬梅
李佳益 游文辉 马维家 甘 伟 韩 璐

信息管理与信息系统

邹欣辰 宋 旭 田 宇 汪 楠 汪 琦
王唯二 王晓霞 吴 昕 项奕霖 徐 前
许 美 杨 昉 杨 浩 姚兴博 殷洪强
于 浩 张鸿雁 张 洁 张 莉 张文静
张亚军 张艺馨 张仲秋 赵东利 赵玉洁
赵梓晴 曹丽慧 陈海琪 陈泽任 邓菲菲
方 研 冯丽玮 郝翠彦 何欣然 胡洋迪
姜 萌 姜 燕 姜 英 焦晨卉 金 珊
李昕冉 刘端端 刘瀚宁 刘丽芳 刘天昊
彭 俊 荣宝沅 沙文娜 沈 玥 石唯佳
宋亭亭 安佳琪 白文飞 薄夷帆 安 婧
陈 昊 闫梓轶

野生动物与自然保护区管理

黄治昊 严自超 姚新颖 余琦殷 张令楠
赵玉泽 郑立地 周 颖 车 琛 陈丽红

陈 跃 程黎霞 高居娟 高 云 韩梦阳
虎 琴 贾艳玲 李聪慧 廖 曼 刘春香
刘 欢 刘瑞华 刘 洋 马 亮 沈洁滢
石普霖 陶小亚 王 旸 王永阳 吴 青
吴雄英 邢 爽 宓春荣

艺术设计(环境艺术设计方向)

王姗姗 周 颖 朱 翠 朱 颖 邹国民
左 惠 王雪垠 王业辉 王卓琳 吴 迪
武子晗 辛 斐 徐 皓 徐 静 徐若涵
徐 阳 杨婵彬 杨艳超 殷姗姗 于志鑫
张 弛 张春雷 张 旺 张 娴 张翼鸣
张哲源 张子玲 赵凡繁 赵文婷 赵 莹
靳雨澎 李 昂 李 缶 李少晨 李笑影
李 志 梁彩虹 刘程伟 刘 佳 刘乐乐
刘梦娇 刘明泽 刘晓武 卢林林 裴 硕
戚芳妮 覃 弦 唐从敏 唐锦晶 田家奇
王 健 王 凯 王 倩 王 涛 王筱淇
柏 彤 陈璐璐 陈文静 陈雯萱 陈 曦
崔宏芳 邓能程 冯 蕾 冯天成 付海岚
傅梦妮 高 磊 高 鹏 郝一萍 何发权
洪少华 贾玉洁 金波安 张典辉 魏 翔
皮凌云 田 兰 王新星 毕 月 白 杨
崔楷鑫

艺术设计(装潢艺术设计方向)

石松源 王圣清 杨 伟 张 娜 张 硕
张天怡 张妍冰 赵 倩 赵玉国 陈稳杰
丁会民 付 瑶 高 寒 黄 辉 黄 娟
贾双双 蒋 琴 寇金霞 李典珊 李 庆
李姗姗 李祯阳 刘成强 刘纯黎 刘 馨
马 双 潘 雪 乔玮洁 秦宁娇 温得楷

英语

刘星谷 王珊珊 薛 尧 晏行健 杨敬涵
杨佩雯 杨 赛 易叶萃 岳一晓 张灵炼
张凌子 赵安全 赵 丹 赵沁雯 钟 帆
周利辉 周思梦 周圆圆 朱珊珊 朱雪娇
邱雪凌 任凌珊 盛英瑞 宋 晗 孙冬玮
谭化丹 谭 宁 唐艺元 田 雯 汪 杰
汪 洋 王冬雪 王凤霞 王 菁 王晶晶
王 丽 王齐雨 王 倩 王秋实 王小川
王晓阳 王之超 魏 友 吴盼盼 夏姝婷
谢南飞 闫 倩 辜艳平 郭慧君 郭田田
洪 彤 訾利青 姜佳铃 孔祥彬 雷 鸣
李海超 李玫瑛 李珊珊 李婷婷 李香兰
李潇萌 李 莹 连颖婕 梁思华 梁薇薇
林灯辉 刘金伟 刘若楠 刘 妍 刘怡潇
卢 英 罗玖玲 马 琳 倪 佳 蔡晓诗
曾 敖 陈 晶 陈 宁 陈 实 陈文婷
陈 宇 程文琼 邓淇之 邓茜兮 丁英美
杜一鸣 段微诗 付 明 高 瞻 耿若岚
宫 然 刘 锦 曹 蓉 李婷婷 曹爱伶
王 恬 徐玲燕 程震喜

园林

胡 超 界春晓 张聪颖 张力骋 张 璐
张楠妮 张 宁 张 然 张 锐 张 妥
张皖清 赵骄阳 赵丽倩 赵 琳 赵 唯
志 瑶 周麟佳 朱文英 祝 琳 祝 彤
吴逸青 向圆媛 谢 燕 徐 放 徐洪飞
许秋蓓 闫筱荻 杨 俊 杨牧溪 杨 卫
杨雯雯 杨 杨 姚斐嘉 姚诗菡 姚 远
叶落小岛 叶 玮 尹一南 于 娟 于梦璇
于喆灏 余惠英 余 凯 袁文卿 翟 航
詹 茜 王 冰 王超琼 王辰昊 王 行
王金凤 王 京 王 轲 王 坤 王丽娟
王 羚 王默阳 王 谦 王锐龙 王思凡
王 维 王韡珏 王小萌 王晓宇 王欣晖
王馨雪 王 杨 王一鸣 王 媛 王紫蕙
韦周龙 魏 柳 文江霞 马咏春 马振龙
孟 真 莫林芳 欧阳芸 戚亚路 秦 湘
秦晓川 曲 虹 邵春芳 邵亚男 石 俊
石 印 司高玮 宋梦莹 孙辰成 孙京京
孙 晶 孙 靓 孙淑青 孙亚男 孙 颖
唐 瑭 唐筱立 滕金慧 田 芃 田 芸
李仕和 李 婷 李熹瑜 李 肖 李屹峰
历 珂 林捷频 林敏悦 刘 畅 刘丹宁
刘京一 刘丽萍 刘 濛 刘牧歌 刘 玮
刘月华 刘知谕 娄冰洁 卢 嘉 鲁 迪
陆宇清 伦真智 吕 腾 麻 利 马福玲
马静薇 马延朝 郭淑媛 韩 苗 韩 悦
郝甫玉 何改美 何 镠 贺 翱 侯永峰
胡梦滢 胡 桐 胡珍珍 黄伟琳 霍 然
冀萧曼 贾 瀛 姜志远 焦睿红 金依然
金殷香 金银花 李方正 李斐然 李凤仪
李关英 李光晖 李佳睿 陈淅婧 陈弈杉
陈 园 陈宗蕾 程温温 崔玉婷 戴怡宁
邓 瑾 邓 炜 董凡妮 董 璐 杜丹妮
杜竞溥 范舒欣 范 玮 方舒丽 冯好元

冯　黎　高芳芳　高　菁　高梦然　高　敏
高倩倩　龚倩玉　郭晨晓　郭　婧　郭书彤
毕雪婷　曹泽桥　曾荟馨　曾雨竹　曾子然
常依瑶　陈冰晶　陈　佳　陈京京　陈瑞娟
黄艾冰　黄哲淏　陈吉妮　李雯婧　郑雅馨
董　琦

园艺(观赏园艺方向)

许　亮　严道崎　杨　萌　杨艳婷　杨　懿
杨真真　叶　早　于海宝　余起帆　张　敏
张婷婷　张文凯　张雪婷　赵　荻　朱屹然
祝　璞　黄思思　蒋靖婉　李坤峰　李　茜
李雯琪　李彦廷　李沚彤　李　智　林　梦
刘　欢　刘　露　刘　蕊　刘　朔　刘文竹
卢珊珊　吕　燕　宋　玉　汤金润　佟晓菲
王梦佳　王　杨　王屹飞　王　喆　许　荔
毕雅芬　崔宝月　邓金平　冯　婵　高小霞
郭雅欣　韩玉洁　贺惠文　姬　超

资源环境与城乡规划管理

刘双宾　王　倩　王赛亚　王振洲　王子骏
王紫琦　许维佳　杨晓冰　叶　环　泽仁曲措
张彩娜　张　静　赵晨曦　赵丹丹　周慎君
周思思　周新生　周　炎　祝亚男　侯　琨
华健然　华峻翊　黄　捷　霍　瑶　冀咏赞
焦　洁　李林芮　李　朔　李艳丽　林　娟
刘　畅　马晓婧　潘文红　齐　欢　钱　坤
任思雨　商丽颖　佘维维　时　宇　孙清琳
孙　威　孙振蓉　唐诗媛　王　欢
巴哈提努尔·卡哈尔曼　边　奇　陈　京
陈丽玲　范展超　房　芳　伏　凯　古睿樵
龚　俊　布阿依夏木·阿不都肉苏　元旦加措

自动化

罗淑月　高唳晨　曹　帅　韩宝音　何沛东
许青伟　许颜飞　颜培良　杨　俊　杨　倩
杨　悦　殷梦迪　尹凤媛　于大千　袁　丹
张丽芳　张啸雪　赵丹丹　赵晶晶　郑笑宇
周海莲　黄依米　金　璐　李　姝　李炜龙
林　晨　刘伯琴　刘洪艳　刘竞文　刘商隐
刘　阳　刘　蓁　罗　鑫　吕静霞　毛美茹
聂华佳　荣　斐　宋禹辰　万　千　王吉军
王嘉祺　王　健　王　龙　王玉哲　温晨龙
吴启明　吴　威　谢志红　包　舒　蔡美玉
陈　文　陈禹希　郭　丹　韩志景　侯海波
王　望

2012 年学位授予名单

2012 年学历教育博士学位授予名单(160 人)

林学院(34 人)

草业科学(农学 4 人)

王　胜　包永霞　肖　波　韩永芬

林业装备工程(工学 4 人)

刘东云　邓　欧　郭　伟　曹　恒

森林保护学(农学 8 人)

陶　静　赵宇翔　刘　霞　李　菁　游崇娟

崔亚琴　徐华潮　阿地力·沙塔尔

森林经理学(农学 7 人)

赵浩彦　王光华　蒋桂娟　吴　见　顾　丽

蔡　烁　马　炜

森林培育(农学 8 人)

赵　华　郑金萍　黄广远　董宁光　胡　昊

李博生　段经华　刘　超

生态学(理学 3 人)

吕连宏　佛里佳　牛　香

园林学院(26 人)

城市规划与设计(工学 17 人)

李　玲　王晓博　邵丹锦　王丹丹　田　甜

梁仕然　于冰沁　赵　晶　王　玏　郭永久

洪　泉　鲍沁星　孙　鹏　赵文斌　王思元

沈　洁　辛　颖

园林植物与观赏园艺(农学 9 人)

李丽娟　秦　磊　杨　爽　孔 YING　贺　丹

黄　河　吴沙沙　李　霞　王　翊

水土保持学院(31 人)

复合农林学(农学 2 人)

李　萍　赵磊磊

工程绿化(农学 2 人)

崔建国　曹　炜

生态环境工程(农学 5 人)

于显威　于景金　张文海　岳征文　李　杨

水土保持与荒漠化防治(农学 18 人)

周建勤　納　索　姚国征　庞　卓　邵方丽

赵国平　郑海金　李　婧　殷小琳　崔　强

王海星　郭军庭　余伟莅　王　清　付　晓

臧荫桐　王友生　张金瑞

山地灾害防治工程(农学 1 人)

夏静芳

土壤学(农学 3 人)

王　亮　索琳娜　田　赟

经济管理学院(22 人)

林业经济管理(管理学 20 人)

盛均全　靳丽莹　王光华　李卫芳　王岐海

杜　蕾　穆　萨　张长达　于江龙　张　英

蓝瞻瞻　黄　易　郭艳斌　乔　羽　刘　静

王　迎　黄大伟　曹清尧　陈　柯　顾艳红

农业经济管理(管理学 2 人)

张安良　曹泽辉

工学院(3 人)

机械设计及理论(工学 1 人)

张海鹰

森林工程(工学 2 人)

徐云杰　王　典

材料科学与技术学院(14 人)

林产化学加工工程(工学 5 人)

陈　瑶　武国峰　李明飞　冯　月　袁同琦

木材科学与技术(工学 9 人)

行　淼　王晓旭　佟立成　王　雨　高　强

席恩华　罗　蓓　荀进胜　方　健

生物科学与技术学院(23 人)
林木遗传育种(农学 8 人)
杨章旗　王　璐　雷　杨　薄文浩　曹　媛
任媛媛　孙　鹏　孙佩光
生物化学与分子生物学(理学 3 人)
李　科　潘　振　饶国栋
野生动植物保护与利用(农学 6 人)
金学林　李林海　沐先运　丛　林　张丽荣
郎冬梅
植物学(理学 6 人)
孙长霞　丁友芳　师　静　李旦旦　严东辉
孙立炜

信息学院(2 人)
森林经理学(农学 1 人)
史京京
林业装备工程(工学 1 人)
韩殿元

人文学院(2 人)
森林培育(农学 2 人)
冯尕才　吴明红

自然保护区学院(1 人)
自然保护区学(农学 1 人)
谢　静

环境学院(2 人)
生态环境工程(农学 2 人)
张　晶　许　银

(王国柱　张志强)

2012 年学历教育硕士学位授予名单(827 人)

林学院(141 人)
草业科学(农学 16 人)
李晓帅　马秀杰　奇　凤　于芳芳　桂　淼
张世达　刘　威　黄　宁　王瑞峰　高　菲
戴继航　全艳嫦　王鹏山　徐玉芹　张　强
花　欣
地图学与地理信息系统(理学 30 人)
韩　旭　李　影　刘小丽　孙　微　王春博
王永国　吴　斌　邢　哲　孙　赫　王海平
胡　阳　刘文博　岳　鹏　魏　曦　雷　章
郭伟伟　姜　磊　张　伟　马　菁　刘　维
董雯雯　黄秀珍　王依贺　杨　光　叶　影
张　英　陆亚刚　侯碧屿　贾文娟　李　靖
森林保护学(农学 19 人)
曹春蕾　贾碧丝　赵长林　潘　琪　田　昕
席燕敏　刘　颉　王　莹　王　壮　赵延霞
李维维　李　铮　王　妍　谭　琼　邢茂卓
魏　靖　王晓晓　郭　虹　张　琳
森林经理学(农学 18 人)
王晶晶　王春红　程　琳　刘俊琴　谢佳利
刘文慧　徐琼瑶　苏月秀　吴　涛　董　宇
王天博　周　蔚　王　方　凯　撒　翁　派
约瑟夫　兰汉姆　巴　布
森林培育(农学 31 人)
付　瑞　王永超　孙　凯　李习宾　王文舒
刘淑慧　朴　蕾　华　星　司　婧　温　静
姜林林　庞　薇　邹尚庆　王　璞　王晓玲
张田田　朱仲龙　冯莎莎　王　青　张明明
李茜玲　刘万平　王　倩　尹德洁　刘利芳
杨笑天　朱解放　黄桂雪　王小艺　卫　静
张　盾
生态学(理学 27 人)
孔洋阳　赵　琦　秦英英　任一星　张　业
郝　鹏　刘艳萍　王苏铭　高晓琳　孙　燕
吴　蕾　宋　洋　金　琳　唐博雅　赵　辉
熊文涓　周传航　王景华　赵　蓓　涂　玉
孙　阳　徐　满　丁胜建　姜　俊　姜庆彪
邹　璐　乌吉斯古楞

园林学院(122 人)
城市规划与设计(工学 47 人)
肖　寒　田　涯　王　瑶　曹　颖　刘　雯
张　芸　丛　鑫　李　静　秦　超　郝　君
黄　灿　李长霖　李　煜　于　跃　张雪辉
杜小玉　刘晓星　吴　菲　郁　聪　雷　晨
萨　娜　王晶晶　严利洁　张法亮　张　莹

周　婷　周晓兰　李子玉　刘卓君　赵　睿
张新鑫　安书慧　陈炫然　范崇宁　刘　丽
王　璟　袁　珺　秦小萍　毕小山　张东伟
崔易梦　江　宁　张敏霞　饶　飞　尹玉洁
池　伟　郝蔚然

旅游管理（管理学10人）

周　辉　孟春晓　钟　洁　张文平　樊　华
郑丹丹　刘　鑫　王　瑾　黄志远　贾亦琦

园林植物与观赏园艺（农学65人）

高　莹　王　斌　刘晓丽　马丽茹　宋焕芝
王　禾　张亚琼　于　雪　王　威　梁建国
周逸龄　董　政　袁　霖　邹明珠　石文芳
孙佳琦　郭　燕　包　欣　焦雪辉　王史琴
刘　珊　马樱宁　孙　男　吴锦娣　王晓玉
张建成　尚　书　付慧琪　蒋冬月　薛　辉
韩丽晓　王晓庆　景　珊　穆绘莉　韩　倩
王　莹　郑雨茗　田文桥　石　超　李继爱
庞利铮　朱琳飞　田丽媛　游晓会　沈　景
李娜娜　何　琦　杨敏娣　马　琳　王泽翻
牛雅静　张　婕　陈　燕　汤久杨　杨　恒
孙秋玲　马利静　傅伊倩　李美蓉　郑　燕
唐杏姣　杜　蕊　李　旻　彭丽军　杨　佩

水土保持学院（99人）

地图学与地理信息系统（理学7人）

刘李霞　滕　红　林　泉　赵紫阳　周　涛
李慧敏　徐　珂

复合农林学（农学9人）

田世艳　朱　悦　雷　娜　王玺婧　候　阳
赵玉洁　谢　静　邝高明　王　晶

工程绿化（农学8人）

汪明勇　王玮璐　张　平　李永福　王　军
高　俊　王　娟　王志明

结构工程（工学7人）

吴　婷　陈晓阳　周爱秋　杜　敏　杨　芳
孙江波　黄显学

农业生物环境与能源工程（工学5人）

田　娜　王丽丽　白　麟　韩雪梅　王娟娟

山地灾害防治工程（工学8人）

王　颖　杨麒麟　冯华敏　雷声坤　易　琴
李小龙　刘　法　尚　虹

生态环境工程（农学6人）

张宾宾　张　滕　靳阿亮　李　佳　李　振
彭孝飞

水土保持与荒漠化防治（农学30人）

常　进　乌日娜　张由松　王引乾　黄枝英
卞西陈　樊文会　朱蔚利　钟晓娟　宋思铭
王　鹏　郭倩倩　李思扬　周湘山　宋　楠
王萍花　李安超　王则一　曹优明　徐佳佳
张　焜　孙晓涵　胡　畔　陈　倩　张静雯
耿胜慧　肖自幸　肖红霞　康　璇　程中秋

土壤学（农学9人）

塔　娜　林　茂　郭　城　罗　丹　张月鲜
姚志斌　孔爱辉　郝利峰　张　强

植物营养学（农学3人）

孙兆地　任丽娜　任忠秀

自然地理学（理学7人）

解建强　石　鑫　周　毅　李敏蕊　吴智洋
韩晓文　金　莹

经济管理学院（84人）

管理科学与工程（管理学11人）

吴　熊　黄冬妮　谢　飞　翟艳凤　郑　悦
卢　琛　胡佳佳　王　程　田婷婷　刘　宇
苏思斯

国际贸易学（经济学6人）

田文美　张春宝　范　悦　吴　垠　陶　青
李尚治

会计学（管理学8人）

王若烨　王丹丹　白光泽　陆婧婧　易　慧
邹　昊　王　冠　颜玉颖

金融学（经济学7人）

董玫汐　高　丽　蔡红远　何　清　张　倩
秦伟伟　王　冕

林业经济管理（管理学15人）

胡　申　侯黎明　张冠坤　朱　宁　哈　罗
王桂涛　赵志威　朱治国　李海权　帕　克
欧琪·金丽　石　帅　裴阳硕　刘馨蔚　康凯丽

农业经济管理（管理学3人）

史常亮　袁　承　葛旭萍

企业管理（管理学8人）

曹　帆　曾晓晔　揭昌亮　宋玉娇　齐　琪
陆　屹　郝千瑶　张海姣

统计学（经济学7人）

王林娟　刘凯旋　丁　婕　朴小锐　李　冰
尹　露　员普超

行政管理(管理学17人)
付佳琳 刘 玲 乔依杨 宋 超 姜婷婷
刘亚楠 刘菲菲 戚驰杰 刘 通 陈 琳
孙 勋 王宏岩 郭东旭 王东山 隋 帆
高铭尉 廖梦珩
人口、资源与环境经济学(经济学2人)
刘 丹 张 艳

工学院(44人)
车辆工程(工学6人)
程 敏 周乾坤 孙 逊 孙 颖 牛浩龙
郭文天
机械电子工程(工学6人)
杨 娜 刘 君 赵索菲 李玉株 黄丽燕
杨 锴
机械设计及理论(工学10人)
张绍全 丁 文 王有刚 李 进 赵 义
宋 杨 宋晓文 刘小虎 张 硕 徐 辰
控制理论与控制工程(工学8人)
唐 艺 夏志峰 郭炜强 王 政 邹永涛
刘 慧 马扬飞 刘 贺
森林工程(工学7人)
陈东峰 王 虓 张百杰 顾守宽 魏 超
余东威 曾 科
机械制造及其自动化(工学7人)
贺 振 汪雨萌 尹振波 梁 伟 孙燕良
朱 磊 闫海成

材料科学与技术学院(57人)
林产化学加工工程(工学13人)
吴瑞平 马瑞杰 苏辉辉 苏肇秦 刘慧琴
陈 倩 张 静 周调调 贾 宁 孟玲燕
田春华 宋晓磊 王 乐
木材科学与技术(工学29人)
孙 薇 齐景坤 赵磊峰 孙玉慧 胡 娟
周璐璐 张晓燕 冯永顺 樊晓敏 江天长
刘 芳 胡 静 张 莉 刘 玮 马 倩
白 雪 刘晓颖 张鹏翼 徐正东 王孝丽
徐炜玥 杨勇林 余梦洁 张亚卓 李宇宇
韩 丽 田启魁 甘雪菲 赵 方
设计艺术学(文学15人)
曾亚奴 雷 阳 于 宁 陈 琳 李凌雨
胡晓婷 郑 云 韩 冰 门 琳 李 莎
纪文青 李 花 赵雪梅 梁 斌 周振兴

生物科学与技术学院(96人)
林木遗传育种(农学20人)
王 希 毛彦科 杨妮娜 王保垒 付文锋
姜 丹 石 乐 刘华波 潘 炜 陈 磊
李 昊 李 静 麻丽颖 赵 杏 郭 斌
孙立洋 张立沙 代 亮 肖 宁 张译云
农产品加工及贮藏工程(工学16人)
李桂星 郭 准 何颖敏 任美玲 刘玲玲
陈 林 杨丽娜 王兴枝 刘文杰 曲丽洁
王姗姗 侯雅坤 孟阿会 夏 薇 刘友群
周琳娜
生物化学与分子生物学(理学16人)
程小乔 王 兴 丁 可 张 倩 李 迪
刘少莉 曹 山 景 寅 曹 羽 刘佳琪
李建梅 苏万凯 王 琼 高 萌 聂鹤云
康巧林
微生物学(理学7人)
牛伯庆 周 巍 吕 欣 姜 杰 汪文静
王子元 文 娅
细胞生物学(理学5人)
郝瑞芝 张文超 王瑾瑜 王艳萍 郑广顺
野生动植物保护与利用(农学13人)
王鲁静 蓝晶晶 宋 娍 张 肖 唐勇清
刘善辉 张欣颖 陈丽霞 盛 夏 张浩林
明 晓 郑彦超 涂 蔷
植物学(理学19人)
包斯琴 韩翠晓 陈思玉 陈荣珠 曾令兵
张春兰 潘 登 赵 珊 李 静 赵 腾
王婷婷 娄兴亮 刘 霞 刘汉峰 刘克东
王菲菲 李秋琦 溥丽华 段中鑫

信息学院(42人)
管理科学与工程(管理学13人)
张冬梅 陈 剑 陈俊生 聂秀琴 陈名腾
刘 莹 许志卿 任海艳 王 欢 王小品
麻雅静 王澎澎 陈 慧
计算机应用技术(工学7人)
崔 颖 张 帆 周文婷 崔天意 贺 娜
曹永洁 程超然
森林经理学(农学5人)
张 瀚 林玉婷 杨 丽 张晓璇 张静菲

设计艺术学(文学9人)
刘　轩　刘　洋　刘　颖　刘　倩　张　岩
刘姝婧　严　欢　董芳菲　吴晓晖
计算机软件与理论(工学8人)
赵禹晶　程舒晗　林　健　董肖莉　刘　虹
王　静　李兰英　宫　磊

人文社会科学学院(60人)
法学理论(文学8人)
王　珂　王星志　王兆衡　梁　玮　刘　佳
宫丽彦　王晓莉　李　帅
科学技术哲学(哲学18人)
孙　贺　李华东　侯　浩　康　蕊　李　梅
王　春　乔　斐　李佳阳　王靖楠　徐　珍
张　蕾　王　艳　吴　平　李　卉　赵　林
许　莎　杨品舒　薛　婷
思想政治教育(法学7人)
刘菁菁　彭小凡　陈　晨　党静雯　田　云
崔晓婧　朱原辉
马克思主义基本原理(法学3人)
李　蔓　唐天宇　肖克艳
应用心理学(教育学13人)
周烁方　杨　振　刘　愫　姜金花　刘贤伟
李秋玲　陈　聪　李　立　庞　凤　司书娟
冯华萍　陈晓庆　张　娥
行政管理(管理学11人)
罗约坡子　李　静　王华荣　刘雅静　田　露
毕景媛　寇艺明　王宏宇　夏　瑜　杨　瑒
郭乙言

外语学院(28人)
外国语言学及应用语言学(文学21人)
赵婧婧　孙雅静　郝靓瑶　李宇洲　张　蕾
孙宁宁　郝玲玉　张辛欣　张加克　张人元
齐丽莉　李　然　吕华蕾　常　远　张燕妮
杜　晶　高凤翔　郭晓丹　宋洁奎　程　英
徐　艳
英语语言文学(文学7人)
吴琼贤　赵艳平　关俊杰　杨婷婷　雷　榕
邢　瑞　丁　蓓

理学院(11人)
生物物理学(理学11人)
丁小康　宋可珂　方晓雨　刘　娟　李　礼
丁志强　赵子华　王慢想　侯凌燕　郝燕华
刘宗民

自然保护区学院(16人)
自然保护区学(农学16人)
宁俊勇　刘　平　贾荻帆　戴　魁　惠婷婷
孙婉莹　杨　帆　李　斌　陈　颖　张　倩
刘映杉　蔡振华　魏　钰　韩俊丽　王　君
蔡　龙

环境科学与工程学院(27人)
环境科学(工学27人)
蒋文博　董　骞　李　莎　张信信　徐　欣
曹　琪　梅雪立　王汝南　向文艺　张　胜
汪　媛　裴淑玮　董玉婧　吕　婧　张玉璇
魏祥甲　张艳素　李　婷　王红娟　桂　凌
梁志霞　李萍萍　林燕华　吴运松　王举位
许　佳　陆　英

(王国柱　张志强)

2012年全日制风景园林硕士专业学位授予名单(87人)

白宇琴　鲍　昱　曹　悦　陈笑凯　陈又畅
程洁心　单丹丹　杜永安　樊　可　范思思
酆欣雨　甘雨欣　龚　琤　胡　珊　滑　霖
黄　舢　姜　斌　姜　蔓　康　宜　赖乂嘉
李　慧　李金龙　李　婧　李　荣　李　澍
李　威　李伊畅　李　芸　梁怀月　刘利泓
刘艳茹　刘一婕　刘　宇　刘　媛　龙　曼
罗　丹　马丽颖　满　晨　满　新　宁　崴
庞雪琴　蒲虹宇　乔　悦　石　佳　石志斌
时　间　粟　玺　孙迪锋　孙　泉　檀子惠
唐　瑶　王　全　王守芹　王淑红　王艳芳
夏胡蓉　肖　凡　谢丽娟　薛　京　阎　华

杨　开　杨　岚　杨　旸　叶保润　叶杨扬
翼佳音　曾庆宜　詹先来　张富拴　张　君
张昱昱　张　敏　张　明　张鹏伟　张　骞

张汀汀　张研奇　张雨洋　张　钊　赵　然
赵　爽　赵　怡　周　易　李进琼　张安琪
刘原道　祖育猛

2012 年全日制农业推广硕士专业学位授予名单(75 人)

王晓雪　郭钟泽　王　磊　宋向娟　张　婵
谢　琼　连洁梅　唐　巍　郝佼辰　姜冰润
多琳娜　张　萌　包红玲　杨志鹏　蒋丽群
孔凡利　李　真　田　甜　郭雅楠　刘　鹏
郭威康　牟振坤　赵　娜　张　琳　李佳茜
张　迪　蒋国娟　胡　畔　齐秀慧　田胜男
李　蒙　阳晶晶　费　滕　姚　毅　武爱彬
孜来比·买木提名　杨芫钦　李　毅　吴慧惠

申书侃　王雨涵　白海峰　刘南希　温　馨
柳志宇　戎柯晓　王子娜　钟　南　郭　瑶
房　明　张　粲　刘子健　高婷婷　刘　瑜
钱雪洁　高　萌　陈　萌　郭　旭　马丽娜
张树玲　李　薇　张敬晗　林清华　李　军
黄泽昊　赵治国　宋陶然　蔡宁宁　郝妮红
罗小莉　岑敏强　张　行　商　晓　徐黎明
韩焱云

(王国柱　张志强)

2012 年在职风景园林硕士专业学位授予名单(82 人)

文　蔷　张　杨　应　欣　路红艳　王朝举
刘　霞　郝晨曦　樊　娜　王程熹　卫　力
李　鹏　梁　欣　施　鹏　王　爱　赵晓燕
朱　江　韩　震　岳　婧　李　倩　杜一钠
肖志广　张　娜　张　璇　闫洪杰　马　莎
杨立慧　栗　靖　孙晓璐　伍晓华　付丽华
宋利培　杨　帆　郭玲玲　赵　康　刘　毅
何　平　邬　博　桑铁群　韩　莉　于楠楠
王　琦　肖　婧　郭红蕾　程　琦　马　蕾

王清照　柳　芳　郭　峰　汤运涛　李　宁
赵小平　张大敏　张晓蕊　刘　洋　李　杰
杨　勇　肖亚静　刘　芳　姜　霞　耿　炫
刘莉莉　张琰焱　郑晋娴　唐　雷　赵海青
李　娜　张仲举　宋映蓓　董　江　刘广彬
邓　兵　李　薇　范晓磊　胡艳东　吴　昊
时　昕　刘静然　郝　亮　高　红　赵建建
黄健洲　刘汉林

2012 年在职农业推广硕士专业学位授予名单(186 人)

张宝童　刘星冶　庞　亮　张文德　黄智冬
敖　楠　温亚楠　南　洋　那天星　邙光伟
张云龙　杨　帆　高　冰　蒋俊杰　高　峰
齐小龙　郭　伟　刘　鹤　闫航宇　欧阳汀
王燕俊　郭丽霞　王　青　梁炜敏　张怡铭
张　丽　刘育鹏　刘　忆　田　野　林　娟
陈　磊　赵红颖　王　丹　陆　蕾　张　华
叶　晶　刘巍巍　谢培文　李永东　杨金融
米　莹　孟祥瑞　许　晖　英　犁　王平玺
高永龙　王　凯　林奇英　杨印聪　蔡丽萍
张晏阳　徐　军　王荣川　冯　阳　李建中

肖晨炜　田国华　何　伟　清　河　乌兰图雅
韩富贵　王　杨　侯　智　杨　洋　王冬梅
田静波　李继磊　刘　丹　周嘉坤　宋春生
林章楠　承　勇　薛　洋　刘　曦　刘德庆
陶云芳　解先文　何　影　郭珊珊　毕亚伟
葛广勋　李　彦　汤　平　赵　伟　孙丽莎
韩照杰　毕志华　李　勇　朱锦战　毕玉根
韦林杰　魏庆亮　付文斌　孙本风　刘　冉
杨　颖　刘　浩　李春园　陈晓宾　宋智多
额尔敦其其格　吕景辉　李　错　孙　昊
贾永强　张　昭　蔡陇海　隗　楠　郝　娜

姚 倩　张太华　姜 燕　王揽月　杨 帆
邵 颖　刘立安　尉金柱　袁承江　陈秀莉
廖红梅　李 扉　张漠骏　刘玉娟　贾 帆
朱 庆　许亚敏　刘丽坤　杜晓明　施 征
李晓亮　叶海兵　杨振斌　齐烨彤　成新新
孙丽学　薛 浩　徐 超　王智勇　李春莹
马 婕　杨 宇　刘 艳　张 旭　胡惠利亚
张成宝　谭 宁　刘玉宾　刘巨亚　甄 娜
李 刚　王 磊　邹芳帅　林 琳　李 浩
周 珊　高 峰　唐黎明　陈子林　张灵燕
于 洋　陈敏佼　梁 斌　吴龙敦　钢其其格
林 莉　葛建邦　孙 润　胡 杨　库尔班江
梁 坚　江晓珩　颜廷强　岳志勤　陈 瑚
金业雄　罗 浩　郭 凌　刘一鸣　梁开毅
常艳涛　聂 瑜　唐日俊　黄志丹　黄宗华
吴 暄　周 翔

2012 年在职工程硕士专业学位授予名单（10 人）

孙书冬　宋国瑞　崔宏岩　杨尊昊　肖一鹤
孙 琳　张 黔　许耀良　陈洪波　李 铮

（王国柱　张志强）

2012 年高校教师硕士学位授予名单（6 人）

李晓飞　韩 佳　李恒娟　叶尔江　李保芹
代 红

（王国柱　张志强）

学士学位授予名单

法学

王 东　王晓莹　刘雪菲　张 野　赖佳男
冯 丰　代俊杰　杨 熙　孙畅阳　彭 飞
刘新晓爱　张 泉　黄鑫祥　裴 蕾　张 琳
俞 灵　李 磊　彭明阳　刘 璐　张非易
刘宝龙　邢梦宁　孙振杰　程黎明　冯 瑾
胡杰飞　辜 鹏　潘梦迪　陈建男　代 欢
赵亚骎　施春福　陈金山　李 晋　陈德正
苏文礼　罗 超　夏 艳　梁海景　张琼予
张 露　王 熙　张文倩　庞 博　叶 沛
纪韶昱　唐 斌　娄晓航　黄 昂　孟祥磊
王 勇　黄敏仪　赵建玲　崔 蕾　李昀寰
张海英　郭英琦　安朋辉　李冰雪　彭 越
徐小川　高利伟　董芸汶　杨知凝　罗梦露
龙振江　石 梅　李植行　许祖引　甄雨辰
肖欢欢　纪小凤　郑牧洋　郭文娟　代 策
王 勇　王化雨　苏 伟　关亮东　杨 静
吴定松　于晓洋　向延亚　高 岩　董宇皙
金媛曦　孙 齐　万书炜　胡舒欣　刘郁春
陈 江　宁 戎

包装工程

陈 芬　谢 丹　崇 姗　陈景鸿　林惟炜
吴燕喆　曹 微　王东升　翁梦晟　李晓旭
石莉莉　张瑞涵　赵小凤　李 政　任 丹
陈昃希　钱 杨　殷 勤　武秀明　尹 宁
刘春亮　杨正阳　戴云婷　刘 萍　彭丹凤
孙 晓　许扬培

车辆工程

曹 珊　沈银波　张金煊　李博旭　杜渐萌
黄榕哲　于佳天　万 爽　侯晓瑀　韦 伟
孙 超　黎 萌　尉 玮　冯二萍　田 华
张金阳　吴筱岑　杜旭之　范小芳　梁骁赫
崔 政　史亚彬　李皓晨　刘新颖　黄河山
张研祥　张力娟　刘健男　黄晓晓　王晨香
钟紫姝　胡煦东　李如娜　袁璐瑶　任广琼
丛 瑞　钱旭杰　李 刚　冯晓玮　陆泽明
李 航　朱广勇　胡 超　安 琛　何 进
刘昊伟　陈福军　李 旭　陈 冲　史阿蒙

朱思文 王兵然 周洪雷 杨祥东 万火旺
易伟峰 张治昊 王 慧 周宇凡 向 盼
张 行 王晓东 吕仲伟 刘 扬 刘宝龙
闫文婧 张 强 陆轶石 周筠潮 周 杭
袁 超 邓寒秋 王 越 李 萌 孟 莹
田婉钰 孙敏强 康 宁 严 帅 李 璟
彭丹千 高思旭 王 可 王钰培

城市规划

宋仁杰 刘子尧 张 婧 程语忱 白宏磊
翟 俊 田燕国 王 赫 张晓萌 张云璐
杨 雯 董悠悠 石 岩 周 忆 侯 硕
邢晓娟 祖 建 黄星溢 孟 润 张舒菡
敖 民 边青青 李敏静 杨 雪 居晓旺
刘 艺 刘文佳 陆佳敏 王 琢 窦鹏瑶

电气工程及其自动化

蔡 怡 杨朝赟 邱佛林 朱 健 翟 雪
桑晓萌 张 宁 宫欣伟 许 潇 陈建清
李 丹 于加音 黎东祥 张 祥 刘 彬
范海波 张 超 李安泉 吴益芝 覃 波
付可宁 李云扬 卢丽霞 张 敬 姚艳侠
丁奕文 金 鑫 孔维红 孙玉庆 王巧利
卫思明 罗 军 李红雁 赵 媛 肖长旺
杨睿茜 邹 明 曾陈颖 杨 彪 李益惠
李锐锋 李孝国 吴珮均 乔敏瑞 李志珑
范雪凝 雷兴林 刘海涛 董晓晨 李 婷
赖鹏华 杨 华 赖小龙 刘 铧

电子信息科学与技术

毕笑楠 王 爽 郑子天 孙克成 秦飞强
尹浩宇 张傲思 白 冰 赵 胜 王 娇
徐 哲 成鹏飞 荀 钧 王星妍 毛虹尹
饶强云 王子骏 朱 蔚 麻泽宇 陈 吉
张 咪 闫 旭 光礼夏 王梦莹 莫小龙
林 雨 辛 愿 李俊婵 杨 柳 张 浩
刘 坤 王雪微 陈思源 刘 鹏 柳金山
吴 静 费 会 胡一鸿 郝 悦 罗立峰
郭玉鹏 陶 鹏 龙 滢 崔鑫彤 杨倩倩
陈树玲 卢云龙 肖晶娟 闫晓春 李 可
李 翔 纪 锐 孟星涵 蔡 渃 吴 超
陈 星 占婷婷 徐 骏 王 婷 田 雷

风景园林

张 帆 黄 明 卢一娇 呼格吉乐 蒋艳玲
周 正 赵 蕊 马诗梦 张凌之 邢晓静
高博书 任栩亿 陈 明 周 详 周利利
范向楠 宋 铮 徐澜宁 山雪娇 吕 回
刘欣雅 方慧萍 王紫微 张博一 张云柯
牛 琳 李泽深 孙竹堃 蔡 超 张怡曼
陈宇峰 宋珊珊 王文君 张雨濛 李 单
李 骁 姜 桐 王秋杨 阎 谧 郦 春
赵相盈 王意涵 陈迪凡 严亚宁 顾晨塬
尹露曦 于妮媛 刘安琪 余方舟 贾秋辰
张 彬 童 静 张倩媛 唐尚辉 宦凌云
陈 瑶 彭子珍 李砚然 汤 荻 陈厚佳
白传羽 田皓允 范楚丹 刘 璐 岳 华
张 威 尹宗汉 景泽宇 王天一 苏 扬
霸 超 谢文琼 王 坤 杨子旭 董 旭
王露敏 周 瑶 安 泰 郭 媛 彭扶摇
余 森 李东咛 张 爽 白 净 王瑞莹
孙 波 胡 兰 宋沛丰 冯 丽 郭 畅
李兰姬 吕银实 孔德维 王诗鑫 王 芃
丁长缨 赵雪莹 刘安棋 刘沁炜 吕 尧
赵元驰 张 劼 黄志源 王馨甜 戚博闻
李昱敏 邹 童 刘晓强 李嘉乐 贾 维
洪舒扬 张 颖 孟 盼 康莉欣 杨 帆
李 凡 刘智玮 刘晓璐 刘悄然 张新霓
张 越 唐思嘉 刘晓帆 吕 莹 周心怡
卢荣华 曲舒然 洪士媛 刘 姝 徐 骥
梅应楷 邓慧兰 曹伊晨 陈 婧 孙健雄
张杰夫 石雅慧 王 敏 王佳乐 许梦娇
廖 倩 杨碧彤

工业设计

李 根 殷佳宁 徐 亟 陈冉祎 李 源
王 莹 丁 昕 刘晶晶 陈炽锋 赵云鹏
贺雨薇 李燕平 罗江威 段思奇 李少军
胡 林 杨 阳 张兴宇 冀姝宏 黎秋莎
徐 瑶 毕冬蕾 周庭乔 闫 黄 王 姣
王莉英 安诗乐 崔 倩 隋婷婷 王登辉
王 卉

环境工程

王晶晶 赵 唤 郑利兵 郭慧雯 王思斯
刘博杰 张 希 郭洪骁 李 远 黄新宇
赵济慈 吴楠杰 刘 晓 孟 芳 高艳珊
胡 楠 钟昉芸 周 枫 额日贺 华 颖
吴振军 郭泓利 刘 一 王 闪 刘玉兰
李 黎 李宇慧 苏子尧 曾任良 康 昀
吴 芳 苏文龙 王 伟 王磊明 边 宇
王君竹 张湘怡 刘 斌 其 美 胡 威

高靖伟 王颖 闫玮琳 杭天浜 纪静雯
张海艳 刘玉洁 司畦 王蓉 朱亚琦
林佳逸 崔雁翔 刘美辰

机械设计制造及其自动化

吴立英 张南 魏正祥 张楷 颜小林
黄旭光 梁霄 杨帆 邵欢 阮斯洁
陈晓东 姜洋洋 丁晓燕 李彬 单丹妮
李蒙 李雁北 王文斌 宋仁杰 王茹苓
肖潇 匡伟 赵文鹏 王玮 李金洲
祖汉松 马浩 刘令 何勇 邓汉阳
佟天齐 范光吉 李婷 江锽 杨科锋
程辉 廖建波 黄宇哲 邹修贤 郭斌
赵保顺 颜宇 俞洋 黎才荡 王永超
宋帅堂 陈恺丰 张培培 马阿娟 杜孔恩
郭涛 杨磊 刘璐璐 王强 王宁
崔宗逸 陈涌泉 张义 熊欢欢 李远贵
曾根 卢博 熊佳俊 全成杰 谭政
黄洋 靳钊 吕汝洋 王玉东 王建
张天鹏 金安成 董明明 李昂 李秀娟
袁飞武 裴亚楠 杨洋 杨鹏 靳钊
刘永俊 崔岩 臧义 王捷 杨东
乞航 董先飞 张文栋 樊超 郭婧儒
徐磊 安东 朱元 祝佳 付环宇
丁衍升 石首军 张鹰华 马智慧 严涛
肖舞莲 王笑玉 李宗辉 赵冬冬 周玮珠

计算机科学与技术

毛宗仁 王强 陶行科 刘沙 张骁
宋峥崎 刘少海 杨紫柠 张国才 王竹
韩翔宇 王浩伟 吕雅雯 朱文飞 李赔蓓
罗思维 韩飞 张熙雯 薛岩洁 梅本金
詹墨磊 董琛 杜静伊 黄恬恬 霍依新
杨建君 王汐 齐超 田原 吴婷婷
李黎茜 张蕊 张馨爻 赵欣 李艳
高建茹 李琴 徐晟茜 马杰璋 何以
杨翔宇 杨梅 朱波 钟振洋 王倩岚
汪楠 钟娜 刘来贵 刘攀 李一飞
杨秀君 武高峰 郭昊 赵家琪 孙兴强
张孟顺 刘世楼 吴小婵 袁昶 王双河
程钰婷 魏雯娟 杨小江 汤上葵 乔松月
陈伟 陈旭 万鹏 杨广州 盛轩
徐犇 张宪一 李杰 崔勋 张正
元正勋 郝伟 闫敏 李冬玉 高良
卢灼华 赵琳 张东风 辛娟娟 于怡

蒋春倩 张启艳 耿腾 孟丹 李洁
陈明健 王杰超 黄政 张帅 邵辉
王季萱 张磊 肖剑锋 田垒 刘伯岩
丁萌萌 马天驰 张雯斌 严敏周

林产化工

文孝明 李媛 周自圆 王博超 章伟岸
艾翔 庞琳 郭晶 孙大卫 刘晔
毛敏 付连花 袁超平 丁章政 刘显春
李范霞 陈姗 张涛 全晟 黄胡阔
方晶 朱磊 陈博 马千 高玉霞
马文学 郭凌雯 罗书勤 袁星海 徐永霞
陈盛熠

林产化工(制浆造纸工程方向)

赵东方 金伟捷 许陈博 杨艳 刘泽纬
王永宽 杨希月 付鹏 方燕 方远鹏
龚一飞 王兆鸿 蒋磊 王萌 高洁
游婷婷 吴远艳 阳彦辉 罗秀丽 赵琼瑜
程静然 杨坤 陈建行 白林 肖潇
荣乐天 徐恒 魏冬雪 王政惠 王金鹏
向启勇 李亚娟 闫立凡 焦文彬 郑雪
周讯 姜彤彤 周霞 吴小丽 逄锦慧
汪军明 张婉青 靳琳琳 李雯雯 吴苗
李熙 付秋爽 张逊

木材科学与工程

赵蕊 隆龙 纪雨辛 马正郭 张文睿
付珍丽 沙汀鸥 尹盼秋 李雷 李珂亿
李本 庞玮 李磊 徐佳佳 王易木
宋梅芳 李贞慧 胡景良 陈黎鸥 郭旭霞
李沁芮 王梦茜 周念 符晖 陈梦桃
张婷 王怡人 康含 强项 方萍
王海云 徐雅楠 王明星 曲雯雯 罗荣水
徐梦青 韦俏俏 李昕 黎晖 朱潇雄
李杰 魏志杰 陶定堂 毛景宇 徐战涛
陆凯欣 胡译尹 赵琼杰 李婷婷 赵军辉
黄德升 罗兰 罗丽丝 陶峰 秦冲
梁玉斌 孙明远 蔡韫天 祁威 李琦
谢添羽 刘旭 张露 杜津 李红艳
王腾 崔云飞 刘文雅 潘龙 谭波
罗姗 杨兵 阳文浩 张佳慧 王宇飞
李苑 彭尧 秦囡璞 徐一丹

木材科学与工程(家具设计与制造方向)

刘佩芳 高鑫鑫 刘侃 蒋辰星 孙立
崔莹 吴博天 杨柳 李丹蕾 潘玉梅

王敏纳 许嘉榕 李盛峰 黄宇翔 林为梁
董　旻 高晓晨 吴佳欢 金美蓉 庄子愚
石　悦 成靖洁 杜冠宇 杨绍健 刘　哲
王　舒 段佳杰 陈　娜 刘　茜 王添翼
张馨杨 陈　远 周文骏 宿　可 谭　灿
沈丹阳 曲　婷 崔小芳 王一敏 田　婧
李小玲 张　乾 宋思维 谈　聪 刘金戈
张　佩 胡　蝶 葛志成 林　琳 吴天一
王佳薇 赵　非 潘丽芬 罗淑萍

食品科学与工程

范　昕 杨　楠 范文灿 孙骕南 王　丹
尹晓燕 拉姆次仁 古扎丽努尔·艾尼瓦尔
张帅云溪 黄迅辰 魏铭含 周　丹 叶　智
刘鸣畅 屠瑞莹 杨佳越 林　敏 黄橙橙
任　宇 李　婧 陈茹娇 郑　绅 程　旭
龚　唯 夏冬严 刘广木 余　标 张　彧
王　丹 张　茜 赵雅娇 刘昊雨 黄　涵
陆晓莹 胡潇文 邢　诗 黄秋林 林雪娇
李意颖 胡高爽 许　典 赵兴兴 王　怡
相　飞 李　伟 万　山 夏　禹 李书悦
王小凤 胡元琪 袁雨曦 王　月 孙冰洁
崔　犁 李　莉 屈静静 王瑞芳 杨乔乔
陈蓓颖 李蕊伽 尹培培 苗　苗 郭耀锋
山　杰 梁贤花 吕　隽 佘星星 韩　艳
李　林 唐雅娟 杨伟成 李伊姣 袁　源
马国玲

数字媒体艺术

卢　倩 宋一诚 刘冰筠 吴　征 岳佳琦
刘子京 福人远 黄　萌 张一然 郑　艺
李　莹 宋珊珊 詹　艺 朱静云 刘晶晶
任梦琪 李　瑾 胡亚欣 敖梦星 张海宝
陈　赓 杨天宇 杨雪丹 吴　燕 郜文博
韩　旭 孟　倩 刘　蕙 祁远卫 刘珊珊
郭欢庆 王彩红 邵鹏坤 刘夏琦 唐　沂
赵　璧 李姗姗 黄湘豫 龙　波 冯建峰
于泽阳 王佩倩 余　捷 吕　程 吴　祯
蔡亚利 张圆圆 张　欢 李　夏 徐舒婷
郑　中 李晓艳 刘柯伶 闵刘卉子 耿倩倩
牛丰沛 吴　月

土木工程

钟福宾 李翊绫 潘国钊 赵小慧 顾　菲
徐　飞 柯瑶瑶 蔡　亮 孟祥超 张峰硕
杨思源 陈　飞 于霈露 郑　健 付良辰
别　钰 何　萍 宋祎楚 李婧濛 韩　杨
陈军鹏 汤超越 张文辉 郭长岚 潘泽亮
于　洋 王金富 彭绍好 罗　欢 郑　达
甘　珣 彭代雄 徐小云 卢小芬 徐　驰
杨　超 肖兴北 袁　伟 叶方奇 谢邵黎
刘　滢 李宗霖 常伦轩 陆霆寰 颜旭春
梁丽丽 王　新 张　磊 初庆玺 吴清杰
马　磊 徐晓东 邓　超 赵　维 仲　伟
曾　蓓 华正实 杨　鹏 余学霜

自动化

王　望 吴启明 袁　丹 黄依米 赵丹丹
曹　帅 吕静霞 周海莲 韩志景 刘洪艳
聂华佳 万　千 温晨龙 殷梦迪 王吉军
侯海波 杨　俊 罗淑月 赵晶晶 王　健
于大千 包　舒 郑笑宇 尹凤媛 林　晨
高暎晨 郭　丹 张啸雪 刘竞文 金　璐
吴　威 谢志红 张丽芳 李　姝 何沛东
王嘉祺 许颜飞 刘　阳 王　龙 陈禹希
颜培良 刘商隐 许青伟 罗　鑫 陈　文
韩宝音 蔡美玉 杨　悦 荣　斐 毛美茹
刘　蓁 李炜龙 刘伯琴 杨　倩 宋禹辰
王玉哲

工商管理

马美莹 刘梦宇 梁辰凌子 陈　言 杨　璇
鲁　懋 杨　佩 包晓晨 赵　影 曹　敏
何　俊 古明宇 李　娜 李晓亮 王　丹
阿不都外力·艾买提 李昭昭 潘银雪 郑紫轩
王　菲 阿吉古力·阿卜力米提 杜元君
朱雪梅 张云竹 赵　娟 唐　棠 王霄汉
陈　甜 杨丽慧 符海娟 严盼盼 徐　艳
刘安凤 田立康 蔡清艳 孙璐婧 吴采芬
李叶舟 海　楠 李梓淼 李文超 陈　萍
肖　佳 郑　娟 吴　薇 陈晓庆 周锦萱
廖婷婷 张丁雪 牛　静 赵　帅 刘晨帆
胥露阳 陈　军

工商管理(二学位)

许　翔 崔韫慧 郭飞燕 王　倩 闫　芳
杨　晶 李一桥 晋绍华 康　婷 郭齐男
申　惠 刘一力 王燕丽 邱一柳 王相宜
王云芳 李　佳 贾惠惠 杨江浩 王翠萍
魏　敏 延安君 宋旭强 王　芳 齐　欣
李彦光 刘　波 李　丹 张美艳 张　伟

工商管理(经济信息管理方向)

林青青　姜　颖　柯少尧　宋　爽　张萍萍
张达丽　朱宇新　杨　超　伍　婧　邵斯祺
包颉娜　陈思妙　薄闪闪　王奕翔　崔　璨
朱　琳　褚夫欢　杨　青　王嘉宁　吴华君
匡立里　张忠华　洪　钰　王姝文　谢玄玄
何语斯

工商管理(物业管理方向)

梁红丽　胡冠仪　王　芳　丁　赫　赵晓蕾
袁明星　刘　明　张兴华　王　佳　洪　源
严沛文　闫　鸣　叶　丹　史兰兰　蔡颖楠
杨　洋　丁　蒙　毕妙亭　韩　磊　姚浩然
王　喆　闫　妍　岳　岩　李　淼　章智群
贾晓玉　许　逸　王泽锋　陈雅芳　游肖红
林凡锦　黄鹤鹤　王　新　刘　欣　曹　熙
康　甜　李思宁　张恒铭　陈　康　卢　超
孙佳露　刘晓思　朱莹莹　朱沛麒　徐海燕
张效晨　张玉洁　顾　岩　李　爽　薛克睿
邓玉龙　陈　垦　诸葛雯丽　蒙金婷　马晓涛
禹　雪　袁　猛　刘飞旭　韦玉婷　张　伟
付晓梅　陈叶秀　赵　渊　王　晓　李溥林
高建秀　林　艳　王少庞　黄梦雪　郭晓晓
耿宗忠　娄本兰　王梦琪　刘振坤　王君培
卫　辉　马春艳　秦晓羲　刘　聪　靳　乐
解　颖　孙国娟　曹　婧　应　南　邹　明
肖　丽　白　帆　孙新普　施晓艳　徐汇溪
苏彦舒　张梦雅　刘同辉　魏磊磊　郭　健
秦驭初　弭　超　马　瑾　王　腱　孙雪妮
刘　敏　杨　帆　盛　筠　李明双　丁　猛
肖　雪　周　超　高崴薇　陈劲草　曹　瑜
吕敏怡　刘　东　王　芳　胡晓欣

会计学

马　亚　朱胜杰　王昨非　赖骏丞　李纯子
王丽艳　云海龙　刁　珂　马　丁　张　洋
毛祖丰　张景怡　张明照　江晏时　梁　燕
耿家骏　祝　勇　许　杨　刘雪倩　姚　尧
王云裔　段丽婷　司马经芸　侯　珏　孙美琦
俞希妍　吴　芳　郑丽骊　霍宇辰　刘佩敏
张丛夏　董文灿　张馨蔓　彭　博　刘　妍
许楠楠　刘　畅　张雪佳　郑雨薇　木子健
童西婷　徐　银　陈思洁　龙玉娇　魏弥本
涂　馨　国亚荣　王　枭　冀　宇　孙婷婷
温家祥　张　静　韩楚波　戴　彦　范雨蒙
杨　洁　潘能元　程钰蕴　张　玮　王　敬
金　昊　丁　睿　陈　雪　高馨蕊　龚荣贤
欧芷伊　张彦楠　赵丽娟　张翠哲　王　浠
刘冰洁　刘　玲　尹成博　张秋菊　黄雯睿
雷德航　杨慧欣　黄冰清　向　禛　庹琼园
付　庭　吕英巧　陈　珂　冯　卉　卞　夏
周峻民　高丰慧　钟　莹　刘　璐　张　晴
许光宇　周　泉　郭　缦　陈麦旖　宋昌超
杨　静　王星蒙　刘　劼　卢　鑫　孙　妙
王思培　吴文静　王文静　贺　恒　李　平
李鹏花　陈方旭　包玉珊　李梦楠　田　韵
初　琳　唐　琳　鲍　柯　沈　琪　顾　笑
林婷婷　李韵豪　王　茜　王晓睿

梁希文科班

袁　荣　黄玉佳　严健标　胡丽娇　潘雅琴
郭景威　张德俊　徐铭泽　黄　麟　武　彧
黄　彦　毛成龙　张世阳　李　娴　张　晖
曾　嘉　郭雅芝　武　岩　王新源　于晓聪

旅游管理

孙依愿　王思宇　周云菲　郑莉莎　罗丽昕
李芸津　毕宏泽　王添悦　许晓宇　王安琪
林慧茹　戴苏闽　焦艳萍　游艺丹　马腾飞
商丽洋　王雪涛　张雨缘　张　玏　秦丹琳
陈绪群　肖付健　丁瑞虹　李沁元　包斌斌
马婷婷　陈伟辉　罗　娟　吴树华　徐心宇
韦　丹　李香香　任欢欢　马雪梅　黄　翠
孙　思　张晋源　周　娟　孙　凤　陈　姣
韩　静　陈凯伦　李敏琦　张晓兰　刘志聪
窦萌春　郑　妮　吴　琼　翟温鑫　刘成功
张　旭　黄　蕾　赵素婕　吕慧琳　赵　润
李梦婷　罗　丹　王文辉　肖紫菱　鲍阳昊

农林经济管理

李　姣　于　聪　张　先　矫立鹏　沈睿文
李　智　葛雅莉　杨可书　张晓婉　王业晨
曾亚萍　潘文婧　侯天齐　杨　晨　朱永刚
陶　衍　石歆恒　郑　齐　次卓嘎　王　佳
周　琦　胡　玥　关　怀　王　琳　刘　玥
陈利志　段雪瑶　张璐坤　许　良　田　琪
刘庭春　程振虎　李骧凌　谢邵峰　杨礼嘉
杨　静　袁新明　蒋月亮　王　建　华　杰
许铠川　杜　欣　赵文文　迟春婷　张　舰
杜文超　黄　萍　任宇楠　鲁子羿　赵　正
赵天悦　王海燕　闫　玲　付亚菲　扎西拉姆

吴 冰　谢 玉　叶智超　胡立祥

人力资源管理

奚 方　孙 嘉　梁光河　徐辰雪　王 婕
李国栋　宋 昊　茹珏琼　曾韦玮　刘 佳
金姗姗　钱海燕　鲍皓昕　邹静韵　肖 鑫
王晓彤　丁 贺　邓雅然　尤 越　赵 琦
姚 尧　周 雯　高 洁　葛 舒　王 让
陈 帅　程诗雨　朱岑柳　陈 伟　刘一童
李 婷　王 安　罗丹妮　王莉萍　胡 洲
夏 倩　王欢欢　何桂婷　袁圣煜　许 敬
董绍颖　常慧宁　庞晓勇　李 圆　杨昭阳
杨林达　李佳明　孙丽君　毛倩倩　王正勇
宋文瑞　孙 越　卢 颖　葛佳慧　陈雅莉
陈 竞　张 蕾　钱 静　王 蓉　王玉姣

市场营销

张晓蕾　尹雯萱　卢禹西　孙大江　段 珺
张润灵　范洪俏　吴 超　杨 毅　匡 竹
龙祥祥　邓云岫　莫东锋　樊振华　马彩霞
谷晓芳　刘红霞　邓晓煜　符 献　沈 艨
牛左荣　赵 彤　孙立民　陈 斌　王玫藻
颜 歆　刘 成　翟瑞一　孙维芳

市场营销(电子商务方向)

李迎春　俞莎莎　刘 冰　杜 磊　李非非
阎博雅　宋 鑫　黄莹莹　袁 林　曹 阳
朱栩逸　张 晓　朱梦萱　高 静　王 俊
翟思颖　许丽娜　田秋艳　贺凌燕　张 越
金玉兰　房海南　毛兴宇　郑 鹏　苏兴国
左 阳

信息管理与信息系统

何欣然　沙文娜　徐 前　张 洁　方 研
沈 玥　刘丽芳　于 浩　安 婧　李昕冉
闫梓轶　张鸿雁　殷洪强　宋 旭　姜 萌
杨 昉　汪 楠　张仲秋　张亚军　汪 琦
吴 昕　荣宝沅　姜 英　安佳琪　赵玉洁
郝翠彦　陈泽任　赵东利　陈海琪　许 美
张艺馨　胡洋迪　田 宇　王唯二　杨 浩
冯丽玮　赵梓晴　薄夷帆　焦晨卉　刘端端
宋亭亭　白文飞　王晓霞　陈 昊　姚兴博
刘瀚宁　张 莉　彭 俊　石唯佳　邓菲菲
邹欣辰　张文静　项奕霖　刘天昊　金 珊
曹丽慧　姜 燕

国际经济与贸易

袁 魁　司 维　何宇航　聂 达　李伟嘉
赵 宇　李天一　陆 惠　黄晓漫　江桂婷
韩 璐　巴文姗　孙小敏　田 敏　李 瑾
刘建楠　刘 超　关雨桐　韩沐洵　张 庚
李 丽　钟嘉雯　王原抒　袁梦萍　金晓艳
邹燕青　周晓丽　张 强　吴宛林　蔡晓枫
李增辉　刘淑君　黄 瑀　李玉敏　任宇佳
吕枫林　孙蔚琳　李明丽　戴 璐　贾玺蓓
李 腾　陈永慧　高 宽　彭 仁　赵 强
宓霱宁　李阳阳　宫晓琳　汤泽宇　于婷婷
焦智康　张 辉　李 祎　白 聪　刘娜娜
徐曾一舟　梁文丽

金融学

严亚慧　王艺霖　罗雅冰　赵 宇　汪素萍
高 扬　张蕴荷　袁 野　董梦喆　贾永鑫
关 畅　赵晓倩　秘 婷　钟剑云　董晨光
王 海　赵娅娜　张唯瞻　王 婷　王雅琳
史扬帆　殷玉娜　徐倩雯　姜禹西　唐若蜚
张韶恒　崔 琦　刘 丹　邢 璐　覃藢云
李兆宇　杨思远　雷皓月　韩翔宇　晁亚洁
梁 悦　邹 玉　方晓芸　陈 婧　陈子宸
彭彩莉　朱思汉　姜玮佳　李丽蓉　许新忠
董 宾　余 森　苗天放　郭 婧　周俊余
冯忻平　姚明超　解惠洋　王睿青　王斯一
林 婕　陈冈扬　张伟晶　于畅游　于志苹
张 晶　陈 璐　刘 洋　曾蔚颉　王玉昆
高云骢　易锡文　许文渊

统计学

李 佳　彭 乐　朱一飞　晏小雪　吴亚宸
张 璟　张 清　曾 翔　王玉梅　朱静芸
卢致婷　王亚欧　石梓涵　张文静　任弘毅
唐子杭　袁 勇　徐凤凤　辛剑波　杨 雪
杨智蕊　冯 波　高 娜　王 希　王 玮

地理信息系统

杨文豪　郝鹏宇　马 强　宛 冉　杨正彪
付兆璧　赵书龙　韦家柏　黄 琦　赵 赫
周 昕　王 佩　张 晨　刘宗旺　朱 彤
高志强　李彬彬　杨云雷　张 驰　韩天旸

环境科学

李雪驰　陈斯文　艾 晗　朱晓东　张 巧
康云泽　郭芸清　王思玉　李周园　范怡然
窦 杰　柳 絮　吴 祎　王 凯　王 琛
周佳慧　辛 展　王韦舒　张晓玲　林梦平
肖慧敏　杜昱柯　上官小亚　翟羽佳　钟雨君

陈　晴　孙　骁　汤　韬　高　飞　孙　宇
吴依玲

生物技术

刘红杏　亢羽宁　麻佳佳　刘晓瑜　王　畅
李江华　宋文玲　李清林　李事如　毕　然
立天宇　吴一平　成斯嘉　朱芸晔　廖维华
罗莉琼　赵　舒　侯交弟　陈菁菁　许琳祯
程　琛　张　曦　史元杰　次　东　缪丹丹
王　岩　谌殷蕾　刘　越　李蕊馨　王暑辉
刘翔宇　周骏辉　朱巧亚　卢　杰　胡亚云
刘攀峰　王成功　许　瑞　刘豫宁　郭　成
孙啸晨　薛　天　刘　露　侯欣瑜　张　帅
曹　翰

生物科学

王　珏　晁　楠　原婉琼　戴明道　游　阳
翁　冀　潘　琪　陈　曦　廖婵璨　徐思涵
吕　娜　沈　勇　周　晨　王　晶　盖雪鸽
李　琳　万心怡　盛萱宜　王金子　陈彬丽
段红静　王文婷　张　唯　黄雨洁　刘　畅
牟淑琳　臧　森　刘炳梅

数学与应用数学

陈祉作　韩　琦　耿佳超　张　晨　刘东林
郭宇虹　赵　徽　张　嫚　单　清　奚　鑫
姜　佳　陆艳珺　陈中泰　易立功　许瑞光
孙文秋实　陈家珑　唐建明　林中杰　胡一轩
王子同　王　闯　张　明　刘　晶　郭铜昇
邱　锐　游　兵　金伟琴　王　宇　孙　煦
王　羽　邹　宾　罗来福　邓明月　王晓斌
徐　凯　张玉环　杨峰艳　王琳娇　曹　苗
吴　江　贺琳茜　拓　婷　罗钧峰　龙裕冰
张　帅　李　丽　王胜男　王　磊　姚　杰
瞿　璐　周　沫

心理学

俞园春　郑　颀　李艳红　曾　岑　陈肖悦
杨　鑫　殷毅尧　熊朋迪　王思晨　李　超
兰　岚　程宇青　张玥頔　贺菁伟　宋　淼
张钦柏　薛　天　赵雨濛　冯　轲　谢安娜
张冰洁　李心悦　关成阳　何夏怡　朱媛婷
方　梓　危倩如　赵　翊　占诗苑　欧阳洋
靳水宁　唐　骢　罗正才　李冬梅　韩　璐
刘泽洋　兰　瑾　陈洁英　游文辉　盛　蕊
何伊丽　冯建业　倪　晨　李佳益　赵　越
马维家　王少波　韩书文　杨菁菁　张丽敏
甘　伟　吴　昊　温　娟　张骋姣　鲁梅佳
林英威　车文婷　饞　药　张　帆　王　堃
吴庆玺　刘国栋　范竹芸　钞　森　何　博
刘晗姝　姜静云　徐慧君　宋雨歌　阳　莎
黄　蓉　邓月明　杨舒婷　卢　平　贾秋怡
王鹏程　时小宇　戎　英　卢礼鹏　张佳晨

资源环境与城乡规划管理

周新生　陈丽玲　古睿樵　刘　畅　王子骏
佘维维　唐诗媛　赵晨曦　孙　威　齐　欢
许维佳　范展超　王紫琦　叶　环　周慎君
钱　坤　周　炎　华健然　王赛亚　泽仁曲措
王　欢　侯　琨　元旦加措　边　奇　任思雨
马晓婧　房　芳　林　娟　潘文红　张彩娜
冀咏赞　焦　洁　祝亚男　时　宇　李艳丽
陈　京　赵丹丹　商丽颖　李　朔　龚　俊
孙清琳　黄　捷　王振洲　杨晓冰　孙振蓉
华峻翊　刘双宾　霍　瑶　王　倩　李林芮
张　静　伏　凯　周思思
巴哈提努尔·卡哈尔曼

草坪管理(中美合作办学)

何乐君　尹瑞恒　周红艳　王素菲　李　丹
来傅华　秦　汉　陆鑫祎　崔智鹏　曹晓震
易　达　陈思琪　胡晓博奕　刘思遥　陈　璞
肇　特　莫　婷　朱天龙　姜沫男　陈　晖
张立抒彤　黄佳秋　崔睿琪　王斯超　陈　闽

草业科学(草坪科学与管理方向)

孙思思　布赛热木·木台力甫　李梓毓
田梓澎　张天明　阿巴斯·吐尔逊
杰恩西别克开力地别克　杨　威
木合旦斯·哈地尔　张　杰　花兰迪
李鹤菩　王文哲　姚源源　刘　艳　孙玉竹
王清华　吴　丹　肖　洋　瞿　杨　邓潭静
刘一凡　陈雨峰　任　赛　安勐颖　殷　旭
崔辰根　胡海笑　丁苓苓

梁希理科班

张　单　许重阳　果　超　郑莉莉　王逸然
王永阳　张秀鹏　彭　立　白晨喜　丁泊元
邱春晶　袁茜男　赵春富　徐　畅　李亚军
李璐一　刘可暄　刘瑞华　叶　粟　李文叶
张　欣　孙佳美　李　珣　金一鸣　李金航
张新娜　齐烟舟　许　晶　俞琳锋

林学

彭娅琴　郭健宁　高鼎淇　马海梅　黄　侃

王佳茜 马映然 纪彬彬 王志刚 刘清影
吴天冬 刘　畅 刘羽诚 江　姗 谢一田
郑　怿 沈　悦 赵明瑶 李倩倩 朱俐娜
娜迪提·海拉提 米拉地力·阿不力米提
其美多吉 李培利 次仁顿珠古再丽努尔·伊敏
郑昌龙 吐逊阿依·吐鲁甫 关耀东 康九山
张小娜 高　媛 叶思阳 黄良帅 彭意钦
李　洋 何　珊 邹丽莎 杜　瑾 陶　伟
陈永辉 刘海轩 彭晶晶 张建泳 杨庆楠
郭津泽 肖书笑 韩月明 何彦然 曹雄赳
许薮敉 周智文 宋建平 张　林 关山越
戴腾飞 赵　娜 李志坚 刘亚涛 路倩倩
张凌楠 陈　露 刘佳嘉 李海萍 罗　芳
霍　宁 毛小龙 张明洁 段梦佳 卢妮妮
尹　菲 王高敏 侯　东 祝　春 廖祥龙
高红丹 李　敏

森林资源保护与游憩

张　磊 聂思情 彭　翔 金树磊 熊典广
杨晓接 王德朋 田　斌 李双斌 沈绍伟
匡阳正 冯治理 魏丹峰 蒋友渊 刘达强
张　璐 黄华毅 张思行

水土保持与荒漠化防治

欧阳前顺 陈　艳 王　娇 曹贵霞 王　铎
陈上杰 寇馨月 宋亚男 张心笛 杨　波
徐　琳 库尔班江·米吉提 马雪梅 尹红莉
王一之 颜　楠 杨志鹏 张　雯 刘慧博
吴　桐 申云康 赵冬琳 朱晓博 次旺卓玛
王明星 周　青 王晶晶 孙一兵 李淑芳
陈　丽 梁非凡 万　丽 俞妍博 赵　瑞
舒　鑫 郝　好 易　扬 李丽娟 唐　女
马雪琳 李丹雄 黄　媛 李云鹏 康　烨
靳春香 王新星 刘　颖 武小青 陈　东
王翠峰 张　凯 刘　勇 徐　灿 谢长江
王俞程 杨　貌 刘　静 贾建鑫 吴　芳
王鲜鲜 赵冰清 王冰洁 郝　玥 任佳权
王　瑜 田　畯 朱明淏 段荣薇 付国珍
苗　蔚 汪梦洋 王久乐 张文源 王晓亮
石　星 崔德华 刘　刚 朱锦奇 韩　鹏

野生动物与自然保护区管理

张令楠 程黎霞 车　琛 严自超 余琦殷
陶小亚 沈洁滢 刘　洋 李聪慧 吴　青
赵玉泽 刘　欢 贾艳玲 邢　爽 宓春荣
陈丽红 高居娟 廖　曼 韩梦阳 黄治昊
周　颖 马　亮 石普霖 虎　琴 王　旸
姚新颖 郑立地 陈　跃 刘春香 吴雄英
高　云

园林

马延朝 袁文卿 鲁　迪 张　锐 张力骋
王思凡 张　然 董　璐 李　肖 李斐然
郭书彤 刘丽萍 叶落小岛 孙　靓 姚　远
闫筱荻 孙淑青 姚斐嘉 杜丹妮 曾雨竹
胡珍珍 志　瑶 张皖清 王　媛 龚倩玉
刘知谕 李方正 唐　瑭 郭淑媛 陈　园
石　印 何　镠 王默阳 詹　茜 祝　彤
历　珂 金依然 董凡妮 韩　悦 谢　燕
冯好元 马振龙 李雯婧 刘丹宁 郭　婧
李佳睿 赵　唯 王馨雪 侯永峰 王　谦
陈　佳 王　行 邓　炜 张　妥 赵丽倩
杨牧溪 王晓宇 陈冰晶 马静薇 杜竞溥
曾子然 孙辰成 曾荟馨 尹一南 李光晖
贺　翱 文江霞 胡　桐 张　璐 秦晓川
高芳芳 方舒丽 杨　卫 范　玮 陈京京
刘月华 何改美 唐筱立 吴逸青 田　芸
卢　嘉 周麟佳 曲　虹 胡梦滢 李凤仪
张楠妮 陈宗蕾 王丽娟 陈湉婧 于喆灏
娄冰洁 黄艾冰 魏　柳 李仕和 郝甫玉
韩　苗 韦周龙 李熹瑜 黄哲淏 余惠英
秦　湘 林敏悦 余　凯 杨　杨 郑雅馨
杨雯雯 崔玉婷 陈瑞娟 陈吉妮 翟　航
于　娟 王　冰 林捷频 莫林芳 宋梦莹
黄伟琳 李　婷 戚亚路 王　轲 朱文英
孙京京 田　芃 赵骄阳 赵　琳 李关英
高倩倩 杨　俊 王　维 金殷香 王　杨
姜志远 滕金慧 欧阳芸 孙　晶 胡　超
邵春芳 王小萌 姚诗菡 邓　瑾 李屹峰
马咏春 金银花 于梦璇 刘　玮 范舒欣
毕雪婷 向圆媛 王辰昊 司高玮 伦真智
界春晓 王　京 张　宁 王欣晖 王韡珏
王　羚 孙亚男 郭晨晓 贾　瀛 麻　利
董　琦 吕　腾 王　坤 王一鸣 程温温
高　敏 马福玲 王超琼 冯　黎 王锐龙
曹泽桥 冀萧曼 祝　琳 常依瑶 邵亚男
石　俊 张聪颖 霍　然 徐洪飞 叶　玮
焦睿红 戴怡宁 高　菁 刘　濛 高梦然
孙　颖 陆宇清 刘京一 刘牧歌 王金凤
陈弈杉 刘　畅 许秋蓓 王紫蕙 徐　放

孟　真

园艺(观赏园艺方向)

林　梦　韩玉洁　于海宝　黄思思　张婷婷
姬　超　许　荔　许　亮　张雪婷　张文凯
杨　懿　李坤峰　蒋靖婉　王　喆　王梦佳
郭雅欣　刘　蕊　卢珊珊　叶　早　严道崎
刘　朔　余起帆　刘　露　王　杨　祝　璞
冯　婵　刘　欢　宋　玉　杨　萌　李　智
佟晓菲　崔宝月　张　敏　刘文竹　李彦廷
邓金平　赵　荻　吕　燕　李沚彤　杨真真
李　茜　汤金润　李雯琪　杨艳婷　王屹飞
高小霞　毕雅芬　贺惠文　朱屹然

动画

冉京未　徐　恺　李　蔚　郑妍琳　吴明怡
汪宝佳　王　祎　薛泽浩　付　晨　何秋海
王　茜　童玉宾　陈　树　冯智乐　于潇翔
马天林　李淑娟　沈　聪　王娅敏　王　寒
巫　桐　谌　默

日语

张　涵　邢刘平　王　琳　王淼珊　解亚瑾
吴　凡　张　泽　徐晓丹　巩　桐　闫孟娇
赵姝博　叶　晴　颜廷陶　刘　彤　鲁星池
王蓓蕾　张星玥　陈佳晋　游岚清　李金星
杨　楠　杨昊天　孙　晴

艺术设计(环境艺术设计方向)

朱　翠　王筱淇　邹国民　白　杨　张　旺
王　倩　何发权　皮凌云　陈文静　刘乐乐
金波安　张春雷　李少晨　徐　阳　崔楷鑫
王卓琳　魏　翔　戚芳妮　王　健　邓能程
刘晓武　辛　斐　洪少华　付海岚　杨艳超
贾玉洁　郝一萍　张　弛　徐若涵　高　鹏
梁彩虹　王姗姗　李　志　田家奇　田　兰
张翼鸣　张典辉　刘　佳　李　昂　靳雨澎
周　颖　刘程伟　王新星　陈　曦　陈璐璐
唐锦晶　刘明泽　冯　蕾　覃　弦　武子晗
张子玲　左　惠　杨婵彬　张　娴　陈雯萱
徐　静　卢林林　王雪垠　崔宏芳　王　涛
赵凡繁　柏　彤　朱　颖　赵　莹　李　缶
赵文婷　刘梦娇　李笑影　毕　月　王　凯
高　磊　傅梦妮　唐从敏　张哲源　王业辉
殷姗姗　裴　硕　冯天成　于志鑫　徐　皓
吴　迪

艺术设计(装潢艺术设计方向)

李姗姗　寇金霞　刘　馨　王圣清　石松源
丁会民　潘　雪　陈稳杰　黄　娟　张天怡
赵玉国　张　娜　张妍冰　张　硕　马　双
付　瑶　赵　倩　刘纯黎　贾双双　蒋　琴
黄　辉　高　寒　温得楷　乔玮洁　李典珊
李祯阳　秦宁娇　刘成强　李　庆　杨　伟

英语

王　丽　曹爱伶　汪　洋　刘怡潇　曾　敖
周圆圆　姜佳铃　倪　佳　晏行健　耿若岚
宫　然　孔祥彬　王之超　李潇萌　周思梦
岳一晓　林灯辉　邓茜兮　郭慧君　赵　丹
谢南飞　刘金伟　任凌珊　蔡晓诗　马　琳
王秋实　段微诗　李海超　薛　尧　杨　赛
罗玖玲　魏　友　李珊珊　张灵炼　吴盼盼
谭　宁　王珊珊　王齐雨　盛英瑞　雷　鸣
钟　帆　陈　实　连颖婕　李婷婷　唐艺元
梁薇薇　梁思华　李　莹　卢　英　郭田田
易叶萃　陈　宇　杜一鸣　陈　宁　张凌子
高　瞻　王凤霞　王晶晶　邱雪凌　王冬雪
陈文婷　王晓阳　杨敬涵　朱珊珊　刘　锦
徐玲燕　李婷婷　周利辉　李香兰　程震喜
宋　晗　曹　蓉　王　倩　王小川　辜艳平
丁英美　菅利青　赵安全　李玫瑛　邓淇之
王　菁　杨佩雯　程文琮　朱雪娇　谭化丹
刘　妍　刘星谷　夏姝婷　陈　晶　汪　杰
闫　倩　洪　彤　刘若楠　付　明　田　雯
王　恬　孙冬玮　赵沁雯

2012年新闻要目

1月

1日　中国科学报：北京林业大学与湖北省林业厅产学研深入融合

4日　北京考试报：微观校园·科学管理自行车等三则

4日　中国绿色时报：推动绿色发展 壮大林业经济

4日　中国花卉报：高校联手地方打造绿色海淀

4日　北京考试报：北京林业大学新设商务英语专业录53名新生

5日　大学生周刊：铁铮微评论

5日　中国绿色时报：北京林业大学成立生物质能源研究院

6日　科技日报：北京林业大学成立生物质能源产业技术研究院

6日　中国绿色时报：给森林上个保险有多难？

11日　中国绿色时报：北京林业大学南方实践基地开局好

13日　中国绿色时报：无愧于花园之母的称号

31日　中国绿色时报：走进湿地，体验生态旅游

2月

1日　科学时报：留校学生，寒假生活依旧温暖

2日　北京晨报：北京林业大学供书温暖留校学生

6日　中国花卉报：北京林业大学基因"功能定位"研究受国际关注

8日　南方日报：深圳仙湖植物园：因地成景 组合成章

9日　中国绿色时报：江西森林生态效益总价值8233亿元

10日　中国绿色时报：森林计测技术插上信息化翅膀

13日　北京青年报：海淀鹫峰梅花 悄然绽放迎春

14日　北京青年报：上英语课像玩乐

15日　中国教育报：美国大学生活不轻松

15日　三明日报：三明市在京召开北京林业大学校地科技合作座谈会

15日　北京电视台：鹫峰四百余株梅花绽放迎春

17日　中国教育报：高校新学期抓好食堂工作确保学生吃好

17日　中国绿色时报：2011年度中国林业好新闻评出

20日　法制日报：专家谈"活熊取胆"建议加快修改野生动物保护法

20日　北京日报：鹫峰温室梅花提前绽放

20日　中国绿色时报：我国首次完成森林土壤资源典型调查

21日　中国绿色时报：张启翔：绿化植物是城市的生命线

21日　中国绿色时报：北京林业大学推进无患子生物质能源产业发展

21日　景观中国："水之中国"访谈——王向荣

22日　科学时报：在校地合作中探索办学模式改革

22日　北京考试报：铁铮微观校园

23日　北京青年报：鹫峰数百株梅花提前绽放迎春

23日　中国花卉报：唐学山：园林绿化是"活的"城市基础设施

23日　中国绿色时报：变废为宝，矿化垃圾助力绿化

24日　搜狐网：第九届园博会世界知名园林大师开展学术交流

28日　科技日报：北京林大为越南林大培养本科生

29日　中国科学报：北京林业大学与越南

林大合作培养本科生

29 日 国防部网：北京林业大学百余名国防生参加无偿献血

29 日 北京考试报：别把学业当副业

29 日 中国绿色时报：北京林业大学为越南林大培养本科生

3 月

1 日 中国花卉报：北京林业大学校地合作中改革办学模式

2 日 中国科学报：动物福利立法须平衡各种利益

2 日 中国绿色时报：板报文化润兵心

2 日 中国绿色时报：盛世修典 五载春秋

2 日 中国绿色时报：绿色核算新作问世

2 日 人民网：南北林权公司与北京林业大学经管学院签约战略合作

3 日 新华网：南北联合林权公司“引智”开发林权交易新产品

4 日 北京青年报：林业大学昨发起“餐桌清洁”行动

4 日 中国教育报：榜样走进大学校园

4 日 北京卫视报道我校“我是雷锋”主题教育活动

4 日 北京日报：大学生“网晒”身边“雷锋”传播雷锋精神

4 日 新华网：劳模李素丽向大学生诠释雷锋精神

5 日 新华网：“3·5”期间广大青少年集中开展学雷锋活动

5 日 中国绿色时报：北京林业大学学雷锋活动出新意常态化

5 日 北京青年报：林业大学昨发起“餐桌清洁”行动

6 日 两会声音：工程院院士：正制定三峡库区生态功能评价标准

6 日 两会声音：政协委员评说提案答复

8 日 中国花卉报：老院士耄耋之年著新作 新梅志弥足珍贵获殊荣

8 日 中国绿色时报：老院士耄耋之年著新作 新梅志弥足珍贵获殊荣

8 日 新华社：杨澜委员探营农民工子弟学校

9 日 中国青年报：杨澜参加关爱农民工子女志愿服务活动

9 日 中国绿色时报：北京林业大学关注林业产权交易研究

9 日 中国绿色时报：北京林业大学国防生集体无偿献血

9 日 中国广播网：“废弃食用油做肥皂”项目启动

11 日 人民日报：我国启动“碳汇植树”活动

12 日 中国绿色时报：尹伟伦·植树与保护林地同样重要

13 日 中国绿色时报：尹伟伦：加快《自然保护区法》立法工作

13 日 中国绿色时报：将百万亩人工林基地项目计划单列

16 日 中国绿色时报：北京林业大学推动风景园林与交通景观融合

19 日 中国花卉报：北京林业大学携手福建建宁发展无患子生物质新能源

19 日 中国教育报：全国劳模成学子成长导师

19 日 中国绿色时报：北京林业大学盐池定位站跻身国家科技示范园区

20 日 生活新报：中国下月调查印支虎

21 日 北京考试报：微观校园·政治常识三不知?

21 日 中国绿色时报：北京林业大学野生动物研究国际合作活跃

23 日 中国科学报：“梅花”院士著作获殊荣

23 日 国家林业局政府网：人才中心与北京林业大学洽谈人才合作

23 日 中国绿色时报：北京林业大学在校地合作中探索办学模式改革

23 日 中国绿色时报：老院士耄耋之年著新作 新梅志弥足珍贵获殊荣

28 日 中国科学报：我国首个高尔夫教育研究基金在北京林业大学设立

28 日 北京青年报：北京林业大学将扩招城市规划专业

29 日 人民网：广西国有七坡林场与北京林业大学签署合作协议

29 日 科技日报：北京林业大学城市规划

专业扩招一倍

30日 中国绿色时报：《林业经济评论》面世

31日 中国花卉报：北京林业大学为越南林大培养本科生

31日 北京考试报：微观校园·拍照点名防旷课?

4月

1日 搜狐网：鲍春来现身公益活动 以身作则“树”榜样

1日 北京晚报：奥林匹克公园举行绿色咨询

1日 中国新闻网：北京年轻人全民义务植树日种下“青年林”

1日 人民网：保剑锋刘璇等多位明星受聘“绿色志愿大使”

1日 新华网：“我用一生护青山”——刘真茂先进事迹报告会在京举行

2日 湖南日报：一次涤荡心灵的旅程

2日 湖南政府网：刘真茂先进事迹报告会在京举行

2日 光明日报：刘真茂事迹感动首都大学生

2日 内蒙古日报：《水土保持法》进党校

2日 北京晚报：北京植树能追溯到秦始皇

2日 新华网：保剑锋刘璇等九人受聘为首都大学生"绿色大使"

3日 光明日报：刘真茂事迹感动首都大学生“最美的演讲”

4日 中国科学报：北京林业大学城市规划专业扩招一倍

8日 新华网：园林干部三十年如一日参加义务植树

9日 光明网：首部以“绿色行政”理论研究为主题的图书出版发行

9日 中国花卉报：北京迎来第28个义务植树日

9日 中国绿色时报：2012年绿桥、绿色长征活动在京启动

10日 广州日报：莫让度假变探险

10日 中国绿色时报：专家研讨园林高级专业人才培养

10日 北京日报：罕见红花玉兰加入春花行列

10日 科技日报：罕见红花玉兰新种 在北京林业大学选育成功

10日 深圳特区报：“译得通俗易懂，读者才能受益”

10日 中国绿色时报：专家研讨园林高级专业人才培养

11日 中国科学报：春天，掀起绿色热潮

11日 中国科学报：北京林业大学与广西林业厅拓展合作范围

11日 光明日报：刘真茂打动北京林业大学师生

11日 光明日报：真诚感动学子心

11日 光明日报：吴斌：青年学生价值观的精神灯塔

11日 新华社：沙排世界大满贯北京赛发布会徽 林大吴晓晖获奖

11日 北京电视台：特别关注：天气转暖山花斗艳

11日 中国绿色时报：北京林业大学与广西林业厅拓展合作

12日 光明日报：他们的选择打动了我

12日 中国绿色时报：北京林业大学发起低碳“V”行动

16日 中国花卉报：北京林业大学定位站成为科技示范园

17日 中国绿色时报：红玉兰“娇红1号”选育成功

18日 人民网：高招访谈：北林2012专业设置4大变化

18日 北京日报：候鸟迁徙搭起“南北大陆桥”

18日 人民网：七坡林场联姻高校 产学研一体科技领先

20日 中国环境网：首届全国农林院校林产品贸易学术研讨会在京召开

20日 北京考试报：北京林业大学学国际硕士直通车学生赴德学习

20日 中国绿色时报：北京林业大学纪念森林经理学家范济洲百年诞辰

21日 北京青年报：植物园赏“品虹” 鹫峰梅花开

24日 科技日报：北京林业大学纪念林业

教育家范济洲

25日 中国科学报：北京林业大学纪念林业教育家范济洲诞辰百年

26日 中国花卉报：园林建设应该走科学之路

26日 中国花卉报：红花玉兰加入春花行列

28日 池州日报：牯牛降与北京林大共建科研基地

5月

3日 中国绿色时报：刘俊国获青年科学之星金奖

4日 中国绿色时报：牯牛降与北京林业大学共建科研基地

4日 中国绿色时报：用青春浇灌绿色梦想的雷锋传人

8日 中国绿色时报：张启翔谈全国园林教育专业建设发展

9日 中国绿色时报：北京林业大学校园农耕播种绿色

10日 科技日报：北京林业大学为二炮培养营区生态建设人才

10日 中国绿色时报：北京林业大学与台湾开展交流合作

10日 中国花卉报：北京林业大学纪念林业教育家范济洲

10日 中国绿色时报：全方位提高学生就业竞争实力

11日 中国花卉报：矿化垃圾有望用于绿化

14日 中国花卉报：北京林业大学将在广西建基地

15日 科技日报：北京林业大学成立森林资源资产评估研究中心

15日 中国绿色时报：北京林业大学江西培养农业推广硕士

15日 中国绿色时报：北京林业大学绿化废弃物研究通过验收

16日 中国科学报：北京林业大学培养军队生态建设人才

17日 中国绿色时报：北京林业大学建森林资源资产评估研究中心

17日 解放军报：联合培养军队园林绿化人才

19日 绿色中国：中国园林专业建设之路如何走？

19日 绿色中国：北京林业大学园林专业特色突出

20日 北京青年报：北京林业大学昨成立村官培训中心

21日 京郊日报：北京林大成立村官培训中心

21日 中国绿色时报：钢铁是怎么炼成的？

21日 中国环境报：大学生校园躬行农耕倡导环保

22日 科技日报：北京林业大学成立村官培训中心

22日 北京晚报：北京林业大学成立村官培训中心

23日 中国绿色时报：北京林业大学成立村官培训中心

23日 中国花卉报：北京林业大学成立森林资源资产评估研究中心

24日 中国科学报：北京林业大学优势学科平台助力全球变化研究

24日 浙江日报：降PM2.5种树挺有讲究

24日 中国绿色时报：生物质原料标准委林业分会成立

24日 中国绿色时报：森林，调控PM2.5的中坚力量

24日 人民网：结对支教避免“虎头蛇尾”

24日 人民网：支教意义在于播撒和收获快乐

25日 中国绿色时报：局管理干部学院生态文明大讲堂开讲

26日 绿色中国：北京林业大学园林专业特色突出

28日 中国青年报：大学生创业的不同时机及其问题

29日 中国科学报：能源行业非粮生物质原料标准化技术委员会成立

29日 中国青年报：北京林大：学生“解疙瘩会”如何从冷场变红火

29日 中国绿色时报：澳大利亚：生态游体验项目受游客青睐

29日 中国绿色时报：北京林业大学实习

苗圃用上物联网

30日 三明日报：发展中国家林业官员考察我市林业工作

31日 中国文化报：志在超越——画家李汉平印象

6月

1日 人民日报：40分钟，一堂课

4日 中国绿色时报：北京林业大学为二炮培养生态建设人才

5日 科技日报：北京林业大学建花卉种质创新与产业化基地

5日 中国绿色时报：花卉种质创新与产业化基地启动

5日 中国科学报：发展中国家林业官员来华取经

5日 光明日报：北京林业大学理科生物学基地培养创新人才创佳绩

6日 中国科学报：尹伟伦院士签约平顶山学院

6日 北京考试报：铁铮微观校园

6日 法制晚报：林大这"人"爱甩尾

8日 中国花卉报：刘俊国获"青年科技之星"金奖

9日 北京晨报：花卉界唯一工程院院士辞世

11日 中国绿色时报：著名花卉院士陈俊愉与花长辞

11日 中国教育报：毕业季来临，我们如何去求职

11日 中国绿色时报：发展中国家林业官员在华学成归国

11日 中国日报网站：著名花卉院士陈俊愉与花长辞

12日 科技日报：发展中国家林业官员来华研修林业经营

12日 中国绿色时报：北京林业大学新增重点实验室工程中心

12日 法制晚报：梅花厅送"梅"大师

13日 北京日报：梅花厅里送别"梅花院士"

13日 中国绿色时报：北京林业大学生物防治入选精品视频公开课

13日 中国花卉报：16位发展中国家林业官员来华研修

13日 中国绿色时报：北林破解核桃品种试管生根难题

18日 中国青年报：浅析大学生连锁加盟创业之困局

19日 中国科学报：福建省三明市院士专家工作站见闻

20日 中国绿色时报：北京林业大学与辽宁省林业厅全面合作

20日 北京晚报："轮椅女孩"戴上硕士帽将赴美读博

20日 中国教育报："梅痴"院士陈俊愉

22日 北京电视台："轮椅女孩"张娥 爱让梦想插上翅膀

25日 中国绿色时报：优质高效森林培育经营研究获重大进展

25日 北京考试报：张娥将赴美读博士

26日 中国科学报：北京林业大学与辽宁省林业厅全面合作

26日 中国绿色时报：我国油松良种化建设步入新阶段

26日 绿色中国：用学科创新应对全球变化

27日 中国科学报：轮椅女孩在校园改写人生

27日 中国科学报：北京林业大学与辽宁省林业厅全面合作

27日 中国教育报：北京林业大学与辽宁省林业厅签产学研合作协议

27日 中国绿色时报：只留梅香与中华

30日 北京考试报：生命安全 警钟长鸣

7月

2日 中国青年网："三下乡"社会实践活动启动 科技支农是重点

3日 文汇报：野马放归是极其复杂的工程

3日 中国青年报：年年"三下乡" 今年多亮点

3日 科技日报：武警西藏森林总队国防生扎根高原受赞誉

3日 中国绿色时报：风雨60年三大重点值得注重

10日 中国绿色时报：生态旅游能在森林治理体系中发挥重要作用

10日 科技日报：张娥：轮椅女孩在绿色校园改写人生

11日 法制晚报：本科插班生 北林称没戏

16日 中国教育报：轮椅女孩有一双隐形的翅膀

17日 科技日报：北京林业大学学生暑期投身社会实践

17日 《瞭望》周刊：张娥：一个残疾女孩的人生轨迹

17日 中国绿色时报：北京林业大学学生暑期投身社会实践

18日 中国科学报：北京林业大学2000余学子投身社会实践

24日 中国绿色时报：我国森林疾病多源自人为因素

24日 中国绿色时报：政产学研用一体化，北京林业大学在路上

25日 中国绿色时报：不伐树也可精准测林分蓄积量

26日 中国科学报：新技术或改写我国森林测量历史

26日 绿色中国：加快绿色优势学科建设

27日 北京考试报：出发，向着新的目标！

28日 湖北新闻网：北京林业大学90后大学生深入山区义务支教

29日 中国绿色时报：森林碳汇在低碳城市建设中举足轻重

8月

1日 中国绿色时报：轮椅女孩在绿色校园改写人生

3日 新华网：中国今年将完成印支虎种群及栖息地调查

4日 新华网：12名大学生志愿者到海南鹦哥岭保护区服务

14日 中国科学报：森林碳汇论坛在贵阳举行

15日 中国科学报：北林校长宋维明：协同创新"政""用"不可缺

15日 北京考试报：咱不攀比"苹果"行吗？

15日 北京日报："苹果三件套"盲目攀比不可取

20日 中国教育报：科技支农是门必修课

20日 中国教育报：在绿色支农中学习成长

23日 科技日报：四川地震灾后修复大熊猫栖息地10．4万公顷

24日 中国绿色时报：森林，抚平灾后创伤的绿色力量

26日 绿色中国：农林高校协同创新寻找突破口

27日 新浪环保：中日森林植被恢复学术研讨会顺利结束

27日 人民网：湖北生态职业技术学院与北京林业大学合作办学

27日 中国绿色时报：中日森林植被学术研讨会在北京林业大学召开

27日 中国花卉报：北京林业大学生态文明教育取得成效

28日 湖北日报：北京林业大学在鄂合作办学

29日 中国科学报：北林召开中日森林植被恢复研讨会

29日 北京考试报：让你的高三更精彩

31日 中国科学报：国际合作助力汶川灾后植被恢复重建

9月

1日 中国科学报：中国设计首个雨洪公园获美国大奖

1日 人民日报：迎接新学期

3日 中国科学报：记陈俊愉院士：来生还会爱梅花

3日 中国绿色时报：绿色支农收获多

3日 中国绿色时报：湖北生态职院与北京林业大学合作办学

4日 中国科学报："生态治水"初显成效

4日 科技日报：北大设计首个雨洪公园获美国大奖

4日 中国绿色时报：中国设计首个雨洪公园获美国大奖

4日 中国绿色时报：绿色学府成为更多考生的追求

5日 兰州晚报："普氏野马是自然遗产"

5日 北京考试报：北京林业大学绿色学府成追求

6日 中国绿色时报：震后植被恢复重建技术国内首次研讨

8日 中国教育报：北京林业大学：立足林业着眼国家战略需求

10日 北京考试报：教师节，让我们共勉

10日 中国绿色时报：汗马保护区与北京林业大学互利合作

10日 北京青年报：教师要有危机感

11日 中国建设报：永留梅香在人间

12日 中国绿色时报：绿色校园的奥运主裁

13日 科技日报：清华《纳米研究》影响因子达6.970

14日 中国绿色时报：我国林产品虚拟水研究初战告捷

18日 中国绿色时报：育林在生态建设中的作用毋庸置疑

19日 中国绿色时报：国旗班获北京高校仪仗队评比一等奖

19日 中国花卉报：地震灾后植被复建研讨会举办

19日 中国绿色时报：我们该如何面对分歧？

19日 北京考试报：从邓亚萍学外语说开去

19日 北京考试报：本科2+2国际实验班录取30人

20日 科技日报：北京林业大学组建科学道德学风建设专家团

20日 中国绿色时报：校企合作开发林木采育机技术

25日 中国绿色时报：生态与艺术结合解决城市水问题

25日 人民日报：加强水保再造秀美山川

25日 绿色中国：生态文明教育要重视青年

26日 北京考试报：北京林业大学104名新生入选梁希实验班

26日 绿色中国：森林碳汇：低碳城市建设之基

28日 中国绿色时报：眉山送干部进北林学园林

28日 中国绿色时报：北京林业大学组建科学道德学风建设专家团

29日 北京考试报：用心报国 用情爱家

10月

8日 中国绿色时报：北京林业大学学生再获国际风景园林设计竞赛大奖

9日 中国绿色时报：北京林业大学与加哥伦比亚大学深化合作

9日 中国绿色时报：多功能电子测树枪填补国内空白

9日 中国绿色时报：首都高校风景园林研究生论坛举办

12日 中国绿色时报：第二届森林科学论坛将召开

12日 中国绿色时报：北京林业大学荒漠生态系统定位站效益凸显

14日 新华网：我国推进森林可持续经营力争2015年森林覆盖率达21.66%

14日 中国林业新闻网：林业经济国际论坛聚焦应对环境变化

14日 中国林业新闻网：北京林业大学获校友捐款四千万元

15日 中国科学报：盐池生态定位站让荒漠变绿洲

15日 中国林业新闻网：森林可持续经营国际学术研讨会开幕

15日 中央电视台：树木又树人，荒漠变绿洲，培养后来人

16日 中国青年报："关爱行动"取得新发展

16日 中国绿色时报：第二届森林科学论坛在京举办

16日 北京青年报：黑卫平书法展 在京展出

16日 中国青年网：林业教育110周年学术研讨会在京召开

16日 北京晚报：北京林业大学今天庆祝建校60周年

16日 新浪教育：北京林业大学喜迎六十周年校庆

16日 科技日报：林业教育110周年学术研讨会在京召开

16日 新浪网：北京林业大学校友个人捐款四千万元

16日 中国绿色时报：东方园林董事长向北京林业大学捐资4000万元

16日 中国林业新闻网：绿色学府北京林

业大学 树人树木树高材

16日 新华网：北京林业大学迎来六十华诞

17日 中国青年报：北京林业大学喜迎60华诞

17日 科技日报：北京林业大学迎来60周年

17日 中国绿色时报：国内外专家共议中国林业与气候变化

17日 中国绿色时报：下大决心花大气力抓好林业教育工作

17日 中国绿色时报：林业经济国际论坛聚焦应对环境变化

17日 中国绿色时报：北京林业大学迎来六十华诞

17日 中国教育报：北京林业大学庆祝建校60周年

18日 中国教育报：北京林业大学庆祝建校60周年

18日 中国科学报：新型多功能电子测树枪问世

19日 中国绿色时报：沈国舫：我们该如何面对分歧？

19日 南川日报：与北京林业大学签订产学研合作协议

19日 中国科学报：五专家获海峡两岸林业敬业基金奖

19日 北京日报：北京林业大学60年培养10万绿色人才

20日 绿色中国：林产品虚拟水研究需要重视

21日 新华社：院系调整一甲子 中国多所高校迎来六十华诞

21日 北京考试报：北京林业大学60年培养10万学子

22日 中国绿色时报：北京林业大学新添林业食品重点实验室

22日 京郊日报：北京林业大学迎来60华诞

23日 北京青年报：张娥 坐着轮椅赴美读博

23日 中国绿色时报：五专家获海峡两岸林业敬业奖励基金奖

24日 中国科学报：纪念林业教育110周年研讨会在京举行

24日 中国林业新闻网：绿色产业高端论坛话协同创新

25日 湿地中国：欢呼雀跃入洞庭

25日 中国绿色时报：中外专家研讨森林生态系统基因调控

25日 中国绿色时报：绿色产业高端论坛呼吁协同创新

30日 中国绿色时报：北京林业大学在南川建继续教育分院

11月

1日 北京晨报：创意未来百校巡讲启动

2日 科技日报：创意未来百校巡讲启动

2日 中国绿色时报：北京林业大学与芬兰合作开发森林食品

3日 北京晨报：投身教育 桃李天下

6日 中国绿色时报：能源行业非粮生物质原料标委会成立

6日 中国绿色时报：北京林业大学聚集领军人物研究林木发育

6日 北京青年报：抗风耐雪的树有没有？

8日 中国绿色时报：首届非粮生物质原料论坛在京举行

8日 中国花卉报：北京林业大学与加拿大哥伦比亚大学深化合作

9日 中国绿色时报：国家立项研究村镇景观关键技术

10日 东方卫视：雪豹：十年保护初见效 监测视频首次曝光

10日 山东卫视：泰安与北京林业大学建立战略合作关系

12日 新华网：山东泰安市与北京林业大学建立战略合作关系

13日 专题15：中国绿色时报头版报道我校专家座谈

14日 山东商报：绿色GDP应纳入官员考核

14日 现代快报：推进生态文明建设 制度建设是重要保障

14日 重庆商报：建设美丽中国实现中华民族永续发展

14日 宁波日报：建设美丽中国实现永续

发展

14 日 大众日报：建设美丽中国必须建立刚性评价机制

14 日 北京青年报：美丽中国纳入现代化建设总布局

14 日 福建日报："美丽中国"绘就生态文明新画卷

14 日 中国绿色时报：山东泰安与北京林业大学建立战略合作关系

14 日 内蒙古日报：专家谈十八大报告中推进生态文明建设论述

14 日 北京青年报：丰富中国特色社会主义内涵

14 日 合肥日报：建设美丽中国实现中华民族永续发展

15 日 湖北日报：绿色 GDP 要有制度建设

15 日 新华社报道我专家谈生态文明稿件被广泛采用

16 日 北京青年报：林大唱红歌"永远跟党走"

16 日 北京青年报：本报与北京林业大学签署战略合作协议

17 日 北京考试报：北京林业大学招生处长解读 2013 年研究生报考政策

19 日 中国青年报：不创业的学生在创业必修课上学什么

19 日 中国科学报：生态文明建设须破解三个环节问题

19 日 中国绿色时报：为生态文明建设提供人才和科技支撑

21 日 北京晨报："绿动北京"环保社团文化节闭幕

21 日 光明日报：纪念林业教育 110 周年学术研讨会举行

21 日 中国花卉报：村镇景观建设受到国家重视

21 日 中国花卉报：抗风耐雪的树有没有？

21 日 中国花卉报：突破育种藩篱还需各方加力

22 日 中国妇女报：联合国首邀中国学者加入男性领导人网络

23 日 中国绿色时报：北京林业大学获捐赠设青神奖学金

23 日 中国绿色时报：北京林业大学举行"永远跟党走"青春歌咏会

23 日 专题 51：人民日报刊发校长宋维明署名文章

26 日 中国花卉报：北京林业大学与泰安市共推林业创新

27 日 中国绿色时报：武警驻北京林业大学选培办探索国防生培养新思路

29 日 新华网：专家谈十八大报告中推进生态文明建设论述

29 日 中国绿色时报：生态文明建设·绿色经济·林业

30 日 中国绿色时报：生态建设要善待自然尊重人类

12 月

1 日 北京考试报：铁铮微观校园·青年学生要关心时政

4 日 中国绿色时报：风景园林师要介入城市规划

4 日 中国绿色时报：北京林业大学国防生举办"橄榄绿"征文比赛

4 日 中国绿色时报：鹫峰山参观见学收获多

5 日 中国绿色时报：发展生态旅游是生态文明建设的重要途径

8 日 新京报：大学老师将新闻热点带进课堂 带螃蟹为学生提神

8 日 北京考试报：铁铮微观校园·陪到哪天算一站？

11 日 光明日报：生态文明法制建设须突破四个瓶颈

11 日 绿色时报：转变生产生活消费方式大力推进生态文明建设

13 日 中国园林网：著名风景园林专家热议"美丽中国"

14 日 中国绿色时报：读你千遍不厌倦

17 日 中国绿色时报：北京林业大学推进全日制专业学位研究生教育

17 日 中国绿色时报：北京林业大学多倍体基因作图模型构建获突破

18 日 现代快报：喂，你踩到女神的裙子了！

18 日 科技日报：北京林业大学推进全日

制专业学位研究生教育

18日 中国绿色时报：一批林业类本科教材列入国家级规划教材

19日 中国科学报：沈国舫：植树造林无悖生态建设

19日 中国科学报：北京林业大学推进全日制专业学位研究生教育

20日 中国绿色时报：北京林业大学2012级国防生举行宣誓授衔仪式

20日 千龙网：高校、央企参与建设美丽延庆

21日 林业局官网：林业信息化教育合作框架协议在京签署

22日 北京考试报：铁铮微观校园·教出不落伍的学生

25日 京郊日报：高校央企携手共建美丽延庆

25日 北京晚报：八大学院打下新中国腾飞人才基础

25日 人民网：首都高校学习十八大精神北京林业大学报告会反响热烈

25日 中国绿色时报：北京林业大学绽放艺术教育之花

26日 中国科学报：北京林业大学实施支撑生态文明建设行动计划

27日 科技日报：北京林业大学在杭州植物园建实习基地

29日 新华网：我国开展林木资源高效培育与利用协同创新

29日 北京考试报：微观校园·要肌肉不要赘肉

30日 人民网：我国首个林业协同创新中心成立

30日 中国日报：我国首个林业协同创新中心成立

31日 法制日报：健全完善生态文明建设立法体系

31日 北京考试报：北京林业大学2013年自主招生政策有调整